2025

고시넷

고패스

산업위생관리기사 실기

기출복원문제 + 유형분석

한국산업인력공단 국가기술자격

gosinet
(주)고시넷

도서 소개

2025 고패스 기출복원문제+유형분석 산업위생관리기사 실기 도서는....

■ 분석기준

2003년~2024년까지 22년분의 산업위생관리기사 실기 기출복원문제를 아래와 같은 기준에 입각하여 분석&정리하였습니다.

- 필기시험 합격 회차에 실기까지 한 번에 합격할 수 있도록
- 최대한 중복을 배제해서 짧은 시간동안 효율을 극대화할 수 있도록
- 시험유형을 최대한 고려하여 꼼꼼하게 확인할 수 있도록

■ 분석대상

분석한 2003년~2024년까지 22년분의 산업위생관리기사 실기 기출복원 대상문제는 다음과 같습니다.

- 기출문제 중 법규변경 및 문제 복원 어려움 등의 이유로 폐기한 문제를 제외한 1,041개 문항

■ 분석결과

분석한 결과 한국산업인력공단에서 제시한 실기 출제기준에서 제시된 기준으로 분류 정리하기에 각 과목별 출제비중이 너무 상이하여 총 14개의 Chapter로 분류하였습니다.

연도	1회		2회		3회			
	신규	중복	신규	중복	신규	중복		
2015	6	14	10	10	5	11	2020년은 코로나로 인해 실기시험이 4회 실시되었음	
2016	7	12	5	15	7	13		
2017	7	12	3	16	4	16		
2018	8	12	6	14	7	13		
2019	7	13	8	12	3	17		
2020	4	16	3	17	2	18	6	14
2021	0	20	5	15	3	17		
2022	7	13	9	11	9	11		
2023	7	13	6	14	7	11		
2024	6	14	5	15	8	12		
	59	139	60	139	55	139		

10년간 총 문항 수 611문항 중

신규문제 180문항(29%)

중복문제 431문항(71%)으로 기출문제 학습만으로 합격이 가능합니다.

중복의 싯점 등을 분석한 결과 평균 7.6년의 주기를 갖고 기출문제가 중복됨을 확인할 수 있었습니다.

이에 본서에서는 이를 출제비중별로 재분류하여

- 기출엄선 핵심문제 409選 : 14개의 Chapter로 분류된 총 409개의 중복을 배제한 중요한 핵심문제 유형을 제시합니다. 이를 Part 1으로 구분하였습니다.

- 회차별 기출복원문제(I) : 최근 10년분(2015년~2024년)의 기출복원문제를 제시합니다. 문제와 함께 모범답안을 제시하였습니다. 기출엄선 핵심문제를 통해 학습한 내용이지만 회차별로 다시 한 번 학습하시기 바랍니다. 이를 Part 2로 구분하였습니다.

- 회차별 기출복원문제(II) : 최근 10년분(2015년~2024년)의 기출복원문제를 모범답안 없이 문제만 제시합니다. Part 2와의 차이는 답안만이 비어져 있습니다. 암기 확인용 및 최종마무리 평가용으로 직접 답안을 써볼 수 있도록 문제만 제시하였습니다. 모든 구성이 Part 2와 동일하므로 모범답안은 Part 2를 통해서 확인하실 수 있습니다. 이를 Part 3로 구분하였습니다.

산업위생관리기사 실기시험 유의사항 및 준비물

산업위생관리기사 실기 개요

문제당 평균 배점 5점으로 총 20문항이 제공되며
부분점수 부여되므로 포기하지 말고 답안을 기재해야
100점 만점에 60점 이상이어야 합격 가능

산업위생관리기사 실기시험은 필답형 시험으로 실기시험 첫째날 오전에 시행되어집니다.

실기 준비 시 유의사항

1. 주관식이므로 관련 내용을 정확히 기재하셔야 합니다.

- 중요한 단어의 맞춤법을 틀려서는 안 됩니다. 정확하게 기재하여야 하며 3가지를 쓰라고 되어있는 문제에서 정확하게 3가지만을 기재하시면 됩니다. 4가지를 기재했다고 점수를 더 주는 것도 아니고 4가지를 기재하면서 하나가 틀린 경우 오답으로 인정되는 경우도 있사오니 가능하면 정확하게 아는 것 우선으로 문제에서 제시된 가짓수만 기재하도록 합니다.
- 특히 중요한 것으로 단위와 이상, 이하, 초과, 미만 등의 표현입니다. 이 표현들을 빼먹어서 제대로 점수를 받지 못하는 분들이 의외로 많습니다. 암기하실 때도 이 부분을 소홀하게 취급하시는 분들이 많습니다. 시험 시작할 때 우선적으로 이것부터 챙기겠다고 마음속으로 다짐하시고 시작하십시오.
- 계산 문제는 풀이식을 기재하지 않으면 채점하지 않습니다. 반드시 풀이식을 기재해야하는데 책에서는 수험생의 이해를 돕기 위해 공식이나 관련 설명이 부가되어 있지만 실제 시험의 답안지에는 공식을 기재하라고 지시되어 있지 않는 한 공식이나 설명은 기재할 필요가 없습니다. 가장 핵심적인 풀이식만 기재하고 정답과 단위를 함께 병기하면 됩니다.
- 계산 문제는 특별한 지시사항이 없는 한 소수점 아래 둘째자리까지 구하시면 됩니다. 지시사항이 있다면 지시사항에 따르면 되고 그렇지 않으면 소수점 아래 셋째자리에서 반올림하셔서 소수점 아래 둘째자리까지 구하셔서 표기하시면 됩니다.

2. 부분점수가 부여되므로 포기하지 말고 기재하도록 합니다.

최근 들어 비중이 높아지고 있는 이론 문제는 부분점수가 부여되므로 전혀 모르는 내용의 新유형 문제가 나오더라도 포기하지 않고 상식적인 범위 내에서 관련된 답을 기재하는 것이 유리합니다. 공백으로 비울 경우에도 0점이고, 틀린 답을 작성하여 제출하더라도 0점입니다. 필기와 실기 학습을 통해서 익혔던 각종 내용이 머릿속에서 맴돌고 있다면 가능성 있는 답안을 기재해서 최소한의 부분점수라도 획득할 수 있도록 합니다.

3. 시험당일 준비물

의외로 시험당일 준비물을 제대로 챙기지 못해 시험에 실패하는 분들이 꽤 많습니다. 미리 시험 전날 준비물을 챙겨두시기 바랍니다.

준비물	비고
수험표	없을 경우 여러 가지로 불편합니다. 챙길 수 있으면 챙기세요.
신분증	신분증 미지참자는 시험에 응시할 수 없습니다. 반드시 신분증을 지참하셔야 합니다.
검정색 볼펜	검정색 볼펜만 사용하도록 규정되었으므로 검정색 볼펜 잘 나오는 것으로 2개 정도 챙겨가도록 하는 게 좋습니다.(연필 및 다른 색 필기구 사용금지)
공학용 계산기	허용되는 공학용 계산기가 정해져 있습니다. 미리 자신의 계산기가 산업인력공단에서 허용된 계산기인지 확인하시고 초기화 방법도 익혀두시기 바랍니다. 계산기가 없다면 풀수 없는 문제가 꽤 많습니다. 반드시 로그 연산이 가능한 공학용계산기를 준비하도록 합니다. 실무에서도 사용되고 있습니다.
기타	요약 정리집, 오답노트 등 단시간에 집중적으로 볼 수 있도록 정리한 참고서, 시침과 분침이 있는 손목시계 등 본인 판단에 따라 준비하십시오.

어떻게 학습할 것인가?

앞서 도서 소개를 통해 본서가 어떤 기준에 의해서 만들어졌는지를 확인하였습니다. 이에 분석된 데이터들을 가지고 어떻게 학습하는 것이 가장 효율적인지를 저희 국가전문기술자격연구소에서 연구 · 검토한 결과를 제시합니다.

- 필기와 달리 실기는 직접 답안지에 서술형 혹은 단답형으로 그 내용을 기재하여야 하므로 정확하게 관련 내용에 대한 암기및 학습이 필요합니다. 가능한 한 직접 손으로 쓰면서 학습해주십시오.(특히 계산문제)
- 출제되는 문제는 새로운 문제가 포함되기는 하지만 앞서 살펴본 바와 같이 71%가 기출문제에서 동일하게 출제되고 문제에서 주어지는 값만 다르게 하여 출제된 계산문제도 많은 만큼 실제적인 기출문제 중복 비율은 80%를 훨씬 넘어서고 있는 만큼 기출 위주의 학습이 필요합니다.
- 최근 들어 계산문제보다 산업안전보건법 및 산업안전보건기준에 관한 규칙 등의 관련 규정 출제빈도가 증가하고 있습니다. 계산문제 외에도 이론문제 역시 소홀하지 않았으면 합니다.(신규문제 역시 대부분 이론문제로 배치되고 있는 추세임)

이에 저희 국가전문기술자격연구소에서는 시험에 중점적으로 많이 출제되는 문제들을 유형별로 구분하여 집중 암기할 수 있도록 하는 학습 방안을 제시합니다.

1단계 : 〈Part 1〉 기출엄선 핵심문제 409選 집중공략

지난 22년간 주로 출제되어왔던 기출문제를 분석하여 이를 집중적으로 학습할 수 있도록 14개의 Chapter로 분류하였습니다. 필기합격 후 1차 실기시험까지의 일정이 불과 40~50여일에 불과하므로 짧은 시간내에 충분한 준비가 될 수 있도록 22년간 출제된 1,041개의 문제들을 409개의 핵심문제로 엄선하여 제공합니다. 곁에 연습장을 두고 직접 손으로 쓰면서 외우고, 계산기를 누르면서 풀어나가시는 것을 강력히 추천합니다.

2단계 : 〈Part 2〉 실제 시험과 같은 10년간의 회차별 기출복원문제(Ⅰ) 학습

Part 1의 기출엄선 핵심문제를 충분히 학습했다고 생각되신다면 Part 2로 넘어가서 실제 시험유형과 같은 회차별 기출복원문제로 시험적응력과 암기 및 학습내용을 다시 한번 점검하시기 바랍니다. 필기와 달리 실기는 같은 해에도 회차별로 중복문제가 많이 출제되었음을 확인하실 수 있을 겁니다. 중복문제도 귀찮다 생각마시고 꼼꼼히 다시 한 번 풀어나가시기를 바랍니다.

3단계 : 〈Part 3〉 연필을 사용 10년간의 회차별 기출복원문제(Ⅱ)로 실전 마무리

별도의 답안은 제공되지 않고 Part 2와 동일하게 구성(같은 페이지)되어 있으므로 Part 2의 모범답안과 비교해 본 후 틀린 내용은 오답노트를 작성하시기 바랍니다. 그런 후 틀린 내용에 대해서 집중적으로 암기 및 학습하는 시간을 가져보시기 바랍니다. 답안을 연필로 작성하신 후 지우개로 지워두시는 것을 추천드립니다. Part 3을 복사해서 여러 번 반복해서 풀어보시는 것 역시 추천드립니다. 그리고 시험 전에 다시 한번 최종 마무리 확인시간을 가지면 합격가능성은 더욱 올라갈 것입니다.

산업위생관리기사 상세정보

자격종목

자격명		관련부처	시행기관
산업위생관리기사	Engineer Industrial Hygiene Management	고용노동부	한국산업인력공단

검정현황

■ 필기시험

	2014	2015	2016	2017	2018	2019	2020	2021	2022	2023	2024	합계
응시인원	2,976	3,163	3,585	3,910	3,706	4,084	4,203	5,474	7,027	10,554	12,197	60,879
합격인원	1,346	1,299	1,772	1,916	1,766	2,088	2,088	2,825	3,357	5,088	5,942	29,487
합격률	45.2%	41.1%	49.4%	49.0%	47.7%	51.1%	49.7%	51.6%	47.8%	48.2%	48.7%	48.4%

■ 실기시험

	2014	2015	2016	2017	2018	2019	2020	2021	2022	2023	2024	합계
응시인원	1,944	2,374	2,518	3,216	3,114	3,327	2,964	3,316	4,613	5,596	8,354	41,336
합격인원	490	1,191	894	1,419	1,029	1,692	1,801	1,967	2,630	3,273	3,926	20,312
합격률	25.2%	50.2%	35.5%	44.1%	33.0%	50.9%	60.8%	59.3%	57.0%	58.5%	47.0%	49.1%

■ 취득방법

구분	필기	실기
시험과목	① 산업위생학개론 ② 작업위생측정 및 평가 ③ 작업환경관리대책 ④ 물리적 유해인자관리 ⑤ 산업독성학	작업환경관리 실무
검정방법	객관식 4지 택일형, 과목당 20문항(과목당 30분)	필답형(3시간, 100점)
합격기준	과목당 100점 만점에 40점 이상, 전과목 평균 60점 이상	100점 만점에 60점 이상
▪ 필기시험 합격자는 당해 필기시험 발표일로부터 2년간 필기시험이 면제된다.		

시험접수부터 자격증 취득까지

- 원서접수: http://www.q-net.or.kr
- 각 시험의 실기시험 원서접수 일정 확인

- 실기시험의 준비물 확인
- 실기시험 일정 및 응시 장소 확인

- 합격발표: http://www.q-net.or.kr
- 각 시험의 합격발표 일정 확인

- 인터넷 발급: http://www.q-net.or.kr
- 방문 발급: 신분증 지참 후 발급장소(지부/지사) 방문

이 책의 구성

❶ 22년간 기출문제 全 영역을 기출엄선 핵심문제 409選으로 제시

– 최근 22년간 산업위생관리기사 시험에 출제된 全 영역을 핵심문제 409選으로 엄선하여 제공합니다.

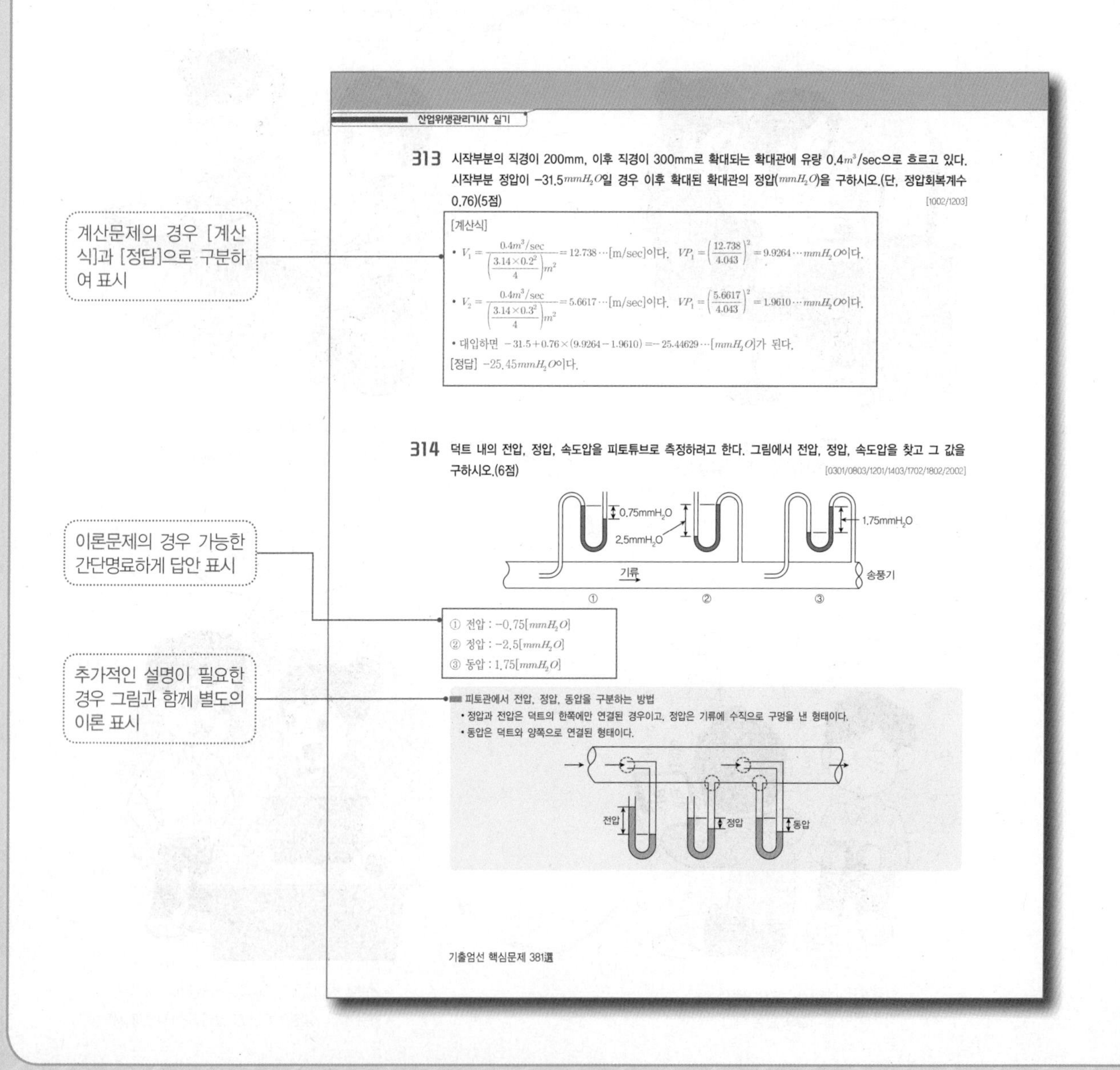

산업위생관리기사 실기

313 시작부분의 직경이 200mm, 이후 직경이 300mm로 확대되는 확대관에 유량 0.4m^3/sec으로 흐르고 있다. 시작부분 정압이 −31.5mmH_2O일 경우 이후 확대된 확대관의 정압(mmH_2O)을 구하시오.(단, 정압회복계수 0.76)(5점) [1002/1203]

[계산식]

- $V_1 = \frac{0.4m^3/\sec}{\left(\frac{3.14\times0.2^2}{4}\right)m^2} = 12.738\cdots[\text{m/sec}]$이다. $VP_1 = \left(\frac{12.738}{4.043}\right)^2 = 9.9264\cdots mmH_2O$이다.
- $V_2 = \frac{0.4m^3/\sec}{\left(\frac{3.14\times0.3^2}{4}\right)m^2} = 5.6617\cdots[\text{m/sec}]$이다. $VP_1 = \left(\frac{5.6617}{4.043}\right)^2 = 1.9610\cdots mmH_2O$이다.
- 대입하면 $-31.5+0.76\times(9.9264-1.9610) = -25.44629\cdots[mmH_2O]$가 된다.

[정답] $-25.45mmH_2O$이다.

314 덕트 내의 전압, 정압, 속도압을 피토튜브로 측정하려고 한다. 그림에서 전압, 정압, 속도압을 찾고 그 값을 구하시오.(6점) [0301/0803/1201/1403/1702/1802/2002]

① 전압 : $-0.75[mmH_2O]$
② 정압 : $-2.5[mmH_2O]$
③ 동압 : $1.75[mmH_2O]$

■ 피토관에서 전압, 정압, 동압을 구분하는 방법
- 정압과 전압은 덕트의 한쪽에만 연결된 경우이고, 정압은 기류에 수직으로 구멍을 낸 형태이다.
- 동압은 덕트와 양쪽으로 연결된 형태이다.

기출엄선 핵심문제 381選

– 14개의 Chapter로 구분해서 적절한 해법이론을 별도로 제공합니다.

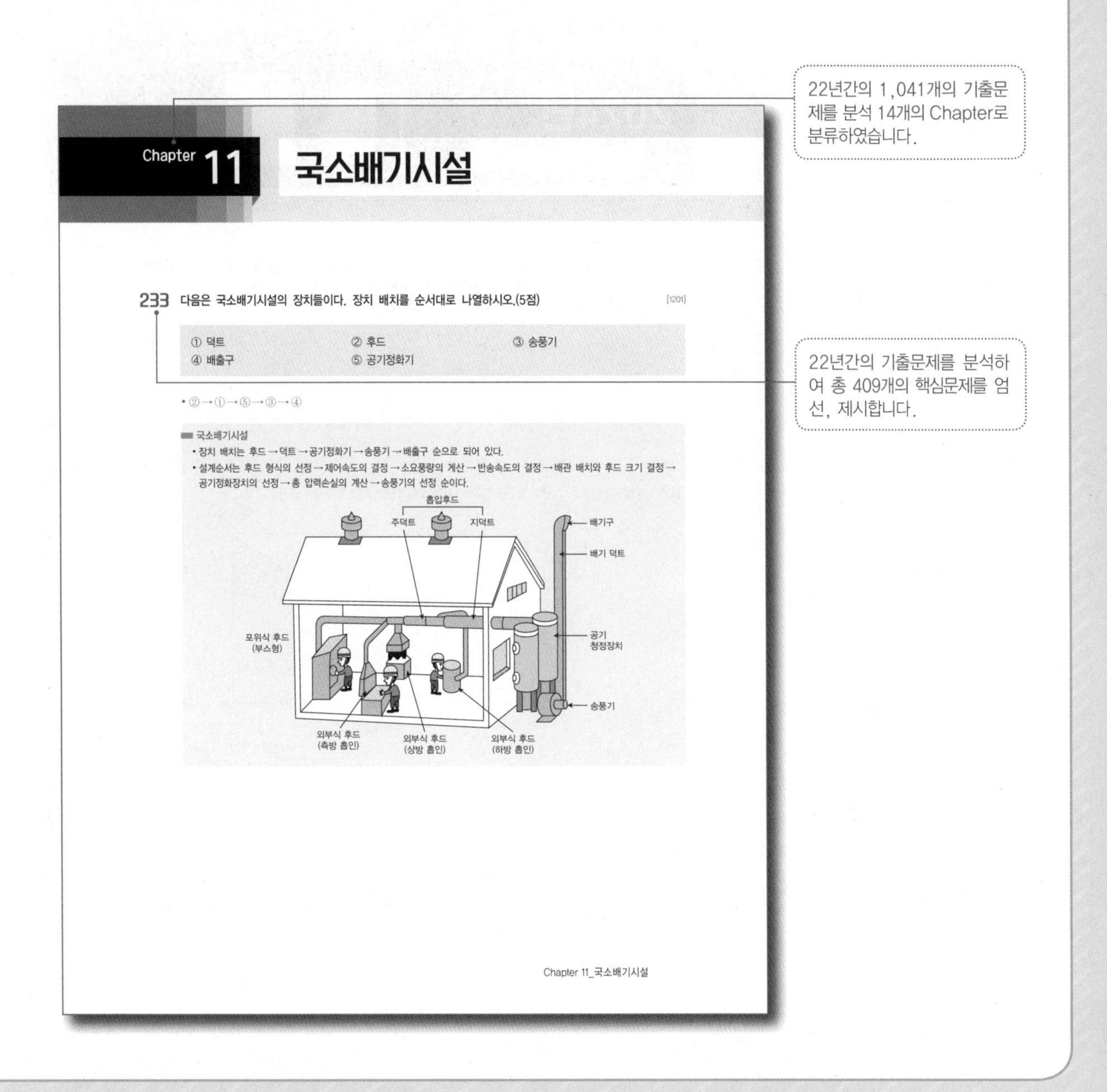

22년간의 1,041개의 기출문제를 분석 14개의 Chapter로 분류하였습니다.

Chapter 11 국소배기시설

22년간의 기출문제를 분석하여 총 409개의 핵심문제를 엄선, 제시합니다.

233 다음은 국소배기시설의 장치들이다. 장치 배치를 순서대로 나열하시오.(5점) [1201]

① 덕트	② 후드	③ 송풍기
④ 배출구	⑤ 공기정화기	

• ② → ① → ⑤ → ③ → ④

■ 국소배기시설
• 장치 배치는 후드 → 덕트 → 공기정화기 → 송풍기 → 배출구 순으로 되어 있다.
• 설계순서는 후드 형식의 선정 → 제어속도의 결정 → 소요풍량의 계산 → 반송속도의 결정 → 배관 배치와 후드 크기 결정 → 공기정화장치의 선정 → 총 압력손실의 계산 → 송풍기의 선정 순이다.

Chapter 11_국소배기시설

❷ 최근 10년간 회차별 기출복원문제(I)

– 분석데이터 및 통계자료, 기출복원문제 그리고 정확하고 간결한 모범답안 제공으로 여러분의 합격을 위한 최상의 지름길을 제공합니다.

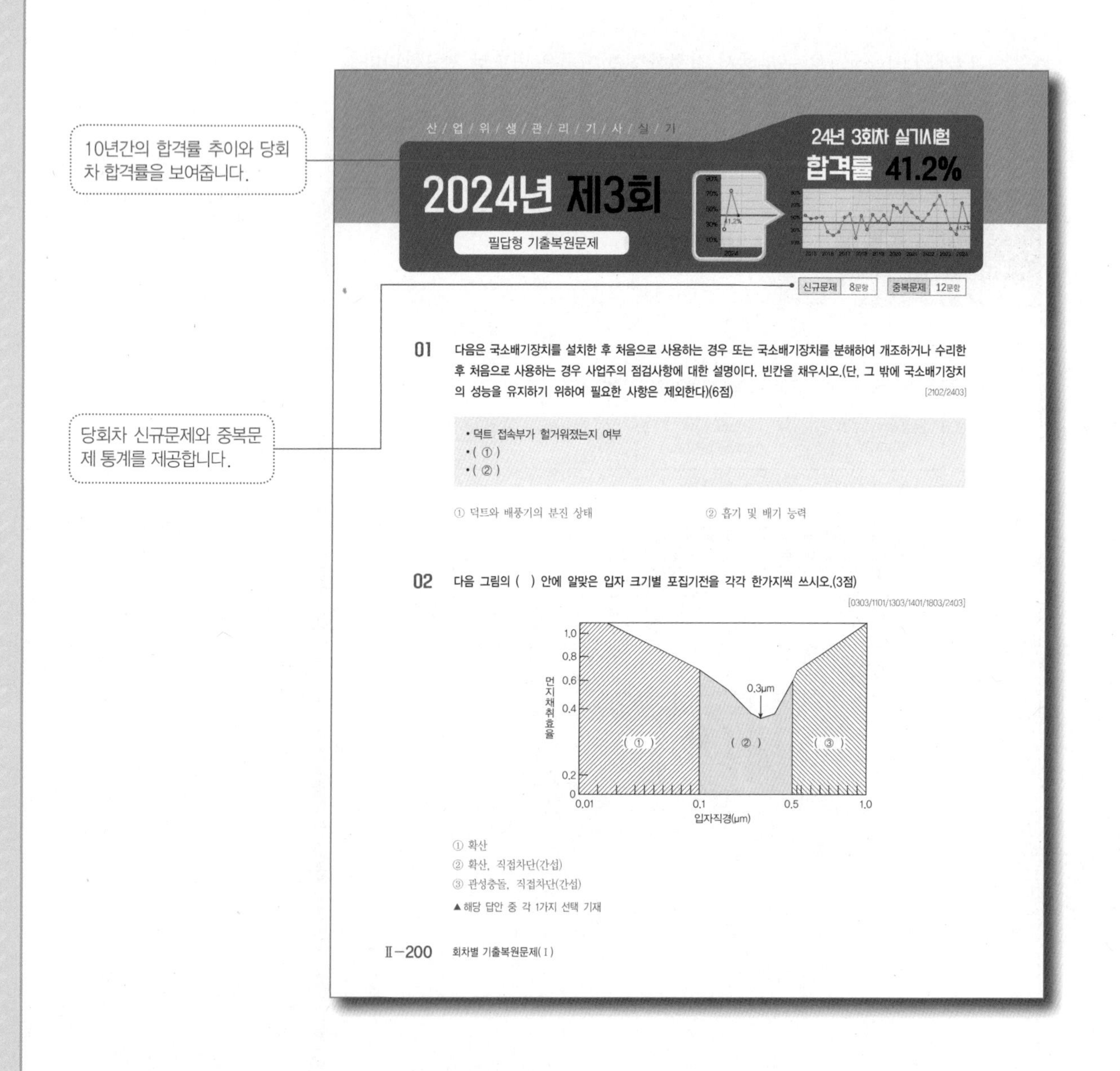

③ 최근 10년간 회차별 기출복원문제(II)

– Part 2와 동일한 페이지 / 문제구성에 답안만 빠진 형태로 제공됩니다. 연필 등을 이용하여 실전 마무리용으로 200% 활용하시기 바랍니다.

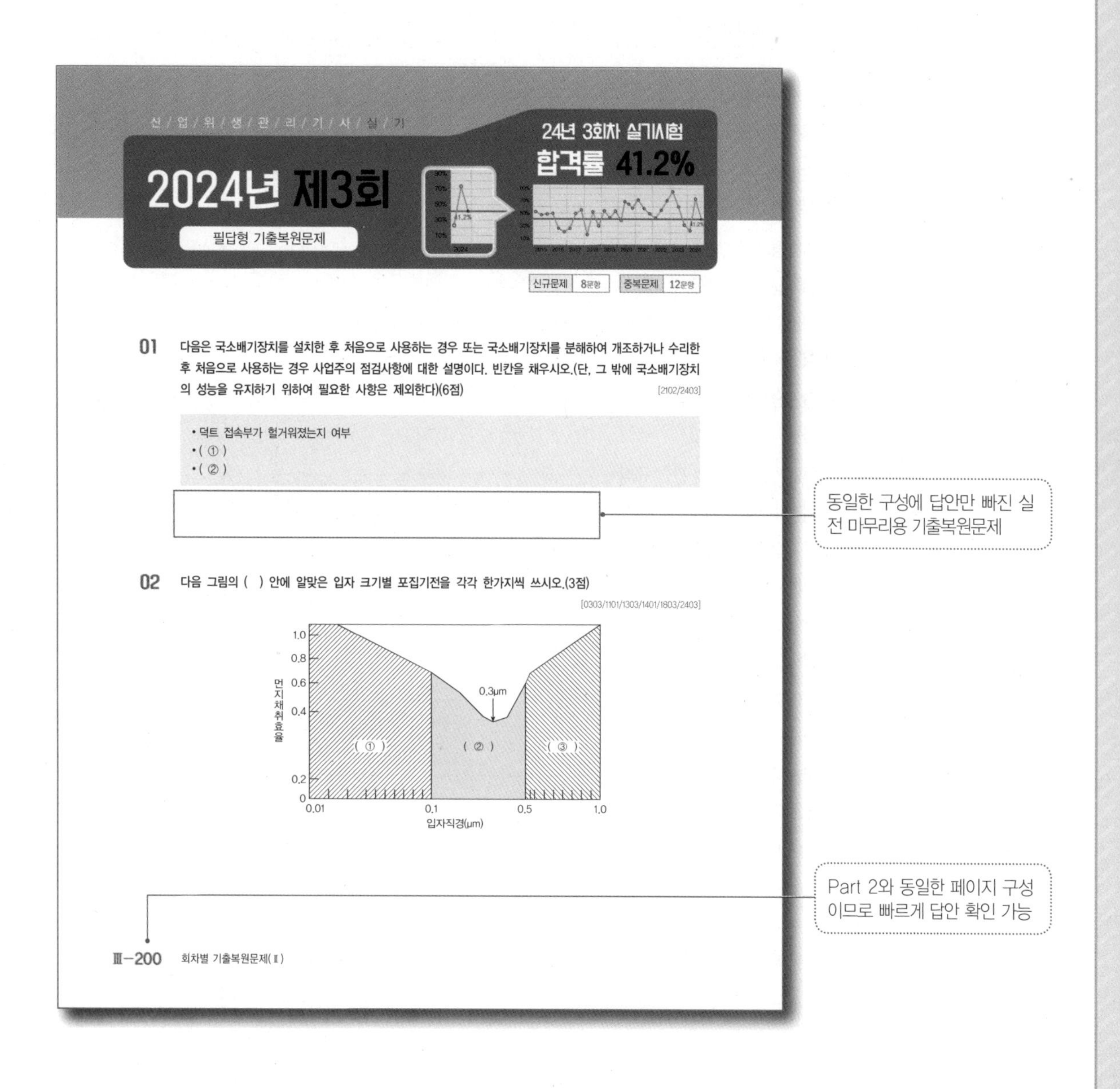

이 책의 차례

Part 1 기출엄선 핵심문제 409選

Part 2 10년간 회차별 기출복원문제<복원문제 + 모범답안>

Part 3 10년간 회차별 기출복원문제<복원문제 실전 풀어보기>

2025 고시넷 고패스

산업위생관리기사 실기

기출복원문제 + 유형분석

22년간 기출 엄선
핵심문제 409選

한국산업인력공단 국가기술자격

gosinet
(주)고시넷

Chapter 01 산업위생과 통계

001 ACGIH, NIOSH, TLV의 영문을 쓰고 한글로 정확히 변역하시오.(6점) [0301/1602]

① ACGIH
- American Conference of Governmental Industrial Hygienists
- 미국정부산업위생전문가협의회

② NIOSH
- National Institute for Occupational Safety and Health
- 미국국립산업안전보건연구원

③ TLV
- Threshold Limit Value
- 허용기준

002 다음은 미국산업위생학회(AHIA)에서 정의한 산업위생에 대한 정의이다. (　) 안을 채우시오.(4점) [1403]

> 근로자 및 일반대중에게 질병, 건강장애, 불쾌감을 일으킬 수 있는 작업환경요인과 스트레스를 (①), (②), (③) 및 (④)하는 과학이며 기술이라고 정의했다.

① 예측
② 측정
③ 평가
④ 관리

003 다음 각 단체의 허용기준을 나타내는 용어를 쓰시오.(3점) [1101/1702]

> ① OSHA　　② ACGIH　　③ NIOSH

① PEL
② TLV
③ REL

004 ACGIH TLV 허용농도 적용상의 주의사항 5가지를 쓰시오.(5점)

[0401/0602/0703/1201/1302/1502/1903]

① TLV는 대기오염 평가 및 관리에 적용될 수 없다.
② 24시간 노출 또는 정상 작업시간을 초과한 노출에 대한 독성 평가에는 적용될 수 없다.
③ 기존의 질병이나 육체적 조건을 판단하기 위한 척도로 사용될 수 없다.
④ 반드시 산업위생전문가에 의해 설명, 적용되어야 한다.
⑤ 독성의 강도를 비교할 수 있는 지표가 아니다.
⑥ 작업조건이 미국과 다른 나라에서는 ACGIH-TLV를 그대로 적용할 수 없다.
⑦ 안전농도와 위험농도를 정확히 구분하는 경계선이 아니다.

▲ 해당 답안 중 5가지 선택 기재

005 TWA가 설정되어 있는 유해물질 중 STEL이 설정되어 있지 않은 물질인 경우 TWA 외에 단시간 허용농도 상한치를 설정한다. 노출의 상한선과 노출시간 권고사항 2가지를 쓰시오.(4점)

[1602]

① TLV-TWA 3배 이상 : 30분 이하 노출 권고
② TLV-TWA 5배 이상 : 잠시라도 노출 금지

허용기준 상한치

- TWA가 설정된 물질 중에 독성자료가 부족하여 TLV-STEL이 설정되지 않은 경우 단시간 상한치를 설정해야 한다.
- TLV-TWA의 3배 : 30분 이하
- TLV-TWA의 5배 : 잠시라도 노출되어서는 안 됨

006 허용기준 중 TLV-C를 설명하시오.(4점)

[0703/1702]

- 근로자가 1일 작업시간 동안 잠시라도 노출되어서는 안 되는 최고 허용농도로 최고허용농도(Ceiling 농도)라 한다.

TLV의 종류

TLV-TWA	시간가중평균농도로 1일 8시간(1주 40시간) 작업을 기준으로 하여 유해요인의 측정농도에 발생시간을 곱하여 8시간으로 나눈 농도
TLV-STEL	근로자가 1회 15분간 유해요인에 노출되는 경우의 허용농도로 이 농도 이하에서는 1회 노출 간격이 1시간 이상인 경우 1일 작업시간 동안 4회까지 노출이 허용될 수 있는 농도
TLV-C	최고허용농도(Ceiling 농도)라 함은 근로자가 1일 작업시간 동안 잠시라도 노출되어서는 안 되는 최고 허용농도

007 노출기준과 관련된 설명이다. 빈칸을 채우시오.(4점)

[2002]

단시간노출기준(STEL)이란 근로자가 1회에 (①)분간 유해인자에 노출되는 경우의 기준으로 이 기준 이하에서는 1회 노출간격이 1시간 이상인 경우에 1일 작업시간 동안 (②)회까지 노출이 허용될 수 있는 기준을 말한다.

① 15
② 4

008 국제암연구위원회(IARC)의 발암물질 구분 group의 정의를 쓰시오.(5점)

[0802/0902/1402]

① group 1　② group 1A　③ group 2B
④ group 3　⑤ group 4

① group 1 : 인체발암성 물질을 말한다.
② group 1A : 인체 발암성 예측 · 추정물질을 말한다.
③ group 2B : 인체 발암 가능성 물질을 말한다.
④ group 3 : 인체 발암성 미분류 물질을 말한다.
⑤ group 4 : 인체 비발암성 추정물질을 말한다.

009 ACGIH A1 물질 4가지를 쓰시오.(4점)

[0903]

① 벤젠
② 석면
③ 6가 크롬
④ 아크릴로나이트릴
⑤ 벤조피렌
⑥ 벤지딘
⑦ 비소
⑧ 우라늄

▲ 해당 답안 중 4가지 선택 기재

ACGIH의 발암성 1A

- 산업안전보건법령상 사람에게 충분한 발암성 증거가 있는 물질을 말한다.
- 니켈, 1,2-디클로로프로판, 린데인, 목재분진, 베릴륨 및 그 화합물, 벤젠, 벤조피렌, 벤지딘, 부탄(이성체), 비소, 산화규소, 산화에틸렌, 석면, 우라늄, 염화비닐 , 크롬, 플루토늄, 황화카드뮴 등이다.

010 **비정상적인 작업을 하는 근무자를 위한 허용농도 보정에는 2가지 방법을 사용하는 데 이 중 OSHA 보정방법의 경우 허용농도에 대한 보정이 필요없는 경우를 3가지 제시하시오.(6점)** [1603]

① 천장값(C : Ceiling)으로 되어있는 노출기준
② 가벼운 자극을 유발하는 물질에 대한 노출기준
③ 기술적으로 타당성이 없는 노출기준

011 **유해물질의 허용농도 설정 시 가장 중요한 자료 1가지와 그 이유를 설명하시오.(5점)** [1102]

① 중요한 자료 : 산업현장의 역학조사 자료
② 이유 : 산업현장의 근로자를 대상으로 한 역학조사자료는 가장 신뢰성 있는 자료이기 때문이다.

012 **다음은 각 분야의 표준공기(표준상태)에 관한 사항이다. 빈 칸에 알맞은 내용을 쓰시오.(6점)** [1901]

구분	온도(℃)	1몰의 부피(L)
(1) 순수자연분야	( )	( )
(2) 산업위생분야	( )	( )
(3) 산업환기분야	( )	( )

• 몰당 부피는 절대온도에 비례하므로 0℃, 1기압에서 기체 1몰의 부피인 22.4L에 산업위생분야와 산업환기분야의 표준온도인 25℃와 21℃를 각각 적용하여 표준부피를 구한다.

구분	온도(℃)	1몰의 부피(L)
(1) 순수자연분야	(0)	(22.4)
(2) 산업위생분야	(25)	(24.45)
(3) 산업환기분야	(21)	(24.1)

013 **계통오차에 대해서 설명하고 그 종류 3가지를 쓰시오.(6점)** [0602/0901/1301]

가) 계통오차
  • 참값과 측정값 간에 일정한 차이가 있음을 나타내는 것으로 오차의 크기와 부호를 추정할 수 있고 보정할 수 있는 오차이다.

나) 계통오차의 종류
  ① 계기오차(기계오차) : 측정계기의 불완전성 때문에 생기는 오차
  ② 환경오차(외계오차) : 측정할 때 온도, 습도, 압력 등 외부환경의 영향으로 생기는 오차
  ③ 개인오차 : 개인이 가지고 있는 습관이나 선입관이 작용하여 생기는 오차

014 산업위생통계에 사용되는 계통오차와 우발오차에 대해 각각 설명하시오.(4점) [1903]

① 계통오차는 측정치나 분석치가 참값과 일정한 차이가 있음을 나타내는 오차이다. 대부분의 경우 원인을 찾아내고 보정할 수 있다. 계통오차가 작을 때는 정확하다고 평가한다.

② 우발오차는 한 가지 실험측정을 반복할 때 측정값들의 변동으로 발생되는 오차로 제거할 수 없고 보정할 수 없는 오차이다. 우발오차가 작을 때는 정밀하다고 말한다.

015 산업재해지표 5가지의 공식을 쓰시오.(5점) [0503/0602]

① 도수율 $= \frac{\text{연간 재해건수}}{\text{연간 총 근로시간}} \times 1,000,000$

② 강도율 $= \frac{\text{근로손실일수}}{\text{연간 총 근로시간}} \times 1,000$

③ 건수율(발생률) $= \frac{\text{재해건수}}{\text{월말 재적 근로자수}} \times 1,000$

④ 연천인률 $= \frac{\text{연간 재해자수}}{\text{연 평균 근로자수}} \times 1,000$

⑤ 평균 재해손실일수 $= \frac{\text{상해로 인한 근로손실일수}}{\text{재해건수}}$

016 연근로시간수가 18,000,000, 재해건수 520건, 근로손실일수 58,000일인 업체의 강도율과 도수율을 구하시오.(6점) [0502]

① 강도율은 1천시간동안의 근로손실일수이므로 $\frac{58,000}{18,000,000} \times 1,000 = 3.22\cdots$이다.

② 도수율은 1백만시간동안의 재해건수이므로 $\frac{520}{18,000,000} \times 1,000,000 = 28.888\cdots$이다.

[정답] ① 강도율은 3.22 ② 도수율은 28.89

도수율과 강도율

㉠ 도수율(FR : frequency Rate of injury)
- 100만 시간당 발생한 재해건수를 의미한다.
- 도수율 $= \frac{\text{연간재해건수}}{\text{연간총근로시간}} \times 10^6$로 구한다.
- 연간 근무일수나 하루 근무시간수가 주어지지 않을 경우 하루 8시간, 1년 300일 근무하는 것으로 간주한다.

㉡ 강도율(SR : Severity Rate of injury)
- 재해로 인한 근로손실의 강도를 나타낸 값으로 연간 총 근로시간에서 1,000시간당 근로손실일수를 의미한다.
- 강도율 $= \frac{\text{근로손실일수}}{\text{연간총근로시간}} \times 1,000$으로 구한다.
- 연간 근무일수나 하루 근무시간수가 주어지지 않을 경우 하루 8시간, 1년 300일 근무하는 것으로 간주한다.
- 휴업일수가 주어질 경우 근로손실일수를 구하기 위해 $\frac{\text{연간근무일수}}{365}$를 곱해준다.
- 근로자의 근속연수 등이 주어지지 않을 때 평생 근로손실일수는 한 개인이 평생 동안 근로한 시간을 100,000시간으로 볼 때의 근로손실일수이므로 강도율에 100을 곱하여 구한다.

017 기하표준편차를 구하는 2가지 방법을 설명하시오.(5점)

[0703/1302]

① 그래프로 구할 때 기하표준편차(GSD) $= \frac{\text{누적 84.1\% 값}}{\text{기하평균}}$ 혹은 $\frac{\text{기하평균}}{\text{누적 15.9\% 값}}$으로 구한다.

② 계산을 통해 구할 때 기하표준편차(GSD)는 logGSD=

$$\left[\frac{(\log X_1 - \log GM)^2 + (\log X_2 - \log GM)^2 + \cdots + (\log X_n - \log GM)^2}{N-1}\right]^{0.5}$$ 를 구해서 역대수를 취한다.

기하표준편차

- 기하표준편차는 대수정규누적분포도에서 기하평균의 값 대비 누적퍼센트 84.1% 값으로 한다.
- 그래프로 구할 때 기하표준편차(GSD) $= \frac{\text{누적 84.1\% 값}}{\text{기하평균}}$ 혹은 $\frac{\text{기하평균}}{\text{누적 15.9\% 값}}$으로 구한다.
- 계산을 통해 구할 때 기하표준편차(GSD)는

$$\log GSD = \left[\frac{(\log X_1 - \log GM)^2 + (\log X_2 - \log GM)^2 + \cdots + (\log X_n - \log GM)^2}{N-1}\right]^{0.5}$$ 를 구해서 역대수를 취한다.

018 기하평균 및 기하표준편차를 구하는 방법 중 그래프로 구하는 방법에 대해 설명하시오.(4점)

[0801/1403]

① 기하평균(GM)

- 누적분포에서 50%에 해당하는 값으로 구한다.

② 기하표준편차(GSD)

- 누적분포 84.1%에 해당하는 값을 누적분포 50%에 해당하는 값으로 나누어 구한다.

$GSD = \frac{\text{누적분포 84.1\%값}}{\text{누적분포 50\% 값}}$이다.

기하평균(GM)

- 주어진 n개의 값들을 곱해서 나온 값의 n제곱근이다.
- $x_1, x_2, \cdots, x_n$의 자료가 주어질 때 기하평균 GM은 $\sqrt[n]{x_1 \times x_2 \times \cdots \times x_n}$으로 구하거나

$\log GM = \frac{\log X_1 + \log X_2 + \cdots + \log X_n}{N}$을 역대수 취해서 구할 수 있다.

019 다음은 데이터의 누적분포를 표시하는 그래프 데이터이다. 기하평균[$\mu g/m^3$]과 기하표준편차[$\mu g/m^3$]를 구하시오.(5점) [2403]

누적	15.9%	19.5%	24.5%	37.4%	48.1%	50%	63.1%	77.2%	81.4%	84.1%	89.1%
데이터	0.05	0.07	0.08	0.11	0.16	0.20	0.45	0.68	0.77	0.80	0.85

- 그래프로 구할 때 기하평균은 누적분포의 50%에 해당하는 값이며, 기하표준편차(GSD) = $\frac{\text{누적 84.1\%값}}{\text{기하평균}}$ 혹은 $\frac{\text{기하평균}}{\text{누적 15.9\%값}}$으로 구한다.

① 기하평균은 누적분포의 50%에 해당하는 값이므로 0.20[$\mu g/m^3$]이 된다.

② 기하표준편차는 = $\frac{\text{누적 84.1\%값}}{\text{기하평균}}$ 혹은 $\frac{\text{기하평균}}{\text{누적 15.9\%값}}$으로 구하므로 대입하면 $\frac{0.20}{0.05} = \frac{0.80}{0.20} = 4[\mu g/m^3]$이 된다.

020 다음 측정값의 기하평균을 구하시오.(5점) [0803/1301/1801/2102]

25, 28, 27, 64, 45, 52, 38, 58, 55, 42 (단위 : ppm)

[계산식]

- 주어진 값을 대입하면 $\log GM = \frac{\log 25 + \log 28 + \cdots + \log 42}{10} = \frac{16.1586\cdots}{10} = 1.6158\cdots$가 된다.
- 역대수를 구하면 $GM = 10^{1.6158} = 41.2857\cdots$ppm이 된다.

[정답] 41.29[ppm]

021 기하평균(GM)과 기하표준편차(GSD)를 계산하시오.(6점)

[0403/0502/1102]

측정치 : 67, 51, 33, 72, 122, 75, 110, 93, 61, 190 [mg/m^3]

1) 기하평균(GM)

[계산식]

• 대입하면 $\frac{\log67+\log51+\log33+\log72+\log122+\log75+\log110+\log93+\log61+\log190}{10}=\frac{18.94}{10}=1.894$가 된다.

• $\log(GM)=1.894$이므로 $GM=10^{1.894}=78.3429\cdots[mg/m^3]$이 된다.

[정답] 78.34[mg/m^3]

2) 기하표준편차(GSD)

[계산식]

• 대입하면

$$\left[\frac{(\log67-1.894)^2+(\log51-1.894)^2+(\log33-1.894)^2+\cdots+(\log93-1.894)^2+(\log61-1.894)^2+(\log190-1.894)^2}{10-1}\right]^{\frac{1}{2}}$$

$=\left[\frac{0.406}{9}\right]^{\frac{1}{2}}=0.213$이 된다.

• $\log(GSD)=0.213$이므로 $GSD=10^{0.213}=1.633\cdots$이 된다.

[정답] 1.63[mg/m^3]

022 다음 측정값의 산술평균과 기하평균을 구하시오.(6점)

[0601/1403/2303]

25, 28, 27, 64, 45, 52, 38, 58, 55, 42 (단위 : ppm)

[계산식]

• 주어진 값을 대입하면 산술평균 $M=\frac{25+28+\cdots+42}{10}=\frac{434}{10}=43.4ppm$이 된다.

• 주어진 값을 대입하면 $\log GM=\frac{\log25+\log28+\cdots+\log42}{10}=\frac{16.1586\cdots}{10}=1.6158\cdots$가 된다.

• 역대수를 구하면 $GM=10^{1.6158}=41.2857\cdots ppm$이 된다.

[정답] ① 43.4[ppm]

② 41.29[ppm]

산술평균

• $x_1, x_2, \cdots, x_n$의 자료가 주어질 때 산술평균 M은 $\frac{x_1+x_2+\cdots+x_n}{N}$으로 구할 수 있다.

023 다음 표를 보고 기하평균과 기하표준편차를 구하시오.(5점) [1703]

누적분포	해당 데이터
15.9%	0.05
50%	0.2
84.1%	0.8

[계산식]

- 기하평균은 누적분포에서 50%에 해당하는 값이다.
- 기하표준편차는 대수정규누적분포도에서 누적퍼센트 84.1%에 값 대비 기하평균의 값으로 한다. 즉, 기하표준편차(GSD) $= \frac{\text{누적 } 84.1\% \text{ 값}}{\text{기하평균}}$ 혹은 $\frac{\text{기하평균}}{\text{누적 } 15.9\% \text{ 값}}$ 으로 구한다.
- 기하평균은 누적분포에서 50%에 해당하는 값이므로 0.2이다.
- 기하표준편차는 $\frac{0.8}{0.2} = 4$이다.

[정답] 기하평균은 0.2, 기하표준편차는 4

024 변이계수의 정의와 공식을 쓰고, 중요성을 설명하시오.(4점) [0602/1003]

① 정의 : 측정된 자료의 표준편차를 산술평균으로 나눈 값으로 표준편차가 평균의 몇 %가 되는지를 나타내는 계수이다.

② 공식 : $\frac{\text{표준편차}}{\text{산술평균}} \times 100$으로 구한다.

③ 중요성 : 변이계수의 값은 데이터의 정밀도(신뢰도)를 나타내는 지표로서 측정자료가 데이터로서의 가치가 있음을 나타내는 지표이다.

025 어떤 물질을 정도관리하기 위해 분석자 A와 B가 분석을 하여 다음과 같은 값이 나왔다. 각 분석자의 변이계수를 구하고, 변이계수(%)를 근거로 분석자 A와 B의 분석능력을 비교 평가하시오.(6점) [0501]

No	분석자 A	분석자 B
1	0.002	0.18
2	0.003	0.17
3	0.004	0.17
4	0.005	0.16
평균	(?)	(?)
표준편차	(?)	(?)
변이계수	(?)	(?)

[계산식]

① 분석자 A 변이계수

- 평균은 $\frac{0.002+0.003+0.004+0.005}{4}=0.0035$이다.
- 표준편차는 $\left[\frac{(0.002-0.0035)^2+(0.003-0.0035)^2+(0.004-0.0035)^2+(0.005-0.0035)^2}{3}\right]^{\frac{1}{2}}$

$=\sqrt{\frac{0.000005}{3}}=0.00129\cdots$이다.

- 변이계수는 $\frac{0.00129}{0.0035}\times 100=36.857\cdots$이므로 36.86%이다.

② 분석자 B 변이계수

- 평균은 $\frac{0.18+0.17+0.17+0.16}{4}=0.17$이다.
- 표준편차는 $\left[\frac{(0.18-0.17)^2+(0.17-0.17)^2+(0.17-0.17)^2+(0.16-0.17)^2}{3}\right]^{\frac{1}{2}}=\sqrt{\frac{0.0002}{3}}=0.00816\cdots$이다.
- 변이계수는 $\frac{0.00816}{0.17}\times 100=4.8$이므로 4.8%이다.

③ 분석능력 평가 : 변이계수의 값이 작을수록 정밀성이 좋으므로 분석자 B의 분석능력이 더 좋다고 할 수 있다.

[정답] ① A 변이계수는 36.86[%] ② B 변이계수는 4.8[%]

③ 변이계수의 값이 작을수록 정밀성이 좋으므로 분석자 B의 분석능력이 더 좋다.

026 Lapple이 언급한 전형적인 싸이클론 내로 900m/min의 유속으로 함진기체가 유입된다. 이 싸이클론 실린더 본체의 직경은 2.8m이고, 함진기체의 온도는 77℃이다. 이때 다음의 조건을 이용하여 밀도가 1.5g/cm^3이고 직경이 26μm인 구형입자의 이론적 제거효율(%)을 구하시오.(6점) [0701/1203]

〈조건〉

Lapple의 식 : $D_p = \left(\dfrac{9\mu b}{2\pi NV(\rho_p - \rho_g)}\right)^{\frac{1}{2}}$[m]

- D_p : 제거효율이 50%인 입자의 직경(절단입경)
- μ : 기체의 점도(2.1×10^{-5}kg/m · sec at 77℃)
- b : 싸이클론 도입구의 폭(b=1/4×실린더 본체 직경)
- N : 싸이클론 내의 기체 유효 회전수(N=5)
- V : 유입되는 기체의 유속(m/sec)
- ρ_p : 입자의 밀도
- ρ_g : 기체의 밀도(1.3kg/m^3)

D/D_p	0.5	1.0	1.5	2.0	2.5	3.0	3.5	4.5
기체효율(%)	22	51	7.	81	88	91	95	97

[계산식]

- 도입기체의 유속은 분당 900m이므로 초당은 15m/sec이고, 구형입자의 밀도는 1.5g/cm^3인데 이를 [kg/m^3]으로 변환하려면 1,000을 곱해야 하므로 1,500[kg/m^3]이 된다.
- 주어진 식에 대입하면 $D_p = \left(\dfrac{9\times(2.1\times10^{-5})\times(2.8\times\frac{1}{4})}{2\times3.14\times5\times15(1500-1.3)}\right)^{\frac{1}{2}} = 0.00001369027$[m]인데 이를 [$\mu$m]으로 변환하려면 10^6을 곱해줘야 하므로 D_p는 13.69027[μm[가 된다.
- 구형입자와의 입경비 $\left(\dfrac{D}{D_p}\right) = \dfrac{26}{13.69} = 1.899\cdots$가 된다.
- 표에서 입경비 1.899와 가까운 값은 2.0이므로 이를 통해서 기체효율은 81%임을 확인할 수 있다.

[정답] 81[%]

Chapter 02 인간공학

027 인체 내 방어기전 중 대식세포의 기능에 손상을 주는 물질을 3가지 쓰시오.(6점) [1701]

① 석면
② 유리섬유
③ 다량의 박테리아

028 다음 조건의 근로자에게 시켜서는 안 될 작업을 한 가지씩 쓰시오.(6점) [0501]

① 평편족	② 고혈압	③ 천식
④ 비만	⑤ 저혈압	⑥ 동상

① 평편족 : 서서하는 작업
② 고혈압 : 잠수작업
③ 천식 : 분진발생작업
④ 비만 : 고열작업
⑤ 저혈압 : 비행업무
⑥ 동상 : 한랭작업

029 전신피로에 대한 설명이다. ( ) 안을 채우시오.(4점) [1103]

> 심한 전신피로 상태란 작업 종료 후 30 ~ 60초 사이의 평균 맥박수가 (①)을 초과하고, 150 ~ 180초 사이와 60 ~ 90초 사이의 차이가 (②) 미만일 때를 말한다.

① 110
② 10

030 산업피로를 발생시키는 요인 3가지를 쓰시오.(3점) [1402]

① 작업부하
② 작업환경조건
③ 생활조건
④ 작업시간 및 작업편성
▲ 해당 답안 중 3가지 선택 기재

031 산업피로의 생리적 원인을 3가지 쓰시오.(4점) [2402]

① 산소공급 부족
② 혈중 포도당 농도의 저하
③ 혈중 젖산 농도의 증가
④ 근육 내 글리코겐 양의 감소
▲ 해당 답안 중 3가지 선택 기재

032 산업피로 증상에서 혈액과 소변의 변화를 2가지씩 쓰시오.(4점) [0602/1601/1901/2302]

① 혈액 : 혈당치가(혈중 포도당 농도가) 낮아지고, 젖산과 탄산량이 증가하여 산혈증이 된다.
② 소변 : 소변의 양이 줄고 진한 갈색을 나타나거나 단백질 또는 교질물질을 많이 포함한 소변이 된다.

033 다음 물음에 답하시오.(6점) [0303/2101/2302]

가) 산소부채란 무엇인가?
나) 산소부채가 일어날 때 에너지 공급원 4가지를 쓰시오.

가) 작업이 끝난 후에 남아 있는 젖산을 제거하기 위해서는 산소가 더 필요하며, 이 때 동원되는 산소소비량을 말한다.
나) 에너지 공급원
① 아데노신 삼인산(adenosine triphosphate, ATP)
② 크레아틴 인산(creatine phosphate, CP)
③ 글리코겐(glycogen)
④ 지방산이나 포도당
⑤ 호기성 대사
▲ 해당 답안 중 4가지 선택 기재

034 산소부채에 대하여 설명하시오.(4점) [0502/0603/1501/1703]

- 작업이나 운동이 격렬해져서 근육에 생성되는 젖산의 제거속도가 생성속도에 미치지 못하면, 활동이 끝난 후에도 남아있는 젖산을 제거하기 위하여 산소가 더 필요하게 되는 것을 말한다.

035 근육이 운동을 시작했을 때 에너지를 공급받는 순서(혐기성 대사 과정)를 순서대로 나열하시오.(3점) [1401]

① ATP(아데노신 삼인산) → ② CP(코레이틴 인산) → ③ glycogen(글리코겐) 혹은 glucose(포도당)순

036 중량물 취급작업의 권고기준(RWL)의 관계식 및 그 인자를 쓰시오.(4점) [2003/2302]

- RWL = 23kg × HM × VM × DM × AM × FM × CM으로 구한다.
  이때 HM은 수평계수, VM은 수직계수, DM은 거리계수, AM은 비대칭계수, FM은 빈도계수, CM은 결합계수이다.

037 중량물 취급작업 시 허리를 굽히기 보다는 허리를 펴고 다리를 굽히는 방법을 권하고 있다. 중량물 취급작업 시 지켜야 할 가장 중요한 원칙(적용범위)을 2가지 쓰시오.(4점) [1603]

① 작업공정을 개선하여 운반의 필요성이 없도록 한다.
② 운반횟수(빈도) 및 거리를 최소화, 최단거리화 한다.

038 교대작업 중 야간근무자를 위한 건강관리 4가지를 쓰시오.(4점) [2202]

① 야간근무의 연속은 2 ~ 3일 정도가 좋다.
② 야근 교대시간은 상오 0시 이전에 하는 것이 좋다.
③ 야간근무 시 가면(假眠)시간은 근무시간에 따라 2 ~ 4시간으로 하는 것이 좋다.
④ 야근은 가면(假眠)을 하더라도 10시간 이내가 좋다.
⑤ 야근 후 다음 반으로 가는 간격은 최저 48시간을 가지도록 한다.
⑥ 상대적으로 가벼운 작업을 야간 근무조에 배치하고, 업무 내용을 탄력적으로 조정한다.

▲ 해당 답안 중 4가지 선택 기재

039 야간교체작업 근로자의 생리적 현상을 3가지 쓰시오.(6점) [2203/2301]

① 체중이 감소한다.
② 체온이 주간보다 더 내려간다.
③ 수면의 효율이 좋지 않다.
④ 피로가 쉽게 온다.
▲해당 답안 중 3가지 선택 기재

040 Flex-Time제를 간단히 설명하시오.(4점) [1802]

• 모든 직원이 함께 일해야 하는 중추시간(Core time) 외에는 지정된 주간 근무시간 내에서 직원들이 자유롭게 출퇴근하는 것을 허용하는 제도를 말한다.

041 RMR이 8인 매우 힘든 중 작업에서 실동률과 계속작업 한계시간을 구하시오.(4점) [2203]

[계산식]
• 실노동률=85−(5×8)[%]=45%이다.
• log(CMT)=3.724−3.25log(8)=0.7889…이므로 CMT는 $10^{0.7889\cdots}$ =6.1510…분이다.
[정답] ① 45[%] ② 6.15[분]

실노동률과 계속작업 한계시간
• 실노동률=85−(5×RMR)[%]로 구한다.
• 작업대사율(R)이 주어질 경우 계속작업 한계시간(CMT)은 log(CMT)=3.724−3.25log(R)로 구한다. 이때 R은 RMR을 의미한다.

042 육체적 작업능력(PWC)이 16kcal/min인 남성근로자가 1일 8시간 동안 물체를 운반하는 작업을 하고 있다. 이때 작업대사율은 10kcal/min이고, 휴식 시 대사율은 2kcal/min이다. 매 시간마다 이 사람의 적정한 휴식시간과 작업시간을 계산하시오.(단, Hertig의 공식을 적용하여 계산한다)(4점) [1401/2301]

[계산식]

- PWC가 16kcal/min이므로 E_{max}는 $\frac{16}{3}=5.33\cdots$kcal/min이다.
- E_{task}는 10kcal/min이고, E_{rest}는 2kcal/min이므로 값을 대입하면
  $T_{rest}=\left[\frac{5.33-10}{2-10}\right]\times 100=\frac{4.67}{8}\times 100=58.375\%$가 된다.
- 1시간의 58.375%는 약 35.025분에 해당한다. 즉, 휴식시간은 시간당 35.03분이다.
- 작업시간은 시간당 60−35.03=24.97분이 된다.

[정답] ① 휴식시간 35.03[분] ② 작업시간 24.97[분]

Hertig 시간당 적정휴식시간의 백분율

- Hertig 시간당 적정휴식시간의 백분율 $T_{rest}=\left[\frac{E_{max}-E_{task}}{E_{rest}-E_{task}}\right]\times 100$[%]으로 구한다.

- E_{max}는 8시간 작업에 적합한 작업량으로 육체적 작업능력(PWC)의 1/3에 해당한다.
- E_{rest}는 휴식 대사량이다.
- E_{task}는 해당 작업 대사량이다.

043 젊은 근로자의 약한 손(오른손잡이일 경우 왼손)의 힘이 평균 60kp일 경우 이 근로자가 무게 16kg인 상자를 두 손으로 들어 올릴 경우의 작업강도(%MS)를 구하시오.(5점) [0502]

- 작업강도는 근로자가 가지는 최대 힘(MS)에 대한 작업이 요구하는 힘(RF)을 백분율로 표시하는 값으로 $\frac{RF}{MS}\times 100$으로 구한다. 이때 RF는 작업이 요구하는 힘, MS는 근로자가 가지고 있는 약한 손의 최대힘이다.

[계산식]

- RF는 16kg, 약한 한쪽의 최대힘 MS가 60kg이므로 두 손은 120kg에 해당하므로 $\%MS=\frac{16}{120}\times 100=13.333\cdots\%$이다.

[정답] 13.33[%]

작업강도(%MS)

- 근로자가 가지는 최대 힘(MS)에 대한 작업이 요구하는 힘(RF)을 백분율로 표시하는 값이다.
- $\frac{RF}{MS}\times 100$으로 구한다. 이때 RF는 작업이 요구하는 힘, MS는 근로자가 가지고 있는 약한 손의 최대힘이다.
- 15% 미만이며 국소피로 오지 않으며, 30% 이상일 때 불쾌감이 생기면서 국소피로를 야기한다.
- 적정작업시간(초)은 671,120×$\%MS^{-2.222}$[초]로 구한다.

Chapter 03 작업환경과 개선대책

044 인간이 활동하기 가장 좋은 상태의 온열조건으로 환경온도를 감각온도로 표시한 것을 지적온도라고 한다. 지적온도에 영향을 미치는 요인을 5가지 쓰시오.(5점) [2004/2303]

① 작업량 ② 계절 ③ 음식물
④ 연령 ⑤ 성별

045 인체의 고온순화(순응)의 매커니즘 4가지를 쓰시오.(4점) [0501/1701]

① 체표면에 있는 한선의 수가 증가한다.
② 위액분비가 줄고 산도가 감소하여 식욕부진, 소화불량을 유발한다.
③ 알도스테론의 분비가 증가되어 염분의 배설량이 억제된다.
④ 간기능이 저하되고 콜레스테롤과 콜레스테롤 에스터의 비가 감소한다.
⑤ 교감신경에 의해 피부혈관이 확장되고 피부온도가 상승한다.
⑥ 발한과 호흡촉진, 수분의 부족상태가 발생한다.
⑦ 혈중의 염분량이 현저히 감소한다.

▲ 해당 답안 중 4가지 선택 기재

046 인체와 환경 사이의 열평형방정식을 쓰시오.(단, 기호 사용시 기호에 대한 설명을 하시오)(5점) [0801/0903/1403/1502/2201]

• 열평형방정식은 $\Delta S = M - E \pm R \pm C$로 표시할 수 있다. 이때 ΔS는 생체 내 열용량의 변화, M은 대사에 의한 열 생산, E는 수분증발에 의한 열 방산, R은 복사에 의한 열 득실, C는 대류 및 전도에 의한 열 득실이다.

■ 인체의 열평형 방정식

• 인체의 열생산은 음식물의 소화와 근육의 운동으로 인해 일어나며 대사, 전도, 대류, 복사 등이 이에 해당한다.
• 인체의 열방출은 땀의 분비와 호흡에 의해 일어나며 증발, 전도, 대류, 복사 등이 이에 해당한다.

$\Delta S = M - E \pm R \pm C$	• ΔS : 인체 열용량(열축적 혹은 열손실) • M : 작업대사량 • E : 증발에 의한 열손실 • R : 복사에 의한 열교환 • C : 대류에 의한 열교환

• 체중에 의해 조정되는 것은 작업대사량, 대류, 복사에 의한 열교환이다.

047 다음의 증상을 갖는 열중증의 종류를 쓰시오.(4점) [1803/2101]

> ① 신체 내부 체온조절계통이 기능을 잃어 발생하며, 체온이 지나치게 상승할 경우 사망에 이를 수 있고 수액을 가능한 빨리 보충해주어야 하는 열중증
> ② 더운 환경에서 고된 육체적 작업을 통하여 신체의 지나친 염분 손실을 충당하지 못할 경우 발생하는 고열장애로 빠른 회복을 위해 염분과 수분을 공급하지만 염분 공급 시 식염정제를 사용하여서는 안 되는 열중증

① 열사병　　② 열경련

048 고열을 이용하여 유리를 제조하는 작업장에서 작업자가 눈에 통증을 느꼈다. 이때 발생한 물질과 질환(병)의 명칭을 쓰시오.(4점) [1601]

① 발생 유해물질 : 복사열
② 질환 명칭 : 안질환(각막염, 결막염 등)

049 50℃에서 100m^3/min으로 흐르는 이상기체의 온도를 5℃로 낮추었을 때 유량을 구하시오.(5점) [2201]

[계산식]
- 유량은 부피가 일정할 때 절대온도에 비례한다.($Q = mC\Delta t$)
- 50℃에서 100m^3/min의 유량은 5℃에서는 $100 \times \frac{273+5}{273+50} = 86.068 \cdots m^3$/min이다.

[정답] 86.07[m^3/min]

> **유량과 온도**
> - 유량은 부피가 일정할 때 절대온도에 비례한다.($Q = mC\Delta t$)
> - 유량=(0℃, 1기압에서의 유량) $\times \frac{273+t}{273}$로 구할 수 있다.

050 압력에 대한 단위 설명이다. ( )에 알맞은 값을 채우시오.(6점) [0702]

> 1atm=(①)mbar=(②)dyne/cm^2=(③)N/m^3

① 1,013.25　　② 1.01325×10^6　　③ 1.01325×10^5

051 50℃, 800mmHg인 상태에서 632L인 $C_5H_8O_2$가 80mg이 있다. 온도 21℃, 1기압인 상태에서의 농도(ppm)를 구하시오.(6점)

[0903/1102/1302/1903/2401]

[계산식]

- 보일-샤를의 법칙은 기체의 압력과 온도가 변화할 때 기체의 부피는 절대온도에 비례하고 압력에 반비례하므로 $\frac{P_1V_1}{T_1}=\frac{P_2V_2}{T_2}$가 성립한다.
- 여기서 V_2를 구하는 것이므로 $V_2=\frac{P_1V_1T_2}{T_1P_2}$이다. 대입하면 $V_2=\frac{800\times632\times(273+21)}{(273+50)\times760}=605.5336\cdots$L가 된다.
- 농도[mg/m^3]를 구하면 $\frac{80mg}{605.5336L\times mg/1,000L}=132.1148\cdots mg/m^3$이다. $C_5H_8O_2$의 분자량은 100이므로 ppm으로 변환하면 $132.1148mg/m^3\times\frac{24.1}{100}=31.8396\cdots$ppm이 된다.

[정답] 31.84[ppm]

■ 보일-샤를의 법칙
- 기체의 압력, 온도, 부피의 관계를 나타낸 법칙이다.
- 기체의 부피는 절대온도에 비례하고 압력에 반비례한다.
- $\frac{P_1V_1}{T_1}=\frac{P_2V_2}{T_2}$이 성립한다. 여기서 P는 압력, V는 부피, T는 절대온도(273+섭씨온도)이다.

052 200℃, 700mmHg 상태의 배기가스 SO_2 150m^3를 21℃, 1기압 상태로 전환할 때 그 부피(m^3)를 구하시오.(5점)

[0803/1001/1401/1702]

[계산식]

- 보일-샤를의 법칙은 기체의 압력과 온도가 변화할 때 기체의 부피는 절대온도에 비례하고 압력에 반비례하므로 $\frac{P_1V_1}{T_1}=\frac{P_2V_2}{T_2}$가 성립한다.
- 여기서 V_2를 구하는 것이므로 $V_2=\frac{P_1V_1T_2}{T_1P_2}$이다. 대입하면 $V_2=\frac{700\times150\times(273+21)}{(273+200)\times760}=85.8740\cdots m^3$이 된다.

[정답] 85.87[m^3]

053 절대습도, 포화습도, 비교습도를 각각 정의하시오.

[0403]

① 절대습도 : 공기 1m^3당 함유되어 있는 수증기량을 그램(g) 단위로 나타낸 것으로 습도 측정의 기준으로 사용된다.

② 포화습도 : 일정 공기중의 수증기량이 한계를 넘을 때, 공기중의 수증기량(g)이나 수증기 장력(mmHg) 즉, 공기 m^3가 포화상태에서 함유할 수 있는 수증기량 또는 장력을 말한다.

③ 비교습도 : 상대습도라고도 하며, 같은 온도에서 포화수증기압에 대한 수증기압의 비율을 백분율(%)로 나타낸 것으로 비교습도$=\frac{절대습도}{포화습도}\times100$[%]로 구한다.

054 C5-dip현상에 대해서 간단히 설명하시오.(4점) [0703/1501/2101]

- 4,000Hz에서 심하게 청력이 손실되는 현상을 말한다.

055 정상청력을 갖는 사람의 가청주파수 영역을 쓰시오.(5점) [1902]

- 20 ~ 20,000[Hz]

056 소음 측정 시 청감보정회로를 dB(A)로 선택하여 측정하는 경우와 dB(C)로 선택하여 측정하는 경우를 각각 1가지씩 쓰시오.(4점) [1003]

① dB(A) : 저주파 대역을 크게 보정하여 인체영향분석에 사용
② dB(C) : 모든 주파수 대역이 평탄해 기계음 분석에 사용

057 중심주파수가 600Hz일 때 밴드의 주파수 범위(하한주파수 ~ 상한주파수)를 계산하시오. (단, 1/1 옥타브 밴드 기준)(5점) [0601/0902/1401/1501/1701]

[계산식]

- 1/1 옥타브 밴드 분석시 $\frac{fu}{fl}=2$, $fc=\sqrt{fl\times fu}=\sqrt{2}fl$로 구한다.
- fc가 600Hz이므로 하한주파수는 $\frac{600}{\sqrt{2}}=424.264\cdots$Hz이다. 상한주파수는 $424.264\times 2=848.528$Hz이다.
- 따라서 주파수 범위는 424.264 ~ 848.528Hz이다.

[정답] 424.26 ~ 848.53[Hz]

주파수 분석

- 소음의 특성을 분석하여 소음 방지기술에 활용하는 방법이다.
- 1/1 옥타브 밴드 분석 시 $\frac{fu}{fl}=2$, $fc=\sqrt{fl\times fu}=\sqrt{2}fl$로 구한다. 이때 fl은 하한 주파수, fu는 상한 주파수, fc는 중심 주파수이다.

058 500Hz 음의 파장(m)을 구하시오.(단, 음속은 340m/sec이다)(5점) [0301/1403/1503]

[계산식]

- 파장 $\lambda = \frac{C}{f}$로 구한다. 이때 λ는 파장[m], C는 전파일 경우 빛의 속도(3×10^8[m/sec]), 소리일 경우 음속(340m/sec), f는 주파수[Hz]이다.
- 소리의 파장을 구하므로 음속을 적용한다.
- 대입하면 파장 $\lambda = \frac{340}{500} = 0.68$m가 된다.

[정답] 0.68[m]

음의 파장
- 음의 파동이 주기적으로 반복되는 모양을 나타내는 구간의 길이를 말한다.
- 파장 $\lambda = \frac{V}{f}$로 구한다. V는 음의 속도, f는 주파수이다.
- 음속은 보통 0℃ 1기압에서 331.3m/sec, 15℃에서 340m/sec의 속도를 가지며, 온도에 따라서 $331.3\sqrt{\frac{T}{273.15}}$로 구하는데 이때 T는 절대온도이다.

059 작업환경 개선의 일반적 기본원칙 4가지를 쓰시오.(4점) [0803/1603/2302]

① 대치 ② 격리
③ 환기 ④ 교육

작업환경 개선의 기본원칙
- 일반적인 기본원칙은 대치, 격리, 환기 3가지이며, 교육을 추가시켜 4원칙이라고도 한다.

대치	① 공정의 변경, ② 유해물질의 변경, ③ 시설의 변경
격리	① 공정의 격리, ② 저장물질 격리, ③ 시설의 격리
환기	① 전체환기, ② 국소배기
교육	① 근로자 대상 교육, ② 보호구 착용

060 작업환경 개선의 기본원칙 4가지와 그 방법 혹은 대상 1가지를 각각 쓰시오.(4점) [1103/1501/2202]

가) 대치 : ① 공정의 변경, ② 유해물질의 변경, ③ 시설의 변경
나) 격리 : ① 공정의 격리, ② 저장물질 격리, ③ 시설의 격리
다) 환기 : ① 전체환기, ② 국소배기
라) 교육 : ① 근로자 대상 교육, ② 보호구 착용

▲ 방법 혹은 대상은 해당 답안 중 1가지 선택 기재

061 **소음을 감소시키기 위한 대책을 공학적 대책, 작업관리 대책, 건강관리 대책으로 구분하여 각각 2가지씩 쓰시오.(6점)** [1401]

가) 공학적 대책
  ① 흡음처리
  ② 차음처리
나) 작업관리 대책
  ① 작업방법의 변경
  ② 저소음 기계로의 변경
다) 건강관리 대책
  ① 귀마개, 귀덮개 등의 개인보호구 착용
  ② 청력보존프로그램의 수립 및 시행

062 **개인 보호구의 선정조건 3가지를 쓰시오.(6점)** [2202/2402]

① 착용이 간편해야 한다.
② 작업에 방해가 되지 않아야 한다.
③ 유해 · 위험요소에 대한 방호성능이 충분해야 한다.
④ 재료의 품질이 양호해야 한다.
⑤ 보호구 착용 시 활동이 자유로워야 하며, 생산을 저해해서는 안 된다.

▲ 해당 답안 중 3가지 선택 기재

063 **귀마개의 장점과 단점을 각각 2가지씩 쓰시오.(4점)** [1603/2001/2301]

가) 장점
  ① 좁은 장소에서도 사용이 가능하다.
  ② 부피가 작아서 휴대하기 편리하다.
  ③ 착용이 간편하다
  ④ 고온작업 시에도 사용이 가능하다
  ⑤ 가격이 귀덮개에 비해 저렴하다.
나) 단점
  ① 외청도를 오염시킬 수 있다.
  ② 제대로 착용하는 데 시간이 걸린다.
  ③ 귀에 질병이 있을 경우 착용이 불가능하다.
  ④ 차음효과가 귀덮개에 비해 떨어진다.

▲ 해당 답안 중 각각 2가지 선택 기재

■ 귀마개와 귀덮개의 비교

귀마개	귀덮개
• 좁은 장소에서도 사용이 가능하다. • 고온 작업 장소에서도 사용이 가능하다. • 부피가 작아서 휴대하기 편리하다. • 다른 보호구와 동시 사용할 때 편리하다. • 외청도를 오염시킬 수 있으며, 외청도에 이상이 없는 경우에 사용이 가능하다. • 제대로 착용하는데 시간은 걸린다.	• 간헐적 소음 노출 시 사용한다. • 쉽게 착용할 수 있다. • 일관성 있는 차음효과를 얻을 수 있다. • 크기를 여러 가지로 할 필요가 없다. • 착용여부를 쉽게 확인할 수 있다. • 귀에 염증이 있어도 사용할 수 있다.

064 납, 비소, 베릴륨 등 독성이 강한 물질들을 함유한 분진 발생장소에서 착용해야 하는 방진마스크의 등급을 쓰시오.(3점) [2202]

• 특급

■ 방진마스크의 등급

등급	특급	1급	2급
사용장소	• 베릴륨 등과 같이 독성이 강한 물질들을 함유한 분진 등 발생장소 • 석면 취급장소	• 특급마스크 착용장소를 제외한 분진 등 발생장소 • 금속흄 등과 같이 열적으로 생기는 분진 등 발생장소 • 기계적으로 생기는 분진 등 발생장소(규소 등과 같이 2급 방진마스크를 착용하여도 무방한 경우는 제외한다)	• 특급 및 1급 마스크 착용장소를 제외한 분진 등 발생장소
	배기밸브가 없는 안면부여과식 마스크는 특급 및 1급 장소에 사용해서는 안 된다.		

065 공기의 조성비가 다음 표와 같을 때 공기의 밀도(kg/m^3)를 구하시오.(단, 25℃, 1기압)(5점) [1001/1103/1603/1703/2002]

질소	산소	수증기	이산화탄소
78%	21%	0.5%	0.3%

[계산식]

• 공기의 평균분자량은 각 성분가스의 분자량×체적분율의 합이다.
• 질소의 분자량(28), 산소의 분자량(32), 수증기의 분자량(18), 이산화탄소의 분자량(44)이다.
• 주어진 값을 대입하면 공기의 평균분자량$=28\times0.78+32\times0.21+18\times0.005+44\times0.003=28.782$g이다.
• 공기밀도$=\frac{\text{질량}}{\text{부피}}$로 구한다.
• 주어진 값을 대입하면 $\frac{28.782}{24.45}=1.177\cdots$g/L이다. 이는 kg/$m^3$단위와 같다.

[정답] 1.18[kg/m^3]

공기의 조성
- 78%의 질소, 21%의 산소, 1%의 아르곤을 비롯한 기타 물질로 구성되어 있다.
- 표준대기압은 760mmHg이다.

분압
- 분압이란 대기 중 특정 기체가 차지하는 압력의 비를 말한다.
- 대기압은 1atm = 760mmHg = 10,332mmH_2O = 101.325kPa이다.
- 최고농도 = $\frac{분압}{760} \times 10^6$[ppm]으로 구한다.

066 0℃, 1기압에서의 공기밀도는 1.2kg/m^3이다. 동일기압, 80℃에서의 공기밀도(kg/m^3)를 구하시오.(단, 소수 아래 4째자리에서 반올림하여 3째자리까지 구하시오)(5점) [1002/1401/1901]

[계산식]
- 공기의 밀도는 $\frac{질량}{부피}$이므로 온도가 올라가면 부피가 늘어나므로 밀도는 작아진다.
- 이를 보정하면 $1.2 \times \frac{273+0}{273+80} = 0.9280 \cdots kg/m^3$이 된다.

[정답] 0.928[kg/m^3]

공기의 밀도와 부피
- 공기의 밀도는 $\frac{질량}{부피}$이므로 압력이 일정한 조건하에서 온도가 올라가면 밀도는 부피에 반비례한다.
- 공기의 밀도 = (표준상태에서의 공기밀도) $\times \frac{273}{273+t} \times P$로 구할 수 있다. 이때 표준상태에서의 공기밀도는 1.293kg/m^3이다.

067 56°F, 1기압에서의 공기밀도는 1.18kg/m^3이다. 동일기압, 84°F에서의 공기밀도(kg/m^3)를 구하시오.(단, 소수아래 4째자리에서 반올림하여 3째자리까지 구하시오)(5점) [1503]

[계산식]
- 섭씨온도 = $\frac{5}{9}$[화씨온도(°F) − 32]로 구한다.
- 공기의 밀도는 $\frac{질량}{부피}$이므로 온도가 올라가면 부피는 늘어나는데 밀도는 부피에 반비례한다.
- 56°F는 $\frac{5}{9}(56-32) = 13.333 \cdots$℃이다. 84°F는 $\frac{5}{9}(84-32) = 28.8888 \cdots$℃이다.
- 이를 보정하면 $1.18 \times \frac{273+13.333\cdots}{273+28.8888} = 1.11919 \cdots kg/m^3$이 된다.

[정답] 1.119[kg/m^3]

■ 화씨온도와 섭씨온도

• 섭씨온도 = $\frac{5}{9}$[화씨온도(℉) − 32]로 구한다.

068 32℃, 720mmHg에서의 공기밀도(kg/m^3)를 소숫점 아래 3째자리까지 구하시오.(단, 21℃, 1atm에서 밀도는 1.2kg/m^3)(5점) [1903]

[계산식]

• 공기의 밀도는 $\frac{질량}{부피}$이므로 압력에 비례하고, 온도에 반비례한다.

• 이를 보정하면 $1.2 \times \frac{273+21}{273+32} \times \frac{720}{760} = 1.0958\cdots kg/m^3$이 된다.

[정답] 1.096[kg/m^3]

069 벤젠의 농도가 12mg/m^3, 온도가 32℃, 기압 600mmHg일 때, 이상기체상태방정식을 이용하여 상대농도인 ppm으로 환산하시오.(단, 기체상수는 0.082L · atm/mol · K)(5점) [1103]

[계산식]

• 벤젠의 분자량은 78g이고, 주어진 압력은 600mmHg이므로 이는 600/760기압(atm)에 해당한다.

• 주어진 값을 이상기체상태방정식($V = \frac{\frac{W}{M}RT}{P}$)에 대입하면

$$V = \frac{\frac{12mg/m^3}{78g \times 1000mg/g} \times 0.082 \times (273+32)}{600/760} = 0.0048737\cdots[L/m^3]$$이므로 $4.8737\cdots mL/m^3$이다.

[정답] 4.87[mL/m^3 = ppm]이다.

■ 이상기체상태방정식

• 이상기체상태방정식은 $PV = nRT = \frac{W}{M}RT$로 구한다.

• ppm은 mg/m^3과 같다.

070 직업성 피부질환이 일어나는 색소침착물질, 색소감소물질 그리고 예방대책을 각각 1가지씩 쓰시오.(6점)

[2403]

가) 색소침착물질
① 아스팔트, 타르 등 광독성 물질
② 자외선, 적외선, 이온화 방사선 등
③ 독성이 있을 수 있는 비소, 은, 금, 수은 등

나) 색소감소물질
① 하이드로퀴논
② 크레졸
③ 페놀

다) 예방대책
① 적절한 보호구 착용
② 위생시설의 활용

▲ 해당 답안 중 각각 1가지씩 선택 기재

071 조선업종의 작업환경에서 발생하는 대표적인 위해요인 4가지를 쓰시오.(4점) [0701/2301]

① 소음
② 용접흄
③ 철분진
④ 유기용제(톨루엔, 크실렌)
⑤ 유해가스

▲ 해당 답안 중 4가지 선택기재

Chapter 04 독성물질과 상호작용

072 유해물질의 독성을 결정하는 인자를 5가지 쓰시오.(5점) [0703/1902/2103/2401]

① 농도
② 작업강도
③ 개인의 감수성
④ 기상조건
⑤ 폭로시간

073 위해도 평가의 단계별 순서를 적으시오.(4점) [1403]

① 위험성 확인
② 노출량 반응 평가
③ 노출 평가
④ 위해도 결정

074 다음은 화학물질별 생물학적 노출지표물질에 대한 사항을 표시하고 있다. ( ) 안을 채우시오.(5점) [1403]

화학물질	생물학적 검체대상	생물학적 노출지표물질	시료채취시기
에틸벤젠	소변	(①)	작업종료시
아세톤	(②)	아세톤	작업종료시
카드뮴	혈액, 소변	(③)	중요하지 않음
일산화탄소	호기, 혈액	호기 중 (④), 혈중 카르복시헤모글로빈	작업종료시
크롬	소변	크롬	(⑤)

① 만델린산
② 소변
③ 카드뮴
④ 일산화탄소
⑤ 4 ~ 5일간 연속작업 종료 2시간 전 ~ 작업 직후

075 분자량이 92.13이고, 방향의 무색액체로 인화 · 폭발의 위험성이 있으며, 대사산물이 o-크레졸인 물질을 쓰시오.(4점)

[0801/1501/2004]

• 톨루엔($C_6H_5CH_3$)

톨루엔과 벤젠

㉠ 톨루엔
- 분자량이 92.13이고, 방향의 무색액체로 인화 · 폭발의 위험성이 있다.
- 대사산물은 뇨 중 마뇨산과 o-크레졸이다.

㉡ 벤젠
- 분자량이 78이고, 가장 기본적인 방향족 탄화수소물질이다.
- 대사산물은 뇨 중 페놀과 카테콜이다.

076 벤젠과 톨루엔의 대사산물을 쓰시오.(4점)

[0803/2101]

① 벤젠 : 뇨 중 페놀과 카테콜
② 톨루엔 : 뇨 중 마뇨산과 o-크레졸

077 다음 물음에 답하시오.(6점)

[1101/1703]

(가) 다음에서 설명하는 석면의 종류를 쓰시오.
① 가늘고 부드러운 섬유/ 인장강도가 크다 / 가장 많이 사용 / 화학식은 $3MgO_2SiO_22H_2O$
② 고내열성 섬유/ 취성 / 화학식은 $(FeMg)SiO_2$
③ 석면광물 중 가장 강함 / 취성 / 화학식은 $NaFe(SiO_3)_2FeSiO_3H_2$
(나) 석면 해체 및 제거 작업 계획 수립시 포함사항을 3가지 쓰시오.

(가) ① 백석면 ② 갈석면 ③ 청석면
(나) ① 석면 해체 · 제거 작업 절차와 방법
② 석면 흩날림 방지 및 폐기방법
③ 근로자 보호조치
④ 석면함유물질 사전조사 내용
⑤ 석면해체 · 제거작업 공사기간 및 투입인력

▲ 해당 답안 중 3가지 선택 기재

■ 석면

㉠ 석면 해체 및 제거작업 계획 수립시 포함되어야 하는 사항
- 석면함유물질 사전조사 내용
- 석면해체 · 제거작업 공사기간 및 투입인력
- 석면 해체 · 제거 작업 절차와 방법
- 석면 비산 방지 및 폐기방법
- 근로자 보호조치

㉡ 종류

구분	내용
백석면	• 가늘고 부드러운 섬유형태이다. • 인장강도가 크고, 가장 많이 사용된다. • 화학식은 $3MgO_2SiO_22H_2O$이다.
갈석면	• 고내열성 섬유이다. • 취성을 갖는다. • 화학식은 $(FeMg)SiO_2$이다.
청석면	• 석면광물 중 가장 강하다. • 취성을 갖는다. • 화학식은 $NaFe(SiO_3)_2FeSiO_3H_2$이다.

078 살충제 및 구충제로 사용하는 파라티온(parathion)의 인체침입경로와 그 경로가 유용한 이유를 한 가지 쓰시오.(6점) [2103]

가) 인체침입경로 : 경구 흡수

나) 경로가 유용한 이유 : 파라티온에 오염된 물의 음용 혹은 파라티온에 중독된 가축의 섭취로 인한 인체 침입이 가능하다.

079 K 사업장에 새로운 화학물질 A와 B가 들어왔다. 이를 조사연구한 결과 다음과 같은 용량-반응곡선을 얻었다. A, B 화학물질의 독성에 대해 TD_{10}과 TD_{50}을 기준으로 비교 설명하시오.(단, TD는 동물실험에서 동물이 사망하지는 않지만 조직 등에 손상을 입는 정도의 양이다)(5점) [1902]

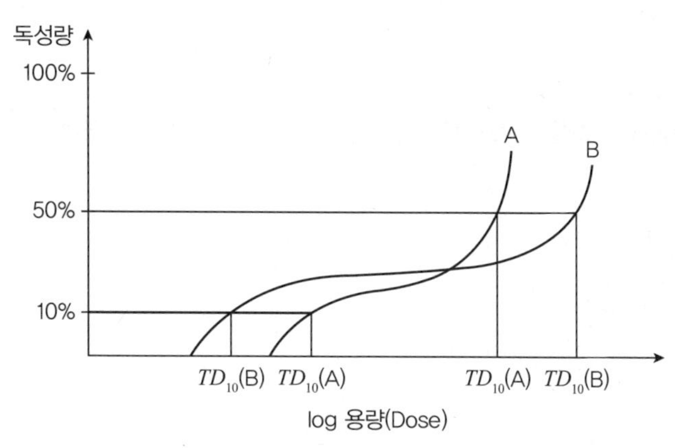

- A물질이 B물질에 비해서 독성반응이 급하게 나타나 조직 등에 손상을 빠르게 일으키고 있음을 의미한다.

080 2가지 이상의 화학물질에 동시 노출되는 경우 건강에 미치는 영향은 각 화학물질간의 상호작용에 따라 다르게 나타난다. 이와 같이 2가지 이상의 화학물질이 동시에 작용할 때 물질간 상호작용의 종류를 4가지 쓰고 간단히 설명하시오.(4점) [0602/1203/2201]

① 상가작용 : 1+2=3처럼 각각의 독성의 합으로 작용
② 상승작용 : 1+2=5처럼 각각의 합보다 큰 독성이 되는 작용
③ 잠재작용(가승작용) : 0+2=5처럼 독성이 나타나지 않던 물질이 다른 독성물질의 영향으로 독성이 발현하여 전체적 독성이 커지는 작용
④ 길항작용 : 2+3=3처럼 서로 독성을 방해하여 독성의 합보다 독성이 작아지는 작용

081 화학물질의 상호작용 중 길항작용의 3가지 종류를 쓰고, 간단히 설명하시오.(단, 화학적 길항작용은 제외됨)(6점) [0603/1502]

① 기능적 길항작용 : 동일한 생리적 기능에 길항작용을 나타내는 경우의 길항작용
② 배분적 길항작용 : 물질의 흡수, 대사 등에 영향을 미쳐 표적기관 내 축적기관의 농도가 저하되는 경우의 길항작용
③ 수용적 길항작용 : 두 화학물질이 같은 수용체에 결합하여 독성이 저하되는 경우의 길항작용

Chapter 05 산업안전보건법

082 산업안전보건법에서 물질안전보건자료의 작성 · 제출의 제외 대상에 해당하는 화학물질을 5가지 쓰시오.(5점)

[0702/1301]

① 건강기능식품
② 농약
③ 마약 및 향정신성의약품
④ 비료
⑤ 사료
⑥ 원료물질
⑦ 안전확인대상생활화학제품 및 살생물제품 중 일반소비자의 생활용으로 제공되는 제품
⑧ 식품 및 식품첨가물
⑨ 의약품 및 의약외품
⑩ 방사성물질
⑪ 위생용품
⑫ 의료기기
⑬ 첨단바이오의약품
⑭ 화약류
⑮ 폐기물
⑯ 화장품
⑰ 일반소비자의 생활용으로 제공되는 것
⑱ 고용노동부장관이 정하여 고시하는 연구 · 개발용 화학물질 또는 화학제품. 이 경우 자료의 제출만 제외된다.
⑲ 그 밖에 고용노동부장관이 독성 · 폭발성 등으로 인한 위해의 정도가 적다고 인정하여 고시하는 화학물질

▲ 해당 답안 중 5가지 선택 기재

083 산업안전보건법상 위험성평가의 결과와 조치사항을 기록 · 보존할 때 포함되어야 하는 내용 3가지와 보존기간을 쓰시오.(4점)

[2203]

가) 포함내용
① 위험성평가 대상의 유해 · 위험요인
② 위험성 결정의 내용
③ 위험성 결정에 따른 조치의 내용

나) 보존기간 : 3년

084 사업주가 위험성 평가의 결과와 조치사항을 기록 · 보존할 경우 몇 년간 보존해야 하는지 쓰시오.(4점)

[2202]

- 3년

085 보건관리자로 선임가능한 사람을 3가지 적으시오.(6점)

[2203/2303]

① 산업보건지도사 자격을 가진 사람
② 의사
③ 간호사
④ 산업위생관리산업기사 또는 대기환경산업기사 이상의 자격을 취득한 사람
⑤ 인간공학기사 이상의 자격을 취득한 사람
⑥ 전문대학 이상의 학교에서 산업보건 또는 산업위생 분야의 학위를 취득한 사람

▲ 해당 답안 중 3가지 선택 기재

086 산업안전보건법 시행령 중 보건관리자의 업무 2가지를 쓰시오.(단, 그 밖의 보건과 관련된 작업관리 및 작업환경관리에 관한 사항으로서 고용노동부장관이 정하는 사항은 제외)(4점)

[1402/2202]

① 산업안전보건위원회 또는 노사협의체에서 심의 · 의결한 업무와 안전보건관리규정 및 취업규칙에서 정한 업무
② 안전인증대상기계등과 자율안전확인대상기계등 중 보건과 관련된 보호구(保護具) 구입 시 적격품 선정에 관한 보좌 및 지도 · 조언
③ 위험성평가에 관한 보좌 및 지도 · 조언
④ 물질안전보건자료의 게시 또는 비치에 관한 보좌 및 지도 · 조언
⑤ 해당 사업장 보건교육계획의 수립 및 보건교육 실시에 관한 보좌 및 지도 · 조언
⑥ 작업장 내에서 사용되는 전체 환기장치 및 국소 배기장치 등에 관한 설비의 점검과 작업방법의 공학적 개선에 관한 보좌 및 지도 · 조언
⑦ 사업장 순회점검, 지도 및 조치 건의
⑧ 산업재해 발생의 원인 조사 · 분석 및 재발 방지를 위한 기술적 보좌 및 지도 · 조언
⑨ 산업재해에 관한 통계의 유지 · 관리 · 분석을 위한 보좌 및 지도 · 조언
⑩ 법 또는 법에 따른 명령으로 정한 보건에 관한 사항의 이행에 관한 보좌 및 지도 · 조언
⑪ 업무 수행 내용의 기록 · 유지

▲ 해당 답안 중 2가지 선택 기재

087 산업안전보건법에서 정하는 작업환경측정 대상 유해인자(분진)의 종류 5가지를 쓰시오.(5점) [2202/2303]

① 광물성 분진 ② 곡물 분진 ③ 면 분진
④ 목재 분진 ⑤ 석면 분진 ⑥ 용접 흄
⑦ 유리섬유

▲ 해당 답안 중 5가지 선택 기재

088 다음은 근로자의 특수건강진단 대상 유해인자별 검사시기와 주기를 설명한 표이다. 빈칸을 채우시오.(6점)

[2203/2302]

대상 유해인자	시기 (배치 후 첫 번째 특수 건강진단)	주기
N,N−디메틸아세트아미드 디메틸포름아미드	(①)개월 이내	6개월
벤젠	2개월 이내	(②)개월
석면, 면 분진	(③)개월 이내	12개월

① 1 ② 6 ③ 12

■ 특수건강진단의 시기 및 주기

대상유해인자	시기(배치 후 첫 번째 특수건강진단)	주기
N,N−디메틸아세트아미드 디메틸포름아미드	1개월 이내	6개월
벤젠	2개월 이내	6개월
1,1,2,2−테트라클로로에탄 사염화탄소 아크릴로니트릴 염화비닐	3개월 이내	6개월
석면, 면 분진	12개월 이내	12개월
광물성 분진 목재 분진 소음 및 충격소음	12개월 이내	24개월
상기 내용을 제외한 모든 대상 유해인자	6개월 이내	12개월

089 벤젠의 작업환경측정 결과가 노출기준을 초과하는 경우 몇 개월 후에 재측정을 하여야 하는지 쓰시오.(4점)

[1802/2004]

• 측정일로부터 3개월 후에 1회 이상 작업환경 측정을 실시해야 한다.

090 **플라스틱 제조공장에 근무하는 근로자의 수는 500명이다. 안전관리자는 몇 명이 있어야 하는지 쓰시오.(4점)**

[2202]

- 상시근로자의 수가 50명 이상 500명 미만인 경우 안전관리자는 1명, 500명 이상인 경우 안전관리자는 2명 이상이어야 한다.
- 근로자 수가 500명이므로 안전관리자는 2명 이상이어야 한다.

■ 안전관리자의 수

㉠ 제조업 등
- 상시근로자 50명 이상 500명 미만 : 1명 이상
- 상시근로자 500명 이상 : 2명 이상

㉡ 농업 · 임업 등
- 상시근로자 50명 이상 1천명 미만 : 1명 이상
- 상시근로자 1천명 이상 : 2명 이상

㉢ 건설업
- 공사금액 50억 이상 800억 미만 : 1명 이상
- 공사금액 800억 이상 1,500억 미만 : 2명 이상
- 공사금액 1,500억 이상 2,200억 미만 : 3명 이상

091 **본인이 보건관리자로 출근을 하게 되었다. 그 작업장에서 시너를 사용하고 있지만 측정기록일지에는 시너에 대한 유해정도와 배출정도에 대한 자료가 없었다. 제일 먼저 수정하여야 할 업무 3가지를 기술하시오.(6점)**

[1502]

① 대상 유해인자의 확인
② 유해인자의 측정
③ 유해인자의 노출기준과 비교 평가

092 **사업장의 보건관리자로부터 당신에게 문의가 왔다. 내용은 한 작업자에게서 매년 노출기준을 초과하고 있으며, 생체시료(BEI)도 노출기준을 초과하고 있는데 이유를 모르고 있다. 당신이 담당자라면 무엇부터 해야하는지 쓰시오.(4점)**

[0501]

단, 1. 작업이외의 유해물질에는 노출되지 않는다.
2. 배기시설은 정상이다.
3. 측정결과는 정확하다.
4. 다른 작업자와 동일한 작업을 한다.

- 다른 작업자와 동일한 작업을 하는데 해당 작업자만 노출기준을 초과한 경우라면 해당 작업자의 보호구에 문제가 있다고 판단할 수 있다. 즉시 근로자의 작업을 중지시키고, 근로자가 개인보호구를 올바르게 착용하는지를 점검하고 보호구 효율도 점검한다.

093 산업안전보건법상 사업장의 안전 및 보건에 관한 중요사항을 심의 · 의결하기 위해 사업장에 근로자위원과 사용자위원이 동일한 수로 구성되는 회의체를 쓰시오.(5점) [2401/2403]

• 산업안전보건위원회

094 산업안전보건법상 관리감독자에게 안전 및 보건에 관하여 지도 및 조언을 할 수 있는 자격 2가지를 쓰시오. [예) 안전보건관리책임자](5점) [2401]

① 안전관리자
② 보건관리자
③ 안전보건관리담당자
④ 해당 업무를 위탁받은 안전관리전문기관 또는 보건관리전문기관

▲ 해당 답안 중 2가지 선택 기재

095 다음은 산업안전보건법에서 정의한 특수건강진단 등에 대한 설명이다. 빈칸을 채우시오.(6점) [2401]

- 사업주는 특수건강진단대상업무에 종사할 근로자의 배치 예정 업무에 대한 적합성 평가를 위하여 (①)을 실시하여야 한다. 다만, 고용노동부령으로 정하는 근로자에 대해서는 (①)을 실시하지 아니할 수 있다.
- 사업주는 특수건강진단대상업무에 따른 유해인자로 인한 것이라고 의심되는 건강장해 증상을 보이거나 의학적 소견이 있는 근로자 중 보건관리자 등이 사업주에게 건강진단 실시를 건의하는 등 고용노동부령으로 정하는 근로자에 대하여 (②)을 실시하여야 한다.
- 고용노동부장관은 같은 유해인자에 노출되는 근로자들에게 유사한 질병의 증상이 발생한 경우 등 고용노동부령으로 정하는 경우에는 근로자의 건강을 보호하기 위하여 사업주에게 특정 근로자에 대한 (③)의 실시나 작업전환, 그 밖에 필요한 조치를 명할 수 있다.

① 배치전건강진단
② 수시건강진단
③ 임시건강진단

096 다음은 중량의 표시 등에 대한 산업안전보건법상의 설명이다. 빈칸을 채우시오.(3점) [2401]

> 사업주는 근로자가 5킬로그램 이상의 중량물을 인력으로 들어올리는 작업을 하는 경우에 다음 각 호의 조치를 해야 한다.
> 1. 주로 취급하는 물품에 대하여 근로자가 쉽게 알 수 있도록 물품의 (①)과 (②)에 대하여 작업장 주변에 안내표시를 할 것
> 2. 취급하기 곤란한 물품은 손잡이를 붙이거나 갈고리, 진공빨판 등 적절한 보조도구를 활용할 것

① 중량
② 무게중심

097 산업안전보건법상 혈액노출과 관련된 사고가 발생한 경우에 사업주가 조사하고 기록하여 보존하여야 하는 사항을 3가지 쓰시오.(5점) [2401]

① 노출자의 인적사항
② 노출 현황
③ 노출 원인제공자(환자)의 상태
④ 노출자의 처치 내용
⑤ 노출자의 검사 결과
▲ 해당 답안 중 3가지 선택 기재

098 산업안전보건법상 산업재해가 발생했을 때 사업주가 기록 · 보존해야 하는 사항을 3가지 쓰시오.(5점) [2402]

① 사업장의 개요 및 근로자의 인적사항
② 재해 발생의 일시 및 장소
③ 재해 발생의 원인 및 과정
④ 재해 재발방지 계획

099 산업안전보건법상 근로자가 근골격계부담작업을 하는 경우 사업주가 근로자에게 알려하는 사항을 3가지 쓰시오.(단, 그 밖에 근골격계질환 예방에 필요한 사항은 제외)(6점) [2301]

① 근골격계부담작업의 유해요인
② 근골격계질환의 징후와 증상
③ 근골격계질환 발생 시의 대처요령
④ 올바른 작업자세와 작업도구, 작업시설의 올바른 사용방법

▲ 해당 답안 중 3가지 선택기재

100 산업안전보건법상 안전보건관리책임자의 직무를 5가지 쓰시오.(5점) [2301]

① 사업장의 산업재해 예방계획의 수립에 관한 사항
② 안전보건관리규정의 작성 및 변경에 관한 사항
③ 안전보건교육에 관한 사항
④ 작업환경측정 등 작업환경의 점검 및 개선에 관한 사항
⑤ 근로자의 건강진단 등 건강관리에 관한 사항
⑥ 산업재해의 원인 조사 및 재발 방지대책 수립에 관한 사항
⑦ 산업재해에 관한 통계의 기록 및 유지에 관한 사항
⑧ 안전장치 및 보호구 구입 시 적격품 여부 확인에 관한 사항
⑨ 위험성평가의 실시에 관한 사항
⑩ 안전보건규칙에서 정하는 근로자의 위험 또는 건강장해의 방지에 관한 사항

▲ 해당 답안 중 5가지 선택 기재

101 고용노동부장관은 산업재해 예방을 위하여 종합적인 개선조치를 할 필요가 있다고 인정되는 사업장의 사업주에게 고용노동부령으로 정하는 바에 따라 그 사업장, 시설, 그 밖의 사항에 관한 안전 및 보건에 관한 개선계획을 수립하여 시행할 것을 명할 수 있다. 다음 중 안전보건개선계획 작성 대상 사업장에 해당하는 것을 골라 그 번호를 쓰시오.(4점) [2302]

① 산업재해율이 같은 업종의 규모별 평균 산업재해율보다 높은 사업장
② 사업주가 필요한 안전조치 또는 보건조치를 이행하지 아니하여 중대재해가 발생한 사업장
③ 직업성 질병자가 연간 2명 이상 발생한 사업장
④ 유해인자의 노출기준을 초과한 사업장

①, ②, ③, ④

102 다음은 산업안전보건법상 근골격계부담작업에 대한 설명이다. ( ) 안을 채우시오.(4점) [2303]

가) 하루에 (①) 이상 집중적으로 자료입력 등을 위해 키보드 또는 마우스를 조작하는 작업
나) 하루에 총 (②) 이상 목, 어깨, 팔꿈치, 손목 또는 손을 사용하여 같은 동작을 반복하는 작업
다) 하루에 (③) 이상 (④) 이상의 물체를 드는 작업

① 4시간
② 2시간
③ 10회
④ 25kg

■ 근골격계 부담작업의 범위

1. 하루에 4시간 이상 집중적으로 자료입력 등을 위해 키보드 또는 마우스를 조작하는 작업
2. 하루에 총 2시간 이상 목, 어깨, 팔꿈치, 손목 또는 손을 사용하여 같은 동작을 반복하는 작업
3. 하루에 총 2시간 이상 머리 위에 손이 있거나, 팔꿈치가 어깨위에 있거나, 팔꿈치를 몸통으로부터 들거나, 팔꿈치를 몸통뒤쪽에 위치하도록 하는 상태에서 이루어지는 작업
4. 지지되지 않은 상태이거나 임의로 자세를 바꿀 수 없는 조건에서, 하루에 총 2시간 이상 목이나 허리를 구부리거나 트는 상태에서 이루어지는 작업
5. 하루에 총 2시간 이상 쪼그리고 앉거나 무릎을 굽힌 자세에서 이루어지는 작업
6. 하루에 총 2시간 이상 지지되지 않은 상태에서 1kg 이상의 물건을 한손의 손가락으로 집어 옮기거나, 2kg 이상에 상응하는 힘을 가하여 한손의 손가락으로 물건을 쥐는 작업
7. 하루에 총 2시간 이상 지지되지 않은 상태에서 4.5kg 이상의 물건을 한 손으로 들거나 동일한 힘으로 쥐는 작업
8. 하루에 10회 이상 25kg 이상의 물체를 드는 작업
9. 하루에 25회 이상 10kg 이상의 물체를 무릎 아래에서 들거나, 어깨 위에서 들거나, 팔을 뻗은 상태에서 드는 작업
10. 하루에 총 2시간 이상, 분당 2회 이상 4.5kg 이상의 물체를 드는 작업
11. 하루에 총 2시간 이상 시간당 10회 이상 손 또는 무릎을 사용하여 반복적으로 충격을 가하는 작업

103 산업안전보건법상 중대재해에 해당하는 3가지 기준을 쓰시오.(6점) [2303]

① 사망자가 1명 이상 발생한 재해
② 3개월 이상의 요양이 필요한 부상자가 동시에 2명 이상 발생한 재해
③ 부상자 또는 직업성 질병자가 동시에 10명 이상 발생한 재해

Chapter 06 산업안전보건기준에 관한 규칙

104 아래 작업에 맞는 보호구의 종류를 찾아서 쓰시오.(5점) [2203]

작업	보호구
용접 시 불꽃이나 물체가 흩날릴 위험이 있는 작업	①
감전의 위험이 있는 작업	②
고열에 의한 화상 등의 위험이 있는 작업	③
선창 등에서 분진(粉塵)이 심하게 발생하는 하역작업	④
섭씨 영하 18도 이하인 급냉동어창에서 하는 하역작업	⑤

안전모, 안전대, 보안경, 보안면, 절연용 보호구, 방열복, 방진마스크, 방한복

① 보안면　② 절연용 보호구　③ 방열복
④ 방진마스크　⑤ 방한복

■ 보호구의 지급

보호구	작업
안전모	물체가 떨어지거나 날아올 위험 또는 근로자가 추락할 위험이 있는 작업
안전대	높이 또는 깊이 2미터 이상의 추락할 위험이 있는 장소에서 하는 작업
안전화	물체의 낙하·충격, 물체에의 끼임, 감전 또는 정전기의 대전(帶電)에 의한 위험이 있는 작업
보안경	물체가 흩날릴 위험이 있는 작업
보안면	용접 시 불꽃이나 물체가 흩날릴 위험이 있는 작업
절연용 보호구	감전의 위험이 있는 작업
방열복	고열에 의한 화상 등의 위험이 있는 작업
방진마스크	선창 등에서 분진(粉塵)이 심하게 발생하는 하역작업
방한모/방한복/ 방한화/방한장갑	섭씨 영하 18도 이하인 급냉동어창에서 하는 하역작업
승차용 안전모	물건을 운반하거나 수거·배달하기 위하여 이륜자동차를 운행하는 작업

105 소음노출평가, 소음노출기준 초과에 따른 공학적 대책, 청력보호구의 지급 및 착용, 소음의 유해성과 예방에 관한 교육, 정기적 청력검사·평가 및 사후관리, 문서기록·관리 등을 포함하여 수립하는 소음성 난청을 예방하기 위한 종합적인 계획을 무엇이라고 하는가?(4점) [0602/1802/2203]

• 청력보존프로그램

106 다음 용어 설명의 (   ) 안을 채우시오.(5점) [1402/1903/2203]

> 적정공기라 함은 산소농도의 범위가 (①)% 이상 (②)% 미만, 탄산가스 농도가 (③)% 미만, 황화수소 농도가 (④)ppm 미만, 일산화탄소 농도가 (⑤)ppm 미만인 수준의 공기를 말한다.

① 18
② 23.5
③ 1.5
④ 10
⑤ 30

107 다음 용어 설명의 (   ) 안을 채우시오.(5점) [0903]

> 적정공기란 공기 중 산소가 (①)% 이상 (②)% 미만 수준이며, 탄산가스는 (③)% 미만, 황화수소는 (④)ppm 미만인 수준의 공기를 말한다. 산소결핍은 (⑤)% 미만을 말한다.

① 18
② 23.5
③ 1.5
④ 10
⑤ 18

108 산업보건기준에 관한 규칙(밀폐 공간 작업으로 인한 건강장해의 예방)에 명시된 '적정한 공기'의 정의를 기술하시오.(4점) [0603]

- 산소농도의 범위가 18퍼센트 이상 23.5퍼센트 미만, 탄산가스의 농도가 1.5퍼센트 미만, 일산화탄소의 농도가 30피피엠 미만, 황화수소의 농도가 10피피엠 미만인 수준의 공기이다.

109 산업안전보건법상 사업주는 석면의 제조 · 사용 작업에 근로자를 종사하도록 하는 경우에 석면분진의 발산과 근로자의 오염을 방지하기 위하여 작업수칙을 정하고, 이를 작업근로자에게 알려야 한다. 작업수칙에 포함되어야 할 내용을 3가지 쓰시오.(단, 그 밖에 석면분진의 발산을 방지하기 위하여 필요한 조치는 제외)(6점)

[1001/2001/2203]

① 진공청소기 등을 이용한 작업장 바닥의 청소방법
② 작업자의 왕래와 외부기류 또는 기계진동 등에 의하여 분진이 흩날리는 것을 방지하기 위한 조치
③ 분진이 쌓일 염려가 있는 깔개 등을 작업장 바닥에 방치하는 행위를 방지하기 위한 조치
④ 분진이 확산되거나 작업자가 분진에 노출될 위험이 있는 경우에는 선풍기 사용 금지
⑤ 용기에 석면을 넣거나 꺼내는 작업
⑥ 석면을 담은 용기의 운반
⑦ 여과집진방식 집진장치의 여과재 교환
⑧ 해당 작업에 사용된 용기 등의 처리
⑨ 이상사태가 발생한 경우의 응급조치
⑩ 보호구의 사용 · 점검 · 보관 및 청소

▲ 해당 답안 중 3가지 선택 기재

110 다음 설명의 ( ) 안을 채우시오.(3점)

[2202/2403]

근골격계 질환으로 "산업재해보상보험법 시행령" 별표3 제2호 가목 · 마목 및 제12호 라목에 따라 업무상 질병으로 인정받은 근로자가 (①) 명 이상 발생한 사업장 또는 (②) 명 이상 발생한 사업장으로서 발생 비율이 그 사업장 근로자 수의 (③)퍼센트 이상인 경우 근골격계 예방관리 프로그램을 수립하여 시행하여야 한다.

① 10
② 5
③ 10

111 근골격계 질환을 유발하는 요인을 4가지 쓰시오.(4점)

[1201]

① 반복적인 동작
② 부적절한 작업자세
③ 무리한 힘의 사용
④ 날카로운 면과의 신체접촉
⑤ 진동 및 온도

▲ 해당 답안 중 4가지 선택 기재

112 **근골격계 질환을 유발하는 요인을 인적요인과 환경요인으로 구분하여 각각 2가지씩 쓰시오.(4점)** [2301]

가) 인적요인

① 나이

② 과거병력

③ 신체조건

④ 작업자세

나) 환경요인

① 온도

② 진동

③ 작업환경

▲ 해당 답안 중 각각 2가지씩 선택 기재

113 **작업과 관련된 근골격계 질환 징후와 증상 유무, 설비 · 작업공정 · 작업량 · 작업속도 등 작업장 상황에 따라 사업주는 근로자가 근골격계 부담작업을 하는 경우 몇 년마다 유해요인 조사를 하여야 하는지 쓰시오.(4점)** [2202]

• 3년

114 **산업안전보건법상 다음에서 설명하는 용어를 쓰시오.(4점)** [2103]

> 반복적인 동작, 부적절한 작업자세, 무리한 힘의 사용, 날카로운 면과의 신체접촉, 진동 및 온도 등의 요인에 의하여 발생하는 건강장해로서 목, 어깨, 허리, 팔 · 다리의 신경 · 근육 및 그 주변 신체조직 등에 나타나는 질환을 말한다.

• 근골격계 질환

115 다음은 산업안전보건법상 근골격계부담작업에 대한 설명이다. ( ) 안을 채우시오.(4점) [2303/2402]

가) 하루에 (①) 이상 집중적으로 자료입력 등을 위해 키보드 또는 마우스를 조작하는 작업
나) 하루에 총 (②) 이상 목, 어깨, 팔꿈치, 손목 또는 손을 사용하여 같은 동작을 반복하는 작업
다) 하루에 총 (③) 이상 쪼그리고 앉거나 무릎을 굽힌 자세에서 이루어지는 작업
라) 하루에 총 2시간 이상 지지되지 않은 상태에서 (④) 이상의 물건을 한 손으로 들거나 동일한 힘으로 쥐는 작업
마) 하루에 (⑤) 이상 25kg 이상의 물체를 드는 작업

① 4시간
② 2시간
③ 2시간
④ 4.5kg
⑤ 10회

116 전자부품 조립작업, 세탁업무를 하는 작업자가 손목을 반복적으로 사용하는 작업에서 체크리스트를 이용하여 위험요인을 평가하는 평가방법을 쓰시오.(4점) [1801]

• JSI

JSI(Job Strain Index)

• 이 기법은 힘, 근육사용 기간, 작업 자세, 하루 작업시간 등 6개의 위험요소로 구성되어, 이를 곱한 값으로 상지질환의 위험성을 평가한다.
• 전자부품 조립작업, 세탁업무를 하는 작업자가 손목을 반복적으로 사용하는 작업에서 체크리스트를 이용하여 위험요인을 평가하는 평가방법이다.

117 산업안전보건법령상 사업주가 상시 분진작업에 관련된 업무를 하는 근로자에게 주지시켜야 하는 사항을 5가지 쓰시오.(5점) [1102]

① 분진의 유해성과 노출경로
② 분진의 발산 방지와 작업장의 환기 방법
③ 작업장 및 개인위생 관리
④ 호흡용 보호구의 사용 방법
⑤ 분진에 관련된 질병 예방 방법

118 고농도 분진이 발생하는 작업장에 대한 환경관리 대책 4가지를 쓰시오.(4점) [1603/1902/2103]

① 작업공정의 습식화
② 작업장소의 밀폐 또는 포위
③ 국소환기 또는 전체환기
④ 개인보호구의 지급 및 착용

119 산업안전보건법에서 발암성 물질, 생식세포 변이원성 물질, 생식독성(生殖毒性) 물질 등 근로자에게 중대한 건강장해를 일으킬 우려가 있는 물질로 정한 특별관리 물질의 종류를 4가지 쓰시오.(4점) [1203]

① 사염화탄소
② 아크릴아미드
③ 포름알데히드
④ 프로필렌이민
⑤ 페놀
⑥ 포름아미드
⑦ 납 및 그 무기화합물
⑧ 산화붕소
⑨ 카드뮴 및 그 화합물
⑩ 크롬 및 그 화합물

▲ 해당 답안 중 4가지 선택 기재

120 산업안전보건기준에 관한 규칙에서 근로자가 곤충 및 동물매개 감염병 고위험작업을 하는 경우에 사업주가 취해야 할 예방조치사항을 4가지 쓰시오.(4점) [1803]

① 긴 소매의 옷과 긴 바지의 작업복을 착용하도록 할 것
② 곤충 및 동물매개 감염병 발생 우려가 있는 장소에서는 음식물 섭취 등을 제한할 것
③ 작업 장소와 인접한 곳에 오염원과 격리된 식사 및 휴식 장소를 제공할 것
④ 작업 후 목욕을 하도록 지도할 것
⑤ 곤충이나 동물에 물렸는지를 확인하고 이상증상 발생 시 의사의 진료를 받도록 할 것

▲ 해당 답안 중 4가지 선택 기재

121 **관리대상 유해물질을 취급하는 작업에 근로자를 종사하도록 하는 경우 근로자를 작업에 배치하기 전 사업주가 근로자에게 알려야 하는 사항을 3가지 쓰시오.(6점)** [1803/2302/2401/2402]

① 관리대상 유해물질의 명칭 및 물리 · 화학적 특성
② 인체에 미치는 영향과 증상
③ 취급상의 주의사항
④ 착용하여야 할 보호구와 착용방법
⑤ 위급상황 시의 대처방법과 응급조치 요령
⑥ 그 밖에 근로자의 건강장해 예방에 관한 사항

▲해당 답안 중 3가지 선택 기재

122 **산업안전보건기준에 관한 규칙에서 사업주는 국소배기장치를 설치한 후 처음으로 사용하는 경우 혹은 국소배기장치를 분해하여 개조하거나 수리한 후 처음으로 사용하는 경우 사용 전에 점검을 하여야 한다. 점검해야 할 사항을 3가지 쓰시오.(6점)** [2102/2403]

① 덕트와 배풍기의 분진 상태
② 덕트 접속부가 헐거워졌는지 여부
③ 흡기 및 배기 능력
④ 그 밖에 국소배기장치의 성능을 유지하기 위하여 필요한 사항

▲해당 답안 중 3가지 선택 기재

123 **산소결핍장소(산소농도 18% 미만) 작업 시 필요한 안면 호흡용 보호구를 2가지 쓰시오.(4점)** [2201]

① 공기호흡기
② 송기마스크

Chapter 07 기타 산업위생 · 환경 관련 기준

124 작업환경 측정의 목적을 3가지 쓰시오.(6점) [0603/1601]

① 유해물질에 대한 근로자의 허용기준 초과여부 파악
② 근로자의 유해인자 노출 파악
③ 환기시설의 성능 파악

125 다음은 작업환경 측정의 예비조사 과정을 나열한 것이다. 순서대로 배열하시오.(4점) [1201]

① 예비조사 계획수립	② 분석 및 처리	③ 채취 및 보정
④ 채취 전 보정	⑤ 채취전략	⑥ 평가

• ① → ⑤ → ④ → ③ → ② → ⑥

126 예비조사의 목적을 2가지 쓰시오.(4점) [1501]

① 동일(유사) 노출그룹 설정
② 발생되는 유해인자 특성조사

127 다음 설명의 빈칸을 채우시오.(단, 노동부고시 기준)(4점) [0403/1303/1803/2102]

용접흄은 (①)채취방법으로 하되 용접보안면을 착용한 경우에는 그 내부에서 채취하고 중량분석방법과 원자흡광분광기 또는 (②)를 이용한 분석방법으로 측정한다.

① 여과시료
② 유도결합플라즈마

128 흄(Fume)의 발생기전 3단계를 쓰시오.(6점) [1402]

① 1단계 : 금속의 증기화
② 2단계 : 증기물의 산화
③ 3단계 : 산화물의 응축

129 가스상 물질의 측정방법 중 검지관 방식의 측정 시 측정위치 3가지를 쓰시오.(6점) [1103/1401]

① 해당 작업 근로자의 호흡기
② 가스상 물질 발생원에 근접한 위치
③ 근로자 작업행동 범위의 주 작업 위치에서의 근로자 호흡기 높이

130 가스상 물질 측정시 검지관 방식으로 측정 가능한 경우를 3가지 기술하시오.(6점) [0601/1203]

① 예비조사 목적인 경우
② 검지관 방식 외에 다른 측정방법이 없는 경우
③ 발생하는 가스상 물질이 단일물질인 경우

131 공기 중 유해가스를 측정하는 검지관법의 장점을 4가지 쓰시오.(4점) [1803/2101]

① 사용이 간편하다.
② 반응시간이 빠르다.
③ 비전문가도 숙지하면 사용이 가능하다.
④ 맨홀, 밀폐공간 등의 산소부족 또는 폭발성 가스로 인한 안전이 확보되지 않은 곳에서도 안전한 사용이 가능하다.

132 작업환경 측정 및 정도관리 등에 관한 고시에서 제시한 작업환경측정에서 사용되는 시료의 채취방법을 4가지 쓰시오.(4점) [0503/1101/2004/2101]

① 액체채취방법
② 고체채취방법
③ 직접채취방법
④ 냉각응축채취방법
⑤ 여과채취방법

▲해당 답안 중 4가지 선택 기재

133 작업환경 측정에 있어서의 다음 용어를 설명하시오.(4점)

[1003/1402]

① 개인시료채취　　② 지역시료채취

① 개인시료채취란 개인시료채취기를 이용하여 가스 · 증기 · 분진 · 흄(fume) · 미스트(mist) 등을 근로자의 호흡위치(호흡기를 중심으로 반경 30㎝인 반구)에서 채취하는 것을 말한다.
② 지역시료채취란 시료채취기를 이용하여 가스 · 증기 · 분진 · 흄(fume) · 미스트(mist) 등을 근로자의 작업행동 범위에서 호흡기 높이에 고정하여 채취하는 것을 말한다.

134 다음 ( ) 안에 알맞은 용어를 쓰시오.(5점)

[1703/2102/2302]

① 분석치가 참값에 얼마나 접근하였는가 하는 수치상의 표현을 (　　)라 한다.
② 일정한 물질에 대해 반복측정 · 분석을 했을 때 나타나는 자료 분석치의 변동크기가 얼마나 작은가를 표현을 (　　)라 한다.
③ 작업환경측정대상이 되는 작업장 또는 공정에서 정상적인 작업을 수행하는 동일 노출집단의 근로자가 작업을 하는 장소를 (　　)라 한다.
④ 시료채취기를 이용하여 가스 · 증기 · 분진 · 흄(fume) · 미스트(mist) 등을 근로자의 작업행동 범위에서 호흡기 높이에 고정하여 채취하는 것을 (　　)라 한다.
⑤ 작업환경측정 · 분석 결과에 대한 정확성과 정밀도를 확보하기 위하여 작업환경측정기관의 측정 · 분석능력을 확인하고, 그 결과에 따라 지도 · 교육 등 측정 · 분석능력 향상을 위하여 행하는 모든 관리적 수단을 (　　)라 한다.

① 정확도　　② 정밀도　　③ 단위작업장소
④ 지역 시료채취　　⑤ 정도관리

135 다음 보기의 용어들에 대한 정의를 쓰시오.(6점)

[0601/0801/0902/1002/1401/1601/2003)]

① 단위작업장소　　② 정확도　　③ 정밀도

① 단위작업장소 : 작업환경측정대상이 되는 작업장 또는 공정에서 정상적인 작업을 수행하는 동일 노출집단의 근로자가 작업을 하는 장소
② 정확도 : 분석치가 참값에 얼마나 접근하였는가 하는 수치상의 표현
③ 정밀도 : 일정한 물질에 대해 반복측정 · 분석을 했을 때 나타나는 자료 분석치의 변동크기가 얼마나 작은가를 표현

136 다음 (　)를 채우시오.(6점)

[0802/1201/2202]

단위작업장소에 최고 노출근로자가 (①)인 이상에 대하여 동시에 측정하되, 단위작업장소에 근로자가 1인인 경우에는 그러지 아니하고, 동일 작업 근로자 수가 (②)인을 초과하는 경우에는 매 (③)인당 (④)인 이상 추가하여 측정하여야 한다. 다만 동일 작업 근로자 수가 (⑤)인을 초과하는 경우에는 최대 시료채취 근로자 수를 (⑥)인으로 조정할 수 있다.

① 2　② 10　③ 5
④ 1　⑤ 100　⑥ 20

137 다음은 고용노동부의 작업환경측정 및 정도관리 등에 관한 고시에서 작업환경 측정 시간에 대해 정의한 내용이다. ( ) 안을 채우시오.(4점)

[1403]

단위작업 장소에서 소음수준은 규정된 측정위치 및 지점에서 1일 작업시간 동안 (①)시간 이상 연속 측정하거나 작업시간을 1시간 간격으로 나누어 (②)회 이상 측정하여야 한다. 다만, 소음의 발생특성이 연속음으로서 측정치가 변동이 없다고 자격자 또는 지정측정기관이 판단한 경우에는 1시간 동안을 등간격으로 나누어 3회 이상 측정할 수 있다.

① 6　② 6

138 ( ) 안에 알맞은 용어를 쓰시오.(4점)

[0803/1403/2303]

화학적 인자의 가스, 증기, 분진, 흄(Fume), 미스트(mist) 등의 농도는 (①)으로 표시한다. 다만, 석면의 농도 표시는 (②)로 표시한다. 고열(복사열 포함)의 측정단위는 습구 · 흑구온도지수(WBGT)를 구하여 (③)로 표시하고, 소음은 (④)로 표시한다.

① ppm 또는 mg/m^3　② $개/m^3$
③ ℃　④ dB(A)

단위

- 화학적 인자의 가스, 증기, 분진, 흄(fume), 미스트(mist) 등의 농도는 피피엠(ppm) 또는 세제곱미터 당 밀리그램(mg/m^3)으로 표시한다. 다만, 석면의 농도 표시는 세제곱센티미터 당 섬유개수($개/cm^3$)로 표시한다.
- 피피엠(ppm)과 세제곱미터 당 밀리그램(mg/m^3)간의 상호 농도변환은
  $노출기준(mg/m^3) = \frac{노출기준(ppm) \times 그램분자량}{24.45(25℃,\ 1기압)}$에 따른다.
- 소음수준의 측정단위는 데시벨[dB(A)]로 표시한다.
- 고열(복사열 포함)의 측정단위는 습구 · 흑구 온도지수(WBGT)를 구하여 섭씨온도(℃)로 표시한다.

139 **실효온도와 WBGT를 옥내와 옥외 구분해서 각각 설명하시오.(4점)** [0501/1303/2203]

① 실효온도 : 감각온도라고도 한다. 기온 · 습도 · 기류 등에 의해 결정되는 체감온도를 말한다.

② WBGT(실내) : 태양광선이 내리쬐지 않는 실외를 포함하는 장소에서의 온도로 0.7×자연습구온도+0.3×흑구온도로 구한다.

③ WBGT(실외) : 태양광선이 내리쬐는 실외에서의 온도로 0.7×자연습구온도+0.2×흑구온도+0.1×건구온도로 구한다.

습구흑구온도(WBGT : Wet Bulb Globe Temperature) 지수

- 옥내에서는 WBGT=0.7NWT+0.3GT이다. 이때 NWT는 자연습구, GT는 흑구온도이다.(일사가 영향을 미치지 않는 옥외도 옥내로 취급한다)
- 일사가 영향을 미치는 옥외에서는 건구온도인 DB를 반영하지만 옥내에서는 일사의 영향이 없으므로 자연습구와 흑구온도만으로 WBGT가 결정된다.
- 일사가 영향을 미치는 옥외에서는 WBGT=0.7NWT+0.2GT+0.1DB이며 이때 NWT는 자연습구, GT는 흑구온도, DB는 건구온도이다.

140 **태양광선이 내리쬐지 않는 옥외 작업장에서 자연습구온도 28℃, 건구온도 32℃, 흑구온도 29℃일 때 WBGT(℃)를 계산하시오.(4점)** [0702/1201/1302/2201/2301]

[계산식]

- 태양광선이 내리쬐지 않는 실외를 포함하는 장소에서의 WBGT 온도는 0.7×자연습구온도+0.3×흑구온도로 구한다. 그리고 태양광선이 내리쬐는 실외에서의 WBGT 온도는 0.7×자연습구온도+0.2×흑구온도+0.1×건구온도로 구한다.
- 태양광선이 내리쬐지 않는 작업장이므로 대입하면 0.7×28℃+0.3×29℃=28.3℃가 된다.

[정답] 28.3[℃]

141 **작업장의 온열조건이 다음과 같을 때 WBGT(℃)를 계산하시오.(6점)** [2102]

자연습구온도 20℃, 건구온도 28℃, 흑구온도 27℃

① 태양광선이 내리쬐지 않는 옥외 및 옥내

② 태양광선이 내리쬐는 옥외

[계산식]

① 태양광선이 내리쬐지 않는 작업장 : 대입하면 0.7×20℃+0.3×27℃=22.1℃가 된다.

② 태양광선이 내리쬐는 실외 : 대입하면 0.7×20℃+0.2×27℃+0.1×28℃=22.2℃가 된다.

[정답] ① 22.1[℃] ② 22.2[℃]

142 **태양광선이 내리쬐지 않는 옥외작업장에서의 고온의 영향을 평가하기 위하여 아스만 통풍건습계 및 흑구온도계를 이용하여 측정한 결과 건구온도 32℃, 자연습구온도 29℃, 흑구온도 40℃의 값을 얻었을 때 WBGT를 구하고 고열에 대한 노출기준을 쓰시오.(6점)** [0703]

[계산식]

- 태양광선이 내리쬐지 않는 실외를 포함하는 장소에서의 WBGT 온도는 0.7×자연습구온도+0.3×흑구온도로 구한다. 그리고 태양광선이 내리쬐는 실외에서의 WBGT 온도는 0.7×자연습구온도+0.2×흑구온도+0.1×건구온도로 구한다.
- 태양광선이 내리쬐지 않는 작업장이므로 대입하면 0.7×29℃+0.3×40℃=32.3℃가 된다.

[정답] 32.3℃이고, 고열작업장의 노출기준이 가장 큰 값도 32.2℃인데 이를 초과하였다.

■ 고온의 노출 기준(단위 : ℃, WBGT)

작업휴식시간비 \ 작업강도	경작업	중등작업	중작업
계속작업	30.0	26.7	25.0
매시간 75%작업, 25%휴식	30.6	28.0	25.9
매시간 50%작업, 50%휴식	31.4	29.4	27.9
매시간 25%작업, 75%휴식	32.2	31.1	30.0

- 경작업 : 200kcal까지의 열량이 소요되는 작업을 말하며, 앉아서 또는 서서 기계의 조정을 하기 위하여 손 또는 팔을 가볍게 쓰는 일 등을 뜻함
- 중등작업 : 시간당 200～350kcal의 열량이 소요되는 작업을 말하며, 물체를 들거나 밀면서 걸어다니는 일 등을 뜻함
- 중작업 : 시간당 350～500kcal의 열량이 소요되는 작업을 말하며, 곡괭이질 또는 삽질하는 일 등을 뜻함

143 **단조공정에서 단조로 근처의 온도가 건구온도 40℃, 자연습구온도 30℃, 흑구온도 40℃이었다. 작업은 연속작업이고 중등도(200～350kcal) 작업이었을 때, 이 작업장의 실내 WBGT를 구하고 노출기준 초과여부를 평가하시오.(단, 고용노동부고시 중등작업－연속작업(계속작업)을 꼭 넣어서 WBGT와 노출기준 초과여부를 평가하시오)(6점)** [1101/2202]

[계산식]

- 일사가 영향을 미치지 않는 옥내에서는 WBGT=0.7NWT+0.3GT이며 이때 NWT는 자연습구, GT는 흑구온도, DB는 건구온도이다.
- 대입하면 0.7×30+0.3×40=33℃가 된다.
- 연속작업, 중등도 작업의 경우 노출기준이 26.7℃이므로 노출기준을 초과하였다.

[정답] 실내 WBGT는 33[℃]로 연속작업, 중등도 작업의 노출기준 26.7[℃]를 초과하였다.

144 습구흑구온도지수의 측정은 대상 근로자의 작업행동범위 주 작업위치에서 실시하는데 이때 흑구직경에 따라 얼마동안 기다린 후 측정하는지의 기준을 쓰시오.(4점) [1001]

① 직경이 15cm인 경우 25분 이상
② 직경이 7.5 ~ 5cm인 경우 5분 이상

■ 고열의 측정구분에 의한 측정기기와 측정시간

구분	측정기기	측정시간
습구온도	0.5도 간격의 눈금이 있는 아스만통풍건습계, 자연습구온도를 측정할 수 있는 기기 또는 이와 동등 이상의 성능이 있는 측정기기	아스만통풍건습계 : 25분 이상 자연습구온도계 : 5분 이상
흑구 및 습구흑구온도	직경이 5센티미터 이상되는 흑구온도계 또는 습구흑구온도(WBGT)를 동시에 측정할 수 있는 기기	직경이 15cm : 25분 이상 직경이 7.5cm, 5cm : 5분 이상

145 다음은 고열 측정에 대한 설명이다. ( ) 안을 채우시오.(4점) [1003]

• 고열의 측정 위치 : 단위 작업 장소에서 측정 대상이 되는 근로자의 (①)위치에서 바닥 면으로부터 (②) 센티미터 이상, (③) 센티미터 이하에서 측정한다.
• 측정기를 설치한 후 충분히 안정화 시킨 상태에서 1일 작업시간 중 가장 높은 고열에 노출되는 1시간을 (④)분 간격으로 연속하여 측정한다.

① 주 작업
② 50
③ 150
④ 10

146 다음 ( ) 안에 알맞은 용어를 쓰시오.(4점) [1602]

가스상 물질은 (   ) 정도에 따라 침착되는 부분이 달라진다. 이산화황은 상기도에 침착, 오존 · 이황화탄소는 폐포에 침착된다.

• 용해도(수용성)

147 사무실 공기관리지침 상 다음의 오염물질의 관리기준을 쓰시오.(3점)

[1002]

① 미세먼지(PM10)　　② 일산화탄소(CO)　　③ 라돈

① $100\mu g/m^3$
② 10ppm
③ $148Bq/m^3$

■ 오염물질 관리기준

오염물질 종류	관리기준	측정시간
미세먼지(PM10)	$100\mu g/m^3$	업무시간(6시간 이상)
초미세먼지(PM2.5)	$50\mu g/m^3$	업무시간(6시간 이상)
이산화탄소(CO_2)	1,000ppm	업무시작 후 2시간 전후 및 종료 전 2시간 전후(10분간)
일산화탄소(CO)	10ppm	업무시작 후 1시간 전후 및 종료 전 1시간 전후(10분간)
이산화질소(NO_2)	0.1ppm	업무시작 후 1시간～종료 1시간 전(1시간)
포름알데히드(HCHO)	$100\mu g/m^3$	업무시작 후 1시간～종료 1시간 전(30분간 2회)
총휘발성유기화합물(TVOC)	$500\mu g/m^3$	
라돈(radon)	$148Bq/m^3$	3일 이상～3개월 이내 연속
총부유세균	$800CFU/m^3$	업무시작 후 1시간～종류 1시간 전(최고 실내온도 1회)
곰팡이	$500CFU/m^3$	

- 라돈은 지상1층을 포함한 지하에 위치한 사무실에만 적용한다.
- 오존과 석면은 2020년 기준 개정 시 오염물질의 관리기준에서 제외되었다. 개정 전 기준은 오존 0.06ppm 이하, 석면 0.01개/cc 이하이다.

148 다음은 사무실 실내환경에서의 오염물질의 관리기준이다. 빈칸을 채우시오.(단, 해당 물질에 대한 단위까지 쓰시오)(6점)

[0901/2201]

이산화탄소(CO_2)	1,000ppm 이하
이산화질소(NO_2)	(①) 이하
오존(O_3)	(②) 이하
석면	(③) 이하

① 0.1ppm
② 0.06ppm
③ 0.01개/cc

149 사무실 공기질 측정시간에 대한 설명이다. 빈칸을 채우시오.(4점) [2203]

미세먼지(PM10)	업무시간 (①)시간 이상
이산화탄소(CO_2)	업무시작 후 2시간 전후 및 종료 전 2시간 전후 (②)분간

① 6
② 10

150 사무실 공기관리지침에 관한 설명이다. ( ) 안을 채우시오.(3점) [1703/2001/2003/2402]

① 사무실 환기횟수는 시간당 ( )회 이상으로 한다.
② 공기의 측정시료는 사무실 내에서 공기질이 가장 나쁠 것으로 예상되는 ( )곳 이상에서 채취하고, 측정은 사무실 바닥으로부터 0.9 ~ 1.5m 높이에서 한다.
③ 일산화탄소 측정 시 시료 채취시간은 업무 시작 후 1시간 이내 및 종료 전 1시간 이내 각각 ( )분간 측정한다.

① 4
② 2
③ 10

151 화학물질 노출기준에서 노출기준에 피부(skin) 표시를 첨부하는 물질의 특성을 3가지 쓰시오.(6점) [1301]

① 점막과 눈 그리고 경피로 흡수되어 전신 영향을 일으킬 수 있는 물질
② 옥탄올-물 분배계수가 높은 물질
③ 반복하여 피부에 도포했을 때 전신작용을 일으키는 물질
④ 손이나 팔에 의한 흡수가 몸 전체에서 많은 부분을 차지하는 물질
⑤ 급성 동물실험결과 피부흡수에 의한 치사량이 비교적 낮은 물질(즉 100mg/체중(kg) 이하일 때)

▲해당 답안 중 3가지 선택 기재

152 다음의 (예)에 맞는 (그림)을 바르게 연결하시오.(4점) [1203/1601/2203]

(예)

① 급성독성물질경고　　② 피부부식성물질경고
③ 호흡기과민성물질경고　　④ 피부자극성 및 과민성물질경고

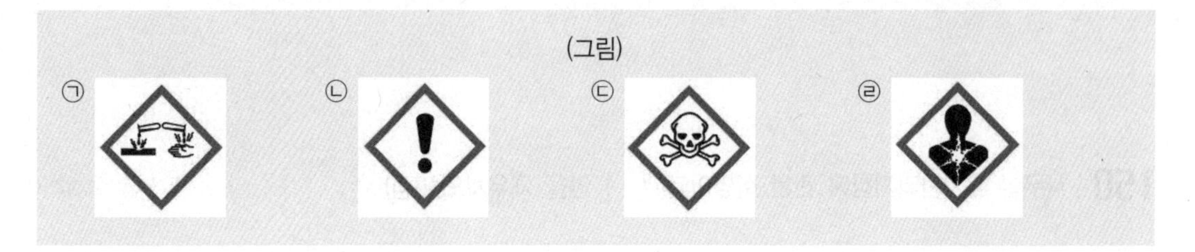

①－㉢
②－㉠
③－㉣
④－㉡

유해성 · 위험성 분류별 경고표지

	폭발성물질위험경고 자기반응성물질위험경고 유기과산화물위험경고		피부부식성위험경고
	인화성물질위험경고 자연발화성물질위험경고 물반응성물질위험경고		급성독성물질위험경고
	산화성물질위험경고		피부자극성경고 피부과민성경고
	고압가스물질경고		호흡기과민성위험경고 발암성위험경고

153 5초 간격으로 6개의 소음을 측정한 결과이다. 소음의 등가소음레벨(Leq)을 구하시오(5점)

[0301/0603/0802/1002/1302]

85, 95, 100, 98, 91, 90

[계산식]

- 등가소음도 Leq[dB(A)] $= 10\log\frac{1}{n}\sum_{i=1}^{n}10^{0.1L_i}$으로 구한다.
- 등가소음도 Leq[dB(A)] $= 10\log\frac{1}{6}[10^{8.5}+10^{9.5}+10^{10}+10^{9.8}+10^{9.1}+10^{9.0}] = 95.6519\cdots$dB(A)이다.

[정답] 95.65[dB(A)]

■ 등가소음도

- 등가소음도 Leq[dB(A)] $= 10\log\frac{1}{n}\sum_{i=1}^{n}10^{0.1L_i}$으로 구한다.
- 누적소음 노출량 평가는 $TWA = 16.61\log(\frac{D}{12.5 \times 노출시간}) + 90$으로 구하며, D는 누적소음노출량[%]이다.
- 지시소음계로 측정한 등가소음레벨 Leq[dB(A)] $= 16.61\log\frac{n_1 \times 10^{\frac{LA_1}{16.61}} + n_2 \times 10^{\frac{LA_2}{16.61}}}{각소음레벨측정치의발생시간합}$으로 구한다.

154 누적소음노출량계로 210분간 측정한 노출량이 40%일 때 평균 노출소음수준을 구하시오.(5점)

[0902/1903/2202]

[계산식]

- 누적소음 노출량 평가는 $TWA = 16.61\log(\frac{D}{12.5 \times 노출시간}) + 90$으로 구하며, D는 누적소음노출량[%]이다.
- 210분은 3시간 30분이므로 3.5시간이다. 대입하면 시간가중 평균소음 $TWA = 16.61 \times \log\left(\frac{40}{12.5 \times 3.5}\right) + 90 =$ 89.3535⋯dB(A)이다.

[정답] 89.35[dB(A)]

155 어떤 작업장에서 90dB 3시간, 95dB 2시간, 100dB 1시간 노출되었을 때 소음노출지수를 구하고, 소음허용기준을 초과했는지의 여부를 판정하시오.(5점)

[1203/1703]

[계산식]

- 전체 작업시간 동안 서로 다른 소음수준에 노출될 때의 소음노출지수는 $\left[\frac{C_1}{T_1}+\frac{C_2}{T_2}+\cdots+\frac{C_n}{T_n}\right]$으로 구하되, 노출지수가 1을 넘어서면 소음허용기준을 초과했다고 판정한다. 이때 C는 dB별 노출시간, T는 dB별 노출한계시간이다.
- 90dB에서 8시간, 95dB에서 4시간, 100dB에서 2시간이 허용기준이다.
- 대입하면 노출지수는 $\frac{3}{8}+\frac{2}{4}+\frac{1}{2}=\frac{3+4+4}{8}=1.375$가 된다.

[정답] 노출지수는 1.38이고, 1보다 크므로 소음허용기준을 초과한다.

서로 다른 소음수준에 노출될 때의 소음노출량

- 소음노출지수라고도 한다.(%가 아닌 숫자값으로 표시)
- 전체 작업시간 동안 서로 다른 소음수준에 노출될 때의 소음노출량 $D=\left[\frac{C_1}{T_1}+\frac{C_2}{T_2}+\cdots+\frac{C_n}{T_n}\right]\times 100$으로 구한다. C는 dB별 노출시간, T는 dB별 노출한계시간이다.
- 총 노출량 100%는 8시간 시간가중평균(TWA)이 90dB에 상응한다.

156 어떤 작업장에서 100dB 30분, 95dB 3시간, 90dB 2시간, 85dB 3시간 30분 노출되었을 때 소음허용기준을 초과했는지의 여부를 판정하시오.(5점)

[0703/1503]

[계산식]

- 전체 작업시간 동안 서로 다른 소음수준에 노출될 때의 소음노출지수는 $\left[\frac{C_1}{T_1}+\frac{C_2}{T_2}+\cdots+\frac{C_n}{T_n}\right]$으로 구하되, 노출지수가 1을 넘어서면 소음허용기준을 초과했다고 판정한다. 이때 C는 dB별 노출시간, T는 dB별 노출한계시간이다.
- 90dB에서 8시간, 95dB에서 4시간, 100dB에서 2시간이 허용기준이다.
- 85dB에서는 허용기준이 존재하지 않는다.
- 대입하면 노출지수는 $\frac{2}{8}+\frac{3}{4}+\frac{0.5}{2}+0=\frac{2+6+2}{8}=1.25$가 된다.

[정답] 노출지수는 1.25이고, 1보다 크므로 소음허용기준을 초과한다.

157 특정 근로자의 작업현장을 소음계로 측정하였을 때의 소음수준이 다음과 같다.

90, 91, 94, 92, 93, 90, 90, 92, 91, 92

하루 작업시간 중 점심시간 1시간 외 7시간동안 소음에 노출되었을 때 노출기준 초과여부를 평가하고, 8시간 소음노출기준(TWA)으로 소음강도를 구하시오.(단, 허용노출시간은 $\frac{8}{2^{(La-90)/5}}$, La는 소음수준[dB(A)]로 구한다)(6점) [1101]

- 전체 작업시간 동안 서로 다른 소음수준에 노출될 때의 소음노출량 $D=\left[\frac{C_1}{T_1}+\frac{C_2}{T_2}+\cdots+\frac{C_n}{T_n}\right]\times 100$으로 구한다. C는 dB별 노출시간, T는 dB별 노출한계시간이다.
- dB별 노출한계시간부터 구하면 다음과 같다.

소음수준	수식	허용노출시간
90dB	$\frac{8}{2^{(90-90)/5}}=8$	8시간
91dB	$\frac{8}{2^{(91-90)/5}}=6.96$	6.96시간
92dB	$\frac{8}{2^{(92-90)/5}}=6.06$	6.06시간
93dB	$\frac{8}{2^{(93-90)/5}}=5.28$	5.28시간
94dB	$\frac{8}{2^{(94-90)/5}}=4.59$	4.59시간

① 누적소음노출량 $D=\left[\frac{0.7}{8}+\frac{0.7}{6.96}+\cdots+\frac{0.7}{6.06}\right]\times 100=109.526\cdots$으로 100보다 크므로 허용기준을 초과하였다.

- 누적소음 노출량 평가는 $\text{TWA}=16.61\log(\frac{\text{D}}{12.5\times \text{노출시간}})+90$으로 구하며, D는 누적소음노출량[%]이다.

② 노출시간이 7시간이므로 $12.5\times 7=87.5$이므로 대입하면 $\text{TWA}=16.61\log(109.53/87.5)+90=91.6198\cdots$[dB(A)]이다.

[정답] ① 누적소음노출량이 109.53으로 허용기준을 초과하였다. ② TWA=91.62[dB(A)]

158 작업장 내 기계의 소음이 각각 94dB, 95dB, 100dB 인 경우 합성소음을 구하시오.(5점) [1403/1602]

[계산식]

- 합성소음[dB(A)]$=10\log(10^{\frac{SPL_1}{10}}+\cdots+10^{\frac{SPL_i}{10}})$으로 구할 수 있다. 이때, $SPL_1, \cdots, SPL_i$는 개별 소음도를 의미한다.
- 주어진 값을 대입하면 합성소음[dB(A)]$=10\log(10^{9.4}+10^{9.5}+10^{10})=101.9518\cdots$dB이다.

[정답] 101.95[dB]

■ 합성소음

- 동일한 공간 내에서 2개 이상의 소음원에 대한 소음이 발생할 때 전체 소음의 크기를 말한다.
- 합성소음[dB(A)] = $10\log(10^{\frac{SPL_1}{10}} + \cdots + 10^{\frac{SPL_i}{10}})$으로 구할 수 있다.

  이때, $SPL_1, \cdots, SPL_i$는 개별 소음도를 의미한다.

159 음향출력이 1.6watt인 점음원(자유공간)으로부터 20m 떨어진 곳에서의 음압수준을 구하시오.(단, 무지향성)(6점) [0501/1001/1102/1403/2004]

[계산식]

- 출력이 1.6W인 음원의 PWL은 $10\log\left(\frac{1.6}{10^{-12}}\right) = 122.0411\cdots$이다.
- SPL = 122.04 − 20log20 − 11dB = 85.0194⋯dB이 된다.

[정답] 85.02[dB]

■ 음압레벨(SPL ; Sound Pressure Level)

- 기준이 되는 소리의 압력과 비교하여 로그적으로 표현한 값이다.
- SPL = $20\log\left(\frac{P}{P_0}\right)$[dB]로 구한다. 여기서 P_0는 기준음압으로 2×10^{-5}[N/m^2] 혹은 2×10^{-4}[dyne/cm^2], 2×10^{-4}[μbar]이다.
- 자유공간에 위치한 점음원의 음압레벨(SPL)은 음향파워레벨(PWL) − $20\log r$ − 11로 구한다. 이때 r은 소음원으로부터의 거리[m]이다. 11은 $10\log(4\pi)$의 값이다.

160 출력 0.1W 작은 점원원으로부터 100m 떨어진 곳의 음압 레벨(Sound press Level)을 구하시오.(단, 무지향성 음원이 자유공간에 있다)(6점) [0603/2101]

[계산식]

- 출력이 0.1W인 음원의 PWL은 $10\log\left(\frac{0.1}{10^{-12}}\right) = 110$이다.
- SPL = 110 − 20log100 − 11dB = 59dB이 된다.

[정답] 59[dB]

161 음압실효치가 2dyne/㎠일 때 음압수준(SPL)을 구하시오.(5점) [0503]

[계산식]

- $P=2$, $P_0=2\times10^{-4}$로 주어졌으므로 대입하면 $SPL=20\log(\frac{2}{2\times10^{-4}})=80[dB]$이 된다.

[정답] 80[dB]이다.

162 음압이 2.6㎛bar일 때 음압레벨(dB)을 구하시오.(5점) [1702]

[계산식]

- 주어진 음압의 단위가 μbar이므로 기준음압 $2\times10^{-4}\mu bar$를 적용하면
  음압레벨 $SPL=20\times\log\left(\frac{2.6}{2\times10^{-4}}\right)=82.2788\cdots dB$이다.

[정답] 82.28[dB]

163 자유공간에서 점음원으로부터 4m 되는 지점에서 음압수준이 85dB로 측정되었다면 16m 되는 지점에서의 음압수준[dB]을 구하시오.(5점) [1101]

- 소음원으로부터 d_1만큼 떨어진 위치에서 음압수준이 dB_1일 경우 d_2만큼 떨어진 위치에서의 음압수준은 $dB_2=dB_1-20\log\left(\frac{d_2}{d_1}\right)$로 구한다.

[계산식]

- $dB_2=dB_1-20\log\left(\frac{d_2}{d_1}\right)$에서 $dB_1=85$, $d_1=4$, $d_2=16$를 대입하면 $dB_2=85-20\log\left(\frac{16}{4}\right)=72.9588\cdots$이다.

[정답] 72.96[dB]이다.

음압수준

- 음압(Sound pressure)은 물리적으로 측정한 음의 크기를 말한다.
- 소음원으로부터 d_1만큼 떨어진 위치에서 음압수준이 dB_1일 경우 d_2만큼 떨어진 위치에서의 음압수준 $dB_2=dB_1-20\log\left(\frac{d_2}{d_1}\right)$로 구한다.
- 소음원으로부터 거리와 음압수준은 역비례한다.

164 면적이 10m^2인 창문을 음압레벨 120dB인 음파가 통과할 때 이 창을 통과한 음파의 음향파워레벨(W)을 구하시오.(5점)

[1603]

[계산식]

- 면적(S)과 음압레벨(SPL) 120dB이 주어졌으므로 PWL=SPL+10logS를 이용해서 PWL을 구한 후 PWL=$10\log\frac{W}{W_0}$[dB] 통해서 음향파워 W를 구할 수 있다.
- 대입하면 $PWL=120+10\log10=130$dB이다. 이를 대입하면 $130=10\log\frac{W}{10^{-12}}$이므로 $\log\frac{W}{10^{-12}}=13$이므로 $W\times10^{12}=10^{13}$이므로 $W=10$W이다.

[정답] 10[W]

165 총 흡음량이 2,000sabins인 작업장에 1,500sabins를 더할 경우 실내소음 저감량(dB)을 구하시오.(5점)

[0503/1001/1002/1201/1702/2301/2401]

[계산식]

- 흡음에 의한 소음감소량 NR=$10\log\frac{A_2}{A_1}$[dB]으로 구한다.
- 흡음에 의한 소음감소량 NR=$10\log\frac{3,500}{2,000}=2.4303\cdots$dB이 된다.

[정답] 2.43[dB]

흡음에 의한 소음감소(NR : Noise Reduction)

- NR$=10\log\frac{A_2}{A_1}$[dB]으로 구한다.

이때, A_1는 처리하기 전의 총 흡음량[sabins]이고, A_2는 처리한 후의 총 흡음량[sabins]이다.

166 현재 1,500sabins인 작업장에 각 벽면에 500sabins, 천장에 500sabins을 더했다. 감소되는 소음레벨을 구하시오.(6점)

[0702/2103]

[계산식]

- 차음효과(NR)$=10\log\frac{\text{대책전 흡음량}+\text{부가된 흡음량}}{\text{대책전 흡음량}}$이다.
- 주어진 값을 대입하면 NR$=10\log\frac{1,500+[(4\times500)+500]}{1,500}=10\log2.667=4.260\cdots$dB이 된다.

[정답] 4.26[dB]

167 작업장의 소음대책으로 천장이나 벽면에 적당한 흡음재를 설치하는 방법의 타당성을 조사하기 위해 먼저 현재 작업장의 총 흡음량 조사를 하였다. 총흡음량은 음의 잔향시간을 이용하는 방법으로 측정, 큰 막대나무철을 이용하여 125dB의 소음을 발생하였을 때 작업장의 소음이 65dB 감소하는데 걸리는 시간은 2초이다.(단, 작업장 가로 20m, 세로 50m, 높이 10m) (6점) [0601/1003/2102]

① 이 작업장의 총 흡음량은?
② 적정한 흡음물질을 처리하여 총 흡음량을 3배로 증가시킨다면 그 증가에 따른 작업장의 소음감소량은?

[계산식]

① 잔향시간 $T = 0.162\frac{V}{A} = 0.162\frac{V}{\sum S_i \alpha_i}$로 구할 수 있다.

- 총흡음량 $A = \frac{0.162V}{T}$로 구할 수 있다. 공간의 부피는 $20 \times 50 \times 10 = 10,000m^3$이고, 잔향시간은 2초이므로 대입하면 총 흡음량 $A = \frac{0.162 \times 10,000}{2} = 810m^2$이다.

② 흡음에 의한 소음감소량 $NR = 10\log\frac{A_2}{A_1}$[dB]으로 구한다.

- 대입하면 소음감소량 $NR = 10\log\frac{3}{1} = 4.771\cdots$dB이다.

[정답] ① 810[sabin(m^2)]
② 4.77[dB]

반향시간(잔향시간, Reverberation time)

- 반(잔)향은 음이 갑자기 끊겼을 때 그 소리가 바로 그치지 않고 차츰 감쇠해가는 현상을 말하는데 그 음압레벨이 −60dB에 이르는데 걸리는 시간을 말한다.
- 반향시간과 작업장의 공간부피만 알면 흡음량을 추정할 수 있다.
- 반향시간 $T = 0.163\frac{V}{A} = 0.163\frac{V}{\sum S_i \alpha_i}$로 구할 수 있다. 이때 V는 공간의 부피[m^3], A는 공간에서의 흡음량[m^2]이다.
- 반향시간은 실내공간의 크기에 비례한다.

168 길이 5m, 폭 3m, 높이 2m인 작업장이다. 천장, 벽면, 바닥의 흡음률은 각각 0.1, 0.05, 0.2일 때 다음 물음에 답하시오.(6점) [1301/1701]

① 총 흡음량을 구하시오(특히, 단위를 정확하게 표시하시오)
② 천장, 벽면의 흡음률을 0.3, 0.2로 증가할 때 실내소음 저감량(dB)을 구하시오.

[계산식]

① 총 흡음량(A)

- 총 흡음량 A[m^2sabins]$=\bar{\alpha}\times S$으로 구한다.

  단위면적당 흡음량 $\bar{\alpha}=\dfrac{\sum(\text{흡음률*면적})}{S}$로 구한다.

  대입하면 $\bar{\alpha}=\dfrac{(5\times3\times0.1)+(2\times5\times2\times0.05)+(2\times3\times2\times0.05)+(5\times3\times0.2)}{(5\times3)+(2\times5\times2)+(2\times3\times2)+(5\times3)}=0.09838\cdots$이다.

- 면적은 천장+벽+바닥$=(5\times3)+(2\times5\times2)+(2\times3\times2)+(5\times3)=62m^2$이다.

  대입하면 총 흡음량 A$=0.09838\cdots\times62=6.1m^2$sabins가 된다.

② 소음저감량

- 흡음에 의한 소음감소량 NR$=10\log\dfrac{A_2}{A_1}$[dB]으로 구한다.

- 처리 전 총 흡음량은 6.1m^2sabins이므로 처리 후 총흡음량을 구한다.

  대입하면 $\bar{\alpha}=\dfrac{(5\times3\times0.3)+(2\times5\times2\times0.2)+(2\times3\times2\times0.2)+(5\times3\times0.2)}{(5\times3)+(2\times5\times2)+(2\times3\times2)+(5\times3)}=0.2241\cdots$이다.

  대입하면 총 흡음량 A$=0.2241\cdots\times62=13.9m^2$sabins가 된다.

- 흡음에 의한 소음감소량 NR$=10\log\dfrac{13.9}{6.1}=3.5768\cdots$dB이 된다.

[정답] ① 6.1[m^2sabins]
　　　② 3.58[dB]

총 흡음량

- 총 흡음량 A[m^2sabins]$=\bar{\alpha}\times S$으로 구한다. 이때 $\bar{\alpha}$는 단위면적당 흡음량, S는 총면적(m^2)이다.

  단위면적당 흡음량 $\bar{\alpha}=\dfrac{\sum(\text{흡음률*면적})}{S}$로 구한다.

169 절단기를 사용하는 작업장의 소음수준이 100dBA, 작업자는 귀덮개(NRR=19) 착용하였을 때 차음효과(dB(A))와 노출되는 소음의 음압수준을 미국 OSHA의 계산법으로 구하시오.(6점) [0601/1403/1801/2403]

[계산식]
- OSHA의 차음효과는 (NRR−7)×50%dB(A)로 구한다.
- 주어진 값을 대입하면 (19−7)×50%dB=6dB(A)이다.
- 음압수준=100−차음효과=100−6=94dB(A)이다.

[정답] ① 차음효과 6[dB(A)]
② 노출되는 음압수준 94[dB(A)]

■ OSHA의 차음효과 계산법
- OSHA의 차음효과는 (NRR−7)×50%[dB]로 구한다.
이때, NRR(Noise Reduction Rating)은 차음평가수를 의미한다.

170 톨루엔 농도가 400ppm인 작업장에서 방독마스크의 파과시간을 조사하니 40분이었다. 다음 물음에 답하시오.(6점) [1101/1401]

① 톨루엔 농도가 40ppm인 장소에서 동일한 방독마스크를 착용한 후 작업할 경우 유효시간을 구하시오.
② 방독마스크의 할당보호계수가 60이며, 방독마스크 내부의 톨루엔 농도가 2.0ppm일 때 작업장 공기 중 톨루엔의 허용농도를 구하시오.

[계산식]
- 400ppm에서 40분의 유효시간을 가졌으므로 40ppm에서의 방독마스크의 유효시간은 $\frac{400 \times 40}{40} = 400$분이 된다.
- 작업장 오염물질의 허용농도=할당보호계수×방독마스크 내부 농도이므로 대입하면 $60 \times 2 = 120$ppm이다.

[정답] ① 400[분]
② 120[ppm]

■ 방독마스크의 유효시간과 할당보호계수
- 방독마스크의 유효시간(파과시간) $= \frac{\text{시험가스농도} \times \text{유효시간}}{\text{작업장 유해가스농도}}$[분]으로 구한다.
- 할당보호계수 $= \frac{\text{작업장 오염물질 농도}}{\text{방독마스크 내부 농도}}$으로 구한다.

171 사업주가 위험성평가를 실시할 때 해당 작업에 종사하는 근로자를 참여시켜야 하는 경우 3가지를 쓰시오.(5점) [2403]

① 유해 · 위험요인의 위험성 수준을 판단하는 기준을 마련하고, 유해 · 위험요인별로 허용 가능한 위험성 수준을 정하거나 변경하는 경우
② 해당 사업장의 유해 · 위험요인을 파악하는 경우
③ 유해 · 위험요인의 위험성이 허용 가능한 수준인지 여부를 결정하는 경우
④ 위험성 감소대책을 수립하여 실행하는 경우
⑤ 위험성 감소대책 실행 여부를 확인하는 경우

▲ 해당 답안 중 3가지 선택 기재

172 다음이 설명하는 문서의 명칭을 쓰시오.(4점) [2403]

특정 업무를 표준화된 방법에 따라 일관되게 실시할 목적으로 해당 절차 및 수행 방법 등을 상세하게 기술한 문서

• 표준작업지침서(SOP)

173 다음 중 즉시위험건강농도(IDLH, Immediately Dangerous to Life or Health) 일 경우 반드시 착용해야 하는 보호구 종류 3가지를 쓰시오. [2301]

① 공기호흡기
② 에어라인 마스크
③ 호스마스크

174 다음 보기의 설명에 해당하는 용어를 쓰시오.(3점) [2301]

사업주가 스스로 유해 · 위험요인을 파악하고 해당 유해 · 위험요인의 위험성 수준을 결정하여, 위험성을 낮추기 위한 적절한 조치를 마련하고 실행하는 과정

• 위험성 평가

Chapter 08 생물학적 모니터링과 입자상 물질

175 생물학적 모니터링시 생체시료 3가지를 쓰시오.(6점)

[0401/0802/1602/2301]

① 소변
② 혈액
③ 호기

176 생물학적 모니터링에서 생체시료 중 호기시료를 잘 사용하지 않는 이유를 2가지 쓰시오.(4점)

[0302/1003/1601]

① 채취시간, 호기상태에 따라 농도가 변화하기 때문
② 수증기에 의한 수분응축의 영향이 있기 때문

177 다음은 생물학적 모니터링에 대한 설명이다. 내용 중 잘못된 내용의 번호를 찾아서 바르게 수정하시오.(4점)

[1302]

① 작업자의 생물학적 시료에서 화학물질의 노출을 추정하는 것을 말한다.
② 최근의 노출량이나 과거로부터 축적된 노출량을 파악한다.
③ 개인의 작업특성 및 습관에 따른 노출의 차이를 평가하기는 어렵다.
④ 공기 중 노출기준(TLV)이 설정된 화학물질의 수는 생물학적 노출기준(BEI)보다 적다.
⑤ 생물학적 검체인 호기, 소변, 혈액 등에서 결정인자를 측정한다.

③ 개인의 작업특성 및 습관에 따른 노출의 차이를 평가할 수 있다.
④ 공기 중 노출기준(TLV)이 설정된 화학물질의 수는 생물학적 노출기준(BEI)보다 더 많다.

178 작업환경측정을 수행할 때 동일노출그룹(HEG)를 설정하는 이유를 3가지 쓰시오.(6점)

[0501/0601/0901/1203/1303/1503]

① 시료채취를 경제적으로 할 수 있다.
② 역학조사 수행시 노출원인 및 농도를 추정한다.
③ 모든 근로자의 노출농도를 평가한다.
④ 작업장에서 모니터링하고 관리해야 할 우선적인 그룹을 결정할 수가 있다.

▲해당 답안 중 3가지 선택 기재

179 바이오 에어로졸의 정의와 생물학적 유해인자 3가지를 쓰시오.(5점)

[1802]

가) 정의 : 0.02 ~ 100μm 정도의 크기를 갖는 세균이나 곰팡이 같은 미생물과 바이러스, 알러지를 일으키는 꽃가루 등이 고체나 액체 입자에 포함되어 있는 것을 말한다.

나) 생물학적 유해인자

① 박테리아
② 곰팡이
③ 집진드기

180 ACGIH의 입자상 물질을 크기에 따라 3가지로 분류하고, 각각의 평균입경을 쓰시오.(6점)

[0402/0502/0703/0802/1402/1601/1802/1901/2202]

① 호흡성 : 4μm
② 흉곽성 : 10μm
③ 흡입성 : 100μm

■ 입자상 물질의 종류

흡입성	• 호흡기의 어느 부위에 침착하더라도 독성을 일으키는 분진 • 평균 입경의 크기는 100μm
흉곽성	• 기도나 하기도에 침착하여 독성을 나타내는 물질 • 평균 입경의 크기는 10μm
호흡성	• 호흡기를 통하여 폐포에 축적될 수 있는 크기의 분진 • 평균 입경의 크기는 4μm • 10mm nylon cyclone으로 채취

181 주물공정에서 근로자에게 노출되는 호흡성 분진을 추정하고자 한다. 이때 호흡성 분진의 정의와 추정하는 목적을 기술하시오. (단, 정의는 ACGIH에서 제시한 평균 입자의 크기를 예를 들어 설명하시오)(4점)

[0701/1701]

① 정의 : 평균입경이 4μm로써, 폐포에 침착시 유해한 물질이다.

② 목적 : 호흡성 분진이 폐에 들어가면 독성으로 인한 섬유화를 일으켜 진폐증을 유발하는 것을 측정하기 위해서이다.

182 입자상 물질의 물리적 직경 3가지를 간단히 설명하시오.(6점)

[0301/0302/0403/0602/0701/0803/0903/1201/1301/1703/1901/2001/2003/2101/2103/2301/2303]

① 마틴 직경 : 먼지의 면적을 2등분하는 선의 길이로 선의 방향은 항상 일정하여야 하며, 과소평가할 수 있는 단점이 있다.

② 페렛 직경 : 먼지의 한쪽 끝 가장자리와 다른쪽 가장자리 사이의 거리로 과대평가될 가능성이 있는 입자성 물질의 직경이다.

③ 등면적 직경 : 먼지의 면적과 동일한 면적을 가진 원의 직경으로 가장 정확한 직경이며, 측정은 현미경 접안경에 Porton Reticle을 삽입하여 측정한다.

직경의 종류

- 공기역학적 직경–대상 먼지와 침강속도가 같고 밀도가 1인, 구형인 먼지의 직경으로 환산된 직경이다.
- 스토크's 직경–밀도와 침강속도가 동일한 직경을 말한다.
- 광학직경–마틴 직경, 페렛 직경, 등면적 직경으로 구분한다.

마틴 직경	먼지의 면적을 2등분하는 선의 길이로 선의 방향은 항상 일정	과소평가
페렛 직경	먼지의 한쪽 끝 가장자리와 다른쪽 가장자리 사이의 거리	과대평가
등면적 직경	먼지의 면적과 동일한 면적을 가진 원의 직경	가장 정확한 직경

183 먼지의 공기역학적 직경의 정의를 쓰시오.(4점)

[0603/0703/0901/1101/1402/1701/1803/1903/2302/2402]

- 공기역학적 직경이란 대상 먼지와 침강속도가 같고, 밀도가 1이며 구형인 먼지의 직경으로 환산하여 표현하는 입자상 물질의 직경으로 입자의 공기중 운동이나 호흡기 내의 침착기전을 설명할 때 유용하게 사용된다.

184 다음 분진에 노출될 경우 우려되는 진폐증의 명칭을 쓰시오.(6점)

[2303]

① 유리규산
② 석면 분진
③ 석탄

① 규폐증
② 석면폐증
③ 석탄광부폐증

185 다음 그림의 ( ) 안에 알맞은 입자 크기별 포집기전을 각각 한 가지씩 쓰시오.(3점)

[0303/1101/1303/1401/1803/2403]

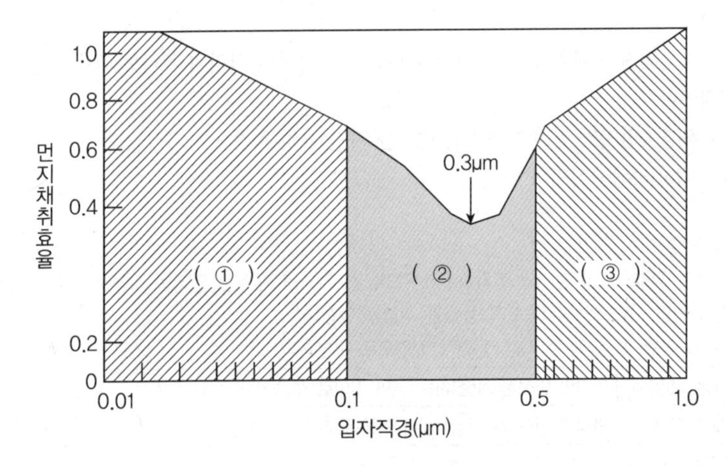

① 확산
② 확산, 직접차단(간섭)
③ 관성충돌, 직접차단(간섭)

▲ 해당 답안 중 각 1가지 선택 기재

■ 입자의 크기에 따른 작용기전

입자의 크기		작용기전
1μm 미만	0.01 ~ 0.1	확산
	0.1 ~ 0.5	확산, 간섭(직접차단)
	0.5 ~ 1.0	관성충돌, 간섭(직접차단)
1 ~ 5μm		침전(침강)
5 ~ 30μm		충돌

186 입자상 물질의 호흡기 침착 매카니즘을 4가지 쓰시오.(4점)

[0801]

① 확산
② 관성충돌
③ 중력침강
④ 차단

입자의 호흡기계 축적

- 작용기전은 충돌, 침전, 차단, 확산이 있다.
- 호흡기 내에 침착하는데 작용하는 기전 중 가장 역할이 큰 것은 확산이다.

구분	내용
충돌	비강, 인후두 부위 등 공기흐름의 방향이 바뀌는 경우 입자가 공기흐름에 따라 순행하지 못하고 공기흐름이 변환되는 부위에 부딪혀 침착되는 현상
침전	기관지, 모세기관지 등 폐의 심층부에서 공기흐름이 느려지게 되면 자연스럽게 낙하하여 침착되는 현상
차단	길이가 긴 입자가 호흡기계로 들어오면 그 입자의 가장자리가 기도의 표면을 스치면서 침착되는 현상
확산	미세입자(입자의 크기가 0.5㎛ 이하)들이 주위의 기체분자와 충돌하여 무질서한 운동을 하다가 주위 세포의 표면에 침착되는 현상

187 공기 중 입자상 물질의 여과 메커니즘 중 확산에 영향을 미치는 요소 4가지를 쓰시오.(4점)

[0603/2201]

① 입자의 크기
② 입자의 농도 차이
③ 섬유직경
④ 섬유로의 접근속도(면속도)

Chapter 09 시료의 채취와 보정

188 1차 표준보정기구 및 2차 표준보정기구의 정의와 정확도를 설명하시오.(6점) [1802]

가) 1차 표준보정기구
 ① 정의 : 물리적 크기에 의해 공간의 부피를 직접 측정할 수 있는 기구이다.
 ② 정확도 : ±1% 이내

나) 2차 표준보정기구
 ① 정의 : 공간의 부피를 직접 측정할 수는 없으며, 1차 표준기구를 기준으로 보정하여 사용할 수 있는 기구이다.
 ② 정확도 : ±5% 이내

■ 표준보정기구

㉠ 1차 표준보정기구
- 정의 : 물리적 크기에 의해 공간의 부피를 직접 측정할 수 있는 기구이다.
- 종류 : 폐활량계, 가스치환병, 유리피스톤미터, 흑연피스톤미터, Pitot튜브, 비누거품미터, 가스미터 등
- 정확도 : ±1% 이내

㉡ 2차 표준보정기구
- 정의 : 공간의 부피를 직접 측정할 수는 없으며, 1차 표준기구를 기준으로 보정하여 사용할 수 있는 기구이다.
- 종류 : 로터미터, 오리피스미터, 열선기류계, 건식가스미터, 벤튜리미터, 습식테스트미터 등
- 정확도 : ±5% 이내

189 2차 표준기구(유량측정)의 종류를 4가지 쓰시오.(4점) [2002/2203]

① Wet−test(습식테스트)미터
② venturi meter
③ 열선기류계
④ 오리피스미터
⑤ 건식가스미터
⑥ Rota미터

▲ 해당 답안 중 4가지 선택 기재

190 가스상 물질의 확산원리를 이용한 수동식 시료채취기의 장점과 단점을 각각 1가지씩 쓰시오.(4점) [1403]

가) 장점
① 시료채취방법이 간편하다.
② 채취기는 가볍고 착용이 편리하다.
③ 시료채취 전후에 별도의 보정이 필요없다.
④ 산업위생전문가의 입장에서는 펌프의 보정이나 충전에 드는 시간과 노동력을 절약할 수 있다.

나) 단점
① 저농도 시 시료채취에 시간이 오래 걸린다.
② 정확도와 정밀도가 낮다.

▲해당 답안 중 각각 1가지 선택 기재

191 벤투리 스크러버(Venturi Scrubber)의 분진 포집원리를 설명하시오.(4점) [1302/1603]

• 함진가스가 벤투리관에 도입되면 물방울의 분산과 동시에 심한 난류상태를 만들어 진애입자를 물방울에 충돌 부착시킨 후 사이클론에서 포집하여 원심력으로 분진을 분리한다.

192 가스상 물질을 임핀저, 버블러로 채취하는 액체흡수법 이용 시 흡수효율을 높이기 위한 방법을 3가지 쓰시오.(6점) [0601/1303/1802/2101]

① 포집액의 온도를 낮추어 오염물질의 휘발성을 제한한다.
② 두 개 이상의 임핀저나 버블러를 직렬로 연결하여 사용한다.
③ 채취속도를 낮춘다.
④ 액체의 교반을 강하게 한다.
⑤ 기체와 액체의 접촉면을 크게 한다.
⑥ 기포의 체류시간을 길게 한다.

▲해당 답안 중 3가지 선택 기재

193 유해가스 처리방법중 흡수법에 사용되는 흡수액의 구비조건을 4가지 쓰시오.(단, 비용에 대한 것은 제외)(4점) [1103]

① 휘발성이 적어야 한다.
② 부식성이 없어야 한다.
③ 화학적으로 안전하고 독성이 없어야 한다.
④ 점성이 작아야 한다.
⑤ 용해도가 높아야 한다.

▲해당 답안 중 4가지 선택 기재

194 입자상 물질의 채취기구인 직경분립충돌기(Cascade impactor)의 장점과 단점을 각각 2가지씩 기술하시오.(6점) [0701/1003/1302/2303]

가) 장점
① 입자의 질량크기 분포를 얻을 수 있다.
② 호흡기의 부분별로 침착된 입자크기의 자료를 추정할 수 있다.
③ 입자의 크기별 분포와 농도를 계산할 수 있다.

나) 단점
① 시료채취가 까다로워 전문가가 측정해야 한다.
② 시간이 길고 비용이 많이 든다.
③ 빠른 속도로 채취하면 되튐으로 인한 시료의 손실이 발생해 과소분석 결과를 초래할 수 있다.

▲해당 답안 중 각각 2가지 선택 기재

195 직독식 측정기구란 측정값을 직접 눈으로 확인가능한 측정기구를 이용하여 현장에서 시료를 채취하고 농도를 측정할 수 있는 측정기구를 말한다. 직독식 측정기구의 공기 중 분진측정원리를 3가지 쓰시오.(3점) [1102]

① 진동주파수
② 흡수광량
③ 산란광의 강도

196 킬레이트 적정법의 종류 4가지를 쓰시오.(4점) [1801/2001]

① 직접적정법
② 간접적정법
③ 치환적정법
④ 역적정법

197 다음은 석면에 노출되어 폐암이 발생되는 환자-대조군(case-control)의 연구결과이다. 다음 물음에 답하시오.(6점) [0703]

(명)	환자군	대조군
노출	3	15
비노출	1	18

① 상대위험비(relative risk, RR)에 대한 개념을 설명하시오.
② 위 표에서 상대위험비를 구하고 그 의미를 설명하시오.

① 유해인자에 노출된 집단에서의 질병발생률과 노출되지 않은 집단에서 질병발생률과의 비를 말한다.

② 상대위험비 $=\frac{\text{노출군에서의 발생률}}{\text{비노출군에서의 발생률}}$ 이므로 대입하면 $\frac{\frac{3}{18}}{\frac{1}{19}}=3.166\cdots$ 이다. 1보다 크므로 위험의 증가를 의미한다. 즉, 환자 노출군에 대한 상대위험도가 3.17이라는 것은 노출 환자군은 비노출 환자군에 비하여 질병발생률이 3.17배라는 것을 의미한다.

■ 위험도를 나타내는 지표

상대위험비	유해인자에 노출된 집단에서의 질병발생률과 노출되지 않은 집단에서 질병발생률과의 비
기여위험도	특정 위험요인노출이 질병 발생에 얼마나 기여하는지의 정도 또는 분율
교차비(odds ratio)	질병이 있을 때 위험인자에 노출되었을 가능성과 질병이 없을 때 위험인자에 노출되었을 가능성의 비

198 다음 조건의 기여위험도를 계산하시오.(5점) [1502]

[조건]

• 노출군에서의 질병 발생률 : 10/100
• 비노출군에서의 질병 발생률 : 1/100

[계산식]
• 기여위험도는 특정 위험요인노출이 질병 발생에 얼마나 기여하는지의 정도 또는 분율로 (노출군에서의 질병 발생률－비노출군에서의 질병 발생률)로 구한다.
• 노출군에서의 질병 발생률은 0.1이고, 비노출군에서의 질병 발생률은 0.01이므로 기여위험도는 0.1－0.01=0.09가 된다.
[정답] 0.09

199 염화비닐을 사용하는 작업장이 있다. 이 작업장의 표준화 사망비(SMR)를 설명하시오.(4점) [0301/1101]

공정	표준화 사망비(SMR)
수지/배합	4.2
건조	3.1
포장	1.4

- SMR의 값이 1보다 크다는 것은 해당 작업장의 사망자가 일반적인 인구의 사망자에 비해 더 많다는 의미로 해당 작업공정의 위험성이 크다는 것을 의미한다.

표준화 사망비(SMR)

- 전체 인구의 사망률 대비 작업장에서의 사망률 비율로 작업장의 위험성을 평가하는 지표이다.
- 표준화 사망비(SMR) = $\frac{\text{작업장에서의 사망률}}{\text{일반 인구의 사망률}}$을 의미한다.
- SMR의 값이 1보다 크다는 것은 해당 작업장의 사망자가 일반적인 인구의 사망자에 비해 더 많다는 의미로 해당 작업공정의 위험성이 크다는 것을 의미한다.

200 다음 유기용제 A, B의 포화증기농도 및 증기위험화지수(VHI)를 구하시오.(단, 대기압 760mmHg)(4점) [1703/2102/2403]

(가) A 유기용제(TLV 100ppm, 증기압 20mmHg)
(나) B 유기용제(TLV 350ppm, 증기압 80mmHg)

[계산식]

가) A 유기용제

① 포화증기농도는 대입하면 $\frac{20}{760} \times 10^6 = 26,315.78947\text{ppm}$이다.

② 증기위험화지수는 대입하면 $\log(\frac{26,315.78947}{100}) = 2.4202\cdots$이다.

나) B 유기용제

① 포화증기농도는 대입하면 $\frac{80}{760} \times 10^6 = 105,263.1579\text{ppm}$이다.

② 증기위험화지수는 대입하면 $\log(\frac{105,263.1579}{350}) = 2.4782\cdots$이다.

[정답] 가) ① 26,315.79[ppm] ② 2.42
나) ① 105,263.16[ppm] ② 2.48

■ 증기위험화지수(VHI)

- 증기위험화지수는 중독위험이 있는 물질이 대기중에서 증기로 되기 쉬운 정도를 나타내는 지수로 유기용제의 잠재적 위험성을 판단하는 지표이다.
- 포화증기농도(C) = $\frac{\text{증기압(mmHg)}}{\text{대기압(760mmHg)}} \times 10^6$[ppm]으로 구한다.
- 증기위험화지수(VHI)는 $\log\left(\frac{C}{TLV}\right)$로 구한다. 이때 C는 포화증기농도[ppm]이다.

201 A 유기용제(TLV 100ppm, 증기압 20mmHg)와 B 유기용제(TLV 350ppm, 증기압 80mmHg)를 사용하는 작업공정에 대한 다음 물음에 답하시오.(단, 대기압 760mmHg)(6점) [1401]

① 2가지 용제 중 어느 것을 선택하는 것이 바람직한지 그 이유를 설명하시오.
② 증기위험화지수(VHI)를 설명하시오.

[계산식]

- A 유기용제의 포화증기농도는 $\frac{20}{760} \times 10^6 = 26,315.78947$ppm이고,

  증기위험화지수는 $\log(\frac{26,315.78947}{100}) = 2.4202\cdots$이다.
- B 유기용제의 포화증기농도는 $\frac{80}{760} \times 10^6 = 105,263.1579$ppm이고,

  증기위험화지수는 $\log(\frac{105,263.1579}{350}) = 2.4782\cdots$이다.

[정답] ① 2가지 용제 중 증기위험화지수가 낮은 것은 A 유기용제이므로 A 유기용제를 사용하는 것이 바람직하다.
② 증기위험화지수는 중독위험이 있는 물질이 대기중에서 증기로 되기 쉬운 정도를 나타내는 지수로 유기용제의 잠재적 위험성을 판단하는 지표이다.

202 노출인년은 조사근로자를 1년동안 관찰한 수치로 환산한 것이다. 다음 근로자들의 조사년한을 노출인년으로 환산하시오.(5점) [1302/1901/2402]

- 6개월 동안 노출된 근로자의 수 : 6명
- 1년 동안 노출된 근로자의 수 : 14명
- 3년 동안 노출된 근로자의 수 : 10명

[계산식]

- 대입하면 노출인년 = $\left[6 \times \left(\frac{6}{12}\right)\right] + \left[14 \times \left(\frac{12}{12}\right)\right] + \left[10 \times \left(\frac{36}{12}\right)\right] = 47$인년이다.

[정답] 47[인년]

■ 노출인년(person-years of exposure)

- 유해물질에 노출된 인원의 노출연수의 합을 말한다.
- 단위 기간(년)의 개별 노출인원×노출연수의 합인 $\sum\left[\text{조사인원}\times\left(\frac{\text{조사기간: 월}}{12}\right)\right]$으로 구한다.

203 흡광광도기분석의 작동원리는 특정파장의 빛이 특정한 자유원자층을 통과하면서 선택적인 흡수가 일어나는 것을 이용하는 것이며 이 관계는 Beer−Lambert 법칙을 따른다. 단색광이 어떤 시료용액을 통과할 때 최초 광의 60%가 흡수된다면 흡광도가 얼마인지 구하시오.(5점) [1003]

[계산식]

- 흡수율이 0.6일 경우 투과율은 0.4로 흡광도 $A=\log\frac{1}{\text{투과율}}$로 구할 수 있다.
- 대입하면 $A=\log\frac{1}{0.4}=0.3979\cdots$이 된다.

[정답] 흡광도는 0.40이다.

■ 흡광도

- 물체가 빛을 흡수하는 정도를 나타낸다.
- 흡광도 $A=\xi Lc=\log\frac{I_o}{I_t}=\log\frac{1}{\text{투과율}}$로 구한다. 이때 ξ는 몰 흡광계수이고, 투과율은 (1−흡수율)로 구한다.

204 TCE(분자량 131.39)에 노출되는 근로자의 노출농도를 측정하려고 한다. 과거농도는 50ppm이었다. 활성탄으로 0.15L/min으로 채취할 때 최소 소요시간(min)을 구하시오.(단, 정량한계(LOQ)는 0.5mg이고, 25℃, 1기압 기준)(5점) [0903/2002/2401]

[계산식]

- 정량한계와 구해진 과거농도[mg/m^3]로 최소채취량[L]을 구한 후 이를 분당채취유량으로 나눠 채취 최소시간을 구한다.
- 과거농도가 ppm으로 되어있으므로 이를 mg/m^3으로 변환하려면 $\frac{\text{분자량}}{\text{부피}}$를 곱해야 한다.

$50\times\frac{131.39}{24.45}=268.691\cdots$mg/$m^3$이다.

- 정량한계(LOQ)인 0.5mg을 채취하기 위해서 채취해야 될 공기채취량(L)은 $\frac{0.5mg}{268.69mg/m^3}=0.00186m^3=1.86L$이다.
- 0.15L를 채취하기 위한 시간은 $\frac{1.86}{0.15}=12.4$min이다.

[정답] 12.4[분]

정량한계(LOQ)

- 분석기기가 검출할 수 있는 신뢰성을 가질 수 있는 최소 양이나 농도를 말한다.
- 검출한계가 정량분석에서 만족스런 개념을 제공하지 못하기 때문에 검출한계의 개념을 보충하기 위해 도입되었다.
- 표준편차의 10배 또는 검출한계의 3배 또는 3.3배로 정의한다.

채취 최소시간 구하는 법

- 주어진 과거농도 ppm을 mg/m^3으로 바꾼다.
- 정량한계와 구해진 과거농도[mg/m^3]로 최소채취량[L]을 구한다.
- 구해진 최소채취량[L]을 분당채취유량으로 나눠 채취 최소시간을 구한다.

205 금속제품 탈지공정에서 사용중인 트리클로로에틸렌의 과거 노출농도를 조사하였더니 50ppm이었다. 활성탄관을 이용하여 분당 0.5L씩 채취시 소요되는 최소한의 시간(분)을 구하시오.(단, 측정기기 정량한계는 시료당 0.5mg, 분자량 131.39 , 25℃, 1기압)(5점) [0801/1801/2302]

[계산식]

- 채취 최소시간 구하기 위해서는 주어진 과거농도 ppm을 mg/m^3으로 바꾼 후 정량한계와 구해진 과거농도[mg/m^3]로 최소채취량[L]을 구하고, 구해진 최소채취량[L]을 분당채취유량으로 나눠 채취 최소시간을 구한다.
- 과거농도 50ppm은 $50 \times \frac{131.39}{24.45} = 268.691 \cdots mg/m^3$이다.
- 최소 채취량은 $\frac{정량한계}{과거농도} = \frac{0.5mg}{268.691mg/m^3} = 0.00186 \cdots m^3$이므로 이는 1.86L이다.
- 최소 채취시간은 $\frac{1.86}{0.5} = 3.72$분이다.

[정답] 3.72[분]

206 공기 중 혼합물로서 벤젠 2.5ppm(TLV : 5ppm), 톨루엔 25ppm(TLV : 50ppm), 크실렌 60ppm(TLV : 100ppm)이 서로 상가작용을 한다고 할 때 허용농도 기준을 초과하는지의 여부와 혼합공기의 허용농도를 구하시오.(6점) [0801/1002/1402/1601/1801/1803/2004/2203/2301]

[계산식]

- 시료의 노출지수는 $\frac{C_1}{TLV_1} + \frac{C_2}{TLV_2} + \cdots + \frac{C_n}{TLV_n}$으로 구한다.
- 대입하면 $\frac{2.5}{5} + \frac{25}{50} + \frac{60}{100} = 1.6$로 1을 넘었으므로 노출기준을 초과하였다고 판정한다.
- 노출지수가 구해지면 해당 혼합물의 농도는 $\frac{C_1 + C_2 + \cdots + C_n}{노출지수}$[ppm]으로 구할 수 있다.
- 대입하면 혼합물의 농도는 $\frac{2.5 + 25 + 60}{1.6} = 54.6875$ppm이다.

[정답] 노출지수는 1.6으로 노출기준을 초과하였으며, 혼합물의 허용농도는 54.69[ppm]이다.

■ 혼합물의 노출지수와 농도

- 화학물질이 2종 이상 혼재하는 경우에 혼재하는 물질 간에 유해성이 인체의 서로 다른 부위에 작용한다는 증거가 없는 한 유해작용은 가중되므로 노출기준은 $\frac{C_1}{T_1}+\frac{C_2}{T_2}+\cdots+\frac{C_n}{T_n}$ 으로 산출하되, 산출되는 수치(노출지수)가 1을 초과하지 아니하는 것으로 한다. 이때 C는 화학물질 각각의 측정치이고, T는 화학물질 각각의 노출기준이다.
- 노출지수가 구해지면 해당 혼합물의 농도는 $\frac{C_1+C_2+\cdots+C_n}{\text{노출지수}}$[ppm]으로 구할 수 있다.
- 혼합물의 노출기준(mg/m^3) = $\frac{1}{\frac{f_a}{TLV_a}+\frac{f_b}{TLV_b}+\frac{f_c}{TLV_c}}$ 로 구한다.(단, $f_a+f_b+f_c=1$)

207 공기 중 혼합물로서 carbon tetrachloride 6ppm(TLV : 10ppm), 1,2-dichloroethane 20ppm(TLV : 50ppm), 1,2-dibromoethane 7ppm(TLV : 20ppm)이 서로 상가작용을 한다고 할 때 허용농도 기준을 초과하는지의 여부와 혼합공기의 허용농도를 구하시오.(6점) [1303/2001]

[계산식]

- 시료의 노출지수는 $\frac{C_1}{TLV_1}+\frac{C_2}{TLV_2}+\cdots+\frac{C_n}{TLV_n}$ 으로 구한다.
- 대입하면 $\frac{6}{10}+\frac{20}{50}+\frac{7}{20}=1.35$로 1을 넘었으므로 노출기준을 초과하였다고 판정한다.
- 노출지수가 구해지면 해당 혼합물의 농도는 $\frac{C_1+C_2+\cdots+C_n}{\text{노출지수}}$[ppm]으로 구할 수 있다.
- 대입하면 혼합물의 농도는 $\frac{6+20+7}{1.35}=24.444\cdots$ppm이다.

[정답] 노출지수는 1.35로 노출기준을 초과하였으며, 혼합물의 허용농도는 24.44[ppm]이다.

208 다음 표를 보고 노출초과 여부를 판단하시오.[단, 톨루엔(분자량 92.13, TLV=100ppm), 크실렌(분자량 106, TLV=100ppm)이다](6점) [0303/2103/2401]

물질	톨루엔	크실렌	시간	유량
시료1	3.2mg	6.4mg	08:15 ~ 12:15	0.18L/min
시료2	5.2mg	11.5mg	13:30 ~ 17:30	0.18L/min

[계산식]

• 먼저 시료1과 시료2에서의 톨루엔과 크실렌의 노출량을 TLV와 비교하기 위해 ppm 단위로 구해야 한다.

가)

• 톨루엔의 노출량$=\frac{3.2mg}{0.18L/\min\times240\min}=0.074074\cdots$mg/L이고 mg/$m^3$으로 변환하려면 1,000을 곱해준다. 계산하면 74.07mg/m^3이다. 온도가 주어지지 않았으므로 ppm으로 변환하려면 $\frac{22.4}{92.13}$를 곱하면 18.01ppm이 된다.

• 크실렌의 노출량$=\frac{6.4mg}{0.18L/\min\times240\min}=0.148148\cdots$mg/L이고 mg/$m^3$으로 변환하려면 1,000을 곱해준다. 계산하면 148.15mg/m^3이다. 온도가 주어지지 않았으므로 ppm으로 변환하려면 $\frac{22.4}{106}$를 곱하면 31.31ppm이 된다.

나)

• 톨루엔의 노출량$=\frac{5.2mg}{0.18L/\min\times240\min}=0.120370\cdots$mg/L이고 mg/$m^3$으로 변환하려면 1,000을 곱해준다. 계산하면 120.37mg/m^3이다. 온도가 주어지지 않았으므로 ppm으로 변환하려면 $\frac{22.4}{92.13}$를 곱하면 29.27ppm이 된다.

• 크실렌의 노출량$=\frac{11.5mg}{0.18L/\min\times240\min}=0.266203\cdots$mg/L이고 mg/$m^3$으로 변환하려면 1,000을 곱해준다. 계산하면 266.20mg/m^3이다. 온도가 주어지지 않았으므로 ppm으로 변환하려면 $\frac{22.4}{106}$를 곱하면 56.25ppm이 된다.

[정답] • 시료 1의 노출지수를 구하기 위해 대입하면 $\frac{18.01}{100}+\frac{31.31}{100}=\frac{49.32}{100}=0.4932$로 1을 넘지 않았으므로 노출기준 미만이다.

• 시료 2의 노출지수를 구하기 위해 대입하면 $\frac{29.27}{100}+\frac{56.25}{100}=\frac{85.52}{100}=0.8552$로 1을 넘지 않았으므로 노출기준 미만이다.

209 헥산을 1일 8시간 취급하는 작업장에서 실제 작업시간은 오전 2시간(노출량 60ppm), 오후 4시간(노출량 45ppm)이다. TWA를 구하고, 허용기준을 초과했는지 여부를 판단하시오.(단, 헥산의 TLV는 50ppm이다)(6점)

[1102/1302/1801/2002/2402]

[계산식]

- 시간가중평균노출기준 TWA는 1일 8시간의 평균 농도로 $\frac{C_1T_1+C_2T_2+\cdots+C_nT_n}{8}$[ppm]로 구한다.
- 주어진 값을 대입하면 $TWA=\frac{(2\times60)+(4\times45)}{8}=37.5ppm$이다.
- TLV가 50ppm이므로 허용기준 아래로 초과하지 않는다.

[정답] TWA는 37.5[ppm]으로 허용기준을 초과하지 않는다.

■ 시간가중평균값(TWA, Time-Weighted Average)
- 1일 8시간 작업을 기준으로 한 평균노출농도이다.
- TWA 환산값$=\frac{C_1\cdot T_1+C_1\cdot T_1+\cdots\cdots+C_n\cdot T_n}{8}$로 구한다.

이때, C : 유해인자의 측정농도(단위 : ppm, mg/㎥ 또는 개/㎤)
T : 유해인자의 발생시간(단위 : 시간)

210 석면의 노출기준 0.1, 측정농도 0.9이다. SAE가 0.3일때 UCL, LCL을 각각 구하시오.(4점) [0502]

[계산식]

- 표준화값은 $\frac{0.9}{0.1}=9$이다.
- 한계값은 9−0.3 ~ 9+0.3=8.7 ~ 9.3이므로 상한값은 9.3, 하한값은 8.7이다.

[정답] UCL은 9.3, LCL은 8.7이다.

■ 표준화값
- 표준화값은 $\frac{\text{측정값}}{\text{노출기준}}$으로 구하며, 신뢰하한값은 표준화값−SAE, 신뢰상한값은 표준화값+SAE로 구한다.

211 에틸벤젠(TLV : 100ppm) 작업을 1일 10시간 수행한다. 보정된 허용농도를 구하시오.(단, Brief와 Scala의 보정방법을 적용하시오)(4점)

[0303/0802/0803/1603/2003/2402]

[계산식]

- 보정계수 $RF=\left(\frac{8}{H}\right)\times\left(\frac{24-H}{16}\right)$로 구하고 이를 주어진 TLV값에 곱해서 보정된 노출기준을 구한다.
- 주어진 값을 대입하면 $RF=\left(\frac{8}{10}\right)\times\frac{24-10}{16}=0.7$이다.
- 보정된 허용농도는 TLV×RF=100ppm×0.7=70ppm이다.

[정답] 70[ppm]

Brief and Scala 보정

- 노출기준 보정계수는 $\left(\frac{8}{H}\right)\times\frac{24-H}{16}$으로 구한 후 주어진 TLV값을 곱해준다.

212 작업장에서 1일 8시간 작업 시 트리클로로에틸렌의 노출기준은 50ppm이다. 1일 10시간 작업 시 Brief와 Scala의 보정법으로 보정된 노출기준(ppm)을 구하시오.(5점)

[1203/1503]

[계산식]

- 보정계수 $RF=\left(\frac{8}{H}\right)\times\left(\frac{24-H}{16}\right)$로 구하고 이를 주어진 TLV값에 곱해서 보정된 노출기준을 구한다.
- 10시간 작업했으므로 대입하면 보정계수 $RF=\left(\frac{8}{10}\right)\times\left(\frac{24-10}{16}\right)=0.7$이 된다.
- 8시간 작업할 때의 허용농도가 50ppm인데 10시간 작업할 때의 허용농도는 $50\times0.7=35$ppm이 된다.

[정답] 35[ppm]

213 어떤 물질의 독성에 관한 인체실험결과 안전흡수량이 체중 kg당 0.05mg이었다. 체중 75kg인 사람이 1일 8시간 작업 시 이 물질의 체내 흡수를 안전흡수량 이하로 유지하려면 이 물질의 공기 중 농도를 얼마 이하로 규제하여야 하는지 쓰시오.(단, 작업 시 폐환기율 0.98m^3/hr, 체내잔류율 1.0)(5점)

[1001/1201/1402/1602/2002/2003]

[계산식]

- 안전흡수량=C×T×V×R을 이용한다. (C는 공기 중 농도, T는 작업시간, V는 작업 시 폐환기율, R은 체내잔류율)
- 공기 중 농도$=\frac{\text{안전흡수량}}{T\times V\times R}$이므로 대입하면 $\frac{75\times0.05}{8\times0.98\times1.0}=0.4783\cdots mg/m^3$가 된다.

[정답] 0.48[mg/m^3]

체내흡수량(SHD : Safe Human Dose)

- 사람에게 안전한 양으로 안전흡수량, 안전폭로량이라고도 한다.
- 동물실험을 통하여 산출한 독물량의 한계치(NOED : No-Observable Effect Dose)를 사람에게 적용하기 위해 인간의 안전폭로량(SHD)을 계산할 때 안전계수와 체중, 독성물질에 대한 역치(THDh)를 고려한다.
- C×T×V×R[mg]으로 구한다.
  C : 공기 중 유해물질농도[mg/m^3]
  T : 노출시간[hr]
  V : 폐환기율, 호흡률[m^3/hr]
  R : 체내잔류율(주어지지 않을 경우 1.0)

214 어떤 물질의 독성에 관한 인체실험결과 안전흡수량이 체중 kg당 0.2mg이었다. 체중 70kg인 사람이 공기중 농도 2.0mg/m^3에 노출되고 있다. 이 물질의 물질의 체내 흡수를 안전흡수량 이하로 유지하려면 작업자의 작업시간을 얼마 이하로 규제하여야 하는가?(단, 작업 시 폐환기율 1.25m^3/hr, 체내잔류율 1.0)(6점) [2302]

[계산식]

- 안전흡수량=C×T×V×R을 이용한다. (C는 공기 중 농도, T는 작업시간, V는 작업 시 폐환기율, R은 체내잔류율)
- 작업시간=$\frac{안전흡수량}{C \times V \times R}$이므로 대입하면 $\frac{70 \times 0.2}{2 \times 1.25 \times 1.0} = \frac{14}{2.5} = 5.6[hr]$이 된다.

[정답] 5.6[hr]

215 공기 중 입자상 물질이 여과지에 채취되는 다음 작용기전(포집원리)에 따른 영향인자를 각각 2가지씩 쓰시오.(6점) [2303]

> 가) 직접차단(간섭)
> 나) 관성충돌
> 다) 확산

가) ① 입자의 크기 ② 여과지 기공 크기
③ 섬유의 직경 ④ 여과지의 고형성

나) ① 입자의 크기 ② 여과지 기공 크기
③ 섬유의 직경 ④ 입자의 밀도

다) ① 입자의 크기 ② 여과지 기공 크기
③ 섬유의 직경 ④ 입자의 밀도

- 해당 답안 중 2가지씩 선택 기재

※ 각 작용기전에 미치는 영향인자는 입자의 크기, 여과지 기공 크기, 섬유의 직경은 공통사항이다.

216 작업장에서 tetrachloroethylene(폐흡수율 75%, TLV−TWA 25ppm, M.W 165.80)을 사용하고 있다. 체중 70kg의 근로자가 중노동(호흡률 1.47m^3/hr)을 2시간, 경노동(호흡률 0.98m^3/hr)을 6시간 하였다. 작업장에 폭로된 농도는 22.5ppm이었다면 이 근로자의 kg당 하루 폭로량(mg/kg)을 구하시오.(단, 온도=25℃ 기준)(6점) [0601/1701]

[계산식]
- 공기 중 농도 C는 22.5ppm이므로 이를 mg/m^3으로 변환하면 25℃에서의 기체 1몰의 부피는 24.45L이고, 분자량은 165.80이므로 대입하면 $22.5\times\frac{165.80}{24.45}=152.576\cdots$mg/$m^3$이 된다.
- 안전흡수량=C×T×V×R로 구한다. (C는 공기 중 농도, T는 작업시간, V는 작업 시 폐환기율, R은 체내잔류율)
- 대입하면 경노동의 경우 152.58mg/m^3×6시간×0.98m^3/hr×0.75=672.88mg이다.
- 대입하면 중노동의 경우 152.58mg/m^3×2시간×1.47m^3/hr×0.75=336.44mg이다.
- 총 흡수량은 672.88+336.44=1,009.32mg이다.
- kg당 근로자의 하루 폭로량은 $\frac{1,009.32}{70}=14.4188\cdots$mg/kg이다.

[정답] 14.42[mg/kg]

217 분진의 입경이 0.0015cm이고, 밀도가 1.3g/cm^3인 입자의 침강속도를 구하시오.(단, 공기점성계수 1.78×10^{-4}g/cm · sec, 공기밀도 0.0012g/cm^3)(5점) [0402/0502/1001]

[계산식]
- 입경, 비중 외에 중력가속도, 공기밀도, 점성계수 등이 주어졌으므로 스토크스의 침강속도 식을 이용해서 침강속도를 구하는 문제이다.
- 대입하면 침강속도 $V=\frac{980\times0.0015^2(1.3-0.0012)}{18\times1.78\times10^{-4}}=0.8938\cdots$cm/sec이다.

[정답] 0.89[cm/sec]

■ 스토크스(Stokes) 침강법칙에서의 침강속도
- 물질의 침강속도는 중력가속도, 입자의 직경의 제곱, 분진입자의 밀도와 공기밀도의 차에 비례한다.

$V=\frac{g\cdot d^2(\rho_1-\rho)}{18\mu}$	• V : 침강속도(cm/sec) • g : 중력가속도(980cm/sec^2) • d : 입자의 직경(cm) • ρ_1 : 입자의 밀도(g/cm^3) • ρ : 공기밀도(0.0012g/cm^3) • μ : 공기점성계수(g/cm · sec)

218 어떤 작업장에서 분진의 입경이 15μm, 밀도 1.3g/cm^3 입자의 침강속도(cm/sec)를 구하시오.(단, 공기의 점성계수는 1.78×10^{-4}g/cm · sec, 중력가속도는 980cm/sec^2, 공기밀도는 0.0012g/cm^3이다)(5점) [2003]

[계산식]

- 입경, 비중 외에 중력가속도, 공기밀도, 점성계수 등이 주어졌으므로 스토크스의 침강속도 식을 이용해서 침강속도를 구하는 문제이다.
- 대입하면 침강속도 $V=\frac{980cm/sec^2\times(15\times10^{-4})^2(1.3-0.0012)g/cm^3}{18\times1.78\times10^{-4}g/cm\cdot sec}=0.8938\cdots$cm/sec이다.

[정답] 0.89[cm/sec]

219 어떤 작업장에 입자의 직경이 2μm, 비중 2.5인 입자상 물질이 있다. 작업장의 높이가 3m일 때 모든 입자가 바닥에 가라앉은 후 청소를 하려고 하면 몇 분 후에 시작하여야 하는지 구하시오. [0302/1103/1603]

[계산식]

- 침강속도=$0.003\times\rho\times d^2$[cm/sec]이다.
- 주어진 값을 대입하면 침강속도는 $0.003\times2.5\times2^2=0.03$cm/sec이다.
- 침강시간은 $\frac{300}{0.03}$이므로 10,000초가 된다. 10,000초는 166.67분이다.

[정답] 166.67[min]

■ 리프만(Lippmann)의 침강속도

- 스토크스의 법칙을 대신하여 산업보건분야에서 간편하게 침강속도를 구하는 식으로 많이 사용된다.

공식	기호
$V=0.003\times SG\times d^2$	• V : 침강속도(cm/sec) • SG : 입자의 비중(g/cm^3) • d : 입자의 직경(μm)

220 Lippmann 공식을 이용하여 침강속도를 계산(cm/sec)하면 얼마인지 구하시오.(단, 입경 0.0015cm, 밀도 2.7g/cm^3이다)(5점) [1203/1502]

[계산식]

- Lippmann공식에서 침강속도를 구하면 작업장 높이에 맞는 입자의 침강시간을 구할 수 있다.
- 침강속도=$0.003\times\rho\times d^2$[cm/sec]이다.
- 0.0015cm는 15μm이므로 대입하면 침강속도는 $0.003\times2.7\times15^2=1.8225$cm/sec이다.

[정답] 1.82[cm/sec]

221 사염화탄소 7,500ppm이 공기중에 존재할 때 공기와 사염화탄소의 유효비중을 소수점 아래 넷째자리까지 구하시오.(단, 공기비중 1.0, 사염화탄소 비중 5.7)(4점) [0602/1001/1503/1802/2101/2402]

[계산식]

- 작업장의 유효비중은 $\frac{(7,500 \times 5.7) + (10^6 - 7,500) \times 1.0}{10^6} = 1.03525$가 된다.

[정답] 1.0353

최고(포화)농도와 유효비중

- 최고(포화)농도는 $\frac{P}{760} \times 100[\%] = \frac{P}{760} \times 1,000,000[\text{ppm}]$으로 구한다.
- 유효비중은 $\frac{(\text{농도} \times \text{비중}) + (10^6 - \text{농도}) \times \text{공기비중}(1.0)}{10^6}$으로 구한다.

222 아세톤의 농도가 3,000ppm일 때 공기와 아세톤 혼합물의 유효비중을 구하시오.(단, 아세톤 비중은 2.0, 소숫점 아래 셋째자리까지 구할 것)(5점) [1002/1902]

[계산식]

- 작업장의 유효비중은 $\frac{(3,000 \times 2.0) + (10^6 - 3,000) \times 1.0}{10^6} = 1.003$이 된다.

[정답] 1.003

223 사염화에틸렌을 이용하여 금속제품의 기름때를 제거하는 작업을 하는 작업장이다. 사염화에틸렌의 비중은 5.7로 공기(1.0)에 비해 훨씬 무거워 세척조에서 발생하는 사염화에틸렌의 증기로부터 근로자를 보호하기 위하여 설치된 국소배기장치의 후드 위치가 세척조 아래인 작업장 바닥이 아니라 세척조 개구면의 위쪽으로 설치된 이유를 유효비중을 이용하여 설명하시오.(단, 사염화에틸렌 10,000ppm)(5점) [1701]

[계산식]

- 작업장의 유효비중은 $\frac{(5.7 \times 10,000) + (1,000,000 - 10,000)}{1,000,000} = 1.047$이다.
- 즉, 해당 작업장의 유효비중은 1.047로 공기에 비해 약간 무거운 정도이다. 이런 소량의 증기유효비중은 쉽게 바닥에 가라앉지 않는다. 환기시설 설계 시 후드의 설치 위치는 오염물질의 비중만 고려하여서는 안되고 작업장의 유효비중을 고려하여 선정하여야 한다.

Chapter 10 집진장치

224 **집진장치를 원리에 따라 5가지로 구분하시오.(5점)** [2002/2201]

① 중력집진장치　② 관성력집진장치　③ 원심력집진장치
④ 여과집진장치　⑤ 전기집진장치　⑥ 세정집진장치

▲ 해당 답안 중 5가지 선택 기재

225 **운전 및 유지비가 저렴하고 설치공간이 많이 필요하며, 집진효율이 우수하고 입력손실이 낮은 특징을 가지는 집진장치의 명칭을 쓰시오.(4점)** [1801]

• 전기집진장치

226 **세정집진장치의 집진원리를 4가지 쓰시오.(4점)** [1003/2004/2401]

① 액적, 액막과 입자의 관성충돌을 통한 부착
② 미립자의 확산에 의한 액방울의 부착
③ 입자를 핵으로 한 증기의 응결에 따라서 응집성 촉진
④ 액막 및 기포에 입자가 접촉하여 부착
⑤ 가스의 증습으로 입자의 응집성 촉진

▲ 해당 답안 중 4가지 선택 기재

227 **원심력식 집진시설에서 Blow Down의 정의와 효과 3가지를 쓰시오.(5점)** [0501/1602]

가) 정의 : 사이클론의 집진효율을 향상시키기 위한 방법으로 더스트박스 또는 호퍼부에서 처리 가스의 5 ~ 10%를 흡인하여 선회기류의 교란을 방지한다.

나) 효과

① 선회기류의 난류를 억제하여 집진된 먼지의 비산 방지
② 집진효율의 증대
③ 장치 내부의 먼지 퇴적의 억제

228 여과포집방법에서 여과지 선정 시 구비조건 5가지를 쓰시오.(5점) [0402/1503/2001/2203]

① 포집효율이 높을 것
② 흡인저항은 낮을 것
③ 접거나 구부리더라도 파손되지 않고 찢어지지 않을 것
④ 가볍고 무게의 불균형이 적을 것
⑤ 흡습률이 낮을 것
⑥ 불순물을 함유하지 않을 것
▲ 해당 답안 중 5가지 선택 기재

229 공기 중 납과 같은 중금속의 농도를 측정할 때 시료채취에 사용되는 여과지의 종류와 분석기기의 종류를 각각 한 가지씩 쓰시오.(4점) [1003/1103/1302/1803/2103]

① 여과지 : MCE막 여과지
② 분석기기 : 원자흡광광도계

230 셀룰로오스 여과지의 장점과 단점을 각각 3가지씩 쓰시오.(6점) [2001]

가) 장점
① 연소 시 재가 적게 남는다.
② 값이 저렴하다.
③ 취급 시 마모가 적다
④ 다양한 크기로 만들 수 있다.
나) 단점
① 흡습성이 크다.
② 포집효율이 변한다.
③ 균일하게 제작하기 어렵다.
④ 유량저항이 일정하지 않다.
▲ 해당 답안 중 각각 3가지 선택 기재

231 공기 중 입자상 물질이 여과지에 채취되는 작용기전(포집원리) 6가지를 쓰시오.(6점) [0301/0501/0901/1201/1901/2001/2002/2003/2102/2202]

① 직접차단(간섭) ② 관성충돌 ③ 확산
④ 중력침강 ⑤ 정전기침강 ⑥ 체질

232 공기정화장치 중 흡착제를 사용하는 흡착장치 설계 시 고려사항을 3가지 쓰시오.(6점)

[0801/1501/1502/1703/2002]

① 흡착장치의 처리능력
② 흡착제의 break point
③ 압력손실
④ 가스상 오염물질의 처리가능성 검토 여부

▲해당 답안 중 3가지 선택 기재

233 가스나 증기상 물질의 흡착에 사용되는 활성탄과 실리카겔의 사용용도와 시료채취 시 주의사항 2가지를 쓰시오.(6점)

[1902]

가) 사용용도
① 활성탄 : 비극성물질의 채취
② 실리카겔 : 극성물질의 채취

나) 주의사항
① 파과에 주의한다.
② 영향인자(온도, 습도, 채취속도, 농도 등)에 주의한다.

234 유해가스를 처리하기 위한 흡착법 중에서 물리적 흡착법의 특징을 3가지 쓰시오.(6점)

[2303]

① 반데르발스 결합력(Van der Waals force, 분자간의 힘)에 의해 흡착된다.
② 흡착열이 4~25kJ/mol로 낮고 흡착온도가 저온이다.
③ 활성화 에너지가 필요없다.
④ 가역적 결합으로 이후 원상태로 돌아온다.
⑤ 다층 결합이다.

■ 화학적 흡착법
① 공유결합(chemical bond)으로 결합길이가 짧고 결합에너지가 더 크다.
② 흡착열이 40 ~ 250kJ/mol로 높고 흡착 온도가 고온이다.
③ 활성화 에너지가 필요하다.
④ 비가역적 결합으로 흡착제의 재생 및 회수가 불가능하다.
⑤ 단층 결합이다.

235 **염소(Cl_2)가스나 이산화질소(NO_2)가스와 같이 흡수제에 쉽게 흡수되지 않는 물질의 시료채취에 사용되는 시료채취 매체의 종류와 그 이유를 쓰시오.(4점)** [1901]

① 매체의 종류 : 고체흡착관

② 이유 : 염소는 극성 흡착제(실리카겔), 이산화질소는 비극성 흡착제(활성탄)를 이용해 채취한다.

236 **활성탄은 앞층, 뒤층이 분리되어 있는데 이는 파과현상을 알아보기 위해서이다. 유해물질이 저농도로 발생할 때 사용하는 Tenax을 사용하여 포집하는데 이 포집관은 분리되어 있지 않다. 4리터를 포집할 때 파과현상을 판단하는 기준은 무엇인가?(4점)** [0301/1501]

- 채취관을 2개 직렬로 연결하여 사용하는 경우 $\frac{C_1}{C_1+C_2}\times 100$(단, C_1은 앞 채취관의 분석농도, C_2는 뒤채취관의 분석농도)의 값이 95% 이상인 경우 유해물질이 실질적으로 앞의 채취관에서 채취되고 파과가 일어나지 않은 것으로 판단가능하다.

237 **오염물질이 고체 흡착관의 앞층에 포화된 다음 뒷층에 흡착되기 시작하며 기류를 따라 흡착관을 빠져나가는 현상을 무슨 현상이라 하는가?(4점)** [0802/1701/2001]

- 파과현상

238 **다음 중 파과와 관련하여 틀린 내용을 찾아 바르게 고치시오.(6점)** [1702]

① 작업환경 측정 시 많이 사용하는 흡착관은 앞층 100mg, 뒷층 50mg이다.
② 앞층과 뒷층으로 구분되어 있는 이유는 파과현상으로 인한 오염물질의 과소평가를 방지하기 위함이다.
③ 일반적으로 앞층의 5/10 이상이 뒷층으로 넘어가면 파과가 일어났다고 한다.
④ 파과가 일어났다는 것은 시료채취가 잘 이루어지는 것이다.
⑤ 습도와 비극성은 상관있고, 극성은 상관없다.

③ 일반적으로 앞층의 1/10 이상이 뒷층으로 넘어가면 파과가 일어났다고 한다.

④ 파과가 일어났다는 것은 유해물질의 농도를 과소평가할 우려가 있어 시료채취가 잘 이루어졌다고 할 수 없다.

⑤ 극성은 습도가 높을수록 파과가 일어나기 쉽고, 비극성은 상관없다.

239 **휘발성 유기화합물(VOCs)을 처리하는 방법 중 연소법에서 불꽃연소법과 촉매연소법의 특징을 각각 2가지씩 쓰시오.(4점)** [1103/1803/2101/2102/2402]

가) 불꽃연소법
① 시스템이 간단하고 보수가 용이하다.
② 연소온도가 높아 보조연료의 비용이 많이 소모된다.

나) 촉매연소법
① 저온에서 처리하므로 보조연료의 비용이 적게 소모된다.
② VOC 농도가 낮은 경우에 주로 사용한다.

240 **두 대가 연결된 집진기의 전체효율이 96%이고, 두 번째 집진기 효율이 85%일 때 첫 번째 집진기의 효율을 계산하시오.(5점)** [0702/1701/2003]

[계산식]

- 전체 포집효율 $\eta_T = \eta_1 + \eta_2(1-\eta_1)$로 구한다. 전체 포집효율과 두 번째 집진기의 효율은 알고 있으므로 첫 번째 집진기 효율 $\eta_1 = \frac{\eta_T - \eta_2}{1-\eta_2}$로 구할 수 있다.
- 대입하면 $\eta_1 = \frac{0.96-0.85}{1-0.85} = \frac{0.11}{0.15} = 0.7333\cdots$로 73.33%에 해당한다.

[정답] 73.33[%]

■ 전체 포집효율(총 집진율)

- 임핀저를 이용한 가스 포집에서 전체 포집효율은 1차의 포집효율과 1차에서 포집하지 못한 가스를 2차에서 포집한 효율과의 합으로 구한다.
- 전체 포집효율 $\eta_T = \eta_1 + \eta_2(1-\eta_1)$로 구한다.
- 집진효율 $\eta = \left(1 - \frac{C_0 \cdot Q_0}{C_i \cdot Q_i}\right) \times 100$[%]로 구할 수 있다. $C_0 \cdot Q_o$는 출구쪽 분진농도이고, $C_i \cdot Q_i$는 입구쪽 분진농도에 해당한다.

241 성능이 같은 1단계 전기집진장치가 병렬로 2개가 연결되어 있다. 유입공기 1m^3 중에 분진함량은 4.6g이다. 총 유입유량은 분당 100m^3이고 집진판의 폭은 2.4m이고, 높이는 3.6m이다. 집진판의 간격은 25cm로 집진판 2개에 동일한 유량이 흐르고, 유동속도는 일정하게 0.12m/sec이다. 이때 전기집진장치 1개당 제거되지 않고 배출구로 배출되는 시간당 분진중량(g/hr)을 구하시오.(단, 제거효율(E)은 $1-\exp\left(-\frac{A\times W}{Q}\right)$이고, W는 유동속도(m/sec), A는 집진판의 단면적(m^3), Q는 유량(m^3/sec)이다)(6점) [0901]

[계산식]

- 2개의 집진판에 동일한 유량이 공급되었으며, 성능이 같으므로 유량 Q_1과 Q_2는 각각 50m^3/min으로 초당 0.833 m^3/sec이다.
- 2개의 집진판 단면적은 2×폭×길이이므로 2×2.4×3.6=17.28m^2이다.
- 대입하면 제거효율 $E=1-\exp\left(-\frac{17.28\times 0.12}{0.833}\right)=0.9170\cdots$로 91.70%이다.
- 집진율(제거효율) $\eta=\left(1-\frac{C_o\cdot Q_o}{C_i\cdot Q_i}\right)\times 100[\%]$이고, 구하고자 하는 것은 $C_o\cdot Q_o$이다.
- C_i는 분진농도로 4.6g/m^3, Q_i는 유입유량으로 50m^3/min×60min/hr=3,000m^3/hr이므로 대입하면 $91.7=\left(1-\frac{C_o\cdot Q_o}{4.6\times 3,000}\right)\times 100[\%]$를 통해서 구할 수 있다.
- $C_o\cdot Q_o=8.3\times 4.6\times 30=1,145.4$[g/hr]이 된다.

[정답] 1,145.4[g/hr]

242 실내공간이 1,500m^3인 작업장에 벤젠 4L가 모두 증발하였다면 작업장의 벤젠 농도(ppm)를 구하시오.(단, 벤젠의 비중은 0.88, 분자량은 78, 21℃, 1기압)(5점) [0803/1203/1603]

[계산식]

- 비중이 주어졌으므로 부피와 곱할 경우 질량을 구할 수 있다.
- 4L는 4,000mL이고 이를 비중과 곱하면 4,000mL×0.88g/mL=3,520g이다. 이것이 실내공간에 들어찼으므로 농도는 $\frac{3520g\times 1,000mg/g}{1,500m^3}=2,346.666\cdots mg/m^3$이 된다.
- 이를 ppm으로 변환하면 $2,346.666\cdots\times\frac{24.1}{78}=725.0598\cdots$ppm이 된다.

[정답] 725.06[ppm]

■ 농도의 계산

- 농도(mg/m^3)= $\frac{\text{시료의 채취량(mg)}}{\text{공기 채취량}(m^3)}$ 으로 구한다.

■ mg/m^3의 ppm 단위로의 변환

- mg/m^3단위를 ppm으로 변환하려면 $\frac{\text{mg}/m^3 \times \text{기체부피}}{\text{분자량}}$로 구한다.
- 24.45는 표준상태(25도, 1기압)에서 기체의 부피이다.
- 온도가 다를 경우 $24.45 \times \frac{273+\text{온도}}{273+25}$로 기체의 부피를 구한다.

243 벤젠 농도를 측정하기 위해 8시간 활성탄관으로 공기를 채취하였다 공기 채취속도는 분당 200ml였다. 이를 분석한 결과 2mg의 벤젠이 검출되었다. 공기 중 벤젠 농도(ppm)를 구하시오.(단, 벤젠 분자량 78, 25℃ 1기압)(6점)

[0802/1002]

[계산식]

- 농도(mg/m^3)= $\frac{\text{시료의 채취량(mg)}}{\text{공기 채취량}(m^3)}$ 으로 구한다.
- 주어진 값을 대입하면 농도 $\frac{2mg}{200mL/\min \times 480\min} = 0.00002083\cdots$[mg/mL]이므로 이를 mg/$m^3$로 변환하기 위해 10^6을 곱하면 20.83(mg/m^3)이 된다.
- 이를 ppm으로 변환하면 $20.83 \times \frac{24.45}{78} = 6.5294\cdots$ppm이 된다.

[정답] 6.53ppm이다.

244 용접작업장에서 채취한 공기 시료 채취량이 96L인 시료여재로부터 0.25mg의 아연을 분석하였다. 시료채취기간동안 용접공에게 노출된 산화아연(ZnO)흄의 농도(mg/m^3)를 구하시오.(단, 아연의 원자량은 65)(5점)

[1803]

[계산식]

- 채취한 아연의 질량이 0.25mg인데 산화아연의 농도를 구하므로 이는 0.25mg : 65=x : (65+16) 으로 구하면 산화아연의 채취량은 0.3115mg이 된다.
- 96L는 0.096m^3이므로 농도 $\frac{0.3125mg}{0.096m^3} = 3.255\cdots$mg/$m^3$이 된다.

[정답] 3.26[mg/m^3]

245 **활성탄을 이용하여 3시간동안 벤젠을 채취하였다. 활성탄에 0.1L/분의 유량으로 채취하여 분석한 결과 벤젠이 1.5mg이 나왔다. 공기중의 벤젠의 농도(ppm)를 계산하시오.(단, 공시료에서는 벤젠이 검출되지 않았으며, 25℃, 1기압이다)(5점)** [1502]

[계산식]

- 농도(mg/m^3)는 $\frac{\text{시료의질량}}{\text{공기채취량}}$이므로 대입하면 $\frac{1.5mg}{0.1L/\min \times 3hr \times 60\min/hr} = 0.08333\cdots mg/L$이고 이는 83.33mg/$m^3$과 같다.
- 이를 ppm으로 변환하려면 $\frac{24.45}{78.1}$을 곱해야하므로 $83.33 \times \frac{24.45}{78.1} = 26.0873\cdots$ppm이 된다.

[정답] 26.09[ppm]

246 **작업장 중의 벤젠을 고체흡착관으로 측정하였다. 비누거품미터로 유량을 보정할 때 50cc의 공기가 통과하는데 시료채취 전 16.5초, 시료채취 후 16.9초가 걸렸다. 벤젠의 측정시간은 오후 1시 12분부터 오후 4시 54분까지이다. 측정된 벤젠량을 GC를 사용하여 분석한 결과 활성탄관의 앞층에서 2.0mg, 뒷층에서 0.1mg 검출되었을 경우 공기 중 벤젠의 농도(ppm)를 구하시오.(단, 25℃, 1기압이고 공시료 3개의 평균분석량은 0.01mg이다)(5점)** [03031101/1702/2202]

[계산식]

- 비누거품미터에서 채취유량은 $\frac{\text{비누거품 통과 양}}{\text{비누거품 통과시간}}$으로 구할 수 있다.
- 50cc=50mL=0.05L이고, 비누거품미터에서의 분당 pump 유량은 $\frac{16.5+16.9}{2} = 16.7$초당 0.05L이므로 분당은 $0.05 \times \frac{60}{16.7}$=0.1796L이다.
- 분당 0.1796L를 채취하므로 총 222(4:54−1:12)분 동안은 39.88L이다.
- 벤젠의 검출량은 총 2.0+0.1=2.1mg이고 공시료 분석량이 0.01이므로 2.1−0.01=2.09mg이 된다.
- 기적은 39.88L이므로 벤젠의 농도는 $\frac{2.09mg}{39.88L} = 0.05240\cdots$mg/L이다.
- mg/m^3으로 변환하려면 1,000을 곱하면 52.40mg/m^3이다. 작업장이므로 온도는 25℃로, 벤젠의 분자량은 78.11이므로 ppm으로 변환하려면 $\frac{24.45}{78.11}$를 곱하면 16.40ppm이 된다.

[정답] 16.40[ppm]

비누거품미터에서의 채취유량과 농도

- 비누거품미터에서 채취유량은 $\frac{\text{비누거품 통과 양}}{\text{비누거품 통과시간}}$으로 구할 수 있다.
- 농도는 $\frac{(\text{앞층 분석량}+\text{뒷층분석량})-(\text{공시료 분석량})}{\text{공기채취량}}$으로 구할 수 있다.

247 저용량 에어 샘플러를 이용해 시료를 채취한 결과 납의 정량치는 15μg이고, 총 흡인유량이 300L일 때 공기 중 납의 농도(mg/m^3)를 구하시오.(단, 회수율은 95%로 가정한다)(5점) [1401/1603]

[계산식]

- 채취된 시료의 무게는 15μg이고 이는 0.015mg이다.
- 공기채취량은 300L 즉, 0.30m^3이고, 회수율은 공기채취량에 관련된 값이므로 이를 곱하면 0.30×0.95=0.285m^3이다.
- 농도는 $\frac{0.015}{0.285}=0.0526\cdots mg/m^3$이다.

[정답] 0.05[mg/m^3]

248 1개의 활성탄관에서 톨루엔을 분석하였다.(공기채취량 20L, 작업장 온도 25℃, 분자량 92.13) 검량선을 구한 것의 식이 아래와 같을 때 측정자는 반응 피크면적을 1,126,952로 구했다

Y(가스크로마토그래피 반응 피크면적)=8,723×톨루엔양(μg)+816.2

이때의 톨루엔의 농도(ppm)를 계산하시오.(6점) [0903/1002/1401]

[계산식]

- 1,126,952=8,723×톨루엔양(μg)+816.2이므로 톨루엔의 양(μg)=129.099…이다.
- 129.099…μg은 0.129099[mg]이므로 농도는 $\frac{0.129099\cdots mg}{0.020m^3}=6.45495\cdots mg/m^3$가 된다.
- 이를 ppm으로 변환하면 $6.45495\cdots\times\frac{24.45}{92.13}=1.7130\cdots ppm$이 된다.

[정답] 1.71[ppm]

249 주물공장에서 발생되는 분진을 유리섬유필터를 이용하여 측정하고자 한다. 측정 전 유리섬유필터의 무게는 0.5mg이었으며, 개인 시료채취기를 이용하여 분당 2L의 유량으로 120분간 측정하여 건조시킨 후 중량을 분석하였더니 필터의 무게가 2mg이었다. 이 작업장의 분진농도(mg/m^3)를 구하시오.(5점) [1603/2101]

[계산식]

- 주어진 값을 대입하면 농도 $C=\frac{(2-0.5)mg}{2L/\min\times 120\min}=\frac{1.5mg}{0.24m^3}=6.25mg/m^3$이 된다.

[정답] 6.25[mg/m^3]

■ 시료채취 시의 농도계산

- 농도 $C=\frac{(W'-W)-(B'-B)}{V}$로 구한다. 이때 C는 농도[mg/m^3], W'는 채취 후 여과지 무게[μg], W는 채취 전 여과지 무게[μg], B'는 채취 후 공여과지 무게[μg], B는 채취 전 공여과지 무게[μg], V는 공기채취량으로 펌프의 평균유속[L/min]×시료채취시간[min]으로 구한다.
- 공시료가 0인 경우 농도 $C=\frac{(W'-W)}{V}$으로 구한다.

250 작업장에서 공기 중 납을 여과지로 포집한 후 분석하고자 한다. 측정시간은 09:00부터 12:00까지 였고, 채취유량은 3.0L/min이었다. 채취한 후 시료를 채취한 여과지 무게를 재어보니 20μg이었고, 공시료 여과지에서는 6μg이었다면 이 작업장 공기 중 납의 농도(μg/m^3)를 구하시오.(단, 회수율 98%)(6점) [1103/1903]

[계산식]

- 농도 $C=\frac{(W-B)}{V}$로 구한다.
- 주어진 값을 대입하면 농도 $C=\frac{(20-6)\mu g}{3.0L/\min\times180\min\times0.98\times m^3/1,000L}=\frac{14\mu g}{0.5292m^3}=26.4550\cdots\mu g/m^3$이 된다.

[정답] 26.46[$\mu g/m^3$]

251 작업장에서 발생하는 분진을 유리섬유 여과지로 3회 채취하여 측정한 평균값이 27.5mg이었다. 시료 포집 전에 실험실에서 여과지를 3회 측정한 결과 22.3mg이었다면 작업장의 분진농도(mg/m^3)를 구하시오.(단, 포집유량 5.0L/min, 포집시간 60분)(5점) [1801/2004/2102/2301]

[계산식]

- 분진의 농도를 계산하면 $\frac{27.5-22.3}{5L/\min\times60\min}=\frac{5.2mg}{300L\times m^3/1,000L}=17.333\cdots mg/m^3$이다.

[정답] 17.33[mg/m^3]

■ 작업장 분진농도

- 농도(mg/m^3)$=\frac{\text{시료채취 후 여과지 무게}-\text{시료채취 전 여과지 무게}}{\text{공기채취량}}$로 구한다.

252 필터 전무게 10.04mg, 분당 40L가 흐르는 관에서 30분간 분진을 포집한 후 측정하였더니 여과지 무게가 16.04mg이었을 때 분진농도(mg/m^3)를 구하시오.(5점) [0802/1903]

[계산식]

• 분진의 농도를 계산하면 $\frac{16.04-10.04}{40L/\min \times 30\min}=0.005mg/L$이므로 이를 mg/$m^3$으로 변환하려면 1,000을 곱한다. 즉, 5mg/m^3이 된다.

[정답] 5[mg/m^3]

253 작업장 공기 내 먼지농도를 측정하기 위해 높은 유량을 이용하는 시료 채취기를 이용하여 800 ℓ/분의 유량에서 30분 동안 공기시료를 채취하였다. 시료채취를 위해서 사용된 필터의 채취 전 무게 2.620g, 채취 후 무게 5.012g이었고, 시료 채취 당시의 작업장내 온도와 압력은 각각 18℃, 1기압이라면 25℃, 1기압의 조건에서 작업장의 평균 먼지 농도(mg/m^3)를 계산하시오.(5점) [0601/1001]

[계산식]

• 채취된 시료의 무게는 5.012−2.620=2.392g이고 이는 2,392mg이다.

• 공기채취량은 분당 800L 즉, 0.8m^3이고 이를 30분동안 채취했으므로 24m^3이다.

• 이때의 농도는 $\frac{2392}{24}=99.666\cdots$[mg/$m^3$]이다.

• 25℃, 1기압에서의 공기채취량이 $\frac{273+25}{273+18}=\frac{298}{291}=1.024\cdots$와 비례하므로 온도보정을 위해서는 농도는 1.024의 값을 나눠줘야 한다. 즉, 99.666/1.024=97.33mg/m^3이 된다.

[정답] 97.33mg/m^3이 된다.

254 A 사업장에서 측정한 공기 중 먼지의 공기역학적 직경은 평균 5.5㎛였다. 이 먼지를 흡입성먼지 채취기로 채취할 때 채취효율(%)을 계산하시오.(5점) [0403/1902]

[계산식]

• d는 5.5이므로 채취기의 효율은 $50\times(1+e^{-0.06\times5.5})=85.946\%$이다.

[정답] 85.95[%]

흡입성먼지 채취기의 채취효율

• 흡입성먼지 채취기의 효율 SI(%)=$50\times(1+e^{-0.06d})$이다. 이때 d는 먼지의 공기역학적 직경으로 0보다 크고 100보다는 작거나 같아야 한다.

255 위상차현미경을 이용하여 석면시료를 분석하였더니 다음과 같은 결과를 얻었다. 공기 중 석면농도(개/cc)를 구하시오.(6점)

[1601]

- 시료 1시야당 3.1개, 공시료 1시야당 0.05개
- 25mm 여과지(유효직경 22.14mm)
- 2.4L/min의 pump로 1.5시간 시료채취

[계산식]

- 시야당 시료의 섬유수와 공시료의 수가 주어졌으므로 대입하면 섬유밀도 $E = \frac{3.1 - 0.05}{0.00785} = 388.535 \cdots$개$/mm^2$이다.
- 여과지 유효면적은 $A_C = \frac{\pi \times D^2}{4} = \frac{3.14 \times 22.14^2}{4} = 384.790 \cdots mm^2$이고, 시료공기의 채취량 $V = 2.4 \times 1.5 \times 60 = 216$L/min이다. 대입하면 공기 중 석면농도 $C = \frac{388.535 \cdots \times 384.790 \cdots}{216 \times 10^3} = 0.692 \cdots$개/cc이다.

[정답] 0.69[개/cc]

■ 공기 중 석면농도

- 단위면적당 섬유밀도 $E = \frac{\left(\frac{F}{n_f} - \frac{B}{n_b}\right)}{A_f}$[개$/mm^2$]로 구한다. F는 시료의 섬유수[개], n_f는 시료의 시야수, B는 공시료의 섬유수[개], n_b는 공시료의 시야수, A_f는 석면계수자 시야면적으로 0.00785mm^2이다.
- 공기 중 석면농도는 위에서 구한 섬유밀도를 이용하여 다음과 같이 구한다.
  석면 농도 $C = \frac{E \times A_C}{V \times 10^3}$[개/cc]으로 구한다. E는 섬유밀도[개$/mm^2$], A_C는 여과지의 유효면적[mm^2], V는 시료공기의 채취량[L/min]이다.

256 공기시료 채취용 pump는 비누거품미터로 보정한다. 1,000cc의 공간에 비누거품이 도달하는데 소요되는 시간을 4번 측정한 결과 25.5초, 25.2초, 25.9초, 25.4초였다. 이 펌프의 평균유량(L/min)을 구하시오.(5점)

[1502]

[계산식]

- 1,000cc 즉, 1L의 용량을 보내는 데 걸린 평균시간은 $\frac{25.5 + 25.2 + 25.9 + 25.4}{4} = 25.5$초이다.
- 비례식에 대입하면 1L : 25.5초=x : 60초이므로 $x = \frac{60}{25.5} = 2.3529 \cdots$L이다. 즉, 분당 2.35L를 보내고 있다.

[정답] 2.35[L/min]

257 활성탄을 이용하여 0.4L/min으로 150분 동안 톨루엔을 측정한 후 분석하였다. 앞층에서 3.3mg이 검출되었고, 뒷층에서 0.1mg이 검출되었다. 탈착효율이 95%라고 할 때 파과여부와 공기 중 농도(ppm)를 구하시오. (단, 25℃, 1atm)(6점) [0503/1101/1901/2102]

[계산식]

① 파과여부는 대입하면 $\frac{0.1}{3.3}=0.03030\cdots$로 3.0% 수준으로 10% 미만이므로 파과되지 않았다.

• 탈착효율이 0.95이라는 것은 총공기채취량에서 오염물질을 효과적으로 탈착시키는 효율이므로 구해진 농도에 0.95을 나눠줘야 한다.(공기채취량에 0.95을 곱하는 것이므로 농도에 0.95을 나누는 것과 같다)

② 공기중의 농도는 주어진 값을 대입하면 $\frac{(3.3+0.1)mg}{0.4L/\text{min}\times 150\text{min}\times 0.95}=0.059649\cdots$mg/L이고 이는 59.649…mg/$m^3$과 같다.

• 59.65mg/m^3을 ppm으로 변환하면 톨루엔의 분자량이 92.13, 25℃, 1기압에서 기체의 부피는 24.45L이므로 $59.65\times\frac{24.45}{92.13}=15.83026\cdots$ppm이 된다.

[정답] ① 파과되지 않았다.
② 15.83[ppm]

파과여부의 검출

• 파과여부는 $\frac{\text{뒷층 검출량}}{\text{앞층 검출량}}$이 10% 이상이 되면 파과되었다고 한다.

Chapter 11

국소배기시설

258 다음은 국소배기시설의 장치들이다. 장치 배치를 순서대로 나열하시오.(5점) [1201]

① 덕트	② 후드	③ 송풍기
④ 배출구	⑤ 공기정화기	

• ② → ① → ⑤ → ③ → ④

국소배기시설

• 장치 배치는 후드 → 덕트 → 공기정화기 → 송풍기 → 배출구 순으로 되어 있다.

• 설계순서는 후드 형식의 선정 → 제어속도의 결정 → 소요풍량의 계산 → 반송속도의 결정 → 배관 배치와 후드 크기 결정 → 공기정화장치의 선정 → 총 압력손실의 계산 → 송풍기의 선정 순이다.

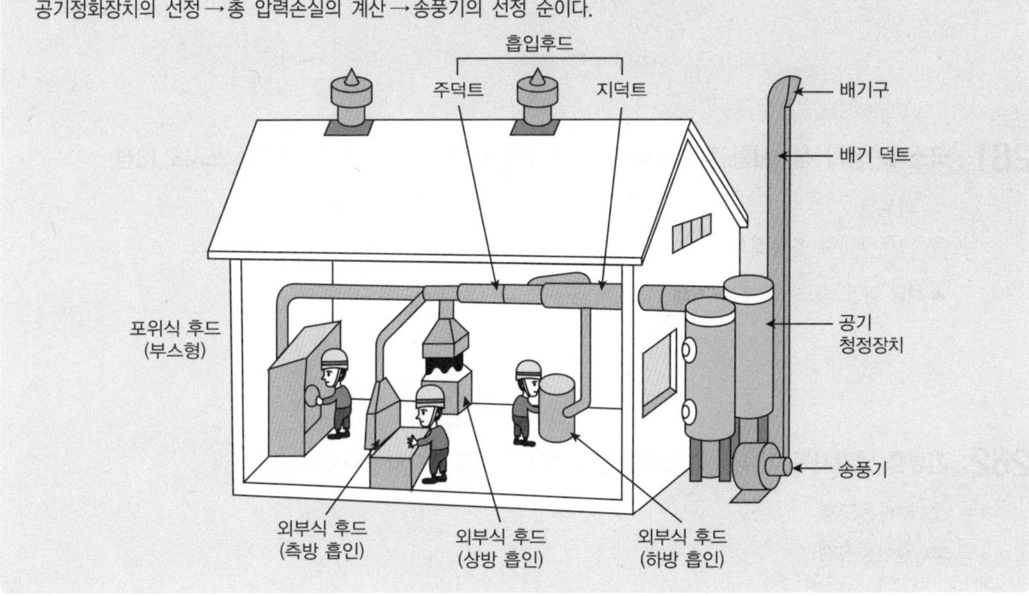

259 다음 보기의 내용을 국소배기장치의 설계순서로 나타내시오.(4점)

[1802/2003]

① 공기정화장치 선정	② 반송속도의 결정
③ 후드 형식의 선정	④ 제어속도의 결정
⑤ 총 압력손실의 계산	⑥ 소요풍량의 계산
⑦ 송풍기의 선정	⑧ 배관 배치와 후드 크기 결정

- ③ → ④ → ⑥ → ② → ⑧ → ① → ⑤ → ⑦

260 국소배기장치 성능시험 시 필수적인 장비 5가지를 쓰시오.(5점)

[0703/0802/0901/1002/1403/2003]

① 줄자
② 청음봉 또는 청음기
③ 절연저항계
④ 발연관
⑤ 표면온도계 또는 초자온도계

261 국소배기장치 성능시험 장비 중에서 공기 유속을 측정하는 기기를 3가지 쓰시오.(3점)

[1402/2004]

① 피토관
② 회전날개형 풍속계
③ 그네날개형 풍속계
④ 열선식 풍속계

▲ 해당 답안 중 3가지 선택 기재

262 기류를 냉각시켜 기류를 측정하는 풍속계의 종류를 2가지 쓰시오.(4점)

[1701]

① 카타온도계
② 열선풍속계

263 송풍관(duct) 내부의 풍속 측정계기 2가지 및 사용상 측정범위를 쓰시오.(4점)

[1503]

① 피토관 : 풍속이 3m/sec 초과 시 사용
② 풍차풍속계 : 풍속이 1m/sec 초과 시 사용

264 국소배기장치의 덕트나 관로에서의 정압, 속도압을 측정하는 장비(측정기기)를 3가지 쓰시오.(6점) [1902]

① 피토관
② U자 마노미터
③ 아네로이드 게이지

265 다음 보기의 국소배기장치들을 경제적으로 우수한 순서대로 배열하시오.(5점) [0702/0903/1903]

① 포위식후드
② 플랜지가 면에 고정된 외부식 국소배기장치
③ 플랜지 없는 외부식 국소배기장치
④ 플랜지가 공간에 있는 외부식 국소배기장치

• ①>②>④>③

국소배기장치의 경제성
- 포위식 후드가 가장 경제성이 높고, 플랜지가 없는 외부식 후드가 경제성이 가장 낮다.
- 외부식 후드의 경우 플랜지를 부착하면 플랜지 없는 외부식 후드에 비해 경제성이 높아진다.
- 포위식 후드>플랜지가 면에 고정된 외부식 후드>플랜지가 공간에 있는 외부식 후드>플랜지가 없는 외부식 후드 순으로 경제성이 낮아진다.

266 환기시설에서 공기공급시스템이 필요한 이유를 5가지 쓰시오.(5점) [0502/0701/1303/1601/2003]

① 연료를 절약하기 위해서
② 작업장 내 안전사고를 예방하기 위해서
③ 국소배기장치의 적절하고 효율적인 운영을 위해서
④ 작업장의 교차기류(방해기류)의 생성을 방지하기 위해서
⑤ 외부의 오염된 공기 유입을 방지하기 위해서
⑥ 국소배기장치의 원활한 작동을 위해서

▲ 해당 답안 중 5가지 선택 기재

267 보충용 공기(makeup air)의 정의를 쓰시오.(4점) [1602/1702/1903/2102]

- 보충용 공기는 국소배기장치를 통해 배출되는 것과 같은 양의 공기가 외부로부터 보충되는 것을 말하며, 환기시설에 의해 작업장 내에서 배기된 만큼의 공기를 작업장 내로 재공급하는 시스템을 말한다.

268 국소배기시설에 있어서 "null point 이론"에 대해 설명하시오.(4점) [0501/1301/1602]

- null point란 발생원에서 방출된 유해물질이 초기 운동에너지를 상실하여 비산속도가 0이 되는 비산한계점을 말하는데 이는 필요한 제어속도는 발생원뿐 아니라 이 발생원을 넘어서 유해물질이 초기 운동에너지가 거의 감소되어 실제 제어속도 결정시 이 유해물질을 흡인할 수 있도록 확대되어야 한다는 이론이다.

269 분진이 많이 발생되는 작업장에 여과집진기가 있는 국소배기장치를 설치하여 초기 송풍기의 정압을 측정하였더니 200mmH_2O였다. 설치 2년 후 측정해보니 송풍기의 정압이 450mmH_2O로 증가되었다. 추가로 설치한 후드가 없었다고 할 때 국소배기시스템의 송풍기의 정압이 증가(제어풍속이 저하)된 이유 2가지를 쓰시오.(4점) [0901/1003/1701]

① 여과집진기의 분진 퇴적
② 덕트계통의 분진 퇴적
③ 후드의 댐퍼 닫힘

▲ 해당 답안 중 2가지 선택 기재

270 국소배기시설에서 필요송풍량을 최소화하기 위한 방법 4가지를 쓰시오.(4점) [1503/2003]

① 가능한한 오염물질 발생원에 가깝게 설치한다.
② 오염물질 발생특성을 충분히 고려하여 설계한다.
③ 가급적 공정을 많이 포위한다.
④ 공정에서 발생되는 오염물질의 절대량을 감소시킨다.
⑤ 제어속도는 작업조건을 고려해 적절하게 선정한다.
⑥ 작업에 방해가 되지 않도록 설치한다.
⑦ 후드의 개구면에서 기류가 균일하게 분포되도록 설계한다.

▲ 해당 답안 중 4가지 선택 기재

271 국소배기장치에서 제어속도의 정의를 쓰고, 제어속도를 결정하는데 고려해야 할 사항 3가지를 쓰시오.(5점)

[1402]

가) 정의 : 유해물질을 후드 내로 완벽하게 흡인하기 위해 필요한 최소 풍속을 말한다.

나) 결정 시 고려사항

① 작업장 내 방해기류

② 후드의 모양

③ 후드에서 오염원까지의 거리

④ 오염물질의 종류 및 확산상태

⑤ 오염물질의 사용량 및 독성

▲ 해당 답안 중 3가지 선택 기재

Chapter 12 후드

272 국소배기시설 중 하나인 후드를 선택할 때 고려해야 할 사항 3가지를 쓰시오.(6점) [1101/1903]

① 후드는 가능한 오염물질 발생원에 가깝게 설치한다.
② 후드의 필요환기량을 최소로 하여야 한다.
③ 후드는 공정을 많이 포위한다.
④ 후드 개구면에서 기류가 균일하게 분포되도록 설계한다.
⑤ 후드는 작업자의 호흡영역을 유해물질로부터 보호해야 한다.
⑥ 후드는 덕트보다 두꺼운 재질로 선택한다.
⑦ 후드 개구면적은 완전한 흡입의 조건하에 가능한 작게 해야 한다.

▲ 해당 답안 중 3가지 선택 기재

273 다음은 국소배기시설과 관련된 설명이다. 내용 중 잘못된 내용의 번호를 찾아서 바르게 수정하시오.(6점) [2002]

① 후드는 가능한 오염물질 발생원에 가깝게 설치한다.
② 필요환기량을 최대로 하여야 한다.
③ 후드는 공정을 많이 포위한다.
④ 후드 개구면에서 기류가 균일하게 분포되도록 설계한다.
⑤ 후드는 작업자의 호흡영역을 유해물질로부터 보호해야 한다.
⑥ 덕트는 후드보다 두꺼운 재질로 선택한다.
⑦ 후드 개구면적은 완전한 흡입의 조건하에 가능한 크게 한다.

② 후드의 필요환기량을 최소로 하여야 한다.
⑥ 후드는 덕트보다 두꺼운 재질로 선택한다.
⑦ 후드 개구면적은 완전한 흡입의 조건하에 가능한 작게 해야 한다.

274 **후드의 선택 및 적용에 관하여 유의하여야 할 사항으로 잘못된 것을 3가지 보기에서 골라 번호와 옳은 내용으로 정정하시오.(6점)** [0902/2203]

① 설계사양 추천을 따르도록 한다.
② 필요유량은 최대가 되도록 설계한다.
③ 작업자의 호흡영역을 보호하도록 한다.
④ 공정별로 국소적인 흡인방식을 취한다.
⑤ 비산방향을 고려하고 발생원에 가깝게 설치한다.
⑥ 마모성 분진의 경우 후드는 가능한 얇게 재료를 사용해야 한다.
⑦ 후드의 개구면적을 크게하여 흡인 개구부의 포집속도를 높인다.

② 필요유량은 최소가 되도록 설계해야 한다.
⑥ 마모성 분진의 경우 후드는 가능한 두껍게 재료를 사용해야 한다.
⑦ 후드의 개구면적을 작게하여 흡인 개구부의 포집속도를 높여야 한다.

275 **국소배기장치의 성능이 떨어지는 주요 원인에는 후드의 흡인능력 부족이 꼽힌다. 후드의 흡인능력 부족의 원인을 3가지 쓰시오.(6점)** [2004]

① 송풍기의 송풍량이 부족하다.
② 송풍관 내부에 먼지가 퇴적되어 압력손실이 증가한다.
③ 발생원에서 후드의 개구면까지 거리가 멀다.
④ 후드의 개구면 기류제어가 불량하다.
▲ 해당 답안 중 3가지 선택 기재

276 **후드의 분출기류 분류에서 잠재중심부를 설명하시오.(6점)** [0301/1502]

• 분출중심속도(V_c)가 분사구 출구속도(V_o)와 동일한 속도를 유지하는 지점까지의 거리이며, 분출중심속도의 분출거리에 대한 변화는 배출구 직경의 약 5배 정도(5D)까지 분출중심속도의 변화는 거의 없다.

■ 후드의 분출기류 분류

㉠ 잠재중심부
- 잠재중심부는 분출중심속도(V_c)가 분사구 출구속도(V_0)와 동일한 속도를 유지하는 지점까지의 거리이다.
- 분출중심속도의 분출거리에 대한 변화는 배출구 직경의 약 5배 정도(5D)까지 분출중심속도의 변화는 거의 없다.

㉡ 각 지점별 불출 중심속도 %
- 배출구 직경의 10배 : 80%
- 배출구 직경의 30배 : 50%
- 배출구 직경의 40배 : 40%

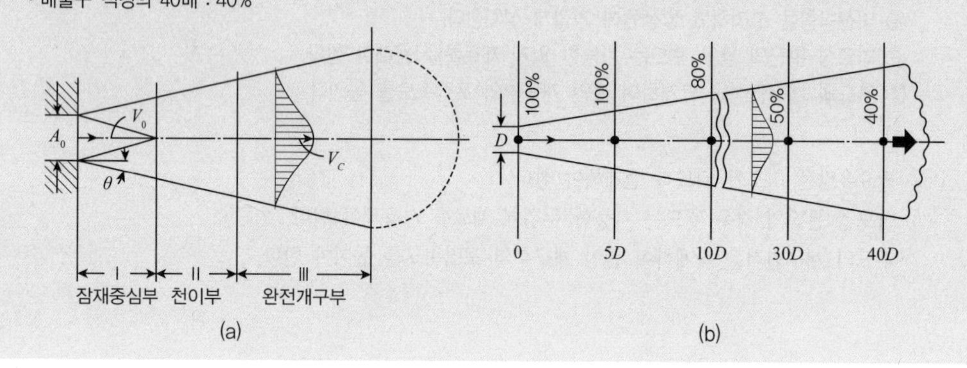

(a) (b)

277 다음 그림에서 배출구 폭(직경)의 10배, 30배, 40배에서의 불출 중심속도의 %를 쓰시오.(6점) [0703]

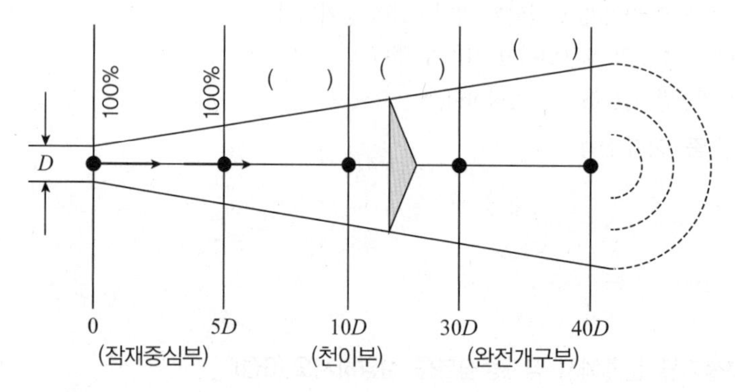

① 배출구 직경의 10배 : 80%
② 배출구 직경의 30배 : 50%
③ 배출구 직경의 40배 : 40%

278 다음은 후드와 관련된 설비에 대한 설명이다. 각각이 설명하는 용어를 쓰시오.(4점)

[2002]

① 후드 개구부를 몇 개로 나누어 유입하는 형식으로 부식 및 유해물질 축적 등의 단점이 있는 장치이다.
② 경사접합부라고도 하며, 후드, 덕트 연결부위로 급격한 단면변화로 인한 압력손실을 방지하며, 배기의 균일한 분포를 유도하고 점진적인 경사를 두는 부위이다.

① 분리날개(splitter vane) ② 테이퍼(taper)

후드 관련 설비

분리날개(splitter vane)	후드 개구부를 몇 개로 나누어 유입하는 형식으로 부식 및 유해물질 축적 등의 단점이 있는 장치이다.
테이퍼(taper)	• 경사접합부라고도 한다. • 후드, 덕트 연결부위로 급격한 단면변화로 인한 압력손실을 방지하며, 배기의 균일한 분포를 유도하고 점진적인 경사를 두는 부위이다.
플랜지(Flange)	• 후방의 유입기류를 차단하고, 후드 전면부에서 포집범위를 확대시켜 플랜지가 없는 후드에 비해 약 25% 정도의 송풍량을 감소시킬 수 있도록 하는 부위이다. • 포착속도를 높일 수 있다. • 압력손실을 감소시킨다.
충만실(Plenum Chamber)	후드의 뒷부분에 위치하여 개구면 흡입양을 일정하게 하므로 압력과 공기흐름을 균일하게 형성하는데 필요한 장치로 설치는 가능한 길게 한다.
플래넘(plenum)	통풍조절장치나 덕트를 대신하여 사용된 공기를 모아 재순환시키는 공간을 말한다.
슬롯(slot)	슬롯 후드에서 후드의 개방부분이 길이가 길고, 폭이 좁은 형태를 말하며 공기가 균일하게 흡입되도록 하여 공기의 흐름을 균일하게 하는 역할을 한다.
배플(baffle)	공기 입기구로 기류의 방향, 공기의 유속 등을 조절하기 위해 벽이나 천정에 부착한 평탄 판을 말한다.
발연관(smoke tester)	염화제2주석이 공기와 반응하여 흰색 연기를 발생시키는 원리이며, 오염물질의 확산이동 관찰에 유용하며 레시버식 후드의 개구부 흡입기류 방향을 확인할 수 있는 측정기

279 후드, 덕트 연결부위로 급격한 단면변화로 인한 압력손실을 방지하며, 배기의 균일한 분포를 유도하고 점진적인 경사를 두는 부위를 무엇이라고 하는가?(4점)

[1801]

• taper(경사접합부)

280 후드의 설계 시 플랜지의 효과를 3가지 쓰시오.(6점)

[2001/2202]

① 포착속도를 높일 수 있다.
② 송풍량을 20 ~ 25% 정도 절감시킬 수 있다.
③ 압력손실이 감소한다.

281 산업환기와 관련된 다음 용어를 설명하시오.(6점)

[1301/1703]

① 충만실
② 제어속도
③ 후드 플랜지

① 충만실 : 후드의 뒷부분에 위치하여 개구면 흡입양을 일정하게 하므로 압력과 공기흐름을 균일하게 형성하는데 필요한 장치로 설치는 가능한 길게 한다.
② 제어속도 : 유해물질을 후드 내로 완벽하게 흡인하기 위해 필요한 최소 풍속을 말한다.
③ 후드 플랜지 : 후방의 유입기류를 차단하고, 후드 전면부에서 포집범위를 확대시켜 플랜지가 없는 후드에 비해 약 25% 정도의 송풍량을 감소시킬 수 있도록 하는 부위이다.

■ 후드에서의 속도

구분	설명
제어속도	유해물질을 후드 내로 완벽하게 흡인하기 위해 필요한 최소 풍속을 말한다.
반송속도	덕트를 통하여 이동하는 유해물질이 덕트 내에서 퇴적이 일어나지 않는 상태로 이동시키기 위하여 필요한 최소 속도를 말한다.
개구면속도	개구면 위에서 오염물질을 포착하는 최소의 속도를 말한다.

282 다음 용어를 설명하시오.(5점)

[2201]

① 플랜지
② 배플(baffle)
③ 슬롯
④ 플래넘
⑤ 개구면 속도

① 후방의 유입기류를 차단하고, 후드 전면부에서 포집범위를 확대시켜 플랜지가 없는 후드에 비해 약 25% 정도의 송풍량을 감소시킬 수 있도록 하는 부위이다.
② 공기 입기구로 기류의 방향, 공기의 유속 등을 조절하기 위해 벽이나 천정에 부착한 평탄 판을 말한다.
③ 슬롯 후드에서 후드의 개방부분이 길이가 길고, 폭이 좁은 형태를 말하며 공기가 균일하게 흡입되도록 하여 공기의 흐름을 균일하게 하는 역할을 한다.
④ 통풍조절장치나 덕트를 대신하여 사용된 공기를 모아 재순환시키는 공간을 말한다.
⑤ 개구면 위에서 오염물질을 포착하는 최소의 속도를 말한다.

283 염화제2주석이 공기와 반응하여 흰색 연기를 발생시키는 원리이며, 오염물질의 확산이동 관찰에 유용하며 레시버식 후드의 개구부 흡입기류 방향을 확인할 수 있는 측정기를 쓰시오.(4점) [1601/1602/2103]

- 발연관(smoke tester)

284 환기시스템에서 공기의 유량이 0.12m^3/sec, 덕트 직경이 8.8cm, 후드 유입손실계수(F)가 0.27일 때, 후드정압(SP_h)을 구하시오.(5점) [0503/0902/1703/2001]

[계산식]

- 속도압(VP)과 유입손실계수(F)가 있으면 후드의 정압을 구할 수 있다.
- VP를 구하기 위해서 속도 V를 구해야 하므로 Q=A×V에서 $V=\frac{Q}{A}$이므로 $\frac{0.12}{\frac{3.14\times0.088^2}{4}}=19.7399\cdots$m/sec이다.
- $V=4.043\sqrt{VP}$에서 $VP=\left(\frac{V}{4.043}\right)^2$으로 구할 수 있으므로 대입하면 $VP=\left(\frac{19.7399\cdots}{4.043}\right)^2=23.8388\cdots mmH_2O$이다.
- SP_h는 $23.838\cdots\times(1+0.27)=30.2753\cdots mmH_2O$이다. 후드의 정압은 음수(−)이므로 $-30.2753\cdots mmH_2O$가 된다.

[정답] $-30.28[mmH_2O]$

후드의 유입계수, 유입손실계수, 정압

- 유입계수는 속도압/후드정압의 제곱근으로 구할 수 있다.
- 후드의 정압(SP_h)은 유입손실+동압이 된다.

유입계수(C_e) $=\frac{\text{실제적 유량}}{\text{이론적 유량}}=\frac{\text{실제 흡인유량}}{\text{이론 흡인유량}}=\sqrt{\frac{1}{1+F}}$
유입손실계수(F) $=\frac{\Delta P}{VP}=\frac{\text{압력손실}}{\text{속도압(동압)}}=\frac{1-C_e^2}{C_e^2}=\frac{1}{C_e^2}-1$
정압(SP_h) = VP(1+유입손실계수)

285 다음 그림과 같은 후드에서 속도압이 20mmH_2O, 후드의 압력손실이 3.68mmH_2O일 때 후드의 유입계수를 구하시오.(5점)
[0801/1102/1602/1903]

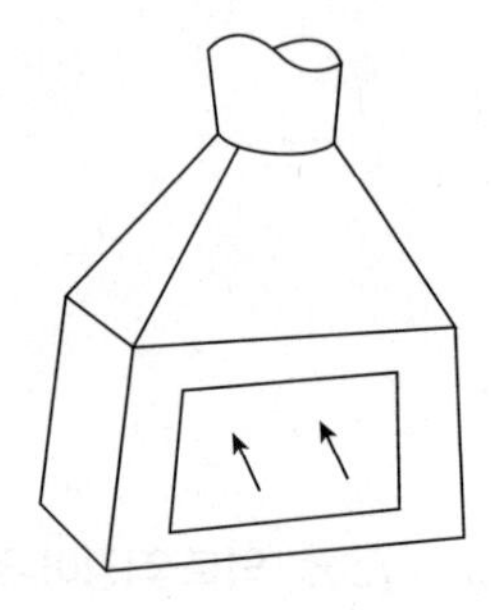

[계산식]

• 유입손실계수(F)$=\frac{\text{압력손실}}{\text{속도압}}$이므로 $\frac{3.68}{20}=0.184$이다.

• 유입계수 $C_e=\sqrt{\frac{1}{1+0.184}}=0.9190\cdots$이다.

[정답] 0.92

286 후드의 유입손실계수가 2.5일때 유입계수를 구하시오.(4점)
[0901/1303/2002]

[계산식]

• 후드의 유입손실계수 $F=\frac{1}{C_e^2}-1$이므로 $C_e=\sqrt{\frac{1}{F+1}}=\sqrt{\frac{1}{2.5+1}}=0.5345\cdots$이다.

[정답] 0.53

287 유입손실계수 0.70인 원형후드의 직경이 20cm이며, 유량이 60m^3/min인 후드의 정압을 구하시오.(단, 21도 1기압 기준)(5점)
[0702/1303/1902/2101/2402]

[계산식]

• 속도압(VP)과 유입손실계수(F)가 있으면 후드의 정압을 구할 수 있다.

• 유량이 60m^3/min, 즉 1m^3/sec이므로 $Q=A\times V$이므로 $V=\frac{Q}{A}=\frac{1m^3/\sec}{\frac{3.14\times0.2^2}{4}}=31.8471\cdots$m/sec이다.

• $VP=\left(\frac{V}{4.043}\right)^2$이므로 대입하면 $\left(\frac{31.8471}{4.043}\right)^2=62.0487\cdots mmH_2O$가 된다.

• 정압(SP_h)$=62.05(1+0.7)=105.485mmH_2O$가 된다. 정압은 음수(−)이므로 $-105.485mmH_2O$이다.

[정답] $-105.49[mmH_2O]$

288 유입손실계수 0.70인 원형후드의 직경이 20cm이며, 후드의 정압이 105.485mmH_2O일 때 유량(m^3/min)을 구하시오.(단, 21도 1기압 기준)(5점) [2302]

[계산식]

- 후드의 정압과 유입손실계수(F)가 있으면 후드의 속도압을 구할 수 있다.
  속도압=정압/(1+유입손실계수)=105.485/(1+0.7)=62.05mmH_2O이다.
- 공기비중과 속도압이 있으면 유속을 구할 수 있다.
  속도압 $VP=\left(\frac{V}{4.043}\right)^2$이므로 대입하면 $V=\sqrt{VP\times 4.043^2}=\sqrt{62.05\times 16.3458\cdots}=31.847\cdots$이 된다.
- 유량 $Q=A\times V$이므로 $\frac{3.14\times 0.2^2}{4}\times 31.8471=1.000\cdots m^3/\text{sec}$이다.
- 구하는 단위가 분당 유량이므로 60m^3/min이 된다.

[정답] 60m^3/min

289 환기시스템의 제어풍속이 설계시보다 저하되어 후드쪽으로 흡인이 잘 안되는 후드의 성능불량 원인 3가지를 쓰시오.(6점) [2303]

① 송풍기 성능 저하로 인한 송풍량 감소
② 후드 주변에 심한 난기류가 형성된 경우
③ 송풍관 내부에 분진이 과다하게 축적된 경우

290 후드의 정압이 20mmH_2O, 속도압이 12mmH_2O일 때 후드의 유입계수를 구하시오.(5점) [1001/2103/2403]

[계산식]

- 후드의 유입계수 $C_e=\sqrt{\frac{1}{1+F}}$로 구할 수 있다.
- 정압 $SP=VP(1+F)$에서 $F=\frac{SP}{VP}-1$이고 정압과 속도압을 알고 있으므로 대입하면 $F=\frac{20}{12}-1=\frac{8}{12}=0.6666\cdots$이다.
- 유입계수 $C_e=\sqrt{\frac{1}{1+0.6667}}=0.77458\cdots$이다.

[정답] 0.77

291 유입계수가 0.72(C_e=0.72)인 후드가 있다. 후드에 연결된 덕트를 원통형이고 지름이 11cm이다. 유량이 22.7 m^3/min일 때 후드정압(mmH_2O)을 구하시오.(단, 공기의 밀도는 1.2kg/m^3이다)(5점) [0701/1002/1003/1101]

[계산식]

- 후드의 정압 SP_h=VP(1+F)로 구할 수 있다.
- 후드의 유입손실계수 $F=\frac{1}{C_e^2}-1$로 구한다. $F=\frac{1}{0.72^2}-1=0.929$이다.
- VP를 구하기 위해서 속도 V를 구해야 하므로 Q=A×V에서 $V=\frac{Q}{A}$이므로 $\frac{22.7}{3.14\times(\frac{0.11}{2})^2}=2,389.85\cdots m^3/\text{min}$

  이다. 이를 초당 속도로 구하기 위해 60으로 나누면 39.83[m/sec]이다.
- $VP=\frac{\gamma V^2}{2g}=\frac{1.2\times39.83^2}{2\times9.8}=97.128\cdots[mmH_2O]$이다.
- SP_h는 97.128(1+0.929)=187.3599[mmH_2O]이다. 후드의 정압은 음수(−)이므로 −187.3599[mmH_2O]이 된다.

[정답] −187.36[mmH_2O]

292 주관에 분지관이 있는 합류관에서 합류관의 각도에 따라 압력손실이 발생한다. 합류관의 유입각도가 90°에서 30°로 변경될 경우 압력손실은 얼마나 감소하는지 구하시오.(동압이 10mmAq, 90°일 때 압력손실계수 : 1.00, 30°일 때 압력손실계수 : 0.18) [0502/1603/1903]

[계산식]

- 유입손실계수는 $\frac{\Delta P}{VP}=\frac{\text{압력손실}}{\text{속도압(동압)}}$이므로 압력손실(mmAq)=압력손실계수×속도압으로 구할 수 있다.
- 90°에서의 압력손실=1.00×10=10mmAq이다.
- 30°에서의 압력손실=0.18×10=1.8mmAq이다.
- 압력손실의 감소값은 10−1.8=8.2mmAq이다.

[정답] 8.2[mmAq]

293 다음에서 제시하는 후드의 형식에 따른 적용가능한 작업의 예를 2가지씩 쓰시오.(6점) [1102]

가) 외부식　　나) 부스식　　다) 레시버식

가) 외부식 : ① 도금　② 주조　③ 용접　④ 용해
나) 부스식 : ① 연삭 및 연마　② 분무도장　③ 화학분석 및 실험　④ 산세척
다) 레시버식 : ① 연삭 및 연마　② 가열로　③ 단조　④ 용융

▲ 해당 답안 중 각각 2가지씩 선택 기재

■ 후드의 종류와 관련 작업

종류	예	작업
외부식	슬롯형, 그리드형, 푸쉬풀형	① 도금　② 주조　③ 용접　④ 용해
레시버식	그라인더 커버형, 캐노피형	① 연삭 및 연마　② 가열로 ③ 단조　④ 용융
부스식(포위식)	포위형, 장갑부착상자형, 드래프트 챔버형, 건축부스형	① 연삭 및 연마　② 분무도장 ③ 화학분석 및 실험　④ 산세척

294 국소배기시설의 형태 중에서 가장 효과적인 방법으로 Glove box type의 경우 내부에 음압이 형성하므로 독성 가스 및 방사성 동위원소, 발암 취급공정 등에서 주로 사용되는 후드의 종류를 쓰시오.(4점) [2102]

• 포위식 후드

295 포위식 후드의 맹독성 물질 취급 시의 장점 3가지를 쓰시오.(6점) [1801]

① 유해물질 제거에 요구되는 공기량이 다른 형태의 후드보다 월등히 적어 경제적이다.
② 유해물질의 완벽한 흡인이 가능하다.
③ 작업장 내 횡단 방해풍 등의 난기류 및 기타 후드 주위환경으로 인한 장애를 거의 받지 않는다.

296 외부식 후드 중 오염원이 외부에 있고, 송풍기의 흡인력을 이용하여 유해물질의 발생원에서 후드 내로 흡인하는 형식을 3가지 쓰고, 각각의 적용작업을 1가지씩 쓰시오.(6점) [1701]

① 슬롯형 : 도금작업
② 루바형 : 주물에 모래털기작업
③ 그리드형 : 도장작업

297 외부식 후드의 방해기류를 방지하고 송풍량을 절약하기 위한 기구(방법)를 3가지 쓰시오.(6점) [1501]

① 테이퍼(taper) 설치
② 분리날개 설치
③ 슬롯 이용
④ 차폐막 사용

▲해당 답안 중 3가지 선택 기재

298 외부식 후드에서 제어속도는 0.5m/sec, 후드의 개구면적은 0.9m^3이다. 오염원과 후드와의 거리가 0.5 m에서 0.9m로 되면 필요 유량은 몇 배로 되는지 구하시오.(5점) [0801/1001/2102]

[계산식]

- 외부식 후드의 필요환기량을 구하는 기본식 $Q=60\times V_c(10X^2+A)$이다.
- 오염원과 후드의 거리가 0.5m인 경우의 필요환기량 $Q_{0.5}=60\times0.5(10\times0.5^2+0.9)=102m^3/\text{min}$이다.
- 오염원과 후드의 거리가 0.9m인 경우의 필요환기량 $Q_{0.9}=60\times0.5(10\times0.9^2+0.9)=270m^3/\text{min}$이다.
- 필요환기량은 $\frac{Q_{0.9}}{Q_{0.5}}=\frac{270}{102}=2.647\cdots$배이다.

[정답] 2.65[배]

외부식 원형 또는 장방형 후드
- 공간에 위치하며, 플랜지가 없는 경우에 해당한다.
- 기본식(Dalla Valle)은 $Q=60\times V_c(10X^2+A)$로 구한다. 이때 Q는 필요환기량[m^3/min], V_c는 제어속도[m/sec], A는 개구면적[m^2], X는 후드의 중심선으로부터 발생원까지의 거리[m]이다.

299 전자부품 납땜하는 공정에서 외부식 국소배기장치로 설치하고자 한다. 후드의 규격을 400mm×400mm, 제어거리(X)를 30cm, 제어속도(V_c) 0.5m/sec 그리고 반송속도(V_t) 1200m/min으로 하고자 할 때 원형 덕트의 직경(m)을 계산하시오.(단, 21℃, 1기압 기준, 후드는 공간에 있으며 플렌지가 없음)(6점) [0603/1002]

[계산식]

- 공간에 위치하며, 플랜지가 없는 외부식 원형 후드의 환기량 $Q=60\times V_c(10X^2+A)$로 구한다.
- 개구면적 A는 0.4×0.4=0.16m^2이고, X는 30cm이므로 0.3m이다.
- 대입하면 환기량 $Q=60\times0.5(10\times0.3^2+0.16)=31.8m^3/\text{min}$이다.
- 송풍량과 반송속도가 있으므로 단면적을 $Q=A\times V$로 구할 수 있다. $A=\frac{Q}{V}=\frac{31.8}{1200}=0.0265m^2$이다.
- 원형 덕트의 직경 D를 구하려면 $A=\frac{\pi D^2}{4}$이므로 $D=\sqrt{\frac{4\times0.0265}{3.14}}=0.1837\cdots$[m]이다.

[정답] 0.18[m]

300 플랜지가 없는 외부식 후드를 설치하고자 한다. 후드 개구면에서 발생원까지의 제어거리가 0.5m, 제어속도가 6m/sec, 후드 개구단면적이 1.2m^2일 경우 필요송풍량(m^3/min)을 구하시오.(5점) [1901]

[계산식]

- 플랜지 없는 외부식 장방형 후드의 필요송풍량 $Q=60\times V_c(10X^2+A)[m^3/\text{min}]$로 구한다.
- 주어진 값을 대입하면 필요송풍량 $Q=60\times6(10\times0.5^2+1.2)=1,332m^3/\text{min}$가 된다.

[정답] 1,332[m^3/min]

301 면적이 0.9m^2인 정사각형 후드에서 제어속도가 0.5m/sec일 때, 오염원과 후드 개구면 간의 거리를 0.5m에서 1m로 변경하면 송풍량은 몇 배로 증가하는지 구하시오.(5점) [2201]

[계산식]

- 외부식 후드의 필요환기량을 구하는 기본식 $Q=60\times V_c(10X^2+A)$이다.
- 송풍량은 오염원과 후드 개구면간의 거리의 제곱에 비례하므로 거리가 2배 늘어나면 송풍량은 4배로 증가한다.

[정답] 4[배]

302 용접작업 시 작업면 위에 플랜지가 붙은 외부식 후드를 설치하였을 때와 자유공간에 후드를 설치하였을 때의 필요송풍량을 계산하고, 효율(%)을 구하시오.(단, 제어거리 30cm, 후드의 개구면적 0.8m^2, 제어속도 0.5m/sec)(6점) [0702/1502/2201]

[계산식]

- 작업대에 부착하며, 플랜지가 있는 외부식 후드의 필요 환기량 $Q=60\times0.5\times V_c(10X^2+A)$로 구한다. 그에 반해 자유공간에 위치하며, 플랜지가 있는 외부식 후드의 필요 환기량 $Q=60\times0.75\times V_c(10X^2+A)$로 구한다.
- 작업대에 부착하는 경우의 필요 환기량 $Q_1=60\times0.5\times0.5(10\times0.3^2+0.8)=25.5m^3/\text{min}$이다.
- 자유공간에 위치하는 경우의 필요 환기량 $Q_2=60\times0.75\times0.5(10\times0.3^2+0.8)=38.25m^3/\text{min}$이다.
- 효율은 $\frac{Q_2-Q_1}{Q_2}\times100=\frac{38.25-25.5}{38.25}\times100=33.3333\cdots\%$이다.
- 자유공간에 위치하는 경우의 플랜지 부착 외부식 후드가 작업대에 부착하는 것에 비해 33.33% 정도의 송풍량이 증가한다.

[정답] 작업면 위의 후드 송풍량 : 25.5[m^3/min], 공간의 후드 송풍량 : 38.25[m^3/min], 효율 : 33.33[%]

외부식 측방형 후드

- 작업대에 부착하며, 플랜지가 있는 경우에 해당한다.
- 필요환기량 $Q=60\times0.5\times V_c(10X^2+A)$로 구한다. 이때 Q는 필요환기량[m^3/min], V_c는 제어속도[m/sec], A는 개구면적[m^2], X는 후드의 중심선으로부터 발생원까지의 거리[m]이다.

측방 외부식 플랜지 부착 원형 또는 장방형 후드

- 자유공간에 위치하며, 플랜지가 있는 경우에 해당한다.
- 필요환기량 $Q=60\times0.75\times V_c(10X^2+A)$로 구한다. 이때 Q는 필요환기량[m^3/min], V_c는 제어속도[m/sec], A는 개구면적[m^2], X는 후드의 중심선으로부터 발생원까지의 거리[m]이다.

303 가로 40cm, 세로 20cm의 장방형 후드가 직경 20cm 원형덕트에 연결되어 있다. 다음 물음에 답하시오.(6점)

[1701/2002/2203]

1) 플랜지의 최소 폭(cm)을 구하시오.
2) 플랜지가 있는 경우 플랜지가 없는 경우에 비해 송풍량이 몇 % 감소되는지 쓰시오.

[계산식]

- 플랜지의 최소 폭(W)은 단면적(A)의 제곱근이다. 즉, $W=\sqrt{A}$ 이므로 대입하면 $W=\sqrt{0.4\times0.2}=0.2828\cdots$m로 28.28cm 이상이어야 한다.
- 외부식 원형(장방형)후드가 자유공간에 위치할 때 Q는 필요환기량(m^3/min), V_c는 제어속도(m/sec), X는 후드와 발생원과의 거리(m), A는 개구면적(m^2)라고 하면
  플랜지를 미부착한 경우의 필요환기량 $Q=60\times V_c(10X^2+A)$로 구한다.
  플랜지를 부착한 경우의 필요환기량 $Q=60\times0.75\times V_c(10X^2+A)$로 구한다.
  즉, 플랜지를 미부착한 경우보다 송풍량이 25% 덜 필요하게 된다.

[정답] ① 28.28[cm]　　② 25[%] 감소

■ 플랜지의 최소 폭(W)
- 플랜지의 최소 폭(W)은 단면적(A)의 제곱근으로 한다.

304 외부식 원형후드이며, 후드의 단면적은 0.5m^2이다. 제어속도가 0.5m/sec이고, 후드와 발생원과의 거리가 1m인 경우 다음을 계산하시오.(6점)

[1701/2003]

1) 플랜지가 없을 때 필요환기량(m^3/min)
2) 플랜지가 있을 때 필요환기량(m^3/min)

[계산식]

- 외부식 원형(장방형)후드가 자유공간에 위치할 때 Q는 필요환기량(m^3/min), V_c는 제어속도(m/sec), X는 후드와 발생원과의 거리(m), A는 개구면적(m^2)라고 하면
  플랜지를 미부착한 경우의 필요환기량 $Q=60\times V_c(10X^2+A)$로 구한다.
  플랜지를 부착한 경우의 필요환기량 $Q=60\times0.75\times V_c(10X^2+A)$로 구한다.
  즉, 플랜지를 미부착한 경우보다 송풍량이 25% 덜 필요하게 된다.
- 플랜지 미부착의 경우 대입하면 $Q=60\times0.5(10\times1^2+0.5)=315m^3$/min이다.
- 플랜지 부착의 경우는 315의 75%에 해당하므로 236.25m^3/min이고, 대입해서 계산해 보면 $Q=60\times0.75\times0.5(10\times1^2+0.5)=236.25m^3$/min이다.

[정답] 1) 315[m^3/min]　　2) 236.25[m^3/min]

305 작업면 위에 플랜지가 붙은 외부식 후드를 설치할 경우 다음 조건에서 필요송풍량(m^3/min)과 플랜지 폭(cm)을 구하시오.(6점) [1902/2103]

후드와 발생원 사이의 거리 30cm, 후드의 크기 30cm×10cm, 제어속도 1m/sec

[계산식]

- 작업대에 부착하며, 플랜지가 있는 외부식 후드의 필요 환기량 $Q=60\times0.5\times V_c(10X^2+A)$로 구한다. 그에 반해 자유공간에 위치하며, 플랜지가 있는 외부식 후드의 필요 환기량 $Q=60\times0.75\times V_c(10X^2+A)$로 구한다.

① 작업대에 부착하는 경우의 필요 환기량 $Q_1=60\times0.5\times1(10\times0.3^2+0.03)=27.9m^3$/min이다.

② 플랜지의 폭은 단면적의 제곱근이므로 $\sqrt{(0.3\times0.1)}=0.17320\cdots$m이고 cm로는 17.320cm가 된다.

[정답] ① 27.9[m^3/min] ② 17.32[cm]

306 용접작업 시 ① 작업면 위에 플랜지가 붙은 외부식 후드를 설치하였을 때와 ② 공간에 플랜지가 없는 후드를 설치하였을 때의 필요송풍량을 계산하시오.(단, 제어거리 0.25m, 후드의 개구면적 0.5m^2, 제어속도 0.5m/sec)(6점) [1703]

[계산식]

- 작업대에 부착하며, 플랜지가 있는 외부식 후드의 필요환기량 $Q=60\times0.5\times V_c(10X^2+A)$로 구한다. 그에 반해 자유공간에 위치하며, 플랜지가 있는 외부식 후드의 필요환기량 $Q=60\times0.75\times V_c(10X^2+A)$로 구한다.
- 자유공간에 위치하는 플랜지가 없는 외부식 후드의 필요환기량 $Q=60\times V_c(10X^2+A)$로 구한다.

① 작업대에 부착하는 경우의 필요환기량 $Q_1=60\times0.5\times0.5(10\times0.25^2+0.5)=16.875m^3$/min이다.

② 자유공간에 위치한 플랜지가 없는 경우의 필요환기량 $Q_2=60\times0.5(10\times0.25^2+0.5)=33.75m^3$/min이다.

[정답] ① 16.88[m^3/min] ② 33.75[m^3/min]

307 용접작업 시 작업면 위에 플랜지가 붙은 외부식 후드를 설치하였을 때의 필요송풍량(m^3/min)을 구하시오.(단, 제어거리 0.7m, 후드의 개구면적 1.2m^2, 제어속도 0.15m/sec)(6점) [1002/1702]

[계산식]

- 작업대에 부착하며, 플랜지가 있는 외부식 후드의 필요환기량 $Q=60\times0.5\times V_c(10X^2+A)$로 구한다. 그에 반해 자유공간에 위치하며, 플랜지가 있는 외부식 후드의 필요환기량 $Q=60\times0.75\times V_c(10X^2+A)$로 구한다. 이때 Q는 필요환기량[m^3/min], V_c는 제어속도[m/sec], A는 개구면적[m^2], X는 후드의 중심선으로부터 발생원까지의 거리[m]이다.
- 작업대에 부착하는 경우의 필요환기량 $Q=60\times0.5\times0.15(10\times0.7^2+1.2)=27.45m^3$/min이다.

[정답] 27.45[m^3/min]

308 플랜지 부착 외부식 슬롯후드가 있다. 슬롯후드의 밑변과 높이는 200cm×30cm이다. 제어풍속이 3m/sec, 오염원까지의 거리는 30cm인 경우 필요송풍량(m^3/min)을 구하시오.(5점)

[1103/1803/2103]

[계산식]

- 외부식 플랜지부착 슬롯형후드의 필요송풍량 $Q=60\times2.6\times L\times V_c\times X$로 구한다.
- 대입하면 필요송풍량 $Q=60\times2.6\times2m\times3m/\sec\times0.3m=280.8m^3/\min$이다.

[정답] $280.8[m^3/\min]$

■ 플랜지부착 슬롯형 후드의 필요송풍량

- 필요송풍량 $Q=60\times C\times L\times V_c\times X$로 구한다. 이때 Q는 필요송풍량[m^3/min]이고, C는 형상계수, V_c는 제어속도[m/sec], L은 슬롯의 개구면 길이, X는 포집점까지의 거리[m]이다.
- 종횡비가 0.2 이하인 플랜지부착 슬롯형 후드의 형상계수로 2.6을 사용한다.

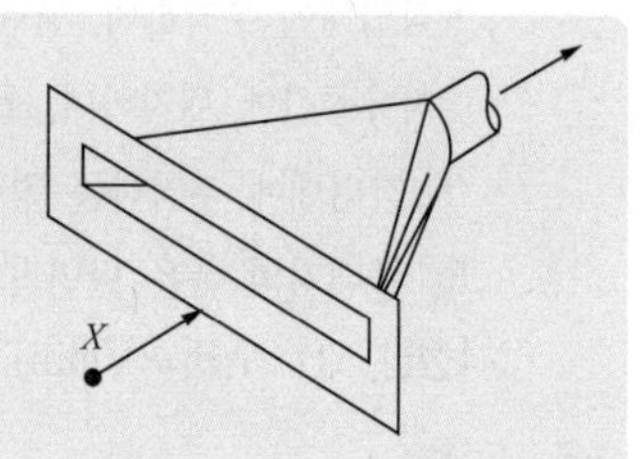

309 길이 2.7m, 폭 0.4m의 플랜지가 부착된 외부식 슬롯형 후드를 설치하고자 한다. 후드 개구면에서 발생원까지의 거리가 0.5m, 제어속도가 2m/sec일 때 필요송풍량(m^3/min)을 구하시오.(단, 1/2 원주 슬롯형이므로 C=2.6)(5점)

[1102/1401]

[계산식]

- 외부식 플랜지부착 슬롯형후드의 필요송풍량 $Q=60\times C\times L\times V\times X[m^3/\min]$로 구한다.
- 주어진 값을 대입하면 필요송풍량 $Q=60\times2.6\times2.7\times2\times0.5=421.2m^3/\min$가 된다.

[정답] $421.20[m^3/\min]$

310 플랜지가 붙은 외부식 후드와 하방흡인형 후드(오염원이 개구면과 가까울 때)의 필요송풍량(m^3/min) 계산식을 쓰시오.(6점)

[1803]

① 플랜지가 붙은 외부식 후드의 필요송풍량 $Q=60\times0.75\times V_c(10X^2+A)$로 구한다. 이때 Q는 필요환기량[m^3/min], V_c는 제어속도[m/sec], A는 개구면적[m^2], X는 후드의 중심선으로부터 발생원까지의 거리[m]이다.

② 오염원이 개구면과 가까울 때의 하방흡인형 후드의 필요송풍량 $Q=60\times A\times V_c$로 구한다. 이때 Q는 필요환기량[m^3/min], V_c는 제어속도[m/sec], A는 개구면적[m^2]이다.

■ 하방흡인형(부스식) 후드의 필요송풍량

- 악취발생가스 포집방법으로 많이 사용되는 후드이다.
- 오염원이 개구면과 가까울 때의 하방흡인형 후드의 필요송풍량 $Q=60\times A\times V_c$로 구한다. 이때 Q는 필요환기량[m^3/min], V_c는 제어속도[m/sec], A는 개구면적[m^2]이다.

311 악취발생가스 포집방법으로 부스식 후드를 설치하여 제어속도는 0.25 ~ 0.5m/sec 범위이면 가능하다. 하한 제어속도의 20% 빠른 속도로 포집하고자 하며, 개구면적을 가로 1.5m, 세로 1m로 할 경우 필요흡인량(m^3/min)을 구하시오.(5점) [1803]

[계산식]

- 악취발생가스 포집방법의 부스식 후드의 필요송풍량 $Q=60\times A\times V_c$로 구한다.
- 제어속도 $V_c=0.25\times1.2=0.3\text{m/sec}$이다.
- 필요송풍량 $Q=60\times(1.5\times1.0)\times0.3=27m^3/\text{min}$이다.

[정답] $27[m^3/\text{min}]$

312 다음은 고열작업장에 설치된 레시버식 캐노피 후드의 모습이다. 그림에서 H=1.3m, E=1.5m이고, 열원의 온도는 2,000℃이다. 다음 조건을 이용하여 열상승 기류량(m^3/min)을 구하시오.(5점) [1203/1901]

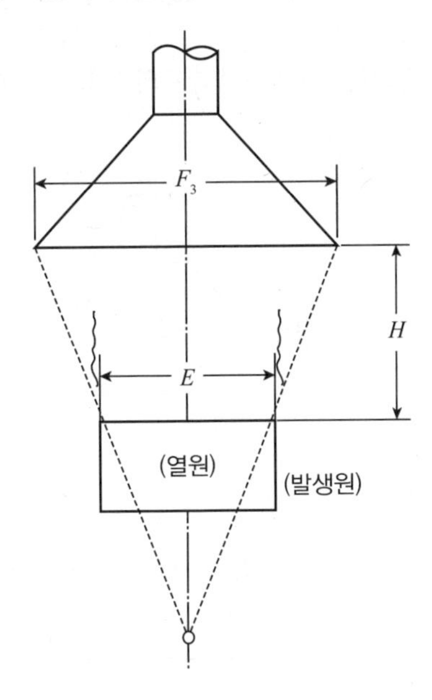

가) $Q_1(m^3/\text{min})=\dfrac{0.57}{\gamma(A\gamma)^{0.33}}\times\Delta t^{0.45}\times Z^{1.5}$

나) 온도차 Δt의 계산식

- $H/E\leq0.7$이면 $\Delta t=t_m-20$, $H/E>0.7$이면 $\Delta t=(t_m-20)\{(2E+H)/2.7E\}^{-1.7}$이다.

다) 가상고도(Z)의 계산식

- $H/E\leq0.7$이면 $Z=2E$, $H/E>0.7$이면 $Z=0.74(2E+H)$이다.

라) 열원의 종횡비(γ)=1

[계산식]

• 식에 들어가는 값들을 먼저 구한다.

• $E=1.5$이므로 단면적 $A=\frac{3.14\times1.5^2}{4}=1.76625m^2$이다.

• $H/E=\frac{1.3}{1.5}=0.866\cdots$이므로 $\Delta t=(2,000-20)\{(2\times1.5+1.3)/(2.7\times1.5)\}^{-1.7}=1,788.308148$℃이다.

• $H/E=\frac{1.3}{1.5}=0.866\cdots$이므로 $Z=0.74(2\times1.5+1.3)=3.182m$이다.

• 열상승기류량 $Q_1(m^3/\min)=\frac{0.57}{(1.76625)^{0.33}}\times1,788.308148^{0.45}\times3.182^{1.5}=77.98246\cdots m^3/\min$이 된다.

[정답] $77.98[m^3/\min]$

313 다음은 고열작업장에 설치된 레시버식 캐노피 후드의 모습이다. 후드의 직경을 H와 E를 이용하여 구하는 공식을 작성하시오.(4점)

[1801]

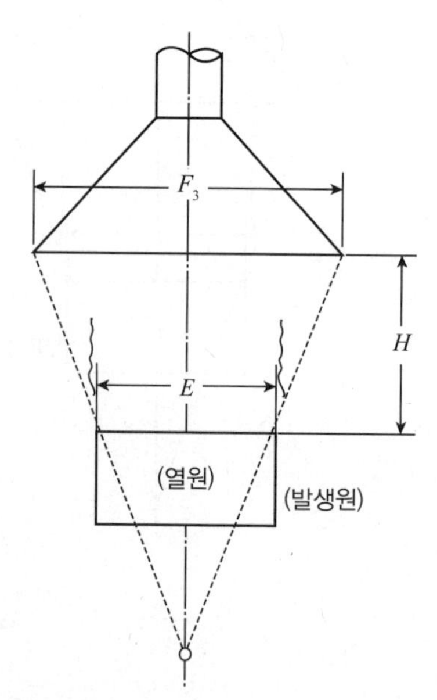

• $F_3=E+0.8H$로 구한다. 이때 F_3은 후드의 직경, E는 열원의 직경, H는 후드의 높이이다.

314 고열 발생원 주변에 레시버식 캐노피형 후드를 설치하였다. 열상승 기류량이 20m^3/min, 누입안전계수 8, 누입한계 유량비가 2.0일 경우 필요송풍량(m^3/min)을 구하시오.(단, 주변에 난기류가 형성되어 있다)(5점)

[0301/1302/1402]

[계산식]

- 고열 발생원 주변에 난기류가 형성된 곳의 캐노피형 후드의 필요송풍량=열상승 기류량×[1+(누입안전계수×누입한계 유량비)]이다.
- 주어진 값을 대입하면 필요송풍량=20×[1+(8×2.0)]=340m^3/min이 된다.

[정답] 340[m^3/min]

■ 고열 발생원 주변의 레시버식 캐노피형 후드의 필요송풍량

- 고열 발생원 주변에 난기류가 형성된 곳의 캐노피형 후드의 필요송풍량=열상승 기류량×[1+(누입안전계수×누입한계 유량비)]이다.
- 후드 주변에 난기류가 형성되지 않은 경우 캐노피형 후드의 필요송풍량=열상승 기류량×(1+누입한계 유량비)이다.

315 주물 용해로에 레시버식 캐노피 후드를 설치하는 경우 열상승 기류량이 15m^3/min이고, 누입한계 유량비가 3.5일 때 소요풍량(m^3/min)을 구하시오.(5점)

[1803/2102]

[계산식]

- 후드 주변에 난기류가 형성되지 않은 경우 캐노피형 후드의 필요송풍량=열상승 기류량×(1+누입한계 유량비)이다.
- 대입하면 필요송풍량 $Q_T = 15(1+3.5) = 67.5m^3$/min이다.

[정답] 67.5[m^3/min]

316 고열배출원이 아닌 탱크 위, 장변 2m, 단변 1.4m, 배출원에서 후드까지의 높이가 0.5m, 제어속도가 0.4m/sec일 때 필요송풍량(m^3/min)을 구하시오.(5점)(단, Dalla valle식을 이용)

[1803/2201/2403]

[계산식]

- 고열배출원이 아닌 곳에 설치하는 레시버식 캐노피 후드의 필요송풍량 $Q=60\times1.4\times P\times H\times V_c$[$m^3$/min]으로 구한다.
- P 즉, 둘레의 길이는 2(2+1.4)이므로 필요송풍량 $Q=60\times1.4\times2\times(2+1.4)\times0.5\times0.4=114.24m^3$/min이 된다.

[정답] 114.24[m^3/min]

■ 레시버식 캐노피 후드의 필요송풍량

- 고열배출원이 아닌 탱크 위에 주로 설치하는 후드이다.
- 필요송풍량 $Q=60\times1.4\times P\times V_c\times D$로 구한다. 이 때, Q는 필요송풍량[$m^3$/min], P는 작업대의 주변길이[m]로 2×(장변길이+단변길이)와 같다. V_c는 제어속도, D는 개구면과 배출원의 높이(작업대와 후드간의 거리)[m]이다.

317 Push pull 후드로 오염물질을 포착할 때 배출방법, 장점, 단점을 각각 한 가지씩 기술하시오.(6점)

[0603/1101]

① 배출방법 : 제어길이가 비교적 길어서 외부식 후드에 의한 제어효과가 문제가 되는 경우 개방조 한 변에서 압축공기를 밀어주고, 반대쪽에서 당겨주는 방법이 적용된다.

② 장점 : 개방면적이 큰 작업공정에서 필요 유량을 대폭 감소시킬 수 있다.

③ 단점 : 원료의 손실이 크고 설계방법이 어려우며, 효과적으로 기능을 발휘하지 못하는 경우가 있다.

318 오리피스 형상의 후드에 플랜지 부착 유무에 따른 유입손실식을 쓰시오.(4점)

[1801]

① 플랜지 미부착 유입손실 $\Delta P_1 = F \times VP = 0.93 \times VP$이다.

② 플랜지 부착 유입손실 $\Delta P_2 = F \times VP = 0.49 \times VP$이다.

Chapter 13 덕트

319 덕트 내 기류에 작용하는 압력의 종류를 3가지로 구분하여 설명하시오.(6점)

[1102/1802/2004]

① 정압 : 밀폐된 공간(duct) 내에서 사방으로 동일하게 미치는 압력을 말한다. 모든 방향에서 동일한 압력이며 송풍기 앞에서는 음압, 송풍기 뒤에서는 양압이다.

② 동압 : 공기의 흐름방향으로 미치는 압력을 말한다. 단위 체적의 유체가 갖는 운동에너지로 항상 양압을 갖는다.

③ 전압 : 단위 유체에 작용하는 모든 압력으로 정압과 동압의 합에 해당한다.

320 다음의 공기의 압력과 배기시스템에 관한 설명이다. 틀린 내용의 번호를 모두 쓰고 그 이유를 설명하시오.(4점)

[0701/1203/1601]

① 공기의 흐름은 압력차에 의해 이동하므로 송풍기 입구의 압력은 항상 (+)압이고, 출구의 압력은 (−)압이다.
② 동압(속도압)은 공기가 이동하는 힘이므로 항상 (+)값이다.
③ 정압은 잠재적인 에너지로 공기의 이동에 소요되며 유용한 일을 하므로 (+) 혹은 (−)값을 가질 수 있다.
④ 송풍기 배출구의 압력은 항상 대기압보다 낮아야 한다.
⑤ 후드 내의 압력은 일반작업장의 압력보다 낮아야 한다.

- ①은 송풍기 입구의 압력은 항상 (−)압이고, 출구의 압력은 (+)압이 되어야 한다.
- ④는 송풍기 배출구의 압력은 항상 대기압보다 높아야 한다.

321 덕트 내 분진이송 시 반송속도를 결정하는 데 고려해야 하는 인자를 4가지 쓰시오.(4점)

[1702/2001]

① 덕트의 직경
② 유해물질의 비중
③ 유해물질의 입경
④ 유해물질의 수분함량

322 덕트에 있어서의 상대조도에 대해 간단히 설명하시오.(4점)

[1201/1402]

• 덕트 관 내부 요철을 절대조도라 하는데 이 절대 조도를 관의 지름으로 나눈 값을 상대조도라 한다.

323 배기구의 설치는 15－3－15 규칙을 참조하여 설치한다. 여기서 15－3－15의 의미를 설명하시오.(6점)

[1703/2101/2301]

① 15 : 배출구와 공기를 유입하는 흡입구는 서로 15m 이상 떨어져 있어야 한다.
② 3 : 배출구의 높이는 지붕 꼭대기와 공기 유입구보다 위로 3m 이상 높게 설치되어야 한다.
③ 15 : 배출되는 공기는 재유입되지 않도록 배출가스 속도를 15m/sec 이상 유지해야 한다.

324 다음은 곡관의 연결에 대한 설명이다. (   ) 안을 채우시오.(4점)

[1301]

덕트의 직경이 15cm 미만인 경우 새우등 곡관 (①)개 이상, 덕트의 직경이 15cm 이상인 경우 새우등 곡관 (②)개 이상을 사용한다.

① 3
② 5

325 관(tube) 내에서 토출되는 공기에 의해 발생하는 취출음의 감소방법을 2가지 쓰시오.(4점)

[1503]

① 소음기 부착
② 토출유속 저하

326 마노미터, 피토관의 그림을 그리고, 속도압과 속도를 구하는 원리를 설명하시오.(6점)

[1702]

가) 마노미터

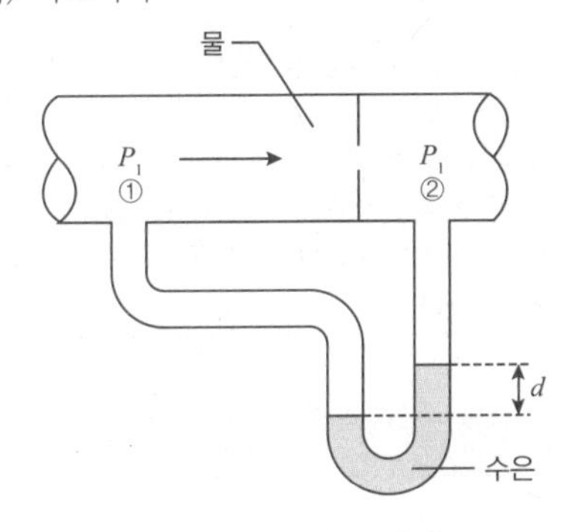

나) 피토관

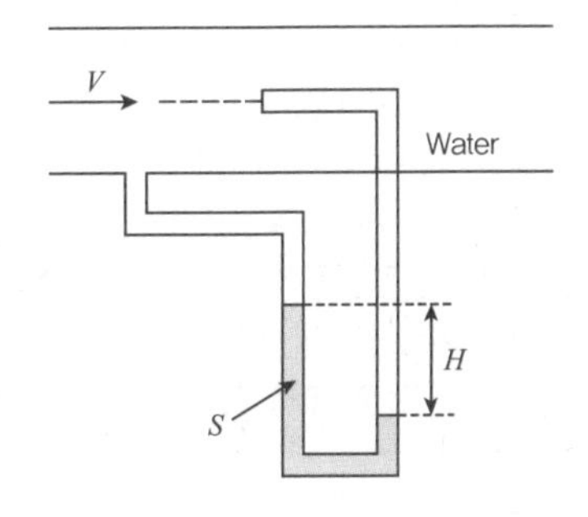

다) 속도압과 속도를 구하는 원리

① 전압관에 마노미터의 한쪽 끝을 연결하여 전압 측정

② 정압관에 마노미터의 한쪽 끝을 연결하여 정압 측정

③ 속도압(동압)을 전압－정압으로 계산

④ 속도$=4.043\times\sqrt{VP}$로 계산

327 곡관의 압력손실을 결정하는 요인 3가지를 쓰시오.(6점)

[1601]

① 곡률반경비

② 곡관의 크기와 형태

③ 곡관 연결상태

328 국소환기장치의 총 압력손실을 계산하는 목적 2가지를 쓰시오.(4점)

[0903/1102/1201]

① 제어속도와 반송속도를 얻는데 필요한 송풍량을 확보하기 위하여

② 환기시설 전체의 압력손실을 극복하는데 필요한 풍량과 풍압을 얻기 위한 송풍기 형식 및 동력, 규모 등을 결정하기 위해

③ 후드의 제어속도와 덕트의 반송속도를 얻기 위하여

▲해당 답안 중 2가지 선택 기재

329 총 압력손실 계산방법의 종류 2가지를 쓰고, 각각의 장점과 단점을 각각 2가지씩 쓰시오.(6점) [1301/1303]

(가) 저항조절 평형법

장점	단점
① 시설 설치 후 변경에 유연하게 대처 가능하다. ② 설치 후 부적당한 배기유량 조절 가능하다. ③ 최소 설계풍량으로 평형유지가 가능하다. ④ 설계 계산이 간단하다. ⑤ 덕트의 크기를 바꿀 필요가 없어 반송속도를 유지한다.	① 임의로 댐퍼 조정시 평형상태가 깨진다. ② 부분적으로 닫혀진 댐퍼의 부식, 침식 발생한다. ③ 최대저항경로의 선정이 잘못되어도 설계시 발견이 어렵다. ④ 댐퍼가 노출되어 허가되지 않은 조작으로 정상기능을 저해할 수 있다.

(나) 정압조절(유속조절) 평형법

장점	단점
① 설계가 정확할 때는 가장 효율적인 시설이 된다. ② 송풍량은 근로자나 운전자의 의도대로 쉽게 변경되지 않는다. ③ 유속의 범위가 적절히 선택되면 덕트의 폐쇄가 일어나지 않는다. ④ 예기치 않은 침식 및 부식이나 퇴적문제가 일어나지 않는다.	① 설계가 어렵고 시간이 많이 걸린다. ② 설계 시 잘못된 유량의 수정이 어렵다. ③ 때에 따라 전체 필요한 최소유량보다 더 초과될 수 있다. ④ 설치 후 변경이나 변경에 대한 유연성이 낮다.

▲ 해당 답안 중 각각 2가지씩 선택 기재

330 총 압력손실 계산방법 중 저항조절 평형법의 장점과 단점을 각각 2가지씩 쓰시오.(4점) [0803/1201/1503/2102]

장점	단점
① 시설 설치 후 변경에 유연하게 대처 가능하다. ② 설치 후 부적당한 배기유량 조절 가능하다. ③ 최소 설계풍량으로 평형유지가 가능하다. ④ 설계 계산이 간단하다. ⑤ 덕트의 크기를 바꿀 필요가 없어 반송속도를 유지한다.	① 임의로 댐퍼 조정시 평형상태가 깨진다. ② 부분적으로 닫혀진 댐퍼의 부식, 침식 발생한다. ③ 최대저항경로의 선정이 잘못되어도 설계시 발견이 어렵다. ④ 댐퍼가 노출되어 허가되지 않은 조작으로 정상기능을 저해할 수 있다.

▲ 해당 답안 중 각각 2가지씩 선택 기재

331 단면적의 폭(W)이 40cm, 높이(D)가 20cm인 직사각형 덕트의 곡률반경(R)이 30cm로 구부려져 90° 곡관으로 설치되어 있다. 흡입공기의 속도압이 20mmH_2O일 때 다음 표를 참고하여 이 덕트의 압력손실(mmH_2O)을 구하시오.(5점) [1103/1402/1802]

형상비 / 반경비	$\xi=\triangle P/VP$					
	0.25	0.5	1.0	2.0	3.0	4.0
0.0	1.50	1.32	1.15	1.04	0.92	0.86
0.5	1.36	1.21	1.05	0.95	0.84	0.79
1.0	0.45	0.28	0.21	0.21	0.20	0.19
1.5	0.28	0.18	0.13	0.13	0.12	0.12
2.0	0.24	0.15	0.11	0.11	0.10	0.10
3.0	0.24	0.15	0.11	0.11	0.10	0.10

[계산식]
- 원형곡관의 압력손실계수를 구해야 한다.
- 압력손실 $\triangle P=\xi\times VP[mmH_2O]$로 구한다.
- 곡률반경비는 $\frac{반경}{직경}$이므로 $\frac{30}{20}=1.5$이고, 형상비는 $\frac{폭}{높이}$이므로 $\frac{40}{20}=2$이다. 반경비가 1.5, 형상비가 2인 압력손실계수(ξ)가 0.13이라는 것을 의미한다.
- 대입하면 압력손실 $\triangle P=0.13\times 20=2.6mmH_2O$이 된다.

[정답] 2.6[mmH_2O]

■ 곡관에서의 압력손실계수
- 곡률반경비(R/D)가 일정한 경우 조각관의 조각수가 클수록 압력손실계수가 작아진다.
- 곡관의 곡률반경비가 클수록 압력손실계수가 작아진다.
- 곡률반경비는 $\frac{반경}{직경}$이고, 형상비는 $\frac{폭}{높이}$로 구한다.

332 관 내경이 0.3m이고, 길이가 30m인 직관의 압력손실(mmH_2O)을 구하시오.(단, 관마찰손실계수는 0.02, 유체 밀도는 1.203kg/m^3, 직관 내 유속은 15m/sec이다)(5점) [1102/1301/1601/2002]

[계산식]
- 압력손실($\triangle P$)$=\left(\lambda\times\frac{L}{D}\right)\times VP$로 구한다.
- 유속과 유체 밀도가 주어졌으므로 $VP=\frac{\gamma\times V^2}{2g}=\frac{1.203\times 15^2}{2\times 9.8}=13.8099\cdots mmH_2O$이다.
- 구해진 값을 대입하면 $\triangle P=0.02\times\frac{30}{0.3}\times 13.8099\cdots=27.6198\cdots mmH_2O$이다.

[정답] 27.62[mmH_2O]

333 단면의 장변이 500mm, 단변이 200mm인 장방형 덕트 직관 내를 풍량 240m^3/min의 표준공기가 흐를 때 길이 10m당 압력손실을 구하시오.(단, 마찰계수(λ)은 0.021, 표준공기(21℃)에서 비중량(γ)은 1.2kg/m^3, 중력가속도는 9.8m/s^2이다)(6점) [0701/1201/1203/1403/1502]

[계산식]

• 장방형 직관의 상당직경 $D=\frac{2(ab)}{a+b}=\frac{2(0.5\times0.2)}{0.5+0.2}=0.2857\cdots m$이다.

• 압력손실($\triangle P$)$=\left(\lambda\times\frac{L}{D}\right)\times VP$로 구한다.

$Q=A\times V$이므로 $V=\frac{Q}{A}=\frac{240m^3/\text{min}}{0.5m\times0.2m}=2{,}400m/\text{min}$이다. 이는 40m/sec가 된다.

$VP=\frac{\gamma\times V^2}{2g}=\frac{1.2\times40^2}{2\times9.8}=97.959\cdots mmH_2O$이다.

• 구해진 값을 대입하면 $\triangle P=0.021\times\frac{10}{0.2857}\times97.959=72.003\cdots mmH_2O$이다.

[정답] 72.00[mmH_2O]

상당직경

• 장방형 직관의 상당직경 $D=\frac{2(ab)}{a+b}$로 구한다.

334 세로 400mm, 가로 850mm의 장방형 직관 덕트 내를 유량 300m^3/min으로 이송되고 있다. 길이 5m, 관마찰계수 0.02, 비중 1.3kg/m^3일 때 압력손실(mmH_2O)을 구하시오. [0303/0702/1902/2004/2101]

[계산식]

• 장방형 직관의 상당직경 $D=\frac{2(ab)}{a+b}=\frac{2(0.85\times0.4)}{0.85+0.4}=0.544\text{m}$이다.

• 압력손실($\triangle P$)$=\left(\lambda\times\frac{L}{D}\right)\times VP$로 구한다.

$Q=A\times V$이므로 $V=\frac{Q}{A}=\frac{300m^3/\text{min}}{0.4m\times0.85m}=882.35\text{m/min}$이다. 이는 14.7m/sec가 된다.

$VP=\frac{\gamma\times V^2}{2g}=\frac{1.3\times14.7^2}{2\times9.8}=14.33mmH_2O$이다.

• 구해진 값을 대입하면 $\triangle P=0.02\times\frac{5}{0.544}\times14.33=2.634\cdots mmH_2O$이다.

[정답] 2.63[mmH_2O]

335 **원형 덕트에 난기류가 흐르고 있을 경우 덕트의 직경을 1/2로 하면 직관부분의 압력손실은 몇 배로 증가하는지 계산하시오.(단, 유량, 관마찰계수는 변하지 않는다)(5점)** [1302/1801/2103]

[계산식]

- 압력손실($\triangle P$)$=\left(\lambda\times\frac{L}{D}\right)\times\frac{\gamma\times V^2}{2g}$로 구한다. 여기서 λ, L, γ, g는 상수이므로 압력손실($\triangle P$)$\propto\frac{V^2}{D}$(비례)한다. $Q=A\times V$이고 Q는 일정하므로 속도 V는 단면적 A에 반비례한다. 단면적 A는 직경의 제곱에 비례하므로 직경이 1/2로 변하면 A는 1/4배가 되고 V는 4배 증가한다. 따라서 압력손실($\triangle P$)$\propto\frac{4^2}{1/2}=32$배로 증가한다.

[정답] 32[배]

336 **국소배기시설의 압력손실계수가 0.22이고, 전압이 40mmH_2O, 정압은 25mmH_2O일 때 압력손실(mmH_2O)을 구하시오.(5점)** [0503/1002]

[계산식]

- 정압과 전압이 주어졌으므로 동압을 구할 수 있다. 동압 VP=40−25=15mmH_2O이다.
- 압력손실(mmH_2O)=압력손실계수×속도압으로 구할 수 있다.
- 대입하면 압력손실은 $0.22\times15=3.3mmH_2O$이다.

[정답] 3.3[mmH_2O]

337 **직경이 100mm(단면적 0.00785m^2), 길이 10m인 직선 아연도금 원형 덕트 내를 유량(송풍량)이 4.2m^3/min인 표준상태의 공기가 통과하고 있다. 속도압 방법에 의한 압력손실(mmH_2O)을 구하시오.(단, 속도압법에서 마찰손실계수(HF)를 계산할 때 상수 a는 0.0155, b는 0.533, c는 0.612로 계산)(6점)** [1201/1602]

[계산식]

- 압력손실($\triangle P$)$=\left(\lambda\times\frac{L}{D}\right)\times VP=HF\times L\times VP$로 구한다.
- 마찰손실계수 $HF=a\times\frac{V^b}{Q^c}=0.0155\times\frac{V^{0.533}}{Q^{0.612}}$로 구한다.
- 유량이 4.2m^3/min은 0.07m^3/sec이므로 $Q=A\times V$이므로 $V=\frac{Q}{A}=\frac{0.07m^3/\text{sec}}{0.00785}=8.9171\cdots$m/sec이다.
- 유량과 유속이 모두 구해졌으므로 마찰손실계수 $HF=0.0155\times\frac{8.9171^{0.533}}{0.07^{0.612}}=0.2532\cdots$이 된다.
- VP$=\left(\frac{V}{4.043}\right)^2$이므로 대입하면 $\left(\frac{8.9171}{4.043}\right)^2=4.8645\cdots mmH_2O$가 된다.
- 구해진 값을 대입하면 압력손실($\triangle P$)$=0.2532\times10\times4.8645=12.3169\cdots mmH_2O$가 된다.

[정답] 12.32[mmH_2O]

338 국소배기장치에서 사용하는 90° 곡관의 곡률반경비가 2.5일 때 압력손실계수는 0.22이다. 속도압이 15mmH_2O일 때 곡관의 압력손실을 구하시오.(5점) [2201]

[계산식]

- 원형곡관의 압력손실계수가 주어질 때 압력손실 $\triangle P = \xi \times VP[mmH_2O]$로 구한다.
- 대입하면 압력손실 $\triangle P = 0.22 \times 15 = 3.3 mmH_2O$이 된다.

[정답] $3.3[mmH_2O]$

339 국소배기장치에서 사용하는 70° 곡관의 직경(d) 20cm, 곡관의 중심선 반경(r) 50cm이다. 관내의 풍속이 20m/sec일 때 다음 표를 참고하여 70° 곡관의 압력손실을 구하시오.(단, 공기의 비중량은 1.2kgf/m^3, 중력가속도는 9.81m/s^2)(6점)〈0902/2303〉

원형곡관의 압력손실계수	
반경비	압력손실계수
1.50	0.39
1.75	0.32
2.00	0.27
2.25	0.26
2.50	0.22

[계산식]

- 원형곡관의 압력손실계수가 주어질 때 압력손실 $TRIANGLEP = \xi \times VP[mmH_2O]$로 구한다.
- 공기비중이 주어졌으므로 $VP = \frac{\gamma \times V^2}{2g} = \frac{1.2 \times 20^2}{2 \times 9.81} = 24.4648 \cdots mmH_2O$이다.
- 곡률반경비는 $\frac{반경}{직경}$이므로 $\frac{50}{20} = 2.5$이고, 이는 위의 표에서 압력손실계수(ξ)가 0.22라는 것을 의미한다.
- 대입하면 압력손실 $TRIANGLEP = (0.22 \times 24.46 \cdots \times \frac{70°}{90°}) = 4.185 \cdots [mmH_2O]$이 된다.

[정답] $4.19 mmH_2O$

340 시작부분의 직경이 200mm, 이후 직경이 300mm로 확대되는 확대관에 유량 0.4m^3/sec으로 흐르고 있다. 정압회복계수가 0.76일 때 다음을 구하시오.(6점) [1803/2103]

① 공기가 이 확대관을 흐를 때 압력손실(mmH_2O)을 구하시오.
② 시작부분 정압이 −31.5mmH_2O일 경우 이후 확대된 확대관의 정압(mmH_2O)을 구하시오.

[계산식]

① 확대관의 압력손실은 $\triangle P = \xi(VP_1 - VP_2)$로 구한다.

- 정압회복계수가 0.76이므로 압력손실계수는 1−0.76=0.24가 된다.
- $V_1 = \frac{0.4m^3/sec}{\left(\frac{3.14 \times 0.2^2}{4}\right)m^2} = 12.738 \cdots$m/sec이다. $VP_1 = \left(\frac{12.738}{4.043}\right)^2 = 9.9264 \cdots mmH_2O$이다.
- $V_2 = \frac{0.4m^3/sec}{\left(\frac{3.14 \times 0.3^2}{4}\right)m^2} = 5.6617 \cdots$m/sec이다. $VP_1 = \left(\frac{5.6617}{4.043}\right)^2 = 1.9610 \cdots mmH_2O$이다.
- 대입하면 $\triangle P = 0.24(9.9264 - 1.9610) = 1.9116 \cdots mmH_2O$가 된다.

② 확대 측 정압 $SP_2 = SP_1 + R(VP_1 - VP_2)$이므로 대입하면 $-31.5 + 0.76 \times (9.9264 - 1.9610) = -25.44629 \cdots mmH_2O$가 된다.

[정답] ① 1.91[mmH_2O]
② −25.45[mmH_2O]

확대관의 압력손실

- 정압회복량은 속도압의 강하량에서 압력손실의 차로 구한다.
- 확대관의 압력손실은 $\xi \times (VP_1 - VP_2)$로 구한다.
- 확대관의 정압회복량 $SP_2 - SP_1 = (1-\xi)(VP_1 - VP_2)$로 구한다. 이때 $(1-\xi)$는 정압회복계수 R이라고 한다. SP는 정압[mmH_2O]이고, VP는 속도압[mmH_2O]이다.

341 시작부분의 직경이 200mm, 이후 직경이 300mm로 확대되는 확대관에 유량 0.4m^3/sec으로 흐르고 있다. 시작부분 정압이 −31.5mmH_2O일 경우 이후 확대된 확대관의 정압(mmH_2O)을 구하시오.(단, 정압회복계수 0.76)(5점) [1002/1203]

[계산식]

- $V_1 = \frac{0.4m^3/sec}{\left(\frac{3.14 \times 0.2^2}{4}\right)m^2} = 12.738 \cdots$[m/sec]이다. $VP_1 = \left(\frac{12.738}{4.043}\right)^2 = 9.9264 \cdots mmH_2O$이다.
- $V_2 = \frac{0.4m^3/sec}{\left(\frac{3.14 \times 0.3^2}{4}\right)m^2} = 5.6617 \cdots$[m/sec]이다. $VP_1 = \left(\frac{5.6617}{4.043}\right)^2 = 1.9610 \cdots mmH_2O$이다.
- 대입하면 $-31.5 + 0.76 \times (9.9264 - 1.9610) = -25.44629 \cdots [mmH_2O]$가 된다.

[정답] −25.45mmH_2O이다.

342 덕트 내의 전압, 정압, 속도압을 피토튜브로 측정하려고 한다. 그림에서 전압, 정압, 속도압을 찾고 그 값을 구하시오.(6점)

[0301/0803/1201/1403/1702/1802/2002]

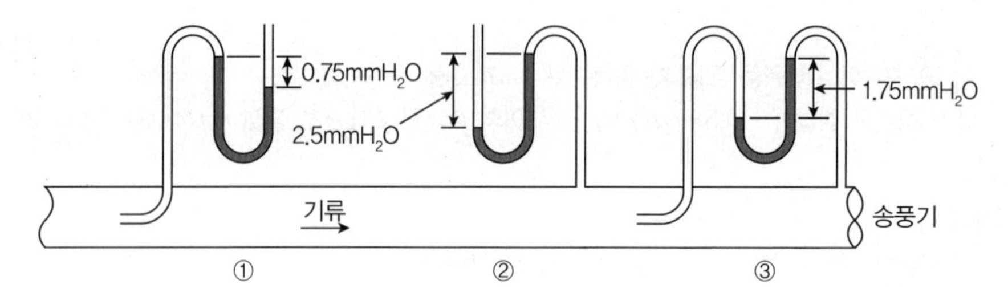

① 전압 : $-0.75[mmH_2O]$

② 정압 : $-2.5[mmH_2O]$

③ 동압 : $1.75[mmH_2O]$

■ 피토관에서 전압, 정압, 동압을 구분하는 방법

- 정압과 전압은 덕트의 한쪽에만 연결된 경우이고, 정압은 기류에 수직으로 구멍을 낸 형태이다.
- 동압은 덕트와 양쪽으로 연결된 형태이다.

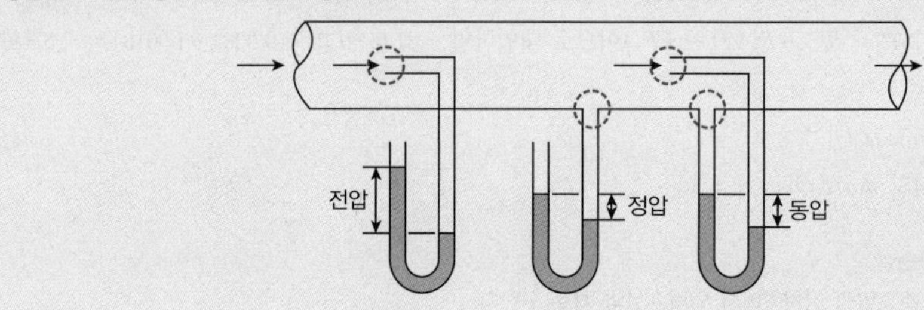

343 다음 그림에서의 속도압을 구하시오.(5점)

[2004]

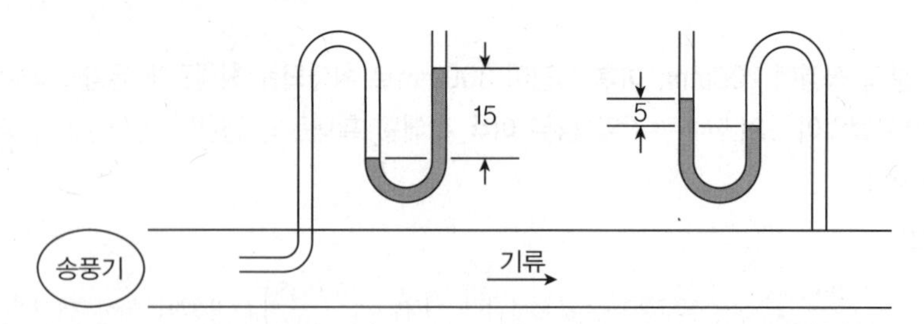

[계산식]

- 전압이 $15mmH_2O$, 정압이 $5mmH_2O$이므로 속도압은 $15-5=10mmH_2O$이다.

[정답] $10[mmH_2O]$

344 **지하철 환기설비의 흡입구 정압 $-60mmH_2O$, 배출구 내의 정압은 $30mmH_2O$이다. 반송속도 13.5m/sec이고, 온도 21℃, 밀도 1.21kg/m^3일 때 송풍기 정압을 구하시오.(5점)** [0703/1902]

[계산식]

- 주어진 값이 출구 정압과 입구 정압이다. 입구 전압은 입구 정압에 입구 속도압을 더한 것과 같으므로 송풍기 정압 FSP=출구 정압−(입구 정압+입구 속도압)으로 구할 수 있다.
- 입구 속도압은 밀도가 주어졌으므로 $VP=\frac{\gamma\times V^2}{2g}=\frac{1.21\times 13.5^2}{2\times 9.8}=11.2511\cdots mmH_2O$이다.
- 대입하면 FSP=30−(−60+11.25)=78.75mmH_2O가 된다.

[정답] 78.75[mmH_2O]

송풍기 정압

- 송풍기 정압 FSP=송풍기 전압(FTP)−송풍기 출구 속도압이다.
  =송풍기 출구 전압−송풍기 입구 전압−송풍기 출구 속도압이다.
  =송풍기 출구 정압−송풍기 입구 전압이다.

345 **송풍기 흡인정압은 $-60mmH_2O$, 배출구 정압은 $20mmH_2O$, 송풍기 입구 평균 유속이 20m/sec일 때 송풍기 정압을 구하시오.(5점)** [2201]

[계산식]

- 주어진 값이 출구 정압과 입구 정압이다. 입구 전압은 입구 정압에 입구 속도압을 더한 것과 같으므로 송풍기 정압 FSP=출구 정압−(입구 정압+입구 속도압)으로 구할 수 있다.
- 입구 속도압은 $V=4.043\sqrt{VP}$에서 $VP=\left(\frac{V}{4.043}\right)^2$으로 구하면 $VP=\left(\frac{20}{4.043}\right)^2=24.471\cdots mmH_2O$이다.
- 대입하면 FSP=20−(−60+24.47)=55.53mmH_2O가 된다.

[정답] 55.53[mmH_2O]

346 2개의 분지관이 하나의 합류점에서 만나 합류관을 이루도록 설계된 경우 합류점에서 정압의 균형을 위해 필요한 조치 및 보정유량(m^3/min)을 구하시오.(6점)

[2103]

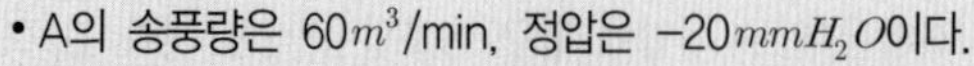

- A의 송풍량은 60m^3/min, 정압은 −20mmH_2O이다.
- B의 송풍량은 80m^3/min, 정압은 −17mmH_2O이다.

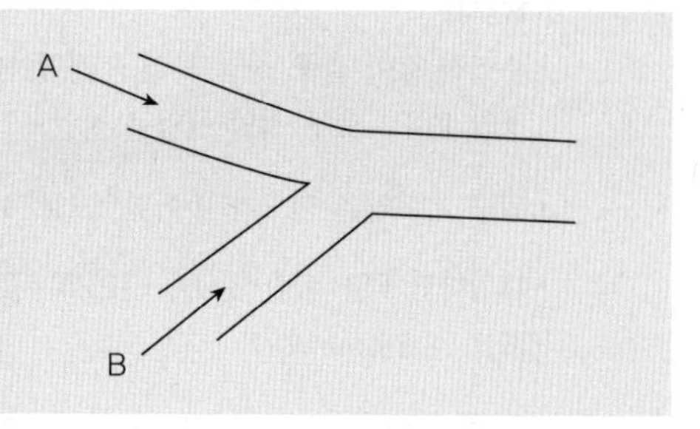

[계산식]

- 설계계산 시 높은 쪽 정압과 낮은 쪽 정압의 비(정압비)가 1.2 이하 일 때는 정압이 낮은 쪽의 유량을 증가시켜 압력을 조정한다.
- 정압비는 $\frac{-20}{-17}=1.176\cdots$로 1.2보다 작으므로 정압이 낮은 쪽인 B의 유량을 증가시켜 압력을 조정한다.
- 송풍량은 정압비의 제곱근에 비례하므로 $80\times\sqrt{\left(\frac{-20}{-17}\right)}=86.7721\cdots m^3/\text{min}$이 된다.

[정답] B의 송풍량을 86.77[m^3/min]으로 증가시킨다.

합류점에서의 압력조정

- 설계계산 시 높은 쪽 정압과 낮은 쪽 정압의 비(정압비)가 1.2 이하 일 때는 정압이 낮은 쪽의 유량을 증가시켜 압력을 조정한다.
- 정압비가 1.2보다 클 경우는 에너지 손실이 늘어나고, 후드의 개구면 유속이 필요 이상으로 커져 작업에 방해를 일으키므로 정압이 낮은 쪽을 재설계해야 한다.

347 직경 150mm이고, 관내 유속이 10m/sec일 때 Reynold 수를 구하고 유체의 흐름(층류와 난류)을 판단하시오.(단, 20℃, 1기압, 동점성계수 $1.5\times10^{-5}m^2/s$)(5점)

[0503/0702/1001/1601/1801]

[계산식]

- 레이놀즈수(Re)$=\left(\frac{v_s L}{\nu}\right)$로 구할 수 있다.
- 대입하면 레이놀즈수(Re)는 $\frac{10\times0.15}{1.5\times10^{-5}}=100{,}000$이다.
- 레이놀즈수 Re가 4,000보다 크면 난류이다.

[정답] 레이놀즈수는 100,000이고, 난류이다.

■ 레이놀즈(Reynolds)수 계산

- $Re = \frac{\rho v_s^2/L}{\mu v_s/L^2} = \frac{\rho v_s L}{\mu} = \frac{v_s L}{\nu} = \frac{관성력}{점성력}$로 구할 수 있다.

  v_s는 유동의 평균속도[m/sec]

  L은 특성길이(관의 내경, 평판의 길이 등)[m]

  μ는 유체의 점성계수[kg/sec · m]로 밀도(ρ)×동점성계수(ν)와 같다.

  ν는 유체의 동점성계수[m^2/s]

  ρ는 유체의 밀도[kg/m^3]

348 표준공기가 흐르고 있는 덕트의 Reynold 수가 40,000일 때, 덕트관 내 유속(m/sec)을 구하시오.(단, 점성계수 1.607×10^{-4}poise, 직경은 150mm, 밀도는 1.203kg/m^3)(5점) [0502/1201/1901/1903/2103]

[계산식]

- $Re = \left(\frac{\rho v_s L}{\mu}\right)$에서 이를 속도에 관한 식으로 풀면 $v_s = \frac{Re \cdot \mu}{\rho \cdot L}$으로 속도를 구할 수 있다.
- 1poise=1g/cm · s=0.1kg/m · s이므로 유속 $v_s = \frac{40,000 \times 1.607 \times 10^{-5}}{1.203 \times 0.15} = 3.5622 \cdots$m/sec가 된다.

[정답] 3.56[m/sec]

349 덕트 직경이 10cm, 공기유속이 25m/sec일 때 Reynold 수(Re)를 계산하시오.(단, 동점성계수는 $1.85 \times 10^{-5} m^2$/sec)(5점) [1203/1401/1902]

[계산식]

- 레이놀즈수(Re)$= \left(\frac{v_s L}{\nu}\right)$로 구할 수 있다.
- 대입하면 레이놀즈수(Re)는 $\frac{0.1 \times 25}{1.85 \times 10^{-5}} = 135,135.1351 \cdots$이다.

[정답] 135,135.14

350 덕트 직경이 20cm, 공기유속이 23m/sec일 때 20℃에서 Reynold 수(Re)를 계산하시오.(단, 20℃에서 공기의 점성계수는 1.8×10^{-5}kg/m · sec이고, 공기밀도는 1.2kg/m^3) [0303/2201]

[계산식]

- 레이놀즈 수 Re$= \left(\frac{\rho v_s L}{\mu}\right)$로 구할 수 있다.
- 대입하면 레이놀즈수(Re)는 $\frac{1.2 \times 23 \times 0.2}{1.8 \times 10^{-5}} = 306,666.666 \cdots$이다.

[정답] 306,666.67

351 표준공기가 흐르고 있는 덕트의 Reynold 수가 3.8×10^4일 때, 덕트관 내 유속을 구하시오.(단, 공기동점성계수 γ=0.1501cm^2/sec, 직경은 60mm) [0403/1702/2401]

[계산식]

- 레이놀즈수(Re)=$\left(\frac{v_s L}{\nu}\right)$이므로 이를 속도에 관한 식으로 풀면 $v_s=\frac{Re\times\nu}{L}$이다.
- 동점성계수의 단위를 m^2/s으로 변환하면 0.1501×10^{-4}이고 직경은 0.06m가 된다.
- 대입하면 유속 $v_s=\frac{3.8\times10^4\times0.1501\times10^{-4}}{0.06}=9.506\cdots$m/sec가 된다.

[정답] 9.51[m/sec]

352 속도압의 정의와 공기속도와의 관계식을 쓰시오.(5점) [1802]

① 정의 : 공기의 흐름방향으로 작용하는 압력으로 단위 체적의 유체가 갖는 운동에너지를 말한다. 공기의 운동에너지에 비례하여 항상 0또는 양압을 갖는다.

② 공기속도와의 관계식

- 공기의 비중과 중력가속도가 주어질 때 $VP=\frac{\gamma V^2}{2g}$로 구한다.
- $VP=\left(\frac{V}{4.043}\right)^2$으로 구한다.

베르누이 정리

㉠ 정의 : 공기의 흐름방향으로 작용하는 압력으로 단위 체적의 유체가 갖는 운동에너지를 말한다. 공기의 운동에너지에 비례하여 항상 0또는 양압을 갖는다.

㉡ 공기속도와의 관계식

- 공기의 비중과 중력가속도가 주어질 때 $VP=\frac{\gamma V^2}{2g}$로 구한다.
- $VP=\left(\frac{V}{4.043}\right)^2$으로 구한다.

353 비중량이 1.203kgf/m^3, 중력가속도가 9.81m/sec^2일 때 공기가 25m/sec의 속도로 덕트를 통과하고 있다. 속도압을 구하시오.(5점) [1003]

[계산식]

- 베르누이 정리에서 속도압 $VP=\frac{\gamma\times V^2}{2g}$으로 구한다.
- 대입하면 속도압 $VP=\frac{1.203\times25^2}{2\times9.81}=38.32186\cdots[mmH_2O]$이다.

[정답] 38.32[mmH_2O]

354 덕트 직경 50cm, 표준공기, 덕트 내 정압은 −102mmH_2O, 전압은 −85mmH_2O이다. 덕트 내부의 공기속도(m/sec)와 관속 유량(m^3/sec)을 구하시오.(6점) [0601/0903/1001/1002/1302]

[계산식]

- 유량 Q=A×V로 구한다. 그리고 V=4.043×$\sqrt{VP}$로 구할 수 있다.
- 정압과 전압이 주어졌으므로 동압을 구할 수 있다. 동압 VP=−85−(−102)=17mmH_2O이다.
- 동압 VP를 이용해서 반송속도를 구할 수 있다.
- 대입하면 반송속도 V=4.043×$\sqrt{17}$=16.6697⋯m/sec이다.
- 단면적 A=$\frac{\pi\times D^2}{4}=\frac{3.14\times0.5^2}{4}=0.19625m^2$이다.
- 대입하면 유량 Q=0.19625×16.6697⋯=3.2714⋯m^3/sec가 된다.

[정답] ① 반송속도는 16.67[m/sec]
② 유량은 3.27[m^3/sec]

환기량
- Q=A×V로 구한다. 이때 A는 단면적, V는 풍속이다.

속도압(Velocity Pressure, VP)
- 베르누이의 이론으로 유체의 압력과 속도, 에너지의 관계를 나타낸 법칙이다.
- 속도압 $VP=\frac{rV^2}{2g}=\left[\frac{V}{4.043}\right]^2$으로 구한다. 이때 r은 공기의 비중(1.2kg/m^3), g는 중력가속도(9.8m^2/sec)이다.

355 덕트 단면적 0.38m^2, 덕트 내 정압을 −64.5mmH_2O, 전압은 −20.5mmH_2O이다. 덕트 내의 반송속도(m/sec)와 공기유량(m^3/min)을 구하시오.(단, 공기의 밀도는 1.2kg/m^3이다)(6점) [0701/1901/2003]

[계산식]

- 유량 Q=A×V로 구한다. 그리고 V=4.043×$\sqrt{VP}$로 구할 수 있다.
- 정압과 전압이 주어졌으므로 동압을 구할 수 있다. 동압 VP=−20.5−(−64.5)=44mmH_2O이다.
- 동압 VP를 이용해서 반송속도를 구할 수 있다.(VP=$\frac{\rho\times V^2}{2g}$)
- 공기의 밀도가 주어졌으므로 대입하면 반송속도 V=$\sqrt{\frac{2g\times VP}{\rho}}=\sqrt{\frac{19.6\times44}{1.2}}$=26.8079⋯m/sec이다.
- 반송속도를 구했으므로 대입하면 유량 Q=0.38×26.8079=10.1870m^3/sec가 된다. 분당 유량을 구하고 있으므로 60을 곱해주면 611.220m^3/min이 된다.

[정답] 반송속도는 26.81[m/sec], 유량은 611.22[m^3/min]

356 덕트 내 공기유속을 피토관으로 측정한 결과 속도압이 20mmH_2O이었을 경우 덕트 내 유속(m/sec)을 구하시오.(단, 0℃, 1atm의 공기 비중량 1.3kg/m^3, 덕트 내부온도 320℃, 피토관 계수 0.96)(5점)

[1101/1602/2001/2303]

[계산식]

- 0℃, 1기압에서 공기 비중이 1.3인데 덕트의 내부온도가 320℃이므로 이를 보정해줘야 한다. 공기의 비중은 절대온도에 반비례하므로 $1.3\times\frac{273}{(273+320)}=0.59848\cdots$이므로 대입하면

  피토관의 유속 $V=0.96\sqrt{\frac{2\times9.8\times20}{0.59848}}=24.5691\cdots$m/sec이다.

[정답] 24.57[m/sec]

피토관의 유속

- 피토관의 유속 $V=C\sqrt{\frac{2g\times VP}{\gamma}}$ [m/sec]로 구한다. 이때 C는 피토관 계수, g는 중력가속도로 9.81[m/s^2], VP는 속도압(mmH_2O), γ는 표준공기일 경우 1.203[kgf/m^3]이다.
- 0℃, 1기압이 아닌 경우 덕트 내부온도에 맞게 보정이 필요하다.(공기의 비중은 절대온도에 반비례한다)

357 다음 조건에서 덕트 내 반송속도(m/sec)와 공기유량(m^3/min)을 구하시오.(6점) [1301/1402/1602/2401]

- 한 변이 0.3m인 정사각형 덕트
- 덕트 내 정압 30mmH_2O, 전압 45mmH_2O

[계산식]

- 전압=정압+속도압이다.
- 풍량 Q=A×V로 구할 수 있다.
- 전압과 정압이 주어졌으므로 속도압=45−30=15mmH_2O이다.
- 공기비중이 주어지지 않았으므로 $V=4.043\sqrt{VP}$에 대입하면 $V=4.043\times\sqrt{15}=15.65847\cdots$m/sec이다.
- 대입하면 풍량 Q=0.3×0.3×15.6584⋯×60=84.5557⋯m^3/min이 된다.

[정답] ① 반송속도는 15.66[m/sec]

② 공기유량은 84.56[m^3/min]

358 덕트의 직경이 150mm이고, 정압은 $-63mmH_2O$, 전압은 $-30mmH_2O$일 때, 송풍량을 구하시오.(5점)

[0401/1703]

[계산식]

- 송풍량 $Q=A\times V$이므로 단면적과 속도를 알아야 한다.
- 단면적 $A=\frac{\pi D^2}{4}=\frac{3.14\times 0.15^2}{4}=0.0176625m^2$이다.
- 속도는 정압과 전압이 주어졌으므로 속도압을 구할 수 있고 이를 이용해서 구한다.
  속도압은 $-30-(-63)=33mmH_2O$이다.
  속도 $V=4.043\sqrt{VP}$로 구할 수 있다. 대입하면 $V=4.043\sqrt{33}=23.225\cdots$m/sec이다.
- 송풍량 $Q=0.0176625\times 23.225=0.4102\cdots m^3/\text{min}$이다.

[정답] 0.41[m^3/min]

359 1m×0.6m의 개구면을 갖는 후드를 통해 20m^3/min의 혼합공기가 덕트로 유입되도록 하는 덕트의 직경(cm)을 정수로 구하시오.(단, 시판되는 덕트의 직경은 1cm 간격이고, 최소 덕트 운반속도는 1,000m/min이다)(5점)

[0502/1603]

[계산식]

- 풍량 Q=A×V로 구할 수 있다.
- 공기의 풍량과 운반속도가 주어졌으므로 덕트의 단면적을 구할 수 있다.
- 대입하면 단면적 $A=\frac{Q}{V}=\frac{20m^3/\text{min}}{1,000m/\text{min}}=0.02m^2$이 된다.
- 덕트의 단면적 $A=\frac{\pi\times D^2}{4}=0.02$이므로 덕트의 직경 $D=\sqrt{\frac{4\times 0.02}{\pi}}=0.1596$m이다. 덕트의 직경은 1cm 단위이므로 15.96cm는 16cm가 된다.

[정답] 16[cm]

360 주관의 유량이 50m^3/min, 가지관의 유량은 30m^3/min이 합류하여 흐르고 있다. 합류관의 유속이 30m/sec일 때 이 관의 직경(cm)을 구하시오.(5점)

[1003/1501]

[계산식]

- 유량이 합류하면 총 유량은 80m^3/min이다.
- Q=A · V에서 유속과 유량이 주어졌으므로 단면적을 구할 수 있다.
- $A=Q/V=\frac{80m^3/\text{min}}{30m/\text{sec}\times 60\text{sec/min}}=0.0444\cdots m^2$이다.
- 원형관의 단면적 $A=\frac{\pi d^2}{4}$에서 $d=\sqrt{\frac{4A}{\pi}}=\sqrt{\frac{4\times 0.044\cdots}{3.14}}=0.2379\cdots$m이므로 23.79cm이다.

[정답] 23.79[cm]

361 직경 300mm, 송풍량 50m^3/min인 관내에서 표준공기일 때 속도압(mmH_2O)을 구하시오.(5점) [2201]

[계산식]

- $Q=A\times V$를 이용해서 속도를 구한 후 속도압을 구할 수 있다.
- 직경이 300mm는 0.3m이므로 덕트의 단면적은 $\frac{\pi\times0.3^2}{4}=0.07065\,m^2$이다.
- 속도 $V=\frac{Q}{A}=\frac{50m^3/\text{min}}{0.07065m^2}=707.714\cdots$m/min으로 m/sec로 바꾸려면 60으로 나눠준다. 11.795⋯m/sec가 된다.
- 속도압 $VP=\left(\frac{V}{4.043}\right)^2=\left(\frac{11.795\cdots}{4.043}\right)^2=8.5114\cdots mmH_2O$이다.

[정답] 8.51[mmH_2O]

362 중심속도가 6m/sec일 때 평균속도(m/sec)를 구하시오.(단, 덕트반경을 R_o라 할 때 평균속도에 해당하는 반경 R은 0.762R_o이다)(5점) [1701]

[계산식]

- 레이놀즈수 100,000 이하의 난류에서 평균속도$=\frac{R}{R_o}\times$중심속도로 구한다.
- 대입하면 0.762×6=4.572m/sec이다.

[정답] 4.57[m/sec]

Chapter 14 전체환기방법과 송풍기

363 다음은 전체환기에 대한 설명이다. ( )에 알맞은 내용을 채우시오.(6점) [1002/1302/1602]

- 전체환기 중 자연환기는 작업장의 개구부를 통하여 바람이나 작업장 내외의 (①)와 (②) 차이에 의한 (③)으로 행해지는 환기를 말한다.
- 외부공기와 실내공기와의 압력 차이가 0인 부분의 위치를 (④)라 하며, 환기정도를 좌우하고 높을수록 환기효율이 양호하다.
- 인공환기(기계환기)는 환기량 조절이 가능하고, 배기법은 오염작업장에 적용하며 실내압을 (⑤)으로 유지한다. 급기법은 청정산업에 적용하며 실내압은 (⑥)으로 유지한다.

① 기온(온도)	② 압력	③ 대류작용
④ 중성대(NPL)	⑤ 음압	⑥ 양압

364 일반적으로 전체환기방법을 작업장에 적용하려고 할 때 고려되는 주위 환경조건을 5가지 쓰시오.(단, 국소배기가 불가능한 경우는 제외한다)(5점)

[0301/0503/0702/0801/0902/1101/1203/1501/1602/1803/1901/1902/2002/2003/2004/2103/2201]

① 유해물질의 독성이 비교적 낮을 때	② 동일작업장에서 오염원 다수가 분산되어 있을 때
③ 유해물질이 시간에 따라 균일하게 발생할 경우	④ 유해물질의 발생량이 적은 경우
⑤ 유해물질이 증기나 가스일 경우	⑥ 유해물질의 배출원이 이동성인 경우

▲ 해당 답안 중 5가지 선택 기재

365 전체환기로 작업환경관리를 하려고 한다. 전체환기 시설 설치의 기본원칙 4가지를 쓰시오.(4점)

[1201/1402/1703/2001/2202]

① 필요환기량은 오염물질이 충분히 희석될 수 있는 양으로 설계한다.
② 공기배출구와 근로자의 작업위치 사이에 오염원이 위치하여야 한다.
③ 공기가 배출되면서 오염장소를 통과하도록 공기배출구와 유입구의 위치를 선정한다.
④ 배출구가 창문이나 문 근처에 위치하지 않도록 한다.
⑤ 배출공기를 보충하기 위해 청정공기를 공급하도록 한다.

▲ 해당 답안 중 4가지 선택 기재

366 송풍기의 풍량조절기법 3가지를 쓰시오.(3점) [0702/1401]

① 회전수 조절법
② 안내익 조절법
③ 댐퍼부착 조절법

367 공기기류 흐름의 방향에 따른 송풍기의 종류를 2가지 쓰시오.(4점) [0403/1701]

① 원심력 송풍기
② 축류 송풍기

■ 공기기류 흐름의 방향에 따른 송풍기의 종류

㉠ 원심력 송풍기

터보형	• 송풍량이 증가하여도 동력이 증가하지 않는다. • 원심력식 송풍기 중 효율이 가장 좋다. • 회전날개가 회전방향 반대편으로 경사지게 설계되어 있어 충분한 압력을 발생시킨다. • 설치장소의 제약을 받지 않는다. • 풍압이 바뀌어도 풍량의 변화가 적다.

㉡ 축류 송풍기

프로펠러형	효율이 낮지만 설치비용이 저렴하고, 압력손실이 약하여($25mmH_2O$) 전체환기에 적합하다.
튜브형	효율이 30 ~ 60% 정도, 압력손실은 $75mmH_2O$ 정도이고 송풍관이 붙은 형태로 청소 및 교환이 용이하다.
고정날개형	효율이 낮지만 설치비용이 저렴하고, 압력손실이 크며($100mmH_2O$) 안내깃이 붙은 형태로 저풍압, 다풍량의 용도에 적합하다.

368 다음 3가지 축류형 송풍기의 특징을 각각 간단히 서술하시오.(6점) [2001/2203]

프로펠러형, 튜브형, 고정날개형

① 프로펠러형은 효율이 낮지만 설치비용이 저렴하고, 압력손실이 약하여($25mmH_2O$) 전체환기에 적합하다.
② 튜브형은 효율이 30 ~ 60% 정도, 압력손실은 $75mmH_2O$ 정도이고 송풍관이 붙은 형태로 청소 및 교환이 용이하다.
③ 고정날개형은 효율이 낮지만 설치비용이 저렴하고, 압력손실이 크며($100mmH_2O$) 안내깃이 붙은 형태로 저풍압, 다풍량의 용도에 적합하다.

369 원심력식 송풍기 중 터보형 송풍기의 장점을 3가지 쓰시오.(6점) [2004]

① 송풍량이 증가하여도 동력이 증가하지 않는다.

② 원심력식 송풍기 중 효율이 가장 좋다.

③ 회전날개가 회전방향 반대편으로 경사지게 설계되어 있어 충분한 압력을 발생시킨다.

④ 설치장소의 제약을 받지 않는다.

⑤ 풍압이 바뀌어도 풍량의 변화가 적다.

▲ 해당 답안 중 3가지 선택 기재

370 최근 이슈가 되고 있는 실내 공기오염의 원인 중 공기조화설비(HVAC)가 무엇인지 설명하시오.(4점) [1703]

• 공기조화설비는 공기조화를 위한 건축설비를 말하는데 실내 공기의 온도, 습도, 청정도 및 기류분포를 실내의 목적에 맞게 조정하는 설비를 말한다.

371 환풍기 배치 그림을 보고 불량, 양호, 우수로 구분하시오.(4점) [1501]

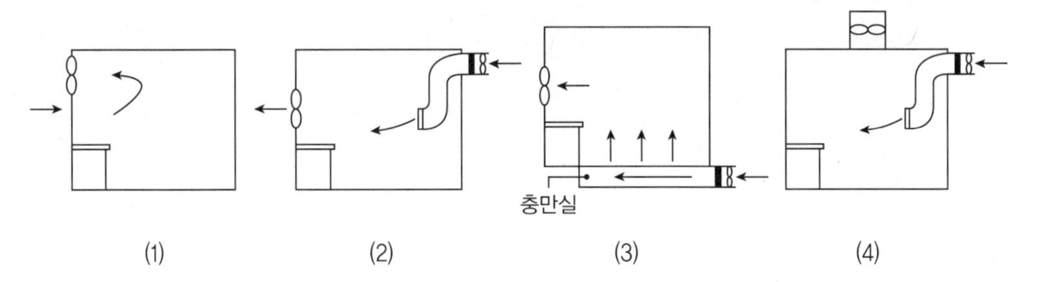

① 불량(흡기와 배기가 같은 면에 위치한다면 외부에서 들어온 공기가 멀리 가지 못하고 주변에서 맴돌다 외부로 빠져나가므로 비효율)

② 양호

③ 우수(충만실 설치로 환풍기 효율 최대화)

④ 양호

환풍기 배치원칙

• 환풍기 배치는 공기의 흡입구와 가장 먼 곳 혹은 맞은편에 한다.

• 흡기와 배기가 같은 면에 위치한다면 외부에서 들어온 공기가 멀리 가지 못하고 주변에서 맴돌다 외부로 빠져나가므로 비효율적이다.

• 충만실 등을 설치하여 환풍기 효율을 최대로 높일 수 있다.

372 **유체역학의 질량보존원리를 환기장치에 응용하기 위해 필요한 공기특성에 대한 주요 가정 4가지를 쓰시오.(4점)**

[0403/1302〉]

① 환기시설 내외의 열교환은 무시한다.
② 공기의 압축이나 팽창을 무시한다.
③ 공기는 건조하다고 가정한다.
④ 대부분의 환기시설 내에서는 공기중에 포함된 오염물질의 무게와 부피를 무시한다.

373 **송풍기의 송풍량이 100m^3/min, 총 압력손실이 130mmH_2O, 송풍기 효율이 70%일 경우 송풍기 소요동력(kW)을 구하시오.(단, 안전계수 k는 1.0이다)(5점)**

[0602/1402]

[계산식]

- 송풍량이 분당으로 주어질 때 송풍기 소요동력은 $\frac{송풍량 \times 전압}{6,120 \times 효율} \times$여유율[kW]로 구한다.
- 대입하면 송풍기 소요동력은 $\frac{100 \times 130}{6,120 \times 0.7} \times 1 = 3.0345 \cdots$kW이다.

[정답] 3.03[kW]

송풍기의 소요동력

- 송풍량이 초당으로 주어질 때 $\frac{송풍량 \times 60 \times 전압}{6,120 \times 효율} \times$여유율[kW]로 구한다.
- 송풍량이 분당으로 주어질 때 $\frac{송풍량 \times 전압}{6,120 \times 효율} \times$여유율[kW]로 구한다.
- 여유율이 주어지지 않을 때는 1을 적용한다.

374 **송풍량이 200m^3/min이고 전압이 100mmH_2O인 송풍기의 소요동력을 5kW 이하로 유지하기위해 필요한 최소 송풍기의 효율(%)을 계산하시오.(5점)**

[0901/1903]

[계산식]

- 소요동력[kW]$=\frac{송풍량 \times 전압}{6,120 \times 효율} \times$여유율이다. 따라서 효율$=\frac{송풍량 \times 전압}{6,120 \times 동력} \times$여유율으로 구한다.
- 대입하면 효율$=\frac{200 \times 100}{6,120 \times 5} = 0.65359 \cdots$가 된다. 구하는 단위가 %이므로 100을 곱해주면 65.359…%가 된다.

[정답] 65.36[%]

375 **송풍량이 100m^3/min이고 전압이 120mmH_2O, 송풍기의 효율이 0.8일 때 송풍기의 소요동력(kW)을 계산하시오.(5점)**

[1101/1802]

[계산식]

- 소요동력[kW] $= \dfrac{\text{송풍량} \times \text{전압}}{6,120 \times \text{효율}} \times$ 여유율로 구한다.
- 대입하면 소요동력[kW] $= \dfrac{100 \times 120}{6,120 \times 0.8} = 2.4509 \cdots$가 된다.

[정답] 2.45[kW]

376 **송풍기 회전수가 1,000rpm일 때 송풍량은 30m^3/min, 송풍기 정압은 22mmH_2O, 동력은 0.5HP였다. 송풍기 회전수를 1,200rpm으로 변경할 경우 송풍량(m^3/min), 정압(mmH_2O), 동력(HP)을 구하시오.(6점)**

[1102/1401/1501/1901/2002]

[계산식]

- 회전수가 1,000에서 1,200으로 증가하였으므로 증가비는 $\dfrac{1,200}{1,000} = 1.2$배 증가하였다.
- 기존 풍량이 30m^3/min이므로 $30 \times 1.2 = 36m^3$/min가 된다.
- 기존 정압이 22mmH_2O이므로 $22 \times 1.2^2 = 31.68mmH_2O$이 된다.
- 기존 동력이 0.5HP였으므로 $0.5 \times 1.2^3 = 0.864$HP가 된다.

[정답] ① 36[m^3/min]
② 31.68[mmH_2O]
③ 0.86[HP]

송풍기의 상사법칙

조건	내용
송풍기 크기 일정 공기 비중 일정	• 송풍량은 회전속도(비)에 비례한다. • 풍압(정압)은 회전속도(비)의 제곱에 비례한다. • 동력은 회전속도(비)의 세제곱에 비례한다.
송풍기 회전수 일정 공기의 중량 일정	• 송풍량은 회전차 직경의 세제곱에 비례한다. • 풍압(정압)은 회전차 직경의 제곱에 비례한다. • 동력은 회전차 직경의 다섯 제곱에 비례한다.
송풍기 회전수 일정 송풍기 크기 일정	• 송풍량은 비중과 온도에 무관하다. • 풍압(정압)은 비중에 비례, 절대온도에 반비례한다. • 동력은 비중에 비례, 절대온도에 반비례한다.

377 송풍기 풍량이 300m^3/min, 정압은 60mmH_2O, 소요동력은 6.5HP이다. 모터의 회전수를 400에서 500으로 할 경우 각각 송풍량, 정압, 소요동력은 어떻게 되는지를 구하시오.(6점) [0402/0903/1303/1502]

[계산식]

- 회전수가 400에서 500으로 증가하였으므로 증가비는 $\frac{500}{400}=1.25$배 증가하였다.
- 기존 풍량이 300m^3/min이므로 $300\times1.25=375m^3$/min가 된다.
- 기존 정압이 60mmH_2O이므로 $60\times1.25^2=93.75mmH_2O$이 된다.
- 기존 동력이 6.5HP였으므로 $6.5\times1.25^3=12.70$HP가 된다.

[정답] 풍량은 375[m^3/min], 정압은 93.75[mmH_2O], 동력은 12.70[HP]

378 송풍기 날개의 회전수가 400rpm일 때 송풍량은 300m^3/min, 풍압은 80mmH_2O, 축동력이 6.2kW이다. 송풍기 날개의 회전수가 600rpm으로 증가되었을 때 송풍기의 풍량, 풍압, 축동력을 구하시오.(6점) [1201/1703]

[계산식]

- 송풍기의 회전수가 400에서 600으로 1.5배 증가하였다.
- 회전수의 비가 1.5배 증가하였으므로 송풍량 역시 1.5배 증가하여 $300\times1.5=450m^3$/min이 된다.
- 회전수의 비가 1.5배 증가하였으므로 풍압은 $1.5^2=2.25$배 증가하여 $80\times2.25=180mmH_2O$가 된다.
- 회전수의 비가 1.5배 증가하였으므로 축동력은 $1.5^3=3.375$배 증가하여 $6.2\times3.375=20.925$kW가 된다.

[정답] ① 송풍량은 450[m^3/min]
② 풍압은 180[mmH_2O]
③ 축동력은 20.93[kW]

379 회전차 외경이 600mm인 레이디얼 송풍기의 풍량은 300m^3/min, 송풍기 정압은 60mmH_2O, 축동력이 0.40kW이다. 회전차 외경이 1,200mm로 상사인 레이디얼 송풍기가 같은 회전수로 운전된다면 이 송풍기의 풍량, 정압, 축동력을 구하시오.(단, 두 경우 모두 표준공기를 취급한다)(6점) [1203/1302]

[계산식]

- 송풍기의 회전수와 공기의 중량이 일정한 상태에서 회전차 직경이 2배로 증가하면 풍량은 2^3(8)배, 정압은 2^2(4)배, 축동력은 2^5(32)배로 증가한다.
- 송풍기의 회전차 직경이 2배로 증가하면 풍량은 8배 증가하므로 $300\times8=2,400m^3$/min이다.
- 송풍기의 회전차 직경이 2배로 증가하면 정압은 4배 증가하므로 $60\times4=240mmH_2O$이다.
- 송풍기의 회전차 직경이 2배로 증가하면 축동력은 32배 증가하므로 $0.4\times32=12.8$kW이다.

[정답] 풍량은 2,400[m^3/min], 정압은 240[mmH_2O], 축동력은 12.8[kW]

380 크기가 60cm×40cm이고, 제어속도가 0.8m/sec, 덕트의 길이가 10m인 후드가 있다. 관 마찰손실계수는 0.03이며, 공기정화장치의 압력손실은 90mmH_2O, 후드의 정압손실은 0.03mmH_2O이다. 다음을 구하시오. (단, 공기의 밀도는 1.2kg/m^3이다)(8점) [1201/1501]

(1) 후드의 송풍량(m^3/min)
(2) 덕트 직경(m,단, 반송속도는 10m/sec이고, 단일 원형 type이다)
(3) (2)항에서 구한 덕트 직경으로 속도를 재계산한 압력손실(mmH_2O)
(4) 송풍기 효율이 75%일 경우 소요동력(kW)

[계산식]

① 송풍량 Q=A×V로 구할 수 있다.
대입하면 $0.6\times0.4\times0.8=0.192m^3$/sec인데 분당의 송풍량을 구하기 위해 60을 곱하면 11.52m^3/min이 된다.

② 송풍량과 반송속도가 주어졌으므로 Q=A · V를 통해 단면적을 구할 수 있다. 이를 통해 관의 직경도 구할 수 있다.

$A=\frac{Q}{V}=\frac{11.52m^3/\text{min}}{10m/\text{sec}\times60\text{sec/min}}=0.0192\cdots m^2$이다. $A=\frac{\pi D^2}{4}$이므로

$D=\sqrt{\frac{4\times A}{\pi}}=\sqrt{\frac{4\times0.0192\cdots}{3.14}}=0.15639\cdots$m이다.

③ 압력손실 $\triangle P=F\times VP$로 구한다. F는 압력손실계수로 $4\times f\times\frac{L}{D}$ 혹은 $\lambda\times\frac{L}{D}$로 구한다. 이 때, λ는 관의 마찰계수, D는 덕트의 직경, L은 덕트의 길이이다. 마찰손실계수 $\lambda=0.03$이고, $\frac{L}{D}=\frac{10}{0.15639\cdots}=63.9427\cdots$이다.

속도압을 구하기 위해 속도를 구하면 $V=\frac{Q}{A}=\frac{11.52m^3/\text{min}\times\text{min}/60\text{sec}}{\left(\frac{3.14\times0.15639\cdots^2}{4}\right)}=10.000\cdots$m/sec이다.

- 공기의 밀도가 주어졌으므로 $VP=\frac{1.2\times10.00\cdots^2}{2\times9.8}=6.122\cdots mmH_2O$이다.
- 압력손실 $\triangle P=0.03\times63.9427\cdots\times6.122\cdots=11.7445\cdots mmH_2O$이다.
- 총 압력손실은 $0.03+90+11.7445=101.7745mmH_2O$이다.

④ 소요동력[kW]$=\frac{\text{송풍량}\times\text{전압}}{6,120\times\text{효율}}\times$여유율로 구한다.

- 대입하면 소요동력$=\frac{11.52\times101.7445}{6,120\times0.75}=0.2553\cdots$kW가 된다.

[정답] ① 11.52[m^3/min]
② 0.16[m]
③ 101.77[mmH_2O]
④ 0.26[kW]

381 작업장에 설치된 송풍기는 사양서에 의하면 정압 60mmH_2O, 송풍량 300m^3/min, 회전수 400rpm, 소요동력은 3.8kW라 한다. 몇 년 후 측정한 송풍기의 회전수가 350rpm으로 감소했을 경우 다음을 구하시오.(6점)

[1401]

가) 송풍기의 송풍량[m^3/min]
나) 송풍기 정압의 증가 또는 감소여부
다) 정압의 증가 또는 감소 이유 2가지

[계산식]

- 회전수가 400에서 350으로 감소하였으므로 감소비는 $\frac{350}{400} = 0.875$가 된다.
- 기존 풍량이 300m^3/min이므로 $300 \times 0.875 = 262.5m^3$/min이 된다.
- 기존 정압력이 60mmH_2O였으므로 $60 \times 0.875^2 = 45.9375$이므로 45.94$mmH_2O$로 감소한다.

[정답] 가) 262.5[m^3/min]
나) 45.94[mmH_2O]로 감소
다) 정압이 감소한 이유에는 ① 송풍기의 능력저하 ② 연결된 덕트의 변형 등이 있다.

382 건조공정에서 공정의 온도는 150℃, 건조시 크실렌이 시간당 2L 발생한다. 폭발방지를 위한 실제 환기량(m^3/min)을 구하시오.(단, 크실렌의 LEL=1%, 비중 0.88, 분자량 106, 안전계수 10, 21℃, 1기압 기준 온도에 따른 상수 0.7)(5점)

[0702/1002/1402/1501/2101/2103]

[계산식]

- 폭발방지 환기량(Q) = $\frac{24.1 \times SG \times W \times C \times 10^2}{MW \times LEL \times B}$ 으로 구한다.
- 대입하면 $\frac{24.1 \times 0.88 \times \left(\frac{2}{60}\right) \times 10 \times 10^2}{106 \times 1 \times 0.7} = 9.527 \cdots$이므로 표준공기 환기량은 9.527$m^3$/min이 된다.
- 공정의 온도를 보정해야하므로 $9.527 \times \frac{273+150}{273+21} = 13.707 \cdots m^3$/min이다.

[정답] 13.71[m^3/min]

■ 폭발방지 환기량

- 폭발방지 환기량(Q) = $\frac{24.1 \times SG \times W \times C \times 10^2}{MW \times LEL \times B}$ 으로 구한다.
- 온도가 주어지지 않았으므로 작업장 주위환경(외기온도)는 21℃로 가정하고 이때 공식의 분자에 몰부피 24.1을 곱한다. 만약 온도가 25℃로 주어질 경우 몰부피 24.1 대신 24.45를 곱한다.

0℃ 1기압에서의 1mol의 부피는 22.4L이므로 온도가 바뀔 경우 부피가 변화한다.

온도가 t℃일 때의 몰부피는 $22.4 \times \frac{273+t}{273}$ 으로 구한다.

21℃, 1기압일 때의 몰부피	24.1L
25℃, 1기압일 때의 몰부피	24.45L

- 온도 상수 B는 공정의 온도가 175℃이므로 0.7이다.(온도상수 B는 공정의 온도가 120℃까지는 1.0이 되지만 그 이상의 온도일 경우 0.7을 적용한다)
- SG는 물질의 비중
- W는 인화물질 사용량 즉, 분당 건조량[L/mim]이 되어야 하므로 단위 변환함
- C는 안전계수로 10이라는 의미는 LEL의 $\frac{1}{10}$ 을 유지한다는 의미이며, LEL의 25% 이하라고 한다면 $\frac{1}{4}$ 에 해당하므로 C가 4라는 의미이다.
- MW는 인화물질의 분자량을 의미한다.

383 톨루엔(비중 0.9, 분자량 92.13)이 시간당 0.36L씩 증발하는 공정에서 다음 조건을 참고하여 폭발방지 환기량(m^3/min)을 구하시오.(6점)

[1003/1103/1303/1603]

[조건]

- 공정온도 80℃
- 온도에 따른 상수 1
- 폭발하한계 5vol%
- 안전계수 10

- 화재 및 폭발방지를 위한 전체 환기량 $Q = \frac{24.1 \times S \times W \times C \times 10^2}{MW \times LEL \times B}$ [m^3/min]로 구한다. 여기서 S는 물질의 비중, W는 인화물질의 사용량(L/mim), C는 안전계수, MW는 물질의 분자량, LEL은 폭발농도의 하한치[%], B는 온도에 따른 보정상수(120℃까지는 1.0, 120℃ 이상은 0.7)이다.

[계산식]

- 온도가 80℃이므로 B는 1.0이다. 대입하면 $Q = \frac{24.1 \times 0.9 \times (0.36/60) \times 10 \times 10^2}{92.13 \times 5 \times 1} = 0.2825 \cdots m^3/\text{min}$이다.
- 온도를 보정하면 $0.2825 \cdots \times \frac{273+80}{273+21} = 0.3392 \cdots m^3/\text{min}$이 된다.

[정답] 0.34[m^3/min]

384 21℃, 1기압의 작업장에서 180℃ 건조로 내에 톨루엔(비중 0.87, 분자량 92)이 시간당 0.6L씩 증발한다. LEL은 1.3%이고, LEL의 25% 이하의 농도로 유지하고자 할 때 폭발방지 환기량(m^3/min)을 구하시오.(단, 안전계수(C)는 4이다)(6점) [1301/1302/1502]

[계산식]

- 화재 및 폭발방지를 위한 전체환기량 $Q=\frac{24.1\times S\times W\times C\times 10^2}{MW\times LEL\times B}[m^3/\text{min}]$로 구한다.
- 공정온도가 180℃이므로 B는 0.7이다. 대입하면 $Q=\frac{24.1\times 0.87\times (0.6/60)\times 4\times 10^2}{92\times 1.3\times 0.7}=1.0017\cdots m^3/\text{min}$이다.
- 온도보정하면 $Q=1.0017\times\frac{273+180}{273+21}=1.5435\cdots m^3/\text{min}$이다.

[정답] 1.54[m^3/min]

385 온도 150℃에서 크실렌이 시간당 1.5L씩 증발하고 있다. 폭발방지를 위한 환기량을 계산하시오.(단, 분자량 106, 폭발하한계수 1%, 비중 0.88, 안전계수 5, 21℃, 1기압)(5점) [0703/1801/2002]

[계산식]

- 폭발방지 환기량(Q) $=\frac{24.1\times SG\times W\times C\times 10^2}{MW\times LEL\times B}$ 이다.
- 온도가 150℃이므로 B는 0.7을 적용하여 대입하면 $\frac{24.1\times 0.88\times\left(\frac{1.5}{60}\right)\times 5\times 10^2}{106\times 1\times 0.7}=3.5727\cdots$이므로 표준공기 환기량은 3.57$m^3$/min이 된다.
- 공정의 온도를 보정해야하므로 $3.57\times\frac{273+150}{273+21}=5.136\cdots m^3/\text{min}$이다.

[정답] 5.14[m^3/min]

386 근로자가 벤젠을 취급하다가 실수로 작업장 바닥에 1.8L를 흘렸다. 작업장을 표준상태(25℃, 1기압)라고 가정한다면 공기 중으로 증발한 벤젠의 증기용량(L)을 구하시오.(6점)(단, 벤젠 분자량 78.11, SG(비중) 0.879이며 바닥의 벤젠은 모두 증발한다) [0603/1303/1603/2002/2004]

[계산식]

- 흘린 벤젠이 증발하였으므로 액체 상태의 벤젠 부피를 중량으로 변환하여 몰질량에 따른 기체의 부피를 구해야 한다.
- 1.8L의 벤젠을 중량으로 변환하면 1.8L×0.879g/mL×1,000mL/L=1,582.2g이다.
- 몰질량이 78.11g일 때 표준상태 기체는 24.45L 발생하므로 1,582.2g일 때는 $\frac{24.45\times 1,582.2}{78.11}=495.26$L이다.

[정답] 495.26[L]

증기발생량

- 공기 중에 발생하는 오염물질의 양은 물질의 사용량과 비중, 온도와 증기압을 통해서 구할 수 있다.
- 오염물질의 증발량×비중으로 물질의 사용량을 구할 수 있다.
- 구해진 물질의 사용량의 몰수를 확인하면 0℃, 1기압에 1몰당 22.4L이므로 이 물질이 공기 중에 발생하는 증기의 부피를 구할 수 있다.

387 사무실 내 모든 창문과 문이 닫혀있는 상태에서 1개의 환기설비만 가동하고 있을 때 피토관을 이용하여 측정한 덕트 내의 유속은 1m/sec였다. 덕트 직경이 20cm이고, 사무실의 크기가 6×8×2m일 때 사무실 공기교환횟수(ACH)를 구하시오.(5점) [1203/1303/1702/2202]

[계산식]

- 작업장 기적(용적)과 필요 환기량이 주어지는 경우의 시간당 공기교환 횟수는 $\frac{\text{필요환기량}(m^3/\text{hr})}{\text{작업장 용적}(m^3)}$으로 구한다.
- 필요환기량 Q=A×V로 구할 수 있다. 대입하면 $\frac{3.14\times0.2^2}{4}\times1=0.0314m^3/\text{sec}$이다. 초당의 환기량이므로 시간당으로 구하려면 3,600을 곱해야 한다. 즉, $113.04m^3/\text{hr}$이 된다.
- 대입하면 시간당 공기교환횟수는 $\frac{113.04}{6\times8\times2}=1.1775\cdots$회이다.

[정답] 시간당 1.18[회]

시간당 공기의 교환횟수(ACH)

- 경과시간과 이산화탄소의 농도가 주어질 경우의 시간당 공기의 교환횟수는 $\frac{\ln(\text{초기 } CO_2\text{농도}-\text{외부 } CO_2\text{ 농도})-\ln(\text{경과 후 } CO_2\text{농도}-\text{외부 } CO_2\text{ 농도})}{\text{경과 시간[hr]}}$로 구한다.
- 작업장 기적(용적)과 필요환기량이 주어지는 경우의 시간당 공기교환 횟수는 $\frac{\text{필요환기량}(m^3/\text{hr})}{\text{작업장 용적}(m^3)}$으로 구한다.

388 Y 작업장의 모든 문과 창문은 닫혀있고, 국소배기장치만 있다. 덕트 유속 2m/sec, 덕트 직경 15cm, 작업장 크기는 가로 6m, 세로 8m, 높이 3m일 때 시간당 공기교환횟수를 구하시오.(5점) [0802/2102]

[계산식]

- 작업장 기적(용적)과 필요환기량이 주어지는 경우의 시간당 공기교환 횟수는 $\frac{\text{필요환기량}(m^3/\text{hr})}{\text{작업장 용적}(m^3)}$으로 구한다.
- 필요환기량 Q=A×V로 구할 수 있다. 대입하면 $\frac{3.14\times0.15^2}{4}\times2=0.035325m^3/\text{sec}$이다. 시간당 환기량을 구하려면 3,600을 곱해야 한다. 즉, $127.17m^3/\text{hr}$이 된다.
- 대입하면 시간당 공기교환횟수는 $\frac{127.17}{6\times8\times3}=0.8831\cdots$회이다.

[정답] 시간당 0.88[회]

389 실내 체적이 2,000m^3이고, ACH가 10일 때 실내공기 환기량(m^3/sec)을 구하시오.(5점) [1303/1902]

[계산식]

- 작업장 기적(용적)과 필요 환기량이 주어지는 경우의 시간당 공기교환 횟수(ACH)는 $\frac{\text{필요환기량}(m^3/hr)}{\text{작업장 용적}(m^3)}$이므로 필요환기량=ACH×작업장 용적으로 구한다.
- 실내공기 환기량=10회/hr×2,000=20,000m^3/hr이므로 초당으로 바꾸려면 3,600을 나누면 5.55…이므로 5.56m^3/sec가 된다.

[정답] 5.56[m^3/sec]

390 어떤 사무실에서 퇴근 직후인 오후 6:30에 사무실의 CO_2농도는 1,500ppm이고, 오후 9:00 사무실의 CO_2농도는 500ppm일 때 시간당 공기교환 횟수를 구하시오.(단, 외기 CO_2농도는 330ppm)(5점) [1101/2201]

[계산식]

- 경과시간과 이산화탄소의 농도가 주어질 경우의 시간당 공기의 교환횟수는 $\frac{\ln(\text{초기 } CO_2\text{농도}-\text{외부 } CO_2\text{ 농도})-\ln(\text{경과 후 } CO_2\text{농도}-\text{외부 } CO_2\text{ 농도})}{\text{경과 시간[hr]}}$로 구한다.
- $\frac{\ln(1,500-330)-\ln(500-330)}{2.5hr}$=0.77158…회/hr이다.

[정답] 시간당 0.77[회]

391 10m×30m×6m인 작업장에서 CO_2의 측정농도는 1,200ppm, 2시간 후의 CO_2 측정농도는 400ppm이었다. 이 작업장의 순환공기량(m^3/min)을 구하시오.(단, 외부공기 CO_2 농도는 330ppm)(5점) [1801]

[계산식]

- 2번의 CO_2 측정으로 필요한 1시간당 공기교환 횟수는 $\frac{\ln(\text{1번째 농도}-\text{외부}CO_2\text{농도})-\ln(\text{2번째 농도}-\text{외부}CO_2\text{농도})}{\text{경과된 시간(hr)}}$으로 구한다.
- 필요한 시간당 공기교환 횟수는 $\frac{\ln(1200-330)-\ln(400-330)}{2}=1.2599\cdots$로 1.26회이다. 즉, 시간당 1.26회로 속도의 개념이다.
- 작업장의 순환공기량=작업장 용적×시간당 공기교환 횟수로 구할 수 있다. 대입하면 $10\times30\times6\times1.26=2,268m^3$/hr이 된다. 필요한 것은 분당의 순환공기량이므로 60으로 나누면 37.8m^3/min이 된다.

[정답] 37.8[m^3/min]

392 실내 기적이 3,000m^3인 공간에 300명의 근로자가 작업중이다. 1인당 CO_2발생량이 21L/hr, 외기 CO_2농도가 0.03%, 실내 CO_2 농도 허용기준이 0.1%일 때 시간당 공기교환횟수를 구하시오.(5점) [1102/1103/1403/1503]

[계산식]

- 작업장 기적(용적)과 필요환기량이 주어지는 경우의 시간당 공기교환 횟수는 $\frac{\text{필요환기량}(m^3/hr)}{\text{작업장 용적}(m^3)}$으로 구한다.
- 이산화탄소 제거를 목적으로 하는 필요환기량 $Q=\frac{M}{C_s-C_o}\times 100[m^3/hr]$으로 구한다.
- CO_2발생량(m^3/hr)은 $\frac{300\times 21L}{1,000}=6.3m^3/hr$이므로 $Q=\frac{6.3}{0.1-0.03}\times 100=9,000m^3/hr$이다.
- 대입하면 시간당 공기교환횟수는 $\frac{9,000}{3,000}=3$회이다.

[정답] 시간당 3[회]

이산화탄소 제거를 목적으로 하는 필요환기량

- 이산화탄소 제거를 목적으로 하는 필요환기량 $Q=\frac{M}{C_s-C_o}\times 100[m^3/hr]$으로 구한다. 이때 M은 CO_2발생량(m^3/hr), C_s는 실내의 CO_2 기준농도(0.1%), C_o는 실외의 CO_2 기준농도(0.03%)이다.

393 어느 사무실 공기 중 이산화탄소의 발생량이 0.08m^3/h이다. 이때 외기 공기 중의 이산화탄소의 농도가 0.02%이고, 이산화탄소의 허용기준이 0.06%일 때 이 사무실의 필요환기량(m^3/h)을 구하시오.(단, 기타 주어지지 않은 조건을 고려하지 않는다)(6점) [0701/0902/1302/1501]

[계산식]

- 이산화탄소 제거를 목적으로 하는 필요환기량 $Q=\frac{M}{C_s-C_o}\times 100[m^3/hr]$으로 구한다.
- 대입하면 $Q=\frac{0.08}{0.06-0.02}\times 100=200m^3/hr$이다.

[정답] 200[m^3/hr]

394 실내 기적이 2,000m^3인 공간에 30명의 근로자가 작업중이다. 1인당 CO_2발생량이 40L/hr일 때 시간당 공기교환횟수를 구하시오.(단, 외기 CO_2농도가 400ppm, 실내 CO_2 농도 허용기준이 700ppm)(5점)

[0502/1702/2002]

[계산식]

- 작업장 기적(용적)과 필요환기량이 주어지는 경우의 시간당 공기교환 횟수는 $\frac{필요환기량(m^3/hr)}{작업장\ 용적(m^3)}$으로 구한다.
- 이산화탄소 제거를 목적으로 하는 필요환기량 $Q=\frac{M}{C_s-C_o}\times 100[m^3/hr]$으로 구한다.
- 실내 허용기준 700ppm$=700\times 10^{-6}=7\times 10^{-4}=0.0007$을 의미하므로 0.07%이고, 외기 농도는 400ppm이므로 0.04%를 의미한다.
- CO_2발생량(m^3/hr)은 30×40L÷1,000=1.2m^3/hr이므로 $Q=\frac{1.2}{0.07-0.04}\times 100=4,000m^3/hr$이다.
- 대입하면 시간당 공기교환횟수는 $\frac{4,000}{2,000}=2$회이다.

[정답] 시간당 2[회]

395 에너지 절약 방안의 일환으로 난방이나 냉방을 실시할 때 외부공기를 100% 공급하지 않고 오염된 실내 공기를 재순환시켜 외부공기와 융합해서 공급하는 경우가 많다. 재순환된 공기중 CO_2농도는 650ppm, 급기중 농도는 450ppm이었다. 또한 외부공기 중 CO_2 농도는 200ppm이다. 급기 중 외부공기의 함량(%)을 산출하시오.(5점)

[1003/1403/1802]

[계산식]

- 급기 중 재순환량(%)$=\frac{급기공기\ 중\ CO_2\ 농도-외부공기\ 중\ CO_2\ 농도}{재순환공기\ 중\ CO_2\ 농도-외부공기\ 중\ CO_2\ 농도}\times 100=\frac{450-200}{650-200}\times 100=55.55\%$
- 급기 중 외부공기 포함량은=100−55.55=44.45%이다.

[정답] 44.45[%]

급기 중 재순환량

- $\frac{급기공기\ 중\ CO_2\ 농도-외부공기\ 중\ CO_2\ 농도}{재순환공기\ 중\ CO_2\ 농도-외부공기\ 중\ CO_2\ 농도}\times 100$으로 구한다.

396 재순환 공기의 CO_2 농도는 650ppm이고, 급기의 CO_2 농도는 450ppm이다. 외부의 CO_2농도가 300ppm 일 때 급기 중 외부공기 포함량(%)을 계산하시오.(5점) [0901/2101/2401]

[계산식]

- 급기 중 외부공기의 함량은 1−급기 중 재순환량이며,

  급기 중 재순환량은 $\frac{\text{급기공기 중 } CO_2 \text{ 농도} - \text{외부공기 중 } CO_2 \text{ 농도}}{\text{재순환공기 중 } CO_2 \text{ 농도} - \text{외부공기 중 } CO_2 \text{ 농도}}$로 구한다.
- 대입하면 급기 중 재순환량은 $\frac{450-300}{650-300} = \frac{150}{350} = 0.42857\cdots$ 즉, 42.86%이다.
- 급기 중 외부공기 포함량은 (100%−급기 재순환량)이므로 100−42.86=57.14%이다.

[정답] 57.14[%]

397 작업장에서 MEK(비중 0.805, 분자량 72.1, TLV 200ppm)가 시간당 2L씩 사용되어 공기중으로 증발될 경우 작업장의 필요환기량(m^3/hr)을 계산하시오.(단, 안전계수 2, 25℃ 1기압)(5점) [1001/1801/2001/2201]

[계산식]

- 공기중에 계속 오염물질이 발생하고 있는 경우의 필요환기량 $Q = \frac{G \times K}{TLV}$로 구한다.
- 비중이 0.805(g/mL)인 MEK가 시간당 2L씩 증발되고 있으므로 사용량(g/hr)은 2L/hr×0.805g/mL×1,000mL/L=1,610g/hr이다.
- 기체의 발생률 G는 25℃, 1기압에서 1몰(72.1g)일 때 24.45L이므로 1,610g일때는 $\frac{1,610 \times 24.45}{72.1} = 545.9708\cdots$ L/hr이다.
- 대입하면 필요환기량 $Q = \frac{545.9708L/hr}{200ppm} \times 2 = \frac{545,970.8mL/hr}{200mL/m^3} \times 2 = 5,459.7087m^3/hr$이다.

[정답] 5,459.71[m^3/hr]

필요환기량

- 후드로 유입되는 오염물질을 포함한 공기량을 말한다.
- 필요환기량 Q=A · V로 구한다. 여기서 A는 개구면적, V는 제어속도이다.
- 공기 중에 계속 오염물질이 발생하고 있는 경우의 필요환기량 $Q = \frac{G \times K}{TLV}$로 구한다. 이때 G는 공기 중에 발생하고 있는 오염물질의 용량, TLV는 허용기준, K는 여유계수이다.

398 작업장 내에서 톨루엔(M.W 92, TLV 100ppm)을 시간당 1kg 사용하고 있다. 전체 환기시설을 설치할 때 필요환기량(m^3/min)을 구하시오.(단, 작업장은 25℃, 1기압, 혼합계수는 6)(5점) [1403/1602/2003]

[계산식]

- 공기중에 계속 오염물질이 발생하고 있는 경우의 필요환기량 $Q=\frac{G \times K}{TLV}$로 구한다.
- 분자량이 92인 벤젠을 시간당 1,000g을 사용하고 있으므로 기체의 발생률 $G=\frac{24.45 \times 1,000}{92}=265.760\cdots$L/hr이다.
- ppm=mL/m^3이므로 265.760L/hr=265,760mL/hr이고 이를 대입하면 필요환기량 $Q=\frac{265,760 \times 6}{100}=15,945.6$ m^3/hr이다. 구하고자 하는 필요환기량은 분당이므로 60으로 나누면 265.76m^3/min이 된다.

[정답] 265.76[m^3/min]

399 톨루엔(분자량 92. 노출기준 100ppm)을 시간당 3kg/hr 사용하는 작업장에 대해 전체 환기시설을 설치 시 필요환기량(m^3/min)을 구하시오.(MW 92, TLV 100ppm, 여유계수 K=6, 21℃ 1기압 기준)(6점) [0601/2101/2301/2302]

[계산식]

- 공기중에 계속 오염물질이 발생하고 있는 경우의 필요환기량 $Q=\frac{G \times K}{TLV}$로 구한다.
- 분자량이 92인 톨루엔을 시간당 3,000g을 사용하고 있으므로 기체의 발생률 $G=\frac{24.1 \times 3,000}{92}=785.8695\cdots$ [L/hr]이다.
- ppm=mL/m^3이므로 785.8695L/hr=785,869.5mL/hr이고 이를 대입하면 필요환기량 $Q=\frac{785,869.5 \times 6}{100}=47,152.17\cdots$[$m^3$/hr]이다. 구하고자 하는 필요환기량은 분당이므로 60으로 나누면 785.8695m^3/min이 된다.

[정답] 785.87[m^3/min]

400 작업장에서 MEK(비중 0.805, 분자량 72.1, TLV 200ppm)가 시간당 3L씩 발생하고, 톨루엔(비중 0.866, 분자량 92.13, TLV 100ppm)도 시간당 3L씩 발생한다. MEK는 150ppm, 톨루엔은 50ppm이다. 각 물질이 상가작용할 경우 전체 환기량(m^3/min)을 구하시오.(단, MEK K=4, 톨루엔 K=5, 25℃ 1기압)(5점)

[0503/1303]

[계산식]

가) 전체 환기량(m^3/min)－MEK

- 비중이 0.805(g/mL)인 MEK가 시간당 3L씩 증발되고 있으므로 사용량(g/hr)은 3L/hr×0.805g/mL×1,000mL/L=2,415g/hr이다.
- 기체의 발생률 G는 25℃, 1기압에서 1몰(72.1g)일 때 24.45L이므로 2,415g일 때는 $\frac{2,415 \times 24.45}{72.1} = 818.9563 \cdots$L/hr이다.
- 대입하면 필요환기량 $Q = \frac{818.9563L/hr}{200ppm} \times 4 = \frac{818,956.3mL/hr}{200mL/m^3} \times 4 = 16,379.126 \cdots m^3/hr$이다. 구하고자 하는 환기량은 분당이므로 60으로 나누면 272.99m^3/min이 된다.

나) 전체 환기량(m^3/min)－톨루엔

- 비중이 0.866(g/mL)인 톨루엔이 시간당 3L씩 증발되고 있으므로 사용량(g/hr)은 3L/hr×0.866g/mL×1,000mL/L=2,598g/hr이다.
- 기체의 발생률 G는 25℃, 1기압에서 1몰(92.13g)일 때 24.45L이므로 2,598g일 때는 $\frac{2,598 \times 24.45}{92.13} = 689.472 \cdots$L/hr이다.
- 대입하면 필요환기량 $Q = \frac{689.4725L/hr}{100ppm} \times 5 = \frac{689,472.5mL/hr}{100mL/m^3} \times 5 = 34,473.624 \cdots m^3/hr$이다. 구하고자 하는 환기량은 분당이므로 60으로 나누면 574.56m^3/min이 된다.
- 상가작용을 하고 있으므로 전체 환기량은 272.99+574.56=847.55m^3/min이 된다.

[정답] 847.55[m^3/min]

401 작업장에서 MEK(비중 0.805, 분자량 72.1, TLV 200ppm)가 시간당 3L씩 발생하고, 톨루엔(비중 0.866, 분자량 92.13, TLV 100ppm)도 시간당 3L씩 발생한다. MEK는 150ppm, 톨루엔은 50ppm일 때 노출지수를 구하여 노출기준 초과여부를 평가하고, 전체 환기시설 설치여부를 결정하시오. 또한 각 물질이 상가작용할 경우 전체 환기량(m^3/min)을 구하시오.(단, MEK K=4, 톨루엔 K=5, 25℃ 1기압)(6점)

[1801/2101]

[계산식]

- 시료의 노출지수는 $\frac{C_1}{TLV_1} + \frac{C_2}{TLV_2} + \cdots + \frac{C_n}{TLV_n}$으로 구한다.

① 노출지수는 $\frac{150}{200} + \frac{50}{100} = \frac{250}{200} = 1.25$로 1보다 크므로 노출기준을 초과하였다.

② 전체 환기시설은 노출기준을 초과하고 있으므로 설치해야 한다.

- 공기중에 계속 오염물질이 발생하고 있는 경우의 필요환기량 $Q=\frac{G\times K}{TLV}$로 구한다. 이때 G는 공기중에 발생하고 있는 오염물질의 용량, TLV는 허용기준, K는 여유계수이다.

③ 전체 환기량(m^3/min)－MEK

- 비중이 0.805(g/mL)인 MEK가 시간당 3L씩 증발되고 있으므로 사용량(g/hr)은 3L/hr×0.805g/mL×1,000mL/L=2,415g/hr이다.
- 기체의 발생률 G는 25℃, 1기압에서 1몰(72.1g)일 때 24.45L이므로 2,415g일 때는 $\frac{2,415\times 24.45}{72.1}=818.9563\cdots$L/hr이다.
- 대입하면 필요환기량 $Q=\frac{818.9563L/hr}{200ppm}\times 4=\frac{818,956.3mL/hr}{200mL/m^3}\times 4=16,379.126\cdots m^3/hr$이다. 구하고자 하는 환기량은 분당이므로 60으로 나누면 272.99m^3/min이 된다.

④ 전체 환기량(m^3/min)－톨루엔

- 비중이 0.866(g/mL)인 톨루엔이 시간당 3L씩 증발되고 있으므로 사용량(g/hr)은 3L/hr×0.866g/mL×1,000mL/L=2,598g/hr이다.
- 기체의 발생률 G는 25℃, 1기압에서 1몰(92.13g)일 때 24.45L이므로 2,598g일 때는 $\frac{2,598\times 24.45}{92.13}=689.472\cdots$L/hr이다.
- 대입하면 필요환기량 $Q=\frac{689.4725L/hr}{100ppm}\times 5=\frac{68,9472.5mL/hr}{100mL/m^3}\times 5=34,473.624\cdots m^3/hr$이다. 구하고자 하는 환기량은 분당이므로 60으로 나누면 574.56m^3/min이 된다.

⑤ 상가작용을 하고 있으므로 전체 환기량은 272.99+574.56=847.55m^3/min이 된다.

[정답] ① 노출지수는 1.25로 노출기준을 초과하였다.
② 노출기준을 초과하였으므로 전체 환기시설을 설치하여야 한다.
③ 전체환기량은 847.55[m^3/min]

402 **작업장 내의 열부하량은 25,000kcal/h이다. 외기온도는 20℃이고, 작업장 온도는 35℃일 때 전체 환기를 위한 필요환기량(m^3/h)이 얼마인지 구하시오.(5점)** [0903/1302/1702/2403]

[계산식]

- 발열 시 방열을 위한 필요환기량 $Q[m^3/h]=\frac{H_s}{0.3\Delta t}$로 구한다.
- 대입하면 방열을 위한 필요환기량 $Q=\frac{25,000}{0.3\times(35-20)}=5,555.555\cdots m^3/h$이다.

[정답] 5,555.56[m^3/h]

발열 시 방열 목적의 필요환기량

- $Q=\frac{H_s}{0.3\Delta t}[m^3/hr]$로 구한다. 이때 Q는 필요환기량, H_s는 작업장 내 열 부하량[kcal/hr], Δt는 급배기의 온도차[℃]이다.

403 작업장 내 열부하량은 200,000kcal/h이다. 외기온도는 20℃이고, 작업장 온도는 30℃일 때 전체 환기를 위한 필요환기량(m^3/min)이 얼마인지 구하시오.(5점) [1901/2103]

[계산식]

- 발열 시 방열을 위한 필요환기량 $Q(m^3/h) = \frac{H_s}{0.3\Delta t}$로 구한다.
- 대입하면 방열을 위한 필요환기량 $Q = \frac{200,000}{0.3 \times (30-20)} = 66,666.666 \cdots m^3/h$이다. 분당의 필요환기량을 구하고 있으므로 60으로 나눠주면 $1,111.111 m^3/min$이 된다.

[정답] 1,111.11[m^3/min]

404 작업장의 기적이 4,000m^3이고, 유효환기량(Q')이 56.6m^3/min이라고 할 때 유해물질 발생 중지시 유해물질 농도가 100mg/m^3에서 25mg/m^3으로 감소하는데 걸리는 시간(분)을 구하시오. [0302/0602/1703/2102]

[계산식]

- 유해물질 농도 감소에 걸리는 시간 $t = -\frac{V}{Q}ln\left(\frac{C_2}{C_1}\right)$로 구한다.
- 주어진 값을 대입하면 시간 $t = -\frac{4,000}{56.6}ln\left(\frac{25}{100}\right) = 97.9713 \cdots$이므로 97.97min이 된다.

[정답] 97.97[min]

유해물질의 농도를 감소시키기 위한 환기

㉠ 농도 C_1에서 C_2까지 농도를 감소시키는데 걸리는 시간

- 감소시간 $t = -\frac{V}{Q}ln\left(\frac{C_2}{C_1}\right)$로 구한다. 이때 V는 작업장 체적[m^3], Q'는 공기의 유입속도[m^3/min], C_2는 희석후 농도[ppm], C_1은 희석전 농도[ppm]이다.

㉡ 작업을 중지한 후 t분 지난 후 농도 C_2

- t분이 지난 후의 농도 $C_2 = C_1 \cdot e^{-\frac{Q'}{V}t}$로 구한다.

405 작업장의 기적이 2,000m^3이고, 유효환기량(Q)이 1.5m^3/sec라고 할 때 methyle chloroform 증기 발생이 중지시 유해물질 농도가 300mg/m^3에서 농도가 25mg/m^3으로 감소하는데 걸리는 시간(분)을 계산하시오.(5점) [1301/1303/1702]

[계산식]

- 유해물질 농도 감소에 걸리는 시간 $t=-\frac{V}{Q}ln\left(\frac{C_2}{C_1}\right)$로 구한다.
- 초당의 유효환기량이 주어졌으므로 이를 분당으로 변환하려면 60을 곱한다. 즉 90m^3/min이 된다.
- 주어진 값을 대입하면 시간 $t=-\frac{2,000}{90}ln\left(\frac{25}{300}\right)=55.220\cdots$min이 된다.

[정답] 55.22[min]

406 작업장의 체적이 1,500m^3이고 0.5m^3/sec의 실외 대기공기가 작업장 안으로 유입되고 있다. 작업장에 톨루엔 발생이 정지된 순간의 작업장 내 Toulen의 농도가 50ppm이라고 할 때 30ppm으로 감소하는데 걸리는 시간(min)과 1시간 후의 공기 중 농도(ppm)를 구하시오.(단, 실외 대기에서 유입되는 공기량 톨루엔의 농도는 0ppm이고, 1차 반응식이 적용된다)(6점) [1103/1802]

[계산식]

① 감소하는데 걸리는 시간

- 유해물질 농도 감소에 걸리는 시간 $t=-\frac{V}{Q}ln\left(\frac{C_2}{C_1}\right)$로 구한다.
- 분당 유효환기량은 0.5×60=30m^3/min이므로 대입하면 시간 $t=-\frac{1,500}{30}ln\left(\frac{30}{50}\right)=25.5412\cdots$min이다.

② 1시간 후의 공기중 농도

- 작업 중지 후 C_1인 농도로부터 t분이 지난 후의 농도 $C_2=C_1\times e^{-\frac{Q'}{V}t}$[ppm]으로 구한다.
- 1시간은 60분이고 분당 유효환기량은 0.5×60=30m^3/min이므로 대입하면 60분이 지난 후의 농도 $C_2=50\times e^{-\frac{30}{1,500}\times 60}=15.0597\cdots$ppm이 된다.

[정답] ① 25.54[min]
② 15.06[ppm]

407 작업장의 체적이 2,000m^3이고 0.02m^3/min의 메틸클로로포름 증기가 발생하고 있다. 이때 유효환기량은 50 m^3/min이다. 작업장의 초기농도가 0인 상태에서 200ppm에 도달하는데 걸리는 시간(min)과 1시간 후의 농도(ppm)를 구하시오.(6점) [1102/1903]

[계산식]

① 200ppm에 도달하는데 걸리는 시간

- 유해물질의 농도가 증가되고 있을 때 초기상태를 $t_1=0$, $C_1=0$인 경우 농도 C에 도달하는데 걸리는 시간 $t=-\frac{V}{Q}ln\left(\frac{G-QC}{G}\right)$[min]으로 구한다.
- 주어진 값을 대입하면 $t=-\frac{2,000}{50}ln\left(\frac{0.02-(50\times200\times10^{-6})}{0.02}\right)=27.7258\cdots$min이다.

② 1시간 후의 공기중 농도

- 처음 농도가 0인 상태에서 t시간(min)이 지난 후의 농도 $C=\frac{G(1-e^{-\frac{Q}{V}t})}{Q}$으로 구한다.
- 1시간은 60분이고 분당 유효환기량은 50m^3/min이므로 대입하면 60분이 지난 후의 농도 $C=\frac{0.02(1-e^{-\frac{50}{2,000}\times60})}{50}=0.000310747\cdots$이 된다. 이는 310.747…ppm이 된다.

[정답] ① 27.73[min]　　② 310.75[ppm]

유해물질의 농도가 증가

㉠ 특정 농도에 도달하는데 걸리는 시간

- 유해물질의 농도가 증가되고 있을 때 초기상태를 $t_1=0$, $C_1=0$인 경우 농도 C에 도달하는데 걸리는 시간 $t=-\frac{V}{Q}ln\left(\frac{G-QC}{G}\right)$[min]으로 구한다. 이때 V는 작업장의 기적[m^3], Q는 유효환기량[m^3/min], G는 유해가스의 발생량[m^3/min], C는 유해물질 농도[ppm]이다.

㉡ 특정 시간 후의 농도

- 처음 농도가 0인 상태에서 t시간(min)이 지난 후의 농도 $C=\frac{G(1-e^{-\frac{Q}{V}t})}{Q}$으로 구한다.

408 작업장의 용적이 3,000m^3, 유해물질이 시간당 600L 발생할 때 유효환기량은 56.6m^3/min이다. 30분 후 작업장의 농도(ppm)를 구하시오.(단, 초기농도는 고려하지 않고, 1차 반응식을 사용하여 구하며, V는 작업장 용적, G는 발생량, Q'는 유효환기량, C는 농도이다)(5점) [1501]

[계산식]

- 초기농도를 고려하지 않을 때(초기농도 0) t 시간 후의 농도 $C=\frac{G(1-e^{-\frac{Q'}{V}t})}{Q'}$으로 구한다.
- 시간당 유해물질 발생량이 600L이므로 분당은 10L이며, 이는 0.01m^3이다.
- 대입하면 농도 $C=\frac{0.01(1-e^{-\frac{56.6}{3,000}\times 30})}{56.6}=0.00007636182$이다. 이는 76.36182ppm이 된다.

[정답] 76.36[ppm]

409 기적이 3,000m^3인 작업장에서 유해물질이 시간당 600g이 증발되고 있다. 유효환기량(Q')이 56.6m^3/min이라고 할 때 유해물질 농도가 100mg/m^3가 될 때까지 걸리는 시간(분)을 구하시오.(단, $V\frac{dc}{dt}=G-Q'C$를 이용하는데 V는 작업실 부피, G는 유해물질 발생량(발생속도), C는 특정 시간 t에서 유해물질 농도)(5점) [1901]

[계산식]

- 주어진 식을 t에 대해 정리하면 $t=-\frac{V}{Q'}ln\left(\frac{G-Q'C}{G}\right)$[min]가 된다.
- 분당 유효환기량을 시간당 환기량으로 바꾸기 위해 60을 곱하면 시간당 유효환기량은 3,396m^3/hr이고, 100mg/m^3은 0.1g/m^3이므로 대입하면 $\frac{G-Q'C}{G}=\frac{600g/hr-(3,396m^3/hr\times 0.1g/m^3)}{600g/hr}=0.434$이다.
- 주어진 값을 대입하면 시간 $t=-\frac{3,000}{56.6}ln0.434=44.242\cdots$min이 된다.

[정답] 44.24[min]

2025

고시넷 고패스

산업위생관리기사 실기

기출복원문제 + 유형분석

10년간 기출복원문제
<복원문제+모범답안>

한국산업인력공단 국가기술자격

gosinet
(주)고시넷

2015년 제1회

필답형 기출복원문제

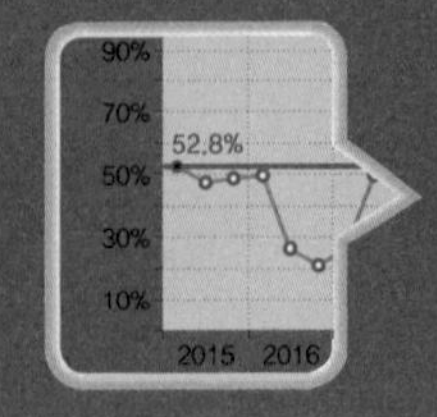

15년 1회차 실기시험

합격률 52.8%

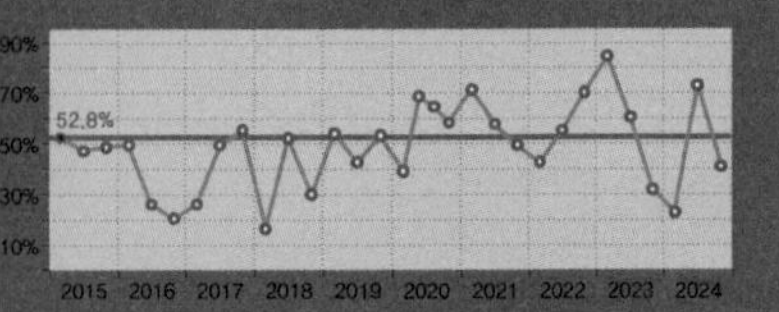

신규문제	6문항	중복문제	14문항

01 송풍기 회전수가 1,000rpm일 때 송풍량은 30m^3/min, 송풍기 정압은 22mmH_2O, 동력은 0.5HP였다. 송풍기 회전수를 1,200rpm으로 변경할 경우 송풍량(m^3/min), 정압(mmH_2O), 동력(HP)을 구하시오.(6점)

[1102/1401/1501/1901/2002]

[계산식]

- 회전수가 1,000에서 1,200으로 증가하였으므로 증가비는 $\frac{1,200}{1,000}=1.2$배 증가하였다.
- 기존 풍량이 30m^3/min이므로 $30\times1.2=36m^3$/min가 된다.
- 기존 정압이 22mmH_2O이므로 $22\times1.2^2=31.68mmH_2O$이 된다.
- 기존 동력이 0.5HP였으므로 $0.5\times1.2^3=0.864$HP가 된다.

[정답] ① 36[m^3/min] ② 31.68[mmH_2O] ③ 0.86[HP]

02 $C5$ – dip 현상에 대해 간단히 설명하시오.(4점) [0703/1501/2101]

- 4,000Hz에서 심하게 청력이 손실되는 현상을 말한다.

03 작업장의 용적이 3,000m^3, 유해물질이 시간당 600L 발생할 때 유효환기량은 56.6m^3/min이다. 30분 후 작업장의 농도(ppm)를 구하시오.(단, 초기농도는 고려하지 않고, 1차 반응식을 사용하여 구하며, V는 작업장 용적, G는 발생량, Q'는 유효환기량, C는 농도이다)(5점) [1501]

[계산식]

- 초기농도를 고려하지 않을 때(초기농도 0) t 시간 후의 농도 $C=\frac{G(1-e^{-\frac{Q'}{V}t})}{Q'}$으로 구한다.
- 시간당 유해물질 발생량이 600L이므로 분당은 10L이며, 이는 $0.01m^3$이다.
- 대입하면 농도 $C=\frac{0.01(1-e^{-\frac{56.6}{3,000}\times30})}{56.6}=0.00007636182$이다. 이는 76.36182ppm이 된다.

[정답] 76.36[ppm]

04 예비조사의 목적을 2가지 쓰시오.(4점) [1501]

① 동일(유사) 노출그룹 설정
② 발생되는 유해인자 특성조사

05 작업환경 개선의 기본원칙 4가지와 그 방법 혹은 대상 1가지를 각각 쓰시오.(4점) [1103/1501/2202]

가) 대치 : ① 공정의 변경, ② 유해물질의 변경, ③ 시설의 변경
나) 격리 : ① 공정의 격리, ② 저장물질 격리, ③ 시설의 격리
다) 환기 : ① 전체환기, ② 국소배기
라) 교육 : ① 근로자 대상 교육, ② 보호구 착용

▲방법 혹은 대상은 해당 답안 중 1가지 선택 기재

06 외부식 후드의 방해기류를 방지하고 송풍량을 절약하기 위한 기구(방법)를 3가지 쓰시오.(6점) [1501]

① 테이퍼(taper) 설치
② 분리날개 설치
③ 슬롯 이용
④ 차폐막 사용

▲해당 답안 중 3가지 선택 기재

07 전체환기방식의 적용조건 5가지를 쓰시오.(단, 국소배기가 불가능한 경우는 제외한다)(5점)

[0301/0503/0702/0801/0902/1101/1203/1501/1602/1803/1901/1902/2002/2003/2004/2103/2201]

① 유해물질의 독성이 비교적 낮을 때
② 동일작업장에서 오염원 다수가 분산되어 있을 때
③ 유해물질이 시간에 따라 균일하게 발생할 경우
④ 유해물질의 발생량이 적은 경우
⑤ 유해물질이 증기나 가스일 경우
⑥ 유해물질의 배출원이 이동성인 경우

▲해당 답안 중 5가지 선택 기재

08 주관의 유량이 50m^3/min, 가지관의 유량은 30m^3/min이 합류하여 흐르고 있다. 합류관의 유속이 30m/sec일 때 이 관의 직경(cm)을 구하시오.(5점) [1003/1501]

[계산식]

- 유량이 합류하면 총 유량은 $80m^3/\text{min}$이다.
- Q=A · V에서 유속과 유량이 주어졌으므로 단면적을 구할 수 있다.
- $A=Q/V=\frac{80m^3/\text{min}}{30m/\text{sec}\times 60\text{sec/min}}=0.0444\cdots m^2$이다.
- 원형관의 단면적 $A=\frac{\pi d^2}{4}$에서 $d=\sqrt{\frac{4A}{\pi}}=\sqrt{\frac{4\times 0.044\cdots}{3.14}}=0.2379\cdots$m이므로 23.79cm이다.

[정답] 23.79[cm]

09 원형덕트의 내경이 30cm이고, 송풍량이 120m^3/min, 길이가 10m인 직관의 압력손실(mmH_2O)을 구하시오.(단, 관마찰계수는 0.02, 공기의 밀도는 1.2kg/m^2이다)(5점) [1501]

[계산식]

- 압력손실$(\triangle P)=\left(\lambda\times\frac{L}{D}\right)\times VP$로 구한다.

  $Q=A\times V$이므로 $V=\frac{Q}{A}=\frac{120m^3/\text{min}}{\frac{3.14\times 0.3^2}{4}}=1{,}698.5138m/\text{min}$이다. 이는 28.31m/sec가 된다.

  공기비중이 주어졌으므로 $VP=\frac{\gamma\times V^2}{2g}=\frac{1.2\times 28.31^2}{2\times 9.8}=49.068\cdots mmH_2O$이다.

- 구해진 값을 대입하면 $\triangle P=0.02\times\frac{10}{0.3}\times 49.068\cdots=32.7124\cdots mmH_2O$이다.

[정답] 32.71[mmH_2O]

10 어느 사무실 공기 중 이산화탄소의 발생량이 0.08m^3/h이다. 이때 외기 공기 중의 이산화탄소의 농도가 0.02%이고, 이산화탄소의 허용기준이 0.06%일 때 이 사무실의 필요 환기량(m^3/h)을 구하시오.(단, 기타 주어지지 않은 조건을 고려하지 않는다)(6점) [0701/0902/1302/1501]

[계산식]

- 이산화탄소 제거를 목적으로 하는 필요 환기량 $Q=\frac{M}{C_s-C_o}\times 100[m^3/\text{hr}]$으로 구한다.
- 대입하면 $Q=\frac{0.08}{0.06-0.02}\times 100=200m^3/\text{hr}$이다.

[정답] 200[m^3/hr]

11 활성탄은 앞층, 뒤층이 분리되어 있는데 이는 파과현상을 알아보기 위해서이다. 유해물질이 저농도로 발생할 때 사용하는 Tenax을 사용하여 포집하는데 이 포집관은 분리되어 있지 않다. 4리터를 포집할 때 파과현상을 판단하는 기준은 무엇인지 쓰시오.(4점)

[0301/1501]

- 채취관을 2개 직렬로 연결하여 사용하는 경우 $\frac{C_1}{C_1+C_2}\times100$(단, C_1은 앞 채취관의 분석농도, C_2는 뒤 채취관의 분석농도)의 값이 95% 이상인 경우 유해물질이 실질적으로 앞의 채취관에서 채취되고 파과가 일어나지 않은 것으로 판단가능하다.

12 중심주파수가 600Hz일 때 밴드의 주파수 범위(하한주파수 ~ 상한주파수)를 계산하시오. (단, 1/1 옥타브 밴드 기준)(5점)

[0601/0902/1401/1501/1701]

[계산식]

- 1/1 옥타브 밴드 분석시 $\frac{fu}{fl}=2$, $fc=\sqrt{fl\times fu}=\sqrt{2}fl$로 구한다.
- fc가 600Hz이므로 하한주파수는 $\frac{600}{\sqrt{2}}=424.264\cdots$Hz이다. 상한주파수는 424.264×2=848.528Hz이다.
- 따라서 주파수 범위는 424.264 ~ 848.528Hz이다.

[정답] 424.26 ~ 848.53[Hz]

13 서로 상가작용이 있는 파라티온(TLV : 0.1mg/m^3)과 EPN(TLV : 0.5mg/m^3)이 1 : 4의 비율로 혼합 시 혼합된 분진의 TLV(mg/m^3)를 구하시오.(5점)

[1501]

[계산식]

- 혼합물의 노출기준$(mg/m^3)=\frac{1}{\frac{f_a}{TLV_a}+\frac{f_b}{TLV_b}+\frac{f_c}{TLV_c}}$로 구한다.
- 1 : 4의 비율로 혼합되어 있으므로 중량비는 각각 0.2 : 0.8이 된다.
- 대입하면 $\frac{1}{\frac{0.2}{0.1}+\frac{0.8}{0.5}}=0.277\cdots$mg/$m^3$이다.

[정답] 0.28[mg/m^3]

14 산소부채에 대하여 설명하시오.(4점)

[0502/0603/1501/1703]

- 작업이나 운동이 격렬해져서 근육에 생성되는 젖산의 제거속도가 생성속도에 미치지 못하면, 활동이 끝난 후에도 남아있는 젖산을 제거하기 위하여 산소가 더 필요하게 되는 것을 말한다.

15 환풍기 배치 그림을 보고 불량, 양호, 우수로 구분하시오.(4점)

[1501]

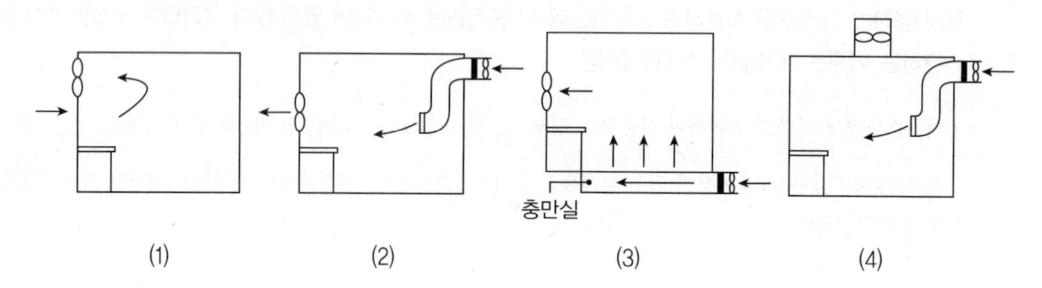

① 불량
② 양호
③ 우수
④ 양호

16 공기정화장치 중 흡착제를 사용하는 흡착장치 설계 시 고려사항을 3가지 쓰시오.(6점)

[0801/1501/1502/1703/2002]

① 흡착장치의 처리능력
② 흡착제의 break point
③ 압력손실
④ 가스상 오염물질의 처리가능성 검토 여부
▲ 해당 답안 중 3가지 선택 기재

17 건조공정에서 공정의 온도는 150℃, 건조시 크실렌이 시간당 2L 발생한다. 폭발방지를 위한 실제 환기량(m^3/min)을 구하시오.(단, 크실렌의 LEL=1%, 비중 0.88, 분자량 106, 안전계수 10, 21℃, 1기압 기준 온도에 따른 상수 0.7)(5점)

[0702/1002/1402/1501/2101/2103]

[계산식]

- 폭발방지 환기량(Q)$=\dfrac{24.1\times SG\times W\times C\times 10^2}{MW\times LEL\times B}$이다.
- 대입하면 $\dfrac{24.1\times 0.88\times\left(\dfrac{2}{60}\right)\times 10\times 10^2}{106\times 1\times 0.7}=9.527\cdots$이므로 표준공기 환기량은 $9.527m^3$/min이 된다.
- 공정의 온도를 보정해야하므로 $9.527\times\dfrac{273+150}{273+21}=13.707\cdots m^3/\text{min}$이다.

[정답] 13.71[m^3/min]

18 크기가 60cm×40cm이고, 제어속도가 0.8m/sec, 덕트의 길이가 10m인 후드가 있다. 관 마찰손실계수는 0.03이며, 공기정화장치의 압력손실은 90mmH_2O, 후드의 정압손실은 0.03mmH_2O이다. 다음을 구하시오. (단, 공기의 밀도는 1.2kg/m^3이다)(8점) [1201/1501]

(1) 후드의 송풍량(m^3/min)
(2) 덕트 직경(m, 단, 반송속도는 10m/sec이고, 단일 원형 type이다)
(3) (2)항에서 구한 덕트 직경으로 속도를 재계산한 압력손실(mmH_2O)
(4) 송풍기 효율이 75%일 경우 소요동력(kW)

[계산식]

① 송풍량 Q=A×V로 구할 수 있다.
대입하면 $0.6\times0.4\times0.8=0.192m^3$/sec인데 분당의 송풍량을 구하기 위해 60을 곱하면 11.52m^3/min이 된다.

② 송풍량과 반송속도가 주어졌으므로 Q=A·V를 통해 단면적을 구할 수 있다. 이를 통해 관의 직경도 구할 수 있다.

$A=\frac{Q}{V}=\frac{11.52m^3/\text{min}}{10m/\text{sec}\times60\text{sec}/\text{min}}=0.0192\cdots m^2$이다. $A=\frac{\pi D^2}{4}$이므로

$D=\sqrt{\frac{4\times A}{\pi}}=\sqrt{\frac{4\times0.0192\cdots}{3.14}}=0.15639\cdots$m이다.

③ 압력손실 $\triangle P=F\times VP$로 구한다.

- 마찰손실계수 $\lambda=0.03$이고, $\frac{L}{D}=\frac{10}{0.15639\cdots}=63.9427\cdots$이다. 속도압을 구하기 위해 속도를 구하면

$V=\frac{Q}{A}=\frac{11.52m^3/\text{min}\times\text{min}/60\text{sec}}{\left(\frac{3.14\times0.15639\cdots^2}{4}\right)}=10.000\cdots$m/sec이다.

- 공기의 밀도가 주어졌으므로 $VP=\frac{1.2\times10.00\cdots^2}{2\times9.8}=6.122\cdots mmH_2O$이다.
- 압력손실 $\triangle P=0.03\times63.9427\cdots\times6.122\cdots=11.7445\cdots mmH_2O$이다.
- 총 압력손실은 $0.03+90+11.7445=101.7745mmH_2O$이다.

④ 소요동력은 $\frac{\text{송풍량}\times\text{전압}}{6,120\times\text{효율}}\times$여유율로 구한다.

- 대입하면 소요동력$=\frac{11.52\times101.7445}{6,120\times0.75}=0.2553\cdots$kW가 된다.

[정답] ① 11.52[m^3/min]
② 0.16[m]
③ 101.77[mmH_2O]
④ 0.26[kW]

19 분자량이 92.13이고, 방향의 무색액체로 인화 · 폭발의 위험성이 있으며, 대사산물이 o-크레졸인 물질은 무엇인가?(4점)

[0801/1501/2004]

- 톨루엔($C_6H_5CH_3$)

20 노동부 고시, 사무실 공기관리지침에 관한 설명 중 틀린 것을 3가지 골라 정정하시오.(6점) [1102/1501]

① 공기정화시설을 갖춘 곳의 환기는 시간당 4회 이상이다.
② 사무실 오염물질 관리기준은 8시간 시간가중평균농도로 한다.
③ 공기측정 시료채집은 공기질이 최악이라고 판단되는 3곳 이상에서 한다.
④ 공기질 측정결과 전체 중 최대값을 오염물질별 관리기준과 비교하여 평가한다.
⑤ CO는 연 1회 이상 업무시간 시작 후 1시간 이내, 업무시간 종료 후 1시간 이내에 각각 10분간 측정한다.

③ 공기측정 시료채집은 공기질이 가장 나쁠 것으로 예상되는 2곳 이상에서 해야 한다.
④ 공기질 측정결과 전체 중 평균값을 오염물질별 관리기준과 비교하여 평가한다.
⑤ CO는 연 1회 이상 업무시간 시작 후 1시간 전후 및 종료 전 1시간 전후에 각각 10분간 측정한다.

2015년 제2회

필답형 기출복원문제

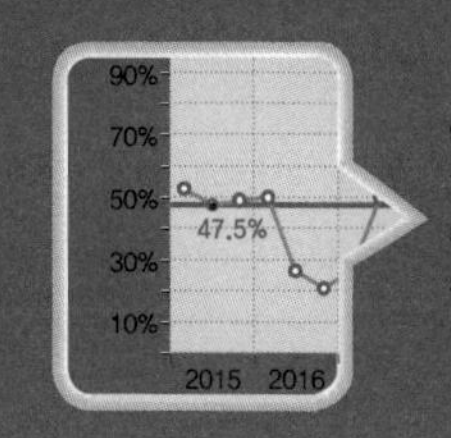

15년 2회차 실기시험
합격률 47.5%

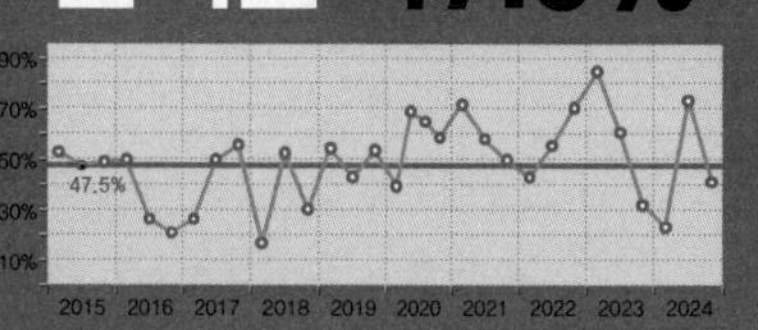

신규문제	10문항	중복문제	10문항

01 ACGIH TLV 허용농도 적용상의 주의사항 5가지를 쓰시오.(5점)

[0401/0602/0703/1201/1302/1502/1903]

① TLV는 대기오염 평가 및 관리에 적용될 수 없다.
② 24시간 노출 또는 정상 작업시간을 초과한 노출에 대한 독성 평가에는 적용될 수 없다.
③ 기존의 질병이나 육체적 조건을 판단하기 위한 척도로 사용될 수 없다.
④ 반드시 산업위생전문가에 의해 설명, 적용되어야 한다.
⑤ 독성의 강도를 비교할 수 있는 지표가 아니다.
⑥ 작업조건이 미국과 다른 나라에서는 ACGIH－TLV를 그대로 적용할 수 없다.
⑦ 안전농도와 위험농도를 정확히 구분하는 경계선이 아니다.

▲ 해당 답안 중 5가지 선택 기재

02 인체와 환경 사이의 열평형방정식을 쓰시오.(단, 기호 사용시 기호에 대한 설명을 하시오)(5점)

[0801/0903/1403/1502/2201]

- 열평형방정식은 $\triangle S = M - E \pm R \pm C$로 표시할 수 있다. 이때 △S는 생체 내 열용량의 변화, M은 대사에 의한 열 생산, E는 수분증발에 의한 열 방산, R은 복사에 의한 열 득실, C는 대류 및 전도에 의한 열 득실이다.

03 다음 조건의 기여위험도를 계산하시오.(5점)

[1502]

[조건]
- 노출군에서의 질병 발생률 : 10/100
- 비노출군에서의 질병 발생률 : 1/100

[계산식]
- 기여위험도는 특정 위험요인노출이 질병 발생에 얼마나 기여하는지의 정도 또는 분율로 (노출군에서의 질병 발생률－비노출군에서의 질병 발생률)로 구한다.
- 노출군에서의 질병 발생률은 0.1이고, 비노출군에서의 질병 발생률은 0.01이므로 기여위험도는 0.1－0.01=0.09가 된다.

[정답] 0.09

04 화학물질의 상호작용 중 길항작용의 3가지 종류를 쓰고, 간단히 설명하시오.(단, 화학적 길항작용은 제외됨)(6점)

[0603/1502]

① 기능적 길항작용 : 동일한 생리적 기능에 길항작용을 나타내는 경우의 길항작용
② 배분적 길항작용 : 물질의 흡수, 대사 등에 영향을 미쳐 표적기관 내 축적기관의 농도가 저하되는 경우의 길항작용
③ 수용적 길항작용 : 두 화학물질이 같은 수용체에 결합하여 독성이 저하되는 경우의 길항작용

05 공기정화장치 중 흡착제를 사용하는 흡착장치 설계 시 고려사항을 3가지 쓰시오.(6점)

[0801/1501/1502/1703/2002]

① 흡착장치의 처리능력
② 흡착제의 break point
③ 압력손실
④ 가스상 오염물질의 처리가능성 검토 여부

▲ 해당 답안 중 3가지 선택 기재

06 본인이 보건관리자로 출근을 하게 되었다. 그 작업장에서 시너를 사용하고 있지만 측정기록일지에는 시너에 대한 유해정도와 배출정도에 대한 자료가 없었다. 제일 먼저 수정하여야 할 업무 3가지를 기술하시오.(6점)

[1502]

① 대상 유해인자의 확인
② 유해인자의 측정
③ 유해인자의 노출기준과 비교 평가

07 후드의 분출기류 분류에서 잠재중심부를 설명하시오.(4점) [0301/1502]

- 분출중심속도(V_c)가 분사구 출구속도(V_0)와 동일한 속도를 유지하는 지점까지의 거리이며, 분출중심속도의 분출거리에 대한 변화는 배출구 직경의 약 5배 정도(5D)까지 분출중심속도의 변화는 거의 없다.

08 사무실 공기관리지침 상 다음의 관리기준에 해당하는 오염물질을 쓰시오.(6점) [1502]

① 100$\mu g/m^3$ 이하	② 10ppm 이하	③ 148Bq/m^3 이하

① 미세먼지(PM10)　② 일산화탄소(CO)　③ 라돈

09 수형(캐노피형) hood에 관한 다음 [보기]의 기호가 의미하는 내용을 쓰시오.(6점)

[1502]

[보기]

$Q_1,\ Q_2,\ Q_2',\ m,\ K_L,\ K_D$

- $Q_T = Q_1(1+K_L)$

  $K_L = \dfrac{Q_2}{Q_1}$

- $Q_T = Q_1 \times [1+(m \times K_L)] = Q_1 \times (1+K_D)$

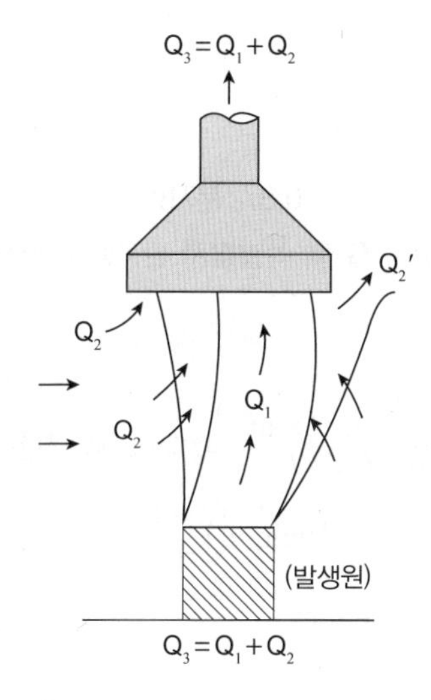

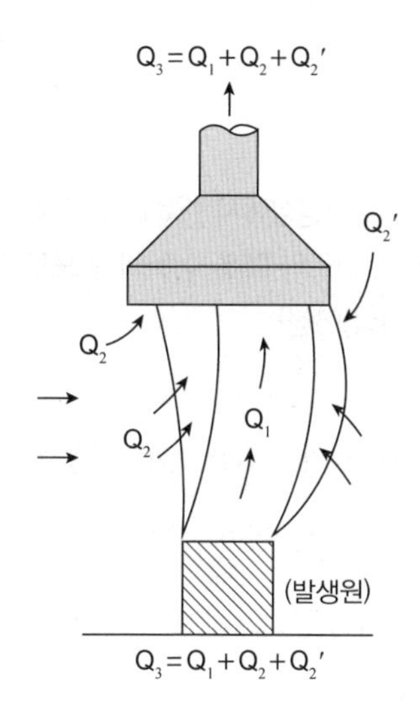

① Q_1 : 열상승 기류량

② Q_2 : 유도 기류량

③ Q_2' : 난류로 인한 누출 기류량

④ m : 누입 안전계수

⑤ K_L : 누입한계 유량비

⑥ K_D : 설계 유량비

10 송풍기 풍량이 300m^3/min, 정압은 60mmH_2O, 소요동력은 6.5HP이다. 모터의 회전수를 400에서 500으로 할 경우 각각 송풍량, 정압, 소요동력은 어떻게 되는지를 구하시오.(6점)

[0402/0903/1303/1502]

[계산식]

- 회전수가 400에서 500으로 증가하였으므로 증가비는 $\frac{500}{400} = 1.25$배 증가하였다.
- 기존 풍량이 300m^3/min이므로 $300 \times 1.25 = 375 m^3$/min가 된다.
- 기존 정압이 60mmH_2O이므로 $60 \times 1.25^2 = 93.75 mmH_2O$이 된다.
- 기존 동력이 6.5HP였으므로 $6.5 \times 1.25^3 = 12.70$HP가 된다.

[정답] 풍량은 375[m^3/min], 정압은 93.75[mmH_2O], 동력은 12.70[HP]

11 직경이 30cm인 덕트에 공기가 100m^3/min으로 흐르고 있다. 현재 표준공기 상태라면 속도압(mmH_2O)은 얼마인지 계산하시오.(5점) [1502]

[계산식]

- $Q=A\times V$를 이용해서 속도를 구한 후 속도압을 구할 수 있다.
- 직경이 0.3m인 덕트의 단면적은 $\frac{\pi\times0.3^2}{4}=0.07065m^2$이다.
- 속도 $V=\frac{Q}{A}=\frac{100m^3/\text{min}}{0.07065m^2}=1,415.428\cdots$m/min으로 m/sec로 바꾸려면 60으로 나눠준다. 23.590…m/sec가 된다.
- 속도압 $VP=\left(\frac{V}{4.043}\right)^2=\left(\frac{23.590\cdots}{4.043}\right)^2=34.0459\cdots mmH_2O$이다.

[정답] 34.05[mmH_2O]

12 21℃, 1기압의 작업장에서 180℃ 건조로 내에 톨루엔(비중 0.87, 분자량 92)이 시간당 0.6L씩 증발한다. LEL은 1.3%이고, LEL의 25% 이하의 농도로 유지하고자 할 때 폭발방지 환기량(m^3/min)을 구하시오.(단, 안전계수(C)는 4이다)(6점) [1301/1302/1502]

[계산식]

- 화재 및 폭발방지를 위한 전체환기량 $Q=\frac{24.1\times S\times W\times C\times10^2}{MW\times LEL\times B}[m^3/\text{min}]$로 구한다.
- 대입하면 $Q=\frac{24.1\times0.87\times(0.6/60)\times4\times10^2}{92\times1.3\times0.7}=1.0017\cdots m^3/\text{min}$이다.
- 온도보정하면 $Q=1.0017\times\frac{273+180}{273+21}=1.5435\cdots m^3/\text{min}$이다.

[정답] 1.54[m^3/min]

13 단면의 장변이 500mm, 단변이 200mm인 장방형 덕트 직관 내를 풍량 240m^3/min의 표준공기가 흐를 때 길이 10m당 압력손실을 구하시오.(단, 마찰계수(λ)은 0.021, 표준공기(21℃)에서 비중량(γ)은 1.2kg/m^3, 중력가속도는 9.8m/s^2이다)(6점) [0701/1201/1203/1403/1502]

[계산식]

- 장방형 직관의 상당직경 $D=\frac{2(ab)}{a+b}=\frac{2(0.5\times0.2)}{0.5+0.2}=0.2857\cdots m$이다.
- 압력손실(ΔP)$=\left(\lambda\times\frac{L}{D}\right)\times VP$로 구한다.

  $Q=A\times V$이므로 $V=\frac{Q}{A}=\frac{240m^3/\text{min}}{0.5m\times0.2m}=2,400m/\text{min}$이다. 이는 40m/sec가 된다.

  $VP=\frac{\gamma\times V^2}{2g}=\frac{1.2\times40^2}{2\times9.8}=97.959\cdots mmH_2O$이다.

- 구해진 값을 대입하면 $\Delta P=0.021\times\frac{10}{0.2857}\times97.959=72.003\cdots mmH_2O$이다.

[정답] 72.00[mmH_2O]

14 공기시료 채취용 pump는 비누거품미터로 보정한다. 1,000cc의 공간에 비누거품이 도달하는데 소요되는 시간을 4번 측정한 결과 25.5초, 25.2초, 25.9초, 25.4초였다. 이 펌프의 평균유량(L/min)을 구하시오.(5점)

[1502]

[계산식]

- 1,000cc 즉, 1L의 용량을 보내는 데 걸린 평균시간은 $\frac{25.5+25.2+25.9+25.4}{4}=25.5$초이다.
- 비례식에 대입하면 1L : 25.5초=x : 60초이므로 $x=\frac{60}{25.5}=2.3529\cdots$L이다. 즉, 분당 2.35L를 보내고 있다.

[정답] 2.35[L/min]

15 어떤 작업장에서 분진의 입경이 10μm, 밀도 1.4g/cm^3 입자의 침강속도(cm/sec)를 구하시오.(단, 공기의 점성계수는 1.78×10^{-4}g/cm · sec, 중력가속도는 980cm/sec^2, 공기밀도는 0.0012g/cm^3이다)(5점)

[1502/2402]

[계산식]

- 입경, 비중 외에 중력가속도, 공기밀도, 점성계수 등이 주어졌으므로 스토크스의 침강속도 식을 이용해서 침강속도를 구하는 문제이다.
- 스토크스의 침강속도 $V=\frac{g\cdot d^2(\rho_1-\rho)}{18\mu}$으로 구한다.
- 대입하면 침강속도 $V=\frac{980cm/sec^2\times(10\times10^{-4})^2(1.4-0.0012)g/cm^3}{18\times1.78\times10^{-4}g/cm\cdot sec}=0.4278\cdots$cm/sec이다.

[정답] 0.43[cm/sec]

16 용접작업 시 작업면 위에 플랜지가 붙은 외부식 후드를 설치하였을 때와 공간에 후드를 설치하였을 때의 필요송풍량을 계산하고, 효율(%)을 구하시오.(단, 제어거리 30cm, 후드의 개구면적 0.8m^2, 제어속도 0.5m/sec)(6점)

[0702/1502/2201]

[계산식]

- 작업대에 부착하며, 플랜지가 있는 외부식 후드의 필요 환기량 $Q=60\times0.5\times V_c(10X^2+A)$로 구한다. 그에 반해 자유공간에 위치하며, 플랜지가 있는 외부식 후드의 필요 환기량 $Q=60\times0.75\times V_c(10X^2+A)$로 구한다.
- 작업대에 부착하는 경우의 필요 환기량 $Q_1=60\times0.5\times0.5(10\times0.3^2+0.8)=25.5m^3$/min이다.
- 자유공간에 위치하는 경우의 필요 환기량 $Q_2=60\times0.75\times0.5(10\times0.3^2+0.8)=38.25m^3$/min이다.
- 효율은 $\frac{Q_2-Q_1}{Q_2}\times100=\frac{38.25-25.5}{38.25}\times100=33.3333\cdots\%$이다.
- 자유공간에 위치하는 경우의 플랜지 부착 외부식 후드가 작업대에 부착하는 것에 비해 33.33% 정도의 송풍량이 증가한다.

[정답] 작업면 위의 후드 송풍량 : 25.5[m^3/min], 공간의 후드 송풍량 : 38.25[m^3/min], 효율 : 33.33[%]

17 활성탄을 이용하여 3시간동안 벤젠을 채취하였다. 활성탄에 0.1L/분의 유량으로 채취하여 분석한 결과 벤젠이 1.5mg이 나왔다. 공기중의 벤젠의 농도(ppm)를 계산하시오.(단, 공시료에서는 벤젠이 검출되지 않았으며, 25℃, 1기압이다)(5점) [1502]

[계산식]

- 공기중의 농도 $= \frac{\text{분석량}}{\text{공기채취량}}$ 으로 구한다.
- 대입하면 $\frac{1.5mg}{0.1L/\text{min} \times 3hr \times 60\text{min}/hr} = 0.08333 \cdots mg/L$이고 이는 $83.33\text{mg}/m^3$과 같다.
- 이를 ppm으로 변환하려면 $\frac{24.45}{78.1}$을 곱해야하므로 $83.33 \times \frac{24.45}{78.1} = 26.0873 \cdots \text{ppm}$이 된다.

[정답] 26.09[ppm]

18 ACGIH의 호흡성 입자상 물질(RPM)의 침착기전을 설명하시오.(4점) [1502]

- 가스교환 부위 즉, 폐포에 침착하여 독성으로 인한 섬유화를 유발하여 진폐증을 발생시킨다.

19 다음 내용이 설명하는 바를 쓰시오.(4점) [1502]

- 대상 먼지와 침강속도가 같고 밀도가 1인, 구형인 먼지의 직경으로 환산된 직경이다.
- 입자의 크기가 입자의 역학적 특성, 즉, 침강속도(setting velocity) 또는 종단속도(terminal velocity)에 의하여 측정되는 입자의 크기를 말한다.
- 입자의 공기 중 운동이나 호흡기 내의 침착기전을 설명할 때 유용하게 사용한다.

- 공기역학적 직경

20 Lippmann 공식을 이용하여 침강속도를 계산(cm/sec)하면 얼마인지 구하시오.(단, 입경 0.0015cm, 밀도 2.7g/cm^3 이다)(5점) [1203/1502]

[계산식]

- Lippmann공식에서 침강속도를 구하면 작업장 높이에 맞는 입자의 침강시간을 구할 수 있다.
- 침강속도$=0.003 \times \rho \times d^2$[cm/sec]이다.
- 0.0015cm는 15μm이므로 대입하면 침강속도는 $0.003 \times 2.7 \times 15^2 = 1.8225\text{cm/sec}$이다.

[정답] 1.82[cm/sec]

2015년 제3회

필답형 기출복원문제

15년 3회차 실기시험

합격률 48.9%

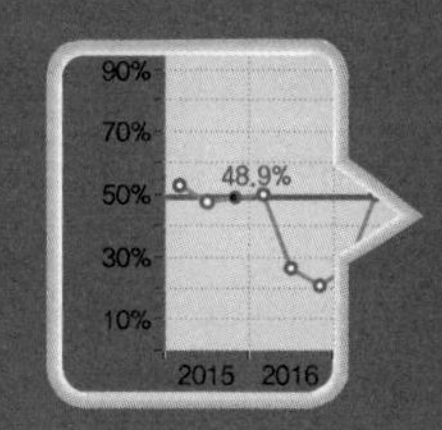

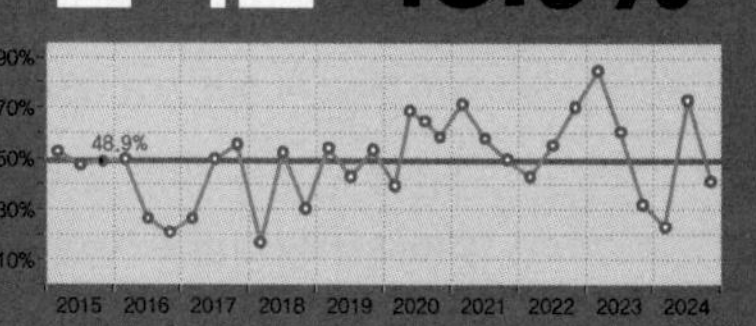

신규문제	5문항	중복문제	11문항

01 관(tube) 내에서 토출되는 공기에 의해 발생하는 취출음의 감소방법을 2가지 쓰시오.(4점) [1503]

① 소음기 부착

② 토출유속 저하

02 송풍관(duct) 내부의 풍속 측정계기 2가지 및 사용상 측정범위를 쓰시오.(4점) [1503]

① 피토관 : 풍속이 3m/sec 초과 시 사용

② 풍차풍속계 : 풍속이 1m/sec 초과 시 사용

03 작업환경 측정 시 동일노출그룹 or 유사노출그룹을 설정하는 목적 3가지를 쓰시오.(6점) [0601/1503]

① 시료채취를 경제적으로 할 수 있다.

② 역학조사 수행시 노출원인 및 농도를 추정한다.

③ 모든 근로자의 노출농도를 평가한다.

④ 작업장에서 모니터링하고 관리해야할 우선적인 그룹을 결정할 수가 있다.

▲해당 답안 중 3가지 선택 기재

04 VOC 처리방법의 종류 2가지와 특징을 간단히 쓰시오.(4점) [1503]

① 직접(불꽃)연소법 : VOC를 연소기 내에서 연소조건을 조절하여 완전연소시키는 방법이다.

② 촉매연소법 : 연소시설 내에 촉매를 사용하여 불꽃없이 산화시키는 방법으로 낮은 온도 및 짧은 체류시간에도 처리가 가능하다.

05 국소배기시설에서 필요송풍량을 최소화하기 위한 방법 4가지를 쓰시오.(4점) [1503/2003]

① 가능한한 오염물질 발생원에 가깝게 설치한다.
② 오염물질 발생특성을 충분히 고려하여 설계한다.
③ 가급적 공정을 많이 포위한다.
④ 공정에서 발생되는 오염물질의 절대량을 감소시킨다.
⑤ 제어속도는 작업조건을 고려해 적절하게 선정한다.
⑥ 작업에 방해가 되지 않도록 설치한다.
⑦ 후드의 개구면에서 기류가 균일하게 분포되도록 설계한다.

▲ 해당 답안 중 4가지 선택 기재

06 여과포집방법에서 여과지 선정 시 구비조건 5가지를 쓰시오.(5점) [1503/2001/2203]

① 포집효율이 높을 것
② 흡인저항은 낮을 것
③ 접거나 구부리더라도 파손되지 않고 찢어지지 않을 것
④ 가볍고 무게의 불균형이 적을 것
⑤ 흡습률이 낮을 것
⑥ 불순물을 함유하지 않을 것

▲ 해당 답안 중 5가지 선택 기재

07 총 압력손실 계산방법 중 저항조절 평형법의 장점과 단점을 각각 2가지씩 쓰시오.(4점) [0803/1201/1503/2102]

가) 장점
① 시설 설치 후 변경에 유연하게 대처 가능하다.
② 설치 후 부적당한 배기유량 조절 가능하다.
③ 최소 설계풍량으로 평형유지가 가능하다.
④ 설계 계산이 간단하다.
⑤ 덕트의 크기를 바꿀 필요가 없어 반송속도를 유지한다.

나) 단점
① 임의로 댐퍼 조정시 평형상태가 깨진다.
② 부분적으로 닫혀진 댐퍼의 부식, 침식 발생한다.
③ 최대저항경로의 선정이 잘못되어도 설계시 발견이 어렵다.
④ 댐퍼가 노출되어 허가되지 않은 조작으로 정상기능을 저해할 수 있다.

▲ 해당 답안 중 각각 2가지씩 선택 기재

08 **송풍기 회전수가 1,200rpm일 때 송풍량은 10m^3/sec, 압력은 830N/m^2이다. 송풍량이 12m^3/sec로 증가할 때 압력(N/m^2)을 구하시오.(5점)** [1103/1503]

[계산식]

- 송풍량이 증가했다는 것은 회전수가 증가함을 의미한다. 송풍량이 1.2배 증가하였으므로 회전수 역시 1,200rpm에서 1,440rpm으로 1.2배 증가하였다.
- 압력은 회전수 비의 제곱에 비례하므로 1.2^2배 증가하게 된다. 즉, $830 \times 1.2^2 = 1{,}195.2\text{N}/m^2$가 된다.

[정답] 압력은 1,195.2[N/m^2]

09 **500Hz 음의 파장(m)을 구하시오.(단, 음속은 340m/sec이다)(5점)** [1403/1503]

[계산식]

- 파장 $\lambda = \frac{C}{f}$로 구한다. 이때 λ는 파장[m], C는 전파일 경우 빛의 속도(3×10^8[m/sec]), 소리일 경우 음속(340m/sec), f는 주파수[Hz]이다.
- 소리의 파장을 구하므로 음속을 적용한다.
- 대입하면 파장 $\lambda = \frac{340}{500} = 0.68\text{m}$가 된다.

[정답] 0.68[m]

10 **다음 조건일 때 실내의 WBGT를 구하시오.(5점)** [1503/2403]

[조건]

- 건구온도 28℃
- 자연습구온도 20℃
- 흑구온도 30℃

[계산식]

- 태양광선이 내리쬐지 않는 실외를 포함하는 장소에서의 WBGT 온도는 0.7×자연습구온도+0.3×흑구온도로 구한다. 그리고 태양광선이 내리쬐는 실외에서의 WBGT 온도는 0.7×자연습구온도+0.2×흑구온도+0.1×건구온도로 구한다.
- 태양광선이 내리쬐지 않는 실내 작업장이므로 대입하면 0.7×20℃+0.3×30℃=23℃가 된다.

[정답] 23[℃]

11 사염화탄소 7,500ppm이 공기중에 존재할 때 공기와 사염화탄소의 유효비중을 소수점 아래 넷째자리까지 구하시오.(단, 공기비중 1.0, 사염화탄소 비중 5.7)(4점) [0602/1001/1503/1802/2101/2402]

[계산식]

• 유효비중은 $\frac{(\text{농도} \times \text{비중}) + (10^6 - \text{농도}) \times \text{공기비중}(1.0)}{10^6}$으로 구한다.

• 대입하면 $\frac{(7,500 \times 5.7) + (10^6 - 7,500) \times 1.0}{10^6} = 1.03525$가 된다.

[정답] 1.0353

12 작업장에서 1일 8시간 작업 시 트리클로로에틸렌의 노출기준은 50ppm이다. 1일 10시간 작업 시 Brief와 Scala의 보정법으로 보정된 노출기준(ppm)을 구하시오.(5점) [1203/1503]

[계산식]

• 보정계수 $RF = \left(\frac{8}{H}\right) \times \left(\frac{24-H}{16}\right)$로 구하고 이를 주어진 TLV값에 곱해서 보정된 노출기준을 구한다.

• 10시간 작업했으므로 대입하면 보정계수 $RF = \left(\frac{8}{10}\right) \times \left(\frac{24-10}{16}\right) = 0.7$이 된다.

• 8시간 작업할 때의 허용농도가 50ppm인데 10시간 작업할 때의 허용농도는 50×0.7=35ppm이 된다.

[정답] 35[ppm]

13 실내 기적이 3,000m^3인 공간에 300명의 근로자가 작업중이다. 1인당 CO_2발생량이 21L/hr, 외기 CO_2농도가 0.03%, 실내 CO_2 농도 허용기준이 0.1%일 때 시간당 공기교환횟수를 구하시오.(5점) [1102/1103/1403/1503]

[계산식]

• 작업장 기적(용적)과 필요환기량이 주어지는 경우의 시간당 공기교환 횟수는 $\frac{\text{필요환기량}(m^3/hr)}{\text{작업장 용적}(m^3)}$으로 구한다.

• 이산화탄소 제거를 목적으로 하는 필요환기량 $Q = \frac{M}{C_s - C_o} \times 100[m^3/hr]$으로 구한다.

• CO_2발생량(m^3/hr)은 $300 \times 21L \div 1,000 = 6.3m^3/hr$이므로 $Q = \frac{6.3}{0.1 - 0.03} \times 100 = 9,000m^3/hr$이다.

• 대입하면 시간당 공기교환횟수는 $\frac{9,000}{3,000} = 3$회이다.

[정답] 시간당 3[회]

14 작업장 내 열부하량은 10,000kcal/h이다. 외기온도는 20℃이고, 작업장 온도는 32℃일 때 전체환기를 위한 필요환기량(m^3/h)이 얼마인지 구하시오.(5점) [1401/1503]

[계산식]

- 발열 시 방열을 위한 필요환기량 $Q[m^3/h] = \frac{H_s}{0.3\Delta t}$로 구한다.
- 대입하면 방열을 위한 필요환기량 $Q = \frac{10,000}{0.3 \times (32-20)} = 2,777.777\cdots m^3/h$이다.

[정답] $2,777.78[m^3/h]$

15 어떤 작업장에서 100dB 30분, 95dB 3시간, 90dB 2시간, 85dB 3시간 30분 노출되었을 때 소음허용기준을 초과했는지의 여부를 판정하시오.(6점) [0703/1503]

[계산식]

- 전체 작업시간 동안 서로 다른 소음수준에 노출될 때의 소음노출지수는 $\left[\frac{C_1}{T_1} + \frac{C_2}{T_2} + \cdots + \frac{C_n}{T_n}\right]$으로 구한다.
- 90dB에서 8시간, 95dB에서 4시간, 100dB에서 2시간이 허용기준이다.(85dB은 허용기준 없음)
- 대입하면 노출지수는 $\frac{2}{8} + \frac{3}{4} + \frac{0.5}{2} + 0 = \frac{2+6+2}{8} = 1.25$가 된다.

[정답] 노출지수는 1.25이고, 1보다 크므로 소음허용기준을 초과한다.

16 56℉, 1기압에서의 공기밀도는 1.18kg/m^3이다. 동일기압, 84℉에서의 공기밀도(kg/m^3)를 구하시오.(단, 소수아래 4째자리에서 반올림하여 3째자리까지 구하시오)(5점) [1503]

[계산식]

- 섭씨온도 $= \frac{5}{9}$[화씨온도(℉) − 32]로 구한다.
- 공기의 밀도는 $\frac{\text{질량}}{\text{부피}}$이고 온도가 올라가면 부피는 늘어나므로 밀도는 온도에 반비례한다.
- 56℉는 $\frac{5}{9}(56-32) = 13.333\cdots$℃이다. 84℉는 $\frac{5}{9}(84-32) = 28.8888\cdots$℃이다.
- 이를 보정하면 $1.18 \times \frac{273 + 13.333\cdots}{273 + 28.8888} = 1.11919\cdots kg/m^3$이 된다.

[정답] $1.119[kg/m^3]$

2016년 제1회

필답형 기출복원문제

16년 1회차 실기시험

합격률 58.7%

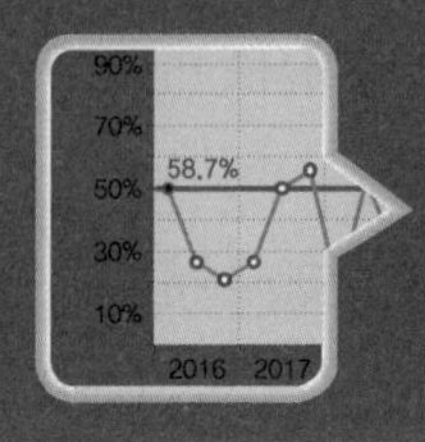

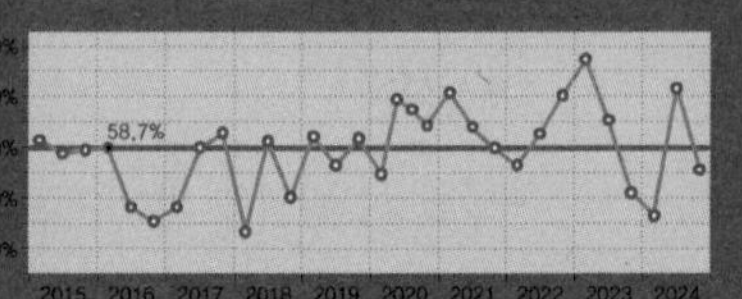

신규문제	7문항	중복문제	12문항

01 작업환경 측정의 목적을 3가지 쓰시오.(6점)

[0603/1601]

① 유해물질에 대한 근로자의 허용기준 초과여부 파악
② 근로자의 유해인자 노출 파악
③ 환기시설의 성능 파악

02 환기시설에서 공기공급시스템이 필요한 이유를 5가지 쓰시오.(5점)

[0502/0701/1303/1601/2003]

① 연료를 절약하기 위해서
② 작업장 내 안전사고를 예방하기 위해서
③ 국소배기장치의 적절하고 효율적인 운영을 위해서
④ 작업장의 교차기류(방해기류)의 생성을 방지하기 위해서
⑤ 외부의 오염된 공기 유입을 방지하기 위해서
⑥ 국소배기장치의 원활한 작동을 위해서

▲ 해당 답안 중 5가지 선택 기재

03 다음 보기의 용어들에 대한 정의를 쓰시오.(6점)

[0601/0801/0902/1002/1401/1601/2003]

① 단위작업장소	② 정확도	③ 정밀도

① 단위작업장소 : 작업환경측정대상이 되는 작업장 또는 공정에서 정상적인 작업을 수행하는 동일 노출집단의 근로자가 작업을 하는 장소
② 정확도 : 분석치가 참값에 얼마나 접근하였는가 하는 수치상의 표현
③ 정밀도 : 일정한 물질에 대해 반복측정 · 분석을 했을 때 나타나는 자료 분석치의 변동크기가 얼마나 작은가를 표현

04 곡관의 압력손실을 결정하는 요인 3가지를 쓰시오.(6점)

[1601]

① 곡률반경비
② 곡관의 크기와 형태
③ 곡관 연결상태

05 산업피로 발생으로 인해 혈액과 소변에 나타나는 현상을 쓰시오.(4점)

[0602/1601/1901/2302]

① 혈액은 혈당치가 낮아지고, 젖산과 탄산량이 증가하여 산혈증이 발생할 수 있다.
② 소변의 양이 줄고, 뇨 내의 단백질 또는 교질물질의 배설량이 증가한다.

06 생물학적 모니터링에서 생체시료 중 호기시료를 잘 사용하지 않는 이유를 2가지 쓰시오.(4점)

[0302/1003/1601]

① 채취시간, 호기상태에 따라 농도가 변화하기 때문
② 수증기에 의한 수분응축의 영향이 있기 때문

07 다음의 공기의 압력과 배기시스템에 관한 설명이다. 틀린 내용의 번호를 모두 쓰고 그 이유를 설명하시오.(4점)

[0701/1203/1601]

① 공기의 흐름은 압력차에 의해 이동하므로 송풍기 입구의 압력은 항상 (+)압이고, 출구의 압력은 (−)압이다.
② 동압(속도압)은 공기가 이동하는 힘이므로 항상 (+)값이다.
③ 정압은 잠재적인 에너지로 공기의 이동에 소요되며 유용한 일을 하므로 (+) 혹은 (−)값을 가질 수 있다.
④ 송풍기 배출구의 압력은 항상 대기압보다 낮아야 한다.
⑤ 후드 내의 압력은 일반작업장의 압력보다 낮아야 한다.

- ①은 송풍기 입구의 압력은 항상 (−)압이고, 출구의 압력은 (+)압이 되어야 한다.
- ④는 송풍기 배출구의 압력은 항상 대기압보다 높아야 한다.

08 ACGIH 입자상 물질의 종류 3가지와 평균입경을 쓰시오.(6점)

[0402/0502/0703/0802/1402/1601/1802/1901/2202]

① 호흡성 : 4μm

② 흉곽성 : 10μm

③ 흡입성 : 100μm

09 염화제2주석이 공기와 반응하여 흰색 연기를 발생시키는 원리이며, 오염물질의 확산이동 관찰에 유용하며 레시버식 후드의 개구부 흡입기류 방향을 확인할 수 있는 측정기를 쓰시오.(4점)

[1601/1602/2103]

- 발연관(smoke tester)

10 고열을 이용하여 유리를 제조하는 작업장에서 작업자가 눈에 통증을 느꼈다. 이때 발생한 물질과 질환(병)의 명칭을 쓰시오.(4점)

[1601]

① 발생 유해물질 : 복사열

② 질환 명칭 : 안질환(각막염, 결막염 등)

11 다음의 (예)에 맞는 (그림)을 바르게 연결하시오.(4점)

[1203/1601/2203]

(예)

① 급성독성물질경고　　② 피부부식성물질경고

③ 호흡기과민성물질경고　　④ 피부자극성 및 과민성물질경고

(그림)

㉠ 

㉡ 

㉢ 

㉣ 

①－㉢

②－㉠

③－㉣

④－㉡

12 **실내에서 톨루엔을 시간당 0.5kg 사용하는 작업장에 전체환기시설 설치 시 필요환기량(m^3/min)을 구하시오.(단, 작업장 21℃, 1기압, 비중 0.87, 분자량 92, TLV 50ppm, 안전계수 5)(5점)** [1601]

[계산식]

- 공기중에 계속 오염물질이 발생하고 있는 경우의 필요환기량 $Q=\frac{G\times K}{TLV}$로 구한다.
- 분자량이 92인 톨루엔을 시간당 0.5kg을 사용하고 있으므로 기체의 발생률 $G=\frac{24.1\times500}{92}=130.978\cdots$L/hr이다.
- ppm=mL/m^3이므로 130.978L/hr=130,978mL/hr이고 이를 대입하면

  필요환기량 $Q=\frac{130,978\times5}{50}=13,097.8\cdots m^3$/hr이다. 구하고자 하는 필요환기량은 분당이므로 60으로 나누면 218.2967m^3/min이 된다.

[정답] 218.30[m^3/min]

13 **관 내경이 0.3m이고, 길이가 30m인 직관의 압력손실(mmH_2O)을 구하시오.(단, 관마찰손실계수는 0.02, 유체 밀도는 1.203kg/m^3, 직관 내 유속은 15m/sec이다)(5점)** [1102/1301/1601/2002]

[계산식]

- 압력손실$(\triangle P)=\left(\lambda\times\frac{L}{D}\right)\times VP$로 구한다.
- 유속과 유체 밀도가 주어졌으므로 $VP=\frac{\gamma\times V^2}{2g}=\frac{1.203\times15^2}{2\times9.8}=13.8099\cdots mmH_2O$이다.
- 구해진 값을 대입하면 $\triangle P=0.02\times\frac{30}{0.3}\times13.8099\cdots=27.6198\cdots mmH_2O$이다.

[정답] 27.62[mmH_2O]

14 **자유공간에 플랜지가 있는 외부식 국소배기장치 후드의 개구면적이 0.6m^2이고, 제어속도는 0.8m/sec, 발생원에서 후드 개구면까지의 거리는 0.5m인 경우 송풍량(m^3/min)을 구하시오.(5점)** [1601]

[계산식]

- 작업대에 부착하며, 플랜지가 있는 외부식 후드의 필요 환기량 $Q=60\times0.5\times V_c(10X^2+A)$로 구한다. 그에 반해 자유공간에 위치하며, 플랜지가 있는 외부식 후드의 필요 환기량 $Q=60\times0.75\times V_c(10X^2+A)$로 구한다.
- 자유공간에 위치하는 경우의 필요 환기량 $Q_2=60\times0.75\times0.8(10\times0.5^2+0.6)=111.6m^3$/min이다.

[정답] 111.6[m^3/min]

15

송풍량이 120m^3/min이고, 덕트 직경이 350mm일 때 동압(mmH_2O)을 구하시오.(단, 공기 밀도는 1.2kg/m^3)(6점) [1601]

[계산식]

- 유량 Q=A×V를 통해 유속을 구하고, 유속 $V=4.043\times\sqrt{VP}$를 이용해 동압(속도압)을 구할 수 있으며, 공기의 밀도가 주어진 경우는 동압(속도압) $VP=\frac{\gamma V^2}{2g}[mmH_2O]$로도 구할 수 있다.
- 단면적 $A=\pi r^2=3.14\times(\frac{0.35}{2})^2=0.0961625m^2$이고 초당 유량은 $2m^3$/sec이다.
- 주어진 값을 대입하면 유속 $V=\frac{2}{0.0961625}=20.798\cdots$m/sec이다.
- 공기의 밀도가 주어진 경우는 속도압 $VP=\frac{1.2\times20.798\cdots^2}{2\times9.81}=26.456\cdots mmH_2O$가 된다.

[정답] 26.46[mmH_2O]

16

송풍기의 소요동력(kW)을 구하시오.(단, 전압력손실은 80mmH_2O, 처리가스량은 3,000m^3/hr, 효율은 0.6, 여유율은 1.2이다)(5점) [1601]

[계산식]

- 소요동력[kW]$=\frac{\text{송풍량}\times\text{전압}}{6,120\times\text{효율}}\times$여유율로 구한다.
- 송풍량이 시간당으로 주어졌으므로 분당으로 바꾸면 3,000m^3/hr=50m^3/min이다.
- 대입하면 소요동력$=\frac{50\times80}{6,120\times0.6}\times1.2=1.307\cdots$kW가 된다.

[정답] 1.31[kW]

17

직경 150mm이고, 관내 유속이 10m/sec일 때 Reynold 수를 구하고 유체의 흐름(층류와 난류)을 판단하시오.(단, 20℃, 1기압, 동점성계수 $1.5\times10^{-5}m^2$/s)(5점) [0503/0702/1001/1601/1801]

[계산식]

- 레이놀즈수(Re)$=\left(\frac{v_s L}{\nu}\right)$로 구할 수 있다.
- 대입하면 레이놀즈수(Re)는 $\frac{10\times0.15}{1.5\times10^{-5}}=100,000$이다.
- 레이놀즈수 Re가 4,000보다 크면 난류이다.

[정답] 레이놀즈수는 100,000이고, 난류이다.

18 공기 중 혼합물로서 벤젠 2.5ppm(TLV : 5ppm), 톨루엔 25ppm(TLV : 50ppm), 크실렌 60ppm(TLV : 100ppm)이 서로 상가작용을 한다고 할 때 허용농도 기준을 초과하는지의 여부와 혼합공기의 허용농도를 구하시오.(6점) [0801/1002/1402/1601/1801/1803/2004/2203/2301]

[계산식]

- 시료의 노출지수는 $\frac{C_1}{TLV_1}+\frac{C_2}{TLV_2}+\cdots+\frac{C_n}{TLV_n}$ 으로 구한다.
- 대입하면 $\frac{2.5}{5}+\frac{25}{50}+\frac{60}{100}=1.6$로 1을 넘었으므로 노출기준을 초과하였다고 판정한다.
- 노출지수가 구해지면 해당 혼합물의 농도는 $\frac{C_1+C_2+\cdots+C_n}{\text{노출지수}}$ [ppm]으로 구할 수 있다.
- 대입하면 혼합물의 농도는 $\frac{2.5+25+60}{1.6}=54.6875\text{ppm}$이다.

[정답] 노출지수는 1.6으로 노출기준을 초과하였으며, 혼합물의 허용농도는 54.69[ppm]이다.

19 위상차현미경을 이용하여 석면시료를 분석하였더니 다음과 같은 결과를 얻었다. 공기 중 석면농도(개/cc)를 구하시오.(6점) [1601]

- 시료 1시야당 3.1개, 공시료 1시야당 0.05개
- 25mm 여과지(유효직경 22.14mm)
- 2.4L/min의 pump로 1.5시간 시료채취

[계산식]

- 단위면적당 섬유밀도 $E=\frac{\left(\frac{F}{n_f}-\frac{B}{n_b}\right)}{A_f}$ [개/mm^2]로 구한다.
- 공기중 석면농도는 섬유밀도를 이용하여 $C=\frac{E\times A_C}{V\times 10^3}$ [개/cc]으로 구한다.
- 시야당 시료의 섬유수와 공시료의 수가 주어졌으므로 대입하면 섬유밀도 $E=\frac{3.1-0.05}{0.00785}=388.535\cdots$개/$mm^2$이다.
- 여과지 유효면적은 $A_C=\frac{\pi\times D^2}{4}=\frac{3.14\times 22.14^2}{4}=384.790\cdots mm^2$이고, 시료공기의 채취량 $V=2.4\times 1.5\times 60=216\text{L/min}$이다. 대입하면 공기 중 석면농도 $C=\frac{388.535\cdots\times 384.790\cdots}{216\times 10^3}=0.692\cdots$개/cc이다.

[정답] 0.69[개/cc]

2016년 제2회

필답형 기출복원문제

16년 2회차 실기시험

합격률 26.0%

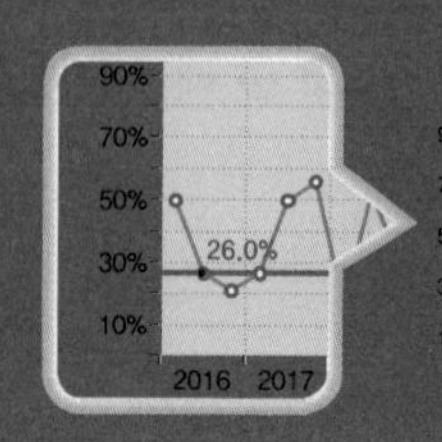

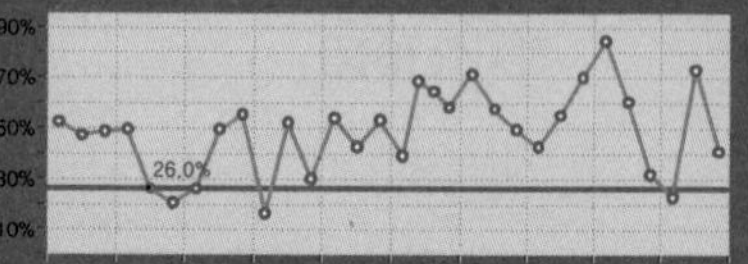

신규문제	5문항	중복문제	15문항

01 ACGIH, NIOSH, TLV의 영문을 쓰고 한글로 정확히 번역하시오.(6점) [0301/1602]

① ACGIH(American Conference of Governmental Industrial Hygienists) : 미국정부산업위생전문가협의회
② NIOSH(National Institute for Occupational Safety and Health) : 미국국립산업안전보건연구원
③ TLV(Threshold Limit Value) : 허용기준

02 보충용 공기(makeup air)의 정의를 쓰시오.(4점) [1602/1702/1903/2102]

• 보충용 공기는 국소배기장치를 통해 배출되는 것과 같은 양의 공기가 외부로부터 보충되는 것을 말하며, 환기시설에 의해 작업장 내에서 배기된 만큼의 공기를 작업장 내로 재공급하는 시스템을 말한다.

03 원심력식 집진시설에서 Blow Down의 정의와 효과 3가지를 쓰시오.(5점) [0501/1602]

가) 정의 : 사이클론의 집진효율을 향상시키기 위한 방법으로 더스트박스 또는 호퍼부에서 처리 가스의 5 ~ 10%를 흡인하여 선회기류의 교란을 방지한다.
나) 효과
① 선회기류의 난류를 억제하여 집진된 먼지의 비산 방지
② 집진효율의 증대
③ 장치 내부의 먼지 퇴적의 억제

04 국소배기시설에 있어서 "null point 이론"에 대해 설명하시오.(4점) [0501/1301/1602]

• null point란 발생원에서 방출된 유해물질이 초기 운동에너지를 상실하여 비산속도가 0이 되는 비산한계점을 말하는데 여기서 null point 이론이란 후드에 필요한 제어속도가 발생원뿐 아니라 이 발생원을 넘어서 유해물질이 초기 운동에너지가 거의 감소된 null point에 이른 유해물질을 흡인할 수 있도록 확대되어야 한다는 이론이다.

05 전체환기방식의 적용조건 4가지를 쓰시오.(4점)

[0301/0503/0702/0801/0902/1101/1203/1501/1602/1803/1901/1902/2002/2003/2004/2103/2201]

① 유해물질의 독성이 비교적 낮을 때
② 동일작업장에서 오염원 다수가 분산되어 있을 때
③ 유해물질이 시간에 따라 균일하게 발생할 경우
④ 유해물질의 발생량이 적은 경우
⑤ 유해물질이 증기나 가스일 경우
⑥ 유해물질의 배출원이 이동성인 경우

▲ 해당 답안 중 4가지 선택 기재

06 염화제2주석이 공기와 반응하여 흰색 연기를 발생시키는 원리이며, 오염물질의 확산이동 관찰에 유용하며 레시버식 후드의 개구부 흡입기류 방향을 확인할 수 있는 측정기를 쓰시오.(4점)

[1601/1602/2103]

• 발연관(smoke tester)

07 다음 ( ) 안에 알맞은 용어를 쓰시오.(4점)

[1602]

> 가스상 물질은 ( ) 정도에 따라 침착되는 부분이 달라진다. 이산화황은 상기도에 침착, 오존 · 이황화탄소는 폐포에 침착된다.

• 용해도(수용성)

08 다음은 전체환기에 대한 설명이다. ( )에 알맞은 내용을 채우시오.(6점)

[1002/1302/1602]

> • 전체환기 중 자연환기는 작업장의 개구부를 통하여 바람이나 작업장 내외의 (①)와 (②) 차이에 의한 (③)으로 행해지는 환기를 말한다.
> • 외부공기와 실내공기와의 압력 차이가 0인 부분의 위치를 (④)라 하며, 환기정도를 좌우하고 높을수록 환기효율이 양호하다.
> • 인공환기(기계환기)는 환기량 조절이 가능하고, 배기법은 오염작업장에 적용하며 실내압을 (⑤)으로 유지한다. 급기법은 청정산업에 적용하며 실내압은 (⑥)으로 유지한다.

① 기온(온도) ② 압력 ③ 대류작용
④ 중성대(NPL) ⑤ 음압 ⑥ 양압

09 생물학적 모니터링시 생체시료 3가지를 쓰시오.(6점) [0401/0802/1602/2301]

① 소변
② 혈액
③ 호기

10 TWA가 설정되어 있는 유해물질 중 STEL이 설정되어 있지 않은 물질인 경우 TWA 외에 단시간 허용농도 상한치를 설정한다. 노출의 상한선과 노출시간 권고사항 2가지를 쓰시오.(4점) [1602]

① TLV−TWA 3배 이상 : 30분 이하 노출 권고
② TLV−TWA 5배 이상 : 잠시라도 노출 금지

11 제조업 근로자의 유해인자에 대한 질병발생률이 2.0이고, 일반인들은 동일 유해인자에 대한 질병발생률이 1.0일 경우 상대위험비를 구하시오.(5점) [1602/2302]

[계산식]

- 상대위험비 = $\frac{\text{노출군에서의발생률}}{\text{비노출군에서의발생률}}$ 이므로 대입하면 $\frac{2.0}{1.0}=2$이다. 1보다 크므로 위험의 증가를 의미한다. 즉, 환자 노출군에 대한 상대위험도가 2라는 것은 노출 환자군은 비노출 환자군에 비하여 질병발생률이 2배라는 것을 의미한다.

[정답] 상대위험비는 2

12 작업장 내에서 톨루엔(M.W 92, TLV 100ppm)을 시간당 1kg 사용하고 있다. 전체환기시설을 설치할 때 필요 환기량(m^3/min)을 구하시오.(단, 작업장은 25℃, 1기압, 혼합계수는 6)(5점) [1403/1602/2003]

[계산식]

- 공기중에 계속 오염물질이 발생하고 있는 경우의 필요환기량 $Q=\frac{G\times K}{TLV}$로 구한다.
- 분자량이 92인 벤젠을 시간당 1,000g을 사용하고 있으므로 기체의 발생률 $G=\frac{24.45\times 1,000}{92}=265.760\cdots$L/hr이다.
- ppm=mL/m^3이므로 265.760L/hr=265,760mL/hr이고 이를 대입하면 필요환기량 $Q=\frac{265,760\times 6}{100}=15,945.6$ m^3/hr이다. 구하고자 하는 필요환기량은 분당이므로 60으로 나누면 265.76m^3/min이 된다.

[정답] 265.76[m^3/min]

13 현재 총 흡음량이 1,000sabins인 작업장에 3,000sabins를 더할 경우 흡음에 의한 실내 소음감소량을 구하시오.(5점) [1602]

[계산식]

- 흡음에 의한 소음감소량 $NR = 10\log\frac{A_2}{A_1}$[dB]으로 구한다.
- 대입하면 $NR = 10\log\left(\frac{4,000}{1,000}\right) = 6.02\cdots$dB이다.

[정답] 6.02[dB]

14 다음 그림과 같은 후드에서 속도압이 20mmH_2O, 후드의 압력손실이 3.68mmH_2O일 때 후드의 유입계수를 구하시오.(5점) [0801/1102/1602/1903]

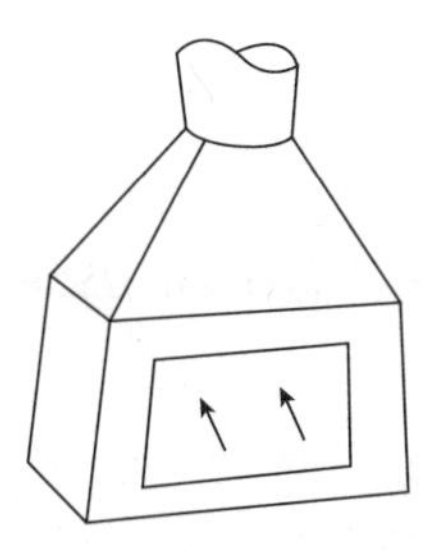

[계산식]

- 유입손실계수(F)$= \frac{1-C_e^2}{C_e^2} = \frac{1}{C_e^2} - 1$이므로 유입계수 $C_e = \sqrt{\frac{1}{1+F}}$이다.
- 유입손실계수$= \frac{\text{유입손실}}{\text{속도압}}$이므로 $\frac{3.68}{20} = 0.184$이다.
- 유입계수 $C_e = \sqrt{\frac{1}{1+0.184}} = 0.9190\cdots$이다.

[정답] 0.92

15 어떤 물질의 독성에 관한 인체실험결과 안전흡수량이 체중 kg당 0.05mg이었다. 체중 75kg인 사람이 1일 8시간 작업 시 이 물질의 체내 흡수를 안전흡수량 이하로 유지하려면 이 물질의 공기 중 농도를 얼마 이하로 규제하여야 하는지를 쓰시오.(단, 작업 시 폐환기율 0.98m^3/hr, 체내잔류율 1.0)(5점)

[1001/1201/1402/1602/2002/2003]

[계산식]

- 안전흡수량=C×T×V×R을 이용한다. (C는 공기 중 농도, T는 작업시간, V는 작업 시 폐환기율, R은 체내잔류율)
- 공기 중 농도$= \frac{\text{안전흡수량}}{T \times V \times R}$이므로 대입하면 $\frac{75 \times 0.05}{8 \times 0.98 \times 1.0} = 0.4783\cdots mg/m^3$가 된다.

[정답] 0.48[mg/m^3]

16 덕트 내 공기유속을 피토관으로 측정한 결과 속도압이 20mmH_2O이었을 경우 덕트 내 유속(m/sec)을 구하시오.(단, 0℃, 1atm의 공기 비중량 1.3kg/m^3, 덕트 내부온도 320℃, 피토관 계수 0.96)(5점)

[1101/1602/2001/2303]

[계산식]

- 피토관의 유속 $V = C\sqrt{\frac{2g \times VP}{\gamma}}$ [m/sec]로 구한다.
- 0℃, 1기압에서 공기 비중이 1.3인데 덕트의 내부온도가 320℃이므로 이를 보정해줘야 한다. 공기의 비중은 절대온도에 반비례하므로 $1.3 \times \frac{273}{(273+320)} = 0.59848\cdots$이므로 대입하면

  피토관의 유속 $V = 0.96\sqrt{\frac{2 \times 9.8 \times 20}{0.59848}} = 24.5691\cdots$m/sec이다.

[정답] 24.57[m/sec]

17 길이 70cm, 높이 10cm인 슬롯 후드가 설치되어 있으며, 유량이 90m^3/min인 경우 속도압(mmH_2O)을 구하시오.(6점)

[1602]

[계산식]

- 풍량 Q=A×V로 구할 수 있다. 속도압을 구해야 하므로 유속을 구해 이를 이용한다.
- 공기비중이 주어지지 않았으므로 $V = 4.043\sqrt{VP}$에서 속도압 $VP = \left(\frac{V}{4.043}\right)^2$으로 구할 수 있다.
- 분당 유량을 초당으로 바꾸면 1.5m^3/sec이므로 대입하면 유속 $V = \frac{Q}{A} = \frac{1.5m^3/\text{sec}}{0.7m \times 0.1m} = 21.4285\cdots$m/sec이다.
- 속도압 $VP = \left(\frac{21.4285}{4.043}\right)^2 = 28.0915\cdots mmH_2O$이다.

[정답] 28.09[mmH_2O]

18 작업장 내 기계의 소음이 각각 94dB, 95dB, 100dB인 경우 합성소음을 구하시오.(5점)

[1403/1602]

[계산식]

- 합성소음[dB(A)] $= 10\log(10^{\frac{SPL_1}{10}} + \cdots + 10^{\frac{SPL_i}{10}})$으로 구할 수 있다.
- 주어진 값을 대입하면 합성소음[dB(A)] $= 10\log(10^{9.4} + 10^{9.5} + 10^{10}) = 101.9518\cdots$dB이다.

[정답] 101.95[dB]

19 다음 조건에서 덕트 내 반송속도(m/sec)와 공기유량(m^3/min)을 구하시오.(6점)

[1301/1402/1602/2401]

- 한 변이 0.3m인 정사각형 덕트
- 덕트 내 정압 30mmH_2O, 전압 45mmH_2O

[계산식]

- 전압=정압+속도압이다.
- 풍량 Q=A×V로 구할 수 있다.
- 전압과 정압이 주어졌으므로 속도압=45−30=15mmH_2O이다.
- 공기비중이 주어지지 않았으므로 $V = 4.043\sqrt{VP}$에 대입하면 $V = 4.043 \times \sqrt{15} = 15.65847\cdots$m/sec이다.
- 대입하면 풍량 Q=0.3×0.3×15.6584⋯×60=84.5557⋯m^3/min이 된다.

[정답] ① 반송속도는 15.66[m/sec]

② 공기유량은 84.56[m^3/min]

20 직경이 100mm(단면적 0.00785m^2), 길이 10m인 직선 아연도금 원형 덕트 내를 유량(송풍량)이 4.2m^3/min인 표준상태의 공기가 통과하고 있다. 속도압 방법에 의한 압력손실(mmH_2O)을 구하시오.(단, 속도압법에서 마찰손실계수(HF)를 계산할 때 상수 a는 0.0155, b는 0.533, c는 0.612로 계산)(6점)

[1201/1602]

[계산식]

- 압력손실($\triangle P$)$= \left(\lambda \times \frac{L}{D}\right) \times VP = HF \times L \times VP$로 구한다.
- 마찰손실계수 $HF = a \times \frac{V^b}{Q^c} = 0.0155 \times \frac{V^{0.533}}{Q^{0.612}}$로 구한다.
- 유량이 4.2m^3/min은 0.07m^3/sec이므로 $Q = A \times V$이므로 $V = \frac{Q}{A} = \frac{0.07m^3/\text{sec}}{0.00785} = 8.9171\cdots$m/sec이다.
- 유량과 유속이 모두 구해졌으므로 마찰손실계수 $HF = 0.0155 \times \frac{8.9171^{0.533}}{0.07^{0.612}} = 0.2532\cdots$이 된다.
- $VP = \left(\frac{V}{4.043}\right)^2$이므로 대입하면 $\left(\frac{8.9171}{4.043}\right)^2 = 4.8645\cdots mmH_2O$가 된다.
- 구해진 값을 대입하면 압력손실($\triangle P$)$= 0.2532 \times 10 \times 4.8645 = 12.3169\cdots mmH_2O$가 된다.

[정답] 12.32[mmH_2O]

2016년 제3회

필답형 기출복원문제

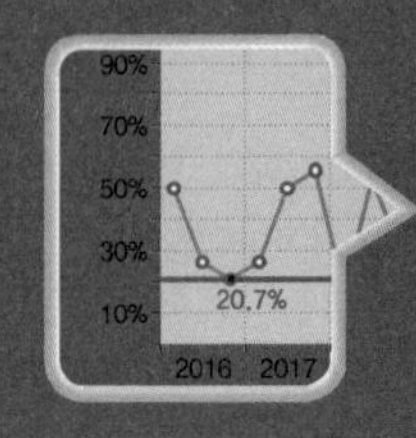

16년 3회차 실기시험

합격률 20.7%

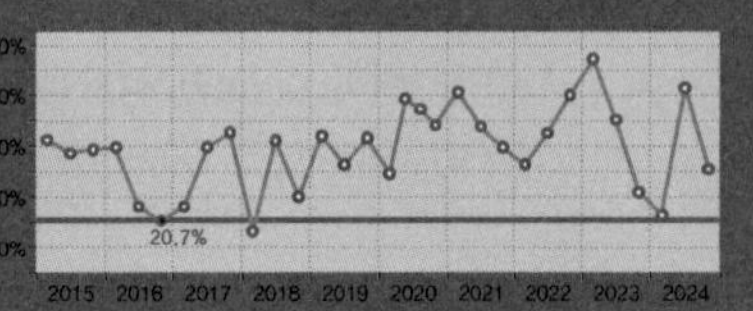

신규문제	7문항	중복문제	13문항

01 고농도 분진이 발생하는 작업장에 대한 환경관리 대책 4가지를 쓰시오.(4점)

[1603/1902/2103]

① 작업공정의 습식화
② 작업장소의 밀폐 또는 포위
③ 국소환기 또는 전체환기
④ 개인보호구의 지급 및 착용

02 다음은 사무실 실내환경에서의 오염물질의 관리기준이다. 빈칸을 채우시오.(단, 해당물질에 대한 단위까지 쓰시오)(6점)

[1603]

이산화탄소(CO_2)	1,000ppm 이하
일산화탄소(CO)	(①) 이하
이산화질소(NO_2)	(②) 이하
라돈	(③) 이하

① 10ppm
② 0.1ppm
③ 148Bq/m^3

03 작업환경 개선의 일반적 기본원칙 4가지를 쓰시오.(4점)

[0803/1603/2302]

① 대치
② 격리
③ 환기
④ 교육

04 벤투리 스크러버(Venturi Scrubber)의 원리를 설명하시오.(4점)

[1302/1603]

- 함진가스가 벤투리관에 도입되면 물방울의 분산과 동시에 심한 난류상태를 만들어 진애입자를 물방울에 충돌 부착시킨 후 사이클론에서 포집하여 원심력으로 분진을 분리한다.

05 **중량물 취급작업 시 허리를 굽히기 보다는 허리를 펴고 다리를 굽히는 방법을 권하고 있다. 중량물 취급작업 시 지켜야 할 가장 중요한 원칙(적용범위)을 2가지 쓰시오.(4점)** [1603]

① 작업공정을 개선하여 운반의 필요성이 없도록 한다.
② 운반횟수(빈도) 및 거리를 최소화, 최단거리화 한다.

06 **비정상적인 작업을 하는 근무자를 위한 허용농도 보정에는 2가지 방법을 사용하는 데 이 중 OSHA 보정방법의 경우 허용농도에 대한 보정이 필요없는 경우를 3가지 제시하시오.(6점)** [1603]

① 천장값(C : Ceiling)으로 되어있는 노출기준
② 가벼운 자극을 유발하는 물질에 대한 노출기준
③ 기술적으로 타당성이 없는 노출기준

07 **귀마개의 장점과 단점을 각각 2가지씩 쓰시오.(4점)** [1603/2001/2301]

가) 장점
① 좁은 장소에서도 사용이 가능하다.
② 부피가 작아서 휴대하기 편리하다.
③ 착용이 간편하다
④ 고온작업 시에도 사용이 가능하다
⑤ 가격이 귀덮개에 비해 저렴하다.

나) 단점
① 외청도를 오염시킬 수 있다.
② 제대로 착용하는 데 시간이 걸린다.
③ 귀에 질병이 있을 경우 착용이 불가능하다.
④ 차음효과가 귀덮개에 비해 떨어진다.

▲ 해당 답안 중 각각 2가지 선택 기재

08 **에틸벤젠(TLV : 100ppm) 작업을 1일 10시간 수행한다. 보정된 허용농도를 구하시오.(단, Brief와 Scala의 보정방법을 적용하시오)(5점)** [0303/0802/0803/1603/2003/2402]

[계산식]

• 보정계수 $RF=\left(\frac{8}{H}\right)\times\left(\frac{24-H}{16}\right)$로 구하고 이를 주어진 TLV값에 곱해서 보정된 노출기준을 구한다.

• 주어진 값을 대입하면 $RF=\left(\frac{8}{10}\right)\times\frac{24-10}{16}=0.7$이다.

• 보정된 허용농도는 $TLV\times RF=100ppm\times 0.7=70ppm$이다.

[정답] 70[ppm]

09 면적이 10m^2인 창문을 음압레벨 120dB인 음파가 통과할 때 이 창을 통과한 음파의 음향파워레벨(W)을 구하시오.(5점) [1603]

[계산식]

- $PWL = 10\log\frac{W}{W_0}$[dB]로 구한다. 여기서 W_0는 기준음향파워로 10^{-12}[W]이다.
- PWL=SPL+10logS로 구한다.
- 면적과 음압레벨(SPL) 120dB이 주어졌으므로 PWL=SPL+10logS를 이용해서 PWL을 구한 후 $PWL = 10\log\frac{W}{W_0}$[dB] 통해서 음향파워 W를 구할 수 있다.
- 대입하면 $PWL = 120 + 10\log 10 = 130$dB이다. 이를 대입하면 $130 = 10\log\frac{W}{10^{-12}}$이므로 $\log\frac{W}{10^{-12}} = 13$ 이므로 $W \times 10^{12} = 10^{13}$이므로 $W = 10$W이다.

[정답] 10[W]

10 근로자가 벤젠을 취급하다가 실수로 작업장 바닥에 1.8L를 흘렸다. 작업장을 표준상태(25℃, 1기압)라고 가정한다면 공기 중으로 증발한 벤젠의 증기용량(L)을 구하시오.(단, 벤젠 분자량 78.11, SG(비중) 0.879이며 바닥의 벤젠은 모두 증발한다)(5점) [0603/1303/1603/2002/2004]

[계산식]

- 흘린 벤젠이 증발하였으므로 액체 상태의 벤젠 부피를 중량으로 변환하여 몰질량에 따른 기체의 부피를 구해야 한다.
- 1.8L의 벤젠을 중량으로 변환하면 1.8L×0.879g/mL×1,000mL/L=1,582.2g이다.
- 몰질량이 78.11g일 때 표준상태 기체는 24.45L 발생하므로 1,582.2g일 때는 $\frac{24.45 \times 1{,}582.2}{78.11} = 495.26$L이다.

[정답] 495.26[L]

11 주관에 분지관이 있는 합류관에서 합류관의 각도에 따라 압력손실이 발생한다. 합류관의 유입각도가 90°에서 30°로 변경될 경우 압력손실은 얼마나 감소하는지 구하시오.(동압이 10mmAq, 90°일 때 압력손실계수 : 1.00, 30°일 때 압력손실계수 : 0.18)(5점) [0502/1603/1903]

[계산식]

- 유입손실계수는 $\Delta\frac{P}{VP} = \frac{\text{압력손실}}{\text{속도압(동압)}}$이므로 압력손실(mmAq)=압력손실계수×속도압으로 구할 수 있다.
- 90°에서의 압력손실=1.00×10=10mmAq이다.
- 30°에서의 압력손실=0.18×10=1.8mmAq이다.
- 압력손실의 감소값은 10−1.8=8.2mmAq이다.

[정답] 8.2[mmAq]

12 1m×0.6m의 개구면을 갖는 후드를 통해 20m^3/min의 혼합공기가 덕트로 유입되도록 하는 덕트의 직경(cm)을 정수로 구하시오.(단, 시판되는 덕트의 직경은 1cm 간격이고, 최소 덕트 운반속도는 1,000m/min이다)(5점)

[0502/1603]

[계산식]

- 풍량 Q=A×V로 구할 수 있다.
- 공기의 풍량과 운반속도가 주어졌으므로 덕트의 단면적을 구할 수 있다.
- 대입하면 단면적 $A=\frac{Q}{V}=\frac{20m^3/\text{min}}{1,000m/\text{min}}=0.02m^2$이 된다.
- 덕트의 단면적 $A=\frac{\pi\times D^2}{4}=0.02$이므로 덕트의 직경 $D=\sqrt{\frac{4\times0.02}{\pi}}=0.1596$m이다. 덕트의 직경은 1cm 단위이므로 15.96cm는 16cm가 된다.

[정답] 16[cm]

13 어떤 작업장에 입자의 직경이 2μm, 비중 2.5인 입자상 물질이 있다. 작업장의 높이가 3m일 때 모든 입자가 바닥에 가라앉은 후 청소를 하려고 하면 몇 분 후에 시작하여야 하는지를 구하시오.(5점) [0302/1103/1603]

[계산식]

- Lippmann공식에서 침강속도를 구하면 작업장 높이에 맞는 입자의 침강시간을 구할 수 있다.
- 침강속도=$0.003\times\rho\times d^2$[cm/sec]으로 구한다.
- 주어진 값을 대입하면 침강속도는 $0.003\times2.5\times2^2=0.03$cm/sec이다.
- 침강시간은 $\frac{300}{0.03}$이므로 10,000초가 된다. 10,000초는 166.67분이다.

[정답] 166.67[min]

14 어떤 작업장에서 분진의 입경이 30μm, 밀도 5g/cm^3 입자의 침강속도(cm/sec)를 구하시오.(단, 공기의 점성계수는 1.78×10^{-4}g/cm · sec, 중력가속도는 980cm/sec^2, 공기밀도는 0.001293g/cm^3이다)(5점) [1603]

[계산식]

- 스토크스의 침강속도 $V=\frac{g\cdot d^2(\rho_1-\rho)}{18\mu}$으로 구한다.
- 대입하면 침강속도 $V=\frac{980cm/sec^2\times(30\times10^{-4})^2(5-0.001293)g/cm^3}{18\times1.78\times10^{-4}g/cm\cdot \text{sec}}=13.760\cdots$cm/sec이다.

[정답] 13.76[cm/sec]

15 주물공장에서 발생되는 분진을 유리섬유필터를 이용하여 측정하고자 한다. 측정 전 유리섬유필터의 무게는 0.5mg이었으며, 개인 시료채취기를 이용하여 분당 2L의 유량으로 120분간 측정하여 건조시킨 후 중량을 분석하였더니 필터의 무게가 2mg이었다. 이 작업장의 분진농도(mg/m^3)를 구하시오.(6점) [1603/2101]

[계산식]

- 농도 $C = \dfrac{(W' - W) - (B' - B)}{V}$로 구한다.
- 공시료가 0이므로 주어진 값을 대입하면 농도 $C = \dfrac{(2-0.5)mg}{2L/\text{min} \times 120\text{min}} = \dfrac{1.5mg}{0.24m^3} = 6.25mg/m^3$이 된다.

[정답] 6.25[mg/m^3]

16 저용량 에어 샘플러를 이용해 시료를 채취한 결과 납의 정량치는 15μg이고, 총 흡인유량이 300L일 때 공기 중 납의 농도(mg/m^3)를 구하시오.(단, 회수율은 95%로 가정한다)(5점) [1401/1603]

[계산식]

- 채취된 시료의 무게는 15μg이고 이는 0.015mg이다.
- 공기채취량은 300L 즉, 0.30m^3이고, 회수율은 공기채취량에 관련된 값이므로 이를 곱하면 0.30×0.95=0.285 m^3이다.
- 농도는 $\dfrac{0.015}{0.285} = 0.0526\cdots$mg/$m^3$이다.

[정답] 0.05[mg/m^3]

17 실내공간이 1,500m^3인 작업장에 벤젠 4L가 모두 증발하였다면 작업장의 벤젠 농도(ppm)를 구하시오.(단, 벤젠의 비중은 0.88, 분자량은 78, 21℃, 1기압)(5점) [0803/1203/1603]

[계산식]

- 비중이 주어졌으므로 부피와 곱할 경우 질량을 구할 수 있다.
- 4L는 4,000mL이고 이를 비중과 곱하면 4,000mL×0.88g/mL=3,520g이다. 이것이 실내공간에 들어찼으므로 농도는 $\dfrac{3520g \times 1,000mg/g}{1,500m^3} = 2,346.666\cdots mg/m^3$이 된다.
- 이를 ppm으로 변환하면 $2,346.666\cdots \times \dfrac{24.1}{78} = 725.0598\cdots$ppm이 된다.

[정답] 725.06[ppm]

18 톨루엔(비중 0.9, 분자량 92.13)이 시간당 0.36L씩 증발하는 공정에서 다음 조건을 참고하여 폭발방지 환기량(m^3/min)을 구하시오.(6점)

[1003/1103/1303/1603]

[조건]

- 공정온도 80℃
- 폭발하한계 5vol%
- 온도에 따른 상수 1
- 안전계수 10

[계산식]

- 화재 및 폭발방지를 위한 전체환기량 $Q=\frac{24.1\times S\times W\times C\times 10^2}{MW\times LEL\times B}[m^3/\text{min}]$로 구한다.
- 온도가 80℃이므로 B는 1.0이다. 대입하면 $Q=\frac{24.1\times 0.9\times(0.36/60)\times 10\times 10^2}{92.13\times 5\times 1}=0.2825\cdots m^3/\text{min}$이다.
- 온도를 보정하면 $0.2825\cdots\times\frac{273+80}{273+21}=0.3392\cdots m^3/\text{min}$이 된다.

[정답] 0.34[m^3/min]

19 공기의 조성비가 다음 표와 같을 때 공기의 밀도(kg/m^3)를 구하시오.(단, 25℃, 1기압)(5점)

[1001/1103/1603/1703/2002]

질소	산소	수증기	이산화탄소
78%	21%	0.5%	0.3%

[계산식]

- 공기의 평균분자량은 각 성분가스의 분자량×체적분율의 합이다.
- 질소의 분자량(28), 산소의 분자량(32), 수증기의 분자량(18), 이산화탄소의 분자량(44)이다.
- 주어진 값을 대입하면 공기의 평균분자량=$28\times 0.78+32\times 0.21+18\times 0.005+44\times 0.003=28.782$g이다.
- 공기밀도=$\frac{\text{질량}}{\text{부피}}$로 구한다.
- 주어진 값을 대입하면 $\frac{28.782}{24.45}=1.177\cdots$g/L이다. 이는 kg/$m^3$단위와 같다.

[정답] 1.18[kg/m^3]

20 먼지가 발생하는 작업장에 설치된 후드가 200m^3/min의 필요환기량으로 배기하도록 설계되어 있다. 설치와 동시에 측정된 후드의 정압(SPh_1)은 60mmH_2O였고, 3개월 후 측정된 후드의 정압(SPh_2)은 15.2mmH_2O였다. 다음 물음에 답하시오.(6점) [1603]

> 1) 현재 후드에서 배기하는 변화된 필요환기량을 구하시오.
> 2) 후드의 정압이 감소하게 된 원인을 후드에서 찾아 2가지 쓰시오.

[계산식]

- 정압의 비는 송풍량의 제곱의 비와 같다. 즉, 정압의 비가 $\frac{SPh_2}{SPh_1}=\frac{15.2}{60}=0.25333\cdots$ 배이므로 송풍량의 비는 $\sqrt{0.25333\cdots}=0.50332\cdots$배가 된다. 즉, 3개월 후의 필요환기량은 $200\times0.50332\cdots=100.664\cdots m^3/\text{min}$이 된다.

[정답] 1) 100.66[m^3/min]

2) 정압 감소의 원인

① 후드 가까이에 장애물 존재

② 후드의 형식이 작업조건에 부적합

2017년 제1회

필답형 기출복원문제

17년 1회차 실기시험

합격률 26.4%

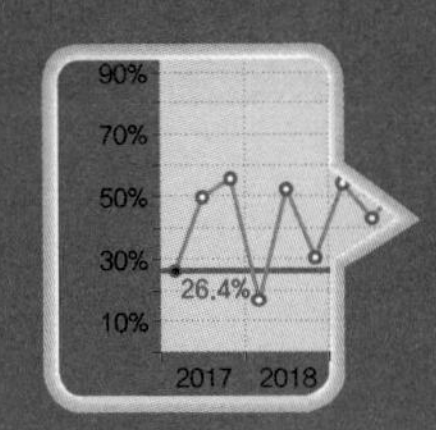

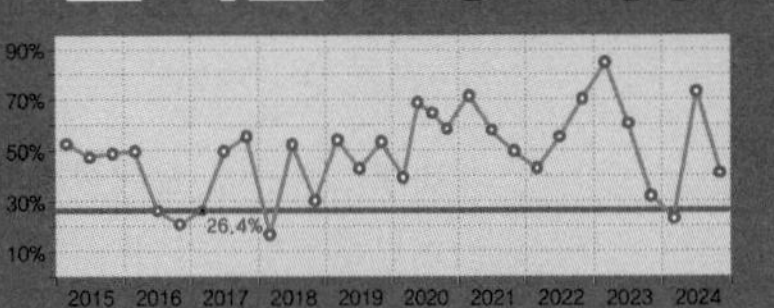

신규문제	7문항	중복문제	12문항

01 중심속도가 6m/sec일 때 평균속도(m/sec)를 구하시오.(단, 덕트반경을 R_o라 할 때 평균속도에 해당하는 반경 R은 0.762R_o이다)(5점) [1701]

[계산식]

- 레이놀즈수 100,000 이하의 난류에서 평균속도$=\frac{R}{R_o}\times$중심속도로 구한다.
- 대입하면 $0.762\times6=4.572$m/sec이다.

[정답] 4.57[m/sec]

02 인체 내 방어기전 중 대식세포의 기능에 손상을 주는 물질을 3가지 쓰시오.(6점) [1701]

① 석면
② 유리섬유
③ 다량의 박테리아

03 주물공정에서 근로자에게 노출되는 호흡성 분진을 추정하고자 한다. 이때 호흡성 분진의 정의와 추정하는 목적을 기술하시오.(단, 정의는 ACGIH에서 제시한 평균 입자의 크기를 예를 들어 설명하시오)(4점) [0701/1701]

① 정의 : 평균입경이 4μm로 폐포에 침착시 유해한 물질이다.
② 목적 : 호흡성 분진이 폐에 들어가면 독성으로 인한 섬유화를 일으켜 진폐증을 유발하는 것을 측정하기 위해서이다.

04 먼지의 공기역학적 직경의 정의를 쓰시오.(4점) [0603/0703/0901/1101/1402/1701/1803/1903/2302/2402]

- 공기역학적 직경이란 대상 먼지와 침강속도가 같고, 밀도가 1이며 구형인 먼지의 직경으로 환산하여 표현하는 입자상 물질의 직경으로 입자의 공기중 운동이나 호흡기 내의 침착기전을 설명할 때 유용하게 사용된다.

05 외부식 후드 중 오염원이 외부에 있고, 송풍기의 흡인력을 이용하여 유해물질의 발생원에서 후드 내로 흡인하는 형식을 3가지 쓰고, 각각의 적용작업을 1가지씩 쓰시오.(6점) [1701]

① 슬롯형 : 도금작업
② 루바형 : 주물에 모래털기작업
③ 그리드형 : 도장작업

06 인체의 고온순화(순응)의 매커니즘 4가지를 쓰시오.(4점) [0501/1701]

① 체표면에 있는 한선의 수가 증가한다.
② 위액분비가 줄고 산도가 감소하여 식욕부진, 소화불량을 유발한다.
③ 알도스테론의 분비가 증가되어 염분의 배설량이 억제된다.
④ 간기능이 저하되고 콜레스테롤과 콜레스테롤 에스터의 비가 감소한다.
⑤ 교감신경에 의해 피부혈관이 확장되고 피부온도가 상승한다.
⑥ 발한과 호흡촉진, 수분의 부족상태가 발생한다.
⑦ 혈중의 염분량이 현저히 감소한다.

▲ 해당 답안 중 4가지 선택 기재

07 오염물질이 고체 흡착관의 앞층에 포화된 다음 뒷층에 흡착되기 시작하며 기류를 따라 흡착관을 빠져나가는 현상을 무슨 현상이라 하는가?(4점) [0802/1701/2001]

• 파과현상

08 기류를 냉각시켜 기류를 측정하는 풍속계의 종류를 2가지 쓰시오.(4점) [1701]

① 카타온도계
② 열선풍속계

09 공기기류 흐름의 방향에 따른 송풍기의 종류를 2가지 쓰시오.(4점) [0403/1701]

① 원심력 송풍기
② 축류 송풍기

10 분진이 많이 발생되는 작업장에 여과집진기가 있는 국소배기장치를 설치하여 초기 송풍기의 정압을 측정하였더니 200mmH_2O였다. 설치 2년 후 측정해보니 송풍기의 정압이 450mmH_2O로 증가되었다. 추가로 설치한 후드가 없었다고 할 때 국소배기시스템의 송풍기의 정압이 증가(제어풍속이 저하)된 이유 2가지를 쓰시오.(4점)

[0901/1003/1701]

① 여과집진기의 분진 퇴적
② 덕트계통의 분진 퇴적
③ 후드의 댐퍼 닫힘
▲해당 답안 중 2가지 선택 기재

11 다음 용어에 대해서 설명하시오.(4점)

[1701]

① 정압　　　② 동압

① 정압이란 밀폐된 공간(duct) 내에서 사방으로 동일하게 미치는 압력을 말한다. 모든 방향에서 동일한 압력이며 송풍기 앞에서는 음압, 송풍기 뒤에서는 양압이다.
② 동압이란 공기의 흐름방향으로 미치는 압력을 말한다. 단위 체적의 유체가 갖는 운동에너지로 항상 양압을 갖는다.

12 외부식 원형후드이며, 후드의 단면적은 0.5m^2이다. 제어속도가 0.5m/sec이고, 후드와 발생원과의 거리가 1m인 경우 다음을 계산하시오.(6점)

[1701/2003]

1) 플랜지가 없을 때 필요환기량(m^3/min)
2) 플랜지가 있을 때 필요환기량(m^3/min)

[계산식]
- 외부식 원형(장방형)후드가 자유공간에 위치할 때 Q는 필요환기량(m^3/min), V_c는 제어속도(m/sec), X는 후드와 발생원과의 거리(m), A는 개구면적(m^2)라고 하면
  플랜지를 미부착한 경우의 필요환기량 $Q=60\times V_c(10X^2+A)$로 구한다.
  플랜지를 부착한 경우의 필요환기량 $Q=60\times 0.75\times V_c(10X^2+A)$로 구한다.
  즉, 플랜지를 미부착한 경우보다 송풍량이 25% 덜 필요하게 된다.
- 플랜지 미부착의 경우 대입하면 $Q=60\times 0.5(10\times 1^2+0.5)=315m^3/\text{min}$이다.
- 플랜지 부착의 경우는 315의 75%에 해당하므로 236.25m^3/min이고, 대입해서 계산해 보면
  $Q=60\times 0.75\times 0.5(10\times 1^2+0.5)=236.25m^3/\text{min}$이다.

[정답] 1) 315[m^3/min]　　　2) 236.25[m^3/min]

13 두 대가 연결된 집진기의 전체효율이 96%이고, 두 번째 집진기 효율이 85%일 때 첫 번째 집진기의 효율을 계산하시오.(5점)

[0702/1701/2003]

[계산식]

- 전체 포집효율 $\eta_T = \eta_1 + \eta_2(1-\eta_1)$로 구한다. 전체 포집효율과 두 번째 집진기의 효율은 알고 있으므로 첫 번째 집진기 효율 $\eta_1 = \frac{\eta_T - \eta_2}{1-\eta_2}$로 구할 수 있다.
- 대입하면 $\eta_1 = \frac{0.96-0.85}{1-0.85} = \frac{0.11}{0.15} = 0.7333\cdots$로 73.33%에 해당한다.

[정답] 73.33[%]

14 가로 40cm, 세로 20cm의 장방형 후드가 직경 20cm 원형덕트에 연결되어 있다. 다음 물음에 답하시오.(6점)

[1701/2002/2203]

> ① 플랜지의 최소 폭(cm)을 구하시오.
> ② 플랜지가 있는 경우 플랜지가 없는 경우에 비해 송풍량이 몇 % 감소되는지 쓰시오.

[계산식]

- 플랜지의 최소 폭(W)은 단면적(A)의 제곱근으로 한다. 즉, $W = \sqrt{A}$이므로 대입하면 $W = \sqrt{0.4 \times 0.2} = 0.2828\cdots$ m로 28.28cm 이상이어야 한다.
- 외부식 원형(장방형)후드가 자유공간에 위치할 때 Q는 필요환기량(m^3/min), V_c는 제어속도(m/sec), X는 후드와 발생원과의 거리(m), A는 개구면적(m^2)라고 하면
  플랜지를 미부착한 경우의 필요환기량 $Q = 60 \times V_c(10X^2 + A)$로 구한다.
  플랜지를 부착한 경우의 필요환기량 $Q = 60 \times 0.75 \times V_c(10X^2 + A)$로 구한다.
  즉, 플랜지를 미부착한 경우보다 송풍량이 25% 덜 필요하게 된다.

[정답] ① 28.28[cm] ② 25[%] 감소

15 중심주파수가 600Hz일 때 밴드의 주파수 범위(하한주파수 ~ 상한주파수)를 계산하시오.(단, 1/1 옥타브 밴드 기준)(5점)

[0601/0902/1401/1501/1701]

[계산식]

- 1/1 옥타브 밴드 분석시 $\frac{fu}{fl} = 2$, $fc = \sqrt{fl \times fu} = \sqrt{2}fl$로 구한다.
- fc가 600Hz이므로 하한주파수는 $\frac{600}{\sqrt{2}} = 424.264\cdots$Hz이다. 상한주파수는 424.264×2=848.528Hz이다.
- 따라서 주파수 범위는 424.264 ~ 848.528Hz이다.

[정답] 424.26 ~ 848.53[Hz]

16 어떤 작업장에서 근로자가 95dB에서 2시간, 90dB에서 3시간 노출되었고 나머지 시간은 90dB 미만이었을 때 소음허용기준을 초과했는지의 여부를 판정하시오.(5점) [1701]

[계산식]

- 전체 작업시간 동안 서로 다른 소음수준에 노출될 때의 소음노출지수는 $\left[\frac{C_1}{T_1}+\frac{C_2}{T_2}+\cdots+\frac{C_n}{T_n}\right]$으로 구한다.
- 90dB에서 8시간, 95dB에서 4시간이 허용기준이다.
- 대입하면 노출지수는 $\frac{3}{8}+\frac{2}{4}+0=\frac{3+4}{8}=0.875$이므로 소음허용기준 미만에 해당한다.

[정답] 노출지수는 0.875로 소음허용기준 미만에 해당한다.

17 작업장에서 tetrachloroethylene(폐흡수율 75%, TLV−TWA 25ppm, M.W 165.80)을 사용하고 있다. 체중 70kg의 근로자가 중노동(호흡률 1.47m^3/hr)을 2시간, 경노동(호흡율 0.98m^3/hr)을 6시간 하였다. 작업장에 폭로된 농도는 22.5ppm이었다면 이 근로자의 kg당 하루 폭로량(mg/kg)을 구하시오.(단, 온도=25℃ 기준)(5점) [0601/1701]

[계산식]

- 공기 중 농도 C는 22.5ppm이므로 이를 mg/m^3으로 변환하면 25℃에서의 기체 1몰의 부피는 24.45L이고, 분자량은 165.80이므로 대입하면 $22.5\times\frac{165.80}{24.45}=152.576\cdots$mg/$m^3$이 된다.
- 안전흡수량=C×T×V×R로 구한다. (C는 공기 중 농도, T는 작업시간, V는 작업 시 폐환기율, R은 체내잔류율)
- 대입하면 경노동의 경우 152.58mg/m^3×6시간×0.98m^3/hr×0.75=672.88mg이다.
- 대입하면 중노동의 경우 152.58mg/m^3×2시간×1.47m^3/hr×0.75=336.44mg이다.
- 총 흡수량은 672.88+336.44=1,009.32mg이다.
- kg당 근로자의 하루 폭로량은 $\frac{1{,}009.32}{70}=14.4188\cdots$mg/kg이다.

[정답] 14.42[mg/kg]

18 사염화에틸렌을 이용하여 금속제품의 기름때를 제거하는 작업을 하는 작업장이다. 사염화에틸렌의 비중은 5.7로 공기(1.0)에 비해 훨씬 무거워 세척조에서 발생하는 사염화에틸렌의 증기로부터 근로자를 보호하기 위하여 설치된 국소배기장치의 후드 위치가 세척조 아래인 작업장 바닥이 아니라 세척조 개구면의 위쪽으로 설치된 이유를 유효비중을 이용하여 설명하시오.(단, 사염화에틸렌 10,000ppm)(5점) [1701]

- 작업장의 유효비중은 $\frac{(5.7\times10{,}000)+(1{,}000{,}000-10{,}000)}{1{,}000{,}000}=1.047$이다.
- 즉, 해당 작업장의 유효비중은 1.047로 공기에 비해 약간 무거운 정도이다. 이런 소량의 증기유효비중은 쉽게 바닥에 가라앉지 않는다. 환기시설 설계 시 후드의 설치 위치는 오염물질의 비중만 고려하여서는 안되고 작업장의 유효비중을 고려하여 선정하여야 한다.

19 길이 5m, 폭 3m, 높이 2m인 작업장이다. 천장, 벽면, 바닥의 흡음률은 각각 0.1, 0.05, 0.2일 때 다음 물음에 답하시오.(6점) [1301/1701]

> ① 총 흡음량을 구하시오(특히, 단위를 정확하게 표시하시오)
> ② 천장, 벽면의 흡음률을 0.3, 0.2로 증가할 때 실내소음 저감량(dB)을 구하시오.

[계산식]

① 총 흡음량(A)

- 총 흡음량 A[m^2sabins]$=\bar{\alpha}\times S$으로 구한다. 이때 $\bar{\alpha}$는 단위면적당 흡음량, S는 총면적[m^2]이다.

  단위면적당 흡음량 $\bar{\alpha}=\dfrac{\sum(\text{흡음률}*\text{면적})}{S}$로 구한다.

  대입하면 $\bar{\alpha}=\dfrac{(5\times3\times0.1)+(2\times5\times2\times0.05)+(2\times3\times2\times0.05)+(5\times3\times0.2)}{(5\times3)+(2\times5\times2)+(2\times3\times2)+(5\times3)}=0.09838\cdots$이다.

- 면적은 천장+벽+바닥$=(5\times3)+(2\times5\times2)+(2\times3\times2)+(5\times3)=62m^2$이다.

  대입하면 총 흡음량 A$=0.09838\cdots\times62=6.1m^2$sabins가 된다.

② 소음저감량

- 흡음에 의한 소음감소량 NR$=10\log\dfrac{A_2}{A_1}$[dB]으로 구한다.

- 처리 전 총 흡음량은 6.1m^2sabins이므로 처리 후 총흡음량을 구한다.

  입하면 $\bar{\alpha}=\dfrac{(5\times3\times0.3)+(2\times5\times2\times0.2)+(2\times3\times2\times0.2)+(5\times3\times0.2)}{(5\times3)+(2\times5\times2)+(2\times3\times2)+(5\times3)}=0.2241\cdots$이다.

  대입하면 총 흡음량 A$=0.2241\cdots\times62=13.9m^2$sabins가 된다.

- 흡음에 의한 소음감소량 NR$=10\log\dfrac{13.9}{6.1}=3.5768\cdots$dB이 된다.

[정답] ① 6.1[m^2sabins] ② 3.58[dB]

2017년 제2회

필답형 기출복원문제

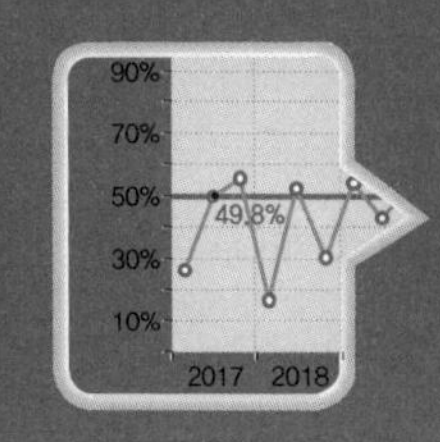

17년 2회차 실기시험

합격률 49.8%

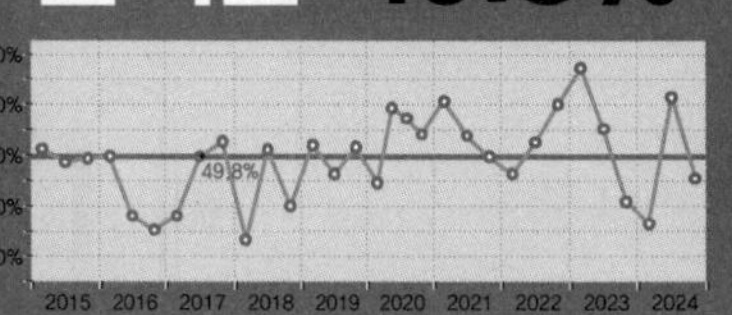

신규문제	3문항	중복문제	16문항

01 덕트 내 분진이송 시 반송속도를 결정하는 데 고려해야 하는 인자를 4가지 쓰시오.(4점) [1702/2001]

① 덕트의 직경
② 유해물질의 비중
③ 유해물질의 입경
④ 유해물질의 수분함량

02 허용기준 중 TLV－C를 설명하시오.(4점) [0703/1702]

• 근로자가 1일 작업시간 동안 잠시라도 노출되어서는 안 되는 최고 허용농도로 최고허용농도(Ceiling 농도)라 한다.

03 다음 각 단체의 허용기준을 나타내는 용어를 쓰시오.(3점) [1101/1702]

① OSHA	② ACGIH	③ NIOSH

① PEL
② TLV
③ REL

04 국소배기장치를 통해 배출되는 것과 같은 양의 공기가 외부로부터 보충되는 것을 말하며, 환기시설에 의해 작업장 내에서 배기된 만큼의 공기를 작업장 내로 재공급하는 시스템을 무엇이라고 하는지 쓰시오.(4점) [1602/1702/1903/2102]

• 보충용 공기(makeup air)

05 덕트 내의 전압, 정압, 속도압을 피토튜브로 측정하려고 한다. 그림에서 전압, 정압, 속도압을 찾고 그 값을 구하시오.(6점) [0301/0803/1201/1403/1702/1802/2002]

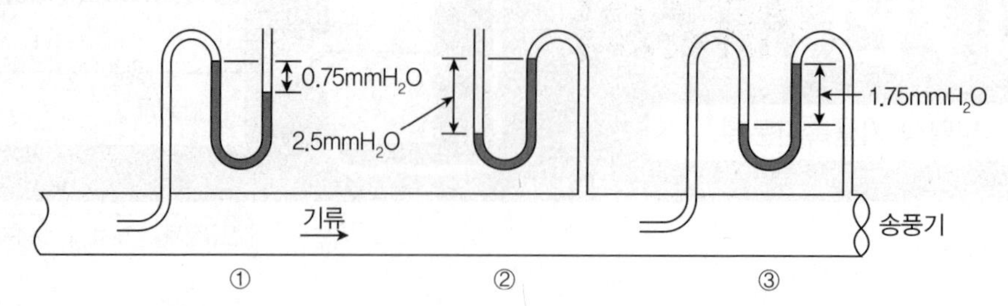

① 전압 : $-0.75[mmH_2O]$

② 정압 : $-2.5[mmH_2O]$

③ 동압 : $1.75[mmH_2O]$

06 다음 중 파과와 관련하여 틀린 내용을 찾아 바르게 고치시오.(6점) [1702]

① 작업환경 측정 시 많이 사용하는 흡착관은 앞층 100mg, 뒷층 50mg이다.
② 앞층과 뒷층으로 구분되어 있는 이유는 파과현상으로 인한 오염물질의 과소평가를 방지하기 위함이다.
③ 일반적으로 앞층의 5/10 이상이 뒷층으로 넘어가면 파과가 일어났다고 한다.
④ 파과가 일어났다는 것은 시료채취가 잘 이루어지는 것이다.
⑤ 습도와 비극성은 상관있고, 극성은 상관없다.

③ 일반적으로 앞층의 1/10 이상이 뒷층으로 넘어가면 파과가 일어났다고 한다.

④ 파과가 일어났다는 것은 유해물질의 농도를 과소평가할 우려가 있어 시료채취가 잘 이루어졌다고 할 수 없다.

⑤ 극성은 습도가 높을수록 파과가 일어나기 쉽고, 비극성은 상관없다.

07 작업장 내의 열부하량은 25,000kcal/h이다. 외기온도는 20℃이고, 작업장 온도는 35℃일 때 전체환기를 위한 필요환기량(m^3/h)이 얼마인지 구하시오.(5점) [0903/1302/1702/2403]

[계산식]

- 발열 시 방열을 위한 필요환기량 $Q[m^3/h] = \frac{H_s}{0.3\Delta t}$로 구한다.
- 대입하면 방열을 위한 필요환기량 $Q = \frac{25,000}{0.3 \times (35-20)} = 5,555.555\cdots m^3/h$이다.

[정답] $5,555.56[m^3/h]$

08 작업장 내에 20명의 근로자가 작업 중이다. 1인당 이산화탄소의 발생량이 40L/hr이다. 실내 이산화탄소 농도 허용기준이 700ppm일 때 필요환기량(m^3/hr)을 구하시오.(단 외기 CO_2의 농도는 400ppm)(6점)

[1702/2003]

[계산식]

- 이산화탄소 제거를 목적으로 하는 필요 환기량 $Q=\frac{M}{C_s-C_o}\times100[m^3/hr]$으로 구한다.
- CO_2발생량=20인×40L/hr이므로 시간당 800L 즉, 0.8m^3을 말한다.
- 실내 허용기준 700ppm$=700\times10^{-6}=7\times10^{-4}=0.0007$을 의미하므로 0.07%이고, 외기 농도는 400ppm이므로 0.04%를 의미한다.
- 대입하면 $Q=\frac{0.8}{0.07-0.04}\times100=2,666.666\cdots m^3/hr$이다.

[정답] 2,666.67[m^3/hr]

09 실내 기적이 2,000m^3인 공간에 30명의 근로자가 작업중이다. 1인당 CO_2발생량이 40L/hr일 때 시간당 공기 교환횟수를 구하시오.(단, 외기 CO_2농도가 400ppm, 실내 CO_2 농도 허용기준이 700ppm)(5점)

[0502/1702/2002]

[계산식]

- 작업장 기적(용적)과 필요환기량이 주어지는 경우의 시간당 공기교환 횟수는 $\frac{\text{필요환기량}(m^3/hr)}{\text{작업장 용적}(m^3)}$으로 구한다.
- 이산화탄소 제거를 목적으로 하는 필요환기량 $Q=\frac{M}{C_s-C_o}\times100[m^3/hr]$으로 구한다.
- 실내 허용기준 700ppm$=700\times10^{-6}=7\times10^{-4}=0.0007$을 의미하므로 0.07%이고, 외기 농도는 400ppm이므로 0.04%를 의미한다.
- CO_2발생량(m^3/hr)은 30×40L÷1,000=1.2m^3/hr이므로 $Q=\frac{1.2}{0.07-0.04}\times100=4,000m^3/hr$이다.
- 대입하면 시간당 공기교환횟수는 $\frac{4,000}{2,000}=2$회이다.

[정답] 시간당 2[회]

10 용접작업 시 작업면 위에 플랜지가 붙은 외부식 후드를 설치하였을 때의 필요송풍량(m^3/min)을 구하시오.(단, 제어거리 0.7m, 후드의 개구면적 1.2m^2, 제어속도 0.15m/sec)(6점)

[1002/1702]

[계산식]

- 작업대에 부착하며, 플랜지가 있는 외부식 후드의 필요 환기량 $Q=60\times0.5\times V_c(10X^2+A)$로 구한다. 그에 반해 자유공간에 위치하며, 플랜지가 있는 외부식 후드의 필요 환기량 $Q=60\times0.75\times V_c(10X^2+A)$로 구한다.
- 작업대에 부착하는 경우의 필요 환기량 $Q=60\times0.5\times0.15(10\times0.7^2+1.2)=27.45m^3/min$이다.

[정답] 27.45[m^3/min]

11 200℃, 700mmHg 상태의 배기가스 SO_2 150m^3를 21℃, 1기압 상태로 환산하면 그 부피(m^3)를 구하시오.(5점)

[0803/1001/1401/1702]

[계산식]

- 보일－샤를의 법칙은 기체의 압력과 온도가 변화할 때 기체의 부피는 절대온도에 비례하고 압력에 반비례하므로 $\frac{P_1V_1}{T_1}=\frac{P_2V_2}{T_2}$가 성립한다.
- 여기서 V_2를 구하는 것이므로 $V_2=\frac{P_1V_1T_2}{T_1P_2}$이다. 대입하면 $V_2=\frac{700\times150\times(273+21)}{(273+200)\times760}=85.8740\cdots!m^3$이 된다.

[정답] 85.87[m^3]

12 사무실 내 모든 창문과 문이 닫혀있는 상태에서 1개의 환기설비만 가동하고 있을 때 피토관을 이용하여 측정한 덕트 내의 유속은 1m/sec였다. 덕트 직경이 20cm이고, 사무실의 크기가 6×8×2m일 때 사무실 공기교환횟수(ACH)를 구하시오.(5점)

[1203/1303/1702/2202]

[계산식]

- 작업장 기적(용적)과 필요 환기량이 주어지는 경우의 시간당 공기교환 횟수는 $\frac{\text{필요환기량}(m^3/\text{hr})}{\text{작업장 용적}(m^3)}$으로 구한다.
- 필요환기량 Q=A×V로 구할 수 있다. 대입하면 $\frac{3.14\times0.2^2}{4}\times1=0.0314m^3/\text{sec}$이다. 초당의 환기량이므로 시간당으로 구하려면 3,600을 곱해야 한다. 즉, 113.04m^3/hr이 된다.
- 대입하면 시간당 공기교환횟수는 $\frac{113.04}{6\times8\times2}=1.1775\cdots$회이다.

[정답] 시간당 1.18[회]

13 작업장의 기적이 2,000m^3이고, 유효환기량(Q')이 1.5m^3/sec라고 할 때 methyle chloroform 증기 발생이 중지시 유해물질 농도가 300mg/m^3에서 농도가 25mg/m^3으로 감소하는데 걸리는 시간(분)을 계산하시오.(5점)

[1301/1303/1702]

[계산식]

- 유해물질 농도 감소에 걸리는 시간 $t=-\frac{V}{Q'}ln\left(\frac{C_2}{C_1}\right)$로 구한다.
- 초당의 유효환기량이 주어졌으므로 이를 분당으로 변환하려면 60을 곱한다. 즉 90m^3/min이 된다.
- 주어진 값을 대입하면 시간 $t=-\frac{2,000}{90}ln\left(\frac{25}{300}\right)=55.220\cdots$min이 된다.

[정답] 55.22[min]

14 작업장 중의 벤젠을 고체흡착관으로 측정하였다. 비누거품미터로 유량을 보정할 때 50cc의 공기가 통과하는데 시료채취 전 16.5초, 시료채취 후 16.9초가 걸렸다. 벤젠의 측정시간은 오후 1시 12분부터 오후 4시 54분까지이다. 측정된 벤젠량을 GC를 사용하여 분석한 결과 활성탄관의 앞층에서 2.0mg, 뒷층에서 0.1mg 검출되었을 경우 공기 중 벤젠의 농도(ppm)를 구하시오.(단, 25℃, 1기압이고 공시료 3개의 평균분석량은 0.01mg이다)(5점) [1101/1702]

[계산식]

- 비누거품미터에서 채취유량은 $\frac{\text{비누거품 통과 양}}{\text{비누거품 통과시간}}$으로 구할 수 있다.
- 50cc=50mL=0.05L이고 비누거품미터에서의 분당 pump 유량은 $\frac{16.5+16.9}{2}=16.7$초당 0.05L이므로 분당은 $0.05\times\frac{60}{16.7}=0.1796$L이다.
- 분당 0.1796L를 채취하므로 총 222(4:54－1:12)분 동안은 39.88L이다.
- 벤젠의 검출량은 총 2.0+0.1=2.1mg이고 공시료 분석량이 0.01이므로 2.1－0.01=2.09mg이 된다.
- 기적은 39.88L이므로 벤젠의 농도는 $\frac{2.09mg}{39.88L}=0.05240\cdots$mg/L이다.
- mg/m^3으로 변환하려면 1,000을 곱하면 52.40mg/m^3이다. 작업장이므로 온도는 25℃, 벤젠의 분자량은 78.11이므로 ppm으로 변환하려면 $\frac{24.45}{78.11}$를 곱하면 16.40ppm이 된다.

[정답] 16.40[ppm]

15 기적이 1,000m^3인 작업장에서 MEK(비중 0.805, 분자량 72.1, TLV 200ppm)가 시간당 3L씩 사용되어 공기중으로 증발될 경우 전체환기량(m^3/min)을 계산하시오.(단, 안전계수 3, 21℃ 1기압)(5점) [0502/1702]

[계산식]

- 공기중에 계속 오염물질이 발생하고 있는 경우의 필요환기량 $Q=\frac{G\times K}{TLV}$로 구한다.
- 비중이 0.805(g/mL)인 MEK가 시간당 3L씩 증발되고 있으므로 사용량(g/hr)은 3L/hr×0.805g/mL×1,000mL/L=2,415g/hr이다.
- 기체의 발생률 G는 21℃, 1기압에서 1몰(72.1g)일 때 24.1L이므로 2,415g일 때는 $\frac{2,415\times24.1}{72.1}=807.233\cdots$L/hr이다.
- 대입하면 필요환기량 $Q=\frac{807.233L/hr}{200ppm}\times3=\frac{807,233mL/hr}{200mL/m^3}\times3=12,108.495m^3/hr$이다. 구하고자 하는 필요환기량은 분당이므로 60으로 나누면 201.80825m^3/min이 된다.

[정답] 201.81[m^3/min]

16 표준공기가 흐르고 있는 덕트의 Reynold 수가 3.8×10^4일 때, 덕트관 내 유속을 구하시오.(단, 공기동점성계수 γ=0.1501cm^2/sec, 덕트직경은 60mm)(5점) [0403/1702/2401]

[계산식]

- 레이놀즈수(Re)$=\left(\frac{v_s L}{\nu}\right)$이므로 이를 속도에 관한 식으로 풀면 $v_s=\frac{Re\times\nu}{L}$이다.
- 동점성계수의 단위를 m^2/s으로 변환하면 0.1501×10^{-4}이고 직경은 0.06m가 된다.
- 대입하면 유속 $v_s=\frac{3.8\times10^4\times0.1501\times10^{-4}}{0.06}=9.506\cdots$m/sec가 된다.

[정답] 9.51[m/sec]

17 음압이 2.6μbar일 때 음압레벨(dB)을 구하시오.(5점) [1702]

[계산식]

- SPL$=20\log\left(\frac{P}{P_0}\right)$[dB]로 구한다. 여기서 P_0는 기준음압으로 2×10^{-5}[N/m^2] 혹은 2×10^{-4}[dyne/cm^2]이다.
- 주어진 음압의 단위가 μbar이므로 기준음압 $2\times10^{-4}\mu bar$를 적용하면
  음압레벨 SPL$=20\times\log\left(\frac{2.6}{2\times10^{-4}}\right)=82.2788\cdots$dB이다.

[정답] 82.28[dB]

18 총 흡음량이 2,000sabins인 작업장에 1,500sabins를 더할 경우 실내소음 저감량(dB)을 구하시오.(5점) [0503/1001/1002/1201/1702/2301/2401]

[계산식]

- 흡음에 의한 소음감소량 NR$=10\log\frac{A_2}{A_1}$[dB]으로 구한다.
- 흡음에 의한 소음감소량 NR$=10\log\frac{3,500}{2,000}=2.4303\cdots$dB이 된다.

[정답] 2.43[dB]

19 **마노미터, 피토관의 그림을 그리고, 속도압과 속도를 구하는 원리를 설명하시오.(6점)** [1702]

가) 마노미터

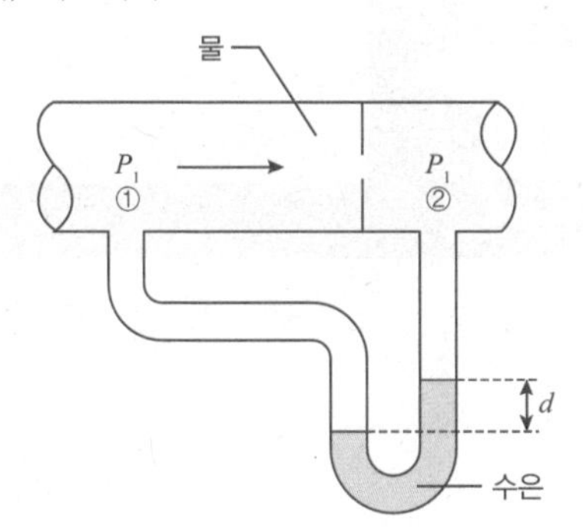

나) 피토관

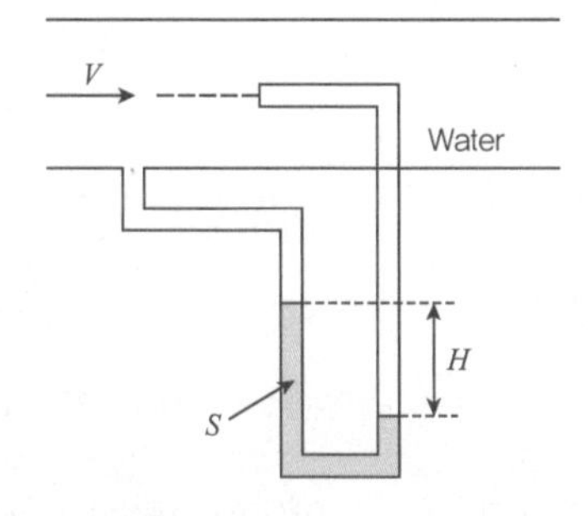

다) 속도압과 속도를 구하는 원리

① 전압관에 마노미터의 한쪽 끝을 연결하여 전압 측정

② 정압관에 마노미터의 한쪽 끝을 연결하여 정압 측정

③ 속도압(동압)을 전압－정압으로 계산

④ 속도＝$4.043 \times \sqrt{VP}$로 계산

2017년 제3회

필답형 기출복원문제

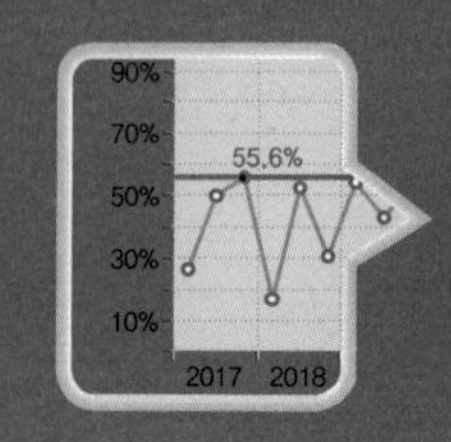

17년 3회차 실기시험
합격률 55.6%

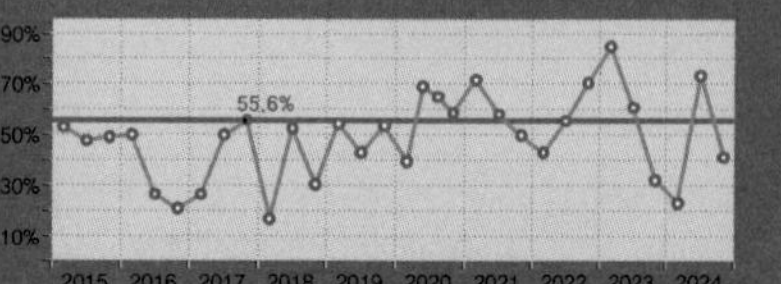

신규문제	4문항	중복문제	16문항

01 산소부채에 대하여 설명하시오.(4점)

[0502/0603/1501/1703]

- 작업이나 운동이 격렬해져서 근육에 생성되는 젖산의 제거속도가 생성속도에 미치지 못하면, 활동이 끝난 후에도 남아있는 젖산을 제거하기 위하여 산소가 더 필요하게 되는 것을 말한다.

02 사무실 공기관리지침에 관한 설명이다. ( ) 안을 채우시오.(3점)

[1703/2001/2003]

① 사무실 환기횟수는 시간당 ( )회 이상으로 한다.
② 공기의 측정시료는 사무실 내에서 공기질이 가장 나쁠 것으로 예상되는 ( )곳 이상에서 채취하고, 측정은 사무실 바닥으로부터 0.9 ~ 1.5m 높이에서 한다.
③ 일산화탄소 측정 시 시료 채취시간은 업무 시작 후 1시간 이내 및 종료 전 1시간 이내 각각 ( )분간 측정한다.

① 4
② 2
③ 10

03 베르누이 정리에서 속도압(VP)과 속도(V)에 대한 관계식을 간단히 쓰시오.(단, 비중량 1.203kgf/m^3, 중력가속도 9.81m/sec^2)(4점)

[1703]

- 베르누이 정리에서 속도압 $VP=\frac{\gamma\times V^2}{2g}$이므로 주어진 비중량과 중력가속도를 대입하면

$VP=\frac{1.203\times V^2}{2\times 9.81}=0.06131\cdots\times V^2$이 된다.

- 이를 속도에 관해서 정리하면 $V^2=\frac{VP}{0.06131\cdots}=16.3105\cdots\times VP$이고, $V=\sqrt{16.3105\cdot\times VP}=4.043\sqrt{VP}$이므로

$VP=\left(\frac{V}{4.043}\right)^2$이 된다.

04 배기구의 설치는 15－3－15 규칙을 참조하여 설치한다. 여기서 15－3－15의 의미를 설명하시오.(6점)

[1703/2101/2301]

① 15 : 배출구와 공기를 유입하는 흡입구는 서로 15m 이상 떨어져 있어야 한다.
② 3 : 배출구의 높이는 지붕 꼭대기와 공기 유입구보다 위로 3m 이상 높게 설치되어야 한다.
③ 15 : 배출되는 공기는 재유입되지 않도록 배출가스 속도를 15m/sec 이상 유지해야 한다.

05 산업환기와 관련된 다음 용어를 설명하시오.(6점)

[1301/1703]

① 충만실	② 제어속도	③ 후드 플랜지

① 충만실 : 후드의 뒷부분에 위치하여 개구면 흡입양을 일정하게 하므로 압력과 공기흐름을 균일하게 형성하는데 필요한 장치로 설치는 가능한 길게 한다.
② 제어속도 : 유해물질을 후드 내로 완벽하게 흡인하기 위해 필요한 최소 풍속을 말한다.
③ 후드 플랜지 : 후방의 유입기류를 차단하고, 후드 전면부에서 포집범위를 확대시켜 플랜지가 없는 후드에 비해 약 25% 정도의 송풍량을 감소시킬 수 있도록 하는 부위이다.

06 입자상 물질의 물리적 직경 3가지를 간단히 설명하시오.(6점)

[0301/0302/0403/0602/0701/0803/0903/1201/1301/1703/1901/2001/2003/2101/2103/2301/2303]

① 마틴 직경 : 먼지의 면적을 2등분하는 선의 길이로 선의 방향은 항상 일정하여야 하며, 과소평가할 수 있는 단점이 있다.
② 페렛 직경 : 먼지의 한쪽 끝 가장자리와 다른쪽 가장자리 사이의 거리로 과대평가될 가능성이 있는 입자성 물질의 직경이다.
③ 등면적 직경 : 먼지의 면적과 동일한 면적을 가진 원의 직경으로 가장 정확한 직경이며, 측정은 현미경 접안경에 Porton Reticle을 삽입하여 측정한다.

07 최근 이슈가 되고 있는 실내 공기오염의 원인 중 공기조화설비(HVAC)가 무엇인지 설명하시오.(4점) [1703]

• 공기조화설비는 공기조화를 위한 건축설비를 말하는데 실내 공기의 온도, 습도, 청정도 및 기류분포를 실내의 목적에 맞게 조정하는 설비를 말한다.

08 다음 물음에 답하시오.(6점) [1101/1703]

가) 다음에서 설명하는 석면의 종류를 쓰시오.
① 가늘고 부드러운 섬유/ 인장강도가 크다 / 가장 많이 사용 / 화학식은 $3MgO_2SiO_22H_2O$
② 고내열성 섬유/ 취성 / 화학식은 $(FeMg)SiO_2$
③ 석면광물 중 가장 강함 / 취성 / 화학식은 $NaFe(SiO_3)_2FeSiO_3H_2$
나) 석면 해체 및 제거 작업 계획 수립시 포함사항을 3가지 쓰시오.

가) ① 백석면 ② 갈석면 ③ 청석면
나) ① 석면 해체 · 제거 작업 절차와 방법
② 석면 흩날림 방지 및 폐기방법
③ 근로자 보호조치

09 공기정화장치 중 흡착제를 사용하는 흡착장치 설계 시 고려사항을 3가지 쓰시오.(6점) [0801/1501/1502/1703/2002]

① 흡착장치의 처리능력 ② 흡착제의 break point
③ 압력손실 ④ 가스상 오염물질의 처리가능성 검토 여부

▲ 해당 답안 중 3가지 선택 기재

10 다음 ( ) 안에 알맞은 용어를 쓰시오.(5점) [1703/2102/2302]

① 분석치가 참값에 얼마나 접근하였는가 하는 수치상의 표현을 ( )라 한다.
② 일정한 물질에 대해 반복측정 · 분석을 했을 때 나타나는 자료 분석치의 변동크기가 얼마나 작은가의 표현을 ( )라 한다.
③ 작업환경측정대상이 되는 작업장 또는 공정에서 정상적인 작업을 수행하는 동일 노출집단의 근로자가 작업을 하는 장소를 ( )라 한다.
④ 시료채취기를 이용하여 가스 · 증기 · 분진 · 흄(fume) · 미스트(mist) 등을 근로자의 작업행동 범위에서 호흡기 높이에 고정하여 채취하는 것을 ( )라 한다.
⑤ 작업환경측정 · 분석 결과에 대한 정확성과 정밀도를 확보하기 위하여 작업환경측정기관의 측정 · 분석능력을 확인하고, 그 결과에 따라 지도 · 교육 등 측정 · 분석능력 향상을 위하여 행하는 모든 관리적 수단을 ( )라 한다.

① 정확도 ② 정밀도 ③ 단위작업장소
④ 지역 시료채취 ⑤ 정도관리

11 **전체환기로 작업환경관리를 하려고 한다. 전체환기 시설 설치의 기본원칙 4가지를 쓰시오.(4점)**

[1201/1402/1703/2001/2202]

① 필요환기량은 오염물질이 충분히 희석될 수 있는 양으로 설계한다.
② 공기배출구와 근로자의 작업위치 사이에 오염원이 위치하여야 한다.
③ 공기가 배출되면서 오염장소를 통과하도록 공기배출구와 유입구의 위치를 선정한다.
④ 배출구가 창문이나 문 근처에 위치하지 않도록 한다.
⑤ 배출공기를 보충하기 위해 청정공기를 공급하도록 한다.

▲해당 답안 중 4가지 선택 기재

12 **용접작업 시 ① 작업면 위에 플랜지가 붙은 외부식 후드를 설치하였을 때와 ② 공간에 플랜지가 없는 후드를 설치하였을 때의 필요송풍량을 계산하시오.(단, 제어거리 0.25m, 후드의 개구면적 0.5m^2, 제어속도 0.5m/sec) (6점)**

[1703]

[계산식]

- 작업대에 부착하며, 플랜지가 있는 외부식 후드의 필요 환기량 $Q=60\times0.5\times V_c(10X^2+A)$로 구한다. 그에 반해 자유공간에 위치하며, 플랜지가 있는 외부식 후드의 필요 환기량 $Q=60\times0.75\times V_c(10X^2+A)$로 구한다.
- 자유공간에 위치하는 플랜지가 없는 외부식 후드의 필요 환기량 $Q=60\times V_c(10X^2+A)$로 구한다.

① 작업대에 부착하는 경우의 필요 환기량 $Q_1=60\times0.5\times0.5(10\times0.25^2+0.5)=16.875m^3/\text{min}$이다.
② 자유공간에 위치한 플랜지가 없는 경우의 필요 환기량 $Q_2=60\times0.5(10\times0.25^2+0.5)=33.75m^3/\text{min}$이다.

[정답] ① 16.88[m^3/min] ② 33.75[m^3/min]

13 **공기의 조성비가 다음 표와 같을 때 공기의 밀도(kg/m^3)를 구하시오.(단, 25℃, 1기압)(5점)**

[1001/1103/1603/1703/2002]

질소	산소	수증기	이산화탄소
78%	21%	0.5%	0.3%

[계산식]

- 공기의 평균분자량은 각 성분가스의 분자량×체적분율의 합이다.
- 질소의 분자량(28), 산소의 분자량(32), 수증기의 분자량(18), 이산화탄소의 분자량(44)이다.
- 주어진 값을 대입하면 공기의 평균분자량=28×0.78+32×0.21+18×0.005+44×0.003=28.782g이다.
- 공기밀도$=\frac{\text{질량}}{\text{부피}}$로 구한다.
- 주어진 값을 대입하면 $\frac{28.782}{24.45}=1.177\cdots$g/L이다. 이는 kg/$m^3$단위와 같다.

[정답] 1.18[kg/m^3]

14 **덕트의 직경이 150mm이고, 정압은 −63mmH_2O, 전압은 −30mmH_2O일 때, 송풍량(m^3/sec)을 구하시오.(5점)**

[0401/1703]

[계산식]

- 송풍량 $Q=A\times V$이므로 단면적과 속도를 알아야 한다.
- 단면적 $A=\frac{\pi D^2}{4}=\frac{3.14\times 0.15^2}{4}=0.0176625m^2$이다.
- 속도는 정압과 전압이 주어졌으므로 속도압을 구할 수 있고 이를 이용해서 구한다.
  속도압은 $-30-(-63)=33mmH_2O$이다.
  속도 $V=4.043\sqrt{VP}$로 구할 수 있다. 대입하면 $V=4.043\sqrt{33}=23.225\cdots$m/sec이다.
- 송풍량 $Q=0.0176625\times 23.225=0.4102\cdots m^3$/sec이다.

[정답] 0.41[m^3/sec]

15 **어떤 작업장에서 90dB 3시간, 95dB 2시간, 100dB 1시간 노출되었을 때 소음노출지수를 구하고, 소음허용기준을 초과했는지의 여부를 판정하시오.(5점)**

[1203/1703]

[계산식]

- 전체 작업시간 동안 서로 다른 소음수준에 노출될 때의 소음노출지수는 $\left[\frac{C_1}{T_1}+\frac{C_2}{T_2}+\cdots+\frac{C_n}{T_n}\right]$으로 구하되, 노출지수가 1을 넘어서면 소음허용기준을 초과했다고 판정한다. 이때 C는 dB별 노출시간, T는 dB별 노출한계시간이다.
- 90dB에서 8시간, 95dB에서 4시간, 100dB에서 2시간이 허용기준이다.
- 대입하면 노출지수는 $\frac{3}{8}+\frac{2}{4}+\frac{1}{2}=\frac{3+4+4}{8}=1.375$가 된다.

[정답] 노출지수는 1.38이고, 1보다 크므로 소음허용기준을 초과한다.

16 **작업장의 기적이 4,000m^3이고, 유효환기량(Q')이 56.6m^3/min이라고 할 때 유해물질 발생 중지시 유해물질 농도가 100mg/m^3에서 25mg/m^3으로 감소하는데 걸리는 시간(분)을 구하시오.(5점)**

[0302/0602/1703/2102]

[계산식]

- 유해물질 농도 감소에 걸리는 시간 $t=-\frac{V}{Q}ln\left(\frac{C_2}{C_1}\right)$로 구한다.
- 주어진 값을 대입하면 시간 $t=-\frac{4,000}{56.6}ln\left(\frac{25}{100}\right)=97.9713\cdots$이므로 97.97min이 된다.

[정답] 97.97[min]

17 다음 표를 보고 기하평균과 기하표준편차를 구하시오.(5점)

[1703]

누적분포	해당 데이터
15.9%	0.05
50%	0.2
84.1%	0.8

[계산식]

- 기하평균은 누적분포에서 50%에 해당하는 값이다.
- 기하표준편차는 대수정규누적분포도에서 누적퍼센트 84.1%에 값 대비 기하평균의 값으로 한다. 즉, 기하표준편차(GSD)$=\frac{\text{누적 84.1\% 값}}{\text{기하평균}}$ 혹은 $\frac{\text{기하평균}}{\text{누적 15.9\% 값}}$ 으로 구한다.
- 기하평균은 누적분포에서 50%에 해당하는 값이므로 0.2이다.
- 기하표준편차는 $\frac{0.8}{0.2}=4$이다.

[정답] 기하평균은 0.2, 기하표준편차는 4

18 다음 유기용제 A, B의 포화증기농도 및 증기위험화지수(VHI)를 구하시오.(단, 대기압 760mmHg)(4점)

[1703/2102/2403]

가) A 유기용제(TLV 100ppm, 증기압 20mmHg)
나) B 유기용제(TLV 350ppm, 증기압 80mmHg)

[계산식]

가) A 유기용제

① 포화증기농도는 대입하면 $\frac{20}{760}\times 10^6=26,315.78947\text{ppm}$이다.

② 증기위험화지수는 대입하면 $\log(\frac{26,315.78947}{100})=2.4202\cdots$이다.

나) B 유기용제

① 포화증기농도는 대입하면 $\frac{80}{760}\times 10^6=105,263.1579\text{ppm}$이다.

② 증기위험화지수는 대입하면 $\log(\frac{105,263.1579}{350})=2.4782\cdots$이다.

[정답] 가) ① 26,315.79[ppm] ② 2.42
나) ① 105,263.16[ppm] ② 2.48

19 **환기시스템에서 공기의 유량이 0.12m^3/sec, 덕트 직경이 8.8cm, 후드 유입손실계수(F)가 0.27일 때, 후드정압(SP_h, mmH_2O)을 구하시오.(5점)**

[0503/0902/1703/2001]

[계산식]

- 속도압(VP)과 유입손실계수(F)가 있으면 후드의 정압을 구할 수 있다.
- VP를 구하기 위해서 속도 V를 구해야 하므로 Q=A×V에서 V=$\frac{Q}{A}$이므로 $\frac{0.12}{\frac{3.14\times0.088^2}{4}}=19.7399\cdots$m/sec이다.
- $V=4.043\sqrt{VP}$에서 $VP=\left(\frac{V}{4.043}\right)^2$으로 구할 수 있으므로 대입하면 $VP=\left(\frac{19.7399\cdots}{4.043}\right)^2=23.8388\cdots mmH_2O$이다.
- SP_h는 23.838⋯×(1+0.27)=30.2753⋯mmH_2O이다. 후드의 정압은 음수(−)이므로 −30.2753⋯mmH_2O가 된다.

[정답] −30.28[mmH_2O]

20 **송풍기 날개의 회전수가 400rpm일 때 송풍량은 300m^3/min, 풍압은 80mmH_2O, 축동력이 6.2kW이다. 송풍기 날개의 회전수가 600rpm으로 증가되었을 때 송풍기의 풍량, 풍압, 축동력을 구하시오.(6점)**

[1201/1703]

[계산식]

- 송풍기의 회전수가 400에서 600으로 1.5배 증가하였다.
- 회전수의 비가 1.5배 증가하였으므로 송풍량 역시 1.5배 증가하여 300×1.5=450m^3/min이 된다.
- 회전수의 비가 1.5배 증가하였으므로 풍압은 $1.5^2=2.25$배 증가하여 80×2.25=180mmH_2O가 된다.
- 회전수의 비가 1.5배 증가하였으므로 축동력은 $1.5^3=3.375$배 증가하여 6.2×3.375=20.925kW가 된다.

[정답] ① 송풍량은 450[m^3/min]

② 풍압은 180[mmH_2O]

③ 축동력은 20.93[kW]

2018년 제1회

필답형 기출복원문제

18년 1회차 실기시험
합격률 16.8%

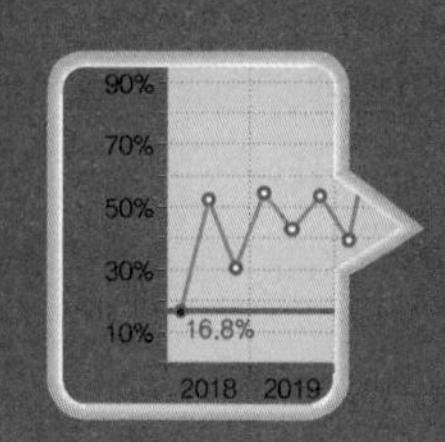

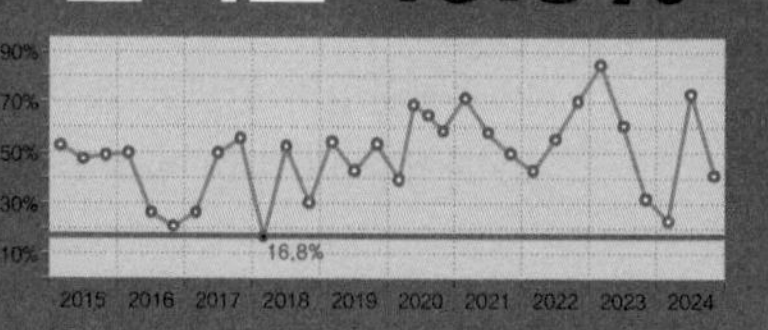

신규문제	8문항	중복문제	12문항

01 전자부품 조립작업, 세탁업무를 하는 작업자가 손목을 반복적으로 사용하는 작업에서 체크리스트를 이용하여 위험요인을 평가하는 평가방법을 쓰시오.(4점) [1801]

- JSI

02 후드, 덕트 연결부위로 급격한 단면변화로 인한 압력손실을 방지하며, 배기의 균일한 분포를 유도하고 점진적인 경사를 두는 부위를 무엇이라고 하는가?(4점) [1801]

- taper(경사접합부)

03 운전 및 유지비가 저렴하고 설치공간이 많이 필요하며, 집진효율이 우수하고 입력손실이 낮은 특징을 가지는 집진장치의 명칭을 쓰시오.(4점) [1801]

- 전기집진장치

04 오리피스 형상의 후드에 플랜지 부착 유무에 따른 유입손실식을 쓰시오.(4점) [1801]

① 플랜지 미부착 유입손실 $\triangle P_1 = F \times VP = 0.93 \times VP$이다.

② 플랜지 부착 유입손실 $\triangle P_2 = F \times VP = 0.49 \times VP$이다.

05 포위식 후드의 맹독성 물질 취급 시의 장점 3가지를 쓰시오.(6점) [1801]

① 유해물질 제거에 요구되는 공기량이 다른 형태의 후드보다 월등히 적어 경제적이다.

② 유해물질의 완벽한 흡인이 가능하다.

③ 작업장 내 횡단 방해풍 등의 난기류 및 기타 후드 주위환경으로 인한 장애를 거의 받지 않는다.

06 여과지를 카세트에 장착하여 입자를 채취하였다. 채취원리를 3가지 쓰시오.(6점) [1801]

① 확산

② 직접 차단(간섭)

③ 관성충돌

④ 중력침강

⑤ 정전기침강

⑥ 체질

▲ 해당 답안 중 3가지 선택 기재

07 킬레이트 적정법의 종류 4가지를 쓰시오.(4점) [1801/2001]

① 직접적정법

② 간접적정법

③ 치환적정법

④ 역적정법

08 온도 150℃에서 크실렌이 시간당 1.5L씩 증발하고 있다. 폭발방지를 위한 환기량을 계산하시오.(단, 분자량 106, 폭발하한계수 1%, 비중 0.88, 안전계수 5, 21℃, 1기압)(5점) [0703/1801/2002]

[계산식]

• 폭발방지 환기량(Q) $= \frac{24.1 \times SG \times W \times C \times 10^2}{MW \times LEL \times B}$ 이다.

• 온도가 150℃이므로 B는 0.7을 적용하여 대입하면 $\frac{24.1 \times 0.88 \times \left(\frac{1.5}{60}\right) \times 5 \times 10^2}{106 \times 1 \times 0.7} = 3.5727\cdots$ 이므로 표준공기 환기량은 $3.57m^3/\text{min}$이 된다.

• 공정의 온도를 보정해야하므로 $3.57 \times \frac{273+150}{273+21} = 5.136\cdots m^3/\text{min}$이다.

[정답] $5.14[m^3/\text{min}]$

09 절단기를 사용하는 작업장의 소음수준이 100dBA, 작업자는 귀덮개(NRR=19) 착용하였을 때 차음효과(dB(A))와 노출되는 소음의 음압수준을 미국 OSHA의 계산법으로 구하시오.(6점) [0601/1403/1801/2403]

[계산식]

- OSHA의 차음효과는 (NRR−7)×50%dB(A)로 구한다.
- 주어진 값을 대입하면 (19−7)×50%dB=6dB(A)이다.
- 음압수준=100−차음효과=100−6=94dB(A)이다.

[정답] ① 차음효과 6[dB(A)]　　② 노출되는 음압수준 94[dB(A)]

10 다음은 고열작업장에 설치된 레시버식 캐노피 후드의 모습이다. 후드의 직경을 H와 E를 이용하여 구하는 공식을 작성하시오.(4점) [1801]

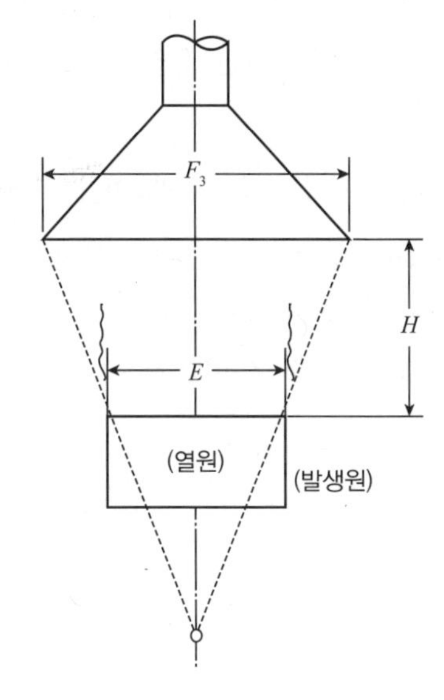

- $F_3 = E + 0.8H$로 구한다. 이때 F_3은 후드의 직경, E는 열원의 직경, H는 후드의 높이이다.

11 직경 150mm이고, 관내 유속이 10m/sec일 때 Reynold 수를 구하고 유체의 흐름(층류와 난류)을 판단하시오.(단, 20℃, 1기압, 동점성계수 $1.5 \times 10^{-5} m^2$/s)(5점) [0503/0702/1001/1601/1801]

[계산식]

- 레이놀즈수(Re)=$\left(\frac{v_s L}{\nu}\right)$로 구할 수 있다.
- 대입하면 레이놀즈수(Re)는 $\frac{10 \times 0.15}{1.5 \times 10^{-5}} = 100,000$이다.
- 레이놀즈수 Re가 4,000보다 크면 난류이다.

[정답] 레이놀즈수는 100,000이고, 난류이다.

12

작업장에서 발생하는 분진을 유리섬유 여과지로 3회 채취하여 측정한 평균값이 27.5mg이었다. 시료 포집 전에 실험실에서 여과지를 3회 측정한 결과 22.3mg이었다면 작업장의 분진농도(mg/m^3)를 구하시오.(단, 포집유량 5.0L/min, 포집시간 60분)(5점) [1801/2004/2102/2301]

[계산식]

- 농도(mg/m^3)$=\frac{\text{시료채취 후 여과지 무게}-\text{시료채취 전 여과지 무게}}{\text{공기채취량}}$로 구한다.
- 대입하면 $\frac{27.5-22.3}{5L/\min\times 60\min}=\frac{5.2mg}{300L\times m^3/1,000L}=17.333\cdots mg/m^3$이다.

[정답] 17.33[mg/m^3]

13

작업장에서 MEK(비중 0.805, 분자량 72.1, TLV 200ppm)가 시간당 2L씩 사용되어 공기중으로 증발될 경우 작업장의 필요환기량(m^3/hr)을 계산하시오.(단, 안전계수 2, 25℃ 1기압)(5점) [1001/1801/2001/2201]

[계산식]

- 공기중에 계속 오염물질이 발생하고 있는 경우의 필요환기량 $Q=\frac{G\times K}{TLV}$로 구한다.
- 비중이 0.805(g/mL)인 MEK가 시간당 2L씩 증발되고 있으므로 사용량(g/hr)은 2L/hr×0.805g/mL×1,000mL/L=1,610g/hr이다.
- 기체의 발생률 G는 25℃, 1기압에서 1몰(72.1g)일 때 24.45L이므로 1,610g일 때는 $\frac{1,610\times 24.45}{72.1}=545.9708\cdots$ L/hr이다.
- 대입하면 필요환기량 $Q=\frac{545.9708L/hr}{200ppm}\times 2=\frac{545,970.8mL/hr}{200mL/m^3}\times 2=5,459.7087m^3/hr$이다.

[정답] 5,459.71[m^3/hr]

14

원형 덕트에 난기류가 흐르고 있을 경우 덕트의 직경을 1/2로 하면 직관부분의 압력손실은 몇 배로 증가하는지 계산하시오.(단, 유량, 관마찰계수는 변하지 않는다)(5점) [1302/1801/2103]

[계산식]

- 압력손실(ΔP)$=\left(\lambda\times\frac{L}{D}\right)\times\frac{\gamma\times V^2}{2g}$로 구한다. 여기서 λ, L, γ, g는 상수이므로 압력손실(ΔP)$\propto\frac{V^2}{D}$(비례)한다. $Q=A\times V$이고 Q는 일정하므로 속도 V는 단면적 A에 반비례한다. 단면적 A는 직경의 제곱에 비례하므로 직경이 1/2로 변하면 A는 1/4배가 되고 V는 4배 증가한다. 따라서 압력손실(ΔP)$\propto\frac{4^2}{1/2}=32$배로 증가한다.

[정답] 32[배]

15 **헥산을 1일 8시간 취급하는 작업장에서 실제 작업시간은 오전 2시간(노출량 60ppm), 오후 4시간(노출량 45ppm)이다. TWA를 구하고, 허용기준을 초과했는지 여부를 판단하시오.(단, 헥산의 TLV는 50ppm이다)(6점)**

[1102/1302/1801/2002/2402]

[계산식]

• 시간가중평균노출기준 TWA는 1일 8시간의 평균 농도로 $\frac{C_1T_1+C_2T_2+\cdots+C_nT_n}{8}$[ppm]로 구한다.

• 주어진 값을 대입하면 TWA$=\frac{(2\times60)+(4\times45)}{8}=37.5$ppm이다.

• TLV가 50ppm이므로 허용기준 아래로 초과하지 않는다.

[정답] TWA는 37.5[ppm]으로 허용기준을 초과하지 않는다.

16 **다음 측정값의 기하평균을 구하시오.(5점)**

[0803/1301/1801/2102]

25, 28, 27, 64, 45, 52, 38, 58, 55, 42 (단위 : ppm)

[계산식]

• $x_1, x_2, \cdots, x_n$의 자료가 주어질 때 기하평균 GM은 $\sqrt[n]{x_1\times x_2\times\cdots\times x_n}$으로 구하거나

$\log GM=\frac{\log X_1+\log X_2+\cdots+\log X_n}{N}$을 역대수를 취해서 구할 수 있다.

• 주어진 값을 대입하면 $\log GM=\frac{\log25+\log28+\cdots+\log42}{10}=\frac{16.1586\cdots}{10}=1.6158\cdots$가 된다.

• 역대수를 구하면 $GM=10^{1.6158}=41.2857\cdots$ppm이 된다.

[정답] 41.29[ppm]

17 **금속제품 탈지공정에서 사용중인 트리클로로에틸렌의 과거 노출농도를 조사하였더니 50ppm이었다. 활성탄관을 이용하여 분당 0.5L씩 채취시 소요되는 최소한의 시간(분)을 구하시오.(단, 측정기기 정량한계는 시료당 0.5mg, 분자량 131.39, 25℃, 1기압)(5점)**

[0801/1801/2302]

[계산식]

• 채취 최소시간 구하기 위해서는 주어진 과거농도 ppm을 mg/m^3으로 바꾼 후 정량한계와 구해진 과거농도[mg/m^3]로 최소채취량[L]을 구하고, 구해진 최소채취량[L]을 분당채취유량으로 나눠 채취 최소시간을 구한다.

• 과거농도 50ppm은 $50\times\frac{131.39}{24.45}=268.691\cdots mg/m^3$이다.

• 최소 채취량은 $\frac{\text{정량한계}}{\text{과거농도}}=\frac{0.5mg}{268.691mg/m^3}=0.00186\cdots m^3$이므로 이는 1.86L이다.

• 최소 채취시간은 $\frac{1.86}{0.5}=3.72$분이다.

[정답] 3.72[분]

18 작업장에서 MEK(비중 0.805, 분자량 72.1, TLV 200ppm)가 시간당 3L씩 발생하고, 톨루엔(비중 0.866, 분자량 92.13, TLV 100ppm)도 시간당 3L씩 발생한다. MEK는 150ppm, 톨루엔은 50ppm일 때 노출지수를 구하여 노출기준 초과여부를 평가하고, 전체환기시설 설치여부를 결정하시오. 또한 각 물질이 상가작용할 경우 전체환기량(m^3/min)을 구하시오.(단, MEK K=4, 톨루엔 K=5, 25℃ 1기압)(6점) [1801/2101]

[계산식]

- 시료의 노출지수는 $\frac{C_1}{TLV_1}+\frac{C_2}{TLV_2}+\cdots+\frac{C_n}{TLV_n}$으로 구한다.

① 노출지수는 $\frac{150}{200}+\frac{50}{100}=\frac{250}{200}=1.25$로 1보다 크므로 노출기준을 초과하였다.

② 전체 환기시설은 노출기준을 초과하고 있으므로 설치해야 한다.

- 공기중에 계속 오염물질이 발생하고 있는 경우의 필요환기량 $Q=\frac{G\times K}{TLV}$로 구한다. 이때 G는 공기중에 발생하고 있는 오염물질의 용량, TLV는 허용기준, K는 여유계수이다.

③ 전체 환기량(m^3/min)−MEK

- 비중이 0.805(g/mL)인 MEK가 시간당 3L씩 증발되고 있으므로 사용량(g/hr)은 3L/hr×0.805g/mL×1,000mL/L=2,415g/hr이다.
- 기체의 발생률 G는 25℃, 1기압에서 1몰(72.1g)일 때 24.45L이므로 2,415g일 때는 $\frac{2,415\times 24.45}{72.1}=818.9563\cdots$L/hr이다.
- 대입하면 필요환기량 $Q=\frac{818.9563L/hr}{200ppm}\times 4=\frac{818,956.3mL/hr}{200mL/m^3}\times 4=16,379.126\cdots m^3/hr$이다. 구하고자 하는 환기량은 분당이므로 60으로 나누면 272.99m^3/min이 된다.

④ 전체 환기량(m^3/min)−톨루엔

- 비중이 0.866(g/mL)인 톨루엔이 시간당 3L씩 증발되고 있으므로 사용량(g/hr)은 3L/hr×0.866g/mL×1,000mL/L=2,598g/hr이다.
- 기체의 발생률 G는 25℃, 1기압에서 1몰(92.13g)일 때 24.45L이므로 2,598g일 때는 $\frac{2,598\times 24.45}{92.13}=689.472\cdots$L/hr이다.
- 대입하면 필요환기량 $Q=\frac{689.4725L/hr}{100ppm}\times 5=\frac{68,9472.5mL/hr}{100mL/m^3}\times 5=34,473.624\cdots m^3/hr$이다. 구하고자 하는 환기량은 분당이므로 60으로 나누면 574.56m^3/min이 된다.

⑤ 상가작용을 하고 있으므로 전체 환기량은 272.99+574.56=847.55m^3/min이 된다.

[정답] ① 노출지수는 1.25로 노출기준을 초과하였다.
② 노출기준을 초과하였으므로 전체환기시설을 설치하여야 한다.
③ 전체환기량은 847.55[m^3/min]

19 **공기 중 혼합물로서 벤젠 2.5ppm(TLV : 5ppm), 톨루엔 25ppm(TLV : 50ppm), 크실렌 60ppm(TLV : 100ppm)이 서로 상가작용을 한다고 할 때 허용농도 기준을 초과하는지의 여부와 혼합공기의 허용농도를 구하시오.(6점)** [0801/1002/1402/1601/1801/1803/2004/2203/2301]

[계산식]

- 시료의 노출지수는 $\frac{C_1}{TLV_1}+\frac{C_2}{TLV_2}+\cdots+\frac{C_n}{TLV_n}$으로 구한다.
- 대입하면 $\frac{2.5}{5}+\frac{25}{50}+\frac{60}{100}=1.6$로 1을 넘었으므로 노출기준을 초과하였다고 판정한다.
- 노출지수가 구해지면 해당 혼합물의 농도는 $\frac{C_1+C_2+\cdots+C_n}{\text{노출지수}}$[ppm]으로 구할 수 있다.
- 대입하면 혼합물의 농도는 $\frac{2.5+25+60}{1.6}=54.6875\text{ppm}$이다.

[정답] 노출지수는 1.6으로 노출기준을 초과하였으며, 혼합물의 허용농도는 54.69[ppm]이다.

20 **10m×30m×6m인 작업장에서 CO_2의 측정농도는 1,200ppm, 2시간 후의 CO_2 측정농도는 400ppm이었다. 이 작업장의 순환공기량(m^3/min)을 구하시오.(단, 외부공기 CO_2 농도는 330ppm)(5점)** [1801]

[계산식]

- 2번의 CO_2 측정으로 필요한 1시간당 공기교환 횟수는 $\frac{\ln(\text{1번째 농도}-\text{외부}CO_2\text{농도})-\ln(\text{2번째 농도}-\text{외부}CO_2\text{농도})}{\text{경과된 시간(hr)}}$으로 구한다.
- 필요한 시간당 공기교환 횟수는 $\frac{\ln(1200-330)-\ln(400-330)}{2}=1.2599\cdots$로 1.26회이다.
- 순환공기량=작업장 용적×시간당 공기교환 횟수로 구할 수 있다. 대입하면 $10\times30\times6\times1.26=2268m^3$/hr이 된다. 필요한 것은 분당의 순환공기량이므로 60으로 나누면 37.8m^3/min이 된다.

[정답] 37.8[m^3/min]

2018년 제2회

필답형 기출복원문제

18년 2회차 실기시험
합격률 52.3%

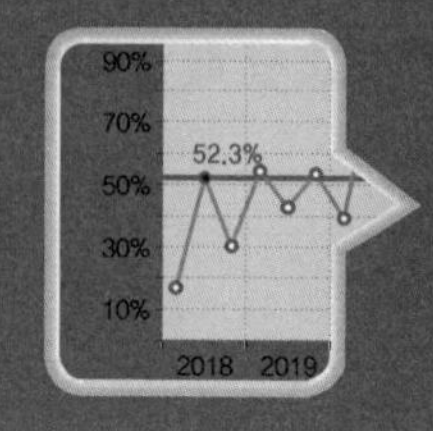

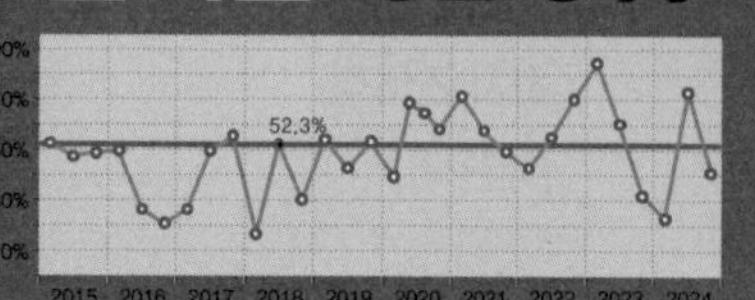

신규문제	6문항	중복문제	14문항

01 1차 표준보정기구 및 2차 표준보정기구의 정의와 정확도를 설명하시오.(6점)

[1802]

가) 1차 표준보정기구
  ① 정의 : 물리적 크기에 의해 공간의 부피를 직접 측정할 수 있는 기구이다.
  ② 정확도 : ±1% 이내

나) 2차 표준보정기구
  ① 정의 : 공간의 부피를 직접 측정할 수는 없으며, 1차 표준기구를 기준으로 보정하여 사용할 수 있는 기구이다.
  ② 정확도 : ±5% 이내

02 가스상 물질을 임핀저, 버블러로 채취하는 액체흡수법 이용 시 흡수효율을 높이기 위한 방법을 3가지 쓰시오.(6점)

[0601/1303/1802/2101]

① 포집액의 온도를 낮추어 오염물질의 휘발성을 제한한다.
② 두 개 이상의 임핀저나 버블러를 직렬로 연결하여 사용한다.
③ 채취속도를 낮춘다.
④ 액체의 교반을 강하게 한다.
⑤ 기체와 액체의 접촉면을 크게 한다.
⑥ 기포의 체류시간을 길게 한다.

▲ 해당 답안 중 3가지 선택 기재

03 ACGIH의 입자상 물질을 크기에 따라 3가지로 분류하고, 각각의 평균입경을 쓰시오.(6점)

[0402/0502/0703/0802/1402/1601/1802/1901/2202]

① 호흡성 : 4㎛
② 흉곽성 : 10㎛
③ 흡입성 : 100㎛

04 속도압의 정의와 공기속도와의 관계식을 쓰시오.(5점)

[1802]

가) 정의 : 공기의 흐름방향으로 작용하는 압력으로 단위 체적의 유체가 갖는 운동에너지를 말한다. 공기의 운동에너지에 비례하여 항상 0또는 양압을 갖는다.

나) 공기속도와의 관계식

- 공기의 비중과 중력가속도가 주어질 때 $VP=\frac{\gamma V^2}{2g}$로 구한다.
- $VP=\left(\frac{V}{4.043}\right)^2$으로 구한다.

05 다음 보기의 내용을 국소배기장치의 설계순서로 나타내시오.(5점)

[1802/2003]

① 공기정화장치 선정	② 반송속도의 결정
③ 후드 형식의 선정	④ 제어속도의 결정
⑤ 총 압력손실의 계산	⑥ 소요풍량의 계산
⑦ 송풍기의 선정	⑧ 배관 배치와 후드 크기 결정

- ③→④→⑥→②→⑧→①→⑤→⑦

06 Flex-Time제를 간단히 설명하시오.(4점)

[1802]

- 모든 직원이 함께 일해야 하는 중추시간(Core time) 외에는 지정된 주간 근무시간 내에서 직원들이 자유롭게 출퇴근하는 것을 허용하는 제도를 말한다.

07 덕트 내 기류에 작용하는 압력의 종류를 3가지로 구분하여 설명하시오.(6점)

[1102/1802/2004]

① 정압 : 밀폐된 공간(duct) 내에서 사방으로 동일하게 미치는 압력을 말한다. 모든 방향에서 동일한 압력이며 송풍기 앞에서는 음압, 송풍기 뒤에서는 양압이다.

② 동압 : 공기의 흐름방향으로 미치는 압력을 말한다. 단위 체적의 유체가 갖는 운동에너지로 항상 양압을 갖는다.

③ 전압 : 단위 유체에 작용하는 모든 압력으로 정압과 동압의 합에 해당한다.

08 소음노출평가, 소음노출기준 초과에 따른 공학적 대책, 청력보호구의 지급 및 착용, 소음의 유해성과 예방에 관한 교육, 정기적 청력검사 · 평가 및 사후관리, 문서기록 · 관리 등을 포함하여 수립하는 소음성 난청을 예방하기 위한 종합적인 계획을 무엇이라고 하는가?(4점)

[0602/1802/2203]

- 청력보존프로그램

09 벤젠의 작업환경측정 결과가 노출기준을 초과하는 경우 몇 개월 후에 재측정을 하여야 하는지 쓰시오.(4점)

[1802/2004]

- 측정일로부터 3개월 후에 1회 이상 작업환경 측정을 실시해야 한다.

10 덕트 내의 전압, 정압, 속도압을 피토튜브로 측정하려고 한다. 그림에서 전압, 정압, 속도압을 찾고 그 값을 구하시오.(6점)

[0301/0803/1201/1403/1702/1802/2002]

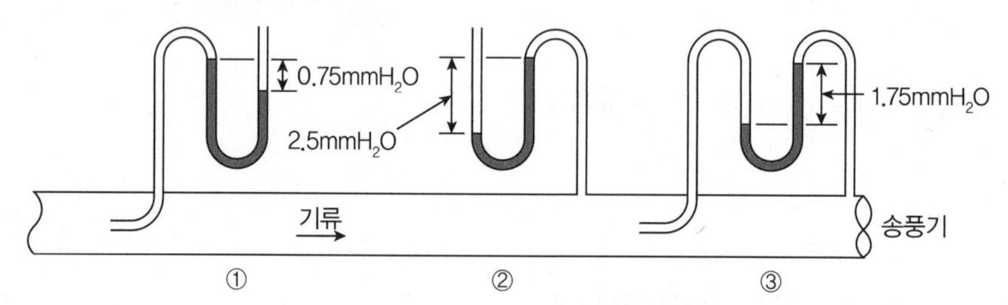

① 전압 : $-0.75[mmH_2O]$
② 정압 : $-2.5[mmH_2O]$
③ 동압 : $1.75[mmH_2O]$

11 바이오에어로졸의 정의와 생물학적 유해인자 3가지를 쓰시오.(5점)

[1802]

가) 정의 : $0.02 \sim 100\mu m$ 정도의 크기를 갖는 세균이나 곰팡이 같은 미생물과 바이러스, 알러지를 일으키는 꽃가루 등이 고체나 액체 입자에 포함되어 있는 것을 말한다.

나) 생물학적 유해인자
① 박테리아
② 곰팡이
③ 집진드기

12 측정치가 0.4, 1.5, 15, 78인 경우의 기하표준편차를 계산하시오.(5점) [1802]

[계산식]

- $x_1, x_2, \cdots, x_n$의 자료가 주어질 때 기하평균 GM은 $\sqrt[n]{x_1 \times x_2 \times \cdots \times x_n}$으로 구하거나 $\log GM = \frac{\log X_1 + \log X_2 + \cdots + \log X_n}{N}$을 역대수를 취해서 구할 수 있다.
- 기하표준편차(GSD)는 $\log GSD = \left[\frac{(\log X_1 - \log GM)^2 + (\log X_2 - \log GM)^2 + \cdots + (\log X_n - \log GM)^2}{N-1}\right]^{0.5}$를 구해서 역대수를 취한다.
- 먼저 기하평균을 구하면 $\log GM = \frac{\log 0.4 + \log 1.5 + \log 15 + \log 78}{4} = \frac{2.8463\cdots}{4} = 0.7115\cdots$가 된다.
- 주어진 값을 대입하면 $\log GSD = \left[\frac{(\log 0.4 - 0.7115)^2 + (\log 1.5 - 0.7115)^2 + \cdots + (\log 78 - 0.7115)^2}{3}\right]^{0.5} = 1.0196\cdots$이므로 $GSD = 10^{1.0196} = 10.4616\cdots$이 된다.

[정답] 10.46

13 온도 200℃의 건조오븐에서 크실렌이 시간당 1.5L씩 증발하고 있다. 폭발방지를 위한 환기량을 계산하시오. (단, 분자량 106, 폭발하한계수 1%, 비중 0.88, 안전계수 10, 25℃, 1기압)(6점) [1802/2003]

[계산식]

- 폭발방지 환기량(Q) $= \frac{24.1 \times SG \times W \times C \times 10^2}{MW \times LEL \times B}$이다. 현재 기온이 25℃이므로 부피는 24.1이 아니라 24.45를 적용한다.
- 온도가 200℃이므로 B는 0.7을 적용하여 대입하면 $\frac{24.45 \times 0.88 \times \left(\frac{1.5}{60}\right) \times 10 \times 10^2}{106 \times 1 \times 0.7} = 7.2493\cdots$이므로 표준공기 환기량은 $7.25m^3/min$이 된다.
- 공정의 온도를 보정해야하므로 $7.25 \times \frac{273+200}{273+25} = 11.5075\cdots m^3/min$이다.

[정답] $11.51[m^3/min]$

14 덕트 내 정압은 $-64.5mmH_2O$, 전압은 $-20.5mmH_2O$이고, 덕트의 단면적은 $0.038m^2$, 송풍기의 동력은 7.5kW였다. 송풍유량이 부족하여 20% 증가시켰을 때 변화된 송풍기의 동력(kW)을 계산하시오.(5점) [1802]

[계산식]

- 송풍기의 유량을 1.2배 증가시키면 회전수 역시 1.2배 증가된다.
- 회전수의 비가 1.2배 증가하였으므로 축동력은 $1.2^3 = 1.728$배 증가하여 7.5×1.728=12.96kW가 된다.

[정답] 12.96[kW]

15

에너지 절약 방안의 일환으로 난방이나 냉방을 실시할 때 외부공기를 100% 공급하지 않고 오염된 실내 공기를 재순환시켜 외부공기와 융합해서 공급하는 경우가 많다. 재순환된 공기중 CO_2농도는 650ppm, 급기중 농도는 450ppm이었다. 또한 외부공기 중 CO_2 농도는 200ppm이다. 급기 중 외부공기의 함량(%)을 산출하시오.(5점) [1003/1403/1802]

[계산식]

- 급기 중 재순환량(%)$=\dfrac{\text{급기공기 중 } CO_2 \text{ 농도} - \text{외부공기 중 } CO_2 \text{ 농도}}{\text{재순환공기 중 } CO_2 \text{ 농도} - \text{외부공기 중 } CO_2 \text{ 농도}} \times 100 = \dfrac{450-200}{650-200} \times 100 = 55.55\%$
- 급기 중 외부공기 포함량은$=100-55.55=44.45\%$이다.

[정답] 44.45[%]

16

사염화탄소 7,500ppm이 공기중에 존재할 때 공기와 사염화탄소의 유효비중을 소수점 아래 넷째자리까지 구하시오.(단, 공기비중 1.0, 사염화탄소 비중 5.7)(4점) [0602/1001/1503/1802/2101/2402]

[계산식]

- 유효비중은 $\dfrac{(\text{농도}\times\text{비중})+(10^6-\text{농도})\times\text{공기비중}(1.0)}{10^6}$으로 구한다.
- 대입하면 $\dfrac{(7,500\times5.7)+(10^6-7,500)\times1.0}{10^6}=1.03525$가 된다.

[정답] 1.0353

17

시료채취 전 여과지의 무게가 20.0mg, 채취 후 여과지의 무게가 25mg이었다. 시료포집을 위한 펌프의 공기량은 800L이었다면 공기 중 분진의 농도(mg/m^3)를 구하시오.(5점) [0901/1802/2402/2403]

[계산식]

- 농도(mg/m^3)$=\dfrac{\text{시료채취 후 여과지 무게}-\text{시료채취 전 여과지 무게}}{\text{공기채취량}}$로 구한다.
- 공기량 800L는 $0.8m^3$이므로 대입하면 $\dfrac{25-20.0}{0.8}=6.25\text{mg}/m^3$이다.

[정답] 6.25[mg/m^3]

18

송풍량이 100m^3/min이고 전압이 120mmH_2O, 송풍기의 효율이 0.8일 때 송풍기의 소요동력(kW)을 계산하시오.(5점) [1101/1802]

[계산식]

- 소요동력[kW]$=\dfrac{\text{송풍량}\times\text{전압}}{6,120\times\text{효율}}\times$여유율로 구한다.
- 대입하면 소요동력[kW]$=\dfrac{100\times120}{6,120\times0.8}=2.4509\cdots$가 된다.

[정답] 2.45[kW]

19 작업장의 체적이 1,500m^3이고 0.5m^3/sec의 실외 대기공기가 작업장 안으로 유입되고 있다. 작업장에서 톨루엔 발생이 정지된 순간 작업장 내 Toluene의 농도가 50ppm이라고 할 때 30ppm으로 감소하는데 걸리는 시간(min)과 1시간 후의 공기 중 농도(ppm)를 구하시오.(단, 실외 대기에서 유입되는 공기량 톨루엔의 농도는 0ppm이고, 1차 반응식이 적용된다)(6점) [1103/1802]

[계산식]

① 감소하는데 걸리는 시간

- 유해물질 농도 감소에 걸리는 시간 $t = -\frac{V}{Q}ln\left(\frac{C_2}{C_1}\right)$로 구한다.
- 분당 유효환기량은 $0.5 \times 60 = 30m^3/\text{min}$이므로 대입하면 시간 $t = -\frac{1,500}{30}ln\left(\frac{30}{50}\right) = 25.5412\cdots\text{min}$이다.

② 1시간 후의 공기중 농도

- 작업 중지 후 C_1인 농도로부터 t분이 지난 후의 농도 $C_2 = C_1 \times e^{-\frac{Q'}{V}t}$[ppm]으로 구한다.
- 1시간은 60분이고 분당 유효환기량은 $0.5 \times 60 = 30m^3/\text{min}$이므로 대입하면 60분이 지난 후의 농도 $C_2 = 50 \times e^{-\frac{30}{1,500} \times 60} = 15.0597\cdots\text{ppm}$이 된다.

[정답] ① 25.54[min] ② 15.06[ppm]

20 단면적의 폭(W)이 40cm, 높이(D)가 20cm인 직사각형 덕트의 곡률반경(R)이 30cm로 구부려져 90° 곡관으로 설치되어 있다. 흡입공기의 속도압이 20mmH_2O일 때 다음 표를 참고하여 이 덕트의 압력손실(mmH_2O)을 구하시오.(5점) [1103/1402/1802]

형상비 / 반경비	$\xi = \triangle P / VP$					
	0.25	0.5	1.0	2.0	3.0	4.0
0.0	1.50	1.32	1.15	1.04	0.92	0.86
0.5	1.36	1.21	1.05	0.95	0.84	0.79
1.0	0.45	0.28	0.21	0.21	0.20	0.19
1.5	0.28	0.18	0.13	0.13	0.12	0.12
2.0	0.24	0.15	0.11	0.11	0.10	0.10
3.0	0.24	0.15	0.11	0.11	0.10	0.10

[계산식]

- 원형곡관의 압력손실계수를 구해야 한다.
- 압력손실 $\triangle P = \xi \times VP[mmH_2O]$로 구한다.
- 곡률반경비는 $\frac{반경}{직경}$이므로 $\frac{30}{20} = 1.5$이고, 형상비는 $\frac{폭}{높이}$이므로 $\frac{40}{20} = 2$이다. 반경비가 1.5, 형상비가 2인 압력손실계수(ξ)가 0.13이라는 것을 의미한다.
- 대입하면 압력손실 $\triangle P = 0.13 \times 20 = 2.6mmH_2O$이 된다.

[정답] 2.6[mmH_2O]

2018년 제3회

필답형 기출복원문제

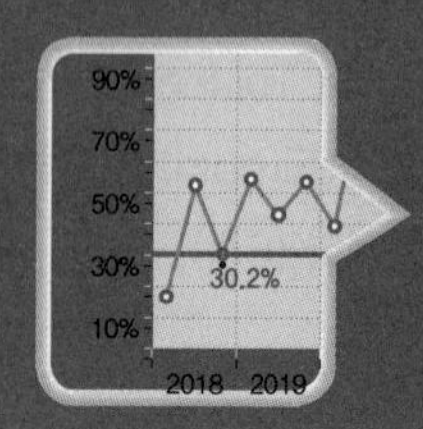

18년 3회차 실기시험

합격률 30.2%

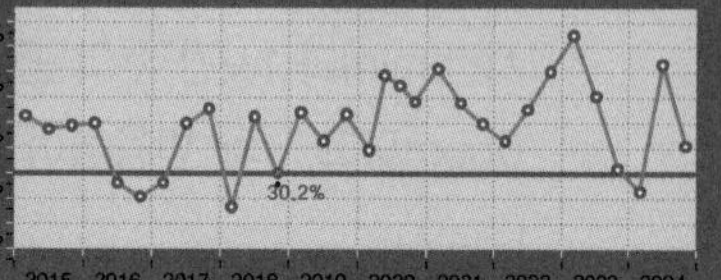

신규문제	7문항	중복문제	13문항

01 전체환기방식의 적용조건 5가지를 쓰시오.(단, 국소배기가 불가능한 경우는 제외한다)(5점)

[0301/0503/0702/0801/0902/1101/1203/1501/1602/1803/1901/1902/2002/2003/2004/2103/2201]

① 유해물질의 독성이 비교적 낮을 때
② 동일작업장에서 오염원 다수가 분산되어 있을 때
③ 유해물질이 시간에 따라 균일하게 발생할 경우
④ 유해물질의 발생량이 적은 경우
⑤ 유해물질이 증기나 가스일 경우
⑥ 유해물질의 배출원이 이동성인 경우

▲해당 답안 중 5가지 선택 기재

02 먼지의 공기역학적 직경의 정의를 쓰시오.(4점)

[0603/0703/0901/1101/1402/1701/1803/1903/2302/2402]

• 공기역학적 직경이란 대상 먼지와 침강속도가 같고, 밀도가 1이며 구형인 먼지의 직경으로 환산하여 표현하는 입자상 물질의 직경으로 입자의 공기중 운동이나 호흡기 내의 침착기전을 설명할 때 유용하게 사용된다.

03 관리대상 유해물질을 취급하는 작업에 근로자를 종사하도록 하는 경우 근로자를 작업에 배치하기 전 사업주가 근로자에게 알려야 하는 사항을 3가지 쓰시오.(6점)

[1803/2302/2401/2402]

① 관리대상 유해물질의 명칭 및 물리·화학적 특성
② 인체에 미치는 영향과 증상
③ 취급상의 주의사항
④ 착용하여야 할 보호구와 착용방법
⑤ 위급상황 시의 대처방법과 응급조치 요령
⑥ 그 밖에 근로자의 건강장해 예방에 관한 사항

▲해당 답안 중 3가지 선택 기재

04 공기 중 납농도를 측정할 때 시료채취에 사용되는 여과지의 종류와 분석기기의 종류를 각각 한 가지씩 쓰시오.(4점) [1003/1103/1302/1803/2103]

① 여과지 : MCE막 여과지
② 분석기기 : 원자흡광광도계

05 다음 설명의 빈칸을 채우시오.(단, 노동부고시 기준)(4점) [0403/1303/1803/2102]

용접흄은 (①)채취방법으로 하되 용접보안면을 착용한 경우에는 그 내부에서 채취하고 중량분석방법과 원자흡광분광기 또는 (②)를 이용한 분석방법으로 측정한다.

① 여과시료
② 유도결합플라즈마

06 공기 중 유해가스를 측정하는 검지관법의 장점을 3가지 쓰시오.(6점) [1803/2101]

① 사용이 간편하다.
② 반응시간이 빠르다.
③ 비전문가도 숙지하면 사용이 가능하다.
④ 맨홀, 밀폐공간 등의 산소부족 또는 폭발성 가스로 인한 안전이 확보되지 않은 곳에서도 안전한 사용이 가능하다.

▲ 해당 답안 중 3가지 선택 기재

07 산업안전보건기준에 관한 규칙에서 근로자가 곤충 및 동물매개 감염병 고위험작업을 하는 경우에 사업주가 취해야 할 예방조치사항을 4가지 쓰시오.(4점) [1803]

① 긴 소매의 옷과 긴 바지의 작업복을 착용하도록 할 것
② 곤충 및 동물매개 감염병 발생 우려가 있는 장소에서는 음식물 섭취 등을 제한할 것
③ 작업 장소와 인접한 곳에 오염원과 격리된 식사 및 휴식 장소를 제공할 것
④ 작업 후 목욕을 하도록 지도할 것
⑤ 곤충이나 동물에 물렸는지를 확인하고 이상증상 발생 시 의사의 진료를 받도록 할 것

▲ 해당 답안 중 4가지 선택 기재

08 다음의 증상을 갖는 열중증의 종류를 쓰시오.(4점)

[1803/2101]

① 신체 내부 체온조절계통이 기능을 잃어 발생하며, 체온이 지나치게 상승할 경우 사망에 이를 수 있고 수액을 가능한 빨리 보충해주어야 하는 열중증
② 더운 환경에서 고된 육체적 작업을 통하여 신체의 지나친 염분 손실을 충당하지 못할 경우 발생하는 고열장애로 빠른 회복을 위해 염분과 수분을 공급하지만 염분 공급 시 식염정제를 사용하여서는 안 되는 열중증

① 열사병 ② 열경련

09 휘발성 유기화합물(VOCs)을 처리하는 방법 중 연소법에서 불꽃연소법과 촉매연소법의 특징을 각각 2가지씩 쓰시오.(4점)

[1103/1803/2101/2102/2402]

가) 불꽃연소법
① 시스템이 간단하고 보수가 용이하다.
② 연소온도가 높아 보조연료의 비용이 많이 소모된다.
나) 촉매연소법
① 저온에서 처리하므로 보조연료의 비용이 적게 소모된다.
② VOC 농도가 낮은 경우에 주로 사용한다.

10 다음 그림의 ( ) 안에 알맞은 입자 크기별 포집기전을 각각 한 가지씩 쓰시오.(3점)

[0303/1101/1303/1401/1803/2403]

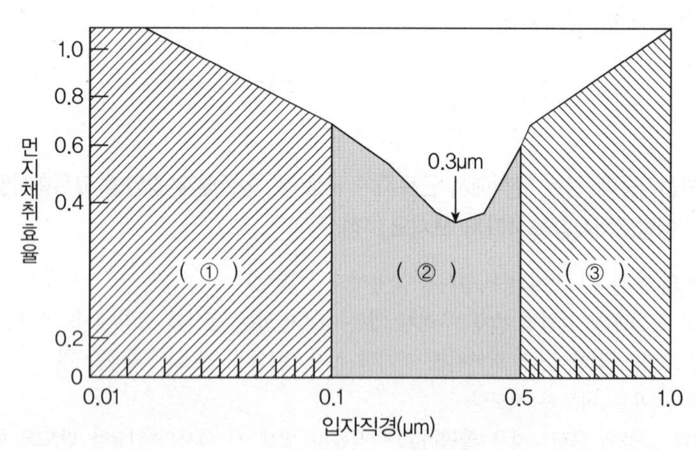

① 확산
② 확산, 직접차단(간섭)
③ 관성충돌, 직접차단(간섭)

▲해당 답안 중 각 1가지 선택 기재

11 **플랜지가 붙은 외부식 후드와 하방흡인형 후드(오염원이 개구면과 가까울 때)의 필요송풍량(m^3/min) 계산식을 쓰시오.(6점)** [1803]

① 플랜지가 붙은 외부식 후드의 필요송풍량 $Q=60\times0.75\times V_c(10X^2+A)$로 구한다. 이때 Q는 필요 환기량[m^3/min], V_c는 제어속도[m/sec], A는 개구면적[m^2], X는 후드의 중심선으로부터 발생원까지의 거리[m]이다.
② 오염원이 개구면과 가까울 때의 하방흡인형 후드의 필요송풍량 $Q=60\times A\times V_c$로 구한다. 이때 Q는 필요 환기량[m^3/min], V_c는 제어속도[m/sec], A는 개구면적[m^2]이다.

12 **악취발생가스 포집방법으로 부스식 후드를 설치하여 제어속도는 0.25 ~ 0.5m/sec 범위이면 가능하다. 하한 제어속도의 20% 빠른 속도로 포집하고자 하며, 개구면적을 가로 1.5m, 세로 1m로 할 경우 필요흡인량(m^3/min)을 구하시오.(5점)** [1803]

[계산식]
- 악취발생가스 포집방법의 부스식 후드의 필요송풍량 $Q=60\times A\times V_c$로 구한다.
- 제어속도 $V_c=0.25\times1.2=0.3$m/sec이다.
- 필요송풍량 $Q=60\times(1.5\times1.0)\times0.3=27m^3$/min이다.

[정답] 27[m^3/min]

13 **시작부분의 직경이 200mm, 이후 직경이 300mm로 확대되는 확대관에 유량 0.4m^3/sec으로 흐르고 있다. 정압회복계수가 0.76일 때 다음을 구하시오.(6점)** [1803/2103]

① 공기가 이 확대관을 흐를 때 압력손실(mmH_2O)을 구하시오.
② 시작부분 정압이 −31.5mmH_2O일 경우 이후 확대된 확대관의 정압(mmH_2O)을 구하시오.

[계산식]
① 확대관의 압력손실은 $\triangle P=\xi(VP_1-VP_2)$로 구한다.
- 정압회복계수가 0.76이므로 압력손실계수는 1−0.76=0.24가 된다.
- $V_1=\dfrac{0.4m^3/\text{sec}}{\left(\dfrac{3.14\times0.2^2}{4}\right)m^2}=12.738\cdots$m/sec이다. $VP_1=\left(\dfrac{12.738}{4.043}\right)^2=9.9264\cdots mmH_2O$이다.
- $V_2=\dfrac{0.4m^3/\text{sec}}{\left(\dfrac{3.14\times0.3^2}{4}\right)m^2}=5.6617\cdots$m/sec이다. $VP_1=\left(\dfrac{5.6617}{4.043}\right)^2=1.9610\cdots mmH_2O$이다.
- 대입하면 $\triangle P=0.24(9.9264-1.9610)=1.9116\cdots mmH_2O$가 된다.

② 확대 측 정압 $SP_2=SP_1+R(VP_1-VP_2)$이므로 대입하면 $-31.5+0.76\times(9.9264-1.9610)=-25.44629\cdots mmH_2O$가 된다.

[정답] ① 1.91[mmH_2O]   ② −25.45[mmH_2O]

14 **작업장 내에서 톨루엔(분자량 92.13, 노출기준 100ppm)을 시간당 100g씩 사용하는 작업장에 전체환기시설을 설치 시 톨루엔의 시간당 발생률(L/hr)을 구하시오.(18℃ 1기압 기준)(5점)** [1803/2401]

[계산식]

- 공기중에 계속 오염물질이 발생하고 있는 경우의 필요환기량 $Q=\frac{G \times K}{TLV}$로 구하는데 톨루엔의 발생량을 구하는 문제이므로 $G=\frac{Q \times TLV}{K}$로 구한다. K가 주어지지 않았으므로 G=Q × TLV가 된다.
- 18℃, 1기압에서의 기체의 몰당 부피는 $22.4 \times \frac{273+18}{273}=23.877$L이다.
- 분자량이 92.13인 톨루엔을 시간당 100g을 사용하고 있으므로 기체의 발생률 $G=\frac{23.877 \times 100}{92.13}=25.9166\cdots$L/hr이다.(몰당 발생하는 기체이므로 몰질량 92.13을 나눠줘야 한다)

[정답] 25.92[L/hr]

15 **작업장 내 열부하량은 15,000kcal/h이다. 외기온도는 20℃이고, 작업장 온도는 30℃일 때 전체환기를 위한 필요환기량(m^3/min)을 구하시오.(5점)** [1803/2401]

[계산식]

- 발열 시 방열을 위한 필요환기량 $Q(m^3/h)=\frac{H_s}{0.3\Delta t}$로 구한다.
- 대입하면 방열을 위한 필요환기량 $Q=\frac{15,000}{0.3 \times (30-20)}=5,000m^3/h$이다. 분당의 필요환기량을 구하고 있으므로 60으로 나눠주면 $83.333m^3/min$이 된다.

[정답] 83.33[m^3/min]

16 **공기 중 혼합물로서 벤젠 2.5ppm(TLV : 5ppm), 톨루엔 25ppm(TLV : 50ppm), 크실렌 60ppm(TLV : 100ppm)이 서로 상가작용을 한다고 할 때 허용농도 기준을 초과하는지의 여부와 혼합공기의 허용농도를 구하시오.(6점)** [0801/1002/1402/1601/1801/1803/2004/2203/2301]

[계산식]

- 시료의 노출지수는 $\frac{C_1}{TLV_1}+\frac{C_2}{TLV_2}+\cdots+\frac{C_n}{TLV_n}$으로 구한다.
- 대입하면 $\frac{2.5}{5}+\frac{25}{50}+\frac{60}{100}=1.6$로 1을 넘었으므로 노출기준을 초과하였다고 판정한다.
- 노출지수가 구해지면 해당 혼합물의 농도는 $\frac{C_1+C_2+\cdots+C_n}{\text{노출지수}}$[ppm]으로 구할 수 있다.
- 대입하면 혼합물의 농도는 $\frac{2.5+25+60}{1.6}=54.6875$ppm이다.

[정답] 노출지수는 1.6으로 노출기준을 초과하였으며, 혼합물의 허용농도는 54.69[ppm]이다.

17 플랜지 부착 외부식 슬롯후드가 있다. 슬롯후드의 밑변과 높이는 200cm×30cm이다. 제어풍속이 3m/sec, 오염원까지의 거리는 30cm인 경우 필요송풍량(m^3/min)을 구하시오.(5점) [1103/1803/2103]

[계산식]

- 외부식 플랜지부착 슬롯형후드의 필요송풍량 $Q=60\times2.6\times L\times V_c\times X$로 구한다.
- 대입하면 필요송풍량 $Q=60\times2.6\times2m\times3m/\sec\times0.3m=280.8m^3/\min$이다.

[정답] 280.8[m^3/min]

18 주물 용해로에 레시버식 캐노피 후드를 설치하는 경우 열상승 기류량이 15m^3/min이고, 누입한계 유량비가 3.5일 때 소요풍량(m^3/min)을 구하시오.(5점) [1803/2102]

[계산식]

- 후드 주변에 난기류가 형성되지 않은 경우 캐노피형 후드의 필요송풍량=열상승 기류량×(1+누입한계 유량비)이다.
- 대입하면 필요송풍량 $Q_T=15(1+3.5)=67.5m^3/\min$이다.

[정답] 67.5[m^3/min]

19 용접작업장에서 채취한 공기 시료 채취량이 96L인 시료여재로부터 0.25mg의 아연을 분석하였다. 시료채취 기간동안 용접공에게 노출된 산화아연(ZnO)흄의 농도(mg/m^3)를 구하시오.(단, 아연의 원자량은 65)(5점) [1803]

[계산식]

- 농도(mg/m^3)$=\dfrac{\text{시료의 채취량}}{\text{공기 채취량}}$으로 구한다.
- 채취한 아연의 질량이 0.25mg인데 산화아연의 농도를 구하므로 이는 0.25mg : 65=x : (65+16) 으로 구하면 산화아연의 채취량은 0.3115mg이 된다.
- 96L는 0.096m^3이므로 농도 $\dfrac{0.3125mg}{0.096m^3}=3.255\cdots$mg/$m^3$이 된다.

[정답] 3.26[mg/m^3]

20 고열배출원이 아닌 탱크 위, 장변 2m, 단변 1.4m, 배출원에서 후드까지의 높이가 0.5m, 제어속도가 0.4m/sec일 때 필요송풍량(m^3/min)을 구하시오.(5점)(단, Dalla valle식을 이용) [1803/2201/2403]

[계산식]

- 고열배출원이 아닌 곳에 설치하는 레시버식 캐노피 후드의 필요송풍량 $Q=60\times1.4\times P\times H\times V_c[m^3/\min]$으로 구한다.
- P 즉, 둘레의 길이는 2(2+1.4)이므로 필요송풍량 $Q=60\times1.4\times2\times(2+1.4)\times0.5\times0.4=114.24m^3/\min$이 된다.

[정답] 114.24[m^3/min]

2019년 제1회

필답형 기출복원문제

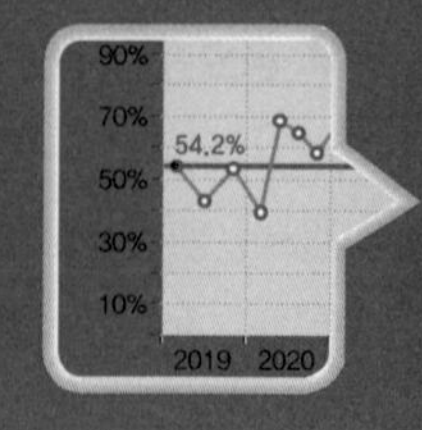

19년 1회차 실기시험

합격률 54.2%

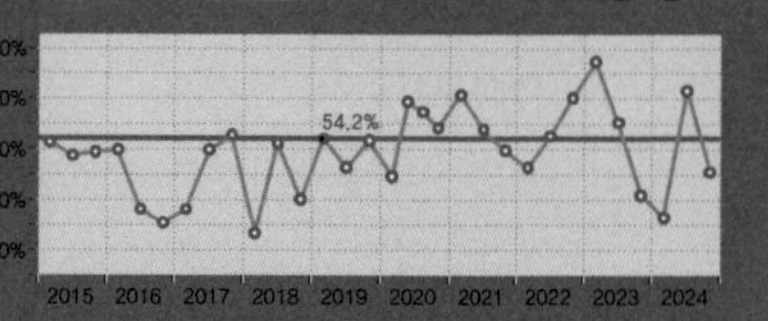

신규문제	7문항	중복문제	13문항

01 국소배기시설을 설계 할 때 총 압력손실을 계산하는 방법을 2가지 쓰시오.(4점) [1901]

① 정압조절(유속조절) 평형법

② 저항조절 평형법(균형유지법)

02 수동식 시료채취기의 장점을 4가지 쓰시오.(4점) [1901]

① 시료채취방법이 간편하다.

② 채취기는 가볍고 착용이 편리하다.

③ 시료채취 전후에 별도의 보정이 필요없다.

④ 산업위생전문가의 입장에서는 펌프의 보정이나 충전에 드는 시간과 노동력을 절약할 수 있다.

03 입자상 물질의 물리적 직경 3가지를 간단히 설명하시오.(6점)

[0301/0302/0403/0602/0701/0803/0903/1201/1301/1703/1901/2001/2003/2101/2103/2301/2303]

① 마틴 직경 : 먼지의 면적을 2등분하는 선의 길이로 선의 방향은 항상 일정하여야 하며, 과소평가할 수 있는 단점이 있다.

② 페렛 직경 : 먼지의 한쪽 끝 가장자리와 다른쪽 가장자리 사이의 거리로 과대평가될 가능성이 있는 입자성 물질의 직경이다.

③ 등면적 직경 : 먼지의 면적과 동일한 면적을 가진 원의 직경으로 가장 정확한 직경이며, 측정은 현미경 접안경에 Porton Reticle을 삽입하여 측정한다.

04 산업피로 증상에서 혈액과 소변의 변화를 2가지씩 쓰시오.(4점) [0602/1601/1901/2302]

① 혈액 : 혈당치가(혈중 포도당 농도가) 낮아지고, 젖산과 탄산량이 증가하여 산혈증이 된다.

② 소변 : 소변의 양이 줄고 진한 갈색을 나타나거나 단백질 또는 교질물질을 많이 포함한 소변이 된다.

05 일반적으로 전체환기방법을 작업장에 적용하려고 할 때 고려되는 주위 환경조건을 4가지를 쓰시오.(4점)

[0301/0503/0702/0801/0902/1101/1203/1501/1602/1803/1901/1902/2002/2003/2004/2103/2201]

① 유해물질의 독성이 비교적 낮을 때
② 동일작업장에서 오염원 다수가 분산되어 있을 때
③ 유해물질이 시간에 따라 균일하게 발생할 경우
④ 유해물질의 발생량이 적은 경우
⑤ 유해물질이 증기나 가스일 경우
⑥ 유해물질의 배출원이 이동성인 경우

▲해당 답안 중 4가지 선택 기재

06 ACGIH의 입자상 물질을 크기에 따라 3가지로 분류하고, 각각의 평균입경을 쓰시오.(6점)

[0402/0502/0703/0802/1402/1601/1802/1901/2202]

① 호흡성 : $4\mu m$
② 흉곽성 : $10\mu m$
③ 흡입성 : $100\mu m$

07 공기 중 입자상 물질이 여과지에 채취되는 작용기전(포집원리) 5가지를 쓰시오.(5점)

[0301/0501/0901/1201/1901/2001/2002/2003/2102/2202]

① 직접차단(간섭)
② 관성충돌
③ 확산
④ 중력침강
⑤ 정전기침강
⑥ 체질

▲해당 답안 중 5가지 선택 기재

08 다음은 각 분야의 표준공기(표준상태)에 관한 사항이다. 빈 칸에 알맞은 내용을 쓰시오.(6점)

[1901]

구분	온도(℃)	1몰의 부피(L)
(1) 순수자연분야	( )	( )
(2) 산업위생분야	( )	( )
(3) 산업환기분야	( )	( )

• 몰당 부피는 절대온도에 비례하므로 0℃, 1기압에서 기체 1몰의 부피인 22.4L에 산업위생분야와 산업환기분야의 표준온도인 25℃와 21℃를 각각 적용하여 표준부피를 구한다.

구분	온도(℃)	1몰의 부피(L)
(1) 순수자연분야	(0)	(22.4)
(2) 산업위생분야	(25)	(24.45)
(3) 산업환기분야	(21)	(24.1)

09 플랜지가 없는 외부식 후드를 설치하고자 한다. 후드 개구면에서 발생원까지의 제어거리가 0.5m, 제어속도가 6m/sec, 후드 개구단면적이 1.2m^2일 경우 필요송풍량(m^3/min)을 구하시오.(5점) [1901]

[계산식]

- 플랜지 없는 외부식 장방형 후드의 필요송풍량 $Q=60\times V_c(10X^2+A)[m^3/\text{min}]$로 구한다.
- 주어진 값을 대입하면 필요송풍량 $Q=60\times 6(10\times 0.5^2+1.2)=1,332m^3/\text{min}$가 된다.

[정답] 1,332[m^3/min]

10 작업장 내 열부하량은 200,000kcal/h이다. 외기온도는 20℃이고, 작업장 온도는 30℃일 때 전체환기를 위한 필요환기량(m^3/min)이 얼마인지 구하시오.(5점) [1901/2103]

[계산식]

- 발열 시 방열을 위한 필요환기량 $Q(m^3/h)=\dfrac{H_s}{0.3\Delta t}$로 구한다.
- 대입하면 방열을 위한 필요환기량 $Q=\dfrac{200,000}{0.3\times(30-20)}=66,666.666\cdots m^3/h$이다. 분당의 필요환기량을 구하고 있으므로 60으로 나눠주면 1,111.111m^3/min이 된다.

[정답] 1,111.11[m^3/min]

11 송풍기 회전수가 1,000rpm일 때 송풍량은 30m^3/min, 송풍기 정압은 22mmH_2O, 동력은 0.5HP였다. 송풍기 회전수를 1,200rpm으로 변경할 경우 송풍량(m^3/min), 정압(mmH_2O), 동력(HP)을 구하시오.(6점) [1102/1401/1501/1901/2002]

[계산식]

- 회전수가 1,000에서 1,200으로 증가하였으므로 증가비는 $\dfrac{1,200}{1,000}=1.2$배 증가하였다.
- 기존 풍량이 30m^3/min이므로 $30\times 1.2=36m^3/\text{min}$가 된다.
- 기존 정압이 22mmH_2O이므로 $22\times 1.2^2=31.68mmH_2O$이 된다.
- 기존 동력이 0.5HP였으므로 $0.5\times 1.2^3=0.864$HP가 된다.

[정답] ① 36[m^3/min]
② 31.68[mmH_2O]
③ 0.86[HP]

12 다음은 고열작업장에 설치된 레시버식 캐노피 후드의 모습이다. 그림에서 H=1.3m, E=1.5m이고, 열원의 온도는 2,000℃이다. 다음 조건을 이용하여 열상승 기류량(m^3/min)을 구하시오.(5점) [1203/1901]

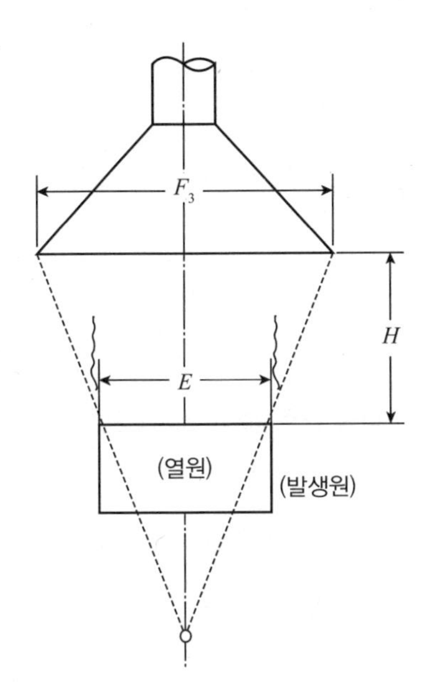

가) $Q_1(m^3/\text{min}) = \frac{0.57}{\gamma(A\gamma)^{0.33}} \times \Delta t^{0.45} \times Z^{1.5}$

나) 온도차 Δt의 계산식

- $H/E \leq 0.7$이면 $\Delta t = t_m - 20$, $H/E > 0.7$이면 $\Delta t = (t_m - 20)\{(2E+H)/2.7E\}^{-1.7}$이다.

다) 가상고도(Z)의 계산식

- $H/E \leq 0.7$이면 $Z = 2E$, $H/E > 0.7$이면 $Z = 0.74(2E+H)$이다.

라) 열원의 종횡비(γ)=1

[계산식]

- 식에 들어가는 값들을 먼저 구한다.
- $E = 1.5$이므로 단면적 $A = \frac{3.14 \times 1.5^2}{4} = 1.76625m^2$이다.
- $H/E = \frac{1.3}{1.5} = 0.866\cdots$이므로 $\Delta t = (2{,}000-20)\{(2\times1.5+1.3)/(2.7\times1.5)\}^{-1.7} = 1{,}788.308148$℃이다.
- $H/E = \frac{1.3}{1.5} = 0.866\cdots$이므로 $Z = 0.74(2\times1.5+1.3) = 3.182m$이다.
- 열상승기류량 $Q_1(m^3/\text{min}) = \frac{0.57}{(1.76625)^{0.33}} \times 1{,}788.308148^{0.45} \times 3.182^{1.5} = 77.98246\cdots m^3/\text{min}$이 된다.

[정답] 77.98[m^3/min]

13 0℃, 1기압에서의 공기밀도는 1.2kg/m^3이다. 동일기압, 80℃에서의 공기밀도(kg/m^3)를 구하시오.(단, 소수 아래 4째자리에서 반올림하여 3째자리까지 구하시오)(5점) [1002/1401/1901]

[계산식]

- 공기의 밀도는 $\frac{질량}{부피}$이고, 온도가 올라가면 부피는 늘어나므로 밀도는 부피에 반비례한다.
- 이를 보정하면 $1.2 \times \frac{273+0}{273+80} = 0.9280\cdots \text{kg}/m^3$이 된다.

[정답] 0.928[kg/m^3]

14 표준공기가 흐르고 있는 덕트의 Reynold 수가 40,000일 때, 덕트관 내 유속(m/sec)을 구하시오.(단, 점성계수 1.607×10^{-4}poise, 직경은 150mm, 밀도는 1.203kg/m^3)(5점) [0502/1201/1901/1903/2103]

[계산식]

- $Re = \left(\frac{\rho v_s L}{\mu}\right)$에서 이를 속도에 관한 식으로 풀면 $v_s = \frac{Re \cdot \mu}{\rho \cdot L}$으로 속도를 구할 수 있다.
- 1poise=1g/cm · s=0.1kg/m · s이므로 유속 $v_s = \frac{40,000 \times 1.607 \times 10^{-5}}{1.203 \times 0.15} = 3.5622 \cdots$m/sec가 된다.

[정답] 3.56[m/sec]

15 노출인년은 조사근로자를 1년동안 관찰한 수치로 환산한 것이다. 다음 근로자들의 조사년한을 노출인년으로 환산하시오.(5점) [1302/1901/2402]

- 6개월 동안 노출된 근로자의 수 : 6명
- 1년 동안 노출된 근로자의 수 : 14명
- 3년 동안 노출된 근로자의 수 : 10명

[계산식]

- 노출인년$=\sum\left[\text{조사인원}\times\left(\frac{\text{조사기간 : 월}}{12}\right)\right]$으로 구한다.
- 대입하면 노출인년 $=\left[6\times\left(\frac{6}{12}\right)\right]+\left[14\times\left(\frac{12}{12}\right)\right]+\left[10\times\left(\frac{36}{12}\right)\right]=47$인년이다.

[정답] 47[인년]

16 덕트 단면적 0.38m^2, 덕트 내 정압을 −64.5mmH_2O, 전압은 −20.5mmH_2O이다. 덕트 내의 반송속도(m/sec)와 공기유량(m^3/min)을 구하시오.(단, 공기의 밀도는 1.2kg/m^3이다)(5점) [0701/1901/2003]

[계산식]

- 유량 Q=A×V로 구한다. 그리고 $V = 4.043 \times \sqrt{VP}$로 구할 수 있다.
- 정압과 전압이 주어졌으므로 동압을 구할 수 있다. 동압 VP=−20.5−(−64.5)=44mmH_2O이다.
- 동압 VP를 이용해서 반송속도를 구할 수 있다.($VP = \frac{\rho \times V^2}{2g}$)
- 공기의 밀도가 주어졌으므로 대입하면 반송속도 $V = \sqrt{\frac{2g \times VP}{\rho}} = \sqrt{\frac{19.6 \times 44}{1.2}} = 26.8079 \cdots$m/sec이다.
- 반송속도를 구했으므로 대입하면 유량 Q=0.38×26.8079=10.1870m^3/sec가 된다. 분당 유량을 구하고 있으므로 60을 곱해주면 611.220m^3/min이 된다.

[정답] 반송속도는 26.81[m/sec], 유량은 611.22[m^3/min]

17 활성탄을 이용하여 0.4L/min으로 150분 동안 톨루엔을 측정한 후 분석하였다. 앞층에서 3.3mg이 검출되었고, 뒷층에서 0.1mg이 검출되었다. 탈착효율이 95%라고 할 때 파과여부와 공기 중 농도(ppm)를 구하시오. (단, 25℃, 1atm)(6점) [0503/1101/1901/2102]

[계산식]

- 파과여부는 $\frac{\text{뒷층 검출량}}{\text{앞층 검출량}}$이 10% 이상이 되면 파과되었다고 한다.
- 공기중의 농도 $= \frac{\text{분석량}}{\text{공기채취량}}$으로 구한다.

① 파과여부는 대입하면 $\frac{0.1}{3.3} = 0.03030\cdots$로 3.0% 수준으로 10% 미만이므로 파과되지 않았다.

- 탈착효율이 0.95이라는 것은 총공기채취량에서 오염물질을 효과적으로 탈착시키는 효율이므로 구해진 농도에 0.95을 나눠줘야 한다.(공기채취량에 0.95을 곱하는 것이므로 농도에 0.95을 나누는 것과 같다)

② 공기중의 농도는 주어진 값을 대입하면 $\frac{(3.3+0.1)mg}{0.4L/\text{min} \times 150\text{min} \times 0.95} = 0.059649\cdots$mg/L이고 이는 59.649…mg/$m^3$과 같다.

- 59.65mg/m^3을 ppm으로 변환하면 톨루엔의 분자량이 92.13, 25℃, 1기압에서 기체의 부피는 24.45L이므로 $59.65 \times \frac{24.45}{92.13} = 15.83026\cdots$ppm이 된다.

[정답] ① 파과되지 않았다.
② 15.83[ppm]

18 기적이 3,000m^3인 작업장에서 유해물질이 시간당 600g이 증발되고 있다. 유효환기량(Q')이 56.6m^3/min이라고 할 때 유해물질 농도가 100mg/m^3가 될 때까지 걸리는 시간(분)을 구하시오.(단, $V\frac{dc}{dt} = G - Q'C$를 이용하는데 V는 작업실 부피, G는 유해물질 발생량(발생속도), C는 특정 시간 t에서 유해물질 농도)(5점) [1901]

[계산식]

- 주어진 식을 t에 대해 정리하면 $t = -\frac{V}{Q'}ln\left(\frac{G - Q'C}{G}\right)$[min]가 된다.
- 분당 유효환기량을 시간당 환기량으로 바꾸기 위해 60을 곱하면 시간당 유효환기량은 3,396m^3/hr이고, 100mg/m^3은 0.1g/m^3이므로 대입하면 $\frac{G - Q'C}{G} = \frac{600g/hr - (3{,}396m^3/hr \times 0.1g/m^3)}{600g/hr} = 0.434$이다.
- 주어진 값을 대입하면 시간 $t = -\frac{3{,}000}{56.6} ln 0.434 = 44.242\cdots$min이 된다.

[정답] 44.24[min]

19 **염소(Cl_2)가스나 이산화질소(NO_2)가스와 같이 흡수제에 쉽게 흡수되지 않는 물질의 시료채취에 사용되는 시료채취 매체의 종류와 그 이유를 쓰시오.(4점)** [1901]

① 매체의 종류 : 고체흡착관

② 이유 : 염소는 극성 흡착제(실리카겔), 이산화질소는 비극성 흡착제(활성탄)를 이용해 채취한다.

20 **어떤 작업장에서 80dB 4시간, 85dB 2시간, 91dB은 30분, 94dB은 10분간 노출되었을 때 노출지수를 구하고, 소음허용기준을 초과했는지의 여부를 판정하시오.(단, TLV는 80dB 24시간, 85dB 8시간, 91dB 2시간, 94dB 1시간이다)(5점)** [1901]

[계산식]

- 전체 작업시간 동안 서로 다른 소음수준에 노출될 때의 소음노출지수는 $\left[\frac{C_1}{T_1}+\frac{C_2}{T_2}+\cdots+\frac{C_n}{T_n}\right]$으로 구한다.
- 80dB은 위험노출지수가 아니므로 제외한다.
- 대입하면 노출지수는 $\frac{2}{8}+\frac{0.5}{2}+\frac{1}{6}=\frac{6+6+4}{24}=0.666\cdots$가 된다.

[정답] 노출지수는 0.67이고, 1보다 작으므로 소음허용기준 미만이다.

2019년 제2회

필답형 기출복원문제

19년 2회차 실기시험

합격률 42.9%

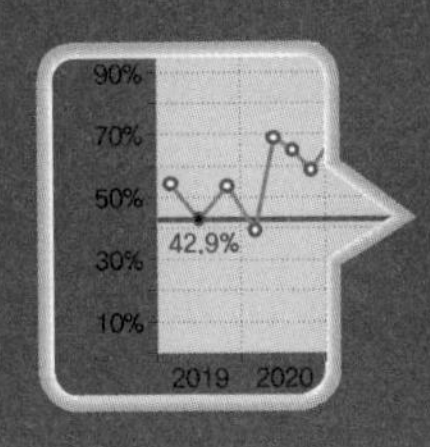

신규문제	8문항	중복문제	12문항

01 정상청력을 갖는 사람의 가청주파수 영역을 쓰시오.(5점) [1902]

- 20 ~ 20,000[Hz]

02 전체환기방식의 적용조건 5가지를 쓰시오.(단, 국소배기가 불가능한 경우는 제외한다)(5점)

[0301/0503/0702/0801/0902/1101/1203/1501/1602/1803/1901/1902/2002/2003/2004/2103/2201]

① 유해물질의 독성이 비교적 낮을 때
② 동일작업장에서 오염원 다수가 분산되어 있을 때
③ 유해물질이 시간에 따라 균일하게 발생할 경우
④ 유해물질의 발생량이 적은 경우
⑤ 유해물질이 증기나 가스일 경우
⑥ 유해물질의 배출원이 이동성인 경우

▲ 해당 답안 중 5가지 선택 기재

03 가스나 증기상 물질의 흡착에 사용되는 활성탄과 실리카겔의 사용용도와 시료채취 시 주의사항 2가지를 쓰시오.(6점) [1902]

가) 사용용도
① 활성탄 : 비극성물질의 채취
② 실리카겔 : 극성물질의 채취

나) 주의사항
① 파과에 주의한다.
② 영향인자(온도, 습도, 채취속도, 농도 등)에 주의한다.

04 국소배기장치의 덕트나 관로에서의 정압, 속도압을 측정하는 장비(측정기기)를 3가지 쓰시오.(6점) [1902]

① 피토관 ② U자 마노미터 ③ 아네로이드 게이지

05 유해물질의 독성을 결정하는 인자를 5가지 쓰시오.(5점) [0703/1902/2103/2401]

① 농도
② 작업강도
③ 개인의 감수성
④ 기상조건
⑤ 폭로시간

06 분진이 발생하는 작업장에 대한 작업환경관리 대책 4가지를 쓰시오.(4점) [1603/1902/2103]

① 작업공정의 습식화
② 작업장소의 밀폐 또는 포위
③ 국소환기 또는 전체환기
④ 개인보호구의 지급 및 착용

07 국소배기장치의 후드와 관련된 다음 용어를 설명하시오.(6점) [1902/2301]

① 플랜지 ② 테이퍼 ③ 슬롯

① 플랜지(Flange)는 후방의 유입기류를 차단하고, 후드 전면부에서 포집범위를 확대시켜 플랜지가 없는 후드에 비해 약 25% 정도의 송풍량을 감소시킬 수 있도록 하는 부위이다.
② 테이퍼(taper)는 경사접합부라고도 하며, 후드, 덕트 연결부위로 급격한 단면변화로 인한 압력손실을 방지하며, 배기의 균일한 분포를 유도하고 점진적인 경사를 두는 부위이다.
③ 슬롯(slot)은 슬롯 후드에서 후드의 개방부분이 길이가 길고, 폭이 좁은 형태를 말하며 공기가 균일하게 흡입되도록 하여 공기의 흐름을 균일하게 하는 역할을 한다.

08 어떤 작업장에 입경이 2.4μm이고 비중이 6.6인 산화흄이 있다. 이 물질의 침강속도(cm/sec)를 구하시오.(5점) [1902]

[계산식]
• 산업위생보건 분야에서 침강속도 $V = 0.003 \times SG \times d^2$[cm/sec]로 구한다.
• 대입하면 침강속도 $V = 0.003 \times 6.6 \times 2.4^2 = 0.114048$cm/sec가 된다.
[정답] 0.11[cm/sec]

09 **소음방지용 개인보호구 중 귀마개와 비교하여 귀덮개의 장점을 4가지 쓰시오.(4점)** [1902/2302]

① 일관성 있는 차음효과를 얻을 수 있다.
② 크기를 여러가지로 할 필요가 없다.
③ 착용여부를 쉽게 확인할 수 있다.
④ 귀에 염증이 있어도 사용할 수 있다.
⑤ 쉽게 착용할 수 있다.

▲ 해당 답안 중 4가지 선택 기재

10 **아세톤의 농도가 3,000ppm일 때 공기와 아세톤 혼합물의 유효비중을 구하시오.(단, 아세톤 비중은 2.0, 소숫점 아래 셋째자리까지 구할 것)(5점)** [1002/1902]

[계산식]

• 유효비중은 $\frac{(\text{농도}\times\text{비중})+(10^6-\text{농도})\times\text{공기비중}(1.0)}{10^6}$ 으로 구한다.

• 주어진 값을 대입하면 $\frac{(3,000\times 2.0)+(10^6-3,000)\times 1.0}{10^6}=1.003$이 된다.

[정답] 1.003

11 **덕트 직경이 10cm, 공기유속이 25m/sec일 때 Reynold 수(Re)를 계산하시오.(단, 동점성계수는 $1.85\times 10^{-5}m^2$/sec)(5점)** [1203/1401/1902]

[계산식]

• 레이놀즈수(Re) $=\left(\frac{v_s L}{\nu}\right)$로 구할 수 있다.

• 대입하면 레이놀즈수(Re)는 $\frac{0.1\times 25}{1.85\times 10^{-5}}=135,135.1351\cdots$이다.

[정답] 135,135.14

12 **메틸사이클로헥사놀(TLV=50ppm)을 취급하는 작업장에서 1일 10시간 작업시 허용농도를 보정하면 얼마나 되는지 계산하시오.(단, Brief & Scala식의 허용농도 보정방법을 적용)(5점)** [1902]

[계산식]

• 보정계수 $RF=\left(\frac{8}{H}\right)\times\left(\frac{24-H}{16}\right)$로 구하고 이를 주어진 TLV값에 곱해서 보정된 노출기준을 구한다.

• 대입하면 $RF=\left(\frac{8}{10}\right)\times\frac{24-10}{16}=0.7$이다.

• 보정된 허용농도 $=0.7\times 50$ppm $=35$ppm이다.

[정답] 35[ppm]

13 세로 400mm, 가로 850mm의 장방형 직관 덕트 내를 유량 300m^3/min으로 이송되고 있다. 길이 5m, 관마찰계수 0.02, 비중 1.3kg/m^3일 때 압력손실(mmH_2O)을 구하시오.(5점) [0303/0702/1902/2004/2101]

[계산식]

- 장방형 직관의 상당직경 $D=\frac{2(ab)}{a+b}=\frac{2(0.85\times0.4)}{0.85+0.4}=0.544\text{m}$이다.
- 압력손실($\triangle P$)$=\left(\lambda\times\frac{L}{D}\right)\times VP$로 구한다.

  $Q=A\times V$이므로 $V=\frac{Q}{A}=\frac{300m^3/\text{min}}{0.4m\times0.85m}=882.35\text{m/min}$이다. 이는 14.7m/sec가 된다.

  $VP=\frac{\gamma\times V^2}{2g}=\frac{1.3\times14.7^2}{2\times9.8}=14.33mmH_2O$이다.
- 구해진 값을 대입하면 $\triangle P=0.02\times\frac{5}{0.544}\times14.33=2.634\cdots mmH_2O$이다.

[정답] 2.63[mmH_2O]

14 실내 기적이 2,000m^3인 공간에 500명의 근로자가 작업중이다. 1인당 CO_2발생량이 21L/hr, 외기 CO_2농도가 0.03%, 실내 CO_2 농도 허용기준이 0.1%일 때 시간당 공기교환횟수를 구하시오.(5점) [1902/2103]

[계산식]

- 작업장 기적(용적)과 필요 환기량이 주어지는 경우의 시간당 공기교환 횟수는 $\frac{\text{필요환기량}(m^3/\text{hr})}{\text{작업장 용적}(m^3)}$으로 구한다.
- 이산화탄소 제거를 목적으로 하는 필요 환기량 $Q=\frac{M}{C_s-C_o}\times100[m^3/\text{hr}]$으로 구한다.
- CO_2발생량(m^3/hr)은 500×21L÷1,000=10.5m^3/hr이므로 $Q=\frac{10.5}{0.1-0.03}\times100=15{,}000m^3/\text{hr}$이다.
- 대입하면 시간당 공기교환횟수는 $\frac{15{,}000}{2{,}000}=7.5$회이다.

[정답] 시간당 7.5[회]

15 지하철 환기설비의 흡입구 정압 −60mmH_2O, 배출구 내의 정압은 30mmH_2O이다. 반송속도 13.5m/sec이고, 온도 21℃, 밀도 1.21kg/m^3일 때 송풍기 정압을 구하시오.(5점) [0703/1902]

[계산식]

- 주어진 값이 출구 정압과 입구 정압이다. 입구 전압은 입구 정압에 입구 속도압을 더한 것과 같으므로 송풍기 정압 FSP=출구 정압−(입구 정압+입구 속도압)으로 구할 수 있다.
- 입구 속도압은 밀도가 주어졌으므로 $VP=\frac{\gamma\times V^2}{2g}=\frac{1.21\times13.5^2}{2\times9.8}=11.2511\cdots mmH_2O$이다.
- 대입하면 FSP=30−(−60+11.25)=78.75mmH_2O가 된다.

[정답] 78.75[mmH_2O]

16 유입손실계수 0.70인 원형후드의 직경이 20cm이며, 유량이 60m^3/min인 후드의 정압을 구하시오.(단, 21도 1기압 기준)(5점) [0702/1303/1902/2101/2402]

[계산식]
- 속도압(VP)과 유입손실계수(F)가 있으면 후드의 정압을 구할 수 있다.
- 유량이 60m^3/min, 즉 1m^3/sec이므로 $Q=A\times V$이므로 $V=\frac{Q}{A}=\frac{1m^3/\text{sec}}{\frac{3.14\times0.2^2}{4}}=31.8471\cdots$m/sec이다.
- $\text{VP}=\left(\frac{V}{4.043}\right)^2$이므로 대입하면 $\left(\frac{31.8471}{4.043}\right)^2=62.0487\cdots mmH_2O$가 된다.
- 정압(SP_h)=62.05(1+0.7)=105.485mmH_2O가 된다. 정압은 음수(−)이므로 −105.485mmH_2O이다.

[정답] −105.49[mmH_2O]

17 A 사업장에서 측정한 공기 중 먼지의 공기역학적 직경은 평균 5.5μm였다. 이 먼지를 흡입성먼지 채취기로 채취할 때 채취효율(%)을 계산하시오.(5점) [0403/1902]

[계산식]
- 흡입성먼지 채취기의 효율 SI(%)=$50\times(1+e^{-0.06d})$이다. 이때 d는 먼지의 공기역학적 직경으로 0보다 크고 100보다는 작거나 같아야 한다.
- 대입하면 채취기의 효율은 $50\times(1+e^{-0.06\times5.5})$=85.946%이다.

[정답] 85.95[%]

18 작업면 위에 플랜지가 붙은 외부식 후드를 설치할 경우 다음 조건에서 필요송풍량(m^3/min)과 플랜지 폭(cm)을 구하시오.(6점) [1902/2103]

후드와 발생원 사이의 거리 30cm, 후드의 크기 30cm×10cm, 제어속도 1m/sec

[계산식]
- 작업대에 부착하며, 플랜지가 있는 외부식 후드의 필요 환기량 $Q=60\times0.5\times V_c(10X^2+A)$로 구한다. 그에 반해 자유공간에 위치하며, 플랜지가 있는 외부식 후드의 필요 환기량 $Q=60\times0.75\times V_c(10X^2+A)$로 구한다.

① 작업대에 부착하는 경우의 필요 환기량 $Q_1=60\times0.5\times1(10\times0.3^2+0.03)=27.9m^3/\text{min}$이다.

② 플랜지의 폭은 단면적의 제곱근이므로 $\sqrt{(0.3\times0.1)}=0.17320\cdots$m이고 cm로는 17.320cm이다.

[정답] ① 27.9[m^3/min]
② 17.32[cm]

19 실내 체적이 2,000m^3이고, ACH가 10일 때 실내공기 환기량(m^3/sec)을 구하시오.(5점) [1303/1902]

[계산식]

- 작업장 기적(용적)과 필요 환기량이 주어지는 경우의 시간당 공기교환 횟수(ACH)는 $\frac{\text{필요환기량}(m^3/hr)}{\text{작업장 용적}(m^3)}$이므로 필요환기량=ACH×작업장 용적으로 구한다.
- 실내공기 환기량=10회/hr×2,000=20,000m^3/hr이므로 초당으로 바꾸기 위해 3,600을 나누면 5.5555…이므로 5.56m^3/sec가 된다.

[정답] 5.56[m^3/sec]

20 K 사업장에 새로운 화학물질 A와 B가 들어왔다. 이를 조사연구한 결과 다음과 같은 용량－반응곡선을 얻었다. A, B 화학물질의 독성에 대해 TD_{10}과 TD_{50}을 기준으로 비교 설명하시오.(단, TD는 동물실험에서 동물이 사망하지는 않지만 조직 등에 손상을 입는 정도의 양이다)(5점) [1902]

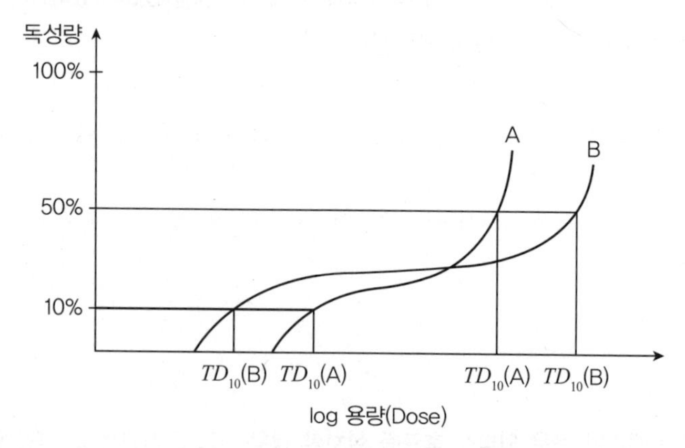

- A물질이 B물질에 비해서 독성반응이 급하게 나타나 조직 등에 손상을 빠르게 일으키고 있음을 의미한다.

2019년 제3회

필답형 기출복원문제

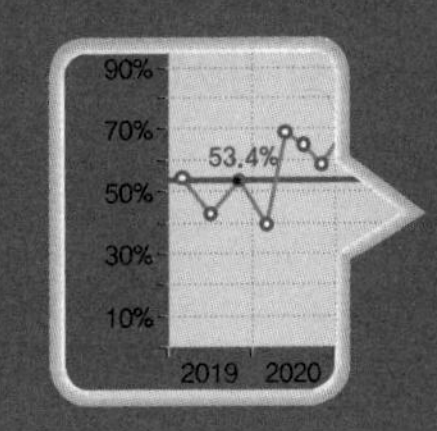

19년 3회차 실기시험

합격률 53.4%

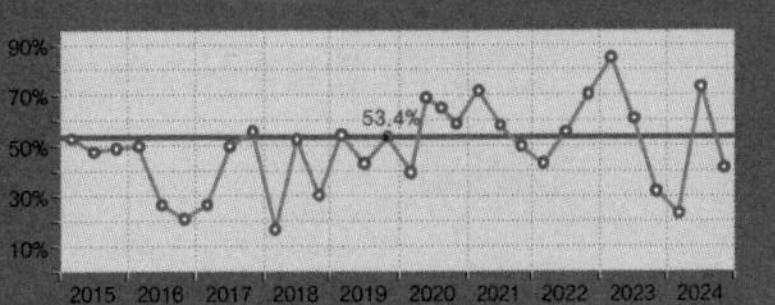

신규문제	3문항	중복문제	17문항

01 보충용 공기(makeup air)의 정의를 쓰시오.(4점)

[1602/1702/1903/2102]

- 보충용 공기는 국소배기장치를 통해 배출되는 것과 같은 양의 공기가 외부로부터 보충되는 것을 말하며, 공급시스템은 환기시설에 의해 작업장 내에서 배기된 만큼의 공기를 작업장 내로 재공급하는 시스템을 말한다.

02 다음 보기의 국소배기장치들을 경제적으로 우수한 순서대로 배열하시오.(5점)

[0702/0903/1903]

① 포위식후드
② 플랜지가 면에 고정된 외부식 국소배기장치
③ 플랜지 없는 외부식 국소배기장치
④ 플랜지가 공간에 있는 외부식 국소배기장치

- ①>②>④>③

03 후드의 선택지침을 4가지 쓰시오.(4점)

[1101/1903]

① 후드는 가능한 오염물질 발생원에 가깝게 설치한다.
② 후드의 필요환기량을 최소로 하여야 한다.
③ 후드는 공정을 많이 포위한다.
④ 후드 개구면에서 기류가 균일하게 분포되도록 설계한다.
⑤ 후드는 작업자의 호흡영역을 유해물질로부터 보호해야 한다.
⑥ 후드는 덕트보다 두꺼운 재질로 선택한다.
⑦ 후드 개구면적은 완전한 흡입의 조건하에 가능한 작게 해야 한다.

▲해당 답안 중 4가지 선택 기재

04 주관에 분지관이 있는 합류관에서 합류관의 각도에 따라 압력손실이 발생한다. 합류관의 유입각도가 90°에서 30°로 변경될 경우 압력손실은 얼마나 감소하는지 구하시오.(동압이 10mmAq, 90°일 때 압력손실계수 : 1.00, 30°일 때 압력손실계수 : 0.18)(5점) [0502/1603/1903]

[계산식]

- 유입손실계수는 $\triangle\frac{P}{VP}=\frac{압력손실}{속도압(동압)}$이므로 압력손실(mmAq)=압력손실계수×속도압으로 구할 수 있다.
- 90°에서의 압력손실=1.00×10=10mmAq이다.
- 30°에서의 압력손실=0.18×10=1.8mmAq이다.
- 압력손실의 감소값은 10−1.8=8.2mmAq이다.

[정답] 8.2[mmAq]

05 먼지의 공기역학적 직경의 정의를 쓰시오.(4점) [0603/0703/0901/1101/1402/1701/1803/1903/2302/2402]

- 공기역학적 직경이란 대상 먼지와 침강속도가 같고, 밀도가 1이며 구형인 먼지의 직경으로 환산하여 표현하는 입자상 물질의 직경으로 입자의 공기중 운동이나 호흡기 내의 침착기전을 설명할 때 유용하게 사용된다.

06 산업위생통계에 사용되는 계통오차와 우발오차에 대해 각각 설명하시오.(4점) [1903]

① 계통오차는 측정치나 분석치가 참값과 일정한 차이가 있음을 나타내는 오차이다. 대부분의 경우 원인을 찾아내고 보정할 수 있다. 계통오차가 작을 때는 정확하다고 평가한다.

② 우발오차는 한 가지 실험측정을 반복할 때 측정값들의 변동으로 발생되는 오차로 제거할 수 없고 보정할 수 없는 오차이다. 우발오차가 작을 때는 정밀하다고 말한다.

07 사양서에 의하면 송풍기 정압 60mmH_2O에서 300m^3/min의 송풍량을 이동시킬 때 회전수를 400rpm으로 해야 하며, 이때 소요동력은 3.8kW라 한다. 만약 회전수를 600rpm으로 변경할 경우 송풍기의 송풍량과 소요동력을 구하시오.(4점) [0902/1903]

[계산식]

- 회전수가 400에서 600으로 증가하였으므로 증가비는 $\frac{600}{400}=1.5$배 증가하였다.
- 기존 풍량이 300m^3/min이므로 300×1.5=450m^3/min가 된다.
- 기존 동력이 3.8kW였으므로 $3.8\times1.5^3=12.825$이므로 12.83kW가 된다.

[정답] 송풍량은 450[m^3/min], 동력은 12.83[kW]

08 ACGIH TLV 허용농도 적용상의 주의사항 5가지를 쓰시오.(5점)

[0401/0602/0703/1201/1302/1502/1903]

① TLV는 대기오염 평가 및 관리에 적용될 수 없다.
② 24시간 노출 또는 정상 작업시간을 초과한 노출에 대한 독성 평가에는 적용될 수 없다.
③ 기존의 질병이나 육체적 조건을 판단하기 위한 척도로 사용될 수 없다.
④ 반드시 산업위생전문가에 의해 설명, 적용되어야 한다.
⑤ 독성의 강도를 비교할 수 있는 지표가 아니다.
⑥ 작업조건이 미국과 다른 나라에서는 ACGIH-TLV를 그대로 적용할 수 없다.
⑦ 안전농도와 위험농도를 정확히 구분하는 경계선이 아니다.

▲ 해당 답안 중 5가지 선택 기재

09 다음 용어 설명의 ( ) 안을 채우시오.(5점)

[1402/1903/2203]

적정공기라 함은 산소농도의 범위가 (①)% 이상 (②)% 미만, 탄산가스 농도가 (③)% 미만, 황화수소 농도가 (④)ppm 미만, 일산화탄소 농도가 (⑤)ppm 미만인 수준의 공기를 말한다.

① 18　② 23.5　③ 1.5
④ 10　⑤ 30

10 작업장의 체적이 2,000m^3이고 0.02m^3/min의 메틸클로로포름 증기가 발생하고 있다. 이때 유효환기량은 50 m^3/min이다. 작업장의 초기농도가 0인 상태에서 200ppm에 도달하는데 걸리는 시간(min)과 1시간 후의 농도(ppm)를 구하시오.(6점)

[1102/1903]

[계산식]

① 200ppm에 도달하는데 걸리는 시간

• 유해물질의 농도가 증가되고 있을 때 초기상태를 $t_1=0$, $C_1=0$인 경우 농도 C에 도달하는데 걸리는 시간 $t=-\frac{V}{Q}ln\left(\frac{G-QC}{G}\right)$[min]으로 구한다.

• 주어진 값을 대입하면 $t=-\frac{2,000}{50}ln\left(\frac{0.02-(50\times200\times10^{-6})}{0.02}\right)=27.7258\cdots$min이다.

② 1시간 후의 공기중 농도

• 처음 농도가 0인 상태에서 t시간(min)이 지난 후의 농도 $C=\frac{G(1-e^{-\frac{Q}{V}t})}{Q}$으로 구한다.

• 1시간은 60분이고 분당 유효환기량은 50m^3/min이므로 대입하면 60분이 지난 후의 농도 $C=\frac{0.02(1-e^{-\frac{50}{2,000}\times60})}{50}=0.000310747\cdots$이 된다. 이는 310.747…ppm이 된다.

[정답] ① 27.73[min]　② 310.75[ppm]

11 송풍량이 200m^3/min이고 전압이 100mmH_2O인 송풍기의 소요동력을 5kW 이하로 유지하기위해 필요한 최소 송풍기의 효율(%)을 계산하시오.(5점)

[0901/1903]

[계산식]

- 소요동력[kW]$=\frac{송풍량\times 전압}{6,120\times 효율}\times$여유율이다. 따라서 효율$=\frac{송풍량\times 전압}{6,120\times 동력}\times$여유율으로 구한다.
- 대입하면 효율$=\frac{200\times 100}{6,120\times 5}=0.65359\cdots$가 된다. 구하는 단위가 %이므로 100을 곱해주면 65.359…%가 된다.

[정답] 65.36[%]

12 누적소음노출량계로 210분간 측정한 노출량이 40%일 때 평균 노출소음수준을 구하시오.(5점)

[0902/1903/2202]

[계산식]

- 누적소음 노출량 평가는 TWA$=16.61\log(\frac{D}{12.5\times 노출시간})+90$으로 구하며, D는 누적소음노출량[%]이다.
- 210분은 3시간 30분이므로 3.5시간이다. 대입하면 시간가중 평균소음 TWA$=16.61\times\log\left(\frac{40}{12.5\times 3.5}\right)+90=$ 89.3535…dB(A)이다.

[정답] 89.35[dB(A)]

13 21℃, 1기압인 작업장에서 작업공정 중 1시간당 0.5L씩 Y물질이 모두 공기중으로 증발되어 실내공기를 오염시키고 있다. 이 작업장의 실내 환기를 위해 필요한 환기량(m^3/min)을 구하시오.(단, K=6, 분자량은 72.1, 비중은 0.805이며, Y물질의 TLV=200ppm이다)(6점)

[0901/1903]

[계산식]

- 공기중에 계속 오염물질이 발생하고 있는 경우의 필요환기량 Q$=\frac{G\times K}{TLV}$로 구한다.
- 비중이 주어지므로 사용량[g/hr]은 0.5L는 500mL×0.805g/ml=402.5g/hr이다.
- 분자량이 72.1인 Y물질을 시간당 402.5g을 사용하고 있으므로 기체의 발생률 G$=\frac{24.1\times 402.5}{72.1}=134.538\cdots$L/hr 이다.
- 134.538L/hr=134,538mL/hr이고 이를 대입하면 필요환기량 Q$=\frac{134,538\times 6}{200}=4,036.14m^3$/hr이다. 구하고자 하는 필요환기량은 분당이므로 60으로 나누면 67.269m^3/min이 된다.

[정답] 67.27[m^3/min]

14 **작업장에서 공기 중 납을 여과지로 포집한 후 분석하고자 한다. 측정시간은 09:00부터 12:00까지 였고, 채취 유량은 3.0L/min이었다. 채취한 후 시료를 채취한 여과지 무게를 재어보니 20μg이었고, 공시료 여과지에서는 6μg이었다면 이 작업장 공기 중 납의 농도($\mu g/m^3$)를 구하시오.(단, 회수율 98%)(6점)** [1103/1903]

[계산식]

- 농도 $C=\frac{(W-B)}{V}$로 구한다.
- 주어진 값을 대입하면 농도 $C=\frac{(20-6)\mu g}{3.0L/\text{min}\times 180\text{min}\times 0.98\times m^3/1{,}000L}=\frac{14\mu g}{0.5292m^3}=26.4550\cdots\mu g/m^3$이 된다.

[정답] 26.46[$\mu g/m^3$]

15 **필터 전무게 10.04mg, 분당 40L가 흐르는 관에서 30분간 분진을 포집한 후 측정하였더니 여과지 무게가 16.04mg이었을 때 분진농도(mg/m^3)를 구하시오.(5점)** [0802/1903]

[계산식]

- 농도(mg/m^3)$=\frac{\text{시료채취 후 여과지 무게}-\text{시료채취 전 여과지 무게}}{\text{공기채취량}}$로 구한다.
- 대입하면 $\frac{16.04-10.04}{40L/\text{min}\times 30\text{min}}=0.005mg/L$이므로 이를 mg/$m^3$으로 변환하려면 1,000을 곱한다. 즉, 5mg/m^3이 된다.

[정답] 5[mg/m^3]

16 **50℃, 800mmHg인 상태에서 632L인 $C_5H_8O_2$가 80mg이 있다. 온도 21℃, 1기압인 상태에서의 농도(ppm)를 구하시오.(6점)** [0903/1102/1302/1903/2401]

[계산식]

- 보일-샤를의 법칙은 기체의 압력과 온도가 변화할 때 기체의 부피는 절대온도에 비례하고 압력에 반비례하므로 $\frac{P_1V_1}{T_1}=\frac{P_2V_2}{T_2}$가 성립한다.
- 여기서 V_2를 구하는 것이므로 $V_2=\frac{P_1V_1T_2}{T_1P_2}$이다. 대입하면 $V_2=\frac{800\times 632\times(273+21)}{(273+50)\times 760}=605.5336\cdots$L가 된다.
- 농도[mg/m^3]를 구하면 $\frac{80mg}{605.5336L\times mg/1{,}000L}=132.1148\cdots$mg/$m^3$이다. $C_5H_8O_2$의 분자량은 100이므로 ppm으로 변환하면 $132.1148mg/m^3\times\frac{24.1}{100}=31.8396\cdots$ppm이 된다.

[정답] 31.84[ppm]

17 표준공기가 흐르고 있는 덕트의 Reynold 수가 40,000일 때, 덕트관 내 유속(m/sec)을 구하시오.(단, 점성계수 1.607×10^{-4}poise, 직경은 150mm, 밀도는 1.203kg/m^3)(5점) [0502/1201/1901/1903/2103]

[계산식]

- $Re = \left(\frac{\rho v_s L}{\mu}\right)$에서 이를 속도에 관한 식으로 풀면 $v_s = \frac{Re \cdot \mu}{\rho \cdot L}$으로 속도를 구할 수 있다.
- 1poise=1g/cm · s=0.1kg/m · s이므로 유속 $v_s = \frac{40,000 \times 1.607 \times 10^{-5}}{1.203 \times 0.15} = 3.5622 \cdots$m/sec가 된다.

[정답] 3.56[m/sec]

18 32℃, 720mmHg에서의 공기밀도(kg/m^3)를 소숫점 아래 3째자리까지 구하시오.(단, 21℃, 1atm에서 밀도는 1.2kg/m^3)(5점) [1903]

[계산식]

- 공기의 밀도는 $\frac{\text{질량}}{\text{부피}}$이므로 압력에 비례하고, 온도에 반비례한다.
- 이를 보정하면 $1.2 \times \frac{273+21}{273+32} \times \frac{720}{760} = 1.0958 \cdots$kg/$m^3$이 된다.

[정답] 1.096[kg/m^3]

19 2HP인 기계가 30대, 시간당 200kcal의 열량을 발산하는 작업자가 20명, 30kW 용량의 전등이 1대 켜져있는 작업자이다. 실내온도가 32℃이고, 외부공기온도가 27℃일 때 실내온도를 외부공기온도로 낮추기 위한 필요 환기량(m^3/min)을 구하시오.(단, 1HP=730kcal/hr, 1kW=860kcal/hr, 작업장 내 열부하(H_s)$= C_p \times Q \times \Delta t$에서 C_p(=0.24)는 밀도(1.203kg/m^3)를 고려해 계산하시오)(6점) [1903]

[계산식]

- 작업장 내 열부하(H_s)$= C_p \times Q \times \Delta t$에서 필요환기량 $Q = \frac{H_s}{C_p \times \Delta t}$로 구한다.
- 열부하 $H_s = (2 \times 730 \times 30) + (20 \times 200) + (30 \times 860) = 73,600$kcal/hr이다.
- 대입하면 필요환기량 $Q = \frac{73,600}{(0.24 \times 1.203) \times (32-27)} = 50,983.651 \cdots m^3$/hr이다. 구하는 것은 분당 환기량이므로 60으로 나누면 $849.727 \cdots m^3$/min이 된다.

[정답] 849.73[m^3/min]

20 다음 그림과 같은 후드에서 속도압이 20mmH_2O, 후드의 압력손실이 3.68mmH_2O일 때 후드의 유입계수를 구하시오.(5점) [0801/1102/1602/1903]

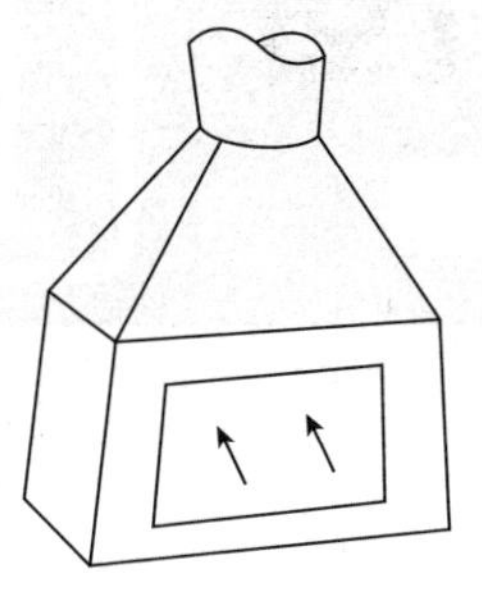

[계산식]

- 유입손실계수(F)$=\frac{1-C_e^2}{C_e^2}=\frac{1}{C_e^2}-1$이므로 유입계수 $C_e=\sqrt{\frac{1}{1+F}}$이다.
- 유입손실계수$=\frac{\text{유입손실}}{\text{속도압}}$이므로 $\frac{3.68}{20}=0.184$이다.
- 유입계수 $C_e=\sqrt{\frac{1}{1+0.184}}=0.9190\cdots$이다.

[정답] 0.92

2020년 제1회

필답형 기출복원문제

20년 1회차 실기시험

합격률 39.6%

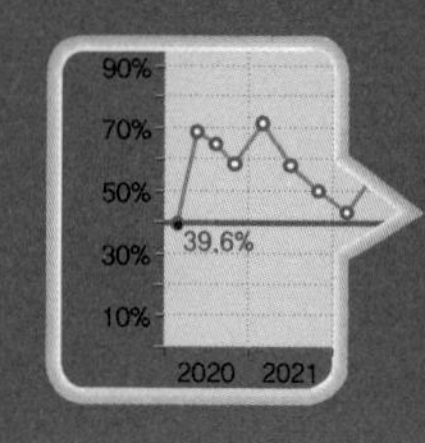

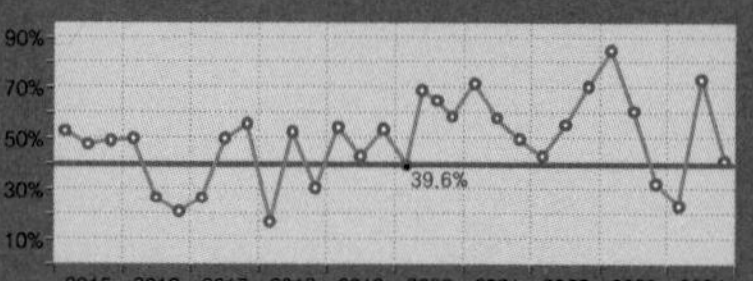

신규문제	4문항	중복문제	16문항

01 **오염물질이 고체 흡착관의 앞층에 포화된 다음 뒷층에 흡착되기 시작하며 기류를 따라 흡착관을 빠져나가는 현상을 무슨 현상이라 하는가?(4점)** [0802/1701/2001]

• 파과현상

02 **입자상 물질의 물리적 직경 3가지를 간단히 설명하시오.(6점)**

[0301/0302/0403/0602/0701/0803/0903/1201/1301/1703/1901/2001/2003/2101/2103/2301/2303]

① 마틴 직경 : 먼지의 면적을 2등분하는 선의 길이로 선의 방향은 항상 일정하여야 하며, 과소평가할 수 있는 단점이 있다.

② 페렛 직경 : 먼지의 한쪽 끝 가장자리와 다른쪽 가장자리 사이의 거리로 과대평가될 가능성이 있는 입자성 물질의 직경이다.

③ 등면적 직경 : 먼지의 면적과 동일한 면적을 가진 원의 직경으로 가장 정확한 직경이며, 측정은 현미경 접안경에 Porton Reticle을 삽입하여 측정한다.

03 **공기 중 혼합물로서 carbon tetrachloride 6ppm(TLV : 10ppm), 1,2-dichloroethane 20ppm(TLV : 50ppm), 1,2-dibromoethane 7ppm(TLV : 20ppm)이 서로 상가작용을 한다고 할 때 허용농도 기준을 초과하는지의 여부와 혼합공기의 허용농도를 구하시오.(6점)** [1303/2001]

[계산식]

• 시료의 노출지수는 $\frac{C_1}{TLV_1}+\frac{C_2}{TLV_2}+\cdots+\frac{C_n}{TLV_n}$ 으로 구한다.

• 대입하면 $\frac{6}{10}+\frac{20}{50}+\frac{7}{20}=1.35$로 1을 넘었으므로 노출기준을 초과하였다고 판정한다.

• 노출지수가 구해지면 해당 혼합물의 농도는 $\frac{C_1+C_2+\cdots+C_n}{\text{노출지수}}$[ppm]으로 구할 수 있다.

• 대입하면 혼합물의 농도는 $\frac{6+20+7}{1.35}=24.444\cdots$ppm이다.

[정답] 노출지수는 1.35로 노출기준을 초과하였으며, 혼합물의 허용농도는 24.44[ppm]이다.

04 사무실 공기관리지침에 관한 설명이다. ( ) 안을 채우시오.(3점)

[1703/2001/2003/2402]

> ① 사무실 환기횟수는 시간당 ( )회 이상으로 한다.
> ② 공기의 측정시료는 사무실 내에서 공기질이 가장 나쁠 것으로 예상되는 ( )곳 이상에서 채취하고, 측정은 사무실 바닥으로부터 0.9 ~ 1.5m 높이에서 한다.
> ③ 일산화탄소 측정 시 시료 채취시간은 업무 시작 후 1시간 이내 및 종료 전 1시간 이내 각각 ( )분간 측정한다.

① 4
② 2
③ 10

05 공기 중 입자상 물질이 여과지에 채취되는 작용기전(포집원리) 5가지를 쓰시오.(5점)

[0301/0501/0901/1201/1901/2001/2002/2003/2102/2202]

① 직접차단(간섭)
② 관성충돌
③ 확산
④ 중력침강
⑤ 정전기침강
⑥ 체질

▲ 해당 답안 중 5가지 선택 기재

06 여과포집방법에서 여과지 선정 시 구비조건 5가지를 쓰시오.(5점)

[1503/2001/2203]

① 포집효율이 높을 것
② 흡인저항은 낮을 것
③ 접거나 구부리더라도 파손되지 않고 찢어지지 않을 것
④ 가볍고 무게의 불균형이 적을 것
⑤ 흡습률이 낮을 것
⑥ 불순물을 함유하지 않을 것

▲ 해당 답안 중 5가지 선택 기재

07 킬레이트 적정법의 종류 4가지를 쓰시오.(4점)

[1801/2001]

① 직접적정법
② 간접적정법
③ 치환적정법
④ 역적정법

08 귀마개의 장점과 단점을 각각 2가지씩 쓰시오.(4점)

[1603/2001/2301]

가) 장점

① 좁은 장소에서도 사용이 가능하다.
② 부피가 작아서 휴대하기 편리하다.
③ 착용이 간편하다
④ 고온작업 시에도 사용이 가능하다
⑤ 가격이 귀덮개에 비해 저렴하다.

나) 단점

① 외청도를 오염시킬 수 있다.
② 제대로 착용하는 데 시간이 걸린다.
③ 귀에 질병이 있을 경우 착용이 불가능하다.
④ 차음효과가 귀덮개에 비해 떨어진다.

▲ 해당 답안 중 각각 2가지 선택 기재

09 전체환기로 작업환경관리를 하려고 한다. 전체환기 시설 설치의 기본원칙 4가지를 쓰시오.(4점)

[1201/1402/1703/2001/2202]

① 필요환기량은 오염물질이 충분히 희석될 수 있는 양으로 설계한다.
② 공기배출구와 근로자의 작업위치 사이에 오염원이 위치하여야 한다.
③ 공기가 배출되면서 오염장소를 통과하도록 공기배출구와 유입구의 위치를 선정한다.
④ 배출구가 창문이나 문 근처에 위치하지 않도록 한다.
⑤ 배출공기를 보충하기 위해 청정공기를 공급하도록 한다.

▲ 해당 답안 중 4가지 선택 기재

10 산업안전보건법상 사업주는 석면의 제조 · 사용 작업에 근로자를 종사하도록 하는 경우에 석면분진의 발산과 근로자의 오염을 방지하기 위하여 작업수칙을 정하고, 이를 작업근로자에게 알려야 한다. 해당 작업수칙중 3가지를 쓰시오.(6점)

[1001/2001/2203]

① 진공청소기 등을 이용한 작업장 바닥의 청소방법
② 작업자의 왕래와 외부기류 또는 기계진동 등에 의하여 분진이 흩날리는 것을 방지하기 위한 조치
③ 분진이 쌓일 염려가 있는 깔개 등을 작업장 바닥에 방치하는 행위를 방지하기 위한 조치
④ 분진이 확산되거나 작업자가 분진에 노출될 위험이 있는 경우에는 선풍기 사용 금지
⑤ 용기에 석면을 넣거나 꺼내는 작업
⑥ 석면을 담은 용기의 운반
⑦ 여과집진방식 집진장치의 여과재 교환
⑧ 해당 작업에 사용된 용기 등의 처리
⑨ 이상사태가 발생한 경우의 응급조치
⑩ 보호구의 사용 · 점검 · 보관 및 청소

▲ 해당 답안 중 3가지 선택 기재

11 덕트 내 분진이송 시 반송속도를 결정하는 데 고려해야 하는 인자를 4가지 쓰시오.(4점)

[1702/2001]

① 덕트의 직경
② 유해물질의 비중
③ 유해물질의 입경
④ 유해물질의 수분함량

12 셀룰로오스 여과지의 장점과 단점을 각각 3가지씩 쓰시오.(6점)

[2001]

가) 장점
① 연소 시 재가 적게 남는다.
② 값이 저렴하다.
③ 취급 시 마모가 적다
④ 다양한 크기로 만들 수 있다.

나) 단점
① 흡습성이 크다.
② 포집효율이 변한다.
③ 균일하게 제작하기 어렵다.
④ 유량저항이 일정하지 않다.

▲해당 답안 중 각각 3가지 선택 기재

13 후드의 플랜지 부착 효과를 3가지 쓰시오.(6점)

[2001/2202]

① 포착속도를 높일 수 있다.
② 송풍량을 20 ~ 25% 정도 절감시킬 수 있다.
③ 압력손실이 감소한다.

14 다음 3가지 축류형 송풍기의 특징을 각각 간단히 서술하시오.(6점)

[2001/2203]

프로펠러형, 튜브형, 고정날개형

① 프로펠러형은 효율이 낮지만 설치비용이 저렴하고, 압력손실이 약하여($25mmH_2O$) 전체환기에 적합하다.
② 튜브형은 효율이 30 ~ 60% 정도, 압력손실은 $75mmH_2O$ 정도이고 송풍관이 붙은 형태로 청소 및 교환이 용이하다.
③ 고정날개형은 효율이 낮지만 설치비용이 저렴하고, 압력손실이 크며($100mmH_2O$) 안내깃이 붙은 형태로 저풍압, 다풍량의 용도에 적합하다.

15 덕트 직경이 30cm, Reynold 수(Re) 2×10^5, 동점성계수 $1.5\times10^{-5}m^2$/sec일 때 유속(m/sec)을 구하시오.(5점)

[2001]

[계산식]

- 레이놀즈수(Re)$=\left(\frac{v_s L}{\nu}\right)$이므로 이를 속도에 관한 식으로 풀면 $v_s=\frac{Re\times\nu}{L}$으로 구할 수 있다.
- 직경의 단위를 m로 변환하면 0.3m가 된다.
- 대입하면 유속 $v_s=\frac{2\times10^5\times1.5\times10^{-5}}{0.3}=10\text{m/sec}$이다.

[정답] 10[m/sec]

16 덕트 내 공기유속을 피토관으로 측정한 결과 속도압이 20mmH_2O이었을 경우 덕트 내 유속(m/sec)을 구하시오.(단, 0℃, 1atm의 공기 비중량 1.3kg/m^3, 덕트 내부온도 320℃, 피토관 계수 0.96)(5점)

[1101/1602/2001/2303]

[계산식]

- 피토관의 유속 $V=C\sqrt{\frac{2g\times VP}{\gamma}}$ [m/sec]로 구한다.
- 0℃, 1기압에서 공기 비중이 1.3인데 덕트의 내부온도가 320℃이므로 이를 보정해줘야 한다. 공기의 비중은 절대온도에 반비례하므로 $1.3\times\frac{273}{(273+320)}=0.59848\cdots$이므로 대입하면

  피토관의 유속 $V=0.96\sqrt{\frac{2\times9.8\times20}{0.59848}}=24.5691\cdots$m/sec이다.

[정답] 24.57[m/sec]

17 환기시스템에서 공기의 유량이 0.12m^3/sec, 덕트 직경이 8.8cm, 후드 유입손실계수(F)가 0.27일 때, 후드정압(SP_h)을 구하시오.(5점)

[0503/0902/1703/2001]

[계산식]

- 속도압(VP)과 유입손실계수(F)가 있으면 후드의 정압을 구할 수 있다.
- VP를 구하기 위해서 속도 V를 구해야 하므로 Q=A×V에서 V=$\frac{Q}{A}$이므로 $\frac{0.12}{\frac{3.14\times0.088^2}{4}}=19.7399\cdots$m/sec이다.
- $V=4.043\sqrt{VP}$에서 $VP=\left(\frac{V}{4.043}\right)^2$으로 구할 수 있으므로 대입하면 $VP=\left(\frac{19.7399\cdots}{4.043}\right)^2=23.8388\cdots mmH_2O$이다.
- SP_h는 23.838⋯×(1+0.27)=30.2753⋯mmH_2O이다. 후드의 정압은 음수(−)이므로 −30.2753⋯mmH_2O가 된다.

[정답] −30.28[mmH_2O]

18 **송풍기 날개의 회전수가 500rpm일 때 송풍량은 300m^3/min, 송풍기 정압은 45mmH_2O, 동력이 8HP이다. 송풍기 날개의 회전수가 600rpm으로 증가되었을 때 송풍기의 풍량(m^3/min), 정압(mmH_2O), 동력(HP)을 구하시오.(6점)** [2001]

[계산식]

- 송풍기의 회전수가 500에서 600으로 1.2배 증가하였다.
- 회전수의 비가 1.2배 증가하였으므로 송풍량 역시 1.2배 증가하여 300×1.2=360m^3/min이 된다.
- 회전수의 비가 1.2배 증가하였으므로 정압은 $1.2^2=1.44$배 증가하여 45×1.44=64.8mmH_2O가 된다.
- 회전수의 비가 1.2배 증가하였으므로 동력은 $1.2^3=1.728$배 증가하여 8×1.728=13.824HP가 된다.

[정답] ① 송풍량 360[m^3/min]
② 풍압 64.8[mmH_2O]
③ 축동력 13.82[HP]

19 **작업장 중의 벤젠을 고체흡착관으로 측정하였다. 비누거품미터로 유량을 보정할 때 50cc의 공기가 통과하는데 시료채취 전 16.6초, 시료채취 후 16.9초가 걸렸다. 벤젠의 측정시간은 오후 1시 12분부터 오후 4시 45분까지이다. 측정된 벤젠량을 GC를 사용하여 분석한 결과 활성탄관의 앞층에서 2.0mg, 뒷층에서 0.1mg 검출되었을 경우 공기 중 벤젠의 농도(ppm)를 구하시오.(단, 25℃, 1기압이고, 공시료 3개의 평균분석량은 0.01mg이다)(5점)** [2001]

[계산식]

- 비누거품미터에서 채취유량은 $\frac{\text{비누거품 통과 양}}{\text{비누거품 통과시간}}$으로 구할 수 있다.
- 농도는 $\frac{(\text{앞층 분석량}+\text{뒷층분석량})-(\text{공시료 분석량})}{\text{공기채취량}}$으로 구할 수 있다.
- 50cc=50mL=0.05L이고, 비누거품미터에서의 분당 pump 유량은 $\frac{16.6+16.9}{2}=16.75$초당 0.05L이므로 분당은 $0.05\times\frac{60}{16.75}$=0.1791L이다.
- 분당 0.1791L를 채취하므로 213(4:45 ~ 1:12)분 동안은 38.1483L이다.
- 벤젠의 검출량은 총 2.0+0.1=2.1mg이고, 공시료 분석량은 0.01mg이며, 기적은 38.1483L이므로 벤젠의 농도는 $\frac{(2.1-0.01)mg}{38.1483L}=0.05478\cdots$mg/L이다. mg/$m^3$으로 변환하려면 1,000을 곱하면 54.786…mg/m^3이다. 작업장이므로 온도는 25℃로, 벤젠의 분자량은 78.11이므로 ppm으로 변환하려면 $\frac{24.45}{78.11}$를 곱하면 17.149…ppm이 된다.

[정답] 17.15[ppm]

20 작업장에서 MEK(비중 0.805, 분자량 72.1, TLV 200ppm)가 시간당 2L씩 사용되어 공기중으로 증발될 경우 작업장의 필요환기량(m^3/hr)을 계산하시오.(단, 안전계수 2, 25℃ 1기압)(5점) [1001/1801/2001/2201]

[계산식]

- 공기중에 계속 오염물질이 발생하고 있는 경우의 필요환기량 $Q=\frac{G\times K}{TLV}$로 구한다.
- 비중이 0.805(g/mL)인 MEK가 시간당 2L씩 증발되고 있으므로 사용량(g/hr)은 $2L/hr\times0.805g/mL\times1,000mL/L=1,610g/hr$이다.
- 기체의 발생률 G는 25℃, 1기압에서 1몰(72.1g)일 때 24.45L이므로 1,610g일 때는 $\frac{1,610\times24.45}{72.1}=545.9708\cdots$ L/hr이다.
- 대입하면 필요환기량 $Q=\frac{545.9708L/hr}{200ppm}\times2=\frac{545,970.8mL/hr}{200mL/m^3}\times2=5,459.7087m^3/hr$이다.

[정답] 5,459.71[m^3/hr]

2020년 제2회

필답형 기출복원문제

20년 2회차 실기시험
합격률 68.7%

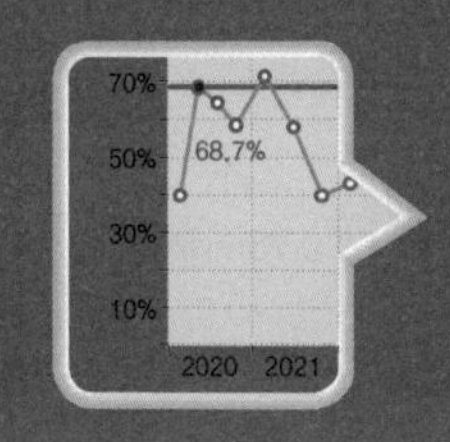
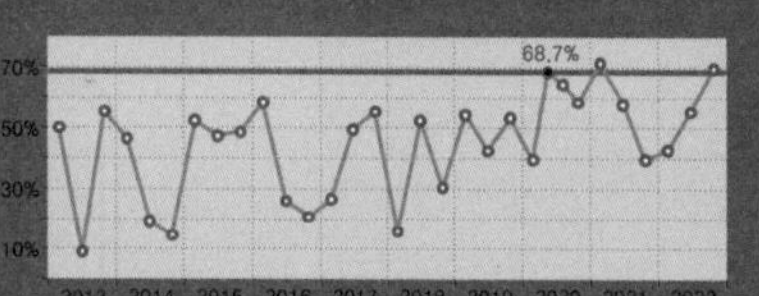

신규문제	3문항	중복문제	17문항

01 전체환기방식의 적용조건 5가지를 쓰시오.(단, 국소배기가 불가능한 경우는 제외한다)(5점)

[0301/0503/0702/0801/0902/1101/1203/1501/1602/1803/1901/1902/2002/2003/2004/2103/2201]

① 유해물질의 독성이 비교적 낮을 때
② 동일작업장에서 오염원 다수가 분산되어 있을 때
③ 유해물질이 시간에 따라 균일하게 발생할 경우
④ 유해물질의 발생량이 적은 경우
⑤ 유해물질이 증기나 가스일 경우
⑥ 유해물질의 배출원이 이동성인 경우

▲ 해당 답안 중 5가지 선택 기재

02 송풍기 회전수가 1,000rpm일 때 송풍량은 30m^3/min, 송풍기 정압은 22mmH_2O, 동력은 0.5HP였다. 송풍기 회전수를 1,200rpm으로 변경할 경우 송풍량(m^3/min), 정압(mmH_2O), 동력(HP)을 구하시오.(6점)

[1102/1401/1501/1901/2002]

[계산식]

- 회전수가 1,000에서 1,200으로 증가하였으므로 증가비는 $\frac{1,200}{1,000}=1.2$배 증가하였다.
- 기존 풍량이 30m^3/min이므로 $30\times1.2=36m^3$/min가 된다.
- 기존 정압이 22mmH_2O이므로 $22\times1.2^2=31.68mmH_2O$이 된다.
- 기존 동력이 0.5HP였으므로 $0.5\times1.2^3=0.864$HP가 된다.

[정답] ① 36[m^3/min] ② 31.68[mmH_2O] ③ 0.86[HP]

03 집진장치를 원리에 따라 5가지로 구분하시오.(5점)

[2002/2201]

① 중력집진장치
② 관성력집진장치
③ 원심력집진장치
④ 여과집진장치
⑤ 전기집진장치
⑥ 세정집진장치

▲ 해당 답안 중 5가지 선택 기재

04 덕트 내의 전압, 정압, 속도압을 피토튜브로 측정하려고 한다. 그림에서 전압, 정압, 속도압을 찾고 그 값을 구하시오.(6점)

[0301/0803/1201/1403/1702/1802/2002]

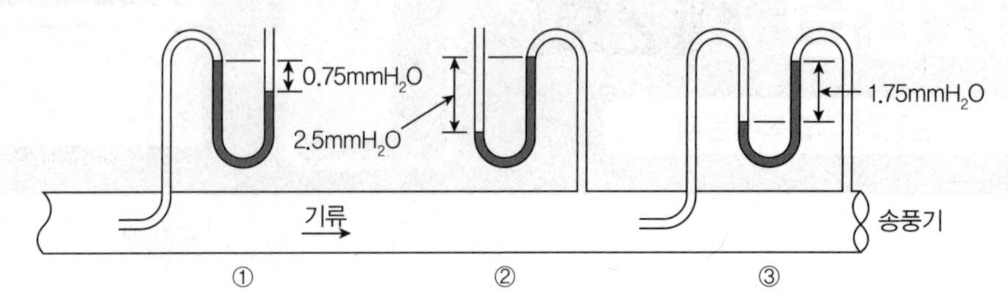

① 전압 : $-0.75[mmH_2O]$

② 정압 : $-2.5[mmH_2O]$

③ 동압 : $1.75[mmH_2O]$

05 가로 40cm, 세로 20cm의 장방형 후드가 직경 20cm 원형덕트에 연결되어 있다. 다음 물음에 답하시오.(6점)

[1701/2002/2203]

1) 플랜지의 최소 폭(cm)을 구하시오.
2) 플랜지가 있는 경우 플랜지가 없는 경우에 비해 송풍량이 몇 % 감소되는지 쓰시오.

[계산식]

- 플랜지의 최소 폭(W)은 단면적(A)의 제곱근이다. 즉, $W=\sqrt{A}$이므로 대입하면 $W=\sqrt{0.4\times0.2}=0.2828\cdots$m로 28.28cm 이상이어야 한다.
- 외부식 원형(장방형)후드가 자유공간에 위치할 때 Q는 필요환기량(m^3/min), V_c는 제어속도(m/sec), X는 후드와 발생원과의 거리(m), A는 개구면적(m^2)라고 하면
  플랜지를 미부착한 경우의 필요환기량 $Q=60\times V_c(10X^2+A)$로 구한다.
  플랜지를 부착한 경우의 필요환기량 $Q=60\times0.75\times V_c(10X^2+A)$로 구한다.
  즉, 플랜지를 미부착한 경우보다 송풍량이 25% 덜 필요하게 된다.

[정답] ① 28.28[cm]　　　② 25[%] 감소

06 유입손실계수가 2.5일 때 유입계수를 구하시오.(4점)

[0901/1303/2002]

[계산식]

- 후드의 유입손실계수 $F=\frac{1}{C_e^2}-1$로 구한다. 따라서 $C_e=\sqrt{\frac{1}{F+1}}=\sqrt{\frac{1}{2.5+1}}=0.5345\cdots$이다.

[정답] 0.53

07 공기정화장치 중 흡착제를 사용하는 흡착장치 설계 시 고려사항을 3가지 쓰시오.(6점)

[0801/1501/1502/1703/2002]

① 흡착장치의 처리능력
② 흡착제의 break point
③ 압력손실
④ 가스상 오염물질의 처리가능성 검토 여부

▲ 해당 답안 중 3가지 선택 기재

08 공기 중 입자상 물질이 여과지에 채취되는 작용기전(포집원리) 5가지를 쓰시오.(5점)

[0301/0501/0901/1201/1901/2001/2002/2003/2102/2202]

① 직접차단(간섭)
② 관성충돌
③ 확산
④ 중력침강
⑤ 정전기침강
⑥ 체질

▲ 해당 답안 중 5가지 선택 기재

09 2차 표준기구(유량측정)의 종류를 4가지 쓰시오.(4점)

[2002/2203]

① Wet-test(습식테스트)미터
② venturi meter
③ 열선기류계
④ 오리피스미터
⑤ 건식가스미터
⑥ Rota미터

▲ 해당 답안 중 4가지 선택 기재

10 다음은 후드와 관련된 설비에 대한 설명이다. 각각이 설명하는 용어를 쓰시오.(4점)

[2002]

① 후드 개구부를 몇 개로 나누어 유입하는 형식으로 부식 및 유해물질 축적 등의 단점이 있는 장치이다.
② 경사접합부라고도 하며, 후드, 덕트 연결부위로 급격한 단면변화로 인한 압력손실을 방지하며, 배기의 균일한 분포를 유도하고 점진적인 경사를 두는 부위이다.

① 분리날개(splitter vane)
② 테이퍼(taper)

11 노출기준과 관련된 설명이다. 빈칸을 채우시오.(4점)

[2002]

단시간노출기준(STEL)이란 근로자가 1회에 (①)분간 유해인자에 노출되는 경우의 기준으로 이 기준 이하에서는 1회 노출간격이 1시간 이상인 경우에 1일 작업시간 동안 (②)회까지 노출이 허용될 수 있는 기준을 말한다.

① 15
② 4

12 다음은 국소배기시설과 관련된 설명이다. 내용 중 잘못된 내용의 번호를 찾아서 바르게 수정하시오.(6점)

[2002]

① 후드는 가능한 오염물질 발생원에 가깝게 설치한다.
② 필요환기량을 최대로 하여야 한다.
③ 후드는 공정을 많이 포위한다.
④ 후드 개구면에서 기류가 균일하게 분포되도록 설계한다.
⑤ 후드는 작업자의 호흡영역을 유해물질로부터 보호해야 한다.
⑥ 덕트는 후드보다 두꺼운 재질로 선택한다.
⑦ 후드 개구면적은 완전한 흡입의 조건하에 가능한 크게 한다.

② 후드의 필요환기량을 최소로 하여야 한다.
⑥ 후드는 덕트보다 두꺼운 재질로 선택한다.
⑦ 후드 개구면적은 완전한 흡입의 조건하에 가능한 작게 해야 한다.

13 온도 150℃에서 크실렌이 시간당 1.5L씩 증발하고 있다. 폭발방지를 위한 환기량을 계산하시오.(단, 분자량 106, 폭발하한계수 1%, 비중 0.88, 안전계수 5, 21℃, 1기압)(5점)

[0703/1801/2002]

[계산식]

- 폭발방지 환기량(Q) $= \dfrac{24.1 \times SG \times W \times C \times 10^2}{MW \times LEL \times B}$ 이다.
- 온도가 150℃이므로 B는 0.7을 적용하여 대입하면 $\dfrac{24.1 \times 0.88 \times \left(\dfrac{1.5}{60}\right) \times 5 \times 10^2}{106 \times 1 \times 0.7} = 3.5727 \cdots$ 이므로 표준공기 환기량은 $3.57m^3/\text{min}$이 된다.
- 공정의 온도를 보정해야하므로 $3.57 \times \dfrac{273+150}{273+21} = 5.136 \cdots m^3/\text{min}$이다.

[정답] $5.14[m^3/\text{min}]$

14 **TCE(분자량 131.39)에 노출되는 근로자의 노출농도를 측정하려고 한다. 과거농도는 50ppm이었다. 활성탄으로 0.15L/min으로 채취할 때 최소 소요시간(min)을 구하시오.(단, 정량한계는 0.5mg이고, 25℃, 1기압 기준)(5점)** [0903/2002/2401]

[계산식]

- 정량한계와 구해진 과거농도[mg/m^3]로 최소채취량[L]을 구한 후 이를 분당채취유량으로 나눠 채취 최소시간을 구한다.
- 과거농도가 ppm으로 되어있으므로 이를 mg/m^3으로 변환하려면 $\frac{분자량}{부피}$를 곱해야 한다.

$50 \times \frac{131.39}{24.45} = 268.691 \cdots mg/m^3$이다.

- 정량한계(LOQ)인 0.5mg을 채취하기 위해서 채취해야 될 공기채취량(L)은 $\frac{0.5mg}{268.69mg/m^3} = 0.00186m^3 = 1.86L$이다.
- 0.15L를 채취하기 위한 시간은 $\frac{1.86}{0.15} = 12.4\text{min}$이다.

[정답] 12.4[분]

15 **헥산을 1일 8시간 취급하는 작업장에서 실제 작업시간은 오전 2시간(노출량 60ppm), 오후 4시간(노출량 45ppm)이다. TWA를 구하고, 허용기준을 초과했는지 여부를 판단하시오.(단, 헥산의 TLV는 50ppm이다)(6점)** [1102/1302/1801/2002/2402]

[계산식]

- 시간가중평균노출기준 TWA는 1일 8시간의 평균 농도로 $\frac{C_1T_1 + C_2T_2 + \cdots + C_nT_n}{8}$[ppm]로 구한다.
- 주어진 값을 대입하면 $\text{TWA} = \frac{(2 \times 60) + (4 \times 45)}{8} = 37.5\text{ppm}$이다.
- TLV가 50ppm이므로 허용기준 아래로 초과하지 않는다.

[정답] TWA는 37.5[ppm]으로 허용기준을 초과하지 않는다.

16 **근로자가 벤젠을 취급하다가 실수로 작업장 바닥에 1.8L를 흘렸다. 작업장을 표준상태(25℃, 1기압)라고 가정한다면 공기 중으로 증발한 벤젠의 증기용량(L)을 구하시오.(6점)(단, 벤젠 분자량 78.11, SG(비중) 0.879이며 바닥의 벤젠은 모두 증발한다)(6점)** [0603/1303/1603/2002/2004]

[계산식]

- 흘린 벤젠이 증발하였으므로 액체 상태의 벤젠 부피를 중량으로 변환하여 몰질량에 따른 기체의 부피를 구해야 한다.
- 1.8L의 벤젠을 중량으로 변환하면 1.8L×0.879g/mL×1,000mL/L=1,582.2g이다.
- 몰질량이 78.11g일 때 표준상태 기체는 24.45L 발생하므로 1,582.2g일 때는 $\frac{24.45 \times 1,582.2}{78.11} = 495.26L$이다.

[정답] 495.26[L]

17 실내 기적이 2,000m^3인 공간에 30명의 근로자가 작업중이다. 1인당 CO_2발생량이 40L/hr일 때 시간당 공기 교환횟수를 구하시오.(단, 외기 CO_2농도가 400ppm, 실내 CO_2 농도 허용기준이 700ppm)(5점)

[0502/1702/2002]

[계산식]

- 작업장 기적(용적)과 필요환기량이 주어지는 경우의 시간당 공기교환 횟수는 $\frac{필요환기량(m^3/hr)}{작업장\ 용적(m^3)}$으로 구한다.
- 이산화탄소 제거를 목적으로 하는 필요환기량 $Q=\frac{M}{C_s-C_o}\times100[m^3/hr]$으로 구한다.
- 실내 허용기준 700ppm$=700\times10^{-6}=7\times10^{-4}=0.0007$을 의미하므로 0.07%이고, 외기 농도는 400ppm이므로 0.04%를 의미한다.
- CO_2발생량(m^3/hr)은 30×40L÷1,000=1.2m^3/hr이므로 $Q=\frac{1.2}{0.07-0.04}\times100=4,000m^3/hr$이다.
- 대입하면 시간당 공기교환횟수는 $\frac{4,000}{2,000}=2$회이다.

[정답] 시간당 2[회]

18 관 내경이 0.3m이고, 길이가 30m인 직관의 압력손실(mmH_2O)을 구하시오.(단, 관마찰손실계수는 0.02, 유체 밀도는 1.203kg/m^3, 직관 내 유속은 15m/sec이다)(5점)

[1102/1301/1601/2002]

[계산식]

- 압력손실($\triangle P$)$=\left(\lambda\times\frac{L}{D}\right)\times VP$로 구한다.
- 유속과 유체 밀도가 주어졌으므로 $VP=\frac{\gamma\times V^2}{2g}=\frac{1.203\times15^2}{2\times9.8}=13.8099\cdots mmH_2O$이다.
- 구해진 값을 대입하면 $\triangle P=0.02\times\frac{30}{0.3}\times13.8099\cdots=27.6198\cdots mmH_2O$이다.

[정답] 27.62[mmH_2O]

19 어떤 물질의 독성에 관한 인체실험결과 안전흡수량이 체중 kg당 0.05mg이었다. 체중 75kg인 사람이 1일 8시간 작업 시 이 물질의 체내 흡수를 안전흡수량 이하로 유지하려면 이 물질의 공기 중 농도를 얼마 이하로 규제하여야 하는지 구하시오.(단, 작업 시 폐환기율 0.98m^3/hr, 체내잔류율 1.0)(5점)

[1001/1201/1402/1602/2002/2003]

[계산식]

- 안전흡수량=C×T×V×R을 이용한다. (C는 공기 중 농도, T는 작업시간, V는 작업 시 폐환기율, R은 체내잔류율)
- 공기 중 농도$=\frac{안전흡수량}{T\times V\times R}$이므로 대입하면 $\frac{75\times0.05}{8\times0.98\times1.0}=0.4783\cdots mg/m^3$가 된다.

[정답] 0.48[mg/m^3]

20 공기의 조성비가 다음 표와 같을 때 공기의 밀도(kg/m^3)를 구하시오.(단, 25℃, 1기압)(5점)

[1001/1103/1603/1703/2002]

질소	산소	수증기	이산화탄소
78%	21%	0.5%	0.3%

[계산식]

- 공기의 평균분자량은 각 성분가스의 분자량×체적분율의 합이다.
- 질소의 분자량(28), 산소의 분자량(32), 수증기의 분자량(18), 이산화탄소의 분자량(44)이다.
- 주어진 값을 대입하면 공기의 평균분자량$=28\times0.78+32\times0.21+18\times0.005+44\times0.003=28.782$g이다.
- 공기밀도$=\frac{질량}{부피}$로 구한다.
- 주어진 값을 대입하면 $\frac{28.782}{24.45}=1.177\cdots$g/L이다. 이는 kg/$m^3$단위와 같다.

[정답] 1.18[kg/m^3]

2020년 제3회

필답형 기출복원문제

20년 3회차 실기시험
합격률 64.8%

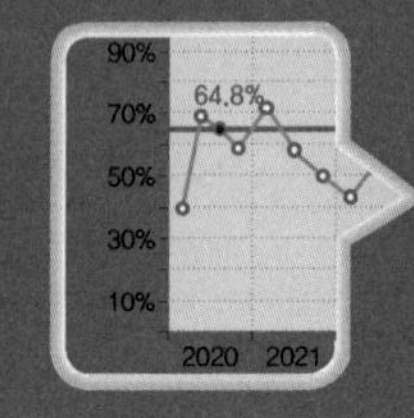

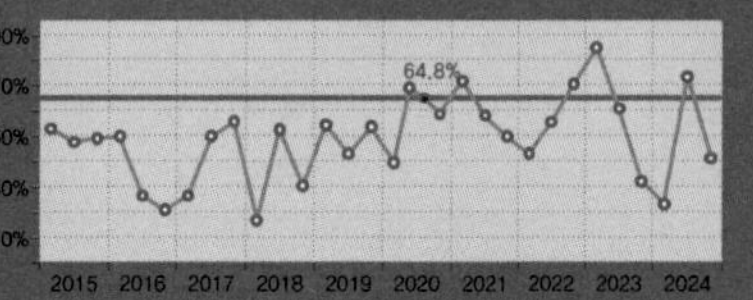

신규문제	2문항	중복문제	18문항

01 입자상 물질의 물리적 직경 3가지를 간단히 설명하시오.(6점)

[0301/0302/0403/0602/0701/0803/0903/1201/1301/1703/1901/2001/2003/2101/2103/2301/2303]

① 마틴 직경 : 먼지의 면적을 2등분하는 선의 길이로 선의 방향은 항상 일정하여야 하며, 과소평가할 수 있는 단점이 있다.
② 페렛 직경 : 먼지의 한쪽 끝 가장자리와 다른쪽 가장자리 사이의 거리로 과대평가될 가능성이 있는 입자성 물질의 직경이다.
③ 등면적 직경 : 먼지의 면적과 동일한 면적을 가진 원의 직경으로 가장 정확한 직경이며, 측정은 현미경 접안경에 Porton Reticle을 삽입하여 측정한다.

02 전체환기방식의 적용조건 5가지를 쓰시오.(단, 국소배기가 불가능한 경우는 제외한다)(5점)

[0301/0503/0702/0801/0902/1101/1203/1501/1602/1803/1901/1902/2002/2003/2004/2103/2201]

① 유해물질의 독성이 비교적 낮을 때
② 동일작업장에서 오염원 다수가 분산되어 있을 때
③ 유해물질이 시간에 따라 균일하게 발생할 경우
④ 유해물질의 발생량이 적은 경우
⑤ 유해물질이 증기나 가스일 경우
⑥ 유해물질의 배출원이 이동성인 경우

▲ 해당 답안 중 5가지 선택 기재

03 중량물 취급작업의 권고기준(RWL)의 관계식 및 그 인자를 쓰시오.(4점)

[2003/2302]

• RWL＝23kg×HM×VM×DM×AM×FM×CM으로 구한다.
이때 HM은 수평계수, VM은 수직계수, DM은 거리계수, AM은 비대칭계수, FM은 빈도계수, CM은 결합계수이다.

04 공기 중 입자상 물질이 여과지에 채취되는 작용기전(포집원리) 5가지를 쓰시오.(5점)

[0301/0501/0901/1201/1901/2001/2002/2003/2102/2202]

① 직접차단(간섭)
② 관성충돌
③ 확산
④ 중력침강
⑤ 정전기침강
⑥ 체질

▲해당 답안 중 5가지 선택 기재

05 다음 보기의 내용을 국소배기장치의 설계순서로 나타내시오.(4점)

[1802/2003]

① 공기정화장치 선정
② 반송속도의 결정
③ 후드 형식의 선정
④ 제어속도의 결정
⑤ 총 압력손실의 계산
⑥ 소요풍량의 계산
⑦ 송풍기의 선정
⑧ 배관 배치와 후드 크기 결정

• ③ → ④ → ⑥ → ② → ⑧ → ① → ⑤ → ⑦

06 환기시설에서 공기공급시스템이 필요한 이유를 5가지 쓰시오.(5점)

[0502/0701/1303/1601/2003]

① 연료를 절약하기 위해서
② 작업장 내 안전사고를 예방하기 위해서
③ 국소배기장치의 적절하고 효율적인 운영을 위해서
④ 작업장의 교차기류(방해기류)의 생성을 방지하기 위해서
⑤ 외부의 오염된 공기 유입을 방지하기 위해서
⑥ 국소배기장치의 원활한 작동을 위해서

▲해당 답안 중 5가지 선택 기재

07 국소배기장치 성능시험 시 필수적인 장비 5가지를 쓰시오.(5점)

[0703/0802/0901/1002/1403/2003]

① 줄자
② 청음봉 또는 청음기
③ 절연저항계
④ 발연관
⑤ 표면온도계 또는 초자온도계

08 국소배기시설에서 필요송풍량을 최소화하기 위한 방법 4가지를 쓰시오.(4점)

[1503/2003]

① 가능한한 오염물질 발생원에 가깝게 설치한다.
② 오염물질 발생특성을 충분히 고려하여 설계한다.
③ 가급적 공정을 많이 포위한다.
④ 공정에서 발생되는 오염물질의 절대량을 감소시킨다.
⑤ 제어속도는 작업조건을 고려해 적절하게 선정한다.
⑥ 작업에 방해가 되지 않도록 설치한다.
⑦ 후드의 개구면에서 기류가 균일하게 분포되도록 설계한다.

▲해당 답안 중 4가지 선택 기재

09 다음 보기의 용어들에 대한 정의를 쓰시오.(6점)

[0601/0801/0902/1002/1401/1601/2003]

① 단위작업장소	② 정확도	③ 정밀도

① 단위작업장소 : 작업환경측정대상이 되는 작업장 또는 공정에서 정상적인 작업을 수행하는 동일 노출집단의 근로자가 작업을 하는 장소
② 정확도 : 분석치가 참값에 얼마나 접근하였는가 하는 수치상의 표현
③ 정밀도 : 일정한 물질에 대해 반복측정 · 분석을 했을 때 나타나는 자료 분석치의 변동크기가 얼마나 작은가를 표현

10 사무실 공기관리지침에 관한 설명이다. ( ) 안을 채우시오.(3점)

[1703/2001/2003/2402]

① 사무실 환기횟수는 시간당 ( )회 이상으로 한다.
② 공기의 측정시료는 사무실 내에서 공기질이 가장 나쁠 것으로 예상되는 ( )곳 이상에서 채취하고, 측정은 사무실 바닥으로부터 0.9 ~ 1.5m 높이에서 한다.
③ 일산화탄소 측정 시 시료 채취시간은 업무 시작 후 1시간 이내 및 종료 전 1시간 이내 각각 ( )분간 측정한다.

① 4
② 2
③ 10

11 작업장 내에서 톨루엔(M.W 92, TLV 100ppm)을 시간당 1kg 사용하고 있다. 전체환기시설을 설치할 때 필요환기량(m^3/min)을 구하시오.(단, 작업장은 25℃, 1기압, 혼합계수는 6)(5점) [1403/1602/2003]

[계산식]

- 공기중에 계속 오염물질이 발생하고 있는 경우의 필요환기량 $Q = \frac{G \times K}{TLV}$로 구한다.
- 분자량이 92인 벤젠을 시간당 1,000g을 사용하고 있으므로 기체의 발생률 $G = \frac{24.45 \times 1,000}{92} = 265.760 \cdots$ L/hr이다.
- ppm=mL/m^3이므로 265.760L/hr=265,760mL/hr이고 이를 대입하면 필요환기량 $Q = \frac{265,760 \times 6}{100} = 15,945.6$ m^3/hr이다. 구하고자 하는 필요환기량은 분당이므로 60으로 나누면 265.76m^3/min이 된다.

[정답] 265.76[m^3/min]

12 작업장 내에 20명의 근로자가 작업 중이다. 1인당 이산화탄소의 발생량이 40L/hr이다. 실내 이산화탄소 농도 허용기준이 700ppm일 때 필요환기량(m^3/hr)을 구하시오.(단 외기 CO_2의 농도는 400ppm)(5점) [1702/2003]

[계산식]

- 이산화탄소 제거를 목적으로 하는 필요 환기량 $Q = \frac{M}{C_s - C_o} \times 100$[$m^3$/hr]으로 구한다.
- CO_2발생량(m^3/hr)=20인×40L/hr이므로 시간당 800L 즉, 0.8m^3을 말한다.
- 실내 허용기준 700ppm$=700 \times 10^{-6} = 7 \times 10^{-4} = 0.0007$을 의미하므로 0.07%이고, 외기 농도는 400ppm이므로 0.04%를 의미한다.
- 대입하면 $Q = \frac{0.8}{0.07 - 0.04} \times 100 = 2,666.666 \cdots m^3$/hr이다.

[정답] 2,666.67[m^3/hr]

13 어떤 물질의 독성에 관한 인체실험결과 안전흡수량이 체중 kg당 0.05mg이었다. 체중 75kg인 사람이 1일 8시간 작업 시 이 물질의 체내 흡수를 안전흡수량 이하로 유지하려면 이 물질의 공기 중 농도를 얼마 이하로 규제하여야 하는지를 구하시오.(단, 작업 시 폐환기율 0.98m^3/hr, 체내잔류율 1.0)(5점) [1001/1201/1402/1602/2002/2003]

[계산식]

- 안전흡수량=C×T×V×R을 이용한다. (C는 공기 중 농도, T는 작업시간, V는 작업 시 폐환기율, R은 체내잔류율)
- 공기 중 농도$= \frac{\text{안전흡수량}}{T \times V \times R}$이므로 대입하면 $\frac{75 \times 0.05}{8 \times 0.98 \times 1.0} = 0.4783 \cdots$mg/$m^3$가 된다.

[정답] 0.48[mg/m^3]

14 어떤 작업장에서 분진의 입경이 15μm, 밀도 1.3g/cm^3 입자의 침강속도(cm/sec)를 구하시오.(단, 공기의 점성계수는 1.78×10^{-4}g/cm · sec, 중력가속도는 980cm/sec^2, 공기밀도는 0.0012g/cm^3이다)(5점) [2003]

[계산식]

- 스토크스의 침강속도 $V=\frac{g\cdot d^2(\rho_1-\rho)}{18\mu}$으로 구한다.
- 대입하면 침강속도 $V=\frac{980cm/sec^2\times(15\times10^{-4})^2(1.3-0.0012)g/cm^3}{18\times1.78\times10^{-4}g/cm\cdot sec}=0.8938\cdots$cm/sec이다.

[정답] 0.89[cm/sec]

15 덕트 단면적 0.38m^2, 덕트 내 정압 −64.5mmH_2O, 전압은 −20.5mmH_2O이다. 덕트 내의 반송속도(m/sec)와 공기유량(m^3/min)을 구하시오.(단, 공기의 밀도는 1.2kg/m^3이다)(6점) [0701/1901/2003]

[계산식]

- 유량 Q=A×V로 구한다. 그리고 $V=4.043\times\sqrt{VP}$로 구할 수 있다.
- 정압과 전압이 주어졌으므로 동압을 구할 수 있다. 동압 VP=−20.5−(−64.5)=44mmH_2O이다.
- 동압 VP를 이용해서 반송속도를 구할 수 있다.($VP=\frac{\rho\times V^2}{2g}$)
- 공기의 밀도가 주어졌으므로 대입하면 반송속도 $V=\sqrt{\frac{2g\times VP}{\rho}}=\sqrt{\frac{19.6\times44}{1.2}}=26.8079\cdots$m/sec이다.
- 반송속도를 구했으므로 대입하면 유량 Q=0.38×26.8079=10.1870m^3/sec가 된다. 분당 유량을 구하고 있으므로 60을 곱해주면 611.220m^3/min이 된다.

[정답] 반송속도는 26.81[m/sec], 유량은 611.22[m^3/min]

16 온도 200℃의 건조오븐에서 크실렌이 시간당 1.5L씩 증발하고 있다. 폭발방지를 위한 환기량(m^3/min)을 계산하시오.(단, 분자량 106, 폭발하한계수 1%, 비중 0.88, 안전계수 10, 25℃, 1기압)(6점) [1802/2003]

[계산식]

- 폭발방지 환기량(Q)$=\frac{24.1\times SG\times W\times C\times10^2}{MW\times LEL\times B}$이다. 주어진 온도가 25℃이므로 부피는 24.1이 아니라 24.45를 적용한다.
- 온도가 200℃이므로 B는 0.7을 적용하여 대입하면 $\frac{24.45\times0.88\times\left(\frac{1.5}{60}\right)\times10\times10^2}{106\times1\times0.7}=7.2493\cdots$이므로 표준공기 환기량은 7.25$m^3$/min이 된다.
- 공정의 온도를 보정해야하므로 $7.25\times\frac{273+200}{273+25}=11.5075\cdots m^3$/min이다.

[정답] 11.51[m^3/min]

17 두 대가 연결된 집진기의 전체효율이 96%이고, 두 번째 집진기 효율이 85%일 때 첫 번째 집진기의 효율을 계산하시오.(5점) [0702/1701/2003]

[계산식]

- 전체 포집효율 $\eta_T = \eta_1 + \eta_2(1-\eta_1)$로 구한다. 전체 포집효율과 두 번째 집진기의 효율은 알고 있으므로 첫 번째 집진기 효율 $\eta_1 = \dfrac{\eta_T - \eta_2}{1-\eta_2}$로 구할 수 있다.
- 대입하면 $\eta_1 = \dfrac{0.96-0.85}{1-0.85} = \dfrac{0.11}{0.15} = 0.7333\cdots$로 73.33%에 해당한다.

[정답] 73.33[%]

18 에틸벤젠(TLV : 100ppm) 작업을 1일 10시간 수행한다. 보정된 허용농도를 구하시오.(단, Brief와 Scala의 보정방법을 적용하시오)(4점) [0303/0802/0803/1603/2003/2402]

[계산식]

- 보정계수 $RF = \left(\dfrac{8}{H}\right) \times \left(\dfrac{24-H}{16}\right)$로 구하고 이를 주어진 TLV값에 곱해서 보정된 노출기준을 구한다.
- 주어진 값을 대입하면 $\mathrm{RF} = \left(\dfrac{8}{10}\right) \times \dfrac{24-10}{16} = 0.7$이다.
- 보정된 허용농도는 TLV×RF=100ppm×0.7=70ppm이다.

[정답] 70[ppm]

19 120℃, 660mmHg인 상태에서 유량 100m^3/min의 기체가 관내로 흐르고 있다. 0℃, 1기압 상태일 때의 유량(m^3/min)을 구하시오.(6점) [1403/2003/2302]

[계산식]

- 보일-샤를의 법칙은 기체의 압력과 온도가 변화할 때 기체의 부피는 절대온도에 비례하고 압력에 반비례하므로 $\dfrac{P_1V_1}{T_1} = \dfrac{P_2V_2}{T_2}$가 성립한다.
- 여기서 V_2를 구하는 것이므로 $V_2 = \dfrac{P_1V_1T_2}{T_1P_2}$이다. 대입하면 $V_2 = \dfrac{660 \times 100 \times (273)}{(273+120) \times 760} = 60.3254\cdots m^3/\mathrm{min}$이 된다.

[정답] 60.33[m^3/min]

20 외부식 원형후드이며, 후드의 단면적은 0.5m^2이다. 제어속도가 0.5m/sec이고, 후드와 발생원과의 거리가 1m인 경우 다음을 계산하시오.(6점) [1701/2003]

> 1) 플랜지가 없을 때 필요환기량(m^3/min)
> 2) 플랜지가 있을 때 필요환기량(m^3/min)

[계산식]

- 외부식 원형(장방형)후드가 자유공간에 위치할 때 Q는 필요환기량(m^3/min), V_c는 제어속도(m/sec), X는 후드와 발생원과의 거리(m), A는 개구면적(m^2)라고 하면
  플랜지를 미부착한 경우의 필요환기량 $Q=60\times V_c(10X^2+A)$로 구한다.
  플랜지를 부착한 경우의 필요환기량 $Q=60\times 0.75\times V_c(10X^2+A)$로 구한다.
  즉, 플랜지를 미부착한 경우보다 송풍량이 25% 덜 필요하게 된다.
- 플랜지 미부착의 경우 대입하면 $Q=60\times 0.5(10\times 1^2+0.5)=315m^3$/min이다.
- 플랜지 부착의 경우는 315의 75%에 해당하므로 236.25m^3/min이고, 대입해서 계산해 보면
  $Q=60\times 0.75\times 0.5(10\times 1^2+0.5)=236.25m^3$/min이다.

[정답] 1) 315[m^3/min]
　　2) 236.25[m^3/min]

2020년 제4회

필답형 기출복원문제

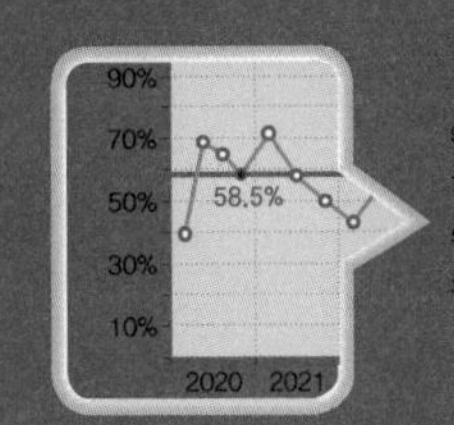

20년 4회차 실기시험
합격률 58.5%

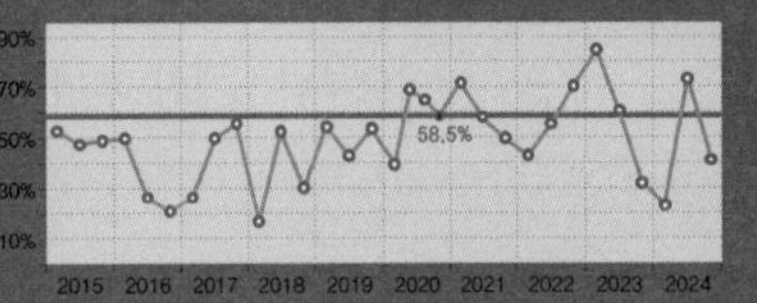

신규문제	6문항	중복문제	14문항

01 전체환기방식의 적용조건 5가지를 쓰시오.(단, 국소배기가 불가능한 경우는 제외한다)(5점)

[0301/0503/0702/0801/0902/1101/1203/1501/1602/1803/1901/1902/2002/2003/2004/2103/2201]

① 유해물질의 독성이 비교적 낮을 때
② 동일작업장에서 오염원 다수가 분산되어 있을 때
③ 유해물질이 시간에 따라 균일하게 발생할 경우
④ 유해물질의 발생량이 적은 경우
⑤ 유해물질이 증기나 가스일 경우
⑥ 유해물질의 배출원이 이동성인 경우

▲해당 답안 중 5가지 선택 기재

02 인간이 활동하기 가장 좋은 상태의 온열조건으로 환경온도를 감각온도로 표시한 것을 지적온도라고 한다. 지적온도에 영향을 미치는 요인을 5가지 쓰시오.(5점)

[2004/2303]

① 작업량
② 계절
③ 음식물
④ 연령
⑤ 성별

03 덕트 내 기류에 작용하는 압력의 종류를 3가지로 구분하여 설명하시오.(6점)

[1102/1802/2004]

① 정압 : 밀폐된 공간(duct) 내에서 사방으로 동일하게 미치는 압력을 말한다. 모든 방향에서 동일한 압력이며 송풍기 앞에서는 음압, 송풍기 뒤에서는 양압이다.
② 동압 : 공기의 흐름방향으로 미치는 압력을 말한다. 단위 체적의 유체가 갖는 운동에너지로 항상 양압을 갖는다.
③ 전압 : 단위 유체에 작용하는 모든 압력으로 정압과 동압의 합에 해당한다.

04 벤젠의 작업환경측정 결과가 노출기준을 초과하는 경우 몇 개월 후에 재측정을 하여야 하는지 쓰시오.(4점)

[1802/2004]

• 측정일로부터 3개월 후에 1회 이상 작업환경 측정을 실시해야 한다.

05 세정집진장치의 집진원리를 4가지 쓰시오.(4점)

[1003/2004/2401]

① 액적, 액막과 입자의 관성충돌을 통한 부착
② 미립자의 확산에 의한 액방울의 부착
③ 입자를 핵으로 한 증기의 응결에 따라서 응집성 촉진
④ 액막 및 기포에 입자가 접촉하여 부착
⑤ 가스의 증습으로 입자의 응집성 촉진

▲ 해당 답안 중 4가지 선택 기재

06 분자량이 92.13이고, 방향의 무색액체로 인화 · 폭발의 위험성이 있으며, 대사산물이 o-크레졸인 물질은 무엇인가?(4점)

[0801/1501/2004]

• 톨루엔($C_6H_5CH_3$)

07 원심력 사이클론의 블로우다운 효과를 2가지로 설명하시오.(4점)

[0802/2004]

① 사이클론 내의 난류현상을 억제하여 집진먼지의 비산을 억제시킨다.
② 관 내 분진부착으로 인한 장치의 폐쇄현상을 방지한다.

08 국소배기장치 성능시험 장비 중에서 공기 유속을 측정하는 기기를 4가지 쓰시오.(4점)

[1402/2004]

① 피토관
② 회전날개형 풍속계
③ 그네날개형 풍속계
④ 열선식 풍속계

09 원심력식 송풍기 중 터보형 송풍기의 장점을 3가지 쓰시오.(6점)

[2004]

① 송풍량이 증가하여도 동력이 증가하지 않는다.
② 원심력식 송풍기 중 효율이 가장 좋다.
③ 회전날개가 회전방향 반대편으로 경사지게 설계되어 있어 충분한 압력을 발생시킨다.
④ 설치장소의 제약을 받지 않는다.
⑤ 풍압이 바뀌어도 풍량의 변화가 적다.

▲ 해당 답안 중 3가지 선택 기재

10 작업환경 측정 및 정도관리 등에 관한 고시에서 제시한 작업환경측정에서 사용되는 시료의 채취방법을 5가지 쓰시오.(5점)

[0503/1101/2004/2101]

① 액체채취방법　② 고체채취방법　③ 직접채취방법
④ 냉각응축채취방법　⑤ 여과채취방법

11 국소배기장치의 성능이 떨어지는 주요 원인에는 후드의 흡인능력 부족이 꼽힌다. 후드의 흡인능력 부족의 원인을 3가지 쓰시오.(6점)

[2004]

① 송풍기의 송풍량이 부족하다.
② 송풍관 내부에 먼지가 퇴적되어 압력손실이 증가한다.
③ 발생원에서 후드의 개구면까지 거리가 멀다.
④ 후드의 개구면 기류제어가 불량하다.

▲ 해당 답안 중 3가지 선택 기재

12 다음 그림에서의 속도압을 구하시오.(5점)

[2004]

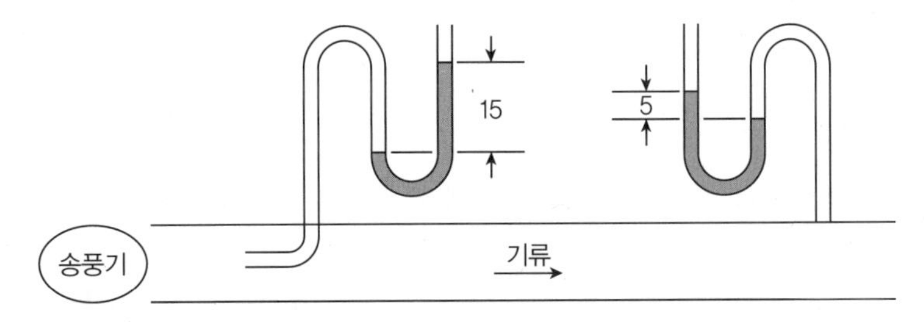

[계산식]

• 전압이 $15mmH_2O$, 정압이 $5mmH_2O$이므로 속도압은 $15-5=10mmH_2O$이다.

[정답] $10[mmH_2O]$

13

세로 400mm, 가로 850mm의 장방형 직관 덕트 내를 유량 300m^3/min으로 이송되고 있다. 길이 5m, 관마찰계수 0.02, 비중 1.3kg/m^3일 때 압력손실(mmH_2O)을 구하시오. [0303/0702/1902/2004/2101]

[계산식]

- 장방형 직관의 상당직경 $D=\frac{2(ab)}{a+b}=\frac{2(0.85\times0.4)}{0.85+0.4}=0.544\text{m}$이다.
- 압력손실($\triangle P$)$=\left(\lambda\times\frac{L}{D}\right)\times VP$로 구한다.

$Q=A\times V$이므로 $V=\frac{Q}{A}=\frac{300m^3/\text{min}}{0.4m\times0.85m}=882.35\text{m/min}$이다. 이는 14.7m/sec가 된다.

$VP=\frac{\gamma\times V^2}{2g}=\frac{1.3\times14.7^2}{2\times9.8}=14.33mmH_2O$이다.

- 구해진 값을 대입하면 $\triangle P=0.02\times\frac{5}{0.544}\times14.33=2.634\cdots mmH_2O$이다.

[정답] 2.63[mmH_2O]

14

어떤 작업장에서 톨루엔(분자량 86.18, TVL 100ppm)과 크실렌(분자량 98.96, TVL 50ppm)을 각각 200g/hr 사용하였다. 안전계수는 각각 7이다. 두 물질이 상가작용을 할 때 필요환기량(m^3/hr)을 구하시오.(단, 25℃, 1기압)(5점) [0801/2004]

[계산식]

- 공기중에 계속 오염물질이 발생하고 있는 경우의 필요환기량 $\text{Q}=\frac{\text{G}\times\text{K}}{\text{TLV}}$로 구한다.

① 톨루엔의 사용량은 200g/hr이다.

- 유해기체의 발생률은 1몰(86.18g)일 때 25℃, 1기압에서 24.45L이므로 200g일 때는 $G=\frac{24.45\times200}{86.18}=56.741\cdots\text{L/hr}$이다.
- 필요환기량 $\text{Q}=\frac{56.74\cdots L/hr\times1{,}000mL/L\times7}{100ppm(=mL/m^3)}=3{,}971.919\cdots m^3/\text{hr}$이 된다.

② 크실렌의 사용량은 200g/hr이다.

- 유해기체의 발생률은 1몰(98.96g)일 때 25℃, 1기압에서 24.45L이므로 200g일 때는 $G=\frac{24.45\times200}{98.96}=49.4139\cdots\text{L/hr}$이다.
- 필요환기량 $\text{Q}=\frac{49.4139\cdots L/hr\times1{,}000mL/L\times7}{50ppm(=mL/m^3)}=6{,}917.946\cdots m^3/\text{hr}$이 된다.

③ 작업장의 필요환기량은 두 물질의 상가작용에 의해 3,971.92+6,917.95=10,889.87m^3/hr이 된다.

[정답] 10,889.87[m^3/hr]

15 국소배기장치에서 사용하는 곡관의 직경(d) 30cm, 곡률반경(r)이 60cm인 30°곡관이다. 곡관의 속도압이 20 mmH_2O일 때 다음 표를 참고하여 곡관의 압력손실을 구하시오.(5점) [2004]

원형곡관의 압력손실계수	
반경비	압력손실계수
1.25	0.55
1.50	0.39
1.75	0.32
2.00	0.27
2.25	0.26
2.50	0.22
2.75	0.20

[계산식]

- 곡관각이 θ인 곡관의 압력손실계수가 주어질 때 압력손실 $\Delta P = \xi \times VP \times \frac{\theta}{90}[mmH_2O]$로 구한다.
- 곡률반경비는 $\frac{반경}{직경}$이므로 $\frac{60}{30}=2$이고, 이는 위의 표에서 압력손실계수(ξ)가 0.27이라는 것을 의미한다.
- 대입하면 압력손실 $\Delta P = 0.27 \times 20 \times \frac{30}{90} = 1.8mmH_2O$이 된다.

[정답] 1.8[mmH_2O]

16 다음 설명에 해당하는 방법을 쓰시오.(4점) [2004]

① 휘발성 유기화합물(VOC)을 처리하는 방법이다.
② 약 300 ~ 400℃의 비교적 낮은 온도에서 산화분해시킨다.
③ 연소시설 내에 촉매를 사용하여 불꽃없이 산화시키는 방법으로 낮은 온도 및 짧은 체류시간에도 처리가 가능하다.

- 촉매연소법(촉매산화법)

17 작업장에서 발생하는 분진을 유리섬유 여과지로 3회 채취하여 측정한 평균값이 27.5mg이었다. 시료 포집 전에 실험실에서 여과지를 3회 측정한 결과 22.3mg이었다면 작업장의 분진농도(mg/m^3)를 구하시오.(단, 포집유량 5.0L/min, 포집시간 60분)(5점) [1801/2004/2102/2301]

[계산식]

- 농도(mg/m^3)$=\frac{시료채취\ 후\ 여과지\ 무게-시료채취\ 전\ 여과지\ 무게}{공기채취량}$로 구한다.
- 대입하면 $\frac{27.5-22.3}{5L/\min \times 60\min} = \frac{5.2mg}{300L \times m^3/1,000L} = 17.333\cdots mg/m^3$이다.

[정답] 17.33[mg/m^3]

18 음향출력이 1.6watt인 점음원(자유공간)으로부터 20m 떨어진 곳에서의 음압수준을 구하시오.(단, 무지향성)(6점) [0501/1001/1102/1403/2004]

[계산식]

- 자유공간 점음원의 SPL=PWL−20log(r)−11[dB]로 구한다.
- 출력이 1.6W인 음원의 PWL은 $10\log\left(\frac{1.6}{10^{-12}}\right)=122.0411\cdots$이다.
- SPL=122.04−20log20−11dB=85.0194…dB이 된다.

[정답] 85.02[dB]

19 근로자가 벤젠을 취급하다가 실수로 작업장 바닥에 1.8L를 흘렸다. 작업장을 표준상태(25℃, 1기압)라고 가정한다면 공기 중으로 증발한 벤젠의 증기용량을 구하시오.(단, 벤젠 분자량 78.11, SG(비중) 0.879이며 바닥의 벤젠은 모두 증발한다)(6점) [0603/1303/1603/2002/2004]

[계산식]

- 흘린 벤젠이 증발하였으므로 액체 상태의 벤젠 부피를 중량으로 변환하여 몰질량에 따른 기체의 부피를 구해야 한다.
- 1.8L의 벤젠을 중량으로 변환하면 1.8L×0.879g/mL×1,000mL/L=1,582.2g이다.
- 몰질량이 78.11g일 때 표준상태 기체는 24.45L 발생하므로 1,582.2g일 때는 $\frac{24.45\times1,582.2}{78.11}=495.26$L이다.

[정답] 495.26[L]

20 공기 중 혼합물로서 벤젠 2.5ppm(TLV : 5ppm), 톨루엔 25ppm(TLV : 50ppm), 크실렌 60ppm(TLV : 100ppm)이 서로 상가작용을 한다고 할 때 허용농도 기준을 초과하는지의 여부와 혼합공기의 허용농도를 구하시오.(6점) [0801/1002/1402/1601/1801/1803/2004/2203/2301]

[계산식]

- 시료의 노출지수는 $\frac{C_1}{TLV_1}+\frac{C_2}{TLV_2}+\cdots+\frac{C_n}{TLV_n}$으로 구한다.
- 대입하면 $\frac{2.5}{5}+\frac{25}{50}+\frac{60}{100}=1.6$로 1을 넘었으므로 노출기준을 초과하였다고 판정한다.
- 노출지수가 구해지면 해당 혼합물의 농도는 $\frac{C_1+C_2+\cdots+C_n}{\text{노출지수}}$[ppm]으로 구할 수 있다.
- 대입하면 혼합물의 농도는 $\frac{2.5+25+60}{1.6}=54.6875$ppm이다.

[정답] 노출지수는 1.6으로 노출기준을 초과하였으며, 혼합물의 허용농도는 54.69[ppm]이다.

산 / 업 / 위 / 생 / 관 / 리 / 기 / 사 / 실 / 기

2021년 제1회

필답형 기출복원문제

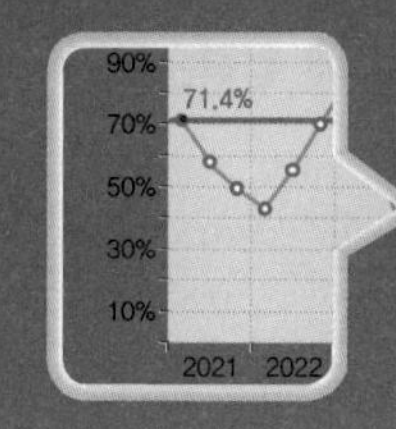

21년 1회차 실기시험

합격률 71.4%

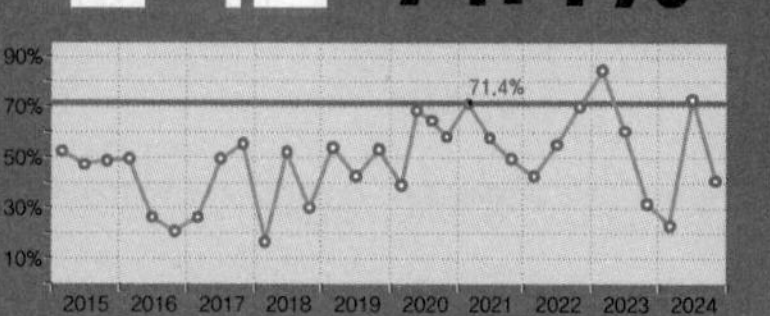

신규문제	0문항	중복문제	20문항

01 입자상 물질의 물리적 직경 3가지를 간단히 설명하시오.(6점)

[0301/0302/0403/0602/0701/0803/0903/1201/1301/1703/1901/2001/2003/2101/2103/2301/2303]

① 마틴 직경 : 먼지의 면적을 2등분하는 선의 길이로 선의 방향은 항상 일정하여야 하며, 과소평가할 수 있는 단점이 있다.

② 페렛 직경 : 먼지의 한쪽 끝 가장자리와 다른쪽 가장자리 사이의 거리로 과대평가될 가능성이 있는 입자성 물질의 직경이다.

③ 등면적 직경 : 먼지의 면적과 동일한 면적을 가진 원의 직경으로 가장 정확한 직경이며, 측정은 현미경 접안경에 Porton Reticle을 삽입하여 측정한다.

02 건조공정에서 공정의 온도는 150℃, 건조시 크실렌이 시간당 2L 발생한다. 폭발방지를 위한 실제 환기량(m^3/min)을 구하시오.(단, 크실렌의 LEL=1%, 비중 0.88, 분자량 106, 안전계수 10, 21℃, 1기압 기준 온도에 따른 상수 0.7)(5점)

[0702/1002/1402/1501/2101/2103]

[계산식]

- 폭발방지 환기량(Q)$=\dfrac{24.1\times SG\times W\times C\times 10^2}{MW\times LEL\times B}$이다.
- 대입하면 $\dfrac{24.1\times 0.88\times\left(\dfrac{2}{60}\right)\times 10\times 10^2}{106\times 1\times 0.7}=9.527\cdots$이므로 표준공기 환기량은 $9.527m^3$/min이 된다.
- 공정의 온도를 보정해야하므로 $9.527\times\dfrac{273+150}{273+21}=13.707\cdots m^3/\text{min}$이다.

[정답] 13.71[m^3/min]

03 공기 중 유해가스를 측정하는 검지관법의 장점을 4가지 쓰시오.(4점)

[1803/2101]

① 사용이 간편하다.

② 반응시간이 빠르다.

③ 비전문가도 숙지하면 사용이 가능하다.

④ 맨홀, 밀폐공간 등의 산소부족 또는 폭발성 가스로 인한 안전이 확보되지 않은 곳에서도 안전한 사용이 가능하다.

04 세로 400mm, 가로 850mm의 장방형 직관 덕트 내를 유량 300m^3/min으로 이송되고 있다. 길이 5m, 관마찰계수 0.02, 비중 1.3kg/m^3일 때 압력손실(mmH_2O)을 구하시오.(5점) [0303/0702/1902/2004/2101]

[계산식]

- 장방형 직관의 상당직경 $D=\frac{2(ab)}{a+b}=\frac{2(0.85\times0.4)}{0.85+0.4}=0.544\text{m}$이다.
- 압력손실($\triangle P$)$=\left(\lambda\times\frac{L}{D}\right)\times VP$로 구한다.

$Q=A\times V$이므로 $V=\frac{Q}{A}=\frac{300m^3/\text{min}}{0.4m\times0.85m}=882.35\text{m/min}$이다. 이는 14.7m/sec가 된다.

$VP=\frac{\gamma\times V^2}{2g}=\frac{1.3\times14.7^2}{2\times9.8}=14.33mmH_2O$이다.

- 구해진 값을 대입하면 $\triangle P=0.02\times\frac{5}{0.544}\times14.33=2.634\cdots mmH_2O$이다.

[정답] 2.63[mmH_2O]

05 가스상 물질을 임핀저, 버블러로 채취하는 액체흡수법 이용 시 흡수효율을 높이기 위한 방법을 3가지 쓰시오.(6점) [0601/1303/1802/2101]

① 포집액의 온도를 낮추어 오염물질의 휘발성을 제한한다.
② 두 개 이상의 임핀저나 버블러를 직렬로 연결하여 사용한다.
③ 채취속도를 낮춘다.
④ 액체의 교반을 강하게 한다.
⑤ 기체와 액체의 접촉면을 크게 한다.
⑥ 기포의 체류시간을 길게 한다.

▲ 해당 답안 중 3가지 선택 기재

06 배기구의 설치는 15−3−15 규칙을 참조하여 설치한다. 여기서 15−3−15의 의미를 설명하시오.(6점) [1703/2101/2301]

① 15 : 배출구와 공기를 유입하는 흡입구는 서로 15m 이상 떨어져 있어야 한다.
② 3 : 배출구의 높이는 지붕 꼭대기와 공기 유입구보다 위로 3m 이상 높게 설치되어야 한다.
③ 15 : 배출되는 공기는 재유입되지 않도록 배출가스 속도를 15m/sec 이상 유지해야 한다.

07 C5−dip현상에 대해서 간단히 설명하시오.(4점) [0703/1501/2101]

- 4,000Hz에서 심하게 청력이 손실되는 현상을 말한다.

08 다음 물음에 답하시오.(6점) [0303/2101/2302]

> 가) 산소부채란 무엇인가?
> 나) 산소부채가 일어날 때 에너지 공급원 4가지를 쓰시오.

가) 작업이 끝난 후에 남아 있는 젖산을 제거하기 위해서는 산소가 더 필요하며, 이 때 동원되는 산소소비량을 말한다.
나) 에너지 공급원
  ① 아데노신 삼인산(adenosine triphosphate, ATP)
  ② 크레아틴 인산(creatine phosphate, CP)
  ③ 글리코겐(glycogen)
  ④ 지방산이나 포도당
  ⑤ 호기성 대사
▲ 해당 답안 중 4가지 선택 기재

09 휘발성 유기화합물(VOCs)을 처리하는 방법 중 연소법에서 불꽃연소법과 촉매연소법의 특징을 각각 2가지씩 쓰시오.(4점) [1103/1803/2101/2102/2402]

가) 불꽃연소법
  ① 시스템이 간단하고 보수가 용이하다.
  ② 연소온도가 높아 보조연료의 비용이 많이 소모된다.
나) 촉매연소법
  ① 저온에서 처리하므로 보조연료의 비용이 적게 소모된다.
  ② VOC 농도가 낮은 경우에 주로 사용한다.

10 작업환경 측정 및 정도관리 등에 관한 고시에서 제시한 작업환경측정에서 사용되는 시료의 채취방법을 4가지 쓰시오.(4점) [0503/1101/2004/2101]

① 액체채취방법
② 고체채취방법
③ 직접채취방법
④ 냉각응축채취방법
⑤ 여과채취방법
▲ 해당 답안 중 4가지 선택 기재

11 벤젠과 톨루엔의 대사산물을 쓰시오.(4점)

[0803/2101]

① 벤젠 : 뇨 중 페놀과 카테콜 ② 톨루엔 : 뇨 중 마뇨산과 o-크레졸

12 다음의 증상을 갖는 열중증의 종류를 쓰시오.(4점)

[1803/2101]

① 신체 내부 체온조절계통이 기능을 잃어 발생하며, 체온이 지나치게 상승할 경우 사망에 이를 수 있고 수액을 가능한 빨리 보충해주어야 하는 열중증
② 더운 환경에서 고된 육체적 작업을 통하여 신체의 지나친 염분 손실을 충당하지 못할 경우 발생하는 고열장애로 빠른 회복을 위해 염분과 수분을 공급하지만 염분 공급 시 식염정제를 사용하여서는 안 되는 열중증

① 열사병 ② 열경련

13 유입손실계수 0.70인 원형후드의 직경이 20cm이며, 유량이 60m^3/min인 후드의 정압을 구하시오.(단, 21도 1기압 기준)(5점)

[0702/1303/1902/2101/2402]

[계산식]

- 속도압(VP)과 유입손실계수(F)가 있으면 후드의 정압을 구할 수 있다.
- 유량이 $60m^3/\text{min}$, 즉 $1m^3/\text{sec}$이므로 $Q=A\times V$이므로 $V=\frac{Q}{A}=\frac{1m^3/\text{sec}}{\frac{3.14\times 0.2^2}{4}}=31.8471\cdots\text{m/sec}$이다.
- $\text{VP}=\left(\frac{V}{4.043}\right)^2$이므로 대입하면 $\left(\frac{31.8471}{4.043}\right)^2=62.0487\cdots mmH_2O$가 된다.
- 정압(SP_h)$=62.05(1+0.7)=105.485mmH_2O$가 된다. 정압은 음수(−)이므로 $-105.485mmH_2O$이다.

[정답] $-105.49[mmH_2O]$

14 사염화탄소 7,500ppm이 공기중에 존재할 때 공기와 사염화탄소의 유효비중을 소수점 아래 넷째자리까지 구하시오.(단, 공기비중 1.0, 사염화탄소 비중 5.7)(4점)

[0602/1001/1503/1802/2101/2402]

[계산식]

- 유효비중은 $\frac{(\text{농도}\times\text{비중})+(10^6-\text{농도})\times\text{공기비중}(1.0)}{10^6}$으로 구한다.
- 대입하면 $\frac{(7,500\times 5.7)+(10^6-7,500)\times 1.0}{10^6}=1.03525$가 된다.

[정답] 1.0353

15 **작업장에서 MEK(비중 0.805, 분자량 72.1, TLV 200ppm)가 시간당 3L씩 발생하고, 톨루엔(비중 0.866, 분자량 92.13, TLV 100ppm)도 시간당 3L씩 발생한다. MEK는 150ppm, 톨루엔은 50ppm일 때 노출지수를 구하여 노출기준 초과여부를 평가하고, 전체환기시설 설치여부를 결정하시오. 또한 각 물질이 상가작용할 경우 전체환기량(m^3/min)을 구하시오.(단, MEK K=4, 톨루엔 K=5, 25℃ 1기압)(6점)** [1801/2101]

[계산식]

• 시료의 노출지수는 $\frac{C_1}{TLV_1}+\frac{C_2}{TLV_2}+\cdots+\frac{C_n}{TLV_n}$ 으로 구한다.

① 노출지수는 $\frac{150}{200}+\frac{50}{100}=\frac{250}{200}=1.25$로 1보다 크므로 노출기준을 초과하였다.

② 전체 환기시설은 노출기준을 초과하고 있으므로 설치해야 한다.

• 공기중에 계속 오염물질이 발생하고 있는 경우의 필요환기량 $Q=\frac{G\times K}{TLV}$로 구한다. 이때 G는 공기중에 발생하고 있는 오염물질의 용량, TLV는 허용기준, K는 여유계수이다.

③ 전체 환기량(m^3/min)−MEK

• 비중이 0.805(g/mL)인 MEK가 시간당 3L씩 증발되고 있으므로 사용량(g/hr)은 3L/hr×0.805g/mL×1,000mL/L=2,415g/hr이다.

• 기체의 발생률 G는 25℃, 1기압에서 1몰(72.1g)일 때 24.45L이므로 2,415g일 때는 $\frac{2,415\times 24.45}{72.1}=818.9563\cdots$L/hr이다.

• 대입하면 필요환기량 $Q=\frac{818.9563L/hr}{200ppm}\times 4=\frac{818,956.3mL/hr}{200mL/m^3}\times 4=16,379.126\cdots m^3/hr$이다. 구하고자 하는 환기량은 분당이므로 60으로 나누면 272.99m^3/min이 된다.

④ 전체 환기량(m^3/min)−톨루엔

• 비중이 0.866(g/mL)인 톨루엔이 시간당 3L씩 증발되고 있으므로 사용량(g/hr)은 3L/hr×0.866g/mL×1,000mL/L=2,598g/hr이다.

• 기체의 발생률 G는 25℃, 1기압에서 1몰(92.13g)일 때 24.45L이므로 2,598g일 때는 $\frac{2,598\times 24.45}{92.13}=689.472\cdots$L/hr이다.

• 대입하면 필요환기량 $Q=\frac{689.4725L/hr}{100ppm}\times 5=\frac{68,9472.5mL/hr}{100mL/m^3}\times 5=34,473.624\cdots m^3/hr$이다. 구하고자 하는 환기량은 분당이므로 60으로 나누면 574.56m^3/min이 된다.

⑤ 상가작용을 하고 있으므로 전체 환기량은 272.99+574.56=847.55m^3/min이 된다.

[정답] ① 노출지수는 1.25로 노출기준을 초과하였다.
② 노출기준을 초과하였으므로 전체 환기시설을 설치하여야 한다.
③ 전체환기량은 847.55[m^3/min]

16 톨루엔(분자량 92, 노출기준 100ppm)을 시간당 3kg/hr 사용하는 작업장에 대해 전체환기시설을 설치 시 필요환기량(m^3/min)을 구하시오.(MW 92, TLV 100ppm, 여유계수 K=6, 21℃ 1기압 기준)(6점)

[0601/2101/2301/2302]

[계산식]

- 공기중에 계속 오염물질이 발생하고 있는 경우의 필요환기량 $Q=\frac{G \times K}{TLV}$로 구한다.
- 분자량이 92인 톨루엔을 시간당 3,000g을 사용하고 있으므로 기체의 발생률 $G=\frac{24.1 \times 3,000}{92}=785.8695\cdots$ [L/hr]이다.
- ppm=mL/m^3이므로 785.8695L/hr=785,869.5mL/hr이고 이를 대입하면 필요환기량 $Q=\frac{785,869.5 \times 6}{100}=47,152.17\cdots$[$m^3$/hr]이다. 구하고자 하는 필요환기량은 분당이므로 60으로 나누면 785.8695[m^3/min]이 된다.

[정답] 785.87[m^3/min]

17 주물공장에서 발생되는 분진을 유리섬유필터를 이용하여 측정하고자 한다. 측정 전 유리섬유필터의 무게는 0.5mg이었으며, 개인 시료채취기를 이용하여 분당 2L의 유량으로 120분간 측정하여 건조시킨 후 중량을 분석하였더니 필터의 무게가 2mg이었다. 이 작업장의 분진농도(mg/m^3)를 구하시오.(5점)

[1603/2101]

[계산식]

- 농도 $C=\frac{(W'-W)-(B'-B)}{V}$로 구한다.
- 주어진 값을 대입하면 농도 $C=\frac{(2-0.5)mg}{2L/\min \times 120\min \times m^3/1,000L}=\frac{1.5mg}{0.24m^3}=6.25mg/m^3$이 된다.

[정답] 6.25[mg/m^3]

18 재순환 공기의 CO_2 농도는 650ppm이고, 급기의 CO_2 농도는 450ppm이다. 외부의 CO_2농도가 300ppm 일 때 급기 중 외부공기 포함량(%)을 계산하시오.(5점)

[0901/2101/2401]

[계산식]

- 급기 중 외부공기의 함량은 1-급기 중 재순환량이며,
  급기 중 재순환량은 $\frac{\text{급기공기 중 } CO_2 \text{ 농도} - \text{외부공기 중 } CO_2 \text{ 농도}}{\text{재순환공기 중 } CO_2 \text{ 농도} - \text{외부공기 중 } CO_2 \text{ 농도}}$로 구한다.
- 대입하면 급기 중 재순환량은 $\frac{450-300}{650-300}=\frac{150}{350}=0.42857\cdots$ 즉, 42.86%이다.
- 급기 중 외부공기 포함량은 (100%-급기 재순환량)이므로 100-42.86=57.14%이다.

[정답] 57.14[%]

19 **출력 0.1W 작은 점원원으로부터 100m 떨어진 곳의 음압 레벨(Sound press Level)을 구하시오.(단, 무지향성 음원이 자유공간에 있다)(6점)** [0603/2101]

[계산식]

- $PWL = 10\log\frac{W}{W_0}$[dB]로 구한다. 여기서 W_0는 기준음향파워로 10^{-12}[W]이다.
- SPL=PWL−(20log(r))−11으로 구한다.
- 출력이 0.1W인 음원의 PWL은 $10\log\left(\frac{0.1}{10^{-12}}\right) = 110$이다.
- SPL=110−20log100−11dB=59dB이 된다.

[정답] 59[dB]

20 **덕트 직경이 30cm, 공기유속이 12m/sec일 때 Reynold 수(Re)를 계산하시오.(단, 공기의 점성계수는 1.8×10^{-5}kg/m · sec이고, 공기밀도는 1.2kg/m^3)(5점)** [1301/2101]

[계산식]

- 레이놀즈수(Re)$=\left(\frac{\rho v_s L}{\mu}\right)$로 구할 수 있다.
- 대입하면 레이놀즈수(Re)는 $\frac{1.2\times12\times0.3}{1.8\times10^{-5}} = 240,000$이다.

[정답] 240,000

2021년 제2회

필답형 기출복원문제

21년 2회차 실기시험

합격률 58.0%

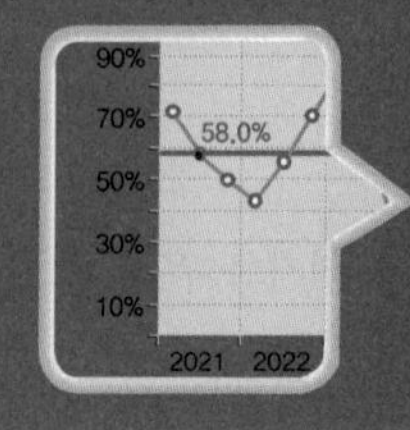

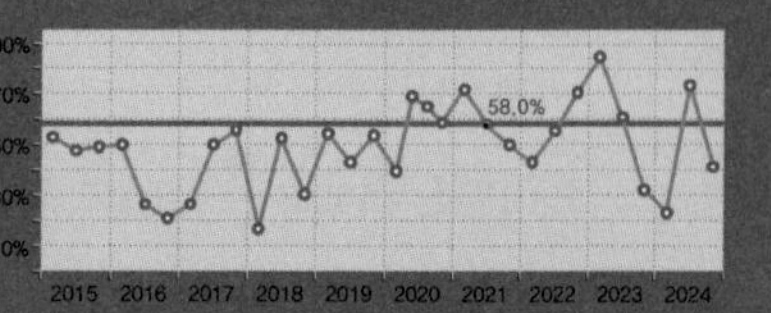

신규문제	5문항	중복문제	15문항

01 다음 설명의 빈칸을 채우시오.(단, 노동부고시 기준)(4점)

[0403/1303/1803/2102]

> 용접흄은 (①)채취방법으로 하되 용접보안면을 착용한 경우에는 그 내부에서 채취하고 중량분석방법과 원자흡광분광기 또는 (②)를 이용한 분석방법으로 측정한다.

① 여과시료
② 유도결합플라즈마

02 휘발성 유기화합물(VOCs)을 처리하는 방법 중 연소법에서 불꽃연소법과 촉매연소법의 특징을 각각 2가지씩 쓰시오.(4점)

[1103/1803/2101/2102/2402]

가) 불꽃연소법
① 시스템이 간단하고 보수가 용이하다.
② 연소온도가 높아 보조연료의 비용이 많이 소모된다.

나) 촉매연소법
① 저온에서 처리하므로 보조연료의 비용이 적게 소모된다.
② VOC 농도가 낮은 경우에 주로 사용한다.

03 공기 중 입자상 물질이 여과지에 채취되는 작용기전(포집원리) 5가지를 쓰시오.(6점)

[0301/0501/0901/1201/1901/2001/2002/2003/2102/2202]

① 직접차단(간섭)
② 관성충돌
③ 확산
④ 중력침강
⑤ 정전기침강
⑥ 체질

▲ 해당 답안 중 5가지 선택 기재

04 국소배기장치를 통해 배출되는 것과 같은 양의 공기가 외부로부터 보충되는 것을 말하며, 환기시설에 의해 작업장 내에서 배기된 만큼의 공기를 작업장 내로 재공급하는 시스템을 무엇이라고 하는지 쓰시오.(3점)

[1602/1702/1903/2102]

• 보충용 공기(makeup air)

05 다음 ( ) 안에 알맞은 용어를 쓰시오.(5점) [1703/2102/2302]

> ① 분석치가 참값에 얼마나 접근하였는가 하는 수치상의 표현을 ( )라 한다.
> ② 일정한 물질에 대해 반복측정 · 분석을 했을 때 나타나는 자료 분석치의 변동크기가 얼마나 작은가의 표현을 ( )라 한다.
> ③ 작업환경측정대상이 되는 작업장 또는 공정에서 정상적인 작업을 수행하는 동일 노출집단의 근로자가 작업을 하는 장소를 ( )라 한다.
> ④ 시료채취기를 이용하여 가스 · 증기 · 분진 · 흄(fume) · 미스트(mist) 등을 근로자의 작업행동 범위에서 호흡기 높이에 고정하여 채취하는 것을 ( )라 한다.
> ⑤ 작업환경측정 · 분석 결과에 대한 정확성과 정밀도를 확보하기 위하여 작업환경측정기관의 측정 · 분석능력을 확인하고, 그 결과에 따라 지도 · 교육 등 측정 · 분석능력 향상을 위하여 행하는 모든 관리적 수단을 ( )라 한다.

① 정확도 ② 정밀도 ③ 단위작업장소
④ 지역 시료채취 ⑤ 정도관리

06 국소배기시설의 형태 중에서 가장 효과적인 방법으로 Glove box type의 경우 내부에 음압이 형성하므로 독성 가스 및 방사성 동위원소, 발암 취급공정 등에서 주로 사용되는 후드의 종류를 쓰시오.(4점) [2102]

• 포위식 후드

07 산업보건기준에 관한 규칙에서 관리감독자는 관리대상 유해물질을 취급하는 작업장소나 설비를 매월 1회 이상 순회점검하고 국소배기장치 등 환기설비의 이상 유무를 점검하여 필요한 조치를 취해야 한다. 환기설비를 점검하는 경우 점검해야 할 사항을 3가지 쓰시오.(6점) [2102/2403]

① 후드나 덕트의 마모(磨耗) · 부식, 그 밖의 손상 여부 및 정도
② 송풍기와 배풍기의 주유(注油) 및 청결 상태
③ 덕트 접속부가 헐거워졌는지 여부
④ 전동기와 배풍기를 연결하는 벨트의 작동 상태
⑤ 흡기 및 배기 능력 상태

▲ 해당 답안 중 3가지 선택 기재

08 총 압력손실 계산방법 중 저항조절 평형법의 장점과 단점을 각각 2가지씩 쓰시오.(4점) [0803/1201/1503/2102]

가) 장점

① 시설 설치 후 변경에 유연하게 대처 가능하다.
② 설치 후 부적당한 배기유량 조절 가능하다.
③ 최소 설계풍량으로 평형유지가 가능하다.
④ 설계 계산이 간단하다.
⑤ 덕트의 크기를 바꿀 필요가 없어 반송속도를 유지한다.

나) 단점

① 임의로 댐퍼 조정시 평형상태가 깨진다.
② 부분적으로 닫혀진 댐퍼의 부식, 침식 발생한다.
③ 최대저항경로의 선정이 잘못되어도 설계시 발견이 어렵다.
④ 댐퍼가 노출되어 허가되지 않은 조작으로 정상기능을 저해할 수 있다.

▲ 해당 답안 중 각각 2가지씩 선택 기재

09 80℃ 건조로 내에서 톨루엔(비중 0.9, 분자량 92.13)이 시간당 0.24L씩 증발한다. LEL은 5vol%일 때 폭발방지 환기량(m^3/min)을 구하시오?(단, 안전계수(C)는 10, 온도에 따른 상수는 1, 21℃, 1기압이다)(6점) [2102]

[계산식]

- 화재 및 폭발방지를 위한 전체 환기량 $Q=\frac{24.1\times S\times W\times C\times 10^2}{MW\times LEL\times B}[m^3/\text{min}]$로 구한다.
- 대입하면 $Q=\frac{24.1\times 0.9\times(0.24/60)\times 10\times 10^2}{92.13\times 5\times 1}=0.1883\cdots m^3/\text{min}$이다.
- 온도보정을 위해 $\frac{273+80}{273+21}$을 곱하면 $0.22608\cdots m^3/\text{min}$이 된다.

[정답] $0.23[m^3/\text{min}]$

10 Y 작업장의 모든 문과 창문은 닫혀있고, 국소배기장치만 있다. 덕트 유속 2m/sec, 덕트 직경 15cm, 작업장 크기는 가로 6m, 세로 8m, 높이 3m일 때 시간당 공기교환횟수를 구하시오.(5점) [0802/2102]

[계산식]

- 작업장 기적(용적)과 필요 환기량이 주어지는 경우의 시간당 공기교환 횟수는 $\frac{\text{필요환기량}(m^3/\text{hr})}{\text{작업장 용적}(m^3)}$으로 구한다.
- 필요환기량 Q=A×V로 구할 수 있다. 대입하면 $\frac{3.14\times 0.15^2}{4}\times 2=0.035325m^3/\text{sec}$이다. 시간당으로 구하려면 3,600을 곱해야 한다. 즉, $127.17m^3/\text{hr}$이 된다.
- 대입하면 시간당 공기교환횟수는 $\frac{127.17}{6\times 8\times 3}=0.8831\cdots$회이다.

[정답] 시간당 0.88[회]

11 공기 중 혼합물로서 벤젠 15ppm(TLV : 25ppm), 톨루엔 40ppm(TLV : 50ppm)이 서로 상가작용을 한다고 할 때 허용농도 기준을 초과하는지의 여부를 평가하시오.(5점) [2102]

[계산식]

- 시료의 노출지수는 $\frac{C_1}{TLV_1}+\frac{C_2}{TLV_2}+\cdots+\frac{C_n}{TLV_n}$으로 구한다.
- 대입하면 $\frac{15}{25}+\frac{40}{50}=1.4$로 1을 넘었으므로 노출기준을 초과하였다고 판정한다.

[정답] 노출지수는 1.4로 노출기준을 초과하였다.

12 작업장에서 발생하는 분진을 유리섬유 여과지로 3회 채취하여 측정한 평균값이 27.5mg이었다. 시료 포집 전에 실험실에서 여과지를 3회 측정한 결과 22.3mg이었다면 작업장의 분진농도(mg/m^3)를 구하시오.(단, 포집유량 5.0L/min, 포집시간 60분)(5점) [1801/2004/2102/2301]

[계산식]

- 농도(mg/m^3)$=\frac{\text{시료채취 후 여과지 무게}-\text{시료채취 전 여과지 무게}}{\text{공기채취량}}$로 구한다.
- 대입하면 $\frac{27.5-22.3}{5L/\min\times 60\min}=\frac{5.2mg}{300L\times m^3/1,000L}=17.333\cdots$mg/$m^3$이다.

[정답] 17.33[mg/m^3]

13 활성탄을 이용하여 0.4L/min으로 150분 동안 톨루엔을 측정한 후 분석하였다. 앞층에서 3.3mg이 검출되었고, 뒷층에서 0.1mg이 검출되었다. 탈착효율이 95%라고 할 때 파과여부와 공기 중 농도(ppm)를 구하시오.(단, 25℃, 1atm)(6점) [0503/1101/1901/2102]

[계산식]

- 파과여부는 $\frac{\text{뒷층 검출량}}{\text{앞층 검출량}}$이 10% 이상이 되면 파과되었다고 한다.
- 공기중의 농도$=\frac{\text{분석량}}{\text{공기채취량}}$으로 구한다.

① 파과여부는 대입하면 $\frac{0.1}{3.3}=0.03030\cdots$로 3.0% 수준으로 10% 미만이므로 파과되지 않았다.

- 탈착효율이 0.95이라는 것은 총공기채취량에서 오염물질을 효과적으로 탈착시키는 효율이므로 구해진 농도에 0.95을 나눠줘야 한다.(공기채취량에 0.95을 곱하는 것이므로 농도에 0.95을 나누는 것과 같다)

② 공기중의 농도는 주어진 값을 대입하면 $\frac{(3.3+0.1)mg}{0.4L/\min\times 150\min\times 0.95}=0.059649\cdots$mg/L이고 이는 59.649…mg/$m^3$과 같다.

- 59.65mg/m^3을 ppm으로 변환하면 톨루엔의 분자량이 92.13, 25℃, 1기압에서 기체의 부피는 24.45L이므로 $59.65\times\frac{24.45}{92.13}=15.83026\cdots$ppm이 된다.

[정답] ① 파과되지 않았다. ② 15.83[ppm]

14 다음 측정값의 기하평균을 구하시오.(5점)

[0803/1301/1801/2102]

25, 28, 27, 64, 45, 52, 38, 58, 55, 42 (단위 : ppm)

[계산식]

- $x_1, x_2, \cdots, x_n$의 자료가 주어질 때 기하평균 GM은 $\sqrt[n]{x_1 \times x_2 \times \cdots \times x_n}$ 으로 구하거나 $\log GM = \frac{\log X_1 + \log X_2 + \cdots + \log X_n}{N}$을 역대수를 취해서 구할 수 있다.
- 주어진 값을 대입하면 $\log GM = \frac{\log 25 + \log 28 + \cdots + \log 42}{10} = \frac{16.1586\cdots}{10} = 1.6158\cdots$가 된다.
- 역대수를 구하면 $GM = 10^{1.6158} = 41.2857\cdots$ppm이 된다.

[정답] 41.29[ppm]

15 작업장의 온열조건이 다음과 같을 때 WBGT(℃)를 계산하시오.(6점)

[2102]

자연습구온도 20℃, 건구온도 28℃, 흑구온도 27℃

① 태양광선이 내리쬐지 않는 옥외 및 옥내

② 태양광선이 내리쬐는 옥외

[계산식]

- 태양광선이 내리쬐지 않는 실외를 포함하는 장소에서의 WBGT 온도는 0.7×자연습구온도+0.3×흑구온도로 구한다. 그리고 태양광선이 내리쬐는 실외에서의 WBGT 온도는 0.7×자연습구온도+0.2×흑구온도+0.1×건구온도로 구한다.

① 태양광선이 내리쬐지 않는 작업장 : 대입하면 0.7×20℃+0.3×27℃=22.1℃가 된다.

② 태양광선이 내리쬐는 실외 : 대입하면 0.7×20℃+0.2×27℃+0.1×28℃=22.2℃가 된다.

[정답] ① 22.1[℃] ② 22.2[℃]

16 주물 용해로에 레시버식 캐노피 후드를 설치하는 경우 열상승 기류량이 15m^3/min이고, 누입한계 유량비가 3.5일 때 소요풍량(m^3/min)을 구하시오.(5점)

[1803/2102]

[계산식]

- 후드 주변에 난기류가 형성되지 않은 경우 캐노피형 후드의 필요송풍량=열상승 기류량×(1+누입한계 유량비)이다.
- 대입하면 필요송풍량 $Q_T = 15(1+3.5) = 67.5m^3$/min이다.

[정답] 67.5[m^3/min]

17 다음 유기용제 A, B의 포화증기농도 및 증기위험화지수(VHI)를 구하시오.(단, 대기압 760mmHg)(4점)

[1703/2102/2403]

가) A 유기용제(TLV 100ppm, 증기압 20mmHg)
나) B 유기용제(TLV 350ppm, 증기압 80mmHg)

[계산식]

가) A 유기용제

① 포화증기농도는 대입하면 $\frac{20}{760} \times 10^6 = 26,315.78947\text{ppm}$이다.

② 증기위험화지수는 대입하면 $\log(\frac{26,315.78947}{100}) = 2.4202\cdots$이다.

나) B 유기용제

① 포화증기농도는 대입하면 $\frac{80}{760} \times 10^6 = 105,263.1579\text{ppm}$이다.

② 증기위험화지수는 대입하면 $\log(\frac{105,263.1579}{350}) = 2.4782\cdots$이다.

[정답] 가) ① 26,315.79[ppm] ② 2.42
나) ① 105,263.16[ppm] ② 2.48

18 작업장의 소음대책으로 천장이나 벽면에 적당한 흡음재를 설치하는 방법의 타당성을 조사하기 위해 먼저 현재 작업장의 총 흡음량 조사를 하였다. 총흡음량은 음의 잔향시간을 이용하는 방법으로 측정, 큰 막대나무철을 이용하여 125dB의 소음을 발생하였을 때 작업장의 소음이 65dB 감소하는데 걸리는 시간은 2초이다.(단, 작업장 가로 20m, 세로 50m, 높이 10m) (6점)

[0601/1003/2102]

① 이 작업장의 총 흡음량은?
② 적정한 흡음물질을 처리하여 총 흡음량을 3배로 증가시킨다면 그 증가에 따른 작업장의 소음감소량은?

[계산식]

① 잔향시간 $T = 0.162\frac{V}{A} = 0.162\frac{V}{\sum S_i \alpha_i}$로 구할 수 있다.

- 총흡음량 $A = \frac{0.162V}{T}$로 구할 수 있다. 공간의 부피는 $20 \times 50 \times 10 = 10,000m^3$이고, 잔향시간은 2초이므로 대입하면 총 흡음량 $A = \frac{0.162 \times 10,000}{2} = 810m^2$이다.

② 흡음에 의한 소음감소량 $NR = 10\log\frac{A_2}{A_1}$[dB]으로 구한다.

- 대입하면 소음감소량 $NR = 10\log\frac{3}{1} = 4.771\cdots$dB이다.

[정답] ① 810[sabin(m^2)] ② 4.77[dB]

19 작업장의 기적이 4,000m^3이고, 유효환기량(Q')이 56.6m^3/min이라고 할 때 유해물질 발생 중지시 유해물질 농도가 100mg/m^3에서 25mg/m^3으로 감소하는데 걸리는 시간(분)을 구하시오.(5점)

[0302/0602/1703/2102]

[계산식]

- 유해물질 농도 감소에 걸리는 시간 $t = -\frac{V}{Q} ln\left(\frac{C_2}{C_1}\right)$로 구한다.
- 주어진 값을 대입하면 시간 $t = -\frac{4,000}{56.6} ln\left(\frac{25}{100}\right) = 97.9713\cdots$이므로 97.97min이 된다.

[정답] 97.97[min]

20 외부식 후드에서 제어속도는 0.5m/sec, 후드의 개구면적은 0.9m^3이다. 오염원과 후드와의 거리가 0.5 m에서 0.9m로 되면 필요 유량은 몇 배로 되는지를 계산하시오.(5점)

[0801/1001/2102]

[계산식]

- 외부식 후드의 필요 환기량을 구하는 기본식 $Q = 60 \times V_c (10X^2 + A)$이다.
- 오염원과 후드의 거리가 0.5m인 경우의 필요 환기량 $Q_{0.5} = 60 \times 0.5(10 \times 0.5^2 + 0.9) = 102m^3/min$이다.
- 오염원과 후드의 거리가 0.9m인 경우의 필요 환기량 $Q_{0.9} = 60 \times 0.5(10 \times 0.9^2 + 0.9) = 270m^3/min$이다.
- 필요 환기량은 $\frac{Q_{0.9}}{Q_{0.5}} = \frac{270}{102} = 2.647\cdots$배이다.

[정답] 2.65[배]

2021년 제3회

필답형 기출복원문제

21년 3회차 실기시험

합격률 49.7%

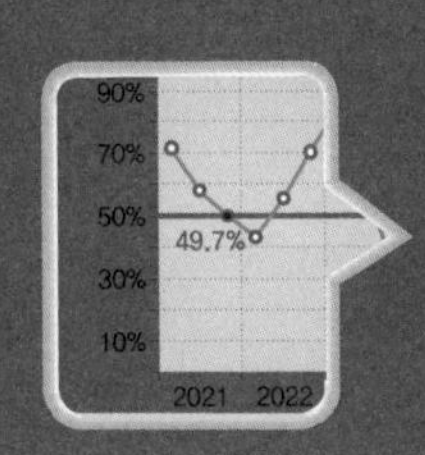

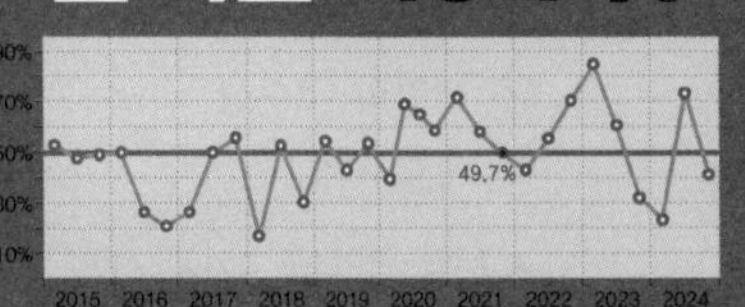

신규문제	3문항	중복문제	17문항

01 입자상 물질의 물리적 직경 3가지를 간단히 설명하시오.(6점)

[0301/0302/0403/0602/0701/0803/0903/1201/1301/1703/1901/2001/2003/2101/2103/2301/2303]

① 마틴 직경 : 먼지의 면적을 2등분하는 선의 길이로 선의 방향은 항상 일정하여야 하며, 과소평가할 수 있는 단점이 있다.

② 페렛 직경 : 먼지의 한쪽 끝 가장자리와 다른쪽 가장자리 사이의 거리로 과대평가될 가능성이 있는 입자성 물질의 직경이다.

③ 등면적 직경 : 먼지의 면적과 동일한 면적을 가진 원의 직경으로 가장 정확한 직경이며, 측정은 현미경 접안경에 Porton Reticle을 삽입하여 측정한다.

02 전체환기방식의 적용조건 4가지를 쓰시오.(단, 국소배기가 불가능한 경우는 제외한다)(4점)

[0301/0503/0702/0801/0902/1101/1203/1501/1602/1803/1901/1902/2002/2003/2004/2103/2201]

① 유해물질의 독성이 비교적 낮을 때
② 동일작업장에서 오염원 다수가 분산되어 있을 때
③ 유해물질이 시간에 따라 균일하게 발생할 경우
④ 유해물질의 발생량이 적은 경우
⑤ 유해물질이 증기나 가스일 경우
⑥ 유해물질의 배출원이 이동성인 경우

▲ 해당 답안 중 4가지 선택 기재

03 공기 중 납농도를 측정할 때 시료채취에 사용되는 여과지의 종류와 분석기기의 종류를 각각 한 가지씩 쓰시오.(4점)

[1003/1103/1302/1803/2103]

① 여과지 : MCE막 여과지
② 분석기기 : 원자흡광광도계

04 유해물질의 독성을 결정하는 인자를 4가지 쓰시오.(4점)

[0703/1902/2103/2401]

① 농도
② 작업강도
③ 개인의 감수성
④ 기상조건
⑤ 폭로시간

▲ 해당 답안 중 4가지 선택 기재

05 고농도 분진이 발생하는 작업장에 대한 환경관리 대책 3가지를 쓰시오.(3점)

[1603/1902/2103]

① 작업공정의 습식화
② 작업장소의 밀폐 또는 포위
③ 국소환기 또는 전체환기
④ 개인보호구의 지급 및 착용

▲ 해당 답안 중 3가지 선택 기재

06 염화제2주석이 공기와 반응하여 흰색 연기를 발생시키는 원리이며, 오염물질의 확산이동 관찰에 유용하며 레시버식 후드의 개구부 흡입기류 방향을 확인할 수 있는 측정기를 쓰시오.(4점)

[1601/1602/2103]

• 발연관(smoke tester)

07 산업안전보건법상 다음에서 설명하는 용어를 쓰시오.(4점)

[2103]

> 반복적인 동작, 부적절한 작업자세, 무리한 힘의 사용, 날카로운 면과의 신체접촉, 진동 및 온도 등의 요인에 의하여 발생하는 건강장해로서 목, 어깨, 허리, 팔 · 다리의 신경 · 근육 및 그 주변 신체조직 등에 나타나는 질환을 말한다.

• 근골격계 질환

08 살충제 및 구충제로 사용하는 파라티온(parathion)의 인체침입경로와 그 경로가 유용한 이유를 한 가지 쓰시오.(6점)

[2103]

가) 인체침입경로 : 경구 흡수
나) 경로가 유용한 이유 : 파라티온에 오염된 물의 음용 혹은 파라티온에 중독된 가축의 섭취로 인한 인체 침입이 가능하다.

09 다음 표를 보고 시료1과 시료2의 노출초과 여부를 판단하시오.[단, 톨루엔(분자량 92.13, TLV=100ppm), 크실렌(분자량 106, TLV=100ppm)이다](6점) [0303/2103/2401]

물질	톨루엔	크실렌	시간	유량
시료1	3.2mg	6.4mg	08:15 ~ 12:15	0.18L/min
시료2	5.2mg	11.5mg	13:30 ~ 17:30	0.18L/min

[계산식]

- 먼저 시료1과 시료2에서의 톨루엔과 크실렌의 노출량을 TLV와 비교하기 위해 ppm 단위로 구해야 한다.

가)

- 톨루엔의 노출량$=\frac{3.2mg}{0.18L/\text{min}\times 240\text{min}}=0.074074\cdots$mg/L이고 mg/$m^3$으로 변환하려면 1,000을 곱해준다. 계산하면 74.07mg/m^3이다. 온도가 주어지지 않았으므로 ppm으로 변환하려면 $\frac{22.4}{92.13}$를 곱하면 18.01ppm이 된다.
- 크실렌의 노출량$=\frac{6.4mg}{0.18L/\text{min}\times 240\text{min}}=0.148148\cdots$mg/L이고 mg/$m^3$으로 변환하려면 1,000을 곱해준다. 계산하면 148.15mg/m^3이다. 온도가 주어지지 않았으므로 ppm으로 변환하려면 $\frac{22.4}{106}$를 곱하면 31.31ppm이 된다.

나)

- 톨루엔의 노출량$=\frac{5.2mg}{0.18L/\text{min}\times 240\text{min}}=0.120370\cdots$mg/L이고 mg/$m^3$으로 변환하려면 1,000을 곱해준다. 계산하면 120.37mg/m^3이다. 온도가 주어지지 않았으므로 ppm으로 변환하려면 $\frac{22.4}{92.13}$를 곱하면 29.27ppm이 된다.
- 크실렌의 노출량$=\frac{11.5mg}{0.18L/\text{min}\times 240\text{min}}=0.266203\cdots$mg/L이고 mg/$m^3$으로 변환하려면 1,000을 곱해준다. 계산하면 266.20mg/m^3이다. 온도가 주어지지 않았으므로 ppm으로 변환하려면 $\frac{22.4}{106}$를 곱하면 56.25ppm이 된다.

[정답]
- 시료 1의 노출지수를 구하기 위해 대입하면 $\frac{18.01}{100}+\frac{31.31}{100}=\frac{49.32}{100}=0.4932$로 1을 넘지 않았으므로 노출기준 미만이다.
- 시료 2의 노출지수를 구하기 위해 대입하면 $\frac{29.27}{100}+\frac{56.25}{100}=\frac{85.52}{100}=0.8552$로 1을 넘지 않았으므로 노출기준 미만이다.

10 **현재 1,500sabins인 작업장에 각 벽면에 500sabins, 천장에 500sabins을 더했다. 감소되는 소음레벨을 구하시오.(6점)** [0702/2103]

[계산식]

- 차음효과(NR) $= 10\log\frac{\text{대책전 흡음량}+\text{부가된 흡음량}}{\text{대책전 흡음량}}$ 이다.
- 주어진 값을 대입하면 $NR = 10\log\frac{1,500+[(4\times500)+500]}{1,500} = 10\log2.667 = 4.260\cdots$dB이 된다.

[정답] 4.26[dB]

11 **원형 덕트에 난기류가 흐르고 있을 경우 덕트의 직경을 1/2로 하면 직관부분의 압력손실은 몇 배로 증가하는지 계산하시오.(단, 유량, 관마찰계수는 변하지 않는다)(5점)** [1302/1801/2103]

[계산식]

- 압력손실$(\triangle P) = \left(\lambda\times\frac{L}{D}\right)\times\frac{\gamma\times V^2}{2g}$로 구한다. 여기서 λ, L, γ, g는 상수이므로 압력손실$(\triangle P)\propto\frac{V^2}{D}$(비례)한다. $Q=A\times V$이고 Q는 일정하므로 속도 V는 단면적 A에 반비례한다. 단면적 A는 직경의 제곱에 비례하므로 직경이 1/2로 변하면 A는 1/4배가 되고 V는 4배 증가한다. 따라서 압력손실$(\triangle P)\propto\frac{4^2}{1/2}=32$배 증가한다.

[정답] 32[배]

12 **플랜지 부착 외부식 슬롯후드가 있다. 슬롯후드의 밑변과 높이는 200cm×30cm이다. 제어풍속이 3m/sec, 오염원까지의 거리는 30cm인 경우 필요송풍량(m^3/min)을 구하시오.(5점)** [1103/1803/2103]

[계산식]

- 외부식 플랜지부착 슬롯형후드의 필요송풍량 $Q=60\times2.6\times L\times V_c\times X$로 구한다.
- 대입하면 필요송풍량 $Q=60\times2.6\times2m\times3m/\text{sec}\times0.3m=280.8m^3/\text{min}$이다.

[정답] 280.8[m^3/min]

13 **표준공기가 흐르고 있는 덕트의 Reynold 수가 40,000일 때, 덕트관 내 유속(m/sec)을 구하시오.(단, 점성계수 1.607×10^{-4}poise, 직경은 150mm, 밀도는 1.203kg/m^3)(5점)** [0502/1201/1901/1903/2103]

[계산식]

- $Re=\left(\frac{\rho v_s L}{\mu}\right)$에서 이를 속도에 관한 식으로 풀면 $v_s=\frac{Re\cdot\mu}{\rho\cdot L}$으로 속도를 구할 수 있다.
- 1poise=1g/cm · s=0.1kg/m · s이므로 유속 $v_s=\frac{40,000\times1.607\times10^{-5}}{1.203\times0.15}=3.5622\cdots$m/sec가 된다.

[정답] 3.56[m/sec]

14 시작부분의 직경이 200mm, 이후 직경이 300mm로 확대되는 확대관에 유량 0.4m^3/sec으로 흐르고 있다. 정압회복계수가 0.76일 때 다음을 구하시오.(6점) [1803/2103]

① 공기가 이 확대관을 흐를 때 압력손실(mmH_2O)을 구하시오.
② 시작부분 정압이 −31.5mmH_2O일 경우 이후 확대된 확대관의 정압(mmH_2O)을 구하시오.

[계산식]
① 확대관의 압력손실은 $\Delta P = \xi(VP_1 - VP_2)$로 구한다.
- 정압회복계수가 0.76이므로 압력손실계수는 1−0.76=0.24가 된다.
- $V_1 = \frac{0.4m^3/\text{sec}}{\left(\frac{3.14\times0.2^2}{4}\right)m^2} = 12.738\cdots\text{m/sec}$이다. $VP_1 = \left(\frac{12.738}{4.043}\right)^2 = 9.9264\cdots mmH_2O$이다.
- $V_2 = \frac{0.4m^3/\text{sec}}{\left(\frac{3.14\times0.3^2}{4}\right)m^2} = 5.6617\cdots\text{m/sec}$이다. $VP_1 = \left(\frac{5.6617}{4.043}\right)^2 = 1.9610\cdots mmH_2O$이다.
- 대입하면 $\Delta P = 0.24(9.9264-1.9610) = 1.9116\cdots mmH_2O$가 된다.

② 확대 측 정압 $SP_2 = SP_1 + R(VP_1 - VP_2)$이므로 대입하면 $-31.5+0.76\times(9.9264-1.9610) = -25.44629\cdots mmH_2O$가 된다.

[정답] ① 1.91[mmH_2O]
② −25.45[mmH_2O]

15 작업면 위에 플랜지가 붙은 외부식 후드를 설치할 경우 다음 조건에서 필요송풍량(m^3/min)과 플랜지 폭(cm)을 구하시오.(6점) [1902/2103]

후드와 발생원 사이의 거리 30cm, 후드의 크기 30cm×10cm, 제어속도 1m/sec

[계산식]
- 작업대에 부착하며, 플랜지가 있는 외부식 후드의 필요 환기량 $Q=60\times0.5\times V_c(10X^2+A)$로 구한다. 그에 반해 자유공간에 위치하며, 플랜지가 있는 외부식 후드의 필요 환기량 $Q=60\times0.75\times V_c(10X^2+A)$로 구한다.

① 작업대에 부착하는 경우의 필요 환기량 $Q_1 = 60\times0.5\times1(10\times0.3^2+0.03) = 27.9m^3/\text{min}$이다.
② 플랜지의 폭은 단면적의 제곱근이므로 $\sqrt{(0.3\times0.1)} = 0.17320\cdots\text{m}$이고 cm로는 17.320cm이다.

[정답] ① 27.9[m^3/min]
② 17.32[cm]

16 실내 기적이 2,000m^3인 공간에 500명의 근로자가 작업중이다. 1인당 CO_2발생량이 21L/hr, 외기 CO_2농도가 0.03%, 실내 CO_2 농도 허용기준이 0.1%일 때 시간당 공기교환횟수를 구하시오.(5점) [1902/2103]

[계산식]

- 작업장 기적(용적)과 필요 환기량이 주어지는 경우의 시간당 공기교환 횟수는 $\frac{필요환기량(m^3/hr)}{작업장\ 용적(m^3)}$으로 구한다.
- 이산화탄소 제거를 목적으로 하는 필요 환기량 $Q=\frac{M}{C_s-C_o}\times 100[m^3/hr]$으로 구한다.
- CO_2발생량(m^3/hr)은 $500\times 21L \div 1,000 = 10.5m^3$/hr이므로 $Q=\frac{10.5}{0.1-0.03}\times 100 = 15,000m^3/hr$이다.
- 대입하면 시간당 공기교환횟수는 $\frac{15,000}{2,000}=7.5$회이다.

[정답] 시간당 7.5[회]

17 후드의 정압이 20mmH_2O, 속도압이 12mmH_2O일 때 후드의 유입계수를 구하시오.(5점) [1001/2103/2403]

[계산식]

- 유입손실계수(F)$=\frac{1-C_e^2}{C_e^2}=\frac{1}{C_e^2}-1$이므로 유입계수 $C_e=\sqrt{\frac{1}{1+F}}$이다.
- 정압 $SP=VP(1+F)$에서 $F=\frac{SP}{VP}-1$이고 정압과 속도압을 알고 있으므로 대입하면 $F=\frac{20}{12}-1=\frac{8}{12}=0.6666\cdots$ 이다.
- 유입계수 $C_e=\sqrt{\frac{1}{1+0.6667}}=0.77458\cdots$이다.

[정답] 0.77

18 건조공정에서 공정의 온도는 150℃, 건조시 크실렌이 시간당 2L 발생한다. 폭발방지를 위한 실제 환기량(m^3/min)을 구하시오.(단, 크실렌의 LEL=1%, 비중 0.88, 분자량 106, 안전계수 10, 21℃, 1기압 기준 온도에 따른 상수 0.7)(5점) [0702/1002/1402/1501/2101/2103]

[계산식]

- 폭발방지 환기량(Q)$=\frac{24.1\times SG\times W\times C\times 10^2}{MW\times LEL\times B}$이다.
- 대입하면 $\frac{24.1\times 0.88\times\left(\frac{2}{60}\right)\times 10\times 10^2}{106\times 1\times 0.7}=9.527\cdots$이므로 표준공기 환기량은 9.527$m^3$/min이 된다.
- 공정의 온도를 보정해야하므로 $9.527\times\frac{273+150}{273+21}=13.707\cdots m^3/min$이다.

[정답] 13.71[m^3/min]

19 작업장 내 열부하량은 200,000kcal/h이다. 외기온도는 20℃이고, 작업장 온도는 30℃일 때 전체환기를 위한 필요환기량(m^3/min)을 구하시오.(5점) [1901/2103]

[계산식]

- 발열 시 방열을 위한 필요환기량 $Q(m^3/h) = \frac{H_s}{0.3\Delta t}$로 구한다.
- 대입하면 방열을 위한 필요환기량 $Q = \frac{200,000}{0.3 \times (30-20)} = 66,666.666 \cdots m^3/h$이다. 분당의 필요환기량을 구하고 있으므로 60으로 나눠주면 1,111.111m^3/min이 된다.

[정답] 1,111.11[m^3/min]

20 2개의 분지관이 하나의 합류점에서 만나 합류관을 이루도록 설계된 경우 합류점에서 정압의 균형을 위해 필요한 조치 및 보정유량(m^3/min)을 구하시오.(6점) [2103]

- A의 송풍량은 60m^3/min, 정압은 $-20mmH_2O$이다.
- B의 송풍량은 80m^3/min, 정압은 $-17mmH_2O$이다.

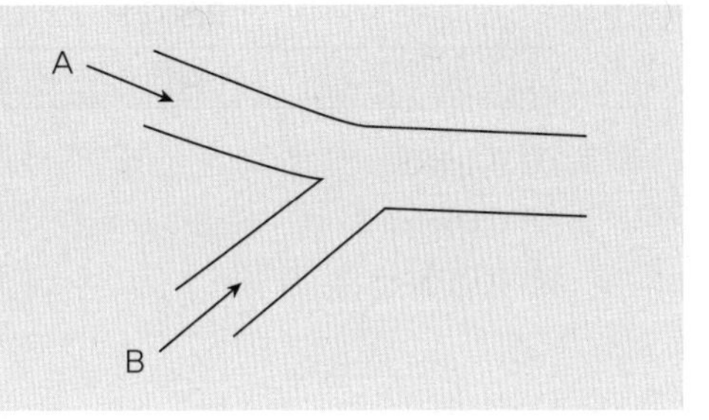

[계산식]

- 설계계산 시 높은 쪽 정압과 낮은 쪽 정압의 비(정압비)가 1.2 이하 일 때는 정압이 낮은 쪽의 유량을 증가시켜 압력을 조정한다.
- 정압비는 $\frac{-20}{-17} = 1.176\cdots$로 1.2보다 작으므로 정압이 낮은 쪽인 B의 유량을 증가시켜 압력을 조정한다.
- 송풍량은 정압비의 제곱근에 비례하므로 $80 \times \sqrt{\left(\frac{-20}{-17}\right)} = 86.7721 \cdots m^3/min$이 된다.

[정답] B의 송풍량을 86.77[m^3/min]으로 증가시킨다.

2022년 제1회

필답형 기출복원문제

22년 1회차 실기시험
합격률 43.0%

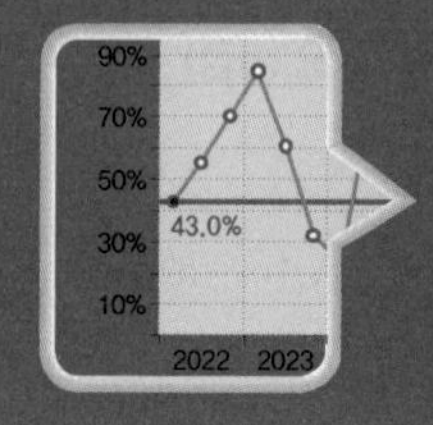

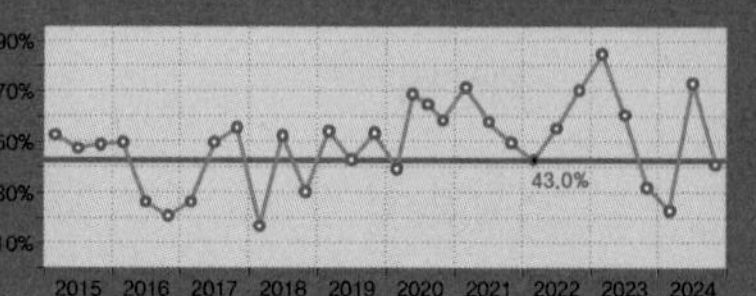

신규문제	7문항	중복문제	13문항

01

다음은 사무실 실내환경에서의 오염물질의 관리기준이다. 빈칸을 채우시오.(단, 해당 물질에 대한 단위까지 쓰시오)(6점) [0901/2201]

이산화탄소(CO_2)	1,000ppm 이하
이산화질소(NO_2)	(①) 이하
오존(O_3)	(②) 이하
석면	(③) 이하

① 0.1ppm
② 0.06ppm
③ 0.01개/cc

02

면적이 0.9m^2인 정사각형 후드에서 제어속도가 0.5m/sec일 때, 오염원과 후드 개구면 간의 거리를 0.5m에서 1m로 변경하면 송풍량은 몇 배로 증가하는지 계산하시오.(5점) [2201]

[계산식]
• 송풍량은 오염원과 후드 개구면간의 거리의 제곱에 비례하므로 거리가 2배 늘어나면 송풍량은 4배로 증가한다.
[정답] 4[배]

03

2가지 이상의 화학물질에 동시 노출되는 경우 건강에 미치는 영향은 각 화학물질간의 상호작용에 따라 다르게 나타난다. 이와 같이 2가지 이상의 화학물질이 동시에 작용할 때 물질간 상호작용의 종류를 4가지 쓰고 간단히 설명하시오.(4점) [0602/1203/2201]

① 상가작용 : 1+2=3처럼 각각의 독성의 합으로 작용
② 상승작용 : 1+2=5처럼 각각의 합보다 큰 독성이 되는 작용
③ 잠재작용(가승작용) : 0+2=5처럼 독성이 나타나지 않던 물질이 다른 독성물질의 영향으로 독성이 발현하여 전체적 독성이 커지는 작용
④ 길항작용 : 2+3=3처럼 서로 독성을 방해하여 독성의 합보다 독성이 작아지는 작용

04 어떤 사무실에서 퇴근 직후인 오후 6:30에 사무실의 CO_2농도는 1,500ppm이고, 오후 9:00 사무실의 CO_2농도는 500ppm일 때 시간당 공기교환 횟수를 구하시오.(단, 외기 CO_2농도는 330ppm)(5점) [1101/2201]

[계산식]

- 경과시간과 이산화탄소의 농도가 주어질 경우의 시간당 공기의 교환횟수는
$\frac{\ln(\text{초기 } CO_2\text{농도} - \text{외부 } CO_2 \text{ 농도}) - \ln(\text{경과 후 } CO_2\text{농도} - \text{외부 } CO_2 \text{ 농도})}{\text{경과 시간[hr]}}$로 구한다.
- $\frac{\ln(1,500-330) - \ln(500-330)}{2.5hr} = 0.77158\cdots$회/hr이다.

[정답] 시간당 0.77[회]

05 송풍기 흡인정압은 $-60mmH_2O$, 배출구 정압은 $20mmH_2O$, 송풍기 입구 평균 유속이 20m/sec일 때 송풍기 정압을 구하시오.(5점) [2201]

[계산식]

- 주어진 값이 출구 정압과 입구 정압이다. 입구 전압은 입구 정압에 입구 속도압을 더한 것과 같으므로 송풍기 정압 FSP=출구 정압−(입구 정압+입구 속도압)으로 구할 수 있다.
- 입구 속도압은 $V = 4.043\sqrt{VP}$에서 $VP = \left(\frac{V}{4.043}\right)^2$으로 구하면 $VP = \left(\frac{20}{4.043}\right)^2 = 24.471\cdots mmH_2O$이다.
- 대입하면 FSP$=20-(-60+24.47)=55.53mmH_2O$가 된다.

[정답] 55.53[mmH_2O]

06 50℃에서 100m^3/min으로 흐르는 이상기체의 온도를 5℃로 낮추었을 때 유량(m^3/min)을 구하시오.(5점) [2201]

[계산식]

- 유량은 부피가 일정할 때 절대온도에 비례한다.($Q = mC\Delta t$)
- 따라서 5℃에서 100m^3/min의 유량은 $100 \times \frac{273+5}{273+50} = 86.068\cdots m^3/\text{min}$이다.

[정답] 86.07[m^3/min]

07 공기 중 입자상 물질의 여과 메커니즘 중 확산에 영향을 미치는 요소 4가지를 쓰시오.(4점) [0603/2201]

① 입자의 크기
② 입자의 농도 차이
③ 섬유직경
④ 섬유로의 접근속도(면속도)

08 국소배기장치에서 사용하는 90° 곡관의 곡률반경비가 2.5일 때 압력손실계수는 0.22이다. 속도압이 15 mmH_2O일 때 곡관의 압력손실을 구하시오.(5점) [2201]

[계산식]

- 원형곡관의 압력손실계수가 주어질 때 압력손실 $\triangle P=\xi\times VP[mmH_2O]$로 구한다.
- 대입하면 압력손실 $\triangle P=0.22\times 15=3.3mmH_2O$이 된다.

[정답] 3.3$[mmH_2O]$

09 제진장치의 종류 3가지를 쓰시오.(6점) [2002/2201]

① 전기집진장치
② 원심력집진장치
③ 관성력집진장치
④ 중력집진장치
⑤ 여과집진장치
⑥ 세정집진장치

▲ 해당 답안 중 3가지 선택 기재

10 덕트 직경이 20cm, 공기유속이 23m/sec일 때 20℃에서 Reynold 수(Re)를 계산하시오.(단, 20℃에서 공기의 점성계수는 1.8×10^{-5}kg/m · sec이고, 공기밀도는 1.2kg/m^3)(5점) [0303/2201]

[계산식]

- 레이놀즈 수 $Re=\left(\frac{\rho v_s L}{\mu}\right)$로 구할 수 있다.
- 대입하면 레이놀즈수(Re)는 $\frac{1.2\times 23\times 0.2}{1.8\times 10^{-5}}=306,666.666\cdots$이다.

[정답] 306,666.67

11 고열배출원이 아닌 탱크 위, 장변 2m, 단변 1.4m, 배출원에서 후드까지의 높이가 0.5m, 제어속도가 0.4m/sec일 때 필요송풍량(m^3/min)을 구하시오.(5점)(단, Dalla valle식을 이용) [1803/2201/2403]

[계산식]

- 고열배출원이 아닌 곳에 설치하는 레시버식 캐노피 후드의 필요송풍량 $Q=60\times 1.4\times P\times H\times V_c[m^3/min]$으로 구한다.
- P 즉, 둘레의 길이는 2(2+1.4)이므로 필요송풍량 $Q=60\times 1.4\times 2\times(2+1.4)\times 0.5\times 0.4=114.24m^3/min$이 된다.

[정답] 114.24$[m^3/min]$

12 직경 300mm, 송풍량 50m^3/min인 관내에서 표준공기일 때 속도압(mmH_2O)을 구하시오.(5점) [2201]

[계산식]

- $Q = A \times V$를 이용해서 속도를 구한 후 속도압을 구할 수 있다.
- 직경이 300mm는 0.3m이므로 덕트의 단면적은 $\frac{\pi \times 0.3^2}{4} = 0.07065m^2$이다.
- 속도 $V = \frac{Q}{A} = \frac{50m^3/\text{min}}{0.07065m^2} = 707.714\cdots\text{m/min}$으로 m/sec로 바꾸려면 60으로 나눠준다. 11.795…m/sec가 된다.
- 속도압 $VP = \left(\frac{V}{4.043}\right)^2 = \left(\frac{11.795\cdots}{4.043}\right)^2 = 8.5114\cdots mmH_2O$이다.

[정답] 8.51[mmH_2O]

13 인체와 환경 사이의 열평형방정식을 쓰시오.(단, 기호 사용시 기호에 대한 설명을 하시오)(5점) [0801/0903/1403/1502/2201]

- 열평형방정식은 $\Delta S = M - E \pm R \pm C$로 표시할 수 있다. 이때 △S는 생체 내 열용량의 변화, M은 대사에 의한 열 생산, E는 수분증발에 의한 열 방산, R은 복사에 의한 열 득실, C는 대류 및 전도에 의한 열 득실이다

14 작업장에서 발생되는 입자상 물질(aerosol)을 측정하고자 한다. 측정시간은 08:25부터 11:55까지 였고, 채취 유량은 1.98L/min이었다. 채취 전에 시료를 채취할 PVC 여과지 무게가 0.4230mg이었으며, 공시료로 사용할 여과지의 무게는 0.3988mg이었다. 채취한 후 시료를 채취한 PVC 여과지 무게를 재어보니 0.6721mg이었고, 공시료를 다시 재보니 0.3979mg이었다면 이 작업장에서 입자상 물질의 농도(mg/m^3)를 구하시오.(6점) [0902/2201]

[계산식]

- 농도 $C = \frac{(W' - W) - (B' - B)}{V}$로 구한다.
- 주어진 값을 대입하면 농도 $C = \frac{(0.6721 - 0.4230) - (0.3979 - 0.3988)}{1.98L/\text{min} \times 210\text{min} \times m^3/1{,}000L} = \frac{0.25mg}{0.4158m^3} = 0.6012\cdots mg/m^3$이 된다.

[정답] 0.60[mg/m^3]

15 산소결핍장소(산소농도 18% 미만) 작업 시 필요한 안면 호흡용 보호구를 2가지 쓰시오.(4점) [2201]

① 공기호흡기
② 송기마스크

16 전체환기방식의 적용조건 5가지를 쓰시오.(단, 국소배기가 불가능한 경우는 제외한다)(5점)

[0301/0503/0702/0801/0902/1101/1203/1501/1602/1803/1901/1902/2002/2003/2004/2103/2201]

① 유해물질의 독성이 비교적 낮을 때
② 동일작업장에서 오염원 다수가 분산되어 있을 때
③ 유해물질이 시간에 따라 균일하게 발생할 경우
④ 유해물질의 발생량이 적은 경우
⑤ 유해물질이 증기나 가스일 경우
⑥ 유해물질의 배출원이 이동성인 경우

▲ 해당 답안 중 5가지 선택 기재

17 다음 용어를 설명하시오.(5점)

[2201]

① 플랜지	② 배플(baffle)
③ 슬롯	④ 플래넘
⑤ 개구면 속도	

① 후방의 유입기류를 차단하고, 후드 전면부에서 포집범위를 확대시켜 플랜지가 없는 후드에 비해 약 25% 정도의 송풍량을 감소시킬 수 있도록 하는 부위이다.
② 공기 입기구로 기류의 방향, 공기의 유속 등을 조절하기 위해 벽이나 천정에 부착한 평탄 판을 말한다.
③ 슬롯 후드에서 후드의 개방부분이 길이가 길고, 폭이 좁은 형태를 말하며 공기가 균일하게 흡입되도록 하여 공기의 흐름을 균일하게 하는 역할을 한다.
④ 통풍조절장치나 덕트를 대신하여 사용된 공기를 모아 재순환시키는 공간을 말한다.
⑤ 개구면 위에서 오염물질을 포착하는 최소의 속도를 말한다.

18 태양광선이 내리쬐지 않는 옥외 작업장에서 자연습구온도 28℃, 건구온도 32℃, 흑구온도 29℃일 때 WBGT(℃)를 계산하시오.(4점)

[0702/1201/1302/2201/2301]

[계산식]

- 태양광선이 내리쬐지 않는 실외를 포함하는 장소에서의 WBGT 온도는 0.7×자연습구온도+0.3×흑구온도로 구한다. 그리고 태양광선이 내리쬐는 실외에서의 WBGT 온도는 0.7×자연습구온도+0.2×흑구온도+0.1×건구온도로 구한다.
- 태양광선이 내리쬐지 않는 작업장이므로 대입하면 0.7×28℃+0.3×29℃=28.3℃가 된다.

[정답] 28.3[℃]

19 **작업장에서 MEK(비중 0.805, 분자량 72.1, TLV 200ppm)가 시간당 2L씩 사용되어 공기중으로 증발될 경우 작업장의 필요환기량(m^3/hr)을 계산하시오.(단, 안전계수 2, 25℃ 1기압)(5점)** [1001/1801/2001/2201]

[계산식]

- 공기중에 계속 오염물질이 발생하고 있는 경우의 필요환기량 $Q = \frac{G \times K}{TLV}$로 구한다.
- 비중이 0.805(g/mL)인 MEK가 시간당 2L씩 증발되고 있으므로 사용량(g/hr)은 2L/hr×0.805g/mL×1,000mL/L=1,610g/hr이다.
- 기체의 발생률 G는 25℃, 1기압에서 1몰(72.1g)일 때 24.45L이므로 1,610g일 때는 $\frac{1,610 \times 24.45}{72.1} = 545.9708\cdots$ L/hr이다.
- 대입하면 필요환기량 $Q = \frac{545.9708L/hr}{200ppm} \times 2 = \frac{545,970.8mL/hr}{200mL/m^3} \times 2 = 5,459.7087m^3$/hr이다.

[정답] 5,459.71[m^3/hr]

20 **용접작업 시 작업면 위에 플랜지가 붙은 외부식 후드를 설치하였을 때와 공간에 후드를 설치하였을 때의 필요 송풍량을 계산하고, 효율(%)을 구하시오.(단, 제어거리 30cm, 후드의 개구면적 0.8m^2, 제어속도 0.5m/sec)(6점)** [0702/1502/2201]

[계산식]

- 작업대에 부착하며, 플랜지가 있는 외부식 후드의 필요 환기량 $Q = 60 \times 0.5 \times V_c(10X^2 + A)$로 구한다. 그에 반해 자유공간에 위치하며, 플랜지가 있는 외부식 후드의 필요 환기량 $Q = 60 \times 0.75 \times V_c(10X^2 + A)$로 구한다.
- 작업대에 부착하는 경우의 필요 환기량 $Q_1 = 60 \times 0.5 \times 0.5(10 \times 0.3^2 + 0.8) = 25.5m^3$/min이다.
- 자유공간에 위치하는 경우의 필요 환기량 $Q_2 = 60 \times 0.75 \times 0.5(10 \times 0.3^2 + 0.8) = 38.25m^3$/min이다.
- 효율은 $\frac{Q_2 - Q_1}{Q_2} \times 100 = \frac{38.25 - 25.5}{38.25} \times 100 = 33.3333\cdots\%$이다.
- 자유공간에 위치하는 경우의 플랜지 부착 외부식 후드가 작업대에 부착하는 것에 비해 33.33% 정도의 송풍량이 증가한다.

[정답] 작업면 위의 후드 송풍량 : 25.5[m^3/min], 공간의 후드 송풍량 : 38.25[m^3/min], 효율 : 33.33[%]

산 / 업 / 위 / 생 / 관 / 리 / 기 / 사 / 실 / 기

2022년 제2회

필답형 기출복원문제

22년 2회차 실기시험

합격률 55.5%

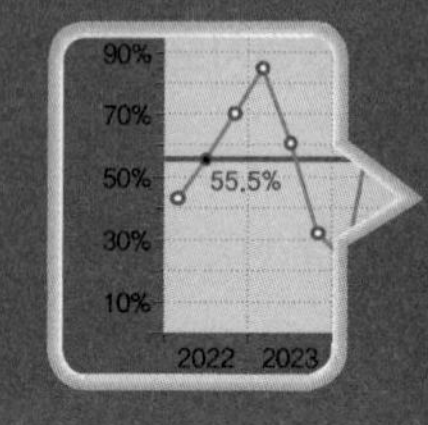

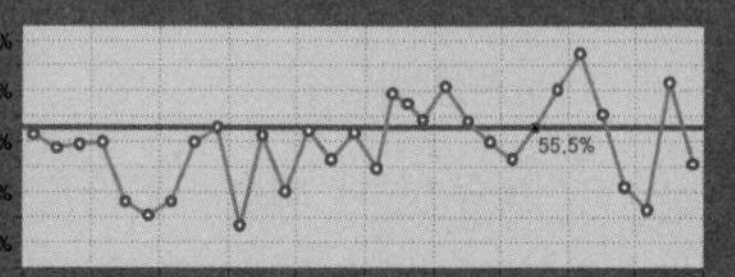

신규문제	9문항	중복문제	11문항

01 ACGIH 입자상 물질의 종류 3가지와 평균입경을 쓰시오.(6점) [0402/0502/0703/0802/1402/1601/1802/1901/2202]

① 호흡성 : $4\mu m$
② 흉곽성 : $10\mu m$
③ 흡입성 : $100\mu m$

02 단조공정에서 단조로 근처의 온도가 건구온도 40℃, 자연습구온도 30℃, 흑구온도 40℃이었다. 작업은 연속작업이고 중등도(200 ~ 350kcal) 작업이었을 때, 이 작업장의 실내 WBGT를 구하고 노출기준 초과여부를 평가하시오.(단, 고용노동부고시 중등작업－연속작업(계속작업)을 꼭 넣어서 WBGT와 노출기준 초과여부를 평가)(6점) [1101/2202]

[계산식]

- 일사가 영향을 미치지 않는 옥내에서는 WBGT=0.7NWT+0.3GT이며 이때 NWT는 자연습구, GT는 흑구온도, DB는 건구온도이다.
- 대입하면 $0.7\times30+0.3\times40=33$℃가 된다.
- 연속작업, 중등도 작업의 경우 노출기준이 26.7℃이므로 노출기준을 초과하였다.

[정답] 실내 WBGT는 33[℃]로 연속작업, 중등도 작업의 노출기준 26.7[℃]를 초과하였다.

03 다음 설명의 ( ) 안을 채우시오.(3점) [2202]

> 근골격계 질환으로 "산업재해보상보험법 시행령" 별표3 제2호 가목 · 마목 및 제12호 라목에 따라 업무상 질병으로 인정받은 근로자가 (①) 명 이상 발생한 사업장 또는 (②) 명 이상 발생한 사업장으로서 발생 비율이 그 사업장 근로자 수의 (③)퍼센트 이상인 경우 근골격계 예방관리 프로그램을 수립하여 시행하여야 한다.

① 10 ② 5 ③ 10

04 작업환경 개선의 기본원칙 3가지와 그 방법 혹은 대상 2가지를 각각 쓰시오.(단, 교육제외)(6점)

[1103/1501/2202]

가) 대치 : ① 공정의 변경, ② 유해물질의 변경, ③ 시설의 변경
나) 격리 : ① 공정의 격리, ② 저장물질 격리, ③ 시설의 격리
다) 환기 : ① 전체환기, ② 국소배기

▲ 방법 혹은 대상은 해당 답안 중 2가지 선택 기재

05 공기 중 입자상 물질이 여과지에 채취되는 작용기전(포집원리) 6가지를 쓰시오.(6점)

[0301/0501/0901/1201/1901/2001/2002/2003/2102/2202]

① 직접차단(간섭)
② 관성충돌
③ 확산
④ 중력침강
⑤ 정전기침강
⑥ 체질

06 사업주가 위험성 평가의 결과와 조치사항을 기록 · 보존할 경우 몇 년간 보존해야 하는지 쓰시오.(4점)

[2202]

• 3년

07 사무실 내 모든 창문과 문이 닫혀있는 상태에서 1개의 환기설비만 가동하고 있을 때 피토관을 이용하여 측정한 덕트 내의 유속은 1m/sec였다. 덕트 직경이 20cm이고, 사무실의 크기가 6×8×2m일 때 사무실 공기교환횟수(ACH)를 구하시오.(5점)

[1203/1303/1702/2202]

[계산식]

• 작업장 기적(용적)과 필요 환기량이 주어지는 경우의 시간당 공기교환 횟수는 $\frac{\text{필요환기량}(m^3/\text{hr})}{\text{작업장 용적}(m^3)}$으로 구한다.

• 필요환기량 Q=A×V로 구할 수 있다. 대입하면 $\frac{3.14\times0.2^2}{4}\times1=0.0314m^3/\text{sec}$이다. 초당의 환기량이므로 시간당으로 구하려면 3,600을 곱해야 한다. 즉, $113.04m^3/\text{hr}$이 된다.

• 대입하면 시간당 공기교환횟수는 $\frac{113.04}{6\times8\times2}=1.1775\cdots$회이다.

[정답] 시간당 1.18[회]

08 후드의 설계 시 플랜지의 효과를 3가지 쓰시오.(6점)

[2001/2202]

① 포착속도를 높일 수 있다.
② 송풍량을 20~25% 정도 절감시킬 수 있다.
③ 압력손실이 감소한다.

09 작업장 중의 벤젠을 고체흡착관으로 측정하였다. 비누거품미터로 유량을 보정할 때 50cc의 공기가 통과하는데 시료채취 전 16.5초, 시료채취 후 16.9초가 걸렸다. 벤젠의 측정시간은 오후 1시 12분부터 오후 4시 54분까지이다. 측정된 벤젠량을 GC를 사용하여 분석한 결과 활성탄관의 앞층에서 2.0mg, 뒷층에서 0.1mg 검출되었을 경우 공기 중 벤젠의 농도(ppm)를 구하시오.(단, 25℃, 1기압이다)(6점)

[0303/2202]

[계산식]

- 비누거품미터에서 채취유량은 $\frac{\text{비누거품 통과 양}}{\text{비누거품 통과시간}}$으로 구할 수 있다.
- 50cc=50mL=0.05L이고, 비누거품미터에서의 분당 pump 유량은 $\frac{16.5+16.9}{2}=16.7$초당 0.05L이므로 분당은 $0.05\times\frac{60}{16.7}=0.1796$L이다.
- 분당 0.1796L를 채취하므로 222(4:54−1:12)분 동안은 39.87L이다.
- 벤젠의 검출량은 총 2.0+0.1=2.1mg이고, 기적은 39.87L이므로 벤젠의 농도는 $\frac{2.1mg}{39.87L}=0.05267\cdots$mg/L이다. mg/$m^3$으로 변환하려면 1,000을 곱하면 52.67mg/m^3이다. 작업장이므로 온도는 25℃로, 벤젠의 분자량은 78.11이므로 ppm으로 변환하기 위해 $\frac{24.45}{78.11}$를 곱하면 16.4867ppm이 된다.

[정답] 16.49[ppm]

10 현재 총 흡음량이 1,500sabins인 작업장에 2,000sabins를 더할 경우 흡음에 의한 실내 소음감소량을 구하시오.(6점)

[2202]

[계산식]

- 흡음에 의한 소음감소량 $NR=10\log\frac{A_2}{A_1}$[dB]으로 구한다.
- 대입하면 $NR=10\log\left(\frac{1,500+2,000}{1,500}\right)=3.6797\cdots$dB이다.

[정답] 3.68[dB]

11 작업과 관련된 근골격계 질환 징후와 증상 유무, 설비 · 작업공정 · 작업량 · 작업속도 등 작업장 상황에 따라 사업주는 근로자가 근골격계 부담작업을 하는 경우 몇 년마다 유해요인 조사를 하여야 하는가?(4점) [2202]

• 3년

12 산업안전보건법 시행령 중 보건관리자의 업무 2가지를 쓰시오.(단, 그 밖의 보건과 관련된 작업관리 및 작업환경관리에 관한 사항으로서 고용노동부장관이 정하는 사항은 제외)(4점) [1402/2202]

① 산업안전보건위원회 또는 노사협의체에서 심의 · 의결한 업무와 안전보건관리규정 및 취업규칙에서 정한 업무
② 안전인증대상기계등과 자율안전확인대상기계등 중 보건과 관련된 보호구(保護具) 구입 시 적격품 선정에 관한 보좌 및 지도 · 조언
③ 위험성평가에 관한 보좌 및 지도 · 조언
④ 물질안전보건자료의 게시 또는 비치에 관한 보좌 및 지도 · 조언
⑤ 해당 사업장 보건교육계획의 수립 및 보건교육 실시에 관한 보좌 및 지도 · 조언
⑥ 작업장 내에서 사용되는 전체환기장치 및 국소 배기장치 등에 관한 설비의 점검과 작업방법의 공학적 개선에 관한 보좌 및 지도 · 조언
⑦ 사업장 순회점검, 지도 및 조치 건의
⑧ 산업재해 발생의 원인 조사 · 분석 및 재발 방지를 위한 기술적 보좌 및 지도 · 조언
⑨ 산업재해에 관한 통계의 유지 · 관리 · 분석을 위한 보좌 및 지도 · 조언
⑩ 법 또는 법에 따른 명령으로 정한 보건에 관한 사항의 이행에 관한 보좌 및 지도 · 조언
⑪ 업무 수행 내용의 기록 · 유지

▲ 해당 답안 중 2가지 선택 기재

13 개인보호구의 선정조건 3가지를 쓰시오.(6점) [2202/2402]

① 착용이 간편해야 한다.
② 작업에 방해가 되지 않아야 한다.
③ 유해 · 위험요소에 대한 방호성능이 충분해야 한다.

14 납, 비소, 베릴륨 등 독성이 강한 물질들을 함유한 분진 발생장소에서 착용해야 하는 방진마스크의 등급을 쓰시오.(3점) [2202]

• 특급

15 누적소음노출량계로 210분간 측정한 노출량이 40%일 때 평균 노출소음수준을 구하시오.(5점)

[0902/1903/2202]

[계산식]

- 누적소음 노출량 평가는 $TWA = 16.61 \log(\frac{D}{12.5 \times 노출시간}) + 90$으로 구하며, D는 누적소음노출량[%]이다.
- 210분은 3시간 30분이므로 3.5시간이다. 대입하면 시간가중 평균소음 $TWA = 16.61 \times \log\left(\frac{40}{12.5 \times 3.5}\right) + 90 =$ 89.3535…dB(A)이다.

[정답] 89.35[dB(A)]

16 ( ) 안에 들어갈 값을 채우시오.(6점)

[0802/1201/2202]

> 단위작업장소에서 최고 노출근로자 (①)명 이상에 대하여 동시에 개인시료채취방법으로 측정하되, 단위작업장소에 근로자가 1명인 경우에는 그러하지 아니하며, 동일 작업 근로자수가 (②)명을 초과하는 경우에는 매 5명당 1명 이상 추가하여 측정하여야 한다. 다만, 동일 작업 근로자수가 (③)명을 초과하는 경우에는 최대 시료채취 근로자 수를 20명으로 조정할 수 있다.

① 2
② 10
③ 100

17 전체환기로 작업환경관리를 하려고 한다. 전체환기 시설 설치의 기본원칙 4가지를 쓰시오.(4점)

[1201/1402/1703/2001/2202]

① 필요환기량은 오염물질이 충분히 희석될 수 있는 양으로 설계한다.
② 공기배출구와 근로자의 작업위치 사이에 오염원이 위치하여야 한다.
③ 공기가 배출되면서 오염장소를 통과하도록 공기배출구와 유입구의 위치를 선정한다.
④ 배출구가 창문이나 문 근처에 위치하지 않도록 한다.
⑤ 배출공기를 보충하기 위해 청정공기를 공급하도록 한다.

▲ 해당 답안 중 4가지 선택 기재

18 플라스틱 제조공장에 근무하는 근로자의 수는 500명이다. 안전관리자는 몇 명이 있어야 하는지 쓰시오.(4점) [2202]

- 상시근로자의 수가 50명 이상 500명 미만인 경우 안전관리자는 1명, 500명 이상인 경우 안전관리자는 2명 이상이어야 한다.
- 근로자의 수가 500명이므로 2명 이상이어야 한다.

19 교대작업 중 야간근무자를 위한 건강관리 4가지를 쓰시오.(4점) [2202]

① 야간근무의 연속은 2 ~ 3일 정도가 좋다.
② 야근 교대시간은 상오 0시 이전에 하는 것이 좋다.
③ 야간근무 시 가면시간은 근무시간에 따라 2 ~ 4시간으로 하는 것이 좋다.
④ 야근은 가면을 하더라도 10시간 이내가 좋다.
⑤ 야근 후 다음 반으로 가는 간격은 최저 48시간을 가지도록 한다.
⑥ 상대적으로 가벼운 작업을 야간 근무조에 배치하고, 업무 내용을 탄력적으로 조정한다.

▲ 해당 답안 중 4가지 선택 기재

20 산업안전보건법에서 정하는 작업환경측정 대상 유해인자(분진)의 종류 5가지를 쓰시오.(5점) [2202/2303]

① 광물성 분진
② 곡물 분진
③ 면 분진
④ 목재 분진
⑤ 석면 분진
⑥ 용접 흄
⑦ 유리섬유

▲ 해당 답안 중 5가지 선택 기재

2022년 제3회

필답형 기출복원문제

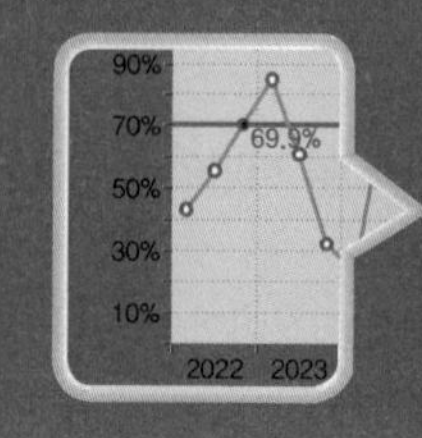

22년 3회차 실기시험
합격률 69.9%

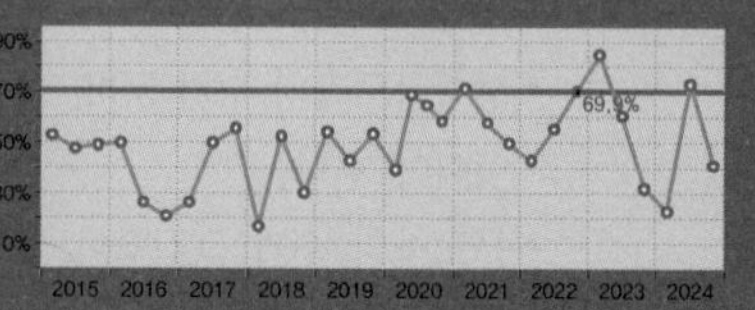

신규문제	9문항	중복문제	11문항

01 후드의 선택 및 적용에 관하여 유의하여야 할 사항으로 잘못된 것을 3가지 보기에서 골라 번호와 옳은 내용으로 정정하시오.(6점)

[0902/2203]

① 설계사양 추천을 따르도록 한다.
② 필요유량은 최대가 되도록 설계한다.
③ 작업자의 호흡영역을 보호하도록 한다.
④ 공정별로 국소적인 흡인방식을 취한다.
⑤ 비산방향을 고려하고 발생원에 가깝게 설치한다.
⑥ 마모성 분진의 경우 후드는 가능한 얇게 재료를 사용해야 한다.
⑦ 후드의 개구면적을 크게하여 흡인 개구부의 포집속도를 높인다.

② 필요유량은 최소가 되도록 설계해야 한다.
⑥ 마모성 분진의 경우 후드는 가능한 두껍게 재료를 사용해야 한다.
⑦ 후드의 개구면적을 작게하여 흡인 개구부의 포집속도를 높여야 한다.

02 야간교체작업 근로자의 생리적 현상을 3가지 쓰시오.(6점)

[2203/2301]

① 체중이 감소한다.
② 체온이 주간보다 더 내려간다.
③ 수면의 효율이 좋지 않다.
④ 피로가 쉽게 온다.

▲ 해당 답안 중 3가지 선택 기재

03 2차 표준기구(유량측정)의 종류를 4가지 쓰시오.(4점)

[2002/2203]

① Wet-test(습식테스트)미터
② venturi meter
③ 열선기류계
④ 오리피스미터
⑤ 건식가스미터
⑥ Rota미터

▲ 해당 답안 중 4가지 선택 기재

04 20℃, 1기압 직경이 50cm, 관내 유속이 10m/sec일 때 Reynold 수를 구하시오.(단, 동점성계수 $1.85 \times 10^{-5} m^2$/s이다)(5점) [2203]

[계산식]

- 레이놀즈수(Re)$=\left(\frac{v_s L}{\nu}\right)$로 구할 수 있다.
- 직경의 단위를 m로 변환하면 0.5m가 된다.
- 대입하면 레이놀즈수(Re)는 $\frac{10 \times 0.5}{1.85 \times 10^{-5}} = 270,270.2703$이다.

[정답] 270,270.27

05 RMR이 8인 매우 힘든 중 작업에서 실동률과 계속작업 한계시간(분)을 구하시오.(4점) [2203]

[계산식]

- 실노동률=85−(5×8)[%]=45%이다.
- 계속작업 한계시간(CMT) log(CMT)=3.724−3.25log(8)=0.7889⋯이므로 CMT는 6.1510⋯분이다.

[정답] ① 45[%] ② 6.15[분]

06 산업안전보건법상 사업주는 석면의 제조 · 사용 작업에 근로자를 종사하도록 하는 경우에 석면분진의 발산과 근로자의 오염을 방지하기 위하여 작업수칙을 정하고, 이를 작업근로자에게 알려야 한다. 작업수칙에 포함되어야 할 내용을 3가지 쓰시오.(단, 그 밖에 석면분진의 발산을 방지하기 위하여 필요한 조치는 제외)(6점) [1001/2001/2203]

① 진공청소기 등을 이용한 작업장 바닥의 청소방법
② 작업자의 왕래와 외부기류 또는 기계진동 등에 의하여 분진이 흩날리는 것을 방지하기 위한 조치
③ 분진이 쌓일 염려가 있는 깔개 등을 작업장 바닥에 방치하는 행위를 방지하기 위한 조치
④ 분진이 확산되거나 작업자가 분진에 노출될 위험이 있는 경우에는 선풍기 사용 금지
⑤ 용기에 석면을 넣거나 꺼내는 작업
⑥ 석면을 담은 용기의 운반
⑦ 여과집진방식 집진장치의 여과재 교환
⑧ 해당 작업에 사용된 용기 등의 처리
⑨ 이상사태가 발생한 경우의 응급조치
⑩ 보호구의 사용 · 점검 · 보관 및 청소

▲ 해당 답안 중 3가지 선택 기재

07 **산업안전보건법상 위험성평가의 결과와 조치사항을 기록 · 보존할 때 포함되어야 하는 내용 3가지와 보존기간을 쓰시오.(4점)** [2203]

가) 포함내용
① 위험성평가 대상의 유해 · 위험요인
② 위험성 결정의 내용
③ 위험성 결정에 따른 조치의 내용
나) 보존기간 : 3년

08 **소음노출평가, 소음노출기준 초과에 따른 공학적 대책, 청력보호구의 지급 및 착용, 소음의 유해성과 예방에 관한 교육, 정기적 청력검사 · 평가 및 사후관리, 문서기록 · 관리 등을 포함하여 수립하는 소음성 난청을 예방하기 위한 종합적인 계획을 무엇이라고 하는가?(4점)** [0602/1802/2203]

• 청력보존프로그램

09 **다음 용어 설명의 ( ) 안을 채우시오.(5점)** [1402/1903/2203]

> 적정공기라 함은 산소농도의 범위가 (①)% 이상 (②)% 미만, 탄산가스 농도가 (③)% 미만, 황화수소 농도가 (④)ppm 미만, 일산화탄소 농도가 (⑤)ppm 미만인 수준의 공기를 말한다.

① 18
② 23.5
③ 1.5
④ 10
⑤ 30

10 **실효온도와 WBGT를 옥내와 옥외 구분해서 각각 설명하시오.(4점)** [0501/1303/2203]

① 실효온도 : 감각온도라고도 한다. 기온 · 습도 · 기류 등에 의해 결정되는 체감온도를 말한다.
② WBGT(실내) : 태양광선이 내리쬐지 않는 실외를 포함하는 장소에서의 온도로 0.7×자연습구온도+0.3×흑구온도로 구한다.
③ WBGT(실외) : 태양광선이 내리쬐는 실외에서의 온도로 0.7×자연습구온도+0.2×흑구온도+0.1×건구온도로 구한다.

11 보건관리자로 선임가능한 사람을 3가지 적으시오.(6점) [2203/2303]

① 산업보건지도사 자격을 가진 사람
② 의사
③ 간호사
④ 산업위생관리산업기사 또는 대기환경산업기사 이상의 자격을 취득한 사람
⑤ 인간공학기사 이상의 자격을 취득한 사람
⑥ 전문대학 이상의 학교에서 산업보건 또는 산업위생 분야의 학위를 취득한 사람

▲해당 답안 중 3가지 선택 기재

12 다음의 (예)에 맞는 (그림)을 바르게 연결하시오.(4점) [1203/1601/2203]

(예)

① 급성독성물질경고　② 피부부식성물질경고
③ 호흡기과민성물질경고　④ 피부자극성 및 과민성물질경고

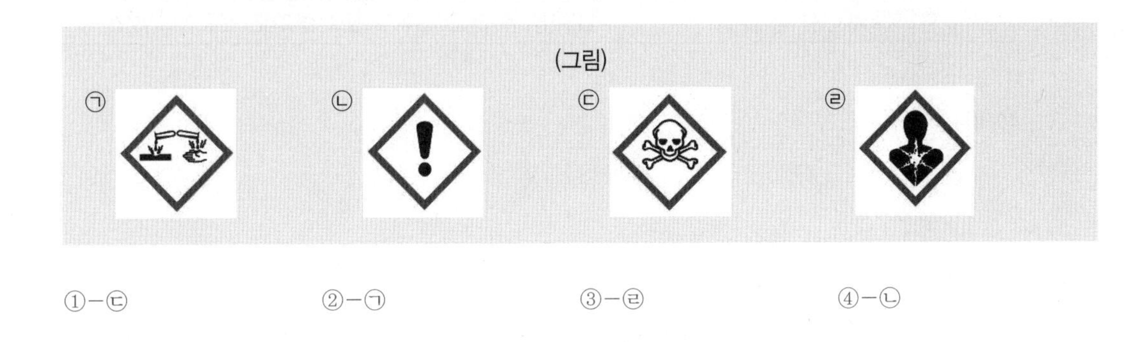

①-㉢　②-㉠　③-㉣　④-㉡

13 2가지 이상의 화학물질에 동시 노출되는 경우 건강에 미치는 영향은 각 화학물질간의 상호작용에 따라 다르게 나타난다. 2가지 이상의 화학물질이 동시에 작용할 때 물질간 상호작용에 대해서 설명하시오.(단, 작용 사례를 통해 설명하시오)(6점) [2203]

① 상가작용　② 가승작용　③ 길항작용

① 상가작용 : 1+2=3처럼 각각의 독성의 합으로 작용
② 가승작용 : 0+2=5처럼 독성이 나타나지 않던 물질이 다른 독성물질의 영향으로 독성이 발현하여 전체적 독성이 커지는 작용
③ 길항작용 : 2+3=3처럼 서로 독성을 방해하여 독성의 합보다 독성이 작아지는 작용

14 **공기 중 혼합물로서 벤젠 2.5ppm(TLV : 5ppm), 톨루엔 25ppm(TLV : 50ppm), 크실렌 60ppm(TLV : 100ppm)이 서로 상가작용을 한다고 할 때 허용농도 기준을 초과하는지의 여부와 혼합공기의 허용농도를 구하시오.(6점)** [0801/1002/1402/1601/1801/1803/2004/2203/2301]

[계산식]

- 시료의 노출지수는 $\frac{C_1}{TLV_1}+\frac{C_2}{TLV_2}+\cdots+\frac{C_n}{TLV_n}$으로 구한다.
- 대입하면 $\frac{2.5}{5}+\frac{25}{50}+\frac{60}{100}=1.6$로 1을 넘었으므로 노출기준을 초과하였다고 판정한다.
- 노출지수가 구해지면 해당 혼합물의 농도는 $\frac{C_1+C_2+\cdots+C_n}{\text{노출지수}}$[ppm]으로 구할 수 있다.
- 대입하면 혼합물의 농도는 $\frac{2.5+25+60}{1.6}=54.6875\text{ppm}$이다.

[정답] 노출지수는 1.6으로 노출기준을 초과하였으며, 혼합물의 허용농도는 54.69[ppm]이다.

15 **사무실 공기질 측정시간에 대한 설명이다. 빈칸을 채우시오.(4점)** [2203]

미세먼지(PM10)	업무시간 (①)시간 이상
이산화탄소(CO_2)	업무시작 후 2시간 전후 및 종료 전 2시간 전후 (②)분간

① 6
② 10

16 **아래 작업에 맞는 보호구의 종류를 찾아서 쓰시오.(5점)** [2203]

작업	보호구
용접 시 불꽃이나 물체가 흩날릴 위험이 있는 작업	①
감전의 위험이 있는 작업	②
고열에 의한 화상 등의 위험이 있는 작업	③
선창 등에서 분진(粉塵)이 심하게 발생하는 하역작업	④
섭씨 영하 18도 이하인 급냉동어창에서 하는 하역작업	⑤

안전모, 안전대, 보안경, 보안면, 절연용 보호구, 방열복, 방진마스크, 방한복

① 보안면
② 절연용 보호구
③ 방열복
④ 방진마스크
⑤ 방한복

17 가로 40cm, 세로 20cm의 장방형 후드가 직경 20cm 원형덕트에 연결되어 있다. 다음 물음에 답하시오.(4점)

[1701/2002/2203]

① 플랜지의 최소 폭(cm)을 구하시오.
② 플랜지가 있는 경우 플랜지가 없는 경우에 비해 송풍량이 몇 % 감소되는지 쓰시오.

[계산식]

- 플랜지의 최소 폭(W)은 단면적(A)의 제곱근이다. 즉, $W=\sqrt{A}$ 이므로 대입하면 $W=\sqrt{0.4\times0.2}=0.2828\cdots$m로 28.28cm 이상이어야 한다.
- 외부식 원형(장방형)후드가 자유공간에 위치할 때 Q는 필요환기량(m^3/min), V_c는 제어속도(m/sec), X는 후드와 발생원과의 거리(m), A는 개구면적(m^2)라고 하면
  플랜지를 미부착한 경우의 필요환기량 $Q=60\times V_c(10X^2+A)$로 구한다.
  플랜지를 부착한 경우의 필요환기량 $Q=60\times0.75\times V_c(10X^2+A)$로 구한다.
  즉, 플랜지를 미부착한 경우보다 송풍량이 25% 덜 필요하게 된다.

[정답] ① 28.28[cm] ② 25[%] 감소

18 다음 3가지 축류형 송풍기의 특징을 각각 간단히 서술하시오.(6점)

[2001/2203]

프로펠러형, 튜브형, 고정날개형

① 프로펠러형은 효율이 낮지만 설치비용이 저렴하고, 압력손실이 약하여($25mmH_2O$) 전체환기에 적합하다.
② 튜브형은 효율이 30 ~ 60% 정도, 압력손실은 $75mmH_2O$ 정도이고 송풍관이 붙은 형태로 청소 및 교환이 용이하다.
③ 고정날개형은 효율이 낮지만 설치비용이 저렴하고, 압력손실이 크며($100mmH_2O$) 안내깃이 붙은 형태로 저풍압, 다풍량의 용도에 적합하다.

19 여과포집방법에서 여과지 선정 시 구비조건 5가지를 쓰시오.(5점)

[1503/2001/2203]

① 포집효율이 높을 것
② 흡인저항은 낮을 것
③ 접거나 구부리더라도 파손되지 않고 찢어지지 않을 것
④ 가볍고 무게의 불균형이 적을 것
⑤ 흡습률이 낮을 것
⑥ 불순물을 함유하지 않을 것

▲ 해당 답안 중 5가지 선택 기재

20 다음은 근로자의 특수건강진단 대상 유해인자별 검사시기와 주기를 설명한 표이다. 빈칸을 채우시오.(6점)

[2203/2302]

대상 유해인자	시기 (배치 후 첫 번째 특수 건강진단)	주기
N,N－디메틸아세트아미드 디메틸포름아미드	(①)개월 이내	6개월
벤젠	2개월 이내	(②)개월
석면, 면 분진	(③)개월 이내	12개월

① 1

② 6

③ 12

산 / 업 / 위 / 생 / 관 / 리 / 기 / 사 / 실 / 기

2023년 제1회

필답형 기출복원문제

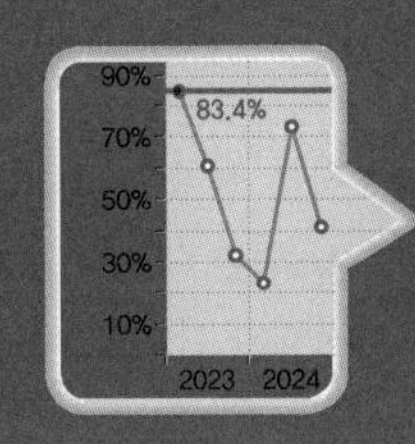

23년 1회차 실기시험

합격률 83.4%

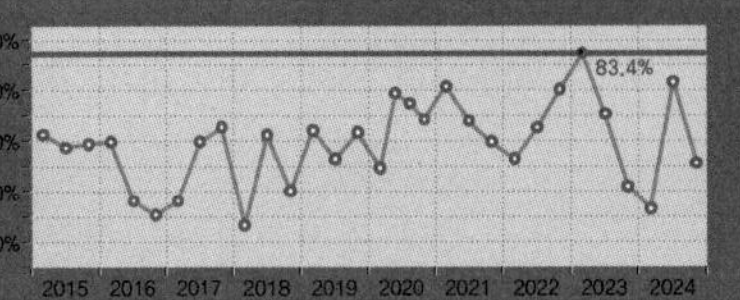

신규문제	7문항	중복문제	13문항

01 야간교체작업 근로자의 생리적 현상을 4가지 쓰시오.(4점) [2203/2301]

① 체중이 감소한다.

② 체온이 주간보다 더 내려간다.

③ 수면의 효율이 좋지않다.

④ 피로가 쉽게 온다.

⑤ 혈액의 수분과 염분량이 증가한다.

▲ 해당 답안 중 4가지 선택 기재

02 근골격계 질환을 유발하는 요인을 인적요인과 환경요인으로 구분하여 각각 2가지씩 쓰시오.(4점) [2301]

가) 인적요인

① 나이 ② 과거병력

③ 신체조건 ④ 작업자세

나) 환경요인

① 온도 ② 진동

③ 작업환경

▲ 해당 답안 중 각각 2가지씩 선택 기재

03 조선업종의 작업환경에서 발행하는 대표적인 위해요인 4가지만 쓰시오.(4점) [0701/2301]

① 소음 ② 용접흄

③ 철분진 ④ 유기용제(톨루엔, 크실렌)

⑤ 유해가스

▲ 해당 답안 중 4가지 선택기재

04 입자상 물질의 물리적 직경 종류 3가지를 쓰시오.(3점)

[0301/0302/0403/0602/0701/0803/0903/1201/1301/1703/1901/2001/2003/2101/2103/2301]

① 마틴 직경 : 먼지의 면적을 2등분하는 선의 길이로 선의 방향은 항상 일정하여야 하며, 과소평가할 수 있는 단점이 있다.

② 페렛 직경 : 먼지의 한쪽 끝 가장자리와 다른쪽 가장자리 사이의 거리로 과대평가될 가능성이 있는 입자성 물질의 직경이다.

③ 등면적 직경 : 먼지의 면적과 동일한 면적을 가진 원의 직경으로 가장 정확한 직경이며, 측정은 현미경 접안경에 Porton Reticle을 삽입하여 측정한다.

05 국소배기장치의 후드와 관련된 다음 용어를 설명하시오.(6점)

[1902/2301]

① 플랜지	② 테이퍼	③ 슬롯

① 플랜지(Flange)는 후방의 유입기류를 차단하고, 후드 전면부에서 포집범위를 확대시켜 플랜지가 없는 후드에 비해 약 25% 정도의 송풍량을 감소시킬 수 있도록 하는 부위이다.

② 테이퍼(taper)는 경사접합부라고도 하며, 후드, 덕트 연결부위로 급격한 단면변화로 인한 압력손실을 방지하며, 배기의 균일한 분포를 유도하고 점진적인 경사를 두는 부위이다.

③ 슬롯(slot)은 슬롯 후드에서 후드의 개방부분이 길이가 길고, 폭이 좁은 형태를 말하며 공기가 균일하게 흡입되도록 하여 공기의 흐름을 균일하게 하는 역할을 한다.

06 덕트 직경이 25cm, Reynold 수(Re) 10×10^5, 동점성계수 $1.5 \times 10^{-5} m^2$/sec일 때 유속(m/sec)을 구하시오.(5점)

[2301]

[계산식]

- 레이놀즈수(Re)$=\left(\frac{v_s L}{\nu}\right)$이므로 이를 속도에 관한 식으로 풀면 $v_s = \frac{Re \times \nu}{L}$으로 구할 수 있다.
- 직경의 단위를 m로 변환하면 0.25m가 된다.
- 대입하면 유속 $v_s = \frac{10 \times 10^5 \times 1.5 \times 10^{-5}}{0.25} = 60$m/sec이다.

[정답] 60[m/sec]

07 배기구의 설치는 15-3-15 규칙을 참조하여 설치한다. 여기서 15-3-15의 의미를 설명하시오.(6점)

[1703/2101/2301]

① 15 : 배출구와 공기를 유입하는 흡입구는 서로 15m 이상 떨어져 있어야 한다.
② 3 : 배출구의 높이는 지붕 꼭대기와 공기 유입구보다 위로 3m 이상 높게 설치되어야 한다.
③ 15 : 배출되는 공기는 재유입되지 않도록 배출가스 속도를 15m/sec 이상 유지해야 한다.

08 다음 중 즉시위험건강농도(IDLH, Immediately Dangerous to Life or Health) 일 경우 반드시 착용해야 하는 보호구 종류 3가지를 쓰시오.

[2301]

① 공기호흡기
② 에어라인 마스크
③ 호스마스크

09 귀마개의 장점과 단점을 각각 2가지씩 쓰시오.(4점)

[1603/2001/2301]

가) 장점
① 좁은 장소에서도 사용이 가능하다.
② 부피가 작아서 휴대하기 편리하다.
③ 착용이 간편하다
④ 고온작업 시에도 사용이 가능하다
⑤ 가격이 귀덮개에 비해 저렴하다.

나) 단점
① 외청도를 오염시킬 수 있다.
② 제대로 착용하는 데 시간이 걸린다.
③ 귀에 질병이 있을 경우 착용이 불가능하다.
④ 차음효과가 귀덮개에 비해 떨어진다.

▲해당 답안 중 각각 2가지 선택 기재

10 생물학적 모니터링시 생체시료 3가지를 쓰시오.(6점)

[0401/0802/1602/2301]

① 소변
② 혈액
③ 호기

11 **작업장 내에서 톨루엔(분자량 92, 노출기준 100ppm)을 시간당 3Kg/hr 사용하는 작업장에 전체환기시설을 설치 시 필요환기량(m^3/min)을 구하시오.(여유계수 K=6, 25℃ 1기압 기준)(6점)** [0601/2101/2301]

[계산식]

- 공기중에 계속 오염물질이 발생하고 있는 경우의 필요환기량 $Q=\frac{G\times K}{TLV}$로 구한다.
- 21℃ 1기압일 때 몰 부피는 24.1L이고, 25℃ 1기압일 때 몰 부피는 24.45L이다.
- 분자량이 92인 톨루엔을 시간당 3,000g을 사용하고 있으므로 기체의 발생률 $G=\frac{24.45\times 3,000}{92}=797.2826\cdots$ [L/hr]이다.
- ppm=mL/m^3이므로 797.2826L/hr=797,282.6mL/hr이고 이를 대입하면 필요환기량 $Q=\frac{797,282.6\times 6}{100}=$ 47,836.956…[m^3/hr]이다. 구하고자 하는 필요환기량은 분당이므로 60으로 나누면 797.2826[m^3/min]이 된다.

[정답] 797.28[m^3/min]

12 **산업안전보건법상 근로자가 근골격계부담작업을 하는 경우 사업주가 근로자에게 알려하는 사항을 3가지 쓰시오.(단, 그 밖에 근골격계질환 예방에 필요한 사항은 제외)(6점)** [2301]

① 근골격계부담작업의 유해요인
② 근골격계질환의 징후와 증상
③ 근골격계질환 발생 시의 대처요령
④ 올바른 작업자세와 작업도구, 작업시설의 올바른 사용방법

▲ 해당 답안 중 3가지 선택 기재

13 **태양광선이 내리쬐지 않는 옥외 작업장에서 자연습구온도 28℃, 건구온도 32℃, 흑구온도 29℃일 때 WBGT(℃)를 계산하시오.(4점)** [0702/1201/1302/2201/2301]

[계산식]

- 태양광선이 내리쬐지 않는 실외를 포함하는 장소에서의 WBGT 온도는 0.7×자연습구온도+0.3×흑구온도로 구한다. 그리고 태양광선이 내리쬐는 실외에서의 WBGT 온도는 0.7×자연습구온도+0.2×흑구온도+0.1×건구온도로 구한다.
- 태양광선이 내리쬐지 않는 작업장이므로 대입하면 0.7×28℃+0.3×29℃=28.3℃가 된다.

[정답] 28.3[℃]

14 **작업장에서 발생하는 분진을 유리섬유 여과지로 3회 채취하여 측정한 평균값이 27.5mg이었다. 시료 포집 전에 실험실에서 여과지를 3회 측정한 결과 22.3mg이었다면 작업장의 분진농도(mg/m^3)를 구하시오.(단, 포집유량 5.0L/min, 포집시간 60분)(5점)** [1801/2004/2102/2301]

[계산식]

- 농도(mg/m^3) = $\frac{\text{시료채취 후 여과지 무게} - \text{시료채취 전 여과지 무게}}{\text{공기채취량}}$로 구한다.
- 대입하면 $\frac{27.5-22.3}{5L/\text{min}\times 60\text{min}} = \frac{5.2mg}{300L\times m^3/1,000L} = 17.333\cdots \text{mg}/m^3$이다.

[정답] 17.33[mg/m^3]

15 **산업안전보건법상 안전보건관리책임자의 직무를 5가지 쓰시오.(5점)** [2301]

① 사업장의 산업재해 예방계획의 수립에 관한 사항
② 안전보건관리규정의 작성 및 변경에 관한 사항
③ 안전보건교육에 관한 사항
④ 작업환경측정 등 작업환경의 점검 및 개선에 관한 사항
⑤ 근로자의 건강진단 등 건강관리에 관한 사항
⑥ 산업재해의 원인 조사 및 재발 방지대책 수립에 관한 사항
⑦ 산업재해에 관한 통계의 기록 및 유지에 관한 사항
⑧ 안전장치 및 보호구 구입 시 적격품 여부 확인에 관한 사항
⑨ 위험성평가의 실시에 관한 사항
⑩ 안전보건규칙에서 정하는 근로자의 위험 또는 건강장해의 방지에 관한 사항

▲ 해당 답안 중 5가지 선택 기재

16 **다음 보기의 설명에 해당하는 용어를 쓰시오.(3점)** [2301]

> 사업주가 스스로 유해·위험요인을 파악하고 해당 유해·위험요인의 위험성 수준을 결정하여, 위험성을 낮추기 위한 적절한 조치를 마련하고 실행하는 과정

- 위험성 평가

17 공기 중 혼합물로서 트리클로로에틸렌 65ppm(TLV : 50ppm), 아세톤 75ppm(TLV : 50ppm)이 서로 상가작용을 한다고 할 때 허용농도 기준을 초과하는지의 여부와 혼합공기의 허용농도를 구하시오.(6점)

[0801/1002/1402/1601/1801/1803/2004/2203/2301]

[계산식]

- 시료의 노출지수는 $\frac{C_1}{TLV_1}+\frac{C_2}{TLV_2}+\cdots+\frac{C_n}{TLV_n}$으로 구한다.
- 대입하면 $\frac{65}{50}+\frac{75}{50}=2.8$로 1을 넘었으므로 노출기준을 초과하였다고 판정한다.
- 노출지수가 구해지면 해당 혼합물의 농도는 $\frac{C_1+C_2+\cdots+C_n}{\text{노출지수}}$[ppm]으로 구할 수 있다.
- 대입하면 혼합물의 농도는 $\frac{65+75}{2.8}=50$ppm이다.

[정답] 노출지수는 2.8로 노출기준을 초과하였으며, 혼합물의 허용농도는 50[ppm]이다.

18 육체적 작업능력(PWC)이 16kcal/min인 남성근로자가 1일 8시간 동안 물체를 운반하는 작업을 하고 있다. 이때 작업대사율은 10kcal/min이고, 휴식 시 대사율은 2kcal/min이다. 매 시간마다 이 사람의 적정한 휴식시간과 작업시간을 계산하시오.(단, Hertig의 공식을 적용하여 계산한다)(4점)

[1401/2301]

- Hertig 시간당 적정휴식시간의 백분율 $T_{rest}=\left[\frac{E_{max}-E_{task}}{E_{rest}-E_{task}}\right]\times 100$[%]으로 구한다.

- E_{max}는 8시간 작업에 적합한 작업량으로 육체적 작업능력(PWC)의 1/3에 해당한다.
- E_{rest}는 휴식 대사량이다.
- E_{task}는 해당 작업 대사량이다.

[계산식]

- PWC가 16kcal/min이므로 E_{max}는 $\frac{16}{3}=5.33\cdots$kcal/min이다.
- E_{task}는 10kcal/min이고, E_{rest}는 2kcal/min이므로 값을 대입하면 $T_{rest}=\left[\frac{5.33-10}{2-10}\right]\times 100=\frac{4.67}{8}\times 100=$ 58.375%가 된다.
- 1시간의 58.375%는 약 35.025분에 해당한다. 즉, 휴식시간은 시간당 35.03분이다.
- 작업시간은 시간당 60−35.03=24.97분이 된다.

[정답] ① 휴식시간 35.03[분]

② 작업시간 24.97[분]

19 총 흡음량이 2,000sabins인 작업장에 1,500sabins를 더할 경우 실내소음 저감량(dB)을 구하시오.(5점)

[0503/1001/1002/1201/1702/2301]

[계산식]

- 흡음에 의한 소음감소량 $NR = 10\log\frac{A_2}{A_1}$ [dB]으로 구한다.
- 흡음에 의한 소음감소량 $NR = 10\log\frac{3,500}{2,000} = 2.4303\cdots$ dB이 된다.

[정답] 2.43[dB]

20 다음은 산업안전보건법에 의한 근로자 건강진단 실시에 관한 사업주의 의무를 설명하고 있다. 올바른 설명을 고르시오. (6점)

[2301]

① 사업주는 건강진단을 실시하는 경우 근로자 대표의 요구가 있더라도 근로자 대표를 참석시켜서는 아니 된다.
② 사업주는 산업안전보건위원회 또는 근로자 대표가 요구할 때 직접 또는 건강진단을 한 건강진단기관에 건강진단 결과에 대해 설명하도록 해야 한다. 다만, 개별 근로자의 건강진단 결과는 본인 동의 없이 공개해도 괜찮다.
③ 건강진단의 결과를 근로자의 건강 보호 및 유지 외의 목적으로 사용해서는 아니 된다.
④ 건강진단의 결과 근로자의 건강을 유지하기 위하여 필요하다고 인정할 때에는 작업장소 변경, 작업 전환, 근로시간 단축, 야간근로의 제한, 작업환경측정 또는 시설 · 설비의 설치 · 개선 등 고용노동부령으로 정하는 바에 따라 적절한 조치를 하여야 한다.
⑤ ④에 따라 적절한 조치를 하여야 하는 사업주로서 고용노동부령으로 정하는 사업주는 그 조치 결과를 고용노동부령으로 정하는 바에 따라 고용노동부장관에게 제출하여야 한다.

- ③, ④, ⑤

2023년 제2회

필답형 기출복원문제

23년 2회차 실기시험
합격률 60.6%

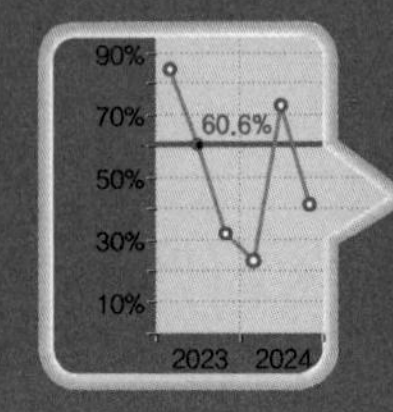

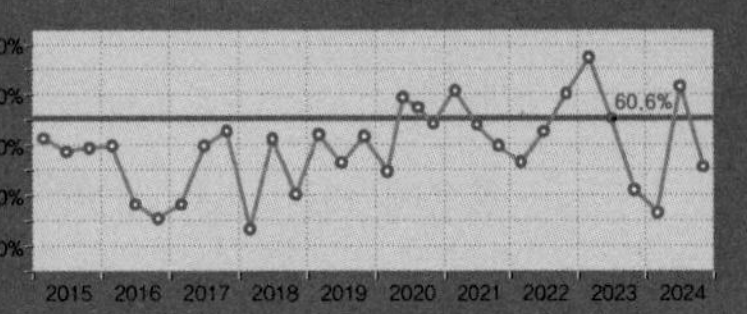

신규문제	6문항	중복문제	14문항

01 작업장에서 스티렌의 작업환경측정 결과가 노출기준을 초과하는 경우 몇 개월 후에 재측정을 하여야 하는지 쓰시오.(4점) [1802/2004/2302]

- 측정일로부터 3개월 후에 1회 이상 작업환경 측정을 실시해야 한다.

02 다음은 산업안전보건법상 안전관리자 자격기준을 설명하고 있다. 올바른 것을 고르시오.(4점) [2302]

① 국가기술자격법에 따른 산업안전산업기사 이상의 자격을 취득한 사람
② 국가기술자격법에 따른 건설안전산업기사 이상의 자격을 취득한 사람
③ 고등교육법에 따른 4년제 대학 이상의 학교에서 산업안전 관련 학위를 취득한 사람
④ 고등교육법에 따른 전문대학 또는 이와 같은 수준 이상의 학교에서 산업보건 관련 학위를 취득한 사람

- ①, ②, ③

03 120℃, 660mmHg인 상태에서 유량 100m^3/min의 기체가 관내로 흐르고 있다. 0℃, 1기압 상태일 때의 유량(m^3/min)을 구하시오.(6점) [1403/2003/2302]

[계산식]

- 보일-샤를의 법칙은 기체의 압력과 온도가 변화할 때 기체의 부피는 절대온도에 비례하고 압력에 반비례하므로 $\frac{P_1 V_1}{T_1} = \frac{P_2 V_2}{T_2}$가 성립한다.
- 여기서 V_2를 구하는 것이므로 $V_2 = \frac{P_1 V_1 T_2}{T_1 P_2}$이다. 대입하면 $V_2 = \frac{660 \times 100 \times (273)}{(273+120) \times 760} = 60.3254 \cdots m^3/\text{min}$이 된다.

[정답] 60.33[m^3/min]

04 먼지의 공기역학적 직경의 정의를 쓰시오.(4점)

[0603/0703/0901/1101/1402/1701/1803/1903/2302]

- 공기역학적 직경이란 대상 먼지와 침강속도가 같고, 밀도가 1이며 구형인 먼지의 직경으로 환산하여 표현하는 입자상 물질의 직경으로 입자의 공기중 운동이나 호흡기 내의 침착기전을 설명할 때 유용하게 사용된다.

05 다음 ( ) 안에 알맞은 용어를 쓰시오.(5점)

[1703/2102/2302]

① 일정한 물질에 대해 반복측정 · 분석을 했을 때 나타나는 자료 분석치의 변동크기가 얼마나 작은가를 표현을 (　　)라 한다.
② 시료채취기를 이용하여 가스 · 증기 · 분진 · 흄(fume) · 미스트(mist) 등을 근로자의 작업행동 범위에서 호흡기 높이에 고정하여 채취하는 것을 (　　)라 한다.
③ 호흡기를 통하여 폐포에 축적될 수 있는 크기의 분진을 (　　)이라 한다.

① 정밀도
② 지역 시료채취
③ 호흡성 분진

06 금속제품 탈지공정에서 사용중인 트리클로로에틸렌의 과거 노출농도를 조사하였더니 50ppm이었다. 활성탄관을 이용하여 분당 0.5L씩 채취시 소요되는 최소한의 시간(분)은?(단, 측정기기 정량한계는 시료당 0.5mg, 분자량 131.39 , 25℃, 1기압)(5점)

[0801/1801/2302]

[계산식]

- 채취 최소시간 구하기 위해서는 주어진 과거농도 ppm을 mg/m^3으로 바꾼 후 정량한계와 구해진 과거농도[mg/m^3]로 최소채취량[L]을 구하고, 구해진 최소채취량[L]을 분당채취유량으로 나눠 채취 최소시간을 구한다.
- 과거농도 50ppm은 $50 \times \frac{131.39}{24.45} = 268.691 \cdots mg/m^3$이다.
- 최소 채취량은 $\frac{LOQ}{과거농도} = \frac{0.5mg}{268.691mg/m^3} = 0.00186 \cdots m^3$이므로 이는 1.86L이다.
- 최소 채취시간은 $\frac{1.86}{0.5} = 3.72$분이다.

[정답] 3.72[분]

07 작업환경 개선의 공학적 대책 4가지를 쓰시오.(4점)

[0803/1603/2302]

① 대치
② 격리
③ 환기
④ 교육

08 **산업피로 증상에서 혈액과 소변의 변화를 2가지씩 쓰시오.(4점)** [0602/1601/1901/2302]

① 혈액 : 혈당치가(혈중 포도당 농도가) 낮아지고, 젖산과 탄산량이 증가하여 산혈증이 된다.
② 소변 : 소변의 양이 줄고 진한 갈색을 나타나거나 단백질 또는 교질물질을 많이 포함한 소변이 된다.

09 **제조업 근로자의 유해인자에 대한 질병발생률이 2.0이고, 일반인들은 동일 유해인자에 대한 질병발생률이 1.0일 경우 상대위험비를 구하고, 상관관계를 설명하시오.(5점)** [1602/2302]

[계산식]

- 상대위험비 $= \frac{\text{노출군에서의 발생률}}{\text{비노출군에서의 발생률}}$ 이므로 대입하면 $\frac{2.0}{1.0} = 2$이다. 1보다 크므로 위험의 증가를 의미한다. 즉, 환자 노출군에 대한 상대위험도가 2라는 것은 노출 환자군은 비노출 환자군에 비하여 질병발생률이 2배라는 것을 의미한다.

[정답] 상대위험비는 2로 1보다 크므로 위험의 증가로, 노출 환자군은 비노출 환자군에 비하여 질병발생률이 2배라는 것을 의미한다.

10 **근골격계 질환을 유발하는 요인을 4가지 쓰시오.(4점)** [1201/2302]

① 반복적인 동작
② 부적절한 작업자세
③ 무리한 힘의 사용
④ 날카로운 면과의 신체접촉
⑤ 진동 및 온도

▲ 해당 답안 중 4가지 선택 기재

11 **고용노동부장관은 산업재해 예방을 위하여 종합적인 개선조치를 할 필요가 있다고 인정되는 사업장의 사업주에게 고용노동부령으로 정하는 바에 따라 그 사업장, 시설, 그 밖의 사항에 관한 안전 및 보건에 관한 개선계획을 수립하여 시행할 것을 명할 수 있다. 다음 중 안전보건개선계획 작성 대상 사업장에 해당하는 것을 골라 그 번호를 쓰시오.(4점)** [2302]

> ① 산업재해율이 같은 업종의 규모별 평균 산업재해율보다 높은 사업장
> ② 사업주가 필요한 안전조치 또는 보건조치를 이행하지 아니하여 중대재해가 발생한 사업장
> ③ 직업성 질병자가 연간 2명 이상 발생한 사업장
> ④ 유해인자의 노출기준을 초과한 사업장

- ①, ②, ③, ④

12 어떤 물질의 독성에 관한 인체실험결과 안전흡수량이 체중 kg당 0.2mg이었다. 체중 70kg인 사람이 공기중 농도 2.0mg/m^3에 노출되고 있다. 이 물질의 물질의 체내 흡수를 안전흡수량 이하로 유지하려면 작업자의 작업시간을 얼마 이하로 규제하여야 하는가?(단, 작업 시 폐환기율 1.25m^3/hr, 체내잔류율 1.0)(6점)

[2302]

[계산식]

- 안전흡수량=C×T×V×R을 이용한다. (C는 공기 중 농도, T는 작업시간, V는 작업 시 폐환기율, R은 체내잔류율)
- 작업시간=$\frac{\text{안전흡수량}}{C \times V \times R}$이므로 대입하면 $\frac{70 \times 0.2}{2 \times 1.25 \times 1.0} = \frac{14}{2.5} = 5.6$[hr]이 된다.

[정답] 5.6[hr]이다.

13 다음 물음에 답하시오.(6점)

[0303/2101/2302]

> 가) 산소부채란 무엇인가?
> 나) 산소부채가 일어날 때 에너지 공급원 4가지를 쓰시오.

가) 작업이 끝난 후에 남아 있는 젖산을 제거하기 위해서는 산소가 더 필요하며, 이 때 동원되는 산소소비량을 말한다.

나) 에너지 공급원

① 아데노신 삼인산(adenosine triphosphate, ATP)
② 크레아틴 인산(creatine phosphate, CP)
③ 글리코겐(glycogen)
④ 지방산이나 포도당
⑤ 호기성 대사

▲ 해당 답안 중 4가지 선택 기재

14 관리대상 유해물질을 취급하는 작업장의 보기 쉬운 장소에 게시해야 하는 사항을 3가지 쓰시오.(6점)

[2302]

① 관리대상 유해물질의 명칭
② 인체에 미치는 영향
③ 취급상 주의사항
④ 착용하여야 할 보호구
⑤ 응급조치와 긴급 방재 요령

▲ 해당 답안 중 3가지 선택 기재

15 **유입손실계수 0.70인 원형후드의 직경이 20cm이며, 후드의 정압이 105.485mmH_2O일 때 유량(m^3/min)을 구하시오.(단, 21도 1기압 기준)(5점)** [2302]

[계산식]

- 후드의 정압과 유입손실계수(F)가 있으면 후드의 속도압을 구할 수 있다.
  속도압=정압/(1+유입손실계수)=105.485/(1+0.7)=62.05mmH_2O이다.
- 공기비중과 속도압이 있으면 유속을 구할 수 있다.
  속도압 $VP=\left(\frac{V}{4.043}\right)^2$이므로 대입하면 $V=\sqrt{VP\times 4.043^2}=\sqrt{62.05\times 16.3458\cdots}=31.847\cdots$이 된다.
- 유량 $Q=A\times V$이므로 $\frac{3.14\times 0.2^2}{4}\times 31.8471=1.000\cdots m^3/\text{sec}$이다.
- 구하는 단위가 분당 유량이므로 $60m^3/\text{min}$이 된다.

[정답] $60m^3/\text{min}$

16 **소음방지용 개인보호구 중 귀마개와 비교하여 귀덮개의 장점을 4가지 쓰시오.(4점)** [1902/2302]

① 일관성 있는 차음효과를 얻을 수 있다.
② 크기를 여러가지로 할 필요가 없다.
③ 착용여부를 쉽게 확인할 수 있다.
④ 귀에 염증이 있어도 사용할 수 있다.
⑤ 착용이 쉽고 분실 우려가 적다.

▲ 해당 답안 중 4가지 선택 기재

17 **다음은 근로자의 특수건강진단 대상 유해인자별 검사시기와 주기를 설명한 표이다. 빈칸을 채우시오.(6점)** [2203/2302]

대상 유해인자	시기 (배치 후 첫 번째 특수 건강진단)	주기
N,N-디메틸아세트아미드 디메틸포름아미드	(①)개월 이내	6개월
벤젠	2개월 이내	(②)개월
석면, 면 분진	(③)개월 이내	12개월

① 1　　② 6　　③ 12

18 작업장 내에서 톨루엔(분자량 92, 노출기준 100ppm)을 시간당 3Kg/hr 사용하는 작업장에 전체환기시설을 설치 시 필요환기량(m^3/min)을 구하시오.(MW 92, TLV 100ppm, 여유계수 K=6, 21℃ 1기압 기준)(6점)

[0601/2101/2301/2302]

[계산식]

- 공기중에 계속 오염물질이 발생하고 있는 경우의 필요환기량 $Q = \frac{G \times K}{TLV}$로 구한다.
- 분자량이 92인 톨루엔을 시간당 3,000g을 사용하고 있으므로 기체의 발생률 $G = \frac{24.1 \times 3,000}{92} = 785.8695\cdots$ [L/hr]이다.
- ppm=mL/m^3이므로 785.8695L/hr=785,869.5mL/hr이고 이를 대입하면 필요환기량 $Q = \frac{785,869.5 \times 6}{100} =$ 47,152.17…[m^3/hr]이다. 구하고자 하는 필요환기량은 분당이므로 60으로 나누면 785.8695[m^3/min]이 된다.

[정답] 785.87[m^3/min]

19 음력 5Watt인 소음원으로 부터 45m되는 지점에서의 음압수준을 계산하시오.(단, ρ=1.18kg/m^3, C=344.4m/sec, 무지향성 점음원이 자유공간에 있는 경우)

[0403/2302]

[계산식]

- 자유공간에 위치한 점음원의 음압레벨(SPL)은 음향파워레벨(PWL)$-20\log r-11$로 구한다. 이때 r은 소음원으로 부터의 거리[m]이다.
- $PWL = 10\log\frac{W}{W_0}$[dB]로 구한다. 여기서 W_0는 기준음향파워로 10^{-12}[W]이다.
- SPL은 $10\log\frac{W}{W_0} - 20\log r - 11$이므로 대입하면 $10\log(\frac{5}{10^{-12}}) - 20\log 45 - 11 = 82.9254\cdots$[dB]이다.

[정답] 82.93[dB]이다.

20 중량물 취급작업의 권고기준(RWL)의 관계식 및 그 인자를 쓰시오.(4점)

[2003/2302]

- RWL=23kg×HM×VM×DM×AM×FM×CM으로 구한다.
  이때 HM은 수평계수, VM은 수직계수, DM은 거리계수, AM은 비대칭계수, FM은 빈도계수, CM은 결합계수이다.

산 / 업 / 위 / 생 / 관 / 리 / 기 / 사 / 실 / 기

2023년 제3회

필답형 기출복원문제

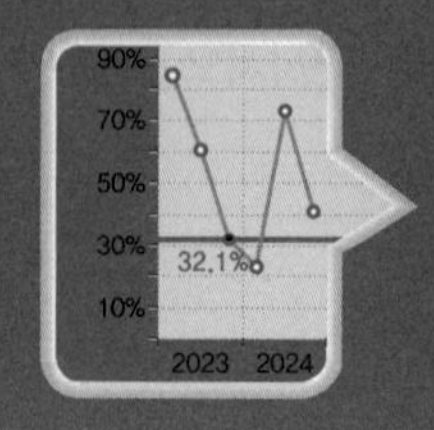

23년 3회차 실기시험

합격률 32.1%

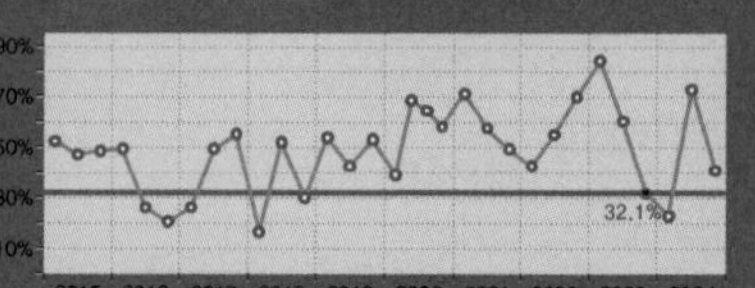

신규문제	7문항	중복문제	11문항

01

다음은 산업안전보건법상 근골격계부담작업에 대한 설명이다. ( ) 안을 채우시오.(4점) [2303]

가) 하루에 (①) 이상 집중적으로 자료입력 등을 위해 키보드 또는 마우스를 조작하는 작업
나) 하루에 총 (②) 이상 목, 어깨, 팔꿈치, 손목 또는 손을 사용하여 같은 동작을 반복하는 작업
다) 하루에 (③) 이상 (④) 이상의 물체를 드는 작업

① 4시간 ② 2시간 ③ 10회 ④ 25kg

02

산업안전보건법상 중대재해에 해당하는 3가지 기준을 쓰시오.(6점) [2303]

① 사망자가 1명 이상 발생한 재해
② 3개월 이상의 요양이 필요한 부상자가 동시에 2명 이상 발생한 재해
③ 부상자 또는 직업성 질병자가 동시에 10명 이상 발생한 재해

03

온도가 21℃, 1기압인 작업장의 선반제조 공정에서 선반을 에나멜에 담갔다가 건조시키는 작업이 있다. 이 공정의 온도는 100℃이고, 에나멜이 건조될 때 크실렌 1.6L/hr가 증발한다. 폭발방지를 위한 환기량 [m^3/min]은?(단, 크실렌의 LEL=0.95%, SG=0.88, MW=106, C=10)(6점) [0301/2303]

[계산식]

- 폭발방지 환기량(Q)$=\frac{24.1\times SG\times W\times C\times 10^2}{MW\times LEL\times B}$이다.
- 대입하면 $\frac{24.1\times 0.88\times\left(\frac{1.6}{60}\right)\times 10\times 10^2}{106\times 0.95\times 1.0}$이므로 표준공기 환기량은 5.62[$m^3$/min]이 된다.
- 공정의 온도를 보정해야하므로 $5.62\times\frac{273+100}{273+21}=7.130\cdots$[$m^3$/min]이다.

[정답] 7.13[m^3/min]이다.

■참고

① 온도가 주어지지 않으면 작업장 주위환경(외기온도)는 21℃로 가정하고 이때 공식의 분자에 몰부피 24.1을 곱한다. 만약 온도가 25℃로 주어질 경우 몰부피 24.1 대신 24.45를 곱한다.

0℃ 1기압에서의 1mol의 부피는 22.4L이므로 온도가 바뀔 경우 부피가 변화한다.
온도가 t℃일때의 몰부피는 $22.4 \times \frac{273+t}{273}$으로 구한다.

21℃, 1기압일 때의 몰부피	24.1L
25℃, 1기압일 때의 몰부피	24.45L

② 온도 상수 B는 공정의 온도가 100℃이므로 1.0이다.(온도상수 B는 공정의 온도가 120℃ 미만은 1.0이 되지만 그 이상의 온도일 경우 0.7을 적용한다)
③ SG는 물질의 비중
④ W는 인화물질 사용량 즉, 분당 건조량[L/mim]이 되어야 하므로 단위 변환함
⑤ C는 안전계수로 10이라는 의미는 LEL의 $\frac{1}{10}$을 유지한다는 의미이며, LEL의 25% 이하라고 한다면 $\frac{1}{4}$에 해당하므로 C가 4라는 의미이다.
⑥ MW는 인화물질의 분자량을 의미한다.

04 산업안전보건법에서 정하는 작업환경측정 대상 유해인자(분진)의 종류 7가지를 쓰시오.(7점) [2202/2303]

① 광물성 분진
② 곡물 분진
③ 면 분진
④ 목재 분진
⑤ 석면 분진
⑥ 용접 흄
⑦ 유리섬유

05 보건관리자로 선임가능한 사람을 3가지 적으시오.(6점) [2203/2303]

① 산업보건지도사 자격을 가진 사람
② 의사
③ 간호사
④ 산업위생관리산업기사 또는 대기환경산업기사 이상의 자격을 취득한 사람
⑤ 인간공학기사 이상의 자격을 취득한 사람
⑥ 전문대학 이상의 학교에서 산업보건 또는 산업위생 분야의 학위를 취득한 사람

▲ 해당 답안 중 3가지 선택 기재

06 다음 측정값의 산술평균과 기하평균을 구하시오.(6점)

[0601/1403/2303]

25, 28, 27, 64, 45, 52, 38, 58, 55, 42 (단위 : ppm)

[계산식]

- $x_1, x_2, \cdots, x_n$의 자료가 주어질 때 산술평균 M은 $\frac{x_1 + x_2 + \cdots + x_n}{N}$으로 구할 수 있다.
- $x_1, x_2, \cdots, x_n$의 자료가 주어질 때 기하평균 GM은 $\sqrt[n]{x_1 \times x_2 \times \cdots \times x_n}$으로 구하거나 $\log GM = \frac{\log X_1 + \log X_2 + \cdots + \log X_n}{N}$을 역대수를 취해서 구할 수 있다.
- 주어진 값을 대입하면 산술평균 $M = \frac{25 + 28 + \cdots + 42}{10} = \frac{434}{10} = 43.4$ppm이 된다.
- 주어진 값을 대입하면 $\log GM = \frac{\log 25 + \log 28 + \cdots + \log 42}{10} = \frac{16.1586\cdots}{10} = 1.6158\cdots$가 된다.
- 역대수를 구하면 $GM = 10^{1.6158} = 41.2857\cdots$ppm이 된다

[정답] ① 43.4[ppm]
② 41.29[ppm]

07 산업안전보건법상 휴게시설의 설치 및 관리기준으로 잘못 설명한 것을 쓰시오.(5점)

[2303]

① 휴게시설의 바닥면으로부터 천장까지의 높이는 모든 지점에서 2.1m 이상이어야 한다.
② 근로자들이 휴게시간에 이용이 편리하도록 작업장소와 가까운 곳에 설치해야 한다. 공동휴게시설은 각 사업장에서 휴게시설까지의 왕복 이동에 걸리는 시간이 휴식시간의 20%를 넘지 않는 곳에 위치해야 한다.
③ 적정한 온도(18℃~28℃)를 유지할 수 있는 냉난방 기능이 갖춰져 있어야 한다.
④ 적정한 밝기(50~100Lux)를 유지할 수 있는 조명조절 기능이 갖춰져 있어야 한다.
⑤ 가급적 소파, 등받이가 있는 의자, 탁자 등을 비치한다.

④ 적정한 밝기(100~200Lux)를 유지할 수 있는 조명조절 기능이 갖춰져 있어야 한다.

08 환기시스템의 제어풍속이 설계시보다 저하되어 후드쪽으로 흡인이 잘 안되는 후드의 성능불량 원인 3가지를 쓰시오.(6점)

[2303]

① 송풍기 성능 저하로 인한 송풍량 감소
② 후드 주변에 심한 난기류가 형성된 경우
③ 송풍관 내부에 분진이 과다하게 축적된 경우

09 덕트 내 공기유속을 피토관으로 측정한 결과 속도압이 $20mmH_2O$이었을 경우 덕트 내 유속(m/sec)을 구하시오.(단, 0℃, 1atm의 공기 비중량 1.3kg/m^3, 덕트 내부온도 320℃, 피토관 계수 0.96)(6점)

[1101/1602/2001/2303]

[계산식]

- 피토관의 유속 $V = C\sqrt{\frac{2g \times VP}{\gamma}}$ [m/sec]로 구한다.
- 0℃, 1기압에서 공기 비중이 1.3인데 덕트의 내부온도가 320℃이므로 이를 보정해줘야 한다. 공기의 비중은 절대온도에 반비례하므로 $1.3 \times \frac{273}{(273+320)} = 0.59848\cdots$이므로 대입하면

  피토관의 유속 $V = 0.96\sqrt{\frac{2 \times 9.8 \times 20}{0.59848}} = 24.5691\cdots$m/sec이다.

[정답] 24.57[m/sec]

10 공기 중 입자상 물질이 여과지에 채취되는 다음 작용기전(포집원리)에 따른 영향인자를 각각 2가지씩 쓰시오.(6점)

[2303]

가) 직접차단(간섭)
나) 관성충돌
다) 확산

가) ① 입자의 크기
② 여과지 기공 크기
③ 섬유의 직경
④ 여과지의 고형성

나) ① 입자의 크기
② 여과지 기공 크기
③ 섬유의 직경
④ 입자의 밀도

다) ① 입자의 크기
② 여과지 기공 크기
③ 섬유의 직경
④ 입자의 밀도

▲ 해당 답안 중 2가지씩 선택 기재

※ 각 작용기전에 미치는 영향인자는 입자의 크기, 여과지 기공 크기, 섬유의 직경은 공통사항이다.

11 ( ) 안에 알맞은 용어를 쓰시오.(3점)

[0803/1403/2303]

> 화학적 인자의 가스, 증기, 분진, 흄(Fume), 미스트(mist) 등의 농도는 (①)으로 표시한다. 다만, 석면의 농도 표시는 (②)로 표시한다. 고열(복사열 포함)의 측정단위는 습구 · 흑구온도지수(WBGT)를 구하여 (③)로 표시한다.

① ppm 또는 mg/m^3　　② 개$/m^3$　　③ ℃

12 인간이 활동하기 가장 좋은 상태의 온열조건으로 환경온도를 감각온도로 표시한 것을 지적온도라고 한다. 지적온도에 영향을 미치는 요인을 5가지 쓰시오.(5점)

[2004/2303]

① 작업량　　② 계절　　③ 음식물

④ 연령　　⑤ 성별

13 입자상 물질의 물리적 직경 3가지를 간단히 설명하시오.(6점)

[0301/0302/0403/0602/0701/0803/0903/1201/1301/1703/1901/2001/2003/2101/2103/2301/2303]

① 마틴 직경 : 먼지의 면적을 2등분하는 선의 길이로 선의 방향은 항상 일정하여야 하며, 과소평가할 수 있는 단점이 있다.

② 페렛 직경 : 먼지의 한쪽 끝 가장자리와 다른쪽 가장자리 사이의 거리로 과대평가될 가능성이 있는 입자성 물질의 직경이다.

③ 등면적 직경 : 먼지의 면적과 동일한 면적을 가진 원의 직경으로 가장 정확한 직경이며, 측정은 현미경 접안경에 Porton Reticle을 삽입하여 측정한다.

14 입자상 물질의 채취기구인 직경분립충돌기(Cascade impactor)의 장점과 단점을 각각 2가지씩 기술하시오.(4점)

[0701/1003/1302/2303]

가) 장점

① 입자의 질량크기 분포를 얻을 수 있다.

② 호흡기의 부분별로 침착된 입자크기의 자료를 추정할 수 있다.

③ 입자의 크기별 분포와 농도를 계산할 수 있다.

나) 단점

① 시료채취가 까다로워 전문가가 측정해야 한다.

② 시간이 길고 비용이 많이 든다.

③ 되튐으로 인한 시료의 손실이 발생해 과소분석 결과를 초래할 수 있다.

▲ 해당 답안 중 각각 2가지 선택 기재

15 **유해가스를 처리하기 위한 흡착법 중에서 물리적 흡착법의 특징을 3가지 쓰시오.(6점)** [2303]

① 반데르발스 결합력(Van der Waals force, 분자간의 힘)에 의해 흡착된다.
② 흡착열이 4 ~ 25kJ/mol로 낮고 흡착온도가 저온이다.
③ 활성화 에너지가 필요없다.
④ 가역적 결합으로 이후 원상태로 돌아온다.
⑤ 다층 결합이다.

16 **국소배기장치에서 사용하는 70° 곡관의 직경(d) 20cm, 곡관의 중심선 반경(r) 50cm이다. 관내의 풍속이 20m/sec일 때 다음 표를 참고하여 70° 곡관의 압력손실을 구하시오.(단, 공기의 비중량은 1.2kgf/m^3, 중력 가속도는 9.81m/s^2)(6점)** [0902/2303]

원형곡관의 압력손실계수	
반경비	압력손실계수
1.50	0.39
1.75	0.32
2.00	0.27
2.25	0.26
2.50	0.22

[계산식]

- 원형곡관의 압력손실계수가 주어질 때 압력손실 $\Delta = \xi \times VP[mmH_2O]$로 구한다.
- 공기비중이 주어졌으므로 $VP = \frac{\gamma \times V^2}{2g} = \frac{1.2 \times 20^2}{2 \times 9.81} = 24.4648 \cdots mmH_2O$이다.
- 곡률반경비는 $\frac{반경}{직경}$이므로 $\frac{50}{20} = 2.5$이고, 이는 위의 표에서 압력손실계수(ξ)가 0.22라는 것을 의미한다.
- 대입하면 압력손실 $\Delta = (0.22 \times 24.46 \cdots \times \frac{70°}{90°}) = 4.185 \cdots [mmH_2O]$이 된다.

[정답] 4.19mmH_2O이다.

17 오염원으로부터 약 0.5m 떨어진 위치에 가로, 세로 각각 1m인 플랜지 부착된 정사각형 후드를 설치하려고 한다. 제어속도가 2.5m/sec일 때 유량(m^3/min)을 구하시오.(6점) [0802/2303]

[계산식]

- 플랜지 있는 자유공간의 외부식 후드의 환기량 $Q=60\times0.75\times V_c(10X^2+A)[m^3/\text{min}]$으로 구한다.
- 대입하면 $Q=60\times0.75\times2.5(10\times0.5^2+1.0)=393.75\,m^3/\text{min}$이다.

[정답] $393.75m^3/\text{min}$이다.

18 다음 분진에 노출될 경우 우려되는 진폐증의 명칭을 쓰시오.(6점) [2303]

① 유리규산	② 석면 분진	③ 석탄

① 규폐증
② 석면폐증
③ 석탄광부폐증

2024년 제1회

필답형 기출복원문제

24년 1회차 실기시험
합격률 23.2%

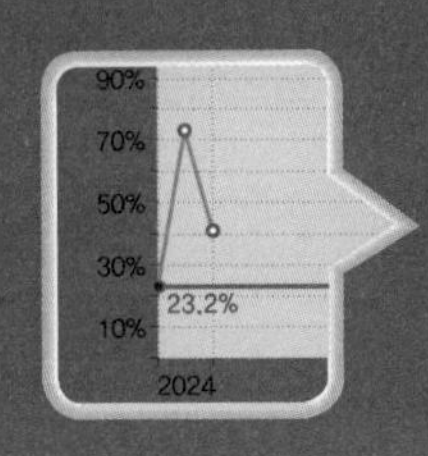

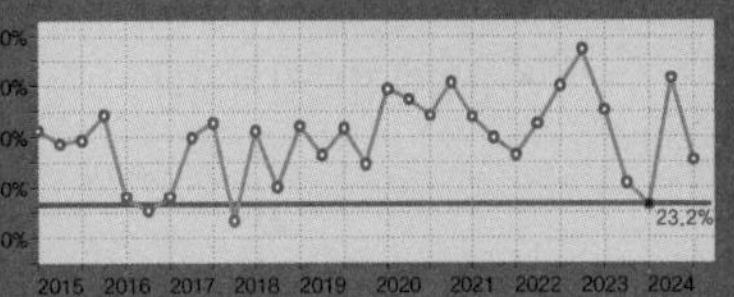

신규문제	6문항	중복문제	14문항

01 세정집진장치의 집진원리를 4가지 쓰시오.(4점) [1003/2004/2401]

① 액적, 액막과 입자의 관성충돌을 통한 부착
② 미립자의 확산에 의한 액방울의 부착
③ 입자를 핵으로 한 증기의 응결에 따라서 응집성 촉진
④ 액막 및 기포에 입자가 접촉하여 부착
⑤ 가스의 증습으로 입자의 응집성 촉진

▲ 해당 답안 중 4가지 선택 기재

02 유해물질의 독성을 결정하는 인자를 5가지 쓰시오.(5점) [0703/1902/2103/2401]

① 농도
② 작업강도
③ 개인의 감수성
④ 기상조건
⑤ 폭로시간

03 산업안전보건법에서 사업주는 근로자가 허가대상 유해물질을 제조하거나 사용하는 경우 근로자에게 주지해야 하는데 주지해야 할 사항을 3가지 쓰시오.(단, 그밖에 근로자의 건강장해 예방에 관한 사항은 제외)(6점) [1803/2302/2401/2402]

① 물리적 · 화학적 특성
② 발암성 등 인체에 미치는 영향과 증상
③ 취급상의 주의사항
④ 착용하여야 할 보호구와 착용방법
⑤ 위급상황 시의 대처방법과 응급조치 요령

▲ 해당 답안 중 3가지 선택 기재

04 산업안전보건법상 사업장의 안전 및 보건에 관한 중요사항을 심의 · 의결하기 위해 사업장에 근로자위원과 사용자위원이 동일한 수로 구성되는 회의체를 쓰시오.(5점) [2401/2403]

• 산업안전보건위원회

05 산업안전보건법상 관리감독자에게 안전 및 보건에 관하여 지도 및 조언을 할 수 있는 자격 2가지를 쓰시오. [예) 안전보건관리책임자](5점) [2401]

① 안전관리자
② 보건관리자
③ 안전보건관리담당자
④ 해당 업무를 위탁받은 안전관리전문기관 또는 보건관리전문기관

▲ 해당 답안 중 2가지 선택 기재

06 다음은 산업안전보건법에서 정의한 특수건강진단 등에 대한 설명이다. 빈칸을 채우시오.(6점) [2401]

> • 사업주는 특수건강진단대상업무에 종사할 근로자의 배치 예정 업무에 대한 적합성 평가를 위하여 (①)을 실시하여야 한다. 다만, 고용노동부령으로 정하는 근로자에 대해서는 (①)을 실시하지 아니할 수 있다.
> • 사업주는 특수건강진단대상업무에 따른 유해인자로 인한 것이라고 의심되는 건강장해 증상을 보이거나 의학적 소견이 있는 근로자 중 보건관리자 등이 사업주에게 건강진단 실시를 건의하는 등 고용노동부령으로 정하는 근로자에 대하여 (②)을 실시하여야 한다.
> • 고용노동부장관은 같은 유해인자에 노출되는 근로자들에게 유사한 질병의 증상이 발생한 경우 등 고용노동부령으로 정하는 경우에는 근로자의 건강을 보호하기 위하여 사업주에게 특정 근로자에 대한 (③)의 실시나 작업전환, 그 밖에 필요한 조치를 명할 수 있다.

① 배치전건강진단
② 수시건강진단
③ 임시건강진단

07 **다음은 중량의 표시 등에 대한 산업안전보건법상의 설명이다. 빈칸을 채우시오.(3점)** [2401]

> 사업주는 근로자가 5킬로그램 이상의 중량물을 인력으로 들어 올리는 작업을 하는 경우에 다음 각 호의 조치를 해야 한다.
> 1. 주로 취급하는 물품에 대하여 근로자가 쉽게 알 수 있도록 물품의 (①)과 (②)에 대하여 작업장 주변에 안내표시를 할 것
> 2. 취급하기 곤란한 물품은 손잡이를 붙이거나 갈고리, 진공빨판 등 적절한 보조도구를 활용할 것

① 중량
② 무게중심

08 **산업안전보건법상 혈액노출과 관련된 사고가 발생한 경우에 사업주가 조사하고 기록하여 보존하여야 하는 사항을 3가지 쓰시오.(5점)** [2401]

① 노출자의 인적사항
② 노출 현황
③ 노출 원인제공자(환자)의 상태
④ 노출자의 처치 내용
⑤ 노출자의 검사 결과

▲해당 답안 중 3가지 선택 기재

09 **크실렌과 톨루엔의 뇨 중 대사산물을 쓰시오.(4점)** [0803/2401]

① 크실렌 : 메틸마뇨산
② 톨루엔 : o-크레졸

10 6가 크롬 채취와 분석에 대한 다음 물음에 답하시오.(6점) [2401]

가) 채취여과지의 종류
나) 분석기기

가) PVC 여과지
나)
① 전도도검출기
② 분광검출기
③ 이온크로마토그래프

11 다음은 위험성 감소대책 수립 및 실시에 관한 내용이다. 각 호의 실행 순서를 나열하시오.(6점) [2401]

㉠ 위험성 요인의 제거
㉡ 관리적 대책
㉢ 공학적 대책
㉣ 보호구의 사용

• ㉠-㉢-㉡-㉣

12 재순환 공기의 CO_2 농도는 650ppm이고, 급기의 CO_2 농도는 450ppm이다. 외부의 CO_2농도가 300ppm일 때 급기 중 외부공기 포함량(%)을 계산하시오.(5점) [0901/2101/2401]

[계산식]
• 급기 중 외부공기의 함량은 1- 급기 중 재순환량이며, 급기 중 재순환량은 $\frac{\text{급기공기 중 } CO_2\text{농도} - \text{외부공기중 } CO_2 \text{ 농도}}{\text{재순환공기 중 } CO_2 \text{ 농도} - \text{외부공기중 } CO_2 \text{ 농도}}$로 구한다.
• 대입하면 급기 중 재순환량은 $\frac{450-300}{650-300} = \frac{150}{350} = 0.42857\cdots$이다.
• 급기 중 외부공기 포함량은 (100%−급기 재순환량)이므로 100−42.86=57.14%이다.
[정답] 57.14[%]

13 작업장 내 열부하량은 15,000kcal/h이다. 외기온도는 20℃이고, 작업장 온도는 30℃일 때 전체환기를 위한 필요환기량(m^3/min)이 얼마인지 구하시오.(5점)

[1803/2401]

[계산식]

- 발열 시 방열을 위한 필요환기량 $Q(m^3/h) = \frac{H_s}{0.3 TRIANGLEt}$ 로 구한다.
- 대입하면 방열을 위한 필요환기량 $Q = \frac{15,000}{0.3 \times (30-20)} = 5,000 m^3/h$이다. 분당의 필요환기량을 구하고 있으므로 60으로 나눠주면 83.333m^3/min이 된다.

[정답] 83.33[m^3/min]

14 표준공기가 흐르고 있는 덕트의 Reynold 수가 3.8×10^4일 때, 덕트관 내 유속은?(단, 공기동점성계수 γ = 0.1501cm^2/sec, 직경은 60mm)

[0403/1702/2401]

[계산식]

- 레이놀즈수(Re) $= \left(\frac{v_s L}{\nu}\right)$이므로 이를 속도에 관한 식으로 풀면 $v_s = \frac{Re \times \nu}{L}$으로 속도를 구할 수 있다.
- 동점성계수의 단위를 m^2/s으로 변환하면 0.1501×10^{-4}이고 직경은 0.06m가 된다.
- 대입하면 유속 $v_s = \frac{3.8 \times 10^4 \times 0.1501 \times 10^{-4}}{0.06} = 9.506 \cdots$m/sec가 된다.

[정답] 9.51[m/sec]

15 50℃, 800mmHg인 상태에서 632L인 $C_5H_8O_2$가 80mg이 있다. 온도 21℃, 1기압인 상태에서의 농도(ppm)를 구하시오.(6점)

[0903/1102/1302/1903/2401]

[계산식]

- 보일-샤를의 법칙은 기체의 압력과 온도가 변화할 때 기체의 부피는 절대온도에 비례하고 압력에 반비례하므로 $\frac{P_1 V_1}{T_1} = \frac{P_2 V_2}{T_2}$가 성립한다.
- 여기서 V_2를 구하는 것이므로 $V_2 = \frac{P_1 V_1 T_2}{T_1 P_2}$이다. 대입하면 $V_2 = \frac{800 \times (273+21) \times 632}{760 \times (273+50)} = 605.5336 \cdots$L가 된다.
- 농도[mg/m^3]를 구하면 $\frac{80mg}{605.5336L \times mg/1,000L} = 132.1148 \cdots mg/m^3$이다. $C_5H_8O_2$의 분자량은 100이므로 ppm으로 변환하면 $132.1148 mg/m^3 \times \frac{24.1}{100} = 31.8396 \cdots$ppm이 된다.

[정답] 31.84[ppm]

16 총 흡음량이 2,000sabins인 작업장에 1,500sabins를 더할 경우 실내소음 저감량(dB)을 구하시오.(5점)

[0503/1001/1002/1201/1702/2301/2401]

[계산식]

- 흡음에 의한 소음감소량 $NR = 10\log\frac{A_2}{A_1}$[dB]으로 구한다.
- 흡음에 의한 소음감소량 $NR = 10\log\frac{3,500}{2,000} = 2.4303\cdots$dB이 된다.

[정답] 2.43[dB]

17 TCE(분자량 131.39)에 노출되는 근로자의 노출농도를 측정하려고 한다. 과거농도는 50ppm이었다. 활성탄으로 0.15L/min으로 채취할 때 최소 소요시간(min)을 구하시오.(단, 정량한계(LOQ)는 0.5mg이고, 25℃, 1기압 기준)(5분)

[0903/2002/2401]

[계산식]

- 정량한계와 구해진 과거농도[mg/m^3]로 최소채취량[L]을 구한 후 이를 분당채취유량으로 나눠 채취 최소시간을 구한다.
- 과거농도가 ppm으로 되어있으므로 이를 mg/m^3으로 변환하려면 $\frac{분자량}{부피}$을 곱해서 변환한다.

$50 \times \frac{131.39}{24.45} = 268.691\cdots$[mg/$m^3$]이다.

- 정량한계(LOQ)인 0.5mg을 채취하기 위해서 채취해야 될 공기채취량(ℓ)은 $\frac{0.5mg}{268.69mg/m^3} = 0.00186m^3 = 1.86L$이다.
- 0.15L를 채취하기 위한 시간은 $\frac{1.86}{0.15} = 12.4$[min]이다.

[정답] 12.4분이다.

18 **작업장 내에서 톨루엔(분자량 92.13, 노출기준 100ppm)을 시간당 100g씩 사용하는 작업장에 전체환기시설을 설치 시 톨루엔의 시간당 발생률(L/hr)을 구하시오.(18℃ 1기압 기준)(5점)** [1803/2401]

[계산식]

- 공기 중에 계속 오염물질이 발생하고 있는 경우의 필요환기량 $Q=\frac{G\times K}{TLV}$로 구하는데 톨루엔의 발생량을 구하는 문제이므로 $G=\frac{Q\times TLV}{K}$로 구한다. K가 주어지지 않았으므로 G=Q × TLV가 된다.
- 18℃, 1기압에서의 기체의 몰당 부피는 $22.4\times\frac{273+18}{273}=23.877$L이다.
- 분자량이 92.13인 톨루엔을 시간당 100g을 사용하고 있으므로 기체의 발생률 $G=\frac{23.877\times 100}{92.13}=25.9166\cdots$L/hr 이다.(몰당 발생하는 기체이므로 몰질량 92.13을 나눠줘야 한다)

[정답] 25.92[L/hr]

19 **다음 조건에서 덕트 내 반송속도(m/sec)와 공기유량(m^3/min)을 구하시오.(6점)** [1301/1402/1602/2401]

- 한 변이 0.3m인 정사각형 덕트
- 덕트 내 정압 30mmH_2O, 전압 45mmH_2O

[계산식]

- 전압=정압+속도압이다.
- 풍량 Q=A×V로 구할 수 있다.
- 전압과 정압이 주어졌으므로 속도압=45 - 30=15mmH_2O이다.
- 공기비중이 주어지지 않았으므로 $V=4.043\sqrt{VP}$에대입하면 $V=4.043\times\sqrt{15}=15.65847\cdots$m/sec이다.
- 대입하면 풍량 Q=0.3×0.3×15.6584⋯×60=84.5557⋯m^3/min이 된다.

[정답] ① 반송속도는 15.66[m/sec] ② 공기유량은 84.56[m^3/min]

20 다음 표를 보고 노출초과 여부를 판단하시오.[단, 톨루엔(분자량 92.13, TLV=100ppm), 크실렌(분자량 106, TLV=100ppm)이다](6점)

[0303/2103/2401]

물질	톨루엔	크실렌	시간	유량
시료1	3.2mg	6.4mg	08:15~12:15	0.18L/min
시료2	5.2mg	11.5mg	13:30~17:30	0.18L/min

[계산식]

• 먼저 시료1과 시료2에서의 톨루엔과 크실렌의 노출량을 TLV와 비교하기 위해 ppm 단위로 구해야 한다.

가)

• 톨루엔의 노출량 $= \frac{3.2mg}{0.18L/\text{min} \times 240\text{min}} = 0.074074 \cdots$ mg/L이고 mg/m^3으로 변환하려면 1,000을 곱해준다. 계산하면 74.07mg/m^3이다. 온도가 주어지지 않았으므로 ppm으로 변환하려면 $\frac{22.4}{92.13}$를 곱하면 18.01ppm이 된다.

• 크실렌의 노출량 $= \frac{6.4mg}{0.18L/\text{min} \times 240\text{min}} = 0.148148 \cdots$ mg/L이고 mg/m^3으로 변환하려면 1,000을 곱해준다. 계산하면 148.15mg/m^3이다. 온도가 주어지지 않았으므로 ppm으로 변환하려면 $\frac{22.4}{106}$를 곱하면 31.31ppm이 된다.

나)

• 톨루엔의 노출량 $= \frac{5.2mg}{0.18L/\text{min} \times 240\text{min}} = 0.120370 \cdots$ mg/L이고 mg/m^3으로 변환하려면 1,000을 곱해준다. 계산하면 120.37mg/m^3이다. 온도가 주어지지 않았으므로 ppm으로 변환하려면 $\frac{22.4}{92.13}$를 곱하면 29.27ppm이 된다.

• 크실렌의 노출량 $= \frac{11.5mg}{0.18L/\text{min} \times 240\text{min}} = 0.266203 \cdots$ mg/L이고 mg/m^3으로 변환하려면 1,000을 곱해준다. 계산하면 266.20mg/m^3이다. 온도가 주어지지 않았으므로 ppm으로 변환하려면 $\frac{22.4}{106}$를 곱하면 56.25ppm이 된다.

[정답]

• 시료 1의 노출지수를 구하기 위해 대입하면 $\frac{18.01}{100} + \frac{31.31}{100} = \frac{49.32}{100} = 0.4932$로 1을 넘지 않았으므로 노출기준 미만이다.

• 시료 2의 노출지수를 구하기 위해 대입하면 $\frac{29.27}{100} + \frac{56.25}{100} = \frac{85.52}{100} = 0.8552$로 1을 넘지 않았으므로 노출기준 미만이다.

산 / 업 / 위 / 생 / 관 / 리 / 기 / 사 / 실 / 기

2024년 제2회

필답형 기출복원문제

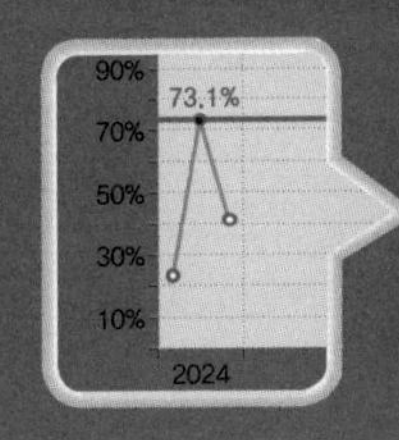

24년 2회차 실기시험

합격률 73.1%

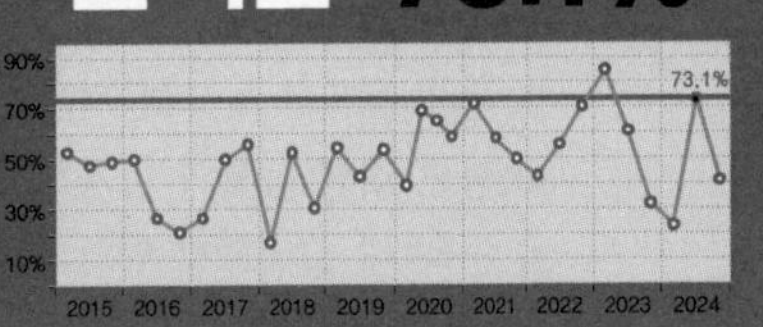

신규문제	5문항	중복문제	15문항

01 금속흄과 같은 열적으로 생기는 분진이 발생하는 장소에서 착용해야 할 방진마스크의 등급을 쓰시오.(5점)

[2402]

- 1급 (방진마스크)

02 휘발성 유기화합물(VOCs)을 처리하는 방법 2가지와 특징을 각각 2가지씩 쓰시오.(4점)

[1103/1803/2101/2102/2402]

가) 불꽃연소법
  ① 시스템이 간단하고 보수가 용이하다.
  ② 연소온도가 높아 보조연료의 비용이 많이 소모된다.

나) 촉매연소법
  ① 저온에서 처리하므로 보조연료의 비용이 적게 소모된다.
  ② VOC 농도가 낮은 경우에 주로 사용한다.

03 먼지의 공기역학적 직경의 정의를 쓰시오.(4점)

[0603/0703/0901/1101/1402/1701/1803/1903/2302/2402]

- 공기역학적 직경이란 대상 먼지와 침강속도가 같고, 밀도가 1이며 구형인 먼지의 직경으로 환산하여 표현하는 입자상 물질의 직경으로 입자의 공기중 운동이나 호흡기 내의 침착기전을 설명할 때 유용하게 사용된다.

04 산업피로의 생리적 원인을 3가지 쓰시오.(4점) [2402]

① 산소공급 부족
② 혈중 포도당 농도의 저하
③ 혈중 젖산 농도의 증가
④ 근육 내 글리코겐 양의 감소
▲ 해당 답안 중 3가지 선택 기재

05 다음은 산업안전보건법상 근골격계부담작업에 대한 설명이다. ( ) 안을 채우시오.(4점) [2303/2402]

가) 하루에 (①) 이상 집중적으로 자료입력 등을 위해 키보드 또는 마우스를 조작하는 작업
나) 하루에 총 (②) 이상 목, 어깨, 팔꿈치, 손목 또는 손을 사용하여 같은 동작을 반복하는 작업
다) 하루에 총 (③) 이상 쪼그리고 앉거나 무릎을 굽힌 자세에서 이루어지는 작업
라) 하루에 총 2시간 이상 지지되지 않은 상태에서 (④) 이상의 물건을 한 손으로 들거나 동일한 힘으로 쥐는 작업
마) 하루에 (⑤) 이상 25kg 이상의 물체를 드는 작업

① 4시간 ② 2시간 ③ 2시간
④ 4.5kg ⑤ 10회

06 관리대상 유해물질을 취급하는 작업에 근로자를 종사하도록 하는 경우 근로자를 작업에 배치하기 전 사업주가 근로자에게 알려야 하는 사항을 3가지 쓰시오.(6점) [1803/2302/2401/2402]

① 관리대상 유해물질의 명칭 및 물리 · 화학적 특성
② 인체에 미치는 영향과 증상
③ 취급상의 주의사항
④ 착용하여야 할 보호구와 착용방법
⑤ 위급상황 시의 대처방법과 응급조치 요령
⑥ 그 밖에 근로자의 건강장해 예방에 관한 사항
▲ 해당 답안 중 3가지 선택 기재

07 다음은 노동부 고시, 사무실 공기관리지침에 관한 설명이다. 빈칸을 채우시오.(6점) [1703/2001/2003/2402]

- 공기정화시설을 갖춘 사무실에서 근로자 1인당 필요한 최소 외기량은 분당 0.57세제곱미터 이상이며, 환기횟수는 시간당 (①) 이상으로 한다.
- 공기의 측정시료는 사무실 안에서 공기질이 가장 나쁠 것으로 예상되는 (②)곳 이상에서 채취하고, 측정은 사무실 바닥면으로부터 0.9미터 이상 1.5미터 이하의 높이에서 한다. 다만, 사무실 면적이 500제곱미터를 초과하는 경우에는 500제곱미터마다 1곳씩 추가하여 채취한다.
- 일산화탄소(CO)의 측정시기는 연 1회 이상이고, 시료채취시간은 업무시작 후 1시간 전후 및 업무 종료 전 1시간 전후에 각각 (③)간 측정을 실시한다.

① 4회 ② 2 ③ 10분

08 산업안전보건법상 산업재해가 발생했을 때 사업주가 기록 · 보존해야 하는 사항을 3가지 쓰시오.(5점) [2402]

① 사업장의 개요 및 근로자의 인적사항
② 재해 발생의 일시 및 장소
③ 재해 발생의 원인 및 과정
④ 재해 재발방지 계획

▲ 해당 답안 중 3가지 선택 기재

09 중금속 중 납 흄의 분석시 시료채취에 사용되는 여과지의 종류 1가지와 여과지를 사용하는 이유 2가지를 각각 쓰시오.(5점) [2402]

가) 여과지
① MCE 여과지
② PVC 여과지

▲ 해당 답안 중 1가지 선택 기재

나) 여과지 사용 이유
① 산에 쉽게 용해되어 분석 시 방해물이 거의 없기 때문
② 여과지 기공의 크기가 작아 금속 흄 등의 채취가 가능하기 때문

10 산업안전보건법상 안전보건교육기관에서 직무와 관련한 안전보건교육을 받아야 하는 사람을 다음 보기에서 모두 고르시오.(5점) [2402]

㉠ 사업주
㉡ 안전관리자
㉢ 보건관리자
㉣ 안전보건관리담당자

• ㉡, ㉢, ㉣

11 개인보호구의 선정조건 4가지를 쓰시오.(4점) [2202/2402]

① 착용이 간편해야 한다.
② 작업에 방해가 되지 않아야 한다.
③ 유해 · 위험요소에 대한 방호성능이 충분해야 한다.
④ 재료의 품질이 우수해야 한다.
⑤ 구조 및 표면 가공성이 좋아야 한다.

▲ 해당 답안 중 4가지 선택 기재

12 시료채취 전 여과지의 무게가 20.0mg, 채취 후 여과지의 무게가 25mg이었다. 시료포집을 위한 펌프의 공기량은 800L이었다면 공기 중 분진의 농도(mg/m^3)를 구하시오.(5점) [0901/1802/2402/2403]

[계산식]

• 농도(mg/m^3) $= \frac{\text{시료채취 후 여과지 무게-시료채취 전 여과지 무게}}{\text{공기채취량}}$로 구한다.

• 공기량 800L는 $0.8m^3$이므로 대입하면 $\frac{25-20.0}{0.8} = 6.25mg/m^3$이다.

[정답] 6.25[mg/m^3]

13 에틸벤젠(TLV : 100ppm) 작업을 1일 10시간 수행한다. 보정된 허용농도를 구하시오.(단, Brief와 Scala의 보정방법을 적용하시오)(5점) [0303/0802/0803/1603/2003/2402]

[계산식]

- 보정계수 $RF=\left(\frac{8}{H}\right)\times\left(\frac{24-H}{16}\right)$로 구하고 이를 주어진 TLV값에 곱해서 보정된 노출기준을 구한다.
- 주어진 값을 대입하면 $\text{RF}=\left(\frac{8}{10}\right)\times\frac{24-10}{16}=0.7$이다.
- 보정된 허용농도는 $\text{TLV}\times\text{RF}=100\text{ppm}\times0.7=70\text{ppm}$이다.

[정답] 70[ppm]

14 벤젠을 1일 8시간 취급하는 작업장에서 실제 작업시간은 오전 3시간(노출량 60ppm), 오후 4시간(노출량 45ppm)이다. TWA를 구하고, 허용기준을 초과했는지 여부를 판단하시오.(단, 벤젠의 TLV는 50ppm이다)(6점) [1102/1302/1801/2002/2402]

[계산식]

- 시간가중평균노출기준 TWA는 1일 8시간의 평균 농도로 $\frac{C_1T_1+C_2T_2+\cdots+C_nT_n}{8}$[ppm]로 구한다.
- 주어진 값을 대입하면 $\text{TWA}=\frac{(3\times60)+(4\times45)}{8}=45\text{ppm}$이다.
- TLV가 50ppm이므로 허용기준 아래로 초과하지 않는다.

[정답] TWA는 45[ppm]으로 허용기준을 초과하지 않는다.

15 노출인년은 조사근로자를 1년동안 관찰한 수치로 환산한 것이다. 다음 근로자들의 조사년한을 노출인년으로 환산하시오.(5점) [1302/1901/2402]

- 6개월 동안 노출된 근로자의 수 : 6명
- 1년 동안 노출된 근로자의 수 : 14명
- 3년 동안 노출된 근로자의 수 : 10명

[계산식]

- $\text{노출인년}=\sum\left[\text{조사인원}\times\left(\frac{\text{조사기간 : 월}}{12}\right)\right]$으로 구한다.
- 대입하면 $\text{노출인년}=\left[6\times\left(\frac{6}{12}\right)\right]+\left[14\times\left(\frac{12}{12}\right)\right]+\left[10\times\left(\frac{36}{12}\right)\right]=47\text{인년}$이다.

[정답] 47[인년]

16 어느 작업장의 음압수준이 95dB(A)이고 근로자는 차음평가수(NRR)가 18인 귀덮개를 착용 하고 있다. 미국 OSHA의 계산 방법을 활용하여 근로자가 노출되는 음압수준을 구하시오.(4점) [0701/2402]

[계산식]

- OSHA의 차음효과는 (NRR−7)×50%[dB](A)로 구한다. 이때, NRR(Noise Reduction Rating)은 차음평가수를 의미한다.
- 주어진 값을 대입하면 (18−7)×50%[dB]=5.5[dB](A)이다.
- 음압수준=95−차음효과=95−5.5=89.5dB(A)이다.

[정답] 89.5[dB(A)]이다.

17 사염화탄소 7,500ppm이 공기중에 존재할 때 공기와 사염화탄소의 유효비중을 소수점 아래 넷째자리까지 구하시오.(단, 공기비중 1.0, 사염화탄소 비중 5.7)(4점) [0602/1001/1503/1802/2101/2402]

[계산식]

- 유효비중은 $\frac{(\text{농도}\times\text{비중})+(10^6-\text{농도})\times\text{공기비중}(1.0)}{10^6}$으로 구한다.
- 대입하면 $\frac{(7{,}500\times5.7)+(10^6-7{,}500)\times1.0}{10^6}=1.03525$가 된다.

[정답] 1.0353

18 어떤 작업장에서 분진의 입경이 10μm, 밀도 1.4g/cm^3 입자의 침강속도(cm/sec)를 구하시오.(단, 공기의 점성계수는 1.78×10^{-4}g/cm · sec, 중력가속도는 980cm/sec^2, 공기밀도는 0.0012g/cm^3이다)(5점) [1502/2402]

[계산식]

- 입경, 비중 외에 중력가속도, 공기밀도, 점성계수 등이 주어졌으므로 스토크스의 침강속도 식을 이용해서 침강속도를 구하는 문제이다.
- 스토크스의 침강속도 $V=\frac{g\cdot d^2(\rho_1-\rho)}{18\mu}$으로 구한다.
- 대입하면 침강속도 $V=\frac{980cm/sec^2\times(10\times10^{-4})^2(1.4-0.0012)g/cm^3}{18\times1.78\times10^{-4}g/cm\cdot sec}=0.4278\cdots$cm/sec이다.

[정답] 0.43[cm/sec]

19 **유입손실계수 0.70인 원형후드의 직경이 20cm이며, 유량이 60m^3/min인 후드의 정압을 구하시오.(단, 21도 1기압 기준)(5점)** [0702/1303/1902/2101/2402]

[계산식]

- 속도압(VP)과 유입손실계수(F)가 있으면 후드의 정압을 구할 수 있다.
- 유량이 60m^3/min이므로 1m^3/sec이므로 $Q = A \times V$이므로 $V = \frac{Q}{A} = \frac{1m^3/sec}{\frac{3.14 \times 0.2^2}{4}} = 31.8471 \cdots$m/sec이다.
- $VP = \left(\frac{V}{4.043}\right)^2$이므로 대입하면 $\left(\frac{31.8471}{4.043}\right)^2 = 62.0487 \cdots mmH_2O$가 된다.
- 정압(SP_h)=62.05(1+0.7)=105.485mmH_2O가 된다. 정압은 음수(-)이므로 -105.485mmH_2O이다.

[정답] -105.49[mmH_2O]

20 **장방형 덕트의 단변이 0.3m, 장변이 0.7m, 길이 5m, 송풍량이 240m^3/min일 경우 압력손실은?(단, 마찰계수(λ)는 0.019, 공기밀도는 1.2kgf/m^3)(5점)** [0602/2402]

[계산식]

- 압력손실 $TRIANGLEP = \left(4 \times f \times \frac{L}{D}\right) \times VP$로 구한다. 여기서 $4 \times f$는 관마찰계수이다.
- 직경 D는 상당직경 $\frac{2ab}{a+b} = \frac{2 \times 0.21}{(0.7+0.3)} = 0.42$m이다.
- VP를 구하기 위해 Q=A×V에서 $V = \frac{Q}{A}$이므로 $\frac{240}{0.7 \times 0.3} = 1142.857 \cdots m/\min$이고 이는 19.05m/sec가 된다.

  $VP = \left(\frac{V}{4.043}\right)^2$으로 구하므로 대입하면 $VP = \left(\frac{19.05}{4.043}\right)^2 = 22.2015 \cdots mmH_2O$이다.
- 압력손실 $TRIANGLEP = \left(0.019 \times \frac{5}{0.42}\right) \times 22.20 = 5.0214 \cdots mmH_2O$이다.

[정답] 5.02mmH_2O이다.

2024년 제3회

필답형 기출복원문제

24년 3회차 실기시험

합격률 41.2%

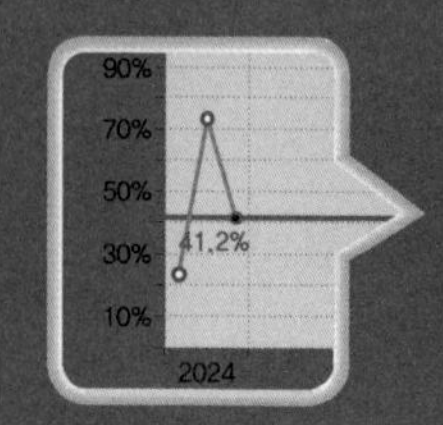

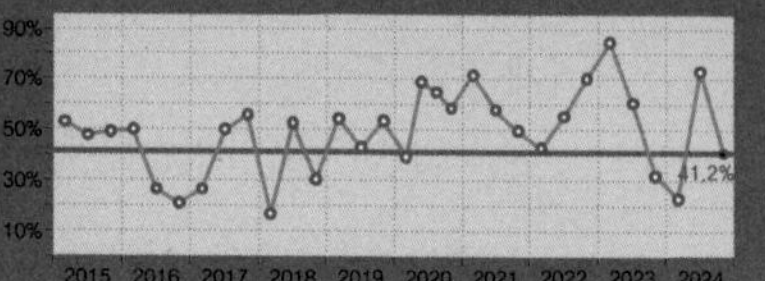

신규문제	8문항	중복문제	12문항

01 다음은 국소배기장치를 설치한 후 처음으로 사용하는 경우 또는 국소배기장치를 분해하여 개조하거나 수리한 후 처음으로 사용하는 경우 사업주의 점검사항에 대한 설명이다. 빈칸을 채우시오.(단, 그 밖에 국소배기장치의 성능을 유지하기 위하여 필요한 사항은 제외한다)(6점) [2102/2403]

- 덕트 접속부가 헐거워졌는지 여부
- (①)
- (②)

① 덕트와 배풍기의 분진 상태 ② 흡기 및 배기 능력

02 다음 그림의 ( ) 안에 알맞은 입자 크기별 포집기전을 각각 한가지씩 쓰시오.(3점)

[0303/1101/1303/1401/1803/2403]

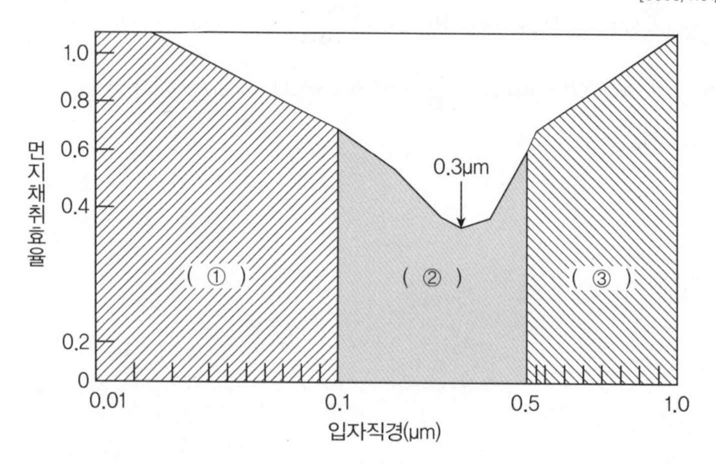

① 확산

② 확산, 직접차단(간섭)

③ 관성충돌, 직접차단(간섭)

▲ 해당 답안 중 각 1가지 선택 기재

03 **공기 중 유해가스를 측정하는 검지관법의 장단점을 각각 3가지씩 쓰시오.(4점)** [2403]

가) 장점

① 사용이 간편하다.

② 반응시간이 빠르다.

③ 비전문가도 숙지하면 사용이 가능하다.

④ 맨홀, 밀폐공간 등의 산소부족 또는 폭발성 가스로 인한 안전이 확보되지 않은 곳에서도 안전한 사용이 가능하다.

▲ 해당 답안 중 3가지 선택 기재

나) 단점

① 민감도가 낮다.

② 단일물질만 측정 가능하다.

③ 특이도가 낮다.

04 **다음은 산업안전보건법상 사업주의 건강진단에 대한 의무사항에 대한 설명이다. 빈칸을 채우시오.(4점)** [2403]

> 건강진단의 결과 근로자의 건강을 유지하기 위하여 필요하다고 인정할 때에는 (①), 작업 전환, (②), 야간근로(오후 10시부터 다음 날 오전 6시까지 사이의 근로를 말한다)의 제한, 작업환경측정 또는 시설 · 설비의 설치 · 개선 등 고용노동부령으로 정하는 바에 따라 적절한 조치를 하여야 한다.

① 작업장소 변경

② 근로시간 단축

05 **산업안전보건법상 근골격계질환 예방관리 프로그램을 수립하여 시행해야 하는 사업장의 경우를 3가지 쓰시오.(6점)** [2202/2403]

① 근골격계질환으로 업무상 질병으로 인정받은 근로자가 연간 10명 이상 발생한 사업장

② 근골격계질환으로 업무상 질병으로 인정받은 근로자가 5명 이상 발생한 사업장으로서 발생 비율이 그 사업장 근로자 수의 10퍼센트 이상인 경우

③ 근골격계질환 예방과 관련하여 노사 간 이견(異見)이 지속되는 사업장으로서 고용노동부장관이 필요하다고 인정하여 근골격계질환 예방관리 프로그램을 수립하여 시행할 것을 명령한 경우

06 사업주가 위험성평가를 실시할 때 해당 작업에 종사하는 근로자를 참여시켜야 하는 경우 3가지를 쓰시오.(5점)

[2403]

① 유해·위험요인의 위험성 수준을 판단하는 기준을 마련하고, 유해·위험요인별로 허용 가능한 위험성 수준을 정하거나 변경하는 경우
② 해당 사업장의 유해·위험요인을 파악하는 경우
③ 유해·위험요인의 위험성이 허용 가능한 수준인지 여부를 결정하는 경우
④ 위험성 감소대책을 수립하여 실행하는 경우
⑤ 위험성 감소대책 실행 여부를 확인하는 경우

▲ 해당 답안 중 3가지 선택 기재

07 산업안전보건법상 사업장의 안전 및 보건에 관한 중요사항을 심의·의결하기 위해 사업장에 근로자위원과 사용자위원이 동일한 수로 구성되는 회의체를 쓰시오.(5점)

[2401/2403]

• 산업안전보건위원회

08 직업성 피부질환이 일어나는 색소침착물질, 색소감소물질 그리고 예방대책을 각각 1가지씩 쓰시오.(6점)

[2403]

가) 색소침착물질
① 아스팔트, 타르 등 광독성 물질
② 자외선, 적외선, 이온화 방사선 등
③ 독성이 있을 수 있는 비소, 은, 금, 수은 등

나) 색소감소물질
① 하이드로퀴논
② 크레졸
③ 페놀

다) 예방대책
① 적절한 보호구 착용
② 위생시설의 활용

▲ 해당 답안 중 각각 1가지씩 선택 기재

09 다음이 설명하는 문서의 명칭을 쓰시오.(4점) [2403]

> 특정 업무를 표준화된 방법에 따라 일관되게 실시할 목적으로 해당 절차 및 수행 방법 등을 상세하게 기술한 문서

- 표준작업지침서(SOP)

10 산업안전보건법상 아세트알데히드를 취급하는 근로자에게 실시하는 건강진단의 종류를 쓰시오.(단, 사업주가 실시하는 경우는 제외)(4점) [2403]

- 특수건강진단

11 산업안전보건법상 작업환경측정 결과를 기록한 서류는 얼마동안 보존해야 하는지 쓰시오.(단, 고용노동부장관이 정하여 고시하는 물질에 대한 기록이 포함된 서류는 제외)(4점) [2403]

- 5년

12 1atm의 대기압 상태의 화학공장에서 환기장치 설치가 어려워 유해성이 적은 사용물질로 변경하려고 한다. 다음의 물질을 참고하여 물음에 답하시오.(6점) [1703/2102/2403]

> A물질 : TLV 100ppm, 증기압 25mmHg
> B물질 : TLV 350ppm, 증기압 100mmHg

> 가) A물질의 증기 포화농도[ppm]
> 나) A물질의 증기 위험화 지수
> 다) B물질의 증기 포화농도[ppm]
> 라) B물질의 증기 위험화 지수

가) A물질의 증기 포화농도[ppm]

- 최고(포화)농도[ppm] = $\frac{\text{증기압}[mmHg]}{760[mmHg]} \times 1,000,000$으로 구한다.
- 대입하면 최고(포화)농도[ppm] = $\frac{25[mmHg]}{760[mmHg]} \times 1,000,000 = 32,894.74$[ppm]이다.

나) A물질의 증기 위험화 지수

- 위험화 지수$=\log\left(\frac{포화농도}{TLV}\right)$로 구한다.
- 대입하면 위험화 지수$=\log\left(\frac{32,894.74}{100}\right)=2.5171\cdots$이므로 2.52가 된다.

다) B물질의 증기 포화농도[ppm]

- 최고(포화)농도[ppm]$=\frac{증기압[mmHg]}{760[mmHg]}\times 1,000,000$으로 구한다.
- 대입하면 최고(포화)농도[ppm]$=\frac{100[mmHg]}{760[mmHg]}\times 1,000,000=131,578.95$[ppm]이다.

라) B물질의 증기 위험화 지수

- 위험화 지수$=\log\left(\frac{포화농도}{TLV}\right)$로 구한다.
- 대입하면 위험화 지수$=\log\left(\frac{131,578.95}{350}\right)=2.5751\cdots$이므로 2.58이 된다.

13

어느 작업장의 음압수준이 96dB(A)이고 근로자는 차음평가수(NRR)가 18인 귀덮개를 착용 하고 있다. 미국 OSHA의 계산 방법을 활용하여 귀덮개의 차음효과와 근로자가 노출되는 음압수준을 구하시오.(4점)

[0601/1403/1801/2403]

[계산식]

- OSHA의 차음효과는 (NRR−7)×50%[dB](A)로 구한다. 이때, NRR(Noise Reduction Rating)은 차음평가수를 의미한다.
- 주어진 값을 대입하면 귀덮개의 차음효과는 (18−7)×50%[dB]=5.5[dB](A)이다.
- 음압수준=96−차음효과=96−5.5=90.5dB(A)이다.

[정답] ① 5.5[dB](A) ② 90.5dB(A)

14

음향출력이 1watt인 무지향성 점음원으로부터 10m 떨어진 곳에서의 음압수준은?(단, 자유공간이고, 공기밀도는 1.18kg/m^3, 음속은 344.4m/sec)(5점)

[0901/2403]

[계산식]

- 자유공간에 위치한 점음원의 음압레벨(SPL)은 음향파워레벨(PWL)−20log$r$−11로 구한다. 이때 r은 소음원으로부터의 거리[m]이다.
- PWL$=10\log\frac{W}{W_0}$[dB]로 구한다. 여기서 W_0는 기준음향파워로 10^{-12}[W]이다.
- SPL은 $10\log\frac{W}{W_0}-20\log r-11$이므로 대입하면 $10\log(\frac{1}{10^{-12}})-20\log 10-11=89$[dB]이다.

[정답] 89[dB]이다.

15 **고열배출원이 아닌 탱크 위, 장변 2m, 단변 1.4m, 배출원에서 후드까지의 높이가 0.5m, 제어속도가 0.4m/sec 일 때 필요송풍량(m^3/min)을 구하시오.(5점)(단, Dalla valle식을 이용)** [1803/2201/2403]

[계산식]

- 고열배출원이 아닌 곳에 설치하는 레시버식 캐노피 후드의 필요송풍량 $Q=60\times1.4\times P\times H\times V_c[m^3/\text{min}]$으로 구한다.
- P 즉, 둘레의 길이는 2(2+1.4)이므로 필요송풍량 $Q=60\times1.4\times2\times(2+1.4)\times0.5\times0.4=114.24m^3/\text{min}$이 된다.

[정답] 114.24[m^3/min]

16 **작업장 내의 열부하량은 25,000kcal/h이다. 외기온도는 20℃이고, 작업장 온도는 35℃일 때 전체환기를 위한 필요환기량(m^3/h)이 얼마인지 구하시오.(5점)** [0903/1302/1702/2403]

[계산식]

- 발열 시 방열을 위한 필요환기량 $Q(m^3/\text{h})=\frac{H_s}{0.3TRIANGLEt}$로 구한다.
- 대입하면 방열을 위한 필요환기량 $Q=\frac{25,000}{0.3\times(35-20)}=5,555.555\cdots m^3/\text{h}$이다.

[정답] 5,555.56[m^3/h]

17 **후드의 정압이 20mmH_2O, 속도압이 12mmH_2O일 때 후드의 유입계수를 구하시오.(5점)** [1001/2103/2403]

[계산식]

- 유입손실계수(F)$=\frac{1-C_e^2}{C_e^2}=\frac{1}{C_e^2}-1$이므로 유입계수 $C_e=\sqrt{\frac{1}{1+F}}$이다.
- 정압 $SP=VP(1+F)$에서 정압과 속도압을 알고 있으므로 $F=\frac{SP}{VP}-1$이므로 대입하면

  $F=\frac{20}{12}-1=\frac{8}{12}=0.6666\cdots$이다.
- 유입계수 $C_e=\sqrt{\frac{1}{1+0.6667}}=0.77458\cdots$이다.

[정답] 0.77이다.

18 시료채취 전 여과지의 무게가 20.0mg, 채취 후 여과지의 무게가 25mg이었다. 시료포집을 위한 펌프의 공기량은 800L이었다면 공기 중 분진의 농도(mg/m^3)를 구하시오.(5점) [0901/1802/2402/2403]

[계산식]

- 농도(mg/m^3) = $\frac{\text{시료채취 후 여과지 무게-시료채취 전 여과지 무게}}{\text{공기채취량}}$ 로 구한다.
- 공기량 800L는 0.8m^3이므로 대입하면 $\frac{25-20.0}{0.8}=6.25\text{mg}/m^3$이다.

[정답] 6.25[mg/m^3]

19 다음은 데이터의 누적분포를 표시하는 그래프 데이터이다. 기하평균[$\mu g/m^3$]과 기하표준편차[$\mu g/m^3$]를 구하시오.(5점) [2403]

누적	15.9%	19.5%	24.5%	37.4%	48.1%	50%	63.1%	77.2%	81.4%	84.1%	89.1%
데이터	0.05	0.07	0.08	0.11	0.16	0.20	0.45	0.68	0.77	0.80	0.85

- 그래프로 구할 때 기하평균은 누적분포의 50%에 해당하는 값이며, 기하표준편차(GSD) = $\frac{\text{누적 84.1\% 값}}{\text{기하평균}}$ 혹은 $\frac{\text{기하평균}}{\text{누적 15.9\% 값}}$ 으로 구한다.

① 기하평균은 누적분포의 50%에 해당하는 값이므로 0.20[$\mu g/m^3$]이 된다.

② 기하표준편차는 = $\frac{\text{누적 84.1\% 값}}{\text{기하평균}}$ 혹은 $\frac{\text{기하평균}}{\text{누적 15.9\% 값}}$ 으로 구하므로 대입하면 $\frac{0.20}{0.05}=\frac{0.80}{0.20}=4[\mu g/m^3]$이 된다.

20 다음 조건일 때 실내의 WBGT를 구하시오.(5점) [1503/2403]

[조건]

- 건구온도 28℃
- 자연습구온도 20℃
- 흑구온도 30℃

[계산식]

- 태양광선이 내리쬐지 않는 실외를 포함하는 장소에서의 WBGT 온도는 0.7×자연습구온도+0.3×흑구온도로 구한다. 그리고 태양광선이 내리쬐는 실외에서의 WBGT 온도는 0.7×자연습구온도+0.2×흑구온도+0.1×건구온도로 구한다.
- 태양광선이 내리쬐지 않는 실내 작업장이므로 대입하면 0.7×20℃+0.3×30℃=23℃가 된다.

[정답] 23[℃]

memo

[답안 작성 시 주의사항]

- 이론 문제의 경우 문제에서 요구하는 가짓수를 가장 확실하게 기억하는 것 순으로 작성하세요. 많이 작성한다고 점수를 더 주는 것도 아닙니다. 채점도 하지 않습니다. 위에서 부터 순서대로 해당 가짓수만을 채점합니다.
  - 답이 기억나지 않을 경우 기억나는 것들을 최대한 적어두세요. 빈칸 보다는 부분점수라도 얻기 위한 살기 위한 몸부림입니다.

- 계산 문제의 경우 책에 나온 계산식 부분은 독자의 이해를 돕기 위해 자세하게 풀어놓은 형태입니다. 굳이 책의 형태대로 자세하게 작성할 필요없습니다.
  - 작성하라는 말이 없으면 공식은 반드시 쓸 필요없습니다.
  - 해당 문제를 풀기위한 공식에 주어지는 값을 대입한 형태는 기재해주세요.
  - 계산기를 이용해서 답을 구하고 답을 기재해주세요.
  - 정답은 [정답]이라는 표시를 하고 그 옆에 단위와 함께 기재해주세요.

예 1)

책의 해설	[계산식] • 흡음에 의한 소음감소량 NR $=10\log\frac{A_2}{A_1}$[dB]으로 구한다. • 대입하면 NR $=10\log\left(\frac{4,000}{1,000}\right)=6.02\cdots$dB이다. [정답] 6.02[dB]
답안지 작성형태	NR $=10\log\left(\frac{4,000}{1,000}\right)=6.02\cdots$dB [정답] 6.02[dB]

예 2)

책의 해설	[계산식] • 유입손실계수(F) $=\frac{1-C_e^2}{C_e^2}=\frac{1}{C_e^2}-1$이므로 유입계수 $C_e=\sqrt{\frac{1}{1+F}}$이다. • 유입손실계수 $=\frac{\text{유입손실}}{\text{속도압}}$이므로 $\frac{3.68}{20}=0.184$이다. • 유입계수 $C_e=\sqrt{\frac{1}{1+0.184}}=0.9190\cdots$이다. [정답] 0.92
답안지 작성형태	유입손실계수는 $\frac{3.68}{20}=0.184$ 유입계수는 $\sqrt{\frac{1}{1+0.184}}=0.9190\cdots$ [정답] 0.92

2025 고시넷 고패스

산업위생관리기사 실기

기출복원문제 + 유형분석

10년간 기출복원문제
<복원문제 실전 풀어보기>

학습방법

- Part 1과 Part 2에서 충분히 학습했다고 생각되신다면 직접 연필을 사용해서 Part 3의 문제들을 풀어보시기 바랍니다. Part 2의 모범답안과 비교해 본 후 틀린 내용은 오답노트를 작성하신 후 다시 한 번 집중적으로 추가 학습하는 시간을 가지시는 것을 추천드립니다.
- 답안을 연필로 작성하신 후 답안 비교 후에는 지우개로 지워두시기 바랍니다. 귀찮으신 분은 Part 3부분만 복사를 하셔서 활용하셔도 됩니다. 시험 전에 다시 한 번 최종 마무리 확인시간을 가지면 합격가능성은 더욱 올라갈 것입니다.

한국산업인력공단 국가기술자격

gosinet
(주)고시넷

2015년 제1회

필답형 기출복원문제

15년 1회차 실기시험

합격률 52.8%

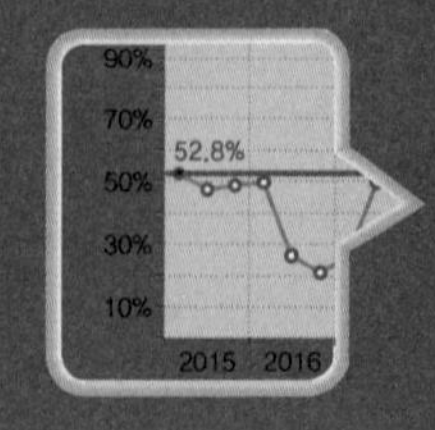

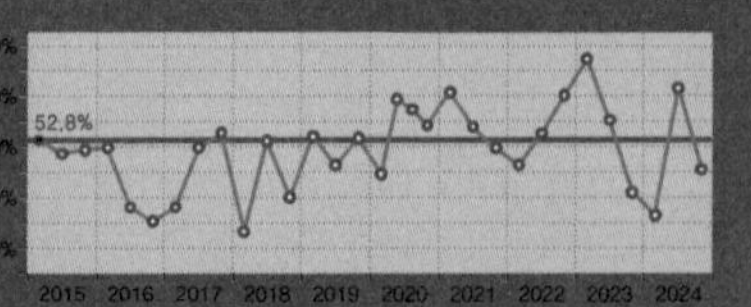

신규문제	6문항	중복문제	14문항

01 송풍기 회전수가 1,000rpm일 때 송풍량은 30m^3/min, 송풍기 정압은 22mmH_2O, 동력은 0.5HP였다. 송풍기 회전수를 1,200rpm으로 변경할 경우 송풍량(m^3/min), 정압(mmH_2O), 동력(HP)을 구하시오.(6점)

[1102/1401/1501/1901/2002]

02 $C5$ – dip 현상에 대해 간단히 설명하시오.(4점) [0703/1501/2101]

03 작업장의 용적이 3,000m^3, 유해물질이 시간당 600L 발생할 때 유효환기량은 56.6m^3/min이다. 30분 후 작업장의 농도(ppm)를 구하시오.(단, 초기농도는 고려하지 않고, 1차 반응식을 사용하여 구하며, V는 작업장 용적, G는 발생량, Q'는 유효환기량, C는 농도이다)(5점) [1501]

04 예비조사의 목적을 2가지 쓰시오.(4점) [1501]

05 작업환경 개선의 기본원칙 4가지와 그 방법 혹은 대상 1가지를 각각 쓰시오.(4점) [1103/1501/2202]

06 외부식 후드의 방해기류를 방지하고 송풍량을 절약하기 위한 기구(방법)를 3가지 쓰시오.(6점) [1501]

07 전체환기방식의 적용조건 5가지를 쓰시오.(단, 국소배기가 불가능한 경우는 제외한다)(5점)
[0301/0503/0702/0801/0902/1101/1203/1501/1602/1803/1901/1902/2002/2003/2004/2103/2201]

08 주관의 유량이 50m^3/min, 가지관의 유량은 30m^3/min이 합류하여 흐르고 있다. 합류관의 유속이 30m/sec 일 때 이 관의 직경(cm)을 구하시오.(5점) [1003/1501]

09 원형덕트의 내경이 30cm이고, 송풍량이 120m^3/min, 길이가 10m인 직관의 압력손실(mmH_2O)을 구하시오.(단, 관마찰계수는 0.02, 공기의 밀도는 1.2kg/m^2이다)(5점) [1501]

10 어느 사무실 공기 중 이산화탄소의 발생량이 0.08m^3/h이다. 이때 외기 공기 중의 이산화탄소의 농도가 0.02%이고, 이산화탄소의 허용기준이 0.06%일 때 이 사무실의 필요 환기량(m^3/h)을 구하시오.(단, 기타 주어지지 않은 조건을 고려하지 않는다)(6점) [0701/0902/1302/1501]

11 활성탄은 앞층, 뒤층이 분리되어 있는데 이는 파과현상을 알아보기 위해서이다. 유해물질이 저농도로 발생할 때 사용하는 Tenax을 사용하여 포집하는데 이 포집관은 분리되어 있지 않다. 4리터를 포집할 때 파과현상을 판단하는 기준은 무엇인지 쓰시오.(4점) [0301/1501]

12 중심주파수가 600Hz일 때 밴드의 주파수 범위(하한주파수 ~ 상한주파수)를 계산하시오. (단, 1/1 옥타브 밴드 기준)(5점) [0601/0902/1401/1501/1701]

13 서로 상가작용이 있는 파라티온(TLV : 0.1mg/m^3)과 EPN(TLV : 0.5mg/m^3)이 1 : 4의 비율로 혼합 시 혼합된 분진의 TLV(mg/m^3)를 구하시오.(5점) [1501]

14 산소부채에 대하여 설명하시오.(4점) [0502/0603/1501/1703]

15 환풍기 배치 그림을 보고 불량, 양호, 우수로 구분하시오.(4점) [1501]

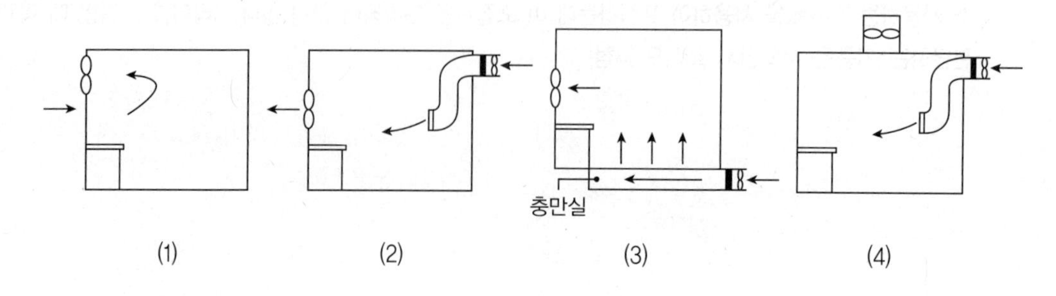

16 공기정화장치 중 흡착제를 사용하는 흡착장치 설계 시 고려사항을 3가지 쓰시오.(6점)
[0801/1501/1502/1703/2002]

17 건조공정에서 공정의 온도는 150℃, 건조시 크실렌이 시간당 2L 발생한다. 폭발방지를 위한 실제 환기량(m^3/min)을 구하시오.(단, 크실렌의 LEL=1%, 비중 0.88, 분자량 106, 안전계수 10, 21℃, 1기압 기준 온도에 따른 상수 0.7)(5점) [0702/1002/1402/1501/2101/2103]

18 크기가 60cm×40cm이고, 제어속도가 0.8m/sec, 덕트의 길이가 10m인 후드가 있다. 관 마찰손실계수는 0.03이며, 공기정화장치의 압력손실은 90mmH_2O, 후드의 정압손실은 0.03mmH_2O이다. 다음을 구하시오. (단, 공기의 밀도는 1.2kg/m^3이다)(8점) [1201/1501]

(1) 후드의 송풍량(m^3/min)
(2) 덕트 직경(m, 단, 반송속도는 10m/sec이고, 단일 원형 type이다)
(3) (2)항에서 구한 덕트 직경으로 속도를 재계산한 압력손실(mmH_2O)
(4) 송풍기 효율이 75%일 경우 소요동력(kW)

19 분자량이 92.13이고, 방향의 무색액체로 인화 · 폭발의 위험성이 있으며, 대사산물이 o－크레졸인 물질은 무엇인가?(4점) [0801/1501/2004]

20 노동부 고시, 사무실 공기관리지침에 관한 설명 중 틀린 것을 3가지 골라 정정하시오.(6점) [1102/1501]

① 공기정화시설을 갖춘 곳의 환기는 시간당 4회 이상이다.
② 사무실 오염물질 관리기준은 8시간 시간가중평균농도로 한다.
③ 공기측정 시료채집은 공기질이 최악이라고 판단되는 3곳 이상에서 한다.
④ 공기질 측정결과 전체 중 최대값을 오염물질별 관리기준과 비교하여 평가한다.
⑤ CO는 연 1회 이상 업무시간 시작 후 1시간 이내, 업무시간 종료 후 1시간 이내에 각각 10분간 측정한다.

2015년 제2회

필답형 기출복원문제

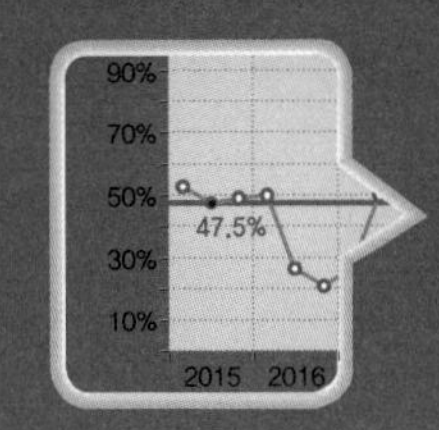

15년 2회차 실기시험

합격률 47.5%

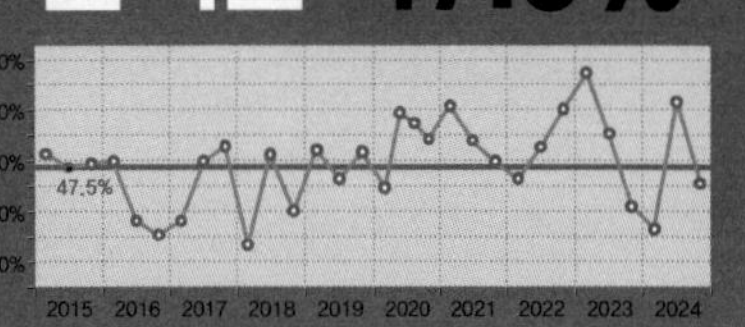

신규문제	10문항	중복문제	10문항

01 ACGIH TLV 허용농도 적용상의 주의사항 5가지를 쓰시오.(5점) [0401/0602/0703/1201/1302/1502/1903]

02 인체와 환경 사이의 열평형방정식을 쓰시오.(단, 기호 사용시 기호에 대한 설명을 하시오)(5점) [0801/0903/1403/1502/2201]

03 다음 조건의 기여위험도를 계산하시오.(5점) [1502]

[조건]

- 노출군에서의 질병 발생률 : 10/100
- 비노출군에서의 질병 발생률 : 1/100

04 화학물질의 상호작용 중 길항작용의 3가지 종류를 쓰고, 간단히 설명하시오.(단, 화학적 길항작용은 제외됨)(6점)

[0603/1502]

05 공기정화장치 중 흡착제를 사용하는 흡착장치 설계 시 고려사항을 3가지 쓰시오.(6점)

[0801/1501/1502/1703/2002]

06 본인이 보건관리자로 출근을 하게 되었다. 그 작업장에서 시너를 사용하고 있지만 측정기록일지에는 시너에 대한 유해정도와 배출정도에 대한 자료가 없었다. 제일 먼저 수정하여야 할 업무 3가지를 기술하시오.(6점)

[1502]

07 후드의 분출기류 분류에서 잠재중심부를 설명하시오.(4점) [0301/1502]

08 사무실 공기관리지침 상 다음의 관리기준에 해당하는 오염물질을 쓰시오.(6점) [1502]

① 100$\mu g/m^3$ 이하 ② 10ppm 이하 ③ 148Bq/m^3 이하

09 수형(캐노피형) hood에 관한 다음 [보기]의 기호가 의미하는 내용을 쓰시오.(6점) [1502]

[보기]
$Q_1,\ Q_2,\ Q_2{}'\ m,\ K_L,\ K_D$

- $Q_T = Q_1(1+K_L)$
  $K_L = \dfrac{Q_2}{Q_1}$
- $Q_T = Q_1 \times [1+(m \times K_L)] = Q_1 \times (1+K_D)$

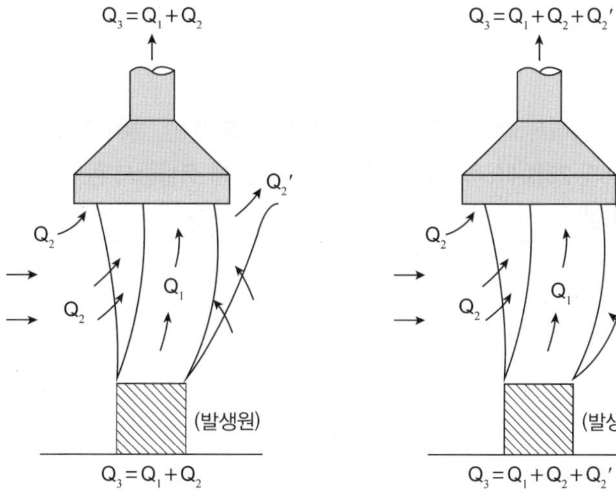

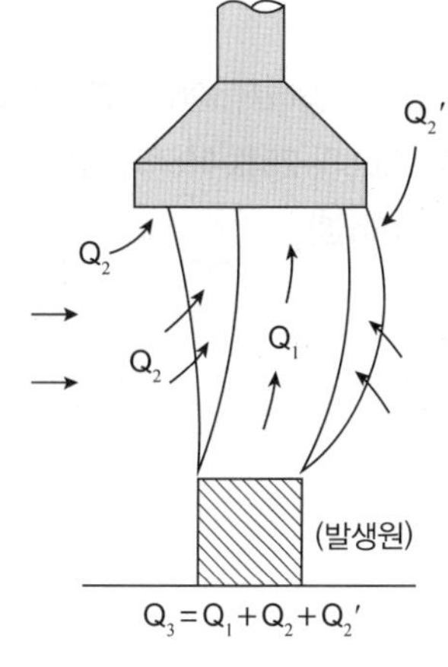

10 송풍기 풍량이 300m^3/min, 정압은 60mmH_2O, 소요동력은 6.5HP이다. 모터의 회전수를 400에서 500으로 할 경우 각각 송풍량, 정압, 소요동력은 어떻게 되는지를 구하시오.(6점) [0402/0903/1303/1502]

11 직경이 30cm인 덕트에 공기가 100m^3/min으로 흐르고 있다. 현재 표준공기 상태라면 속도압(mmH_2O)은 얼마인지 계산하시오.(5점) [1502]

12 21℃, 1기압의 작업장에서 180℃ 건조로 내에 톨루엔(비중 0.87, 분자량 92)이 시간당 0.6L씩 증발한다. LEL은 1.3%이고, LEL의 25% 이하의 농도로 유지하고자 할 때 폭발방지 환기량(m^3/min)을 구하시오.(단, 안전계수(C)는 4이다)(6점) [1301/1302/1502]

13 단면의 장변이 500mm, 단변이 200mm인 장방형 덕트 직관 내를 풍량 240m^3/min의 표준공기가 흐를 때 길이 10m당 압력손실을 구하시오.(단, 마찰계수(λ)은 0.021, 표준공기(21℃)에서 비중량(γ)은 1.2kg/m^3, 중력가속도는 9.8m/s^2이다)(6점) [0701/1201/1203/1403/1502]

14 공기시료 채취용 pump는 비누거품미터로 보정한다. 1,000cc의 공간에 비누거품이 도달하는데 소요되는 시간을 4번 측정한 결과 25.5초, 25.2초, 25.9초, 25.4초였다. 이 펌프의 평균유량(L/min)을 구하시오.(5점)

[1502]

15 어떤 작업장에서 분진의 입경이 10μm, 밀도 1.4g/cm^3 입자의 침강속도(cm/sec)를 구하시오.(단, 공기의 점성계수는 1.78×10^{-4}g/cm · sec, 중력가속도는 980cm/sec^2, 공기밀도는 0.0012g/cm^3이다)(5점) [1502/2402]

16 용접작업 시 작업면 위에 플랜지가 붙은 외부식 후드를 설치하였을 때와 공간에 후드를 설치하였을 때의 필요송풍량을 계산하고, 효율(%)을 구하시오.(단, 제어거리 30cm, 후드의 개구면적 0.8m^2, 제어속도 0.5m/sec)(6점)

[0702/1502/2201]

17 활성탄을 이용하여 3시간동안 벤젠을 채취하였다. 활성탄에 0.1L/분의 유량으로 채취하여 분석한 결과 벤젠이 1.5mg이 나왔다. 공기중의 벤젠의 농도(ppm)를 계산하시오.(단, 공시료에서는 벤젠이 검출되지 않았으며, 25℃, 1기압이다)(5점) [1502]

18 ACGIH의 호흡성 입자상 물질(RPM)의 침착기전을 설명하시오.(4점) [1502]

19 다음 내용이 설명하는 바를 쓰시오.(4점) [1502]

- 대상 먼지와 침강속도가 같고 밀도가 1인, 구형인 먼지의 직경으로 환산된 직경이다.
- 입자의 크기가 입자의 역학적 특성, 즉, 침강속도(setting velocity) 또는 종단속도(terminal velocity)에 의하여 측정되는 입자의 크기를 말한다.
- 입자의 공기 중 운동이나 호흡기 내의 침착기전을 설명할 때 유용하게 사용한다.

20 Lippmann 공식을 이용하여 침강속도를 계산(cm/sec)하면 얼마인지 구하시오.(단, 입경 0.0015cm, 밀도 2.7g/cm^3이다)(5점) [1203/1502]

2015년 제3회

필답형 기출복원문제

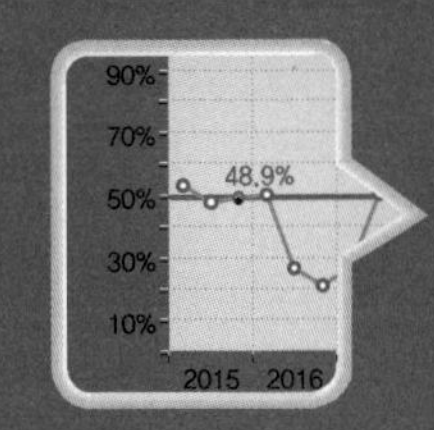

15년 3회차 실기시험

합격률 48.9%

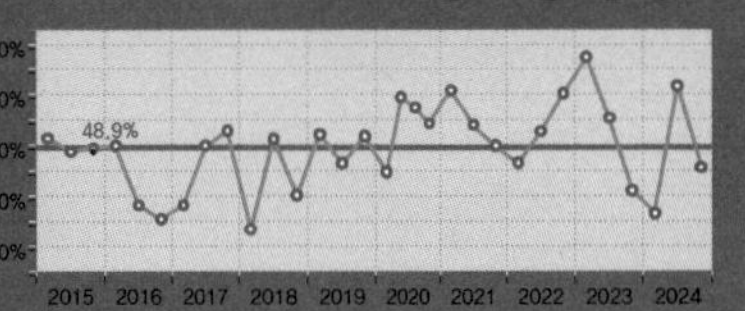

신규문제	5문항	중복문제	11문항

01 관(tube) 내에서 토출되는 공기에 의해 발생하는 취출음의 감소방법을 2가지 쓰시오.(4점) [1503]

02 송풍관(duct) 내부의 풍속 측정계기 2가지 및 사용상 측정범위를 쓰시오.(4점) [1503]

03 작업환경 측정 시 동일노출그룹 or 유사노출그룹을 설정하는 목적 3가지를 쓰시오.(6점) [0601/1503]

04 VOC 처리방법의 종류 2가지와 특징을 간단히 쓰시오.(4점) [1503]

05 국소배기시설에서 필요송풍량을 최소화하기 위한 방법 4가지를 쓰시오.(4점) [1503/2003]

06 여과포집방법에서 여과지 선정 시 구비조건 5가지를 쓰시오.(5점) [1503/2001/2203]

07 총 압력손실 계산방법 중 저항조절 평형법의 장점과 단점을 각각 2가지씩 쓰시오.(4점) [0803/1201/1503/2102]

08 송풍기 회전수가 1,200rpm일 때 송풍량은 10m^3/sec, 압력은 830N/m^2이다. 송풍량이 12m^3/sec로 증가할 때 압력(N/m^2)을 구하시오.(5점) [1103/1503]

09 500Hz 음의 파장(m)을 구하시오.(단, 음속은 340m/sec이다)(5점) [1403/1503]

10 다음 조건일 때 실내의 WBGT를 구하시오.(5점) [1503/2403]

[조건]

- 건구온도 28℃
- 자연습구온도 20℃
- 흑구온도 30℃

11 사염화탄소 7,500ppm이 공기중에 존재할 때 공기와 사염화탄소의 유효비중을 소수점 아래 넷째자리까지 구하시오.(단, 공기비중 1.0, 사염화탄소 비중 5.7)(4점) [0602/1001/1503/1802/2101/2402]

12 작업장에서 1일 8시간 작업 시 트리클로로에틸렌의 노출기준은 50ppm이다. 1일 10시간 작업 시 Brief와 Scala의 보정법으로 보정된 노출기준(ppm)을 구하시오.(5점) [1203/1503]

13 실내 기적이 3,000m^3인 공간에 300명의 근로자가 작업중이다. 1인당 CO_2발생량이 21L/hr, 외기 CO_2농도가 0.03%, 실내 CO_2 농도 허용기준이 0.1%일 때 시간당 공기교환횟수를 구하시오.(5점) [1102/1103/1403/1503]

14 작업장 내 열부하량은 10,000kcal/h이다. 외기온도는 20℃이고, 작업장 온도는 32℃일 때 전체환기를 위한 필요환기량(m^3/h)이 얼마인지 구하시오.(5점) [1401/1503]

15 어떤 작업장에서 100dB 30분, 95dB 3시간, 90dB 2시간, 85dB 3시간 30분 노출되었을 때 소음허용기준을 초과했는지의 여부를 판정하시오.(6점) [0703/1503]

16 56°F, 1기압에서의 공기밀도는 1.18kg/m^3이다. 동일기압, 84°F에서의 공기밀도(kg/m^3)를 구하시오.(단, 소수아래 4째자리에서 반올림하여 3째자리까지 구하시오)(5점) [1503]

2016년 제1회

필답형 기출복원문제

16년 1회차 실기시험

합격률 58.7%

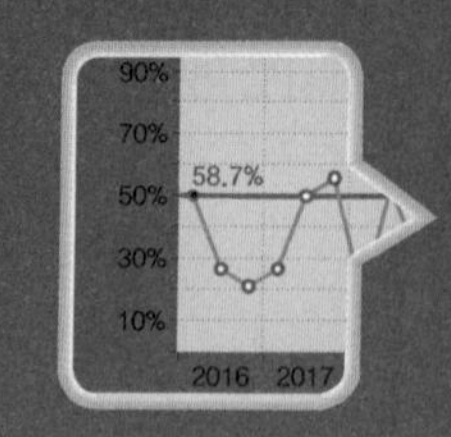

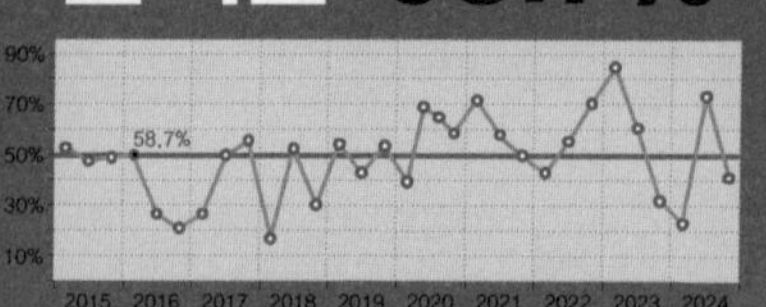

신규문제 7문항 | 중복문제 12문항

01 작업환경 측정의 목적을 3가지 쓰시오.(6점) [0603/1601]

02 환기시설에서 공기공급시스템이 필요한 이유를 5가지 쓰시오.(5점) [0502/0701/1303/1601/2003]

03 다음 보기의 용어들에 대한 정의를 쓰시오.(6점) [0601/0801/0902/1002/1401/1601/2003]

① 단위작업장소　　② 정확도　　③ 정밀도

04 곡관의 압력손실을 결정하는 요인 3가지를 쓰시오.(6점) [1601]

05 산업피로 발생으로 인해 혈액과 소변에 나타나는 현상을 쓰시오.(4점) [0602/1601/1901/2302]

06 생물학적 모니터링에서 생체시료 중 호기시료를 잘 사용하지 않는 이유를 2가지 쓰시오.(4점) [0302/1003/1601]

07 다음의 공기의 압력과 배기시스템에 관한 설명이다. 틀린 내용의 번호를 모두 쓰고 그 이유를 설명하시오.(4점) [0701/1203/1601]

① 공기의 흐름은 압력차에 의해 이동하므로 송풍기 입구의 압력은 항상 (+)압이고, 출구의 압력은 (−)압이다.
② 동압(속도압)은 공기가 이동하는 힘이므로 항상 (+)값이다.
③ 정압은 잠재적인 에너지로 공기의 이동에 소요되며 유용한 일을 하므로 (+) 혹은 (−)값을 가질 수 있다.
④ 송풍기 배출구의 압력은 항상 대기압보다 낮아야 한다.
⑤ 후드 내의 압력은 일반작업장의 압력보다 낮아야 한다.

08 ACGIH 입자상 물질의 종류 3가지와 평균입경을 쓰시오.(6점) [0402/0502/0703/0802/1402/1601/1802/1901/2202]

09 염화제2주석이 공기와 반응하여 흰색 연기를 발생시키는 원리이며, 오염물질의 확산이동 관찰에 유용하며 레시버식 후드의 개구부 흡입기류 방향을 확인할 수 있는 측정기를 쓰시오.(4점) [1601/1602/2103]

10 고열을 이용하여 유리를 제조하는 작업장에서 작업자가 눈에 통증을 느꼈다. 이때 발생한 물질과 질환(병)의 명칭을 쓰시오.(4점) [1601]

11 다음의 (예)에 맞는 (그림)을 바르게 연결하시오.(4점) [1203/1601/2203]

(예)

① 급성독성물질경고 ② 피부부식성물질경고
③ 호흡기과민성물질경고 ④ 피부자극성 및 과민성물질경고

(그림)

㉠ 
㉡ 
㉢ 
㉣ 

12 실내에서 톨루엔을 시간당 0.5kg 사용하는 작업장에 전체환기시설 설치 시 필요환기량(m^3/min)을 구하시오.(단, 작업장 21℃, 1기압, 비중 0.87, 분자량 92, TLV 50ppm, 안전계수 5)(5점) [1601]

13 관 내경이 0.3m이고, 길이가 30m인 직관의 압력손실(mmH_2O)을 구하시오.(단, 관마찰손실계수는 0.02, 유체 밀도는 1.203kg/m^3, 직관 내 유속은 15m/sec이다)(5점) [1102/1301/1601/2002]

14 자유공간에 플랜지가 있는 외부식 국소배기장치 후드의 개구면적이 0.6m^2이고, 제어속도는 0.8m/sec, 발생원에서 후드 개구면까지의 거리는 0.5m인 경우 송풍량(m^3/min)을 구하시오.(5점) [1601]

15 송풍량이 120m^3/min이고, 덕트 직경이 350mm일 때 동압(mmH_2O)을 구하시오.(단, 공기 밀도는 1.2kg/m^3)(6점) [1601]

16 송풍기의 소요동력(kW)을 구하시오.(단, 전압력손실은 80mmH_2O, 처리가스량은 3,000m^3/hr, 효율은 0.6, 여유율은 1.2이다)(5점) [1601]

17 직경 150mm이고, 관내 유속이 10m/sec일 때 Reynold 수를 구하고 유체의 흐름(층류와 난류)을 판단하시오.(단, 20℃, 1기압, 동점성계수 $1.5\times10^{-5}m^2$/s)(5점) [0503/0702/1001/1601/1801]

18 공기 중 혼합물로서 벤젠 2.5ppm(TLV : 5ppm), 톨루엔 25ppm(TLV : 50ppm), 크실렌 60ppm(TLV : 100ppm)이 서로 상가작용을 한다고 할 때 허용농도 기준을 초과하는지의 여부와 혼합공기의 허용농도를 구하시오.(6점) [0801/1002/1402/1601/1801/1803/2004/2203/2301]

19 위상차현미경을 이용하여 석면시료를 분석하였더니 다음과 같은 결과를 얻었다. 공기 중 석면농도(개/cc)를 구하시오.(6점) [1601]

- 시료 1시야당 3.1개, 공시료 1시야당 0.05개
- 25mm 여과지(유효직경 22.14mm)
- 2.4L/min의 pump로 1.5시간 시료채취

2016년 제2회

필답형 기출복원문제

16년 2회차 실기시험

합격률 26.0%

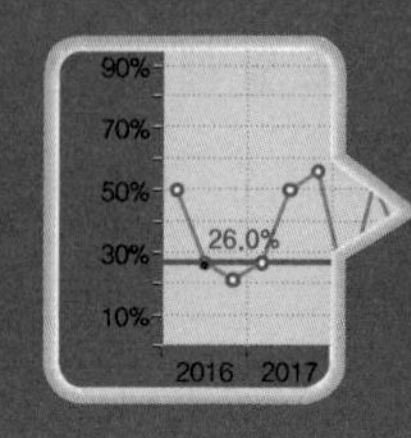

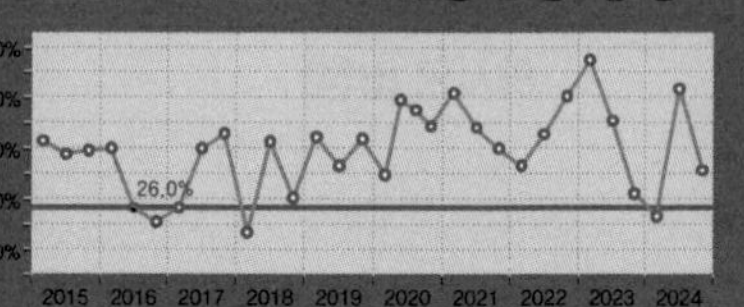

신규문제	5문항	중복문제	15문항

01 ACGIH, NIOSH, TLV의 영문을 쓰고 한글로 정확히 번역하시오.(6점) [0301/1602]

02 보충용 공기(makeup air)의 정의를 쓰시오.(4점) [1602/1702/1903/2102]

03 원심력식 집진시설에서 Blow Down의 정의와 효과 3가지를 쓰시오.(5점) [0501/1602]

04 국소배기시설에 있어서 “null point 이론”에 대해 설명하시오.(4점) [0501/1301/1602]

05 전체환기방식의 적용조건 4가지를 쓰시오.(4점)

[0301/0503/0702/0801/0902/1101/1203/1501/1602/1803/1901/1902/2002/2003/2004/2103/2201]

06 염화제2주석이 공기와 반응하여 흰색 연기를 발생시키는 원리이며, 오염물질의 확산이동 관찰에 유용하며 레시버식 후드의 개구부 흡입기류 방향을 확인할 수 있는 측정기를 쓰시오.(4점) [1601/1602/2103]

07 다음 ( ) 안에 알맞은 용어를 쓰시오.(4점) [1602]

가스상 물질은 (   ) 정도에 따라 침착되는 부분이 달라진다. 이산화황은 상기도에 침착, 오존 · 이황화탄소는 폐포에 침착된다.

08 다음은 전체환기에 대한 설명이다. ( )에 알맞은 내용을 채우시오.(6점) [1002/1302/1602]

- 전체환기 중 자연환기는 작업장의 개구부를 통하여 바람이나 작업장 내외의 (①)와 (②) 차이에 의한 (③)으로 행해지는 환기를 말한다.
- 외부공기와 실내공기와의 압력 차이가 0인 부분의 위치를 (④)라 하며, 환기정도를 좌우하고 높을수록 환기효율이 양호하다.
- 인공환기(기계환기)는 환기량 조절이 가능하고, 배기법은 오염작업장에 적용하며 실내압을 (⑤)으로 유지한다. 급기법은 청정산업에 적용하며 실내압은 (⑥)으로 유지한다.

09 생물학적 모니터링시 생체시료 3가지를 쓰시오.(6점) [0401/0802/1602/2301]

10 TWA가 설정되어 있는 유해물질 중 STEL이 설정되어 있지 않은 물질인 경우 TWA 외에 단시간 허용농도 상한치를 설정한다. 노출의 상한선과 노출시간 권고사항 2가지를 쓰시오.(4점) [1602]

11 제조업 근로자의 유해인자에 대한 질병발생률이 2.0이고, 일반인들은 동일 유해인자에 대한 질병발생률이 1.0일 경우 상대위험비를 구하시오.(5점) [1602/2302]

12 작업장 내에서 톨루엔(M.W 92, TLV 100ppm)을 시간당 1kg 사용하고 있다. 전체환기시설을 설치할 때 필요 환기량(m^3/min)을 구하시오.(단, 작업장은 25℃, 1기압, 혼합계수는 6)(5점) [1403/1602/2003]

13 현재 총 흡음량이 1,000sabins인 작업장에 3,000sabins를 더할 경우 흡음에 의한 실내 소음감소량을 구하시오.(5점) [1602]

14 다음 그림과 같은 후드에서 속도압이 20mmH_2O, 후드의 압력손실이 3.68mmH_2O일 때 후드의 유입계수를 구하시오.(5점) [0801/1102/1602/1903]

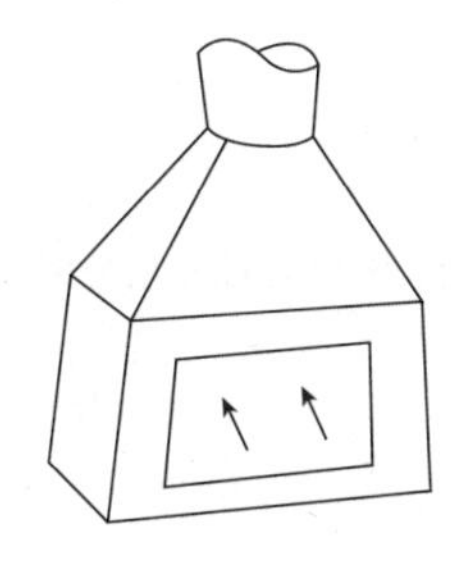

15 어떤 물질의 독성에 관한 인체실험결과 안전흡수량이 체중 kg당 0.05mg이었다. 체중 75kg인 사람이 1일 8시간 작업 시 이 물질의 체내 흡수를 안전흡수량 이하로 유지하려면 이 물질의 공기 중 농도를 얼마 이하로 규제하여야 하는지를 쓰시오.(단, 작업 시 폐환기율 0.98m^3/hr, 체내잔류율 1.0)(5점) [1001/1201/1402/1602/2002/2003]

16 덕트 내 공기유속을 피토관으로 측정한 결과 속도압이 20mmH_2O이었을 경우 덕트 내 유속(m/sec)을 구하시오.(단, 0℃, 1atm의 공기 비중량 1.3kg/m^3, 덕트 내부온도 320℃, 피토관 계수 0.96)(5점)

[1101/1602/2001/2303]

17 길이 70cm, 높이 10cm인 슬롯 후드가 설치되어 있으며, 유량이 90m^3/min인 경우 속도압(mmH_2O)을 구하시오.(6점)

[1602]

18 작업장 내 기계의 소음이 각각 94dB, 95dB, 100dB인 경우 합성소음을 구하시오.(5점) [1403/1602]

19 다음 조건에서 덕트 내 반송속도(m/sec)와 공기유량(m^3/min)을 구하시오.(6점) [1301/1402/1602/2401]

- 한 변이 0.3m인 정사각형 덕트
- 덕트 내 정압 30mmH_2O, 전압 45mmH_2O

20 직경이 100mm(단면적 0.00785m^2), 길이 10m인 직선 아연도금 원형 덕트 내를 유량(송풍량)이 4.2m^3/min인 표준상태의 공기가 통과하고 있다. 속도압 방법에 의한 압력손실(mmH_2O)을 구하시오.(단, 속도압법에서 마찰손실계수(HF)를 계산할 때 상수 a는 0.0155, b는 0.533, c는 0.612로 계산)(6점) [1201/1602]

2016년 제3회

필답형 기출복원문제

16년 3회차 실기시험

합격률 20.7%

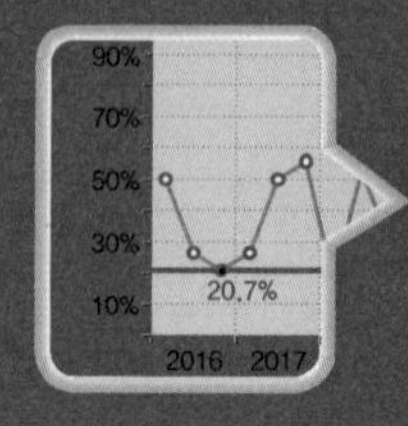

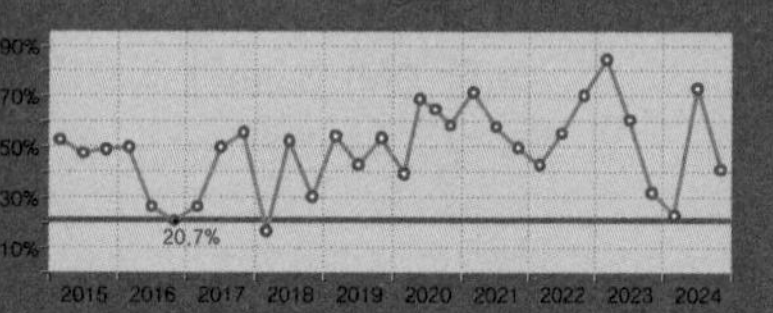

신규문제	7문항	중복문제	13문항

01 고농도 분진이 발생하는 작업장에 대한 환경관리 대책 4가지를 쓰시오.(4점) [1603/1902/2103]

02 다음은 사무실 실내환경에서의 오염물질의 관리기준이다. 빈칸을 채우시오.(단, 해당물질에 대한 단위까지 쓰시오)(6점) [1603]

이산화탄소(CO_2)	1,000ppm 이하
일산화탄소(CO)	(①) 이하
이산화질소(NO_2)	(②) 이하
라돈	(③) 이하

03 작업환경 개선의 일반적 기본원칙 4가지를 쓰시오.(4점) [0803/1603/2302]

04 벤투리 스크러버(Venturi Scrubber)의 원리를 설명하시오.(4점) [1302/1603]

05 중량물 취급작업 시 허리를 굽히기 보다는 허리를 펴고 다리를 굽히는 방법을 권하고 있다. 중량물 취급작업 시 지켜야 할 가장 중요한 원칙(적용범위)을 2가지 쓰시오.(4점) [1603]

06 비정상적인 작업을 하는 근무자를 위한 허용농도 보정에는 2가지 방법을 사용하는 데 이 중 OSHA 보정방법의 경우 허용농도에 대한 보정이 필요없는 경우를 3가지 제시하시오.(6점) [1603]

07 귀마개의 장점과 단점을 각각 2가지씩 쓰시오.(4점) [1603/2001/2301]

08 에틸벤젠(TLV : 100ppm) 작업을 1일 10시간 수행한다. 보정된 허용농도를 구하시오.(단, Brief와 Scala의 보정방법을 적용하시오)(5점) [0303/0802/0803/1603/2003/2402]

09 면적이 10m^2인 창문을 음압레벨 120dB인 음파가 통과할 때 이 창을 통과한 음파의 음향파워레벨(W)을 구하시오.(5점) [1603]

10 근로자가 벤젠을 취급하다가 실수로 작업장 바닥에 1.8L를 흘렸다. 작업장을 표준상태(25℃, 1기압)라고 가정한다면 공기 중으로 증발한 벤젠의 증기용량(L)을 구하시오.(단, 벤젠 분자량 78.11, SG(비중) 0.879이며 바닥의 벤젠은 모두 증발한다)(5점) [0603/1303/1603/2002/2004]

11 주관에 분지관이 있는 합류관에서 합류관의 각도에 따라 압력손실이 발생한다. 합류관의 유입각도가 90°에서 30°로 변경될 경우 압력손실은 얼마나 감소하는지 구하시오.(동압이 10mmAq, 90°일 때 압력손실계수 : 1.00, 30°일 때 압력손실계수 : 0.18)(5점) [0502/1603/1903]

12 1m×0.6m의 개구면을 갖는 후드를 통해 20m^3/min의 혼합공기가 덕트로 유입되도록 하는 덕트의 직경(cm)을 정수로 구하시오.(단, 시판되는 덕트의 직경은 1cm 간격이고, 최소 덕트 운반속도는 1,000m/min이다)(5점)

[0502/1603]

13 어떤 작업장에 입자의 직경이 2μm, 비중 2.5인 입자상 물질이 있다. 작업장의 높이가 3m일 때 모든 입자가 바닥에 가라앉은 후 청소를 하려고 하면 몇 분 후에 시작하여야 하는지를 구하시오.(5점) [0302/1103/1603]

14 어떤 작업장에서 분진의 입경이 30μm, 밀도 5g/cm^3 입자의 침강속도(cm/sec)를 구하시오.(단, 공기의 점성계수는 1.78×10^{-4}g/cm · sec, 중력가속도는 980cm/sec^2, 공기밀도는 0.001293g/cm^3이다)(5점) [1603]

15 주물공장에서 발생되는 분진을 유리섬유필터를 이용하여 측정하고자 한다. 측정 전 유리섬유필터의 무게는 0.5mg이었으며, 개인 시료채취기를 이용하여 분당 2L의 유량으로 120분간 측정하여 건조시킨 후 중량을 분석하였더니 필터의 무게가 2mg이었다. 이 작업장의 분진농도(mg/m^3)를 구하시오.(6점) [1603/2101]

16 저용량 에어 샘플러를 이용해 시료를 채취한 결과 납의 정량치는 15μg이고, 총 흡인유량이 300L일 때 공기 중 납의 농도(mg/m^3)를 구하시오.(단, 회수율은 95%로 가정한다)(5점) [1401/1603]

17 실내공간이 1,500m^3인 작업장에 벤젠 4L가 모두 증발하였다면 작업장의 벤젠 농도(ppm)를 구하시오.(단, 벤젠의 비중은 0.88, 분자량은 78, 21℃, 1기압)(5점) [0803/1203/1603]

18 톨루엔(비중 0.9, 분자량 92.13)이 시간당 0.36L씩 증발하는 공정에서 다음 조건을 참고하여 폭발방지 환기량(m^3/min)을 구하시오.(6점)

[1003/1103/1303/1603]

[조건]

- 공정온도 80℃
- 온도에 따른 상수 1
- 폭발하한계 5vol%
- 안전계수 10

19 공기의 조성비가 다음 표와 같을 때 공기의 밀도(kg/m^3)를 구하시오.(단, 25℃, 1기압)(5점)

[1001/1103/1603/1703/2002]

질소	산소	수증기	이산화탄소
78%	21%	0.5%	0.3%

20 먼지가 발생하는 작업장에 설치된 후드가 200m^3/min의 필요환기량으로 배기하도록 설계되어 있다. 설치와 동시에 측정된 후드의 정압(SPh_1)은 60mmH_2O였고, 3개월 후 측정된 후드의 정압(SPh_2)은 15.2mmH_2O였다. 다음 물음에 답하시오.(6점)

[1603]

1) 현재 후드에서 배기하는 변화된 필요환기량을 구하시오.
2) 후드의 정압이 감소하게 된 원인을 후드에서 찾아 2가지 쓰시오.

2017년 제1회

필답형 기출복원문제

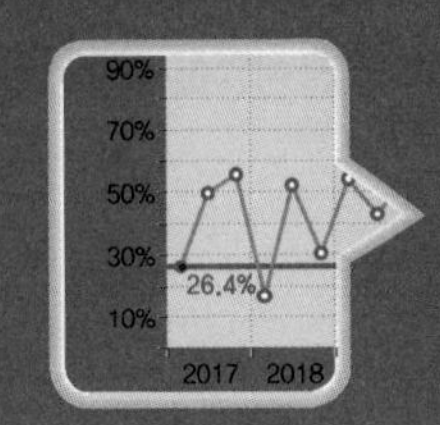

17년 1회차 실기시험

합격률 26.4%

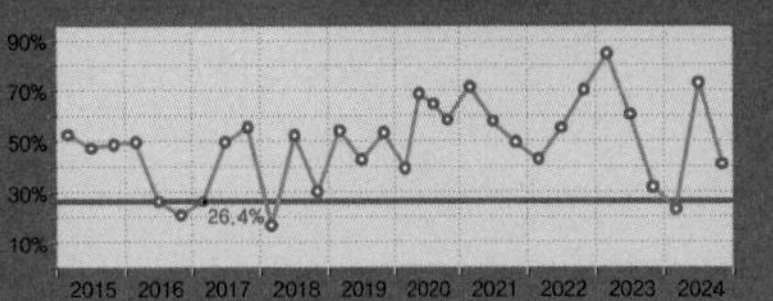

신규문제	7문항	중복문제	12문항

01 중심속도가 6m/sec일 때 평균속도(m/sec)를 구하시오.(단, 덕트반경을 R_o라 할 때 평균속도에 해당하는 반경 R은 $0.762R_o$이다)(5점) [1701]

02 인체 내 방어기전 중 대식세포의 기능에 손상을 주는 물질을 3가지 쓰시오.(6점) [1701]

03 주물공정에서 근로자에게 노출되는 호흡성 분진을 추정하고자 한다. 이때 호흡성 분진의 정의와 추정하는 목적을 기술하시오.(단, 정의는 ACGIH에서 제시한 평균 입자의 크기를 예를 들어 설명하시오)(4점) [0701/1701]

04 먼지의 공기역학적 직경의 정의를 쓰시오.(4점) [0603/0703/0901/1101/1402/1701/1803/1903/2302/2402]

05 외부식 후드 중 오염원이 외부에 있고, 송풍기의 흡인력을 이용하여 유해물질의 발생원에서 후드 내로 흡인하는 형식을 3가지 쓰고, 각각의 적용작업을 1가지씩 쓰시오.(6점) [1701]

06 인체의 고온순화(순응)의 매커니즘 4가지를 쓰시오.(4점) [0501/1701]

07 오염물질이 고체 흡착관의 앞층에 포화된 다음 뒷층에 흡착되기 시작하며 기류를 따라 흡착관을 빠져나가는 현상을 무슨 현상이라 하는가?(4점) [0802/1701/2001]

08 기류를 냉각시켜 기류를 측정하는 풍속계의 종류를 2가지 쓰시오.(4점) [1701]

09 공기기류 흐름의 방향에 따른 송풍기의 종류를 2가지 쓰시오.(4점) [0403/1701]

10 분진이 많이 발생되는 작업장에 여과집진기가 있는 국소배기장치를 설치하여 초기 송풍기의 정압을 측정하였더니 200mmH_2O였다. 설치 2년 후 측정해보니 송풍기의 정압이 450mmH_2O로 증가되었다. 추가로 설치한 후드가 없었다고 할 때 국소배기시스템의 송풍기의 정압이 증가(제어풍속이 저하)된 이유 2가지를 쓰시오.(4점)

[0901/1003/1701]

11 다음 용어에 대해서 설명하시오.(4점) [1701]

① 정압	② 동압

12 외부식 원형후드이며, 후드의 단면적은 0.5m^2이다. 제어속도가 0.5m/sec이고, 후드와 발생원과의 거리가 1m인 경우 다음을 계산하시오.(6점) [1701/2003]

1) 플랜지가 없을 때 필요환기량(m^3/min)
2) 플랜지가 있을 때 필요환기량(m^3/min)

13 두 대가 연결된 집진기의 전체효율이 96%이고, 두 번째 집진기 효율이 85%일 때 첫 번째 집진기의 효율을 계산하시오.(5점) [0702/1701/2003]

14 가로 40cm, 세로 20cm의 장방형 후드가 직경 20cm 원형덕트에 연결되어 있다. 다음 물음에 답하시오.(6점) [1701/2002/2203]

① 플랜지의 최소 폭(cm)을 구하시오.
② 플랜지가 있는 경우 플랜지가 없는 경우에 비해 송풍량이 몇 % 감소되는지 쓰시오.

15 중심주파수가 600Hz일 때 밴드의 주파수 범위(하한주파수 ~ 상한주파수)를 계산하시오.(단, 1/1 옥타브 밴드 기준)(5점) [0601/0902/1401/1501/1701]

16 어떤 작업장에서 근로자가 95dB에서 2시간, 90dB에서 3시간 노출되었고 나머지 시간은 90dB 미만이었을 때 소음허용기준을 초과했는지의 여부를 판정하시오.(5점) [1701]

17 작업장에서 tetrachloroethylene(폐흡수율 75%, TLV－TWA 25ppm, M.W 165.80)을 사용하고 있다. 체중 70kg의 근로자가 중노동(호흡률 1.47m^3/hr)을 2시간, 경노동(호흡율 0.98m^3/hr)을 6시간 하였다. 작업장에 폭로된 농도는 22.5ppm이었다면 이 근로자의 kg당 하루 폭로량(mg/kg)을 구하시오.(단, 온도＝25℃ 기준)(5점) [0601/1701]

18 사염화에틸렌을 이용하여 금속제품의 기름때를 제거하는 작업을 하는 작업장이다. 사염화에틸렌의 비중은 5.7로 공기(1.0)에 비해 훨씬 무거워 세척조에서 발생하는 사염화에틸렌의 증기로부터 근로자를 보호하기 위하여 설치된 국소배기장치의 후드 위치가 세척조 아래인 작업장 바닥이 아니라 세척조 개구면의 위쪽으로 설치된 이유를 유효비중을 이용하여 설명하시오.(단, 사염화에틸렌 10,000ppm)(5점) [1701]

19 길이 5m, 폭 3m, 높이 2m인 작업장이다. 천장, 벽면, 바닥의 흡음률은 각각 0.1, 0.05, 0.2일 때 다음 물음에 답하시오.(6점) [1301/1701]

① 총 흡음량을 구하시오(특히, 단위를 정확하게 표시하시오)
② 천장, 벽면의 흡음률을 0.3, 0.2로 증가할 때 실내소음 저감량(dB)을 구하시오.

2017년 제2회

필답형 기출복원문제

17년 2회차 실기시험

합격률 49.8%

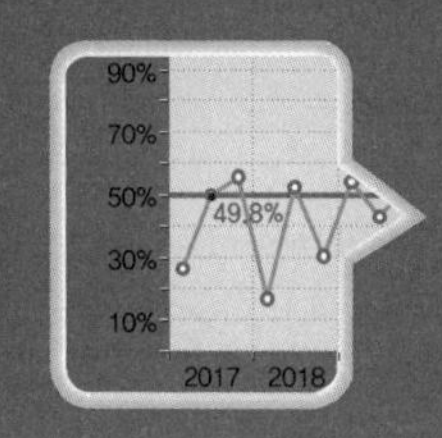

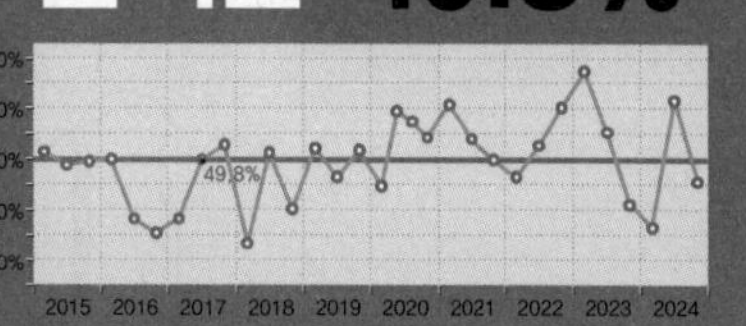

신규문제	3문항	중복문제	16문항

01 덕트 내 분진이송 시 반송속도를 결정하는 데 고려해야 하는 인자를 4가지 쓰시오.(4점) [1702/2001]

02 허용기준 중 TLV-C를 설명하시오.(4점) [0703/1702]

03 다음 각 단체의 허용기준을 나타내는 용어를 쓰시오.(3점) [1101/1702]

① OSHA ② ACGIH ③ NIOSH

04 국소배기장치를 통해 배출되는 것과 같은 양의 공기가 외부로부터 보충되는 것을 말하며, 환기시설에 의해 작업장 내에서 배기된 만큼의 공기를 작업장 내로 재공급하는 시스템을 무엇이라고 하는지 쓰시오.(4점)

[1602/1702/1903/2102]

05 덕트 내의 전압, 정압, 속도압을 피토튜브로 측정하려고 한다. 그림에서 전압, 정압, 속도압을 찾고 그 값을 구하시오.(6점)

[0301/0803/1201/1403/1702/1802/2002]

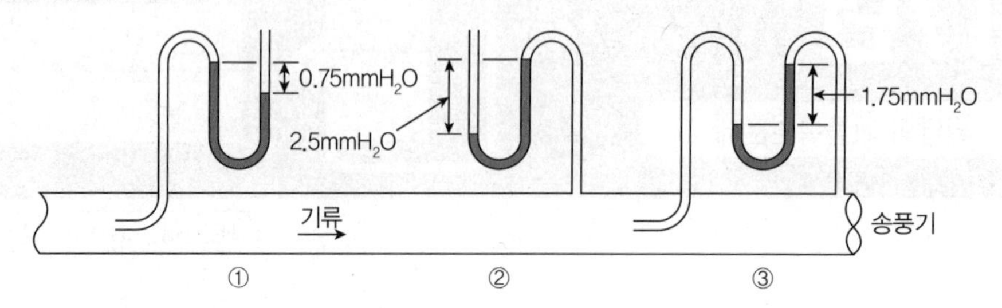

06 다음 중 파과와 관련하여 틀린 내용을 찾아 바르게 고치시오.(6점)

[1702]

① 작업환경 측정 시 많이 사용하는 흡착관은 앞층 100mg, 뒷층 50mg이다.
② 앞층과 뒷층으로 구분되어 있는 이유는 파과현상으로 인한 오염물질의 과소평가를 방지하기 위함이다.
③ 일반적으로 앞층의 5/10 이상이 뒷층으로 넘어가면 파과가 일어났다고 한다.
④ 파과가 일어났다는 것은 시료채취가 잘 이루어지는 것이다.
⑤ 습도와 비극성은 상관있고, 극성은 상관없다.

07 작업장 내의 열부하량은 25,000kcal/h이다. 외기온도는 20℃이고, 작업장 온도는 35℃일 때 전체환기를 위한 필요환기량(m^3/h)이 얼마인지 구하시오.(5점)

[0903/1302/1702/2403]

08 작업장 내에 20명의 근로자가 작업 중이다. 1인당 이산화탄소의 발생량이 40L/hr이다. 실내 이산화탄소 농도 허용기준이 700ppm일 때 필요환기량(m^3/hr)을 구하시오.(단 외기 CO_2의 농도는 400ppm)(6점)

[1702/2003]

09 실내 기적이 2,000m^3인 공간에 30명의 근로자가 작업중이다. 1인당 CO_2발생량이 40L/hr일 때 시간당 공기 교환횟수를 구하시오.(단, 외기 CO_2농도가 400ppm, 실내 CO_2 농도 허용기준이 700ppm)(5점)

[0502/1702/2002]

10 용접작업 시 작업면 위에 플랜지가 붙은 외부식 후드를 설치하였을 때의 필요송풍량(m^3/min)을 구하시오.(단, 제어거리 0.7m, 후드의 개구면적 1.2m^2, 제어속도 0.15m/sec)(6점)

[1002/1702]

11 200℃, 700mmHg 상태의 배기가스 SO_2 150m^3를 21℃, 1기압 상태로 환산하면 그 부피(m^3)를 구하시오.(5점)

[0803/1001/1401/1702]

12 사무실 내 모든 창문과 문이 닫혀있는 상태에서 1개의 환기설비만 가동하고 있을 때 피토관을 이용하여 측정한 덕트 내의 유속은 1m/sec였다. 덕트 직경이 20cm이고, 사무실의 크기가 6×8×2m일 때 사무실 공기교환횟수(ACH)를 구하시오.(5점)

[1203/1303/1702/2202]

13 작업장의 기적이 2,000m^3이고, 유효환기량(Q')이 1.5m^3/sec라고 할 때 methyle chloroform 증기 발생이 중지시 유해물질 농도가 300mg/m^3에서 농도가 25mg/m^3으로 감소하는데 걸리는 시간(분)을 계산하시오.(5점)

[1301/1303/1702]

14 작업장 중의 벤젠을 고체흡착관으로 측정하였다. 비누거품미터로 유량을 보정할 때 50cc의 공기가 통과하는데 시료채취 전 16.5초, 시료채취 후 16.9초가 걸렸다. 벤젠의 측정시간은 오후 1시 12분부터 오후 4시 54분까지이다. 측정된 벤젠량을 GC를 사용하여 분석한 결과 활성탄관의 앞층에서 2.0mg, 뒷층에서 0.1mg 검출되었을 경우 공기 중 벤젠의 농도(ppm)를 구하시오.(단, 25℃, 1기압이고 공시료 3개의 평균분석량은 0.01mg이다)(5점) [1101/1702]

15 기적이 1,000m^3인 작업장에서 MEK(비중 0.805, 분자량 72.1, TLV 200ppm)가 시간당 3L씩 사용되어 공기 중으로 증발될 경우 전체환기량(m^3/min)을 계산하시오.(단, 안전계수 3, 21℃ 1기압)(5점) [0502/1702]

16 표준공기가 흐르고 있는 덕트의 Reynold 수가 3.8×10^4일 때, 덕트관 내 유속을 구하시오.(단, 공기동점성계수 γ=0.1501cm^2/sec, 덕트직경은 60mm)(5점) [0403/1702/2401]

17 음압이 2.6μbar일 때 음압레벨(dB)을 구하시오.(5점) [1702]

18 총 흡음량이 2,000sabins인 작업장에 1,500sabins를 더할 경우 실내소음 저감량(dB)을 구하시오.(5점) [0503/1001/1002/1201/1702/2301/2401]

19 마노미터, 피토관의 그림을 그리고, 속도압과 속도를 구하는 원리를 설명하시오.(6점) [1702]

2017년 제3회

필답형 기출복원문제

17년 3회차 실기시험

합격률 55.6%

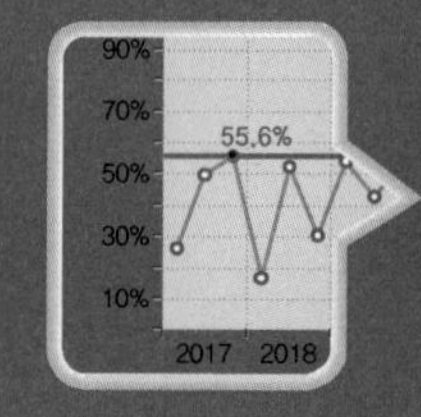

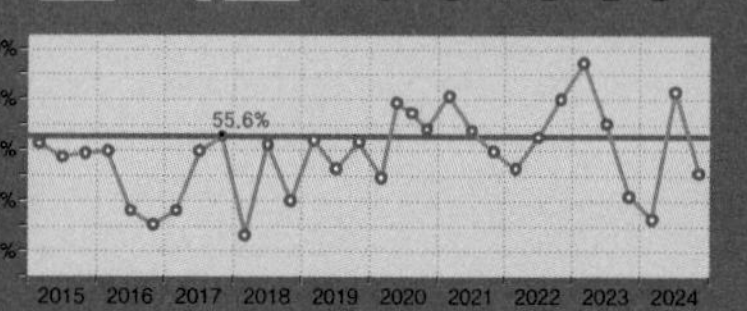

신규문제	4문항	중복문제	16문항

01 산소부채에 대하여 설명하시오.(4점) [0502/0603/1501/1703]

02 사무실 공기관리지침에 관한 설명이다. ( ) 안을 채우시오.(3점) [1703/2001/2003]

> ① 사무실 환기횟수는 시간당 ( )회 이상으로 한다.
> ② 공기의 측정시료는 사무실 내에서 공기질이 가장 나쁠 것으로 예상되는 ( )곳 이상에서 채취하고, 측정은 사무실 바닥으로부터 0.9 ~ 1.5m 높이에서 한다.
> ③ 일산화탄소 측정 시 시료 채취시간은 업무 시작 후 1시간 이내 및 종료 전 1시간 이내 각각 ( )분간 측정한다.

03 베르누이 정리에서 속도압(VP)과 속도(V)에 대한 관계식을 간단히 쓰시오.(단, 비중량 1.203kgf/m^3, 중력가속도 9.81m/sec^2)(4점) [1703]

04 배기구의 설치는 15－3－15 규칙을 참조하여 설치한다. 여기서 15－3－15의 의미를 설명하시오.(6점)

[1703/2101/2301]

05 산업환기와 관련된 다음 용어를 설명하시오.(6점) [1301/1703]

① 충만실 ② 제어속도 ③ 후드 플랜지

06 입자상 물질의 물리적 직경 3가지를 간단히 설명하시오.(6점)

[0301/0302/0403/0602/0701/0803/0903/1201/1301/1703/1901/2001/2003/2101/2103/2301/2303]

07 최근 이슈가 되고 있는 실내 공기오염의 원인 중 공기조화설비(HVAC)가 무엇인지 설명하시오.(4점) [1703]

08 다음 물음에 답하시오.(6점)

[1101/1703]

가) 다음에서 설명하는 석면의 종류를 쓰시오.

① 가늘고 부드러운 섬유/ 인장강도가 크다 / 가장 많이 사용 / 화학식은 $3MgO_2SiO_22H_2O$

② 고내열성 섬유/ 취성 / 화학식은 $(FeMg)SiO_2$

③ 석면광물 중 가장 강함 / 취성 / 화학식은 $NaFe(SiO_3)_2FeSiO_3H_2$

나) 석면 해체 및 제거 작업 계획 수립시 포함사항을 3가지 쓰시오.

09 공기정화장치 중 흡착제를 사용하는 흡착장치 설계 시 고려사항을 3가지 쓰시오.(6점)

[0801/1501/1502/1703/2002]

10 다음 ( ) 안에 알맞은 용어를 쓰시오.(5점)

[1703/2102/2302]

① 분석치가 참값에 얼마나 접근하였는가 하는 수치상의 표현을 (   )라 한다.

② 일정한 물질에 대해 반복측정·분석을 했을 때 나타나는 자료 분석치의 변동크기가 얼마나 작은가의 표현을 (   )라 한다.

③ 작업환경측정대상이 되는 작업장 또는 공정에서 정상적인 작업을 수행하는 동일 노출집단의 근로자가 작업을 하는 장소를 (   )라 한다.

④ 시료채취기를 이용하여 가스·증기·분진·흄(fume)·미스트(mist) 등을 근로자의 작업행동 범위에서 호흡기 높이에 고정하여 채취하는 것을 (   )라 한다.

⑤ 작업환경측정·분석 결과에 대한 정확성과 정밀도를 확보하기 위하여 작업환경측정기관의 측정·분석능력을 확인하고, 그 결과에 따라 지도·교육 등 측정·분석능력 향상을 위하여 행하는 모든 관리적 수단을 (   )라 한다.

11 전체환기로 작업환경관리를 하려고 한다. 전체환기 시설 설치의 기본원칙 4가지를 쓰시오.(4점)

[1201/1402/1703/2001/2202]

12 용접작업 시 ① 작업면 위에 플랜지가 붙은 외부식 후드를 설치하였을 때와 ② 공간에 플랜지가 없는 후드를 설치하였을 때의 필요송풍량을 계산하시오.(단, 제어거리 0.25m, 후드의 개구면적 0.5m^2, 제어속도 0.5m/sec) (6점)

[1703]

13 공기의 조성비가 다음 표와 같을 때 공기의 밀도(kg/m^3)를 구하시오.(단, 25℃, 1기압)(5점)

[1001/1103/1603/1703/2002]

질소	산소	수증기	이산화탄소
78%	21%	0.5%	0.3%

14 덕트의 직경이 150mm이고, 정압은 −63mmH_2O, 전압은 −30mmH_2O일 때, 송풍량($m^3/\sec$)을 구하시오.(5점)

[0401/1703]

15 어떤 작업장에서 90dB 3시간, 95dB 2시간, 100dB 1시간 노출되었을 때 소음노출지수를 구하고, 소음허용기준을 초과했는지의 여부를 판정하시오.(5점)

[1203/1703]

16 작업장의 기적이 4,000m^3이고, 유효환기량(Q')이 56.6m^3/min이라고 할 때 유해물질 발생 중지시 유해물질 농도가 100mg/m^3에서 25mg/m^3으로 감소하는데 걸리는 시간(분)을 구하시오.(5점)

[0302/0602/1703/2102]

17 다음 표를 보고 기하평균과 기하표준편차를 구하시오.(5점) [1703]

누적분포	해당 데이터
15.9%	0.05
50%	0.2
84.1%	0.8

18 다음 유기용제 A, B의 포화증기농도 및 증기위험화지수(VHI)를 구하시오.(단, 대기압 760mmHg)(4점) [1703/2102/2403]

가) A 유기용제(TLV 100ppm, 증기압 20mmHg)
나) B 유기용제(TLV 350ppm, 증기압 80mmHg)

19 환기시스템에서 공기의 유량이 0.12m^3/sec, 덕트 직경이 8.8cm, 후드 유입손실계수(F)가 0.27일 때, 후드정압(SP_h, mmH_2O)을 구하시오.(5점) [0503/0902/1703/2001]

20 송풍기 날개의 회전수가 400rpm일 때 송풍량은 300m^3/min, 풍압은 80mmH_2O, 축동력이 6.2kW이다. 송풍기 날개의 회전수가 600rpm으로 증가되었을 때 송풍기의 풍량, 풍압, 축동력을 구하시오.(6점) [1201/1703]

2018년 제1회

필답형 기출복원문제

18년 1회차 실기시험

합격률 16.8%

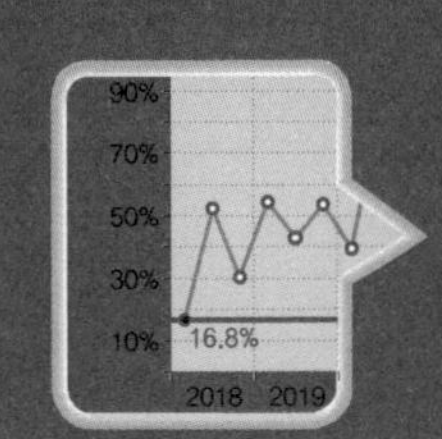

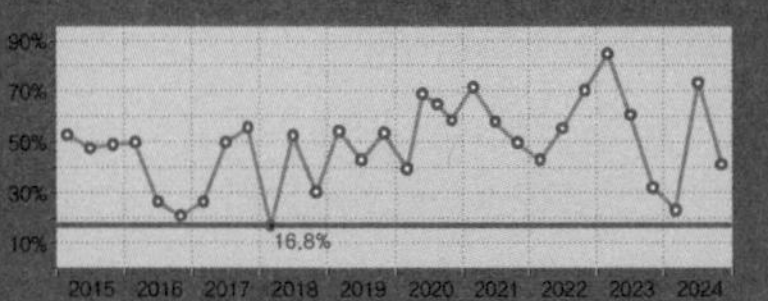

신규문제	8문항	중복문제	12문항

01 전자부품 조립작업, 세탁업무를 하는 작업자가 손목을 반복적으로 사용하는 작업에서 체크리스트를 이용하여 위험요인을 평가하는 평가방법을 쓰시오.(4점) [1801]

02 후드, 덕트 연결부위로 급격한 단면변화로 인한 압력손실을 방지하며, 배기의 균일한 분포를 유도하고 점진적인 경사를 두는 부위를 무엇이라고 하는가?(4점) [1801]

03 운전 및 유지비가 저렴하고 설치공간이 많이 필요하며, 집진효율이 우수하고 입력손실이 낮은 특징을 가지는 집진장치의 명칭을 쓰시오.(4점) [1801]

04 오리피스 형상의 후드에 플랜지 부착 유무에 따른 유입손실식을 쓰시오.(4점) [1801]

05 포위식 후드의 맹독성 물질 취급 시의 장점 3가지를 쓰시오.(6점) [1801]

06 여과지를 카세트에 장착하여 입자를 채취하였다. 채취원리를 3가지 쓰시오.(6점) [1801]

07 킬레이트 적정법의 종류 4가지를 쓰시오.(4점) [1801/2001]

08 온도 150℃에서 크실렌이 시간당 1.5L씩 증발하고 있다. 폭발방지를 위한 환기량을 계산하시오.(단, 분자량 106, 폭발하한계수 1%, 비중 0.88, 안전계수 5, 21℃, 1기압)(5점) [0703/1801/2002]

09 절단기를 사용하는 작업장의 소음수준이 100dBA, 작업자는 귀덮개(NRR=19) 착용하였을 때 차음효과(dB(A))와 노출되는 소음의 음압수준을 미국 OSHA의 계산법으로 구하시오.(6점) [0601/1403/1801/2403]

10 다음은 고열작업장에 설치된 레시버식 캐노피 후드의 모습이다. 후드의 직경을 H와 E를 이용하여 구하는 공식을 작성하시오.(4점) [1801]

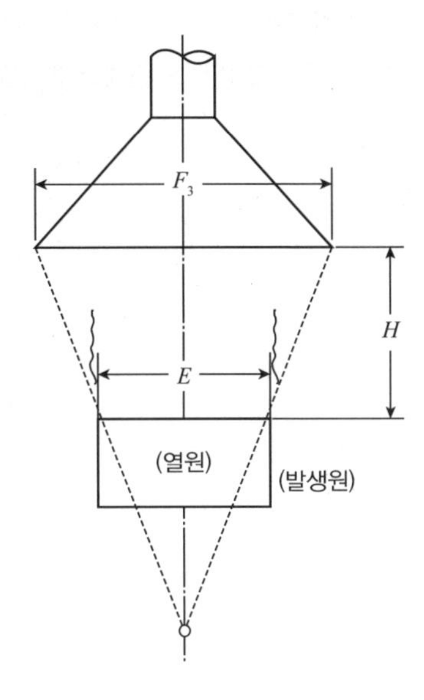

11 직경 150mm이고, 관내 유속이 10m/sec일 때 Reynold 수를 구하고 유체의 흐름(층류와 난류)을 판단하시오.(단, 20℃, 1기압, 동점성계수 $1.5\times10^{-5}m^2$/s)(5점) [0503/0702/1001/1601/1801]

12 작업장에서 발생하는 분진을 유리섬유 여과지로 3회 채취하여 측정한 평균값이 27.5mg이었다. 시료 포집 전에 실험실에서 여과지를 3회 측정한 결과 22.3mg이었다면 작업장의 분진농도(mg/m^3)를 구하시오.(단, 포집유량 5.0L/min, 포집시간 60분)(5점) [1801/2004/2102/2301]

13 작업장에서 MEK(비중 0.805, 분자량 72.1, TLV 200ppm)가 시간당 2L씩 사용되어 공기중으로 증발될 경우 작업장의 필요환기량(m^3/hr)을 계산하시오.(단, 안전계수 2, 25℃ 1기압)(5점) [1001/1801/2001/2201]

14 원형 덕트에 난기류가 흐르고 있을 경우 덕트의 직경을 1/2로 하면 직관부분의 압력손실은 몇 배로 증가하는지 계산하시오.(단, 유량, 관마찰계수는 변하지 않는다)(5점) [1302/1801/2103]

15 헥산을 1일 8시간 취급하는 작업장에서 실제 작업시간은 오전 2시간(노출량 60ppm), 오후 4시간(노출량 45ppm)이다. TWA를 구하고, 허용기준을 초과했는지 여부를 판단하시오.(단, 헥산의 TLV는 50ppm이다)(6점)

[1102/1302/1801/2002/2402]

16 다음 측정값의 기하평균을 구하시오.(5점) [0803/1301/1801/2102]

25, 28, 27, 64, 45, 52, 38, 58, 55, 42 (단위 : ppm)

17 금속제품 탈지공정에서 사용중인 트리클로로에틸렌의 과거 노출농도를 조사하였더니 50ppm이었다. 활성탄관을 이용하여 분당 0.5L씩 채취시 소요되는 최소한의 시간(분)을 구하시오.(단, 측정기기 정량한계는 시료당 0.5mg, 분자량 131.39, 25℃, 1기압)(5점) [0801/1801/2302]

18 작업장에서 MEK(비중 0.805, 분자량 72.1, TLV 200ppm)가 시간당 3L씩 발생하고, 톨루엔(비중 0.866, 분자량 92.13, TLV 100ppm)도 시간당 3L씩 발생한다. MEK는 150ppm, 톨루엔은 50ppm일 때 노출지수를 구하여 노출기준 초과여부를 평가하고, 전체환기시설 설치여부를 결정하시오. 또한 각 물질이 상가작용할 경우 전체환기량(m^3/min)을 구하시오.(단, MEK K=4, 톨루엔 K=5, 25℃ 1기압)(6점) [1801/2101]

19 공기 중 혼합물로서 벤젠 2.5ppm(TLV : 5ppm), 톨루엔 25ppm(TLV : 50ppm), 크실렌 60ppm(TLV : 100ppm)이 서로 상가작용을 한다고 할 때 허용농도 기준을 초과하는지의 여부와 혼합공기의 허용농도를 구하시오.(6점) [0801/1002/1402/1601/1801/1803/2004/2203/2301]

20 10m×30m×6m인 작업장에서 CO_2의 측정농도는 1,200ppm, 2시간 후의 CO_2 측정농도는 400ppm이었다. 이 작업장의 순환공기량(m^3/min)을 구하시오.(단, 외부공기 CO_2 농도는 330ppm)(5점) [1801]

2018년 제2회

필답형 기출복원문제

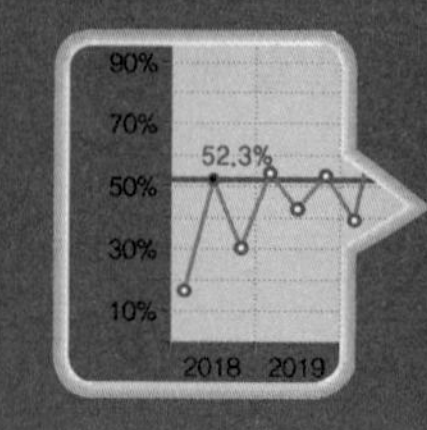

18년 2회차 실기시험

합격률 52.3%

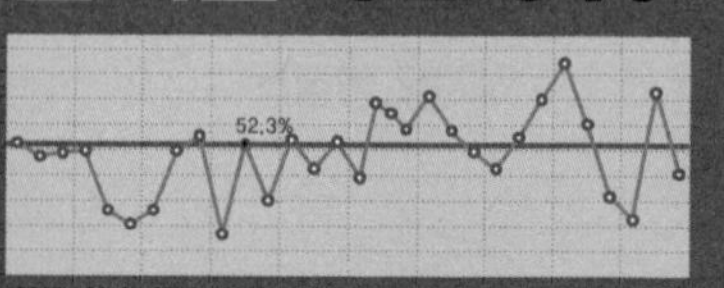

신규문제	6문항	중복문제	14문항

01 1차 표준보정기구 및 2차 표준보정기구의 정의와 정확도를 설명하시오.(6점) [1802]

02 가스상 물질을 임핀저, 버블러로 채취하는 액체흡수법 이용 시 흡수효율을 높이기 위한 방법을 3가지 쓰시오.(6점) [0601/1303/1802/2101]

03 ACGIH의 입자상 물질을 크기에 따라 3가지로 분류하고, 각각의 평균입경을 쓰시오.(6점) [0402/0502/0703/0802/1402/1601/1802/1901/2202]

04 속도압의 정의와 공기속도와의 관계식을 쓰시오.(5점) [1802]

05 다음 보기의 내용을 국소배기장치의 설계순서로 나타내시오.(5점) [1802/2003]

① 공기정화장치 선정	② 반송속도의 결정
③ 후드 형식의 선정	④ 제어속도의 결정
⑤ 총 압력손실의 계산	⑥ 소요풍량의 계산
⑦ 송풍기의 선정	⑧ 배관 배치와 후드 크기 결정

06 Flex-Time제를 간단히 설명하시오.(4점) [1802]

07 덕트 내 기류에 작용하는 압력의 종류를 3가지로 구분하여 설명하시오.(6점) [1102/1802/2004]

08 소음노출평가, 소음노출기준 초과에 따른 공학적 대책, 청력보호구의 지급 및 착용, 소음의 유해성과 예방에 관한 교육, 정기적 청력검사 · 평가 및 사후관리, 문서기록 · 관리 등을 포함하여 수립하는 소음성 난청을 예방하기 위한 종합적인 계획을 무엇이라고 하는가?(4점) [0602/1802/2203]

09 벤젠의 작업환경측정 결과가 노출기준을 초과하는 경우 몇 개월 후에 재측정을 하여야 하는지 쓰시오.(4점) [1802/2004]

10 덕트 내의 전압, 정압, 속도압을 피토튜브로 측정하려고 한다. 그림에서 전압, 정압, 속도압을 찾고 그 값을 구하시오.(6점) [0301/0803/1201/1403/1702/1802/2002]

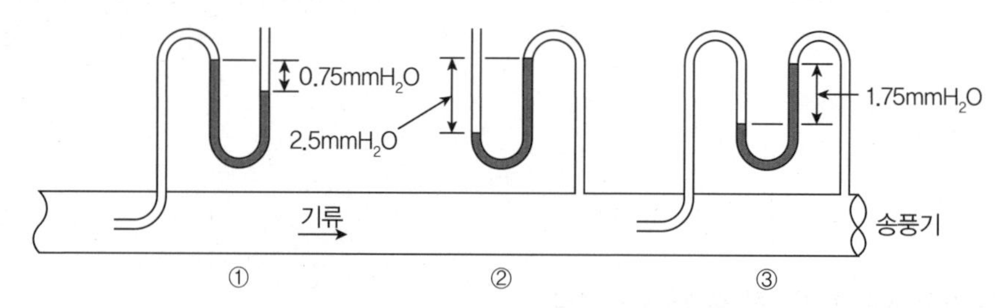

11 바이오에어로졸의 정의와 생물학적 유해인자 3가지를 쓰시오.(5점) [1802]

12 측정치가 0.4, 1.5, 15, 78인 경우의 기하표준편차를 계산하시오.(5점) [1802]

13 온도 200℃의 건조오븐에서 크실렌이 시간당 1.5L씩 증발하고 있다. 폭발방지를 위한 환기량을 계산하시오.
(단, 분자량 106, 폭발하한계수 1%, 비중 0.88, 안전계수 10, 25℃, 1기압)(6점) [1802/2003]

14 덕트 내 정압은 $-64.5mmH_2O$, 전압은 $-20.5mmH_2O$이고, 덕트의 단면적은 $0.038m^2$, 송풍기의 동력은 7.5kW였다. 송풍유량이 부족하여 20% 증가시켰을 때 변화된 송풍기의 동력(kW)을 계산하시오.(5점) [1802]

15 에너지 절약 방안의 일환으로 난방이나 냉방을 실시할 때 외부공기를 100% 공급하지 않고 오염된 실내 공기를 재순환시켜 외부공기와 융합해서 공급하는 경우가 많다. 재순환된 공기중 CO_2농도는 650ppm, 급기중 농도는 450ppm이었다. 또한 외부공기 중 CO_2 농도는 200ppm이다. 급기 중 외부공기의 함량(%)을 산출하시오.(5점) [1003/1403/1802]

16 사염화탄소 7,500ppm이 공기중에 존재할 때 공기와 사염화탄소의 유효비중을 소수점 아래 넷째자리까지 구하시오.(단, 공기비중 1.0, 사염화탄소 비중 5.7)(4점) [0602/1001/1503/1802/2101/2402]

17 시료채취 전 여과지의 무게가 20.0mg, 채취 후 여과지의 무게가 25mg이었다. 시료포집을 위한 펌프의 공기량은 800L이었다면 공기 중 분진의 농도(mg/m^3)를 구하시오.(5점) [0901/1802/2402/2403]

18 송풍량이 100m^3/min이고 전압이 120mmH_2O, 송풍기의 효율이 0.8일 때 송풍기의 소요동력(kW)을 계산하시오.(5점) [1101/1802]

19 작업장의 체적이 1,500m^3이고 0.5m^3/sec의 실외 대기공기가 작업장 안으로 유입되고 있다. 작업장에서 톨루엔 발생이 정지된 순간 작업장 내 Toluene의 농도가 50ppm이라고 할 때 30ppm으로 감소하는데 걸리는 시간(min)과 1시간 후의 공기 중 농도(ppm)를 구하시오.(단, 실외 대기에서 유입되는 공기량 톨루엔의 농도는 0ppm이고, 1차 반응식이 적용된다)(6점) [1103/1802]

20 단면적의 폭(W)이 40cm, 높이(D)가 20cm인 직사각형 덕트의 곡률반경(R)이 30cm로 구부려져 90° 곡관으로 설치되어 있다. 흡입공기의 속도압이 20mmH_2O일 때 다음 표를 참고하여 이 덕트의 압력손실(mmH_2O)을 구하시오.(5점) [1103/1402/1802]

형상비 / 반경비	$\xi = \triangle P / VP$					
	0.25	0.5	1.0	2.0	3.0	4.0
0.0	1.50	1.32	1.15	1.04	0.92	0.86
0.5	1.36	1.21	1.05	0.95	0.84	0.79
1.0	0.45	0.28	0.21	0.21	0.20	0.19
1.5	0.28	0.18	0.13	0.13	0.12	0.12
2.0	0.24	0.15	0.11	0.11	0.10	0.10
3.0	0.24	0.15	0.11	0.11	0.10	0.10

산 / 업 / 위 / 생 / 관 / 리 / 기 / 사 / 실 / 기

2018년 제3회

필답형 기출복원문제

18년 3회차 실기시험

합격률 30.2%

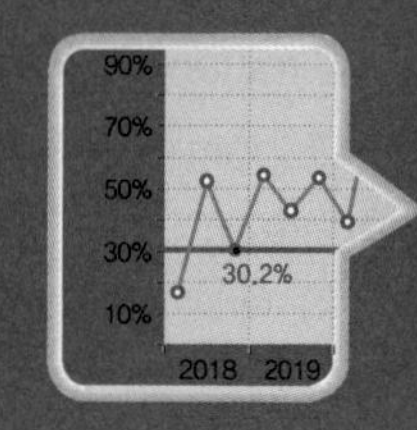

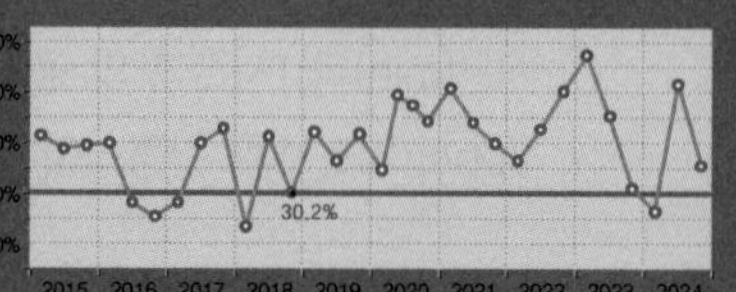

신규문제	7문항	중복문제	13문항

01 전체환기방식의 적용조건 5가지를 쓰시오.(단, 국소배기가 불가능한 경우는 제외한다)(5점)

[0301/0503/0702/0801/0902/1101/1203/1501/1602/1803/1901/1902/2002/2003/2004/2103/2201]

02 먼지의 공기역학적 직경의 정의를 쓰시오.(4점) [0603/0703/0901/1101/1402/1701/1803/1903/2302/2402]

03 관리대상 유해물질을 취급하는 작업에 근로자를 종사하도록 하는 경우 근로자를 작업에 배치하기 전 사업주가 근로자에게 알려야 하는 사항을 3가지 쓰시오.(6점)

[1803/2302/2401/2402]

04 공기 중 납농도를 측정할 때 시료채취에 사용되는 여과지의 종류와 분석기기의 종류를 각각 한 가지씩 쓰시오.(4점) [1003/1103/1302/1803/2103]

05 다음 설명의 빈칸을 채우시오.(단, 노동부고시 기준)(4점) [0403/1303/1803/2102]

> 용접흄은 (①)채취방법으로 하되 용접보안면을 착용한 경우에는 그 내부에서 채취하고 중량분석방법과 원자흡광분광기 또는 (②)를 이용한 분석방법으로 측정한다.

06 공기 중 유해가스를 측정하는 검지관법의 장점을 3가지 쓰시오.(6점) [1803/2101]

07 산업안전보건기준에 관한 규칙에서 근로자가 곤충 및 동물매개 감염병 고위험작업을 하는 경우에 사업주가 취해야 할 예방조치사항을 4가지 쓰시오.(4점) [1803]

08 다음의 증상을 갖는 열중증의 종류를 쓰시오.(4점) [1803/2101]

① 신체 내부 체온조절계통이 기능을 잃어 발생하며, 체온이 지나치게 상승할 경우 사망에 이를 수 있고 수액을 가능한 빨리 보충해주어야 하는 열중증
② 더운 환경에서 고된 육체적 작업을 통하여 신체의 지나친 염분 손실을 충당하지 못할 경우 발생하는 고열장애로 빠른 회복을 위해 염분과 수분을 공급하지만 염분 공급 시 식염정제를 사용하여서는 안 되는 열중증

09 휘발성 유기화합물(VOCs)을 처리하는 방법 중 연소법에서 불꽃연소법과 촉매연소법의 특징을 각각 2가지씩 쓰시오.(4점) [1103/1803/2101/2102/2402]

10 다음 그림의 (　) 안에 알맞은 입자 크기별 포집기전을 각각 한 가지씩 쓰시오.(3점) [0303/1101/1303/1401/1803/2403]

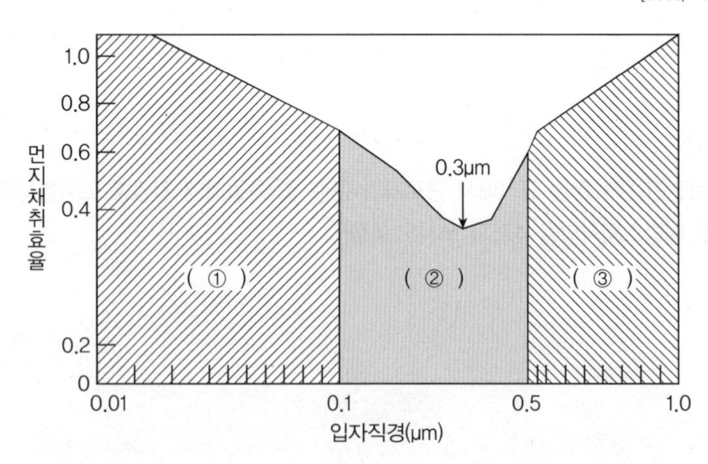

11 플랜지가 붙은 외부식 후드와 하방흡인형 후드(오염원이 개구면과 가까울 때)의 필요송풍량(m^3/min) 계산식을 쓰시오.(6점) [1803]

12 악취발생가스 포집방법으로 부스식 후드를 설치하여 제어속도는 0.25 ~ 0.5m/sec 범위이면 가능하다. 하한 제어속도의 20% 빠른 속도로 포집하고자 하며, 개구면적을 가로 1.5m, 세로 1m로 할 경우 필요흡인량(m^3/min)을 구하시오.(5점) [1803]

13 시작부분의 직경이 200mm, 이후 직경이 300mm로 확대되는 확대관에 유량 0.4m^3/sec으로 흐르고 있다. 정압회복계수가 0.76일 때 다음을 구하시오.(6점) [1803/2103]

① 공기가 이 확대관을 흐를 때 압력손실(mmH_2O)을 구하시오.
② 시작부분 정압이 $-31.5mmH_2O$일 경우 이후 확대된 확대관의 정압(mmH_2O)을 구하시오.

14 작업장 내에서 톨루엔(분자량 92.13, 노출기준 100ppm)을 시간당 100g씩 사용하는 작업장에 전체환기시설을 설치 시 톨루엔의 시간당 발생률(L/hr)을 구하시오.(18℃ 1기압 기준)(5점) [1803/2401]

15 작업장 내 열부하량은 15,000kcal/h이다. 외기온도는 20℃이고, 작업장 온도는 30℃일 때 전체환기를 위한 필요환기량(m^3/min)을 구하시오.(5점) [1803/2401]

16 공기 중 혼합물로서 벤젠 2.5ppm(TLV : 5ppm), 톨루엔 25ppm(TLV : 50ppm), 크실렌 60ppm(TLV : 100ppm)이 서로 상가작용을 한다고 할 때 허용농도 기준을 초과하는지의 여부와 혼합공기의 허용농도를 구하시오.(6점) [0801/1002/1402/1601/1801/1803/2004/2203/2301]

17 플랜지 부착 외부식 슬롯후드가 있다. 슬롯후드의 밑변과 높이는 200cm×30cm이다. 제어풍속이 3m/sec, 오염원까지의 거리는 30cm인 경우 필요송풍량(m^3/min)을 구하시오.(5점) [1103/1803/2103]

18 주물 용해로에 레시버식 캐노피 후드를 설치하는 경우 열상승 기류량이 15m^3/min이고, 누입한계 유량비가 3.5일 때 소요풍량(m^3/min)을 구하시오.(5점) [1803/2102]

19 용접작업장에서 채취한 공기 시료 채취량이 96L인 시료여재로부터 0.25mg의 아연을 분석하였다. 시료채취 기간동안 용접공에게 노출된 산화아연(ZnO)흄의 농도(mg/m^3)를 구하시오.(단, 아연의 원자량은 65)(5점) [1803]

20 고열배출원이 아닌 탱크 위, 장변 2m, 단변 1.4m, 배출원에서 후드까지의 높이가 0.5m, 제어속도가 0.4m/sec일 때 필요송풍량(m^3/min)을 구하시오.(5점)(단, Dalla valle식을 이용) [1803/2201/2403]

2019년 제1회

필답형 기출복원문제

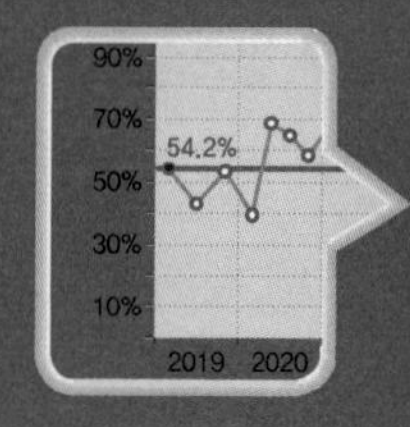

19년 1회차 실기시험
합격률 54.2%

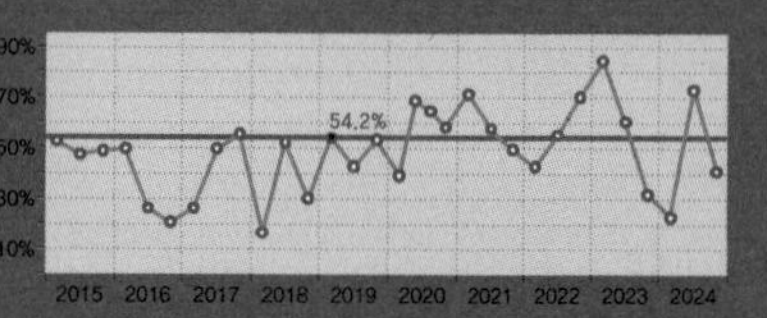

신규문제	7문항	중복문제	13문항

01 국소배기시설을 설계 할 때 총 압력손실을 계산하는 방법을 2가지 쓰시오.(4점) [1901]

02 수동식 시료채취기의 장점을 4가지 쓰시오.(4점) [1901]

03 입자상 물질의 물리적 직경 3가지를 간단히 설명하시오.(6점)
[0301/0302/0403/0602/0701/0803/0903/1201/1301/1703/1901/2001/2003/2101/2103/2301/2303]

04 산업피로 증상에서 혈액과 소변의 변화를 2가지씩 쓰시오.(4점) [0602/1601/1901/2302]

05 일반적으로 전체환기방법을 작업장에 적용하려고 할 때 고려되는 주위 환경조건을 4가지를 쓰시오.(4점)

[0301/0503/0702/0801/0902/1101/1203/1501/1602/1803/1901/1902/2002/2003/2004/2103/2201]

06 ACGIH의 입자상 물질을 크기에 따라 3가지로 분류하고, 각각의 평균입경을 쓰시오.(6점)

[0402/0502/0703/0802/1402/1601/1802/1901/2202]

07 공기 중 입자상 물질이 여과지에 채취되는 작용기전(포집원리) 5가지를 쓰시오.(5점)

[0301/0501/0901/1201/1901/2001/2002/2003/2102/2202]

08 다음은 각 분야의 표준공기(표준상태)에 관한 사항이다. 빈 칸에 알맞은 내용을 쓰시오.(6점) [1901]

구분	온도(℃)	1몰의 부피(L)
(1) 순수자연분야	( )	( )
(2) 산업위생분야	( )	( )
(3) 산업환기분야	( )	( )

구분	온도(℃)	1몰의 부피(L)

09 플랜지가 없는 외부식 후드를 설치하고자 한다. 후드 개구면에서 발생원까지의 제어거리가 0.5m, 제어속도가 6m/sec, 후드 개구단면적이 1.2m^2일 경우 필요송풍량(m^3/min)을 구하시오.(5점) [1901]

10 작업장 내 열부하량은 200,000kcal/h이다. 외기온도는 20℃이고, 작업장 온도는 30℃일 때 전체환기를 위한 필요환기량(m^3/min)이 얼마인지 구하시오.(5점) [1901/2103]

11 송풍기 회전수가 1,000rpm일 때 송풍량은 30m^3/min, 송풍기 정압은 22mmH_2O, 동력은 0.5HP였다. 송풍기 회전수를 1,200rpm으로 변경할 경우 송풍량(m^3/min), 정압(mmH_2O), 동력(HP)을 구하시오.(6점)

[1102/1401/1501/1901/2002]

12 다음은 고열작업장에 설치된 레시버식 캐노피 후드의 모습이다. 그림에서 H=1.3m, E=1.5m이고, 열원의 온도는 2,000℃이다. 다음 조건을 이용하여 열상승 기류량(m^3/min)을 구하시오.(5점) [1203/1901]

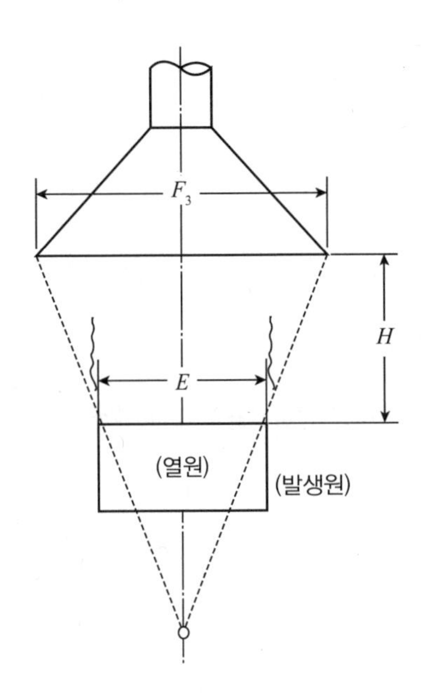

가) $Q_1(m^3/\text{min}) = \dfrac{0.57}{\gamma(A\gamma)^{0.33}} \times \Delta t^{0.45} \times Z^{1.5}$

나) 온도차 Δt의 계산식

- $H/E \leq 0.7$이면 $\Delta t = t_m - 20$, $H/E > 0.7$이면 $\Delta t = (t_m - 20)\{(2E+H)/2.7E\}^{-1.7}$이다.

다) 가상고도(Z)의 계산식

- $H/E \leq 0.7$이면 $Z = 2E$, $H/E > 0.7$이면 $Z = 0.74(2E+H)$이다.

라) 열원의 종횡비(γ)=1

13 0℃, 1기압에서의 공기밀도는 1.2kg/m^3이다. 동일기압, 80℃에서의 공기밀도(kg/m^3)를 구하시오.(단, 소수 아래 4째자리에서 반올림하여 3째자리까지 구하시오)(5점) [1002/1401/1901]

14 표준공기가 흐르고 있는 덕트의 Reynold 수가 40,000일 때, 덕트관 내 유속(m/sec)을 구하시오.(단, 점성계수 1.607×10^{-4}poise, 직경은 150mm, 밀도는 1.203kg/m^3)(5점) [0502/1201/1901/1903/2103]

15 노출인년은 조사근로자를 1년동안 관찰한 수치로 환산한 것이다. 다음 근로자들의 조사년한을 노출인년으로 환산하시오.(5점) [1302/1901/2402]

- 6개월 동안 노출된 근로자의 수 : 6명
- 1년 동안 노출된 근로자의 수 : 14명
- 3년 동안 노출된 근로자의 수 : 10명

16 덕트 단면적 0.38m^2, 덕트 내 정압을 −64.5mmH_2O, 전압은 −20.5mmH_2O이다. 덕트 내의 반송속도(m/sec)와 공기유량(m^3/min)을 구하시오.(단, 공기의 밀도는 1.2kg/m^3이다)(5점) [0701/1901/2003]

17 활성탄을 이용하여 0.4L/min으로 150분 동안 톨루엔을 측정한 후 분석하였다. 앞층에서 3.3mg이 검출되었고, 뒷층에서 0.1mg이 검출되었다. 탈착효율이 95%라고 할 때 파과여부와 공기 중 농도(ppm)를 구하시오. (단, 25℃, 1atm)(6점)
[0503/1101/1901/2102]

18 기적이 3,000m^3인 작업장에서 유해물질이 시간당 600g이 증발되고 있다. 유효환기량(Q')이 56.6m^3/min이라고 할 때 유해물질 농도가 100mg/m^3가 될 때까지 걸리는 시간(분)을 구하시오.(단, $V\frac{dc}{dt} = G - Q'C$를 이용하는데 V는 작업실 부피, G는 유해물질 발생량(발생속도), C는 특정 시간 t에서 유해물질 농도)(5점)
[1901]

19 염소(Cl_2)가스나 이산화질소(NO_2)가스와 같이 흡수제에 쉽게 흡수되지 않는 물질의 시료채취에 사용되는 시료채취 매체의 종류와 그 이유를 쓰시오.(4점) [1901]

20 어떤 작업장에서 80dB 4시간, 85dB 2시간, 91dB은 30분, 94dB은 10분간 노출되었을 때 노출지수를 구하고, 소음허용기준을 초과했는지의 여부를 판정하시오.(단, TLV는 80dB 24시간, 85dB 8시간, 91dB 2시간, 94dB 1시간이다)(5점) [1901]

2019년 제2회

필답형 기출복원문제

19년 2회차 실기시험

합격률 42.9%

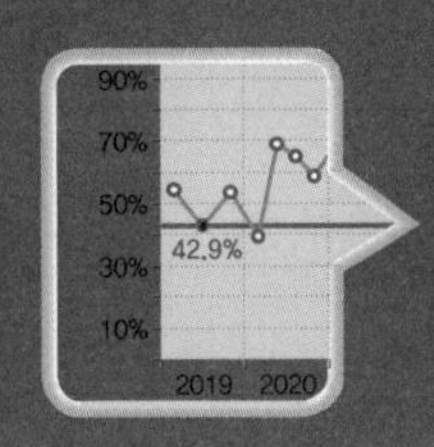

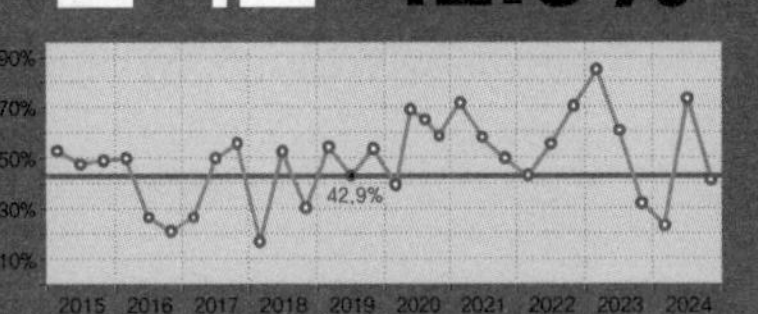

신규문제	8문항	중복문제	12문항

01 정상청력을 갖는 사람의 가청주파수 영역을 쓰시오.(5점) [1902]

02 전체환기방식의 적용조건 5가지를 쓰시오.(단, 국소배기가 불가능한 경우는 제외한다)(5점)
[0301/0503/0702/0801/0902/1101/1203/1501/1602/1803/1901/1902/2002/2003/2004/2103/2201]

03 가스나 증기상 물질의 흡착에 사용되는 활성탄과 실리카겔의 사용용도와 시료채취 시 주의사항 2가지를 쓰시오.(6점) [1902]

04 국소배기장치의 덕트나 관로에서의 정압, 속도압을 측정하는 장비(측정기기)를 3가지 쓰시오.(6점) [1902]

05 유해물질의 독성을 결정하는 인자를 5가지 쓰시오.(5점) [0703/1902/2103/2401]

06 분진이 발생하는 작업장에 대한 작업환경관리 대책 4가지를 쓰시오.(4점) [1603/1902/2103]

07 국소배기장치의 후드와 관련된 다음 용어를 설명하시오.(6점) [1902/2301]

① 플랜지 ② 테이퍼 ③ 슬롯

08 어떤 작업장에 입경이 2.4μm이고 비중이 6.6인 산화흄이 있다. 이 물질의 침강속도(cm/sec)를 구하시오.(5점) [1902]

09 소음방지용 개인보호구 중 귀마개와 비교하여 귀덮개의 장점을 4가지 쓰시오.(4점) [1902/2302]

10 아세톤의 농도가 3,000ppm일 때 공기와 아세톤 혼합물의 유효비중을 구하시오.(단, 아세톤 비중은 2.0, 소숫점 아래 셋째자리까지 구할 것)(5점) [1002/1902]

11 덕트 직경이 10cm, 공기유속이 25m/sec일 때 Reynold 수(Re)를 계산하시오.(단, 동점성계수는 $1.85 \times 10^{-5} m^2$/sec)(5점) [1203/1401/1902]

12 메틸사이클로헥사놀(TLV=50ppm)을 취급하는 작업장에서 1일 10시간 작업시 허용농도를 보정하면 얼마나 되는지 계산하시오.(단, Brief & Scala식의 허용농도 보정방법을 적용)(5점) [1902]

13 세로 400mm, 가로 850mm의 장방형 직관 덕트 내를 유량 300m^3/min으로 이송되고 있다. 길이 5m, 관마찰계수 0.02, 비중 1.3kg/m^3일 때 압력손실(mmH_2O)을 구하시오.(5점) [0303/0702/1902/2004/2101]

14 실내 기적이 2,000m^3인 공간에 500명의 근로자가 작업중이다. 1인당 CO_2발생량이 21L/hr, 외기 CO_2농도가 0.03%, 실내 CO_2 농도 허용기준이 0.1%일 때 시간당 공기교환횟수를 구하시오.(5점) [1902/2103]

15 지하철 환기설비의 흡입구 정압 -60mmH_2O, 배출구 내의 정압은 30mmH_2O이다. 반송속도 13.5m/sec이고, 온도 21℃, 밀도 1.21kg/m^3일 때 송풍기 정압을 구하시오.(5점) [0703/1902]

16 유입손실계수 0.70인 원형후드의 직경이 20cm이며, 유량이 60m^3/min인 후드의 정압을 구하시오.(단, 21도 1기압 기준)(5점) [0702/1303/1902/2101/2402]

17 A 사업장에서 측정한 공기 중 먼지의 공기역학적 직경은 평균 5.5μm였다. 이 먼지를 흡입성먼지 채취기로 채취할 때 채취효율(%)을 계산하시오.(5점) [0403/1902]

18 작업면 위에 플랜지가 붙은 외부식 후드를 설치할 경우 다음 조건에서 필요송풍량(m^3/min)과 플랜지 폭(cm)을 구하시오.(6점) [1902/2103]

> 후드와 발생원 사이의 거리 30cm, 후드의 크기 30cm×10cm, 제어속도 1m/sec

19 실내 체적이 2,000m^3이고, ACH가 10일 때 실내공기 환기량(m^3/sec)을 구하시오.(5점) [1303/1902]

20 K 사업장에 새로운 화학물질 A와 B가 들어왔다. 이를 조사연구한 결과 다음과 같은 용량－반응곡선을 얻었다. A, B 화학물질의 독성에 대해 TD_{10}과 TD_{50}을 기준으로 비교 설명하시오.(단, TD는 동물실험에서 동물이 사망하지는 않지만 조직 등에 손상을 입는 정도의 양이다)(5점) [1902]

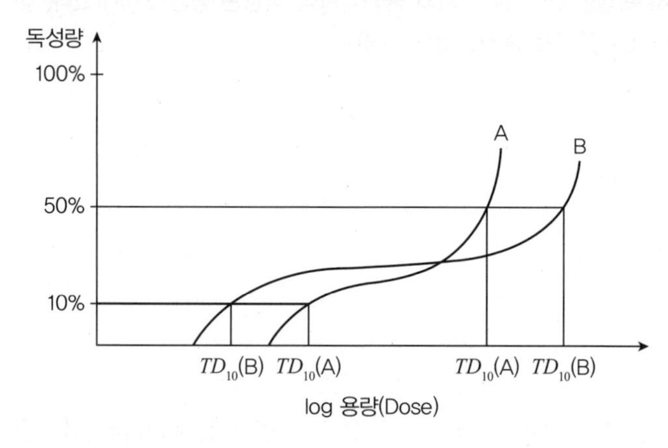

2019년 제3회

필답형 기출복원문제

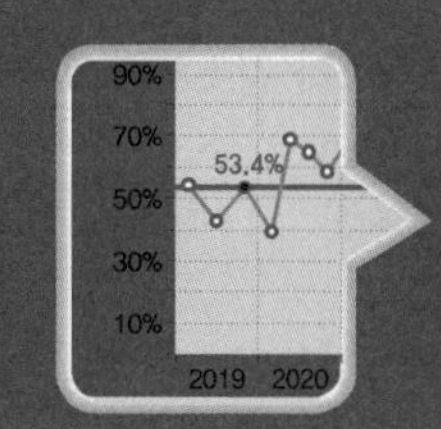

19년 3회차 실기시험
합격률 53.4%

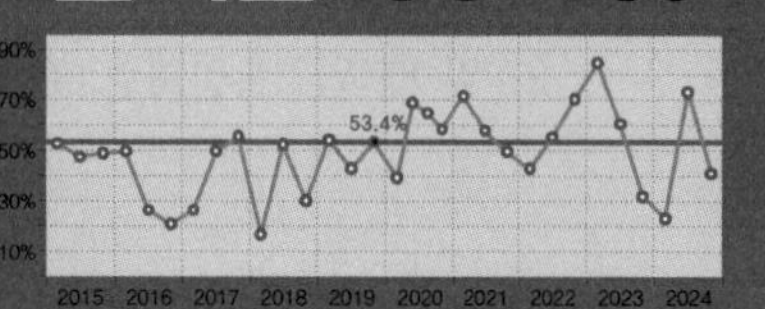

신규문제	3문항	중복문제	17문항

01 보충용 공기(makeup air)의 정의를 쓰시오.(4점) [1602/1702/1903/2102]

02 다음 보기의 국소배기장치들을 경제적으로 우수한 순서대로 배열하시오.(5점) [0702/0903/1903]

① 포위식후드
② 플랜지가 면에 고정된 외부식 국소배기장치
③ 플랜지 없는 외부식 국소배기장치
④ 플랜지가 공간에 있는 외부식 국소배기장치

03 후드의 선택지침을 4가지 쓰시오.(4점) [1101/1903]

04 주관에 분지관이 있는 합류관에서 합류관의 각도에 따라 압력손실이 발생한다. 합류관의 유입각도가 90°에서 30°로 변경될 경우 압력손실은 얼마나 감소하는지 구하시오.(동압이 10mmAq, 90°일 때 압력손실계수 : 1.00, 30°일 때 압력손실계수 : 0.18)(5점) [0502/1603/1903]

05 먼지의 공기역학적 직경의 정의를 쓰시오.(4점) [0603/0703/0901/1101/1402/1701/1803/1903/2302/2402]

06 산업위생통계에 사용되는 계통오차와 우발오차에 대해 각각 설명하시오.(4점) [1903]

07 사양서에 의하면 송풍기 정압 60mmH_2O에서 300m^3/min의 송풍량을 이동시킬 때 회전수를 400rpm으로 해야 하며, 이때 소요동력은 3.8kW라 한다. 만약 회전수를 600rpm으로 변경할 경우 송풍기의 송풍량과 소요동력을 구하시오.(4점) [0902/1903]

08 ACGIH TLV 허용농도 적용상의 주의사항 5가지를 쓰시오.(5점) [0401/0602/0703/1201/1302/1502/1903]

09 다음 용어 설명의 ( ) 안을 채우시오.(5점) [1402/1903/2203]

> 적정공기라 함은 산소농도의 범위가 (①)% 이상 (②)% 미만, 탄산가스 농도가 (③)% 미만, 황화수소 농도가 (④)ppm 미만, 일산화탄소 농도가 (⑤)ppm 미만인 수준의 공기를 말한다.

10 작업장의 체적이 2,000m^3이고 0.02m^3/min의 메틸클로로포름 증기가 발생하고 있다. 이때 유효환기량은 50 m^3/min이다. 작업장의 초기농도가 0인 상태에서 200ppm에 도달하는데 걸리는 시간(min)과 1시간 후의 농도(ppm)를 구하시오.(6점) [1102/1903]

11 송풍량이 200m^3/min이고 전압이 100mmH_2O인 송풍기의 소요동력을 5kW 이하로 유지하기위해 필요한 최소 송풍기의 효율(%)을 계산하시오.(5점) [0901/1903]

12 누적소음노출량계로 210분간 측정한 노출량이 40%일 때 평균 노출소음수준을 구하시오.(5점) [0902/1903/2202]

13 21℃, 1기압인 작업장에서 작업공정 중 1시간당 0.5L씩 Y물질이 모두 공기중으로 증발되어 실내공기를 오염시키고 있다. 이 작업장의 실내 환기를 위해 필요한 환기량(m^3/min)을 구하시오.(단, K=6, 분자량은 72.1, 비중은 0.805이며, Y물질의 TLV=200ppm이다)(6점) [0901/1903]

14 작업장에서 공기 중 납을 여과지로 포집한 후 분석하고자 한다. 측정시간은 09:00부터 12:00까지 였고, 채취 유량은 3.0L/min이었다. 채취한 후 시료를 채취한 여과지 무게를 재어보니 20μg이었고, 공시료 여과지에서는 6μg이었다면 이 작업장 공기 중 납의 농도($\mu g/m^3$)를 구하시오.(단, 회수율 98%)(6점) [1103/1903]

15 필터 전무게 10.04mg, 분당 40L가 흐르는 관에서 30분간 분진을 포집한 후 측정하였더니 여과지 무게가 16.04mg이었을 때 분진농도(mg/m^3)를 구하시오.(5점) [0802/1903]

16 50℃, 800mmHg인 상태에서 632L인 $C_5H_8O_2$가 80mg이 있다. 온도 21℃, 1기압인 상태에서의 농도(ppm)를 구하시오.(6점) [0903/1102/1302/1903/2401]

17 표준공기가 흐르고 있는 덕트의 Reynold 수가 40,000일 때, 덕트관 내 유속(m/sec)을 구하시오.(단, 점성계수 1.607×10^{-4}poise, 직경은 150mm, 밀도는 1.203kg/m^3)(5점) [0502/1201/1901/1903/2103]

18 32℃, 720mmHg에서의 공기밀도(kg/m^3)를 소숫점 아래 3째자리까지 구하시오.(단, 21℃, 1atm에서 밀도는 1.2kg/m^3)(5점) [1903]

19 2HP인 기계가 30대, 시간당 200kcal의 열량을 발산하는 작업자가 20명, 30kW 용량의 전등이 1대 켜져있는 작업자이다. 실내온도가 32℃이고, 외부공기온도가 27℃일 때 실내온도를 외부공기온도로 낮추기 위한 필요 환기량(m^3/min)을 구하시오.(단, 1HP=730kcal/hr, 1kW=860kcal/hr, 작업장 내 열부하(H_s)=$C_p \times Q \times \Delta t$에서 C_p(=0.24)는 밀도(1.203kg/m^3)를 고려해 계산하시오)(6점) [1903]

20 다음 그림과 같은 후드에서 속도압이 20mmH_2O, 후드의 압력손실이 3.68mmH_2O일 때 후드의 유입계수를 구하시오.(5점)

[0801/1102/1602/1903]

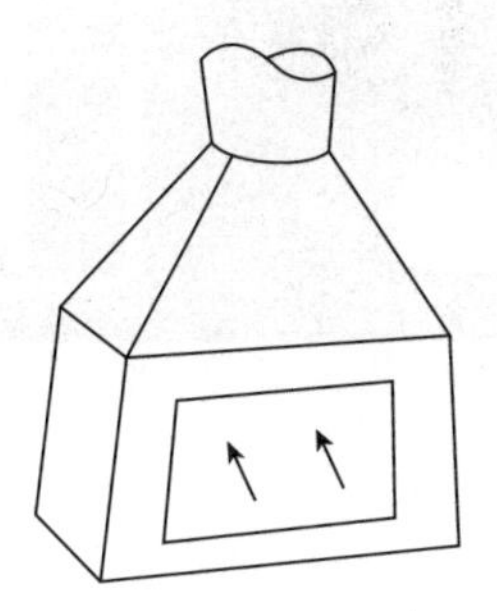

20년 1회차 실기시험

합격률 39.6%

2020년 제1회

필답형 기출복원문제

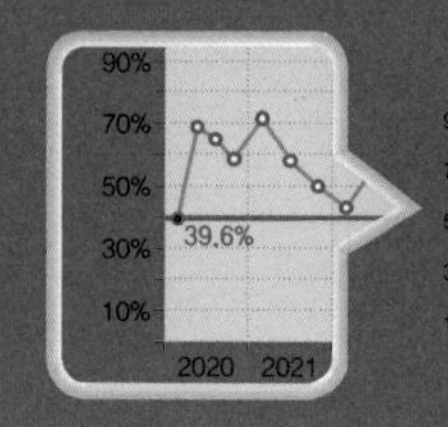

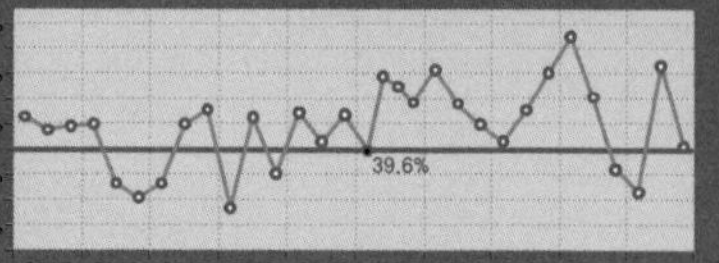

신규문제	4문항	중복문제	16문항

01 오염물질이 고체 흡착관의 앞층에 포화된 다음 뒷층에 흡착되기 시작하며 기류를 따라 흡착관을 빠져나가는 현상을 무슨 현상이라 하는가?(4점) [0802/1701/2001]

02 입자상 물질의 물리적 직경 3가지를 간단히 설명하시오.(6점) [0301/0302/0403/0602/0701/0803/0903/1201/1301/1703/1901/2001/2003/2101/2103/2301/2303]

03 공기 중 혼합물로서 carbon tetrachloride 6ppm(TLV : 10ppm), 1,2-dichloroethane 20ppm(TLV : 50ppm), 1,2-dibromoethane 7ppm(TLV : 20ppm)이 서로 상가작용을 한다고 할 때 허용농도 기준을 초과하는지의 여부와 혼합공기의 허용농도를 구하시오.(6점) [1303/2001]

04 사무실 공기관리지침에 관한 설명이다. ( ) 안을 채우시오.(3점) [1703/2001/2003/2402]

① 사무실 환기횟수는 시간당 ( )회 이상으로 한다.
② 공기의 측정시료는 사무실 내에서 공기질이 가장 나쁠 것으로 예상되는 ( )곳 이상에서 채취하고, 측정은 사무실 바닥으로부터 0.9 ~ 1.5m 높이에서 한다.
③ 일산화탄소 측정 시 시료 채취시간은 업무 시작 후 1시간 이내 및 종료 전 1시간 이내 각각 ( )분간 측정한다.

05 공기 중 입자상 물질이 여과지에 채취되는 작용기전(포집원리) 5가지를 쓰시오.(5점) [0301/0501/0901/1201/1901/2001/2002/2003/2102/2202]

06 여과포집방법에서 여과지 선정 시 구비조건 5가지를 쓰시오.(5점) [1503/2001/2203]

07 킬레이트 적정법의 종류 4가지를 쓰시오.(4점) [1801/2001]

08 귀마개의 장점과 단점을 각각 2가지씩 쓰시오.(4점) [1603/2001/2301]

09 전체환기로 작업환경관리를 하려고 한다. 전체환기 시설 설치의 기본원칙 4가지를 쓰시오.(4점) [1201/1402/1703/2001/2202]

10 산업안전보건법상 사업주는 석면의 제조 · 사용 작업에 근로자를 종사하도록 하는 경우에 석면분진의 발산과 근로자의 오염을 방지하기 위하여 작업수칙을 정하고, 이를 작업근로자에게 알려야 한다. 해당 작업수칙중 3가지를 쓰시오.(6점) [1001/2001/2203]

11 덕트 내 분진이송 시 반송속도를 결정하는 데 고려해야 하는 인자를 4가지 쓰시오.(4점) [1702/2001]

12 셀룰로오스 여과지의 장점과 단점을 각각 3가지씩 쓰시오.(6점) [2001]

13 후드의 플랜지 부착 효과를 3가지 쓰시오.(6점) [2001/2202]

14 다음 3가지 축류형 송풍기의 특징을 각각 간단히 서술하시오.(6점) [2001/2203]

프로펠러형, 튜브형, 고정날개형

15 덕트 직경이 30cm, Reynold 수(Re) 2×10^5, 동점성계수 $1.5 \times 10^{-5} m^2$/sec일 때 유속(m/sec)을 구하시오.(5점)

[2001]

16 덕트 내 공기유속을 피토관으로 측정한 결과 속도압이 20mmH_2O이었을 경우 덕트 내 유속(m/sec)을 구하시오.(단, 0℃, 1atm의 공기 비중량 1.3kg/m^3, 덕트 내부온도 320℃, 피토관 계수 0.96)(5점)

[1101/1602/2001/2303]

17 환기시스템에서 공기의 유량이 0.12m^3/sec, 덕트 직경이 8.8cm, 후드 유입손실계수(F)가 0.27일 때, 후드정압(SP_h)을 구하시오.(5점)

[0503/0902/1703/2001]

18 송풍기 날개의 회전수가 500rpm일 때 송풍량은 300m^3/min, 송풍기 정압은 45mmH_2O, 동력이 8HP이다. 송풍기 날개의 회전수가 600rpm으로 증가되었을 때 송풍기의 풍량(m^3/min), 정압(mmH_2O), 동력(HP)을 구하시오.(6점)
[2001]

19 작업장 중의 벤젠을 고체흡착관으로 측정하였다. 비누거품미터로 유량을 보정할 때 50cc의 공기가 통과하는데 시료채취 전 16.6초, 시료채취 후 16.9초가 걸렸다. 벤젠의 측정시간은 오후 1시 12분부터 오후 4시 45분까지이다. 측정된 벤젠량을 GC를 사용하여 분석한 결과 활성탄관의 앞층에서 2.0mg, 뒷층에서 0.1mg 검출되었을 경우 공기 중 벤젠의 농도(ppm)를 구하시오.(단, 25℃, 1기압이고, 공시료 3개의 평균분석량은 0.01mg 이다)(5점)
[2001]

20 작업장에서 MEK(비중 0.805, 분자량 72.1, TLV 200ppm)가 시간당 2L씩 사용되어 공기중으로 증발될 경우 작업장의 필요환기량(m^3/hr)을 계산하시오.(단, 안전계수 2, 25℃ 1기압)(5점) [1001/1801/2001/2201]

2020년 제2회

필답형 기출복원문제

20년 2회차 실기시험
합격률 68.7%

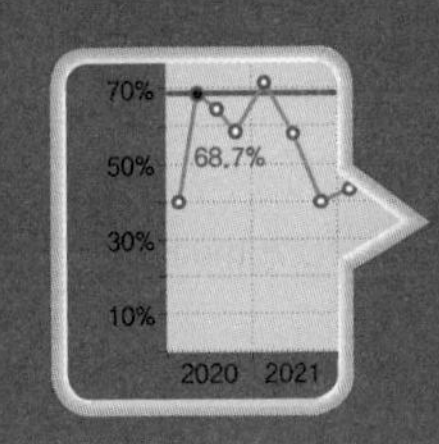

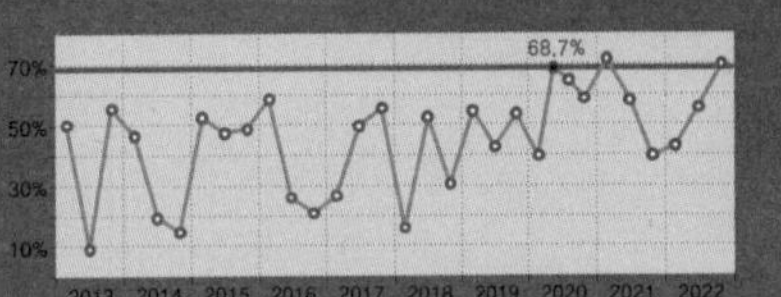

신규문제	3문항	중복문제	17문항

01 전체환기방식의 적용조건 5가지를 쓰시오.(단, 국소배기가 불가능한 경우는 제외한다)(5점)

[0301/0503/0702/0801/0902/1101/1203/1501/1602/1803/1901/1902/2002/2003/2004/2103/2201]

02 송풍기 회전수가 1,000rpm일 때 송풍량은 30m^3/min, 송풍기 정압은 22mmH_2O, 동력은 0.5HP였다. 송풍기 회전수를 1,200rpm으로 변경할 경우 송풍량(m^3/min), 정압(mmH_2O), 동력(HP)을 구하시오.(6점)

[1102/1401/1501/1901/2002]

03 집진장치를 원리에 따라 5가지로 구분하시오.(5점)

[2002/2201]

04 덕트 내의 전압, 정압, 속도압을 피토튜브로 측정하려고 한다. 그림에서 전압, 정압, 속도압을 찾고 그 값을 구하시오.(6점)

[0301/0803/1201/1403/1702/1802/2002]

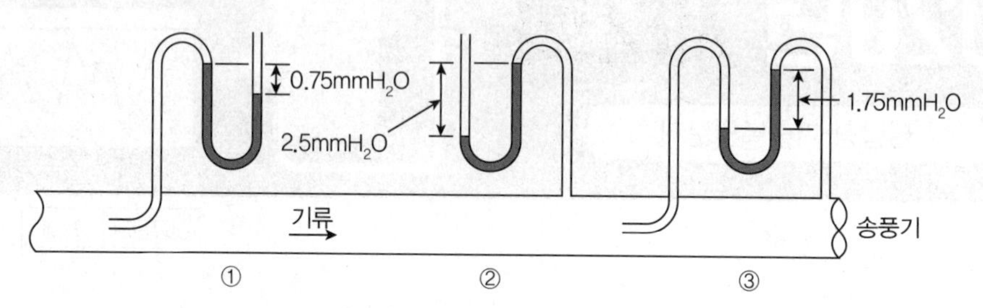

05 가로 40cm, 세로 20cm의 장방형 후드가 직경 20cm 원형덕트에 연결되어 있다. 다음 물음에 답하시오.(6점)

[1701/2002/2203]

1) 플랜지의 최소 폭(cm)을 구하시오.
2) 플랜지가 있는 경우 플랜지가 없는 경우에 비해 송풍량이 몇 % 감소되는지 쓰시오.

06 유입손실계수가 2.5일 때 유입계수를 구하시오.(4점)

[0901/1303/2002]

07 공기정화장치 중 흡착제를 사용하는 흡착장치 설계 시 고려사항을 3가지 쓰시오.(6점)

[0801/1501/1502/1703/2002]

08 공기 중 입자상 물질이 여과지에 채취되는 작용기전(포집원리) 5가지를 쓰시오.(5점)

[0301/0501/0901/1201/1901/2001/2002/2003/2102/2202]

09 2차 표준기구(유량측정)의 종류를 4가지 쓰시오.(4점)

[2002/2203]

10 다음은 후드와 관련된 설비에 대한 설명이다. 각각이 설명하는 용어를 쓰시오.(4점)

[2002]

① 후드 개구부를 몇 개로 나누어 유입하는 형식으로 부식 및 유해물질 축적 등의 단점이 있는 장치이다.
② 경사접합부라고도 하며, 후드, 덕트 연결부위로 급격한 단면변화로 인한 압력손실을 방지하며, 배기의 균일한 분포를 유도하고 점진적인 경사를 두는 부위이다.

11 노출기준과 관련된 설명이다. 빈칸을 채우시오.(4점) [2002]

단시간노출기준(STEL)이란 근로자가 1회에 (①)분간 유해인자에 노출되는 경우의 기준으로 이 기준 이하에서는 1회 노출간격이 1시간 이상인 경우에 1일 작업시간 동안 (②)회까지 노출이 허용될 수 있는 기준을 말한다.

12 다음은 국소배기시설과 관련된 설명이다. 내용 중 잘못된 내용의 번호를 찾아서 바르게 수정하시오.(6점) [2002]

① 후드는 가능한 오염물질 발생원에 가깝게 설치한다.
② 필요환기량을 최대로 하여야 한다.
③ 후드는 공정을 많이 포위한다.
④ 후드 개구면에서 기류가 균일하게 분포되도록 설계한다.
⑤ 후드는 작업자의 호흡영역을 유해물질로부터 보호해야 한다.
⑥ 덕트는 후드보다 두꺼운 재질로 선택한다.
⑦ 후드 개구면적은 완전한 흡입의 조건하에 가능한 크게 한다.

13 온도 150℃에서 크실렌이 시간당 1.5L씩 증발하고 있다. 폭발방지를 위한 환기량을 계산하시오.(단, 분자량 106, 폭발하한계수 1%, 비중 0.88, 안전계수 5, 21℃, 1기압)(5점) [0703/1801/2002]

14 TCE(분자량 131.39)에 노출되는 근로자의 노출농도를 측정하려고 한다. 과거농도는 50ppm이었다. 활성탄으로 0.15L/min으로 채취할 때 최소 소요시간(min)을 구하시오.(단, 정량한계는 0.5mg이고, 25℃, 1기압 기준)(5점) [0903/2002/2401]

15 헥산을 1일 8시간 취급하는 작업장에서 실제 작업시간은 오전 2시간(노출량 60ppm), 오후 4시간(노출량 45ppm)이다. TWA를 구하고, 허용기준을 초과했는지 여부를 판단하시오.(단, 헥산의 TLV는 50ppm이다)(6점) [1102/1302/1801/2002/2402]

16 근로자가 벤젠을 취급하다가 실수로 작업장 바닥에 1.8L를 흘렸다. 작업장을 표준상태(25℃, 1기압)라고 가정한다면 공기 중으로 증발한 벤젠의 증기용량(L)을 구하시오.(6점)(단, 벤젠 분자량 78.11, SG(비중) 0.879이며 바닥의 벤젠은 모두 증발한다)(6점) [0603/1303/1603/2002/2004]

17 실내 기적이 2,000m^3인 공간에 30명의 근로자가 작업중이다. 1인당 CO_2발생량이 40L/hr일 때 시간당 공기 교환횟수를 구하시오.(단, 외기 CO_2농도가 400ppm, 실내 CO_2 농도 허용기준이 700ppm)(5점)

[0502/1702/2002]

18 관 내경이 0.3m이고, 길이가 30m인 직관의 압력손실(mmH_2O)을 구하시오.(단, 관마찰손실계수는 0.02, 유체 밀도는 1.203kg/m^3, 직관 내 유속은 15m/sec이다)(5점)

[1102/1301/1601/2002]

19 어떤 물질의 독성에 관한 인체실험결과 안전흡수량이 체중 kg당 0.05mg이었다. 체중 75kg인 사람이 1일 8시간 작업 시 이 물질의 체내 흡수를 안전흡수량 이하로 유지하려면 이 물질의 공기 중 농도를 얼마 이하로 규제하여야 하는지 구하시오.(단, 작업 시 폐환기율 0.98m^3/hr, 체내잔류율 1.0)(5점)

[1001/1201/1402/1602/2002/2003]

20 공기의 조성비가 다음 표와 같을 때 공기의 밀도(kg/m^3)를 구하시오.(단, 25℃, 1기압)(5점)

[1001/1103/1603/1703/2002]

질소	산소	수증기	이산화탄소
78%	21%	0.5%	0.3%

2020년 제3회

필답형 기출복원문제

20년 3회차 실기시험

합격률 64.8%

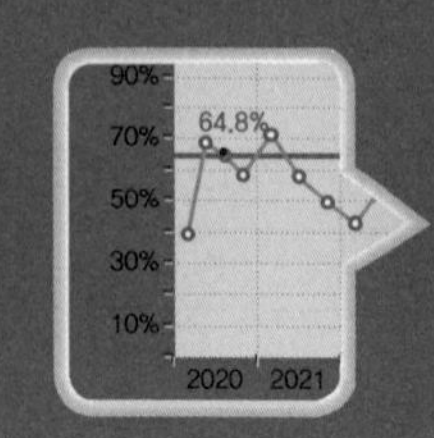

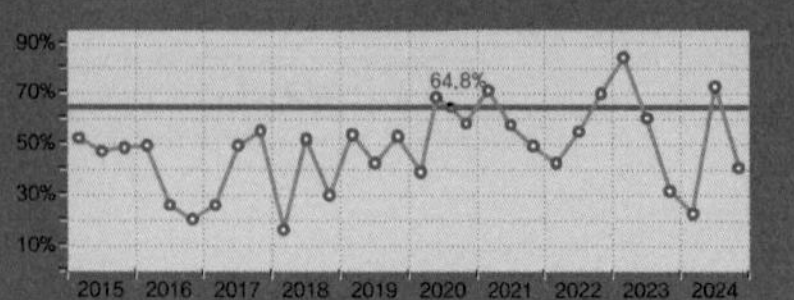

신규문제	2문항	중복문제	18문항

01 입자상 물질의 물리적 직경 3가지를 간단히 설명하시오.(6점)

[0301/0302/0403/0602/0701/0803/0903/1201/1301/1703/1901/2001/2003/2101/2103/2301/2303]

02 전체환기방식의 적용조건 5가지를 쓰시오.(단, 국소배기가 불가능한 경우는 제외한다)(5점)

[0301/0503/0702/0801/0902/1101/1203/1501/1602/1803/1901/1902/2002/2003/2004/2103/2201]

03 중량물 취급작업의 권고기준(RWL)의 관계식 및 그 인자를 쓰시오.(4점) [2003/2302]

04 공기 중 입자상 물질이 여과지에 채취되는 작용기전(포집원리) 5가지를 쓰시오.(5점)

[0301/0501/0901/1201/1901/2001/2002/2003/2102/2202]

05 다음 보기의 내용을 국소배기장치의 설계순서로 나타내시오.(4점) [1802/2003]

① 공기정화장치 선정	② 반송속도의 결정
③ 후드 형식의 선정	④ 제어속도의 결정
⑤ 총 압력손실의 계산	⑥ 소요풍량의 계산
⑦ 송풍기의 선정	⑧ 배관 배치와 후드 크기 결정

06 환기시설에서 공기공급시스템이 필요한 이유를 5가지 쓰시오.(5점) [0502/0701/1303/1601/2003]

07 국소배기장치 성능시험 시 필수적인 장비 5가지를 쓰시오.(5점) [0703/0802/0901/1002/1403/2003]

08 국소배기시설에서 필요송풍량을 최소화하기 위한 방법 4가지를 쓰시오.(4점)

[1503/2003]

09 다음 보기의 용어들에 대한 정의를 쓰시오.(6점)

[0601/0801/0902/1002/1401/1601/2003]

① 단위작업장소　　② 정확도　　③ 정밀도

10 사무실 공기관리지침에 관한 설명이다. ( ) 안을 채우시오.(3점)

[1703/2001/2003/2402]

① 사무실 환기횟수는 시간당 ( )회 이상으로 한다.
② 공기의 측정시료는 사무실 내에서 공기질이 가장 나쁠 것으로 예상되는 ( )곳 이상에서 채취하고, 측정은 사무실 바닥으로부터 0.9 ~ 1.5m 높이에서 한다.
③ 일산화탄소 측정 시 시료 채취시간은 업무 시작 후 1시간 이내 및 종료 전 1시간 이내 각각 ( )분간 측정한다.

11 작업장 내에서 톨루엔(M.W 92, TLV 100ppm)을 시간당 1kg 사용하고 있다. 전체환기시설을 설치할 때 필요 환기량(m^3/min)을 구하시오.(단, 작업장은 25℃, 1기압, 혼합계수는 6)(5점) [1403/1602/2003]

12 작업장 내에 20명의 근로자가 작업 중이다. 1인당 이산화탄소의 발생량이 40L/hr이다. 실내 이산화탄소 농도 허용기준이 700ppm일 때 필요환기량(m^3/hr)을 구하시오.(단 외기 CO_2의 농도는 400ppm)(5점)

[1702/2003]

13 어떤 물질의 독성에 관한 인체실험결과 안전흡수량이 체중 kg당 0.05mg이었다. 체중 75kg인 사람이 1일 8시간 작업 시 이 물질의 체내 흡수를 안전흡수량 이하로 유지하려면 이 물질의 공기 중 농도를 얼마 이하로 규제하여야 하는지를 구하시오.(단, 작업 시 폐환기율 0.98m^3/hr, 체내잔류율 1.0)(5점)

[1001/1201/1402/1602/2002/2003]

14 어떤 작업장에서 분진의 입경이 15μm, 밀도 1.3g/cm^3 입자의 침강속도(cm/sec)를 구하시오.(단, 공기의 점성계수는 1.78×10^{-4}g/cm · sec, 중력가속도는 980cm/sec^2, 공기밀도는 0.0012g/cm^3이다)(5점) [2003]

15 덕트 단면적 0.38m^2, 덕트 내 정압 −64.5mmH_2O, 전압은 −20.5mmH_2O이다. 덕트 내의 반송속도(m/sec)와 공기유량(m^3/min)을 구하시오.(단, 공기의 밀도는 1.2kg/m^3이다)(6점) [0701/1901/2003]

16 온도 200℃의 건조오븐에서 크실렌이 시간당 1.5L씩 증발하고 있다. 폭발방지를 위한 환기량(m^3/min)을 계산하시오.(단, 분자량 106, 폭발하한계수 1%, 비중 0.88, 안전계수 10, 25℃, 1기압)(6점) [1802/2003]

17 두 대가 연결된 집진기의 전체효율이 96%이고, 두 번째 집진기 효율이 85%일 때 첫 번째 집진기의 효율을 계산하시오.(5점) [0702/1701/2003]

18 에틸벤젠(TLV : 100ppm) 작업을 1일 10시간 수행한다. 보정된 허용농도를 구하시오.(단, Brief와 Scala의 보정방법을 적용하시오)(4점) [0303/0802/0803/1603/2003/2402]

19 120℃, 660mmHg인 상태에서 유량 100m^3/min의 기체가 관내로 흐르고 있다. 0℃, 1기압 상태일 때의 유량(m^3/min)을 구하시오.(6점) [1403/2003/2302]

20 외부식 원형후드이며, 후드의 단면적은 0.5m^2이다. 제어속도가 0.5m/sec이고, 후드와 발생원과의 거리가 1m인 경우 다음을 계산하시오.(6점) [1701/2003]

1) 플랜지가 없을 때 필요환기량(m^3/min)
2) 플랜지가 있을 때 필요환기량(m^3/min)

2020년 제4회

필답형 기출복원문제

20년 4회차 실기시험

합격률 58.5%

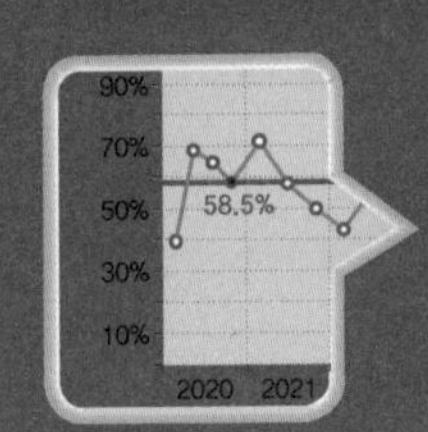

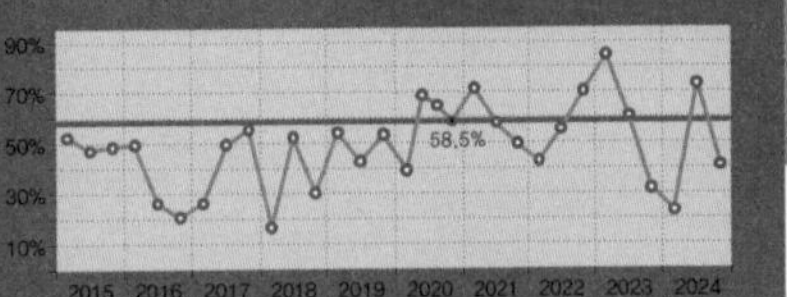

신규문제	6문항	중복문제	14문항

01 전체환기방식의 적용조건 5가지를 쓰시오.(단, 국소배기가 불가능한 경우는 제외한다)(5점)

[0301/0503/0702/0801/0902/1101/1203/1501/1602/1803/1901/1902/2002/2003/2004/2103/2201]

02 인간이 활동하기 가장 좋은 상태의 온열조건으로 환경온도를 감각온도로 표시한 것을 지적온도라고 한다. 지적온도에 영향을 미치는 요인을 5가지 쓰시오.(5점)

[2004/2303]

03 덕트 내 기류에 작용하는 압력의 종류를 3가지로 구분하여 설명하시오.(6점)

[1102/1802/2004]

04 벤젠의 작업환경측정 결과가 노출기준을 초과하는 경우 몇 개월 후에 재측정을 하여야 하는지 쓰시오.(4점)

[1802/2004]

05 세정집진장치의 집진원리를 4가지 쓰시오.(4점)

[1003/2004/2401]

06 분자량이 92.13이고, 방향의 무색액체로 인화 · 폭발의 위험성이 있으며, 대사산물이 o-크레졸인 물질은 무엇인가?(4점)

[0801/1501/2004]

07 원심력 사이클론의 블로우다운 효과를 2가지로 설명하시오.(4점)

[0802/2004]

08 국소배기장치 성능시험 장비 중에서 공기 유속을 측정하는 기기를 4가지 쓰시오.(4점)

[1402/2004]

09 원심력식 송풍기 중 터보형 송풍기의 장점을 3가지 쓰시오.(6점) [2004]

10 작업환경 측정 및 정도관리 등에 관한 고시에서 제시한 작업환경측정에서 사용되는 시료의 채취방법을 5가지 쓰시오.(5점) [0503/1101/2004/2101]

11 국소배기장치의 성능이 떨어지는 주요 원인에는 후드의 흡인능력 부족이 꼽힌다. 후드의 흡인능력 부족의 원인을 3가지 쓰시오.(6점) [2004]

12 다음 그림에서의 속도압을 구하시오.(5점) [2004]

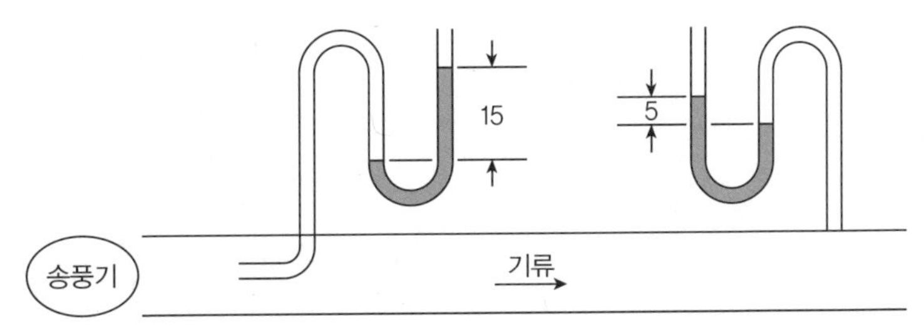

13 세로 400mm, 가로 850mm의 장방형 직관 덕트 내를 유량 300m^3/min으로 이송되고 있다. 길이 5m, 관마찰계수 0.02, 비중 1.3kg/m^3일 때 압력손실(mmH_2O)을 구하시오. [0303/0702/1902/2004/2101]

14 어떤 작업장에서 톨루엔(분자량 86.18, TVL 100ppm)과 크실렌(분자량 98.96, TVL 50ppm)을 각각 200g/hr 사용하였다. 안전계수는 각각 7이다. 두 물질이 상가작용을 할 때 필요환기량(m^3/hr)을 구하시오.(단, 25℃, 1기압)(5점) [0801/2004]

15 국소배기장치에서 사용하는 곡관의 직경(d) 30cm, 곡률반경(r)이 60cm인 30°곡관이다. 곡관의 속도압이 20 mmH_2O일 때 다음 표를 참고하여 곡관의 압력손실을 구하시오.(5점) [2004]

원형곡관의 압력손실계수	
반경비	압력손실계수
1.25	0.55
1.50	0.39
1.75	0.32
2.00	0.27
2.25	0.26
2.50	0.22
2.75	0.20

16 다음 설명에 해당하는 방법을 쓰시오.(4점) [2004]

① 휘발성 유기화합물(VOC)을 처리하는 방법이다.
② 약 300～400℃의 비교적 낮은 온도에서 산화분해시킨다.
③ 연소시설 내에 촉매를 사용하여 불꽃없이 산화시키는 방법으로 낮은 온도 및 짧은 체류시간에도 처리가 가능하다.

17 작업장에서 발생하는 분진을 유리섬유 여과지로 3회 채취하여 측정한 평균값이 27.5mg이었다. 시료 포집 전에 실험실에서 여과지를 3회 측정한 결과 22.3mg이었다면 작업장의 분진농도(mg/m^3)를 구하시오.(단, 포집유량 5.0L/min, 포집시간 60분)(5점) [1801/2004/2102/2301]

18 음향출력이 1.6watt인 점음원(자유공간)으로부터 20m 떨어진 곳에서의 음압수준을 구하시오.(단, 무지향성)(6점)
[0501/1001/1102/1403/2004]

19 근로자가 벤젠을 취급하다가 실수로 작업장 바닥에 1.8L를 흘렸다. 작업장을 표준상태(25℃, 1기압)라고 가정한다면 공기 중으로 증발한 벤젠의 증기용량을 구하시오.(단, 벤젠 분자량 78.11, SG(비중) 0.879이며 바닥의 벤젠은 모두 증발한다)(6점)
[0603/1303/1603/2002/2004]

20 공기 중 혼합물로서 벤젠 2.5ppm(TLV : 5ppm), 톨루엔 25ppm(TLV : 50ppm), 크실렌 60ppm(TLV : 100ppm)이 서로 상가작용을 한다고 할 때 허용농도 기준을 초과하는지의 여부와 혼합공기의 허용농도를 구하시오.(6점)
[0801/1002/1402/1601/1801/1803/2004/2203/2301]

2021년 제1회

필답형 기출복원문제

21년 1회차 실기시험
합격률 71.4%

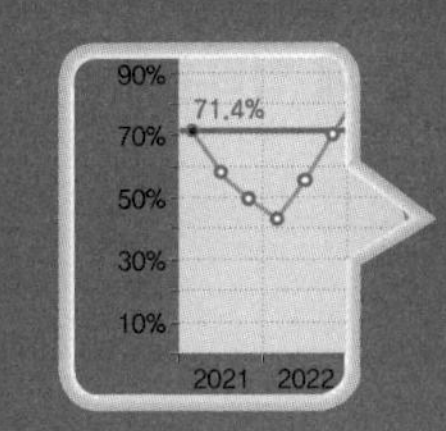

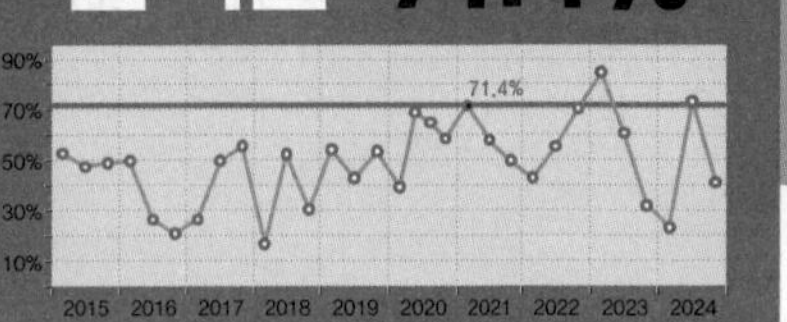

신규문제	0문항	중복문제	20문항

01

입자상 물질의 물리적 직경 3가지를 간단히 설명하시오.(6점)

[0301/0302/0403/0602/0701/0803/0903/1201/1301/1703/1901/2001/2003/2101/2103/2301/2303]

02

건조공정에서 공정의 온도는 150℃, 건조시 크실렌이 시간당 2L 발생한다. 폭발방지를 위한 실제 환기량(m^3/min)을 구하시오.(단, 크실렌의 LEL=1%, 비중 0.88, 분자량 106, 안전계수 10, 21℃, 1기압 기준 온도에 따른 상수 0.7)(5점)

[0702/1002/1402/1501/2101/2103]

03

공기 중 유해가스를 측정하는 검지관법의 장점을 4가지 쓰시오.(4점)

[1803/2101]

04 세로 400mm, 가로 850mm의 장방형 직관 덕트 내를 유량 300m^3/min으로 이송되고 있다. 길이 5m, 관마찰계수 0.02, 비중 1.3kg/m^3일 때 압력손실(mmH_2O)을 구하시오.(5점) [0303/0702/1902/2004/2101]

05 가스상 물질을 임핀저, 버블러로 채취하는 액체흡수법 이용 시 흡수효율을 높이기 위한 방법을 3가지 쓰시오.(6점) [0601/1303/1802/2101]

06 배기구의 설치는 15－3－15 규칙을 참조하여 설치한다. 여기서 15－3－15의 의미를 설명하시오.(6점) [1703/2101/2301]

07 C5－dip현상에 대해서 간단히 설명하시오.(4점) [0703/1501/2101]

08 다음 물음에 답하시오.(6점) [0303/2101/2302]

> 가) 산소부채란 무엇인가?
> 나) 산소부채가 일어날 때 에너지 공급원 4가지를 쓰시오.

09 휘발성 유기화합물(VOCs)을 처리하는 방법 중 연소법에서 불꽃연소법과 촉매연소법의 특징을 각각 2가지씩 쓰시오.(4점) [1103/1803/2101/2102/2402]

10 작업환경 측정 및 정도관리 등에 관한 고시에서 제시한 작업환경측정에서 사용되는 시료의 채취방법을 4가지 쓰시오.(4점) [0503/1101/2004/2101]

11 벤젠과 톨루엔의 대사산물을 쓰시오.(4점)

[0803/2101]

12 다음의 증상을 갖는 열중증의 종류를 쓰시오.(4점)

[1803/2101]

① 신체 내부 체온조절계통이 기능을 잃어 발생하며, 체온이 지나치게 상승할 경우 사망에 이를 수 있고 수액을 가능한 빨리 보충해주어야 하는 열중증
② 더운 환경에서 고된 육체적 작업을 통하여 신체의 지나친 염분 손실을 충당하지 못할 경우 발생하는 고열장애로 빠른 회복을 위해 염분과 수분을 공급하지만 염분 공급 시 식염정제를 사용하여서는 안 되는 열중증

13 유입손실계수 0.70인 원형후드의 직경이 20cm이며, 유량이 60m^3/min인 후드의 정압을 구하시오.(단, 21도 1기압 기준)(5점)

[0702/1303/1902/2101/2402]

14 사염화탄소 7,500ppm이 공기중에 존재할 때 공기와 사염화탄소의 유효비중을 소수점 아래 넷째자리까지 구하시오.(단, 공기비중 1.0, 사염화탄소 비중 5.7)(4점)

[0602/1001/1503/1802/2101/2402]

15 작업장에서 MEK(비중 0.805, 분자량 72.1, TLV 200ppm)가 시간당 3L씩 발생하고, 톨루엔(비중 0.866, 분자량 92.13, TLV 100ppm)도 시간당 3L씩 발생한다. MEK는 150ppm, 톨루엔은 50ppm일 때 노출지수를 구하여 노출기준 초과여부를 평가하고, 전체환기시설 설치여부를 결정하시오. 또한 각 물질이 상가작용할 경우 전체환기량(m^3/min)을 구하시오.(단, MEK K=4, 톨루엔 K=5, 25℃ 1기압)(6점) [1801/2101]

16 톨루엔(분자량 92, 노출기준 100ppm)을 시간당 3kg/hr 사용하는 작업장에 대해 전체환기시설을 설치 시 필요환기량(m^3/min)을 구하시오.(MW 92, TLV 100ppm, 여유계수 K=6, 21℃ 1기압 기준)(6점)

[0601/2101/2301/2302]

17 주물공장에서 발생되는 분진을 유리섬유필터를 이용하여 측정하고자 한다. 측정 전 유리섬유필터의 무게는 0.5mg이었으며, 개인 시료채취기를 이용하여 분당 2L의 유량으로 120분간 측정하여 건조시킨 후 중량을 분석하였더니 필터의 무게가 2mg이었다. 이 작업장의 분진농도(mg/m^3)를 구하시오.(5점) [1603/2101]

18 재순환 공기의 CO_2 농도는 650ppm이고, 급기의 CO_2 농도는 450ppm이다. 외부의 CO_2농도가 300ppm일 때 급기 중 외부공기 포함량(%)을 계산하시오.(5점)

[0901/2101/2401]

19 출력 0.1W 작은 점원원으로부터 100m 떨어진 곳의 음압 레벨(Sound press Level)을 구하시오.(단, 무지향성 음원이 자유공간에 있다)(6점) [0603/2101]

20 덕트 직경이 30cm, 공기유속이 12m/sec일 때 Reynold 수(Re)를 계산하시오.(단, 공기의 점성계수는 1.8×10^{-5}kg/m · sec이고, 공기밀도는 1.2kg/m^3)(5점) [1301/2101]

2021년 제2회

필답형 기출복원문제

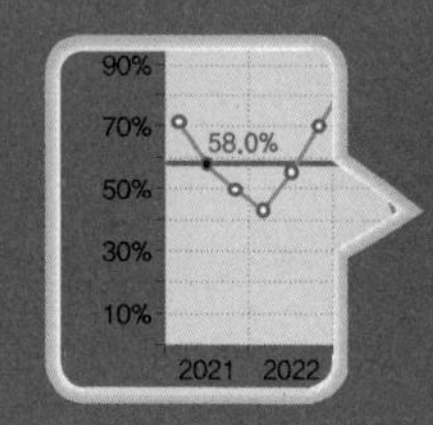

21년 2회차 실기시험

합격률 58.0%

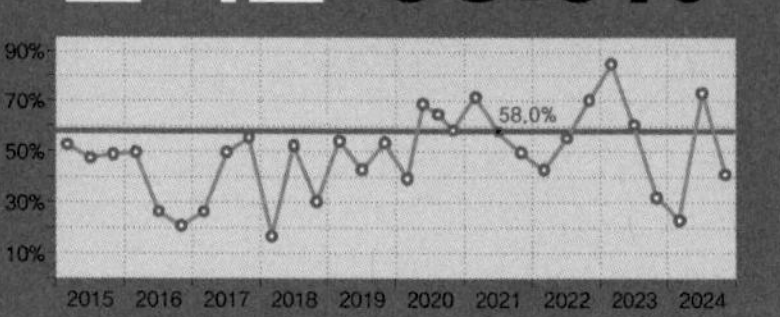

신규문제	5문항	중복문제	15문항

01 다음 설명의 빈칸을 채우시오.(단, 노동부고시 기준)(4점) [0403/1303/1803/2102]

> 용접흄은 (①)채취방법으로 하되 용접보안면을 착용한 경우에는 그 내부에서 채취하고 중량분석방법과 원자흡광분광기 또는 (②)를 이용한 분석방법으로 측정한다.

02 휘발성 유기화합물(VOCs)을 처리하는 방법 중 연소법에서 불꽃연소법과 촉매연소법의 특징을 각각 2가지씩 쓰시오.(4점) [1103/1803/2101/2102/2402]

03 공기 중 입자상 물질이 여과지에 채취되는 작용기전(포집원리) 5가지를 쓰시오.(6점) [0301/0501/0901/1201/1901/2001/2002/2003/2102/2202]

04 국소배기장치를 통해 배출되는 것과 같은 양의 공기가 외부로부터 보충되는 것을 말하며, 환기시설에 의해 작업장 내에서 배기된 만큼의 공기를 작업장 내로 재공급하는 시스템을 무엇이라고 하는지 쓰시오.(3점)

[1602/1702/1903/2102]

05 다음 ( ) 안에 알맞은 용어를 쓰시오.(5점) [1703/2102/2302]

① 분석치가 참값에 얼마나 접근하였는가 하는 수치상의 표현을 ( )라 한다.
② 일정한 물질에 대해 반복측정 · 분석을 했을 때 나타나는 자료 분석치의 변동크기가 얼마나 작은가의 표현을 ( )라 한다.
③ 작업환경측정대상이 되는 작업장 또는 공정에서 정상적인 작업을 수행하는 동일 노출집단의 근로자가 작업을 하는 장소를 ( )라 한다.
④ 시료채취기를 이용하여 가스 · 증기 · 분진 · 흄(fume) · 미스트(mist) 등을 근로자의 작업행동 범위에서 호흡기 높이에 고정하여 채취하는 것을 ( )라 한다.
⑤ 작업환경측정 · 분석 결과에 대한 정확성과 정밀도를 확보하기 위하여 작업환경측정기관의 측정 · 분석능력을 확인하고, 그 결과에 따라 지도 · 교육 등 측정 · 분석능력 향상을 위하여 행하는 모든 관리적 수단을 ( )라 한다.

06 국소배기시설의 형태 중에서 가장 효과적인 방법으로 Glove box type의 경우 내부에 음압이 형성하므로 독성 가스 및 방사성 동위원소, 발암 취급공정 등에서 주로 사용되는 후드의 종류를 쓰시오.(4점) [2102]

07 산업보건기준에 관한 규칙에서 관리감독자는 관리대상 유해물질을 취급하는 작업장소나 설비를 매월 1회 이상 순회점검하고 국소배기장치 등 환기설비의 이상 유무를 점검하여 필요한 조치를 취해야 한다. 환기설비를 점검하는 경우 점검해야 할 사항을 3가지 쓰시오.(6점) [2102/2403]

08 총 압력손실 계산방법 중 저항조절 평형법의 장점과 단점을 각각 2가지씩 쓰시오.(4점) [0803/1201/1503/2102]

09 80℃ 건조로 내에서 톨루엔(비중 0.9, 분자량 92.13)이 시간당 0.24L씩 증발한다. LEL은 5vol%일 때 폭발방지 환기량(m^3/min)을 구하시오?(단, 안전계수(C)는 10, 온도에 따른 상수는 1, 21℃, 1기압이다)(6점)[2102]

10 Y 작업장의 모든 문과 창문은 닫혀있고, 국소배기장치만 있다. 덕트 유속 2m/sec, 덕트 직경 15cm, 작업장 크기는 가로 6m, 세로 8m, 높이 3m일 때 시간당 공기교환횟수를 구하시오.(5점) [0802/2102]

11 공기 중 혼합물로서 벤젠 15ppm(TLV : 25ppm), 톨루엔 40ppm(TLV : 50ppm)이 서로 상가작용을 한다고 할 때 허용농도 기준을 초과하는지의 여부를 평가하시오.(5점) [2102]

12 작업장에서 발생하는 분진을 유리섬유 여과지로 3회 채취하여 측정한 평균값이 27.5mg이었다. 시료 포집 전에 실험실에서 여과지를 3회 측정한 결과 22.3mg이었다면 작업장의 분진농도(mg/m^3)를 구하시오.(단, 포집유량 5.0L/min, 포집시간 60분)(5점) [1801/2004/2102/2301]

13 활성탄을 이용하여 0.4L/min으로 150분 동안 톨루엔을 측정한 후 분석하였다. 앞층에서 3.3mg이 검출되었고, 뒷층에서 0.1mg이 검출되었다. 탈착효율이 95%라고 할 때 파과여부와 공기 중 농도(ppm)를 구하시오.(단, 25℃, 1atm)(6점) [0503/1101/1901/2102]

14 다음 측정값의 기하평균을 구하시오.(5점) [0803/1301/1801/2102]

25, 28, 27, 64, 45, 52, 38, 58, 55, 42 (단위 : ppm)

15 작업장의 온열조건이 다음과 같을 때 WBGT(℃)를 계산하시오.(6점) [2102]

자연습구온도 20℃, 건구온도 28℃, 흑구온도 27℃

① 태양광선이 내리쬐지 않는 옥외 및 옥내

② 태양광선이 내리쬐는 옥외

16 주물 용해로에 레시버식 캐노피 후드를 설치하는 경우 열상승 기류량이 15m^3/min이고, 누입한계 유량비가 3.5일 때 소요풍량(m^3/min)을 구하시오.(5점) [1803/2102]

17 다음 유기용제 A, B의 포화증기농도 및 증기위험화지수(VHI)를 구하시오.(단, 대기압 760mmHg)(4점)

[1703/2102/2403]

가) A 유기용제(TLV 100ppm, 증기압 20mmHg)
나) B 유기용제(TLV 350ppm, 증기압 80mmHg)

18 작업장의 소음대책으로 천장이나 벽면에 적당한 흡음재를 설치하는 방법의 타당성을 조사하기 위해 먼저 현재 작업장의 총 흡음량 조사를 하였다. 총흡음량은 음의 잔향시간을 이용하는 방법으로 측정, 큰 막대나무철을 이용하여 125dB의 소음을 발생하였을 때 작업장의 소음이 65dB 감소하는데 걸리는 시간은 2초이다.(단, 작업장 가로 20m, 세로 50m, 높이 10m) (6점)

[0601/1003/2102]

① 이 작업장의 총 흡음량은?
② 적정한 흡음물질을 처리하여 총 흡음량을 3배로 증가시킨다면 그 증가에 따른 작업장의 소음감소량은?

19 작업장의 기적이 4,000m^3이고, 유효환기량(Q)이 56.6m^3/min이라고 할 때 유해물질 발생 중지시 유해물질 농도가 100mg/m^3에서 25mg/m^3으로 감소하는데 걸리는 시간(분)을 구하시오.(5점)

[0302/0602/1703/2102]

20 외부식 후드에서 제어속도는 0.5m/sec, 후드의 개구면적은 0.9m^2이다. 오염원과 후드와의 거리가 0.5 m에서 0.9m로 되면 필요 유량은 몇 배로 되는지를 계산하시오.(5점)

[0801/1001/2102]

2021년 제3회

필답형 기출복원문제

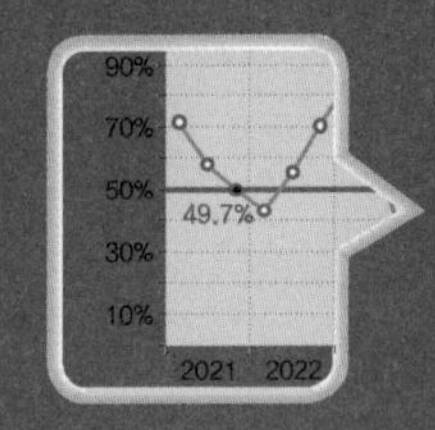

21년 3회차 실기시험

합격률 49.7%

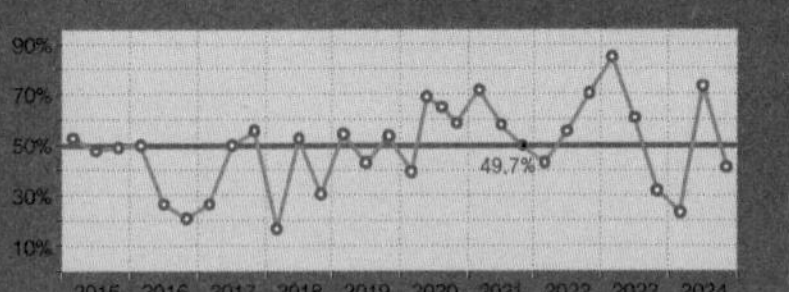

신규문제	3문항	중복문제	17문항

01 입자상 물질의 물리적 직경 3가지를 간단히 설명하시오.(6점)

[0301/0302/0403/0602/0701/0803/0903/1201/1301/1703/1901/2001/2003/2101/2103/2301/2303]

02 전체환기방식의 적용조건 4가지를 쓰시오.(단, 국소배기가 불가능한 경우는 제외한다)(4점)

[0301/0503/0702/0801/0902/1101/1203/1501/1602/1803/1901/1902/2002/2003/2004/2103/2201]

03 공기 중 납농도를 측정할 때 시료채취에 사용되는 여과지의 종류와 분석기기의 종류를 각각 한 가지씩 쓰시오.(4점)

[1003/1103/1302/1803/2103]

04 유해물질의 독성을 결정하는 인자를 4가지 쓰시오.(4점) [0703/1902/2103/2401]

05 고농도 분진이 발생하는 작업장에 대한 환경관리 대책 3가지를 쓰시오.(3점) [1603/1902/2103]

06 염화제2주석이 공기와 반응하여 흰색 연기를 발생시키는 원리이며, 오염물질의 확산이동 관찰에 유용하며 레시버식 후드의 개구부 흡입기류 방향을 확인할 수 있는 측정기를 쓰시오.(4점) [1601/1602/2103]

07 산업안전보건법상 다음에서 설명하는 용어를 쓰시오.(4점) [2103]

> 반복적인 동작, 부적절한 작업자세, 무리한 힘의 사용, 날카로운 면과의 신체접촉, 진동 및 온도 등의 요인에 의하여 발생하는 건강장해로서 목, 어깨, 허리, 팔 · 다리의 신경 · 근육 및 그 주변 신체조직 등에 나타나는 질환을 말한다.

08 살충제 및 구충제로 사용하는 파라티온(parathion)의 인체침입경로와 그 경로가 유용한 이유를 한 가지 쓰시오.(6점) [2103]

09 다음 표를 보고 시료1과 시료2의 노출초과 여부를 판단하시오.[단, 톨루엔(분자량 92.13, TLV=100ppm), 크실렌(분자량 106, TLV=100ppm)이다](6점) [0303/2103/2401]

물질	톨루엔	크실렌	시간	유량
시료1	3.2mg	6.4mg	08:15 ~ 12:15	0.18L/min
시료2	5.2mg	11.5mg	13:30 ~ 17:30	0.18L/min

10 현재 1,500sabins인 작업장에 각 벽면에 500sabins, 천장에 500sabins을 더했다. 감소되는 소음레벨을 구하시오.(6점) [0702/2103]

11 원형 덕트에 난기류가 흐르고 있을 경우 덕트의 직경을 1/2로 하면 직관부분의 압력손실은 몇 배로 증가하는지 계산하시오.(단, 유량, 관마찰계수는 변하지 않는다)(5점) [1302/1801/2103]

12 플랜지 부착 외부식 슬롯후드가 있다. 슬롯후드의 밑변과 높이는 200cm×30cm이다. 제어풍속이 3m/sec, 오염원까지의 거리는 30cm인 경우 필요송풍량(m^3/min)을 구하시오.(5점) [1103/1803/2103]

13 표준공기가 흐르고 있는 덕트의 Reynold 수가 40,000일 때, 덕트관 내 유속(m/sec)을 구하시오.(단, 점성계수 1.607×10^{-4}poise, 직경은 150mm, 밀도는 1.203kg/m^3)(5점) [0502/1201/1901/1903/2103]

14 시작부분의 직경이 200mm, 이후 직경이 300mm로 확대되는 확대관에 유량 0.4m^3/sec으로 흐르고 있다. 정압회복계수가 0.76일 때 다음을 구하시오.(6점) [1803/2103]

① 공기가 이 확대관을 흐를 때 압력손실(mmH_2O)을 구하시오.
② 시작부분 정압이 $-31.5mmH_2O$일 경우 이후 확대된 확대관의 정압(mmH_2O)을 구하시오.

15 작업면 위에 플랜지가 붙은 외부식 후드를 설치할 경우 다음 조건에서 필요송풍량(m^3/min)과 플랜지 폭(cm)을 구하시오.(6점) [1902/2103]

후드와 발생원 사이의 거리 30cm, 후드의 크기 30cm×10cm, 제어속도 1m/sec

16 실내 기적이 2,000m^3인 공간에 500명의 근로자가 작업중이다. 1인당 CO_2발생량이 21L/hr, 외기 CO_2농도가 0.03%, 실내 CO_2 농도 허용기준이 0.1%일 때 시간당 공기교환횟수를 구하시오.(5점) [1902/2103]

17 후드의 정압이 20mmH_2O, 속도압이 12mmH_2O일 때 후드의 유입계수를 구하시오.(5점) [1001/2103/2403]

18 건조공정에서 공정의 온도는 150℃, 건조시 크실렌이 시간당 2L 발생한다. 폭발방지를 위한 실제 환기량(m^3/min)을 구하시오.(단, 크실렌의 LEL=1%, 비중 0.88, 분자량 106, 안전계수 10, 21℃, 1기압 기준 온도에 따른 상수 0.7)(5점) [0702/1002/1402/1501/2101/2103]

19 작업장 내 열부하량은 200,000kcal/h이다. 외기온도는 20℃이고, 작업장 온도는 30℃일 때 전체환기를 위한 필요환기량(m^3/min)을 구하시오.(5점) [1901/2103]

20 2개의 분지관이 하나의 합류점에서 만나 합류관을 이루도록 설계된 경우 합류점에서 정압의 균형을 위해 필요한 조치 및 보정유량(m^3/min)을 구하시오.(6점) [2103]

- A의 송풍량은 60m^3/min, 정압은 $-20mmH_2O$이다.
- B의 송풍량은 80m^3/min, 정압은 $-17mmH_2O$이다.

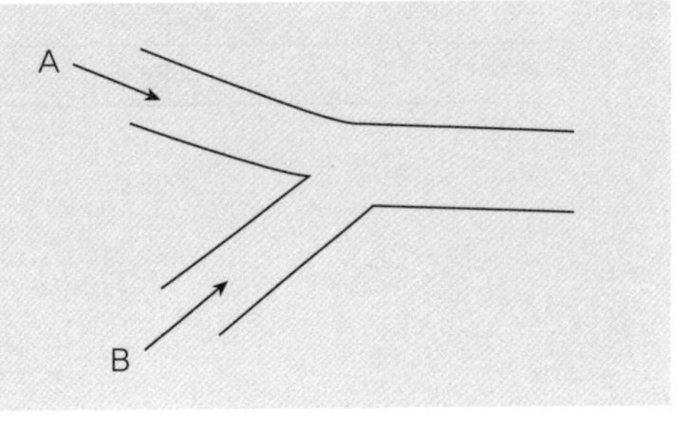

22년 1회차 실기시험

합격률 43.0%

2022년 제1회

필답형 기출복원문제

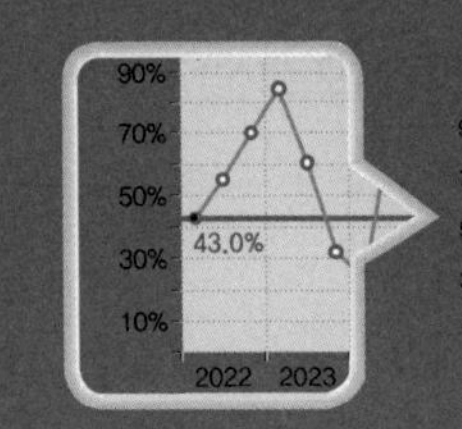

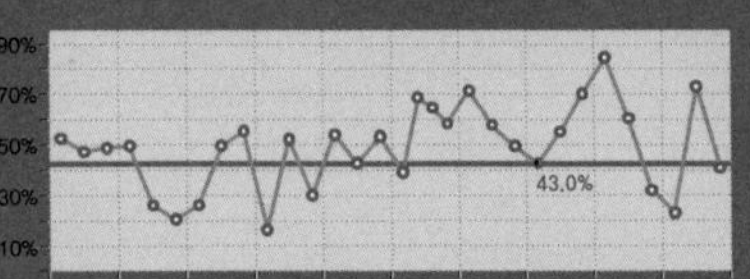

신규문제	7문항	중복문제	13문항

01 다음은 사무실 실내환경에서의 오염물질의 관리기준이다. 빈칸을 채우시오.(단, 해당 물질에 대한 단위까지 쓰시오)(6점) [0901/2201]

이산화탄소(CO_2)	1,000ppm 이하
이산화질소(NO_2)	(①) 이하
오존(O_3)	(②) 이하
석면	(③) 이하

02 면적이 0.9m^2인 정사각형 후드에서 제어속도가 0.5m/sec일 때, 오염원과 후드 개구면 간의 거리를 0.5m에서 1m로 변경하면 송풍량은 몇 배로 증가하는지 계산하시오.(5점) [2201]

03 2가지 이상의 화학물질에 동시 노출되는 경우 건강에 미치는 영향은 각 화학물질간의 상호작용에 따라 다르게 나타난다. 이와 같이 2가지 이상의 화학물질이 동시에 작용할 때 물질간 상호작용의 종류를 4가지 쓰고 간단히 설명하시오.(4점) [0602/1203/2201]

04 어떤 사무실에서 퇴근 직후인 오후 6:30에 사무실의 CO_2농도는 1,500ppm이고, 오후 9:00 사무실의 CO_2농도는 500ppm일 때 시간당 공기교환 횟수를 구하시오.(단, 외기 CO_2농도는 330ppm)(5점) [1101/2201]

05 송풍기 흡인정압은 $-60mmH_2O$, 배출구 정압은 $20mmH_2O$, 송풍기 입구 평균 유속이 20m/sec일 때 송풍기 정압을 구하시오.(5점) [2201]

06 50℃에서 100m^3/min으로 흐르는 이상기체의 온도를 5℃로 낮추었을 때 유량(m^3/min)을 구하시오.(5점) [2201]

07 공기 중 입자상 물질의 여과 메커니즘 중 확산에 영향을 미치는 요소 4가지를 쓰시오.(4점) [0603/2201]

08 국소배기장치에서 사용하는 90° 곡관의 곡률반경비가 2.5일 때 압력손실계수는 0.22이다. 속도압이 15 mmH_2O일 때 곡관의 압력손실을 구하시오.(5점) [2201]

09 제진장치의 종류 3가지를 쓰시오.(6점) [2002/2201]

10 덕트 직경이 20cm, 공기유속이 23m/sec일 때 20℃에서 Reynold 수(Re)를 계산하시오.(단, 20℃에서 공기의 점성계수는 1.8×10^{-5}kg/m · sec이고, 공기밀도는 1.2kg/m^3)(5점) [0303/2201]

11 고열배출원이 아닌 탱크 위, 장변 2m, 단변 1.4m, 배출원에서 후드까지의 높이가 0.5m, 제어속도가 0.4m/sec일 때 필요송풍량(m^3/min)을 구하시오.(5점)(단, Dalla valle식을 이용) [1803/2201/2403]

12 직경 300mm, 송풍량 50m^3/min인 관내에서 표준공기일 때 속도압(mmH_2O)을 구하시오.(5점) [2201]

13 인체와 환경 사이의 열평형방정식을 쓰시오.(단, 기호 사용시 기호에 대한 설명을 하시오)(5점)

[0801/0903/1403/1502/2201]

14 작업장에서 발생되는 입자상 물질(aerosol)을 측정하고자 한다. 측정시간은 08:25부터 11:55까지 였고, 채취 유량은 1.98L/min이었다. 채취 전에 시료를 채취할 PVC 여과지 무게가 0.4230mg이었으며, 공시료로 사용할 여과지의 무게는 0.3988mg이었다. 채취한 후 시료를 채취한 PVC 여과지 무게를 재어보니 0.6721mg이었고, 공시료를 다시 재보니 0.3979mg이었다면 이 작업장에서 입자상 물질의 농도(mg/m^3)를 구하시오.(6점)

[0902/2201]

15 산소결핍장소(산소농도 18% 미만) 작업 시 필요한 안면 호흡용 보호구를 2가지 쓰시오.(4점) [2201]

16 전체환기방식의 적용조건 5가지를 쓰시오.(단, 국소배기가 불가능한 경우는 제외한다)(5점)

[0301/0503/0702/0801/0902/1101/1203/1501/1602/1803/1901/1902/2002/2003/2004/2103/2201]

17 다음 용어를 설명하시오.(5점) [2201]

① 플랜지	② 배플(baffle)
③ 슬롯	④ 플래넘
⑤ 개구면 속도	

18 태양광선이 내리쬐지 않는 옥외 작업장에서 자연습구온도 28℃, 건구온도 32℃, 흑구온도 29℃일 때 WBGT(℃)를 계산하시오.(4점)

[0702/1201/1302/2201/2301]

19 작업장에서 MEK(비중 0.805, 분자량 72.1, TLV 200ppm)가 시간당 2L씩 사용되어 공기중으로 증발될 경우 작업장의 필요환기량(m^3/hr)을 계산하시오.(단, 안전계수 2, 25℃ 1기압)(5점) [1001/1801/2001/2201]

20 용접작업 시 작업면 위에 플랜지가 붙은 외부식 후드를 설치하였을 때와 공간에 후드를 설치하였을 때의 필요 송풍량을 계산하고, 효율(%)을 구하시오.(단, 제어거리 30cm, 후드의 개구면적 0.8m^2, 제어속도 0.5m/sec) (6점) [0702/1502/2201]

2022년 제2회

필답형 기출복원문제

22년 2회차 실기시험

합격률 55.5%

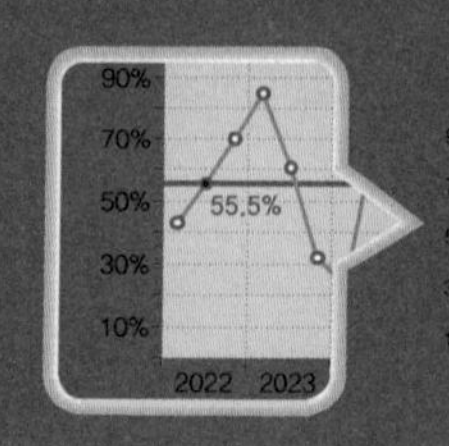

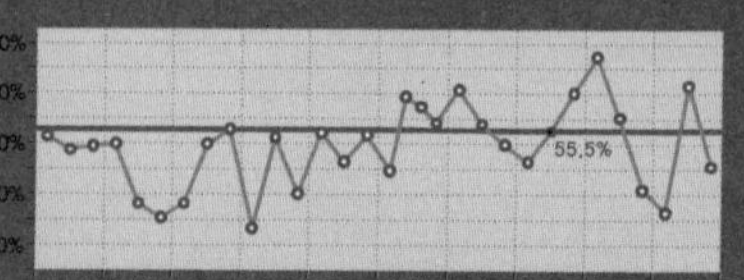

신규문제	9문항	중복문제	11문항

01 ACGIH 입자상 물질의 종류 3가지와 평균입경을 쓰시오.(6점) [0402/0502/0703/0802/1402/1601/1802/1901/2202]

02 단조공정에서 단조로 근처의 온도가 건구온도 40℃, 자연습구온도 30℃, 흑구온도 40℃이었다. 작업은 연속작업이고 중등도(200 ~ 350kcal) 작업이었을 때, 이 작업장의 실내 WBGT를 구하고 노출기준 초과여부를 평가하시오.(단, 고용노동부고시 중등작업－연속작업(계속작업)을 꼭 넣어서 WBGT와 노출기준 초과여부를 평가)(6점) [1101/2202]

03 다음 설명의 ( ) 안을 채우시오.(3점) [2202]

> 근골격계 질환으로 "산업재해보상보험법 시행령" 별표3 제2호 가목 · 마목 및 제12호 라목에 따라 업무상 질병으로 인정받은 근로자가 (①) 명 이상 발생한 사업장 또는 (②) 명 이상 발생한 사업장으로서 발생 비율이 그 사업장 근로자 수의 (③)퍼센트 이상인 경우 근골격계 예방관리 프로그램을 수립하여 시행하여야 한다.

04 작업환경 개선의 기본원칙 3가지와 그 방법 혹은 대상 2가지를 각각 쓰시오.(단, 교육제외)(6점)

[1103/1501/2202]

05 공기 중 입자상 물질이 여과지에 채취되는 작용기전(포집원리) 6가지를 쓰시오.(6점)

[0301/0501/0901/1201/1901/2001/2002/2003/2102/2202]

06 사업주가 위험성 평가의 결과와 조치사항을 기록 · 보존할 경우 몇 년간 보존해야 하는지 쓰시오.(4점)

[2202]

07 사무실 내 모든 창문과 문이 닫혀있는 상태에서 1개의 환기설비만 가동하고 있을 때 피토관을 이용하여 측정한 덕트 내의 유속은 1m/sec였다. 덕트 직경이 20cm이고, 사무실의 크기가 6×8×2m일 때 사무실 공기교환횟수(ACH)를 구하시오.(5점)

[1203/1303/1702/2202]

08 후드의 설계 시 플랜지의 효과를 3가지 쓰시오.(6점) [2001/2202]

09 작업장 중의 벤젠을 고체흡착관으로 측정하였다. 비누거품미터로 유량을 보정할 때 50cc의 공기가 통과하는데 시료채취 전 16.5초, 시료채취 후 16.9초가 걸렸다. 벤젠의 측정시간은 오후 1시 12분부터 오후 4시 54분까지이다. 측정된 벤젠량을 GC를 사용하여 분석한 결과 활성탄관의 앞층에서 2.0mg, 뒷층에서 0.1mg 검출되었을 경우 공기 중 벤젠의 농도(ppm)를 구하시오.(단, 25℃, 1기압이다)(6점) [0303/2202]

10 현재 총 흡음량이 1,500sabins인 작업장에 2,000sabins를 더할 경우 흡음에 의한 실내 소음감소량을 구하시오.(6점) [2202]

11 작업과 관련된 근골격계 질환 징후와 증상 유무, 설비 · 작업공정 · 작업량 · 작업속도 등 작업장 상황에 따라 사업주는 근로자가 근골격계 부담작업을 하는 경우 몇 년마다 유해요인 조사를 하여야 하는가?(4점) [2202]

12 산업안전보건법 시행령 중 보건관리자의 업무 2가지를 쓰시오.(단, 그 밖의 보건과 관련된 작업관리 및 작업환경관리에 관한 사항으로서 고용노동부장관이 정하는 사항은 제외)(4점) [1402/2202]

13 개인보호구의 선정조건 3가지를 쓰시오.(6점) [2202/2402]

14 납, 비소, 베릴륨 등 독성이 강한 물질들을 함유한 분진 발생장소에서 착용해야 하는 방진마스크의 등급을 쓰시오.(3점) [2202]

15 누적소음노출량계로 210분간 측정한 노출량이 40%일 때 평균 노출소음수준을 구하시오.(5점)

[0902/1903/2202]

16 ( ) 안에 들어갈 값을 채우시오.(6점)

[0802/1201/2202]

> 단위작업장소에서 최고 노출근로자 (①)명 이상에 대하여 동시에 개인시료채취방법으로 측정하되, 단위작업장소에 근로자가 1명인 경우에는 그러하지 아니하며, 동일 작업 근로자수가 (②)명을 초과하는 경우에는 매 5명당 1명 이상 추가하여 측정하여야 한다. 다만, 동일 작업 근로자수가 (③)명을 초과하는 경우에는 최대 시료채취 근로자 수를 20명으로 조정할 수 있다.

17 전체환기로 작업환경관리를 하려고 한다. 전체환기 시설 설치의 기본원칙 4가지를 쓰시오.(4점)

[1201/1402/1703/2001/2202]

18 플라스틱 제조공장에 근무하는 근로자의 수는 500명이다. 안전관리자는 몇 명이 있어야 하는지 쓰시오.(4점)

[2202]

19 교대작업 중 야간근무자를 위한 건강관리 4가지를 쓰시오.(4점) [2202]

20 산업안전보건법에서 정하는 작업환경측정 대상 유해인자(분진)의 종류 5가지를 쓰시오.(5점) [2202/2303]

2022년 제3회

필답형 기출복원문제

22년 3회차 실기시험
합격률 69.9%

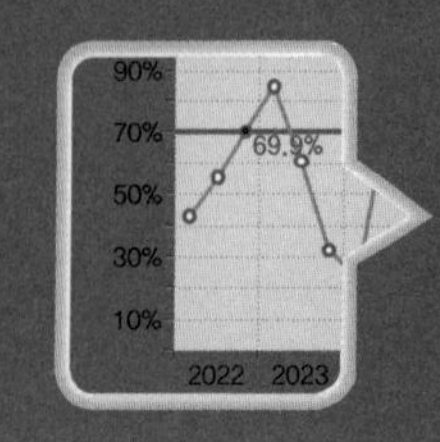

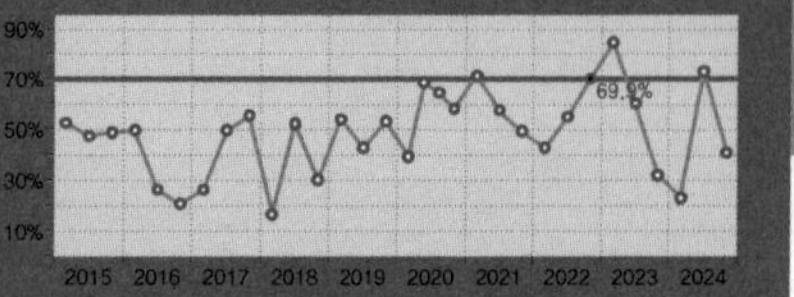

신규문제	9문항	중복문제	11문항

01 후드의 선택 및 적용에 관하여 유의하여야 할 사항으로 잘못된 것을 3가지 보기에서 골라 번호와 옳은 내용으로 정정하시오.(6점) [0902/2203]

① 설계사양 추천을 따르도록 한다.
② 필요유량은 최대가 되도록 설계한다.
③ 작업자의 호흡영역을 보호하도록 한다.
④ 공정별로 국소적인 흡인방식을 취한다.
⑤ 비산방향을 고려하고 발생원에 가깝게 설치한다.
⑥ 마모성 분진의 경우 후드는 가능한 얇게 재료를 사용해야 한다.
⑦ 후드의 개구면적을 크게하여 흡인 개구부의 포집속도를 높인다.

02 야간교체작업 근로자의 생리적 현상을 3가지 쓰시오.(6점) [2203/2301]

03 2차 표준기구(유량측정)의 종류를 4가지 쓰시오.(4점) [2002/2203]

04 20℃, 1기압 직경이 50cm, 관내 유속이 10m/sec일 때 Reynold 수를 구하시오.(단, 동점성계수 $1.85 \times 10^{-5} m^2$/s이다)(5점) [2203]

05 RMR이 8인 매우 힘든 중 작업에서 실동률과 계속작업 한계시간(분)을 구하시오.(4점) [2203]

…　　…

06 산업안전보건법상 사업주는 석면의 제조 · 사용 작업에 근로자를 종사하도록 하는 경우에 석면분진의 발산과 근로자의 오염을 방지하기 위하여 작업수칙을 정하고, 이를 작업근로자에게 알려야 한다. 작업수칙에 포함되어야 할 내용을 3가지 쓰시오.(단, 그 밖에 석면분진의 발산을 방지하기 위하여 필요한 조치는 제외)(6점) [1001/2001/2203]

07 산업안전보건법상 위험성평가의 결과와 조치사항을 기록 · 보존할 때 포함되어야 하는 내용 3가지와 보존기간을 쓰시오.(4점) [2203]

08 소음노출평가, 소음노출기준 초과에 따른 공학적 대책, 청력보호구의 지급 및 착용, 소음의 유해성과 예방에 관한 교육, 정기적 청력검사 · 평가 및 사후관리, 문서기록 · 관리 등을 포함하여 수립하는 소음성 난청을 예방하기 위한 종합적인 계획을 무엇이라고 하는가?(4점) [0602/1802/2203]

09 다음 용어 설명의 ( ) 안을 채우시오.(5점) [1402/1903/2203]

> 적정공기라 함은 산소농도의 범위가 (①)% 이상 (②)% 미만, 탄산가스 농도가 (③)% 미만, 황화수소 농도가 (④)ppm 미만, 일산화탄소 농도가 (⑤)ppm 미만인 수준의 공기를 말한다.

10 실효온도와 WBGT를 옥내와 옥외 구분해서 각각 설명하시오.(4점) [0501/1303/2203]

11 보건관리자로 선임가능한 사람을 3가지 적으시오.(6점) [2203/2303]

12 다음의 (예)에 맞는 (그림)을 바르게 연결하시오.(4점) [1203/1601/2203]

(예)

① 급성독성물질경고 ② 피부부식성물질경고

③ 호흡기과민성물질경고 ④ 피부자극성 및 과민성물질경고

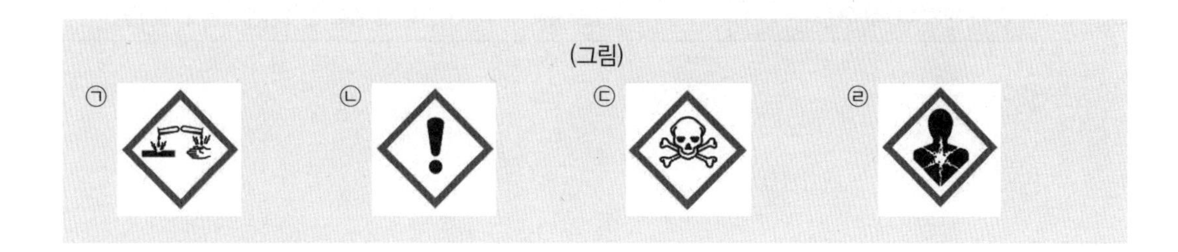

13 2가지 이상의 화학물질에 동시 노출되는 경우 건강에 미치는 영향은 각 화학물질간의 상호작용에 따라 다르게 나타난다. 2가지 이상의 화학물질이 동시에 작용할 때 물질간 상호작용에 대해서 설명하시오.(단, 작용 사례를 통해 설명하시오)(6점) [2203]

① 상가작용 ② 가승작용 ③ 길항작용

14 공기 중 혼합물로서 벤젠 2.5ppm(TLV : 5ppm), 톨루엔 25ppm(TLV : 50ppm), 크실렌 60ppm(TLV : 100ppm)이 서로 상가작용을 한다고 할 때 허용농도 기준을 초과하는지의 여부와 혼합공기의 허용농도를 구하시오.(6점) [0801/1002/1402/1601/1801/1803/2004/2203/2301]

15 사무실 공기질 측정시간에 대한 설명이다. 빈칸을 채우시오.(4점) [2203]

미세먼지(PM10)	업무시간 (①)시간 이상
이산화탄소(CO_2)	업무시작 후 2시간 전후 및 종료 전 2시간 전후 (②)분간

16 아래 작업에 맞는 보호구의 종류를 찾아서 쓰시오.(5점) [2203]

용접 시 불꽃이나 물체가 흩날릴 위험이 있는 작업	①
감전의 위험이 있는 작업	②
고열에 의한 화상 등의 위험이 있는 작업	③
선창 등에서 분진(粉塵)이 심하게 발생하는 하역작업	④
섭씨 영하 18도 이하인 급냉동어창에서 하는 하역작업	⑤

안전모, 안전대, 보안경, 보안면, 절연용 보호구, 방열복, 방진마스크, 방한복

17 가로 40cm, 세로 20cm의 장방형 후드가 직경 20cm 원형덕트에 연결되어 있다. 다음 물음에 답하시오.(4점)

[1701/2002/2203]

① 플랜지의 최소 폭(cm)을 구하시오.
② 플랜지가 있는 경우 플랜지가 없는 경우에 비해 송풍량이 몇 % 감소되는지 쓰시오.

18 다음 3가지 축류형 송풍기의 특징을 각각 간단히 서술하시오.(6점) [2001/2203]

프로펠러형, 튜브형, 고정날개형

19 여과포집방법에서 여과지 선정 시 구비조건 5가지를 쓰시오.(5점) [1503/2001/2203]

20 다음은 근로자의 특수건강진단 대상 유해인자별 검사시기와 주기를 설명한 표이다. 빈칸을 채우시오.(6점)

[2203/2302]

대상 유해인자	시기 (배치 후 첫 번째 특수 건강진단)	주기
N,N-디메틸아세트아미드 디메틸포름아미드	(①)개월 이내	6개월
벤젠	2개월 이내	(②)개월
석면, 면 분진	(③)개월 이내	12개월

2023년 제1회

필답형 기출복원문제

23년 1회차 실기시험
합격률 83.4%

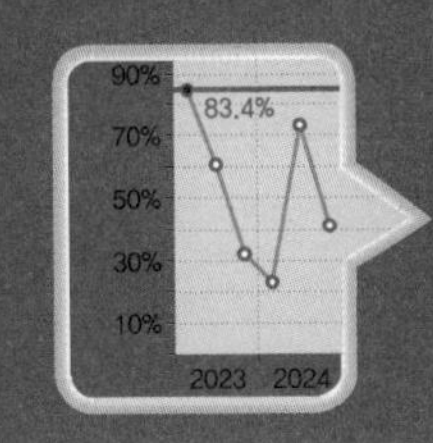

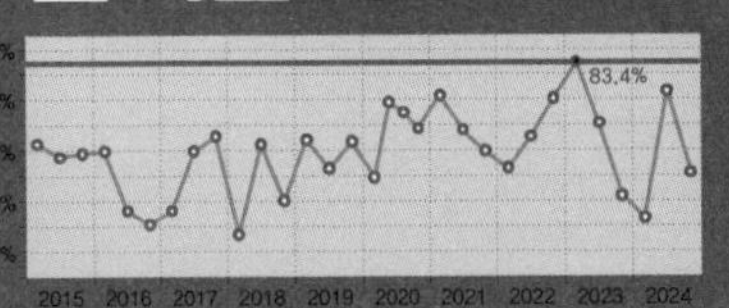

신규문제	7문항	중복문제	13문항

01 야간교체작업 근로자의 생리적 현상을 4가지 쓰시오.(4점) [2203/2301]

02 근골격계 질환을 유발하는 요인을 인적요인과 환경요인으로 구분하여 각각 2가지씩 쓰시오.(4점) [2301]

03 조선업종의 작업환경에서 발행하는 대표적인 위해요인 4가지만 쓰시오.(4점) [0701/2301]

04 입자상 물질의 물리적 직경 종류 3가지를 쓰시오.(3점)

[0301/0302/0403/0602/0701/0803/0903/1201/1301/1703/1901/2001/2003/2101/2103/2301]

05 국소배기장치의 후드와 관련된 다음 용어를 설명하시오.(6점) [1902/2301]

① 플랜지	② 테이퍼	③ 슬롯

06 덕트 직경이 25cm, Reynold 수(Re) 10×10^5, 동점성계수 $1.5 \times 10^{-5} m^2$/sec일 때 유속(m/sec)을 구하시오.(5점)

[2301]

07 배기구의 설치는 15－3－15 규칙을 참조하여 설치한다. 여기서 15－3－15의 의미를 설명하시오.(6점)

[1703/2101/2301]

08 다음 중 즉시위험건강농도(IDLH, Immediately Dangerous to Life or Health) 일 경우 반드시 착용해야 하는 보호구 종류 3가지를 쓰시오.

[2301]

09 귀마개의 장점과 단점을 각각 2가지씩 쓰시오.(4점)

[1603/2001/2301]

10 생물학적 모니터링시 생체시료 3가지를 쓰시오.(6점)

[0401/0802/1602/2301]

11 작업장 내에서 톨루엔(분자량 92, 노출기준 100ppm)을 시간당 3Kg/hr 사용하는 작업장에 전체환기시설을 설치 시 필요환기량(m^3/min)을 구하시오.(여유계수 K=6, 25℃ 1기압 기준)(6점) [0601/2101/2301]

12 산업안전보건법상 근로자가 근골격계부담작업을 하는 경우 사업주가 근로자에게 알려하는 사항을 3가지 쓰시오.(단, 그 밖에 근골격계질환 예방에 필요한 사항은 제외)(6점) [2301]

13 태양광선이 내리쬐지 않는 옥외 작업장에서 자연습구온도 28℃, 건구온도 32℃, 흑구온도 29℃일 때 WBGT(℃)를 계산하시오.(4점) [0702/1201/1302/2201/2301]

14 작업장에서 발생하는 분진을 유리섬유 여과지로 3회 채취하여 측정한 평균값이 27.5mg이었다. 시료 포집 전에 실험실에서 여과지를 3회 측정한 결과 22.3mg이었다면 작업장의 분진농도(mg/m^3)를 구하시오.(단, 포집유량 5.0L/min, 포집시간 60분)(5점) [1801/2004/2102/2301]

15 산업안전보건법상 안전보건관리책임자의 직무를 5가지 쓰시오.(5점) [2301]

16 다음 보기의 설명에 해당하는 용어를 쓰시오.(3점) [2301]

> 사업주가 스스로 유해 · 위험요인을 파악하고 해당 유해 · 위험요인의 위험성 수준을 결정하여, 위험성을 낮추기 위한 적절한 조치를 마련하고 실행하는 과정

17 공기 중 혼합물로서 트리클로에틸렌 65ppm(TLV : 50ppm), 아세톤 75ppm(TLV : 50ppm)이 서로 상가작용을 한다고 할 때 허용농도 기준을 초과하는지의 여부와 혼합공기의 허용농도를 구하시오.(6점)

[0801/1002/1402/1601/1801/1803/2004/2203/2301]

18 육체적 작업능력(PWC)이 16kcal/min인 남성근로자가 1일 8시간 동안 물체를 운반하는 작업을 하고 있다. 이때 작업대사율은 10kcal/min이고, 휴식 시 대사율은 2kcal/min이다. 매 시간마다 이 사람의 적정한 휴식시간과 작업시간을 계산하시오.(단, Hertig의 공식을 적용하여 계산한다)(4점) [1401/2301]

19 총 흡음량이 2,000sabins인 작업장에 1,500sabins를 더할 경우 실내소음 저감량(dB)을 구하시오.(5점)

[0503/1001/1002/1201/1702/2301]

20 다음은 산업안전보건법에 의한 근로자 건강진단 실시에 관한 사업주의 의무를 설명하고 있다. 올바른 설명을 고르시오. (6점)

[2301]

① 사업주는 건강진단을 실시하는 경우 근로자 대표의 요구가 있더라도 근로자 대표를 참석시켜서는 아니 된다.
② 사업주는 산업안전보건위원회 또는 근로자 대표가 요구할 때 직접 또는 건강진단을 한 건강진단기관에 건강진단 결과에 대해 설명하도록 해야 한다. 다만, 개별 근로자의 건강진단 결과는 본인 동의 없이 공개해도 괜찮다.
③ 건강진단의 결과를 근로자의 건강 보호 및 유지 외의 목적으로 사용해서는 아니 된다.
④ 건강진단의 결과 근로자의 건강을 유지하기 위하여 필요하다고 인정할 때에는 작업장소 변경, 작업 전환, 근로시간 단축, 야간근로의 제한, 작업환경측정 또는 시설 · 설비의 설치 · 개선 등 고용노동부령으로 정하는 바에 따라 적절한 조치를 하여야 한다.
⑤ ④에 따라 적절한 조치를 하여야 하는 사업주로서 고용노동부령으로 정하는 사업주는 그 조치 결과를 고용노동부령으로 정하는 바에 따라 고용노동부장관에게 제출하여야 한다.

2023년 제2회

필답형 기출복원문제

23년 2회차 실기시험

합격률 60.6%

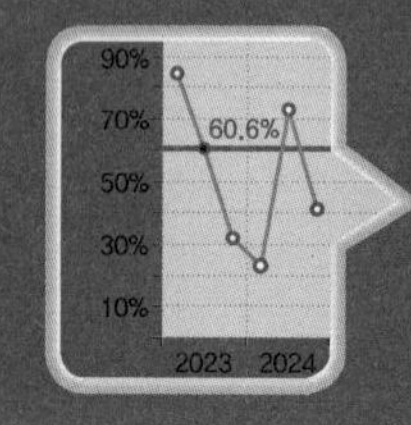

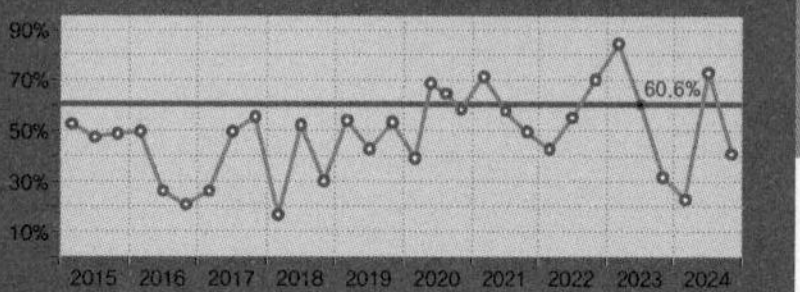

신규문제	6문항	중복문제	14문항

01 작업장에서 스티렌의 작업환경측정 결과가 노출기준을 초과하는 경우 몇 개월 후에 재측정을 하여야 하는지 쓰시오.(4점) [1802/2004/2302]

02 다음은 산업안전보건법상 안전관리자 자격기준을 설명하고 있다. 올바른 것을 고르시오.(4점) [2302]

① 국가기술자격법에 따른 산업안전산업기사 이상의 자격을 취득한 사람
② 국가기술자격법에 따른 건설안전산업기사 이상의 자격을 취득한 사람
③ 고등교육법에 따른 4년제 대학 이상의 학교에서 산업안전 관련 학위를 취득한 사람
④ 고등교육법에 따른 전문대학 또는 이와 같은 수준 이상의 학교에서 산업보건 관련 학위를 취득한 사람

03 120℃, 660mmHg인 상태에서 유량 100m^3/min의 기체가 관내로 흐르고 있다. 0℃, 1기압 상태일 때의 유량(m^3/min)을 구하시오.(6점) [1403/2003/2302]

04 먼지의 공기역학적 직경의 정의를 쓰시오.(4점) [0603/0703/0901/1101/1402/1701/1803/1903/2302]

05 다음 ( ) 안에 알맞은 용어를 쓰시오.(5점) [1703/2102/2302]

① 일정한 물질에 대해 반복측정 · 분석을 했을 때 나타나는 자료 분석치의 변동크기가 얼마나 작은가를 표현을 ( )라 한다.
② 시료채취기를 이용하여 가스 · 증기 · 분진 · 흄(fume) · 미스트(mist) 등을 근로자의 작업행동 범위에서 호흡기 높이에 고정하여 채취하는 것을 ( )라 한다.
③ 호흡기를 통하여 폐포에 축적될 수 있는 크기의 분진을 ( )이라 한다.

06 금속제품 탈지공정에서 사용중인 트리클로로에틸렌의 과거 노출농도를 조사하였더니 50ppm이었다. 활성탄관을 이용하여 분당 0.5L씩 채취시 소요되는 최소한의 시간(분)은?(단, 측정기기 정량한계는 시료당 0.5mg, 분자량 131.39 , 25℃, 1기압)(5점) [0801/1801/2302]

07 작업환경 개선의 공학적 대책 4가지를 쓰시오.(4점) [0803/1603/2302]

08 산업피로 증상에서 혈액과 소변의 변화를 2가지씩 쓰시오.(4점) [0602/1601/1901/2302]

09 제조업 근로자의 유해인자에 대한 질병발생률이 2.0이고, 일반인들은 동일 유해인자에 대한 질병발생률이 1.0일 경우 상대위험비를 구하고, 상관관계를 설명하시오.(5점) [1602/2302]

10 근골격계 질환을 유발하는 요인을 4가지 쓰시오.(4점) [1201/2302]

11 고용노동부장관은 산업재해 예방을 위하여 종합적인 개선조치를 할 필요가 있다고 인정되는 사업장의 사업주에게 고용노동부령으로 정하는 바에 따라 그 사업장, 시설, 그 밖의 사항에 관한 안전 및 보건에 관한 개선계획을 수립하여 시행할 것을 명할 수 있다. 다음 중 안전보건개선계획 작성 대상 사업장에 해당하는 것을 골라 그 번호를 쓰시오.(4점) [2302]

① 산업재해율이 같은 업종의 규모별 평균 산업재해율보다 높은 사업장
② 사업주가 필요한 안전조치 또는 보건조치를 이행하지 아니하여 중대재해가 발생한 사업장
③ 직업성 질병자가 연간 2명 이상 발생한 사업장
④ 유해인자의 노출기준을 초과한 사업장

12 어떤 물질의 독성에 관한 인체실험결과 안전흡수량이 체중 kg당 0.2mg이었다. 체중 70kg인 사람이 공기중 농도 2.0mg/m^3에 노출되고 있다. 이 물질의 물질의 체내 흡수를 안전흡수량 이하로 유지하려면 작업자의 작업시간을 얼마 이하로 규제하여야 하는가?(단, 작업 시 폐환기율 1.25m^3/hr, 체내잔류율 1.0)(6점)

[2302]

13 다음 물음에 답하시오.(6점) [0303/2101/2302]

가) 산소부채란 무엇인가?
나) 산소부채가 일어날 때 에너지 공급원 4가지를 쓰시오.

14 관리대상 유해물질을 취급하는 작업장의 보기 쉬운 장소에 게시해야 하는 사항을 3가지 쓰시오.(6점)

[2302]

15 유입손실계수 0.70인 원형후드의 직경이 20cm이며, 후드의 정압이 105.485mmH_2O일 때 유량(m^3/min)을 구하시오.(단, 21도 1기압 기준)(5점) [2302]

16 소음방지용 개인보호구 중 귀마개와 비교하여 귀덮개의 장점을 4가지 쓰시오.(4점) [1902/2302]

17 다음은 근로자의 특수건강진단 대상 유해인자별 검사시기와 주기를 설명한 표이다. 빈칸을 채우시오.(6점) [2203/2302]

대상 유해인자	시기 (배치 후 첫 번째 특수 건강진단)	주기
N,N－디메틸아세트아미드 디메틸포름아미드	(①)개월 이내	6개월
벤젠	2개월 이내	(②)개월
석면, 면 분진	(③)개월 이내	12개월

18 작업장 내에서 톨루엔(분자량 92. 노출기준 100ppm)을 시간당 3Kg/hr 사용하는 작업장에 전체환기시설을 설치 시 필요환기량(m^3/min)을 구하시오.(MW 92, TLV 100ppm, 여유계수 K=6, 21℃ 1기압 기준)(6점)

[0601/2101/2301/2302]

19 음력 5Watt인 소음원으로 부터 45m되는 지점에서의 음압수준을 계산하시오.(단, ρ=1.18kg/m^3, C=344.4m/sec, 무지향성 점음원이 자유공간에 있는 경우)

[0403/2302]

20 중량물 취급작업의 권고기준(RWL)의 관계식 및 그 인자를 쓰시오.(4점)

[2003/2302]

2023년 제3회

필답형 기출복원문제

23년 3회차 실기시험
합격률 32.1%

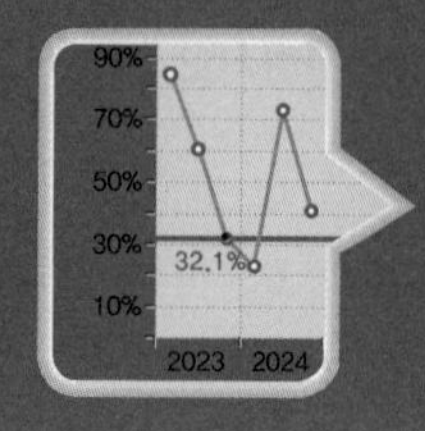

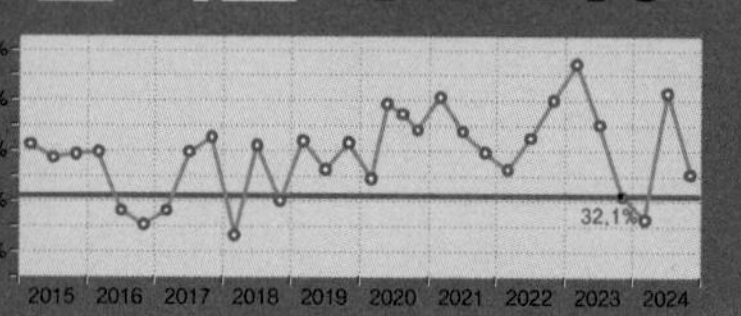

신규문제	7문항	중복문제	11문항

01 다음은 산업안전보건법상 근골격계부담작업에 대한 설명이다. ( ) 안을 채우시오.(4점) [2303]

> 가) 하루에 (①) 이상 집중적으로 자료입력 등을 위해 키보드 또는 마우스를 조작하는 작업
> 나) 하루에 총 (②) 이상 목, 어깨, 팔꿈치, 손목 또는 손을 사용하여 같은 동작을 반복하는 작업
> 다) 하루에 (③) 이상 (④) 이상의 물체를 드는 작업

02 산업안전보건법상 중대재해에 해당하는 3가지 기준을 쓰시오.(6점) [2303]

03 온도가 21℃, 1기압인 작업장의 선반제조 공정에서 선반을 에나멜에 담갔다가 건조시키는 작업이 있다. 이 공정의 온도는 100℃이고, 에나멜이 건조될 때 크실렌 1.6L/hr가 증발한다. 폭발방지를 위한 환기량 $[m^3/min]$은?(단, 크실렌의 LEL=0.95%, SG=0.88, MW=106, C=10)(6점) [0301/2303]

04 산업안전보건법에서 정하는 작업환경측정 대상 유해인자(분진)의 종류 7가지를 쓰시오.(7점) [2202/2303]

05 보건관리자로 선임가능한 사람을 3가지 적으시오.(6점) [2203/2303]

06 다음 측정값의 산술평균과 기하평균을 구하시오.(6점) [0601/1403/2303]

25, 28, 27, 64, 45, 52, 38, 58, 55, 42 (단위 : ppm)

07 산업안전보건법상 휴게시설의 설치 및 관리기준으로 잘못 설명한 것을 쓰시오.(5점) [2303]

① 휴게시설의 바닥면으로부터 천장까지의 높이는 모든 지점에서 2.1m 이상이어야 한다.
② 근로자들이 휴게시간에 이용이 편리하도록 작업장소와 가까운 곳에 설치해야 한다. 공동휴게시설은 각 사업장에서 휴게시설까지의 왕복 이동에 걸리는 시간이 휴식시간의 20%를 넘지 않는 곳에 위치해야 한다.
③ 적정한 온도(18℃~28℃)를 유지할 수 있는 냉난방 기능이 갖춰져 있어야 한다.
④ 적정한 밝기(50~100Lux)를 유지할 수 있는 조명조절 기능이 갖춰져 있어야 한다.
⑤ 가급적 소파, 등받이가 있는 의자, 탁자 등을 비치한다.

08 환기시스템의 제어풍속이 설계시보다 저하되어 후드쪽으로 흡인이 잘 안되는 후드의 성능불량 원인 3가지를 쓰시오.(6점) [2303]

09 덕트 내 공기유속을 피토관으로 측정한 결과 속도압이 20mmH_2O이었을 경우 덕트 내 유속(m/sec)을 구하시오.(단, 0℃, 1atm의 공기 비중량 1.3kg/m^3, 덕트 내부온도 320℃, 피토관 계수 0.96)(6점)

[1101/1602/2001/2303]

10 공기 중 입자상 물질이 여과지에 채취되는 다음 작용기전(포집원리)에 따른 영향인자를 각각 2가지씩 쓰시오.(6점)

[2303]

가) 직접차단(간섭)
나) 관성충돌
다) 확산

11 ( ) 안에 알맞은 용어를 쓰시오.(3점)

[0803/1403/2303]

> 화학적 인자의 가스, 증기, 분진, 흄(Fume), 미스트(mist) 등의 농도는 (①)으로 표시한다. 다만, 석면의 농도 표시는 (②)로 표시한다. 고열(복사열 포함)의 측정단위는 습구 · 흑구온도지수(WBGT)를 구하여 (③)로 표시한다.

12 인간이 활동하기 가장 좋은 상태의 온열조건으로 환경온도를 감각온도로 표시한 것을 지적온도라고 한다. 지적온도에 영향을 미치는 요인을 5가지 쓰시오.(5점)

[2004/2303]

13 입자상 물질의 물리적 직경 3가지를 간단히 설명하시오.(6점)

[0301/0302/0403/0602/0701/0803/0903/1201/1301/1703/1901/2001/2003/2101/2103/2301/2303]

14 입자상 물질의 채취기구인 직경분립충돌기(Cascade impactor)의 장점과 단점을 각각 2가지씩 기술하시오.(4점)

[0701/1003/1302/2303]

15 유해가스를 처리하기 위한 흡착법 중에서 물리적 흡착법의 특징을 3가지 쓰시오.(6점) [2303]

16 국소배기장치에서 사용하는 70° 곡관의 직경(d) 20cm, 곡관의 중심선 반경(r) 50cm이다. 관내의 풍속이 20m/sec일 때 다음 표를 참고하여 70° 곡관의 압력손실을 구하시오.(단, 공기의 비중량은 1.2kgf/m^3, 중력가속도는 9.81m/s^2)(6점) [0902/2303]

원형곡관의 압력손실계수	
반경비	압력손실계수
1.50	0.39
1.75	0.32
2.00	0.27
2.25	0.26
2.50	0.22

17 오염원으로부터 약 0.5m 떨어진 위치에 가로, 세로 각각 1m인 플랜지 부착된 정사각형 후드를 설치하려고 한다. 제어속도가 2.5m/sec일 때 유량(m^3/min)을 구하시오.(6점) [0802/2303]

18 다음 분진에 노출될 경우 우려되는 진폐증의 명칭을 쓰시오.(6점) [2303]

① 유리규산 ② 석면 분진 ③ 석탄

2024년 제1회

필답형 기출복원문제

24년 1회차 실기시험

합격률 23.2%

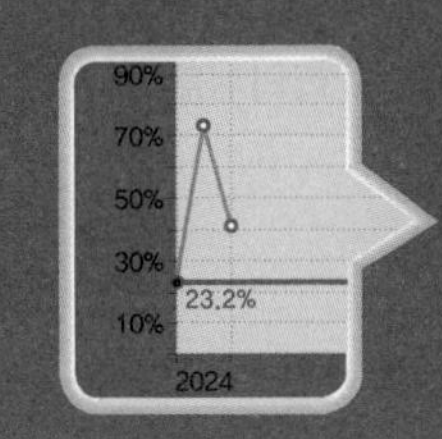

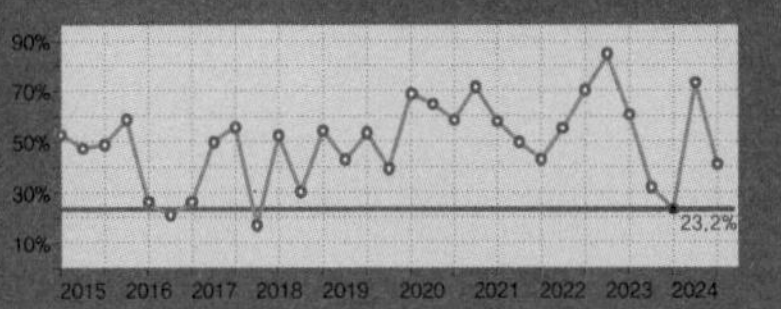

신규문제	6문항	중복문제	14문항

01 세정집진장치의 집진원리를 4가지 쓰시오.(4점) [1003/2004/2401]

02 유해물질의 독성을 결정하는 인자를 5가지 쓰시오.(5점) [0703/1902/2103/2401]

03 산업안전보건법에서 사업주는 근로자가 허가대상 유해물질을 제조하거나 사용하는 경우 근로자에게 주지해야 하는데 주지해야 할 사항을 3가지 쓰시오.(단, 그밖에 근로자의 건강장해 예방에 관한 사항은 제외)(6점) [1803/2302/2401/2402]

04 산업안전보건법상 사업장의 안전 및 보건에 관한 중요사항을 심의 · 의결하기 위해 사업장에 근로자위원과 사용자위원이 동일한 수로 구성되는 회의체를 쓰시오.(5점) [2401/2403]

05 산업안전보건법상 관리감독자에게 안전 및 보건에 관하여 지도 및 조언을 할 수 있는 자격 2가지를 쓰시오. [예) 안전보건관리책임자](5점) [2401]

06 다음은 산업안전보건법에서 정의한 특수건강진단 등에 대한 설명이다. 빈칸을 채우시오.(6점) [2401]

- 사업주는 특수건강진단대상업무에 종사할 근로자의 배치 예정 업무에 대한 적합성 평가를 위하여 (①)을 실시하여야 한다. 다만, 고용노동부령으로 정하는 근로자에 대해서는 (①)을 실시하지 아니할 수 있다.
- 사업주는 특수건강진단대상업무에 따른 유해인자로 인한 것이라고 의심되는 건강장해 증상을 보이거나 의학적 소견이 있는 근로자 중 보건관리자 등이 사업주에게 건강진단 실시를 건의하는 등 고용노동부령으로 정하는 근로자에 대하여 (②)을 실시하여야 한다.
- 고용노동부장관은 같은 유해인자에 노출되는 근로자들에게 유사한 질병의 증상이 발생한 경우 등 고용노동부령으로 정하는 경우에는 근로자의 건강을 보호하기 위하여 사업주에게 특정 근로자에 대한 (③)의 실시나 작업전환, 그 밖에 필요한 조치를 명할 수 있다.

07 다음은 중량의 표시 등에 대한 산업안전보건법상의 설명이다. 빈칸을 채우시오.(3점) [2401]

> 사업주는 근로자가 5킬로그램 이상의 중량물을 인력으로 들어 올리는 작업을 하는 경우에 다음 각 호의 조치를 해야 한다.
> 1. 주로 취급하는 물품에 대하여 근로자가 쉽게 알 수 있도록 물품의 (①)과 (②)에 대하여 작업장 주변에 안내표시를 할 것
> 2. 취급하기 곤란한 물품은 손잡이를 붙이거나 갈고리, 진공빨판 등 적절한 보조도구를 활용할 것

08 산업안전보건법상 혈액노출과 관련된 사고가 발생한 경우에 사업주가 조사하고 기록하여 보존하여야 하는 사항을 3가지 쓰시오.(5점) [2401]

09 크실렌과 톨루엔의 뇨 중 대사산물을 쓰시오.(4점) [0803/2401]

10 6가 크롬 채취와 분석에 대한 다음 물음에 답하시오.(6점) [2401]

가) 채취여과지의 종류
나) 분석기기

11 다음은 위험성 감소대책 수립 및 실시에 관한 내용이다. 각 호의 실행 순서를 나열하시오.(6점) [2401]

㉠ 위험성 요인의 제거
㉡ 관리적 대책
㉢ 공학적 대책
㉣ 보호구의 사용

12 재순환 공기의 CO_2 농도는 650ppm이고, 급기의 CO_2 농도는 450ppm이다. 외부의 CO_2농도가 300ppm일 때 급기 중 외부공기 포함량(%)을 계산하시오.(5점) [0901/2101/2401]

13 작업장 내 열부하량은 15,000kcal/h이다. 외기온도는 20℃이고, 작업장 온도는 30℃일 때 전체환기를 위한 필요환기량(m^3/min)이 얼마인지 구하시오.(5점) [1803/2401]

14 표준공기가 흐르고 있는 덕트의 Reynold 수가 3.8×10^4일 때, 덕트관 내 유속은?(단, 공기동점성계수 γ = 0.1501cm^2/sec, 직경은 60mm) [0403/1702/2401]

15 50℃, 800mmHg인 상태에서 632L인 $C_5H_8O_2$가 80mg이 있다. 온도 21℃, 1기압인 상태에서의 농도(ppm)를 구하시오.(6점) [0903/1102/1302/1903/2401]

16 총 흡음량이 2,000sabins인 작업장에 1,500sabins를 더할 경우 실내소음 저감량(dB)을 구하시오.(5점)

[0503/1001/1002/1201/1702/2301/2401]

17 TCE(분자량 131.39)에 노출되는 근로자의 노출농도를 측정하려고 한다. 과거농도는 50ppm이었다. 활성탄으로 0.15L/min으로 채취할 때 최소 소요시간(min)을 구하시오.(단, 정량한계(LOQ)는 0.5mg이고, 25℃, 1기압 기준)(5분)

[0903/2002/2401]

18 작업장 내에서 톨루엔(분자량 92.13, 노출기준 100ppm)을 시간당 100g씩 사용하는 작업장에 전체환기시설을 설치 시 톨루엔의 시간당 발생률(L/hr)을 구하시오.(18℃ 1기압 기준)(5점) [1803/2401]

19 다음 조건에서 덕트 내 반송속도(m/sec)와 공기유량(m^3/min)을 구하시오.(6점) [1301/1402/1602/2401]

- 한 변이 0.3m인 정사각형 덕트
- 덕트 내 정압 30mmH_2O, 전압 45mmH_2O

20 다음 표를 보고 노출초과 여부를 판단하시오.[단, 톨루엔(분자량 92.13, TLV=100ppm), 크실렌(분자량 106, TLV=100ppm)이다](6점) [0303/2103/2401]

물질	톨루엔	크실렌	시간	유량
시료1	3.2mg	6.4mg	08:15~12:15	0.18L/min
시료2	5.2mg	11.5mg	13:30~17:30	0.18L/min

2024년 제2회

필답형 기출복원문제

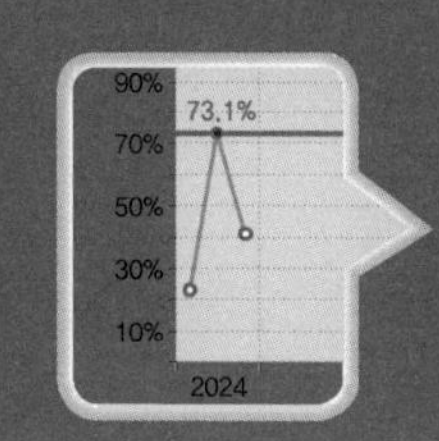

24년 2회차 실기시험
합격률 73.1%

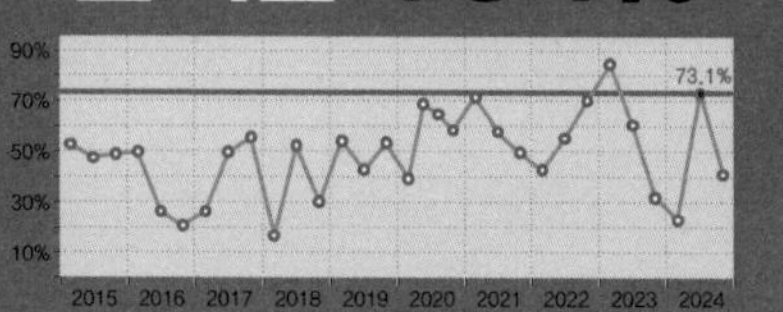

신규문제 5문항 중복문제 15문항

01 금속흄과 같은 열적으로 생기는 분진이 발생하는 장소에서 착용해야 할 방진마스크의 등급을 쓰시오.(5점)

[2402]

02 휘발성 유기화합물(VOCs)을 처리하는 방법 2가지와 특징을 각각 2가지씩 쓰시오.(4점)

[1103/1803/2101/2102/2402]

03 먼지의 공기역학적 직경의 정의를 쓰시오.(4점)

[0603/0703/0901/1101/1402/1701/1803/1903/2302/2402]

04 산업피로의 생리적 원인을 3가지 쓰시오.(4점) [2402]

05 다음은 산업안전보건법상 근골격계부담작업에 대한 설명이다. ( ) 안을 채우시오.(4점) [2303/2402]

가) 하루에 (①) 이상 집중적으로 자료입력 등을 위해 키보드 또는 마우스를 조작하는 작업
나) 하루에 총 (②) 이상 목, 어깨, 팔꿈치, 손목 또는 손을 사용하여 같은 동작을 반복하는 작업
다) 하루에 총 (③) 이상 쪼그리고 앉거나 무릎을 굽힌 자세에서 이루어지는 작업
라) 하루에 총 2시간 이상 지지되지 않은 상태에서 (④) 이상의 물건을 한 손으로 들거나 동일한 힘으로 쥐는 작업
마) 하루에 (⑤) 이상 25kg 이상의 물체를 드는 작업

06 관리대상 유해물질을 취급하는 작업에 근로자를 종사하도록 하는 경우 근로자를 작업에 배치하기 전 사업주가 근로자에게 알려야 하는 사항을 3가지 쓰시오.(6점) [1803/2302/2401/2402]

07 다음은 노동부 고시, 사무실 공기관리지침에 관한 설명이다. 빈칸을 채우시오.(6점) [1703/2001/2003/2402]

- 공기정화시설을 갖춘 사무실에서 근로자 1인당 필요한 최소 외기량은 분당 0.57세제곱미터 이상이며, 환기횟수는 시간당 (①) 이상으로 한다.
- 공기의 측정시료는 사무실 안에서 공기질이 가장 나쁠 것으로 예상되는 (②)곳 이상에서 채취하고, 측정은 사무실 바닥면으로부터 0.9미터 이상 1.5미터 이하의 높이에서 한다. 다만, 사무실 면적이 500제곱미터를 초과하는 경우에는 500제곱미터마다 1곳씩 추가하여 채취한다.
- 일산화탄소(CO)의 측정시기는 연 1회 이상이고, 시료채취시간은 업무시작 후 1시간 전후 및 업무 종료 전 1시간 전후에 각각 (③)간 측정을 실시한다.

08 산업안전보건법상 산업재해가 발생했을 때 사업주가 기록 · 보존해야 하는 사항을 3가지 쓰시오.(5점) [2402]

09 중금속 중 납 흄의 분석시 시료채취에 사용되는 여과지의 종류 1가지와 여과지를 사용하는 이유 2가지를 각각 쓰시오.(5점) [2402]

10 산업안전보건법상 안전보건교육기관에서 직무와 관련한 안전보건교육을 받아야 하는 사람을 다음 보기에서 모두 고르시오.(5점) [2402]

㉠ 사업주
㉡ 안전관리자
㉢ 보건관리자
㉣ 안전보건관리담당자

11 개인보호구의 선정조건 4가지를 쓰시오.(4점) [2202/2402]

12 시료채취 전 여과지의 무게가 20.0mg, 채취 후 여과지의 무게가 25mg이었다. 시료포집을 위한 펌프의 공기량은 800L이었다면 공기 중 분진의 농도(mg/m^3)를 구하시오.(5점) [0901/1802/2402/2403]

13 에틸벤젠(TLV : 100ppm) 작업을 1일 10시간 수행한다. 보정된 허용농도를 구하시오.(단, Brief와 Scala의 보정방법을 적용하시오)(5점) [0303/0802/0803/1603/2003/2402]

14 벤젠을 1일 8시간 취급하는 작업장에서 실제 작업시간은 오전 3시간(노출량 60ppm), 오후 4시간(노출량 45ppm)이다. TWA를 구하고, 허용기준을 초과했는지 여부를 판단하시오.(단, 벤젠의 TLV는 50ppm이다)(6점) [1102/1302/1801/2002/2402]

15 노출인년은 조사근로자를 1년동안 관찰한 수치로 환산한 것이다. 다음 근로자들의 조사년한을 노출인년으로 환산하시오.(5점) [1302/1901/2402]

- 6개월 동안 노출된 근로자의 수 : 6명
- 1년 동안 노출된 근로자의 수 : 14명
- 3년 동안 노출된 근로자의 수 : 10명

16 어느 작업장의 음압수준이 95dB(A)이고 근로자는 차음평가수(NRR)가 18인 귀덮개를 착용 하고 있다. 미국 OSHA의 계산 방법을 활용하여 근로자가 노출되는 음압수준을 구하시오.(4점) [0701/2402]

17 사염화탄소 7,500ppm이 공기중에 존재할 때 공기와 사염화탄소의 유효비중을 소수점 아래 넷째자리까지 구하시오.(단, 공기비중 1.0, 사염화탄소 비중 5.7)(4점) [0602/1001/1503/1802/2101/2402]

18 어떤 작업장에서 분진의 입경이 10μm, 밀도 1.4g/cm^3 입자의 침강속도(cm/sec)를 구하시오.(단, 공기의 점성계수는 1.78×10^{-4}g/cm · sec, 중력가속도는 980cm/sec^2, 공기밀도는 0.0012g/cm^3이다)(5점) [1502/2402]

19 유입손실계수 0.70인 원형후드의 직경이 20cm이며, 유량이 60m^3/min인 후드의 정압을 구하시오.(단, 21도 1기압 기준)(5점)

[0702/1303/1902/2101/2402]

20 장방형 덕트의 단변이 0.3m, 장변이 0.7m, 길이 5m, 송풍량이 240m^3/min일 경우 압력손실은?(단, 마찰계수(λ)는 0.019, 공기밀도는 1.2kgf/m^3)(5점)

[0602/2402]

2024년 제3회

필답형 기출복원문제

24년 3회차 실기시험
합격률 41.2%

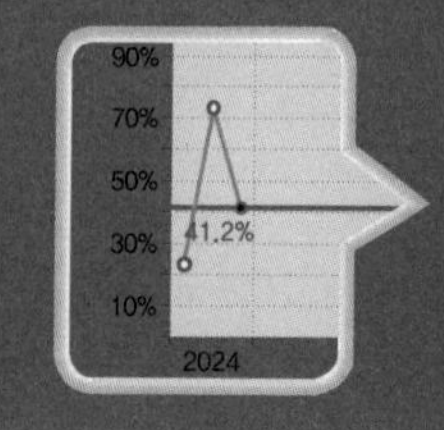

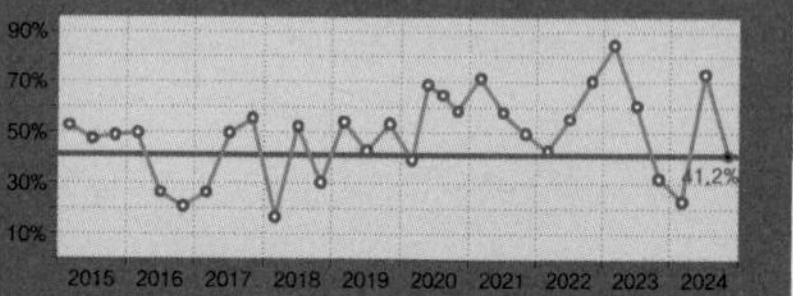

신규문제	8문항	중복문제	12문항

01 다음은 국소배기장치를 설치한 후 처음으로 사용하는 경우 또는 국소배기장치를 분해하여 개조하거나 수리한 후 처음으로 사용하는 경우 사업주의 점검사항에 대한 설명이다. 빈칸을 채우시오.(단, 그 밖에 국소배기장치의 성능을 유지하기 위하여 필요한 사항은 제외한다)(6점) [2102/2403]

- 덕트 접속부가 헐거워졌는지 여부
- (①)
- (②)

02 다음 그림의 ( ) 안에 알맞은 입자 크기별 포집기전을 각각 한가지씩 쓰시오.(3점)

[0303/1101/1303/1401/1803/2403]

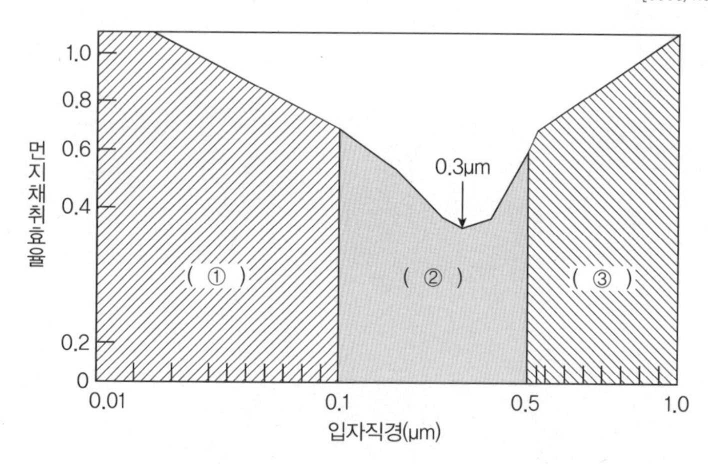

03 공기 중 유해가스를 측정하는 검지관법의 장단점을 각각 3가지씩 쓰시오.(4점) [2403]

04 다음은 산업안전보건법상 사업주의 건강진단에 대한 의무사항에 대한 설명이다. 빈칸을 채우시오.(4점) [2403]

건강진단의 결과 근로자의 건강을 유지하기 위하여 필요하다고 인정할 때에는 (①), 작업 전환, (②), 야간근로(오후 10시부터 다음 날 오전 6시까지 사이의 근로를 말한다)의 제한, 작업환경측정 또는 시설 · 설비의 설치 · 개선 등 고용노동부령으로 정하는 바에 따라 적절한 조치를 하여야 한다.

05 산업안전보건법상 근골격계질환 예방관리 프로그램을 수립하여 시행해야 하는 사업장의 경우를 3가지 쓰시오.(6점) [2202/2403]

06 사업주가 위험성평가를 실시할 때 해당 작업에 종사하는 근로자를 참여시켜야 하는 경우 3가지를 쓰시오.(5점)

[2403]

07 산업안전보건법상 사업장의 안전 및 보건에 관한 중요사항을 심의 · 의결하기 위해 사업장에 근로자위원과 사용자위원이 동일한 수로 구성되는 회의체를 쓰시오.(5점)

[2401/2403]

08 직업성 피부질환이 일어나는 색소침착물질, 색소감소물질 그리고 예방대책을 각각 1가지씩 쓰시오.(6점)

[2403]

09 다음이 설명하는 문서의 명칭을 쓰시오.(4점) [2403]

특정 업무를 표준화된 방법에 따라 일관되게 실시할 목적으로 해당 절차 및 수행 방법 등을 상세하게 기술한 문서

10 산업안전보건법상 아세트알데히드를 취급하는 근로자에게 실시하는 건강진단의 종류를 쓰시오.(단, 사업주가 실시하는 경우는 제외)(4점) [2403]

11 산업안전보건법상 작업환경측정 결과를 기록한 서류는 얼마동안 보존해야 하는지 쓰시오.(단, 고용노동부장관이 정하여 고시하는 물질에 대한 기록이 포함된 서류는 제외)(4점) [2403]

12 1atm의 대기압 상태의 화학공장에서 환기장치 설치가 어려워 유해성이 적은 사용물질로 변경하려고 한다. 다음의 물질을 참고하여 물음에 답하시오.(6점) [1703/2102/2403]

A물질 : TLV 100ppm, 증기압 25mmHg
B물질 : TLV 350ppm, 증기압 100mmHg

가) A물질의 증기 포화농도[ppm]
나) A물질의 증기 위험화 지수
다) B물질의 증기 포화농도[ppm]
라) B물질의 증기 위험화 지수

13 어느 작업장의 음압수준이 96dB(A)이고 근로자는 차음평가수(NRR)가 18인 귀덮개를 착용 하고 있다. 미국 OSHA의 계산 방법을 활용하여 귀덮개의 차음효과와 근로자가 노출되는 음압수준을 구하시오.(4점)

[0601/1403/1801/2403]

14 음향출력이 1watt인 무지향성 점음원으로부터 10m 떨어진 곳에서의 음압수준은?(단, 자유공간이고, 공기밀도는 1.18kg/m^3, 음속은 344.4m/sec)(5점)

[0901/2403]

15 고열배출원이 아닌 탱크 위, 장변 2m, 단변 1.4m, 배출원에서 후드까지의 높이가 0.5m, 제어속도가 0.4m/sec 일 때 필요송풍량(m^3/min)을 구하시오.(5점)(단, Dalla valle식을 이용) [1803/2201/2403]

16 작업장 내의 열부하량은 25,000kcal/h이다. 외기온도는 20℃이고, 작업장 온도는 35℃일 때 전체환기를 위한 필요환기량(m^3/h)이 얼마인지 구하시오.(5점) [0903/1302/1702/2403]

17 후드의 정압이 20mmH_2O, 속도압이 12mmH_2O일 때 후드의 유입계수를 구하시오.(5점) [1001/2103/2403]

18 시료채취 전 여과지의 무게가 20.0mg, 채취 후 여과지의 무게가 25mg이었다. 시료포집을 위한 펌프의 공기량은 800L이었다면 공기 중 분진의 농도(mg/m^3)를 구하시오.(5점) [0901/1802/2402/2403]

19 다음은 데이터의 누적분포를 표시하는 그래프 데이터이다. 기하평균[$\mu g/m^3$]과 기하표준편차[$\mu g/m^3$]를 구하시오.(5점) [2403]

누적	15.9%	19.5%	24.5%	37.4%	48.1%	50%	63.1%	77.2%	81.4%	84.1%	89.1%
데이터	0.05	0.07	0.08	0.11	0.16	0.20	0.45	0.68	0.77	0.80	0.85

20 다음 조건일 때 실내의 WBGT를 구하시오.(5점) [1503/2403]

[조건]

- 건구온도 28℃
- 자연습구온도 20℃
- 흑구온도 30℃

memo

[답안 작성 시 주의사항]

• 이론 문제의 경우 문제에서 요구하는 가짓수를 가장 확실하게 기억하는 것 순으로 작성하세요. 많이 작성한다고 점수를 더 주는 것도 아닙니다. 채점도 하지 않습니다. 위에서 부터 순서대로 해당 가짓수만을 채점합니다.
  – 답이 기억나지 않을 경우 기억나는 것들을 최대한 적어두세요. 빈칸 보다는 부분점수라도 얻기 위한 살기 위한 몸부림입니다.

• 계산 문제의 경우 책에 나온 계산식 부분은 독자의 이해를 돕기 위해 자세하게 풀어놓은 형태입니다. 굳이 책의 형태대로 자세하게 작성할 필요없습니다.
  – 작성하라는 말이 없으면 공식은 반드시 쓸 필요없습니다.
  – 해당 문제를 풀기위한 공식에 주어지는 값을 대입한 형태는 기재해주세요.
  – 계산기를 이용해서 답을 구하고 답을 기재해주세요.
  – 정답은 [정답]이라는 표시를 하고 그 옆에 단위와 함께 기재해주세요.

예 1)

책의 해설	[계산식] • 흡음에 의한 소음감소량 $NR = 10\log\frac{A_2}{A_1}$ [dB]으로 구한다. • 대입하면 $NR = 10\log\left(\frac{4,000}{1,000}\right) = 6.02\cdots$dB이다. [정답] 6.02[dB]
답안지 작성형태	$NR = 10\log\left(\frac{4,000}{1,000}\right) = 6.02\cdots$dB [정답] 6.02[dB]

예 2)

책의 해설	[계산식] • 유입손실계수(F) $= \frac{1-C_e^2}{C_e^2} = \frac{1}{C_e^2} - 1$이므로 유입계수 $C_e = \sqrt{\frac{1}{1+F}}$ 이다. • 유입손실계수 $= \frac{\text{유입손실}}{\text{속도압}}$이므로 $\frac{3.68}{20} = 0.184$이다. • 유입계수 $C_e = \sqrt{\frac{1}{1+0.184}} = 0.9190\cdots$이다. [정답] 0.92
답안지 작성형태	유입손실계수는 $\frac{3.68}{20} = 0.184$ 유입계수는 $\sqrt{\frac{1}{1+0.184}} = 0.9190\cdots$ [정답] 0.92